U0264591

Access 2013 数据库应用案例课堂

刘玉红　郭广新　编　著

清华大学出版社
北　京

内 容 简 介

本书以零基础讲解为宗旨，用实例引导读者深入学习，采取“数据库基础知识→数据库基本操作→界面设置→编程技术→高级应用→项目实战”的讲解模式，深入浅出地讲解Access的各项技术及实战技能。

本书第1篇“数据库基础”主要讲解Access 2013基础知识和出色的数据库设计等；第2篇“数据库基本操作”主要讲解操作数据库、数据表的基本操作、数据库查询操作等；第3篇“界面设计”主要讲解设计窗体、使用控件和窗体操作、使用Access报表展示数据等；第4篇“编程技术”主要讲解使用宏、VBA编程语言等；第5篇“高级应用”主要讲解将Access与SharePoint搭配应用、数据的导入和导出、数据库安全及优化；第6篇“项目实战”主要讲解Access项目开发实战——人事管理系统。本书附带的DVD光盘中赠送了丰富的资源，诸如包括Access案例结果文件、教学幻灯片、本书精品教学视频、Access 2013快捷键大全、窗体和控件常用属性速查手册、Access常用函数速查手册、数据库工程师面试技巧、Access常见错误及解决方案、Access数据库经验及技巧大汇总等。另外光盘中还包含20小时的全程同步视频教学录像。

本书适合任何想学习Access 2013的人员，无论您是否从事计算机相关行业，无论您是否接触过Access 2013，通过学习本书均可快速掌握Access的管理方法和技巧。

图书在版编目(CIP)数据

Access 2013数据库应用案例课堂/刘玉红，郭广新编著. --北京：清华大学出版社，2016
ISBN 978-7-302-43524-2

Ⅰ. ①A…　Ⅱ. ①刘…　②郭…　Ⅲ. ①关系数据库系统　Ⅳ. ①TP311.138

中国版本图书馆CIP数据核字(2016)第080959号

责任编辑：张彦青
装帧设计：杨玉兰
责任校对：吴春华
责任印制：杨　艳
出版发行：清华大学出版社
　　网　　址：http://www.tup.com.cn, http://www.wqbook.com
　　地　　址：北京清华大学学研大厦A座　　**邮　　编**：100084
　　社 总 机：010-62770175　　**邮　　购**：010-62786544
　　投稿与读者服务：010-62776969, c-service@tup.tsinghua.edu.cn
　　质量反馈：010-62772015, zhiliang@tup.tsinghua.edu.cn
　　课件下载：http://www.tup.com.cn, 010-62791865
印 装 者：北京密云胶印厂
经　　销：全国新华书店
开　　本：190mm×260mm　　**印　张**：27.5　　**字　数**：666千字
(附DVD 1张)
版　　次：2016年6月第1版　　**印　次**：2016年6月第1次印刷
印　　数：1～3000
定　　价：59.00元

产品编号：066179-01

前　言

“网站开发案例课堂”系列图书是专门为网站开发和数据库初学者量身定做的一套学习用书，由刘玉红主编，千谷网络科技实训中心的高级讲师编著，整套书涵盖网站开发、数据库设计等方面。整套书具有以下特点。

前沿科技

无论是网站建设、数据库设计还是 HTML5、CSS3，我们都精选较为前沿或者用户群最大的领域推进，帮助读者认识和了解最新动态。

权威的作者团队

组织国家重点实验室和资深应用专家联手编著该套图书，融合丰富的教学经验与优秀的管理理念。

学习型案例设计

以技术的实际应用过程为主线，全程采用图解和同步多媒体结合的教学方式，生动、直观、全面地剖析使用过程中的各种应用技能，降低难度，提升学习效率。

为什么要写这样一本书

Microsoft Office Access 是由微软发布的关联式数据库管理系统，是目前中小型企业中应用最多的数据库。本书针对 Access 2013 技术的初学者，全面讲解 Access 2013 数据库的知识和技巧，提高职业化能力，从而帮助读者解决公司需求问题。

本书特色

1. 零基础、入门级的讲解

无论您是否从事计算机相关行业，或是否接触过 Access 2013 数据库，都能从本书中找到最佳起点。

2. 超多、实用、专业的范例和项目

本书在编排上紧密结合深入学习 Access 2013 数据库技术的先后过程，从 Access 2013 数据库的基本操作开始，带领大家逐步深入地学习各种应用技巧，侧重实战技能，使用简单易懂的实际案例进行分析和操作指导，让读者读起来简明轻松，操作起来有章可循。

3. 随时检测自己的学习成果

每章首页中，均提供了学习目标，以指导读者重点学习及学后检查。

4. 细致入微与贴心提示

本书在讲解过程中，在各章中使用了“注意”“提示”“技巧”等小栏目，可使读者更清楚地了解相关操作、理解相关概念和轻松掌握各种操作技巧。

5. 高手甜点

本书中加入“高手甜点”的内容，主要是讲述项目实战中的经验，使读者能快速提升项目操作能力，成为一名数据库设计高手。

6. 专业创作团队和技术支持

本书由千谷网络科技实训中心提供技术支持。您在学习过程中遇到任何问题，可加入 QQ 群 221376441 进行提问，专家会在线答疑。

“Access 2013 数据库”学习最佳途径

本书以学习 Access 2013 数据库的最佳制作流程来分配章节，从最初的数据库基本概念开始，然后讲解 Access 2013 数据库的基本操作、界面设计、编程技术和高级应用等。同时在最后的项目实战环节特意补充了人事管理系统开发实战，以便更进一步提高大家的实战技能。

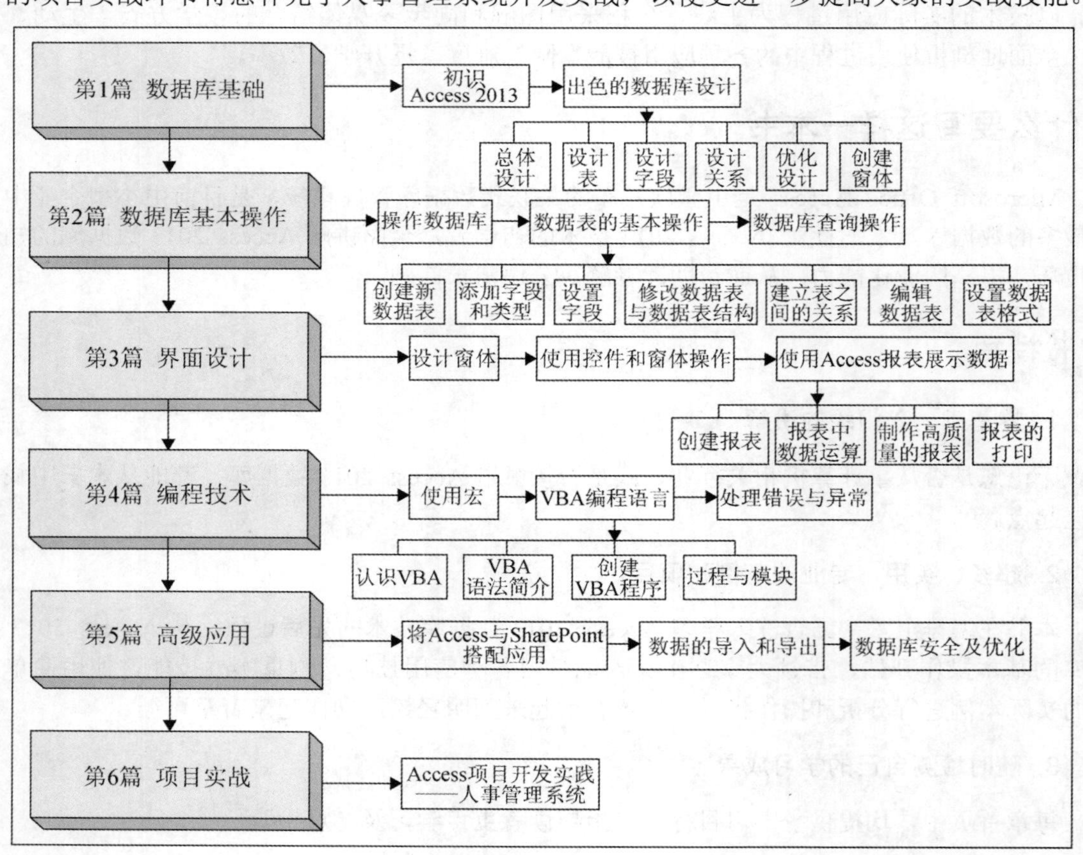

超值光盘

1. 20 小时全程同步教学录像

涵盖本书所有知识点，详细讲解每个实例及项目的过程及技术关键点，比看书更轻松地掌握书中所有的 Access 2013 数据库设计知识，而且扩展的讲解部分使您得到比书中更多的收获。

2. 超多容量王牌资源大放送

赠送大量王牌资源，包括 Access 案例结果文件、教学幻灯片、本书精品教学视频、Access 2013 快捷键大全、窗体和控件常用属性速查手册、Access 常用函数速查手册、数据库工程师面试技巧、Access 常见错误及解决方案、Access 数据库经验及技巧大汇总等。

读者对象

- 没有任何 Access 2013 基础的初学者。
- 有一定的 Access 2013 基础，想精通 Access 2013 的人员。
- 有一定的 Access 2013 基础，没有项目经验的人员。
- 正在进行毕业设计的学生。
- 大专院校及培训学校的老师和学生。

创作团队

本书由刘玉红、郭广新编著，参加编写的人员还有周佳、付红、李园、王攀登、侯永岗、蒲娟、刘海松、孙若淞、王月娇、包慧利、陈伟光、胡同夫、梁云亮和周浩浩。

在编写过程中，我们尽所能地将最好的讲解呈现给读者，但也难免有疏漏和不妥之处，敬请不吝指正。若您在学习中遇到困难或疑问或有何建议，可写信至信箱 357975357@qq.com。

编　者

目　录

第 1 篇　数据库基础

第 2 篇　数据库基本操作

第 3 篇 界面设计

第4篇 编程技术

第5篇 高级应用

第6篇 项目实战

第 I 篇

数据库基础

第 1 章

初识 Access 2013

Access 2013 是由 Microsoft 公司最新发布的关系数据库管理系统，也是目前最流行的桌面数据库管理软件，主要用于数据库管理，使用它可以帮助用户处理海量的数据，从而大大提高数据处理的效率。本章主要介绍 Access 2013 的基础知识，通过本章的学习，读者可以初步了解 Access 2013 的基本概念以及相对于旧版本，Access 2013 的新增功能和删除或修改的功能。

本章目标(已掌握的在方框中打钩)

- ☐ 了解 Access 2013 的概念
- ☐ 熟悉 Access 2013 的新功能
- ☐ 熟悉 Access 2013 中删除和修改的功能
- ☐ 掌握 Access 2013 工作界面
- ☐ 掌握 Access 2013 六大对象的概念

1.1 认识 Access 2013

Access 2013 是微软把数据库引擎的图形用户界面和软件开发工具结合在一起的一个数据库管理软件，它是微软办公软件包 Office 的成员之一。2012 年 12 月 4 日，最新的 Access 2013 在微软 Office 2013 里发布。不同于其他的数据库，Access 2013 提供了表生成器、查询生成器、窗体设计器等众多可视化的操作工具，以及表向导、查询向导、窗体向导等多种向导，使用这些工具，用户不用掌握复杂的编程语言，就可以轻松快捷地构建一个功能完善的数据库系统。Access 还提供了内置的 VBA 编程语言，内置丰富的函数，使高级用户开发功能更复杂的数据库系统。此外，Access 2013 还可以与其他数据库或 Office 的其他成员进行数据的交换和共享。

Access 在很多地方得到广泛使用，主要体现在以下两个方面。

1. 用来进行数据分析

Access 2013 有强大的数据处理和统计分析能力，尤其是面对上万条记录，甚至十几万条记录时速度快且操作方便，这一点是 Excel 无法相比的。

2. 用来开发小型系统

相对于 Oracle、C++等大型数据库开发软件，Access 属于小型软件，主要针对小型企业用户。使用 Access 来开发数据库，例如生产管理、人事管理、库存管理等各类企业管理数据库系统，其最大的优点是易学和低成本，尤其是非计算机专业的人员也能学会。因此，Access 2013 非常适合初学者作为学习数据库入门知识、掌握数据库管理工具的首选数据库软件。

1.2 Access 2013 的新功能

Access 2013 与 Access 2010 版本相比，有哪些新增功能呢？一句话，就是应用程序。Access Web 应用程序就是用户在 Access 中生成，然后在 Web 浏览器中作为 SharePoint 应用程序使用并与他人共享的一种新型数据库。要构建应用程序，用户只需选择要跟踪的数据类型(联系人、任务、项目等)，Access 将会创建数据库结构，其中包含了让用户添加和编辑数据的各种视图。导航和基本命令都是内置的，因此用户可以立即开始使用自己的应用程序。

1. 构建应用程序

使用 SharePoint 作为主机，将生成一个完美的基于浏览器的数据库应用程序。本质上来讲，Access 应用程序使用 SQL Server 来提供最佳性能和数据完整性。启动 Access 2013，进入 Access 2013 工作首界面，单击【自定义 Web 应用程序】选项，如图 1-1 所示。弹出【自定义 Web 应用程序】对话框，在【应用程序名称】文本框中输入程序的新名称，在【Web 位置】文本框中输入 Web 地址，即用户使用应用程序时将转到 SharePoint 网站，单击【创建】按钮，开始创建一个应用程序，如图 1-2 所示。

有效 Web 位置的前提是需要有可以承载应用的 SharePoint 网站(通过包含网站的 Office 365 订阅或内部 SharePoint 部署实现)，并且用户对该网站拥有“完全控制”的权限，即用户拥有网站管理员的权限。

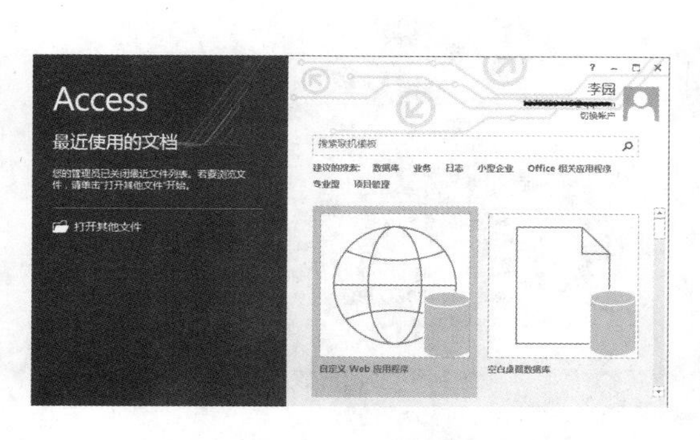

图 1-1　Access 工作首界面

图 1-2　【自定义 Web 应用程序】对话框

用户既可以通过自定义方式创建应用程序，也可以使用系统提供的模板创建应用程序。返回到 Access 2013 启动界面，在【搜索联机模板】文本框中输入“Office 相关应用程序”，单击【搜索】按钮，可以看到，Access 提供了 5 个预定义的应用程序模板，分别为“问题跟踪”“联系人”“资产追踪”“项目管理”和“任务管理”，如图 1-3 所示。例如，单击【项目管理】选项，弹出【项目管理】对话框，可在左侧预览其结构，输入新名称和 Web 位置，单击【创建】按钮，即可创建一个“项目管理”应用程序，如图 1-4 所示。

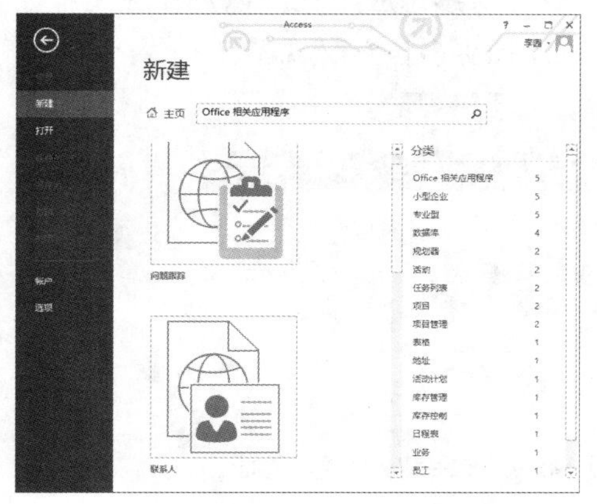

图 1-3　Access 的 5 个应用程序模板

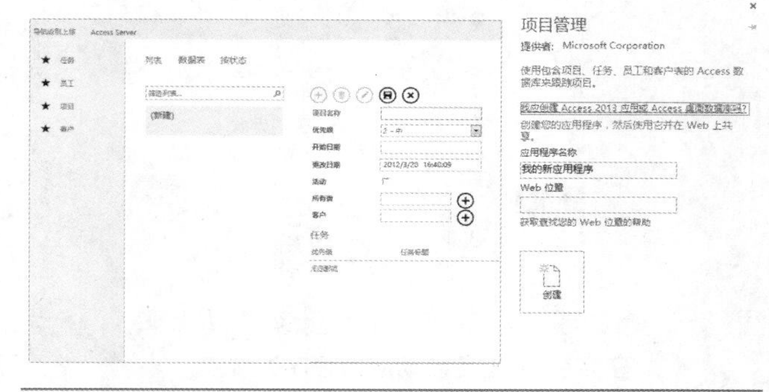

图 1-4　【项目管理】对话框

2. 表模板

创建自定义应用程序时，在【添加表】对话框中，可以使用预先设计的表模板将表快速添加到应用程序，如图 1-5 所示。例如，用户需要跟踪任务，可以搜索任务模板并选中所需的模板。同时，Access 还会添加常用的相关表，并为每个表创建视图，以显示相关表的数据。

3. 外部数据

添加表后，需要填充数据。用户既可以手动输入数据，也可从 Access 数据库、Excel 电子表格、ODBC 数据源、文本文件或 SharePoint 列表等格式的文件中导入外部数据，如图 1-6 所示。

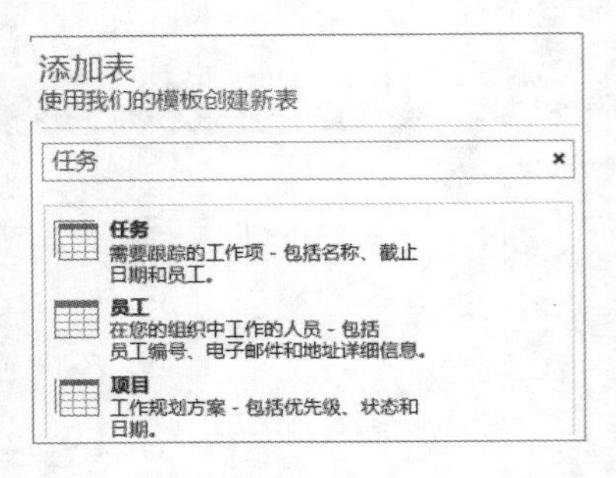

图 1-5 【添加表】对话框

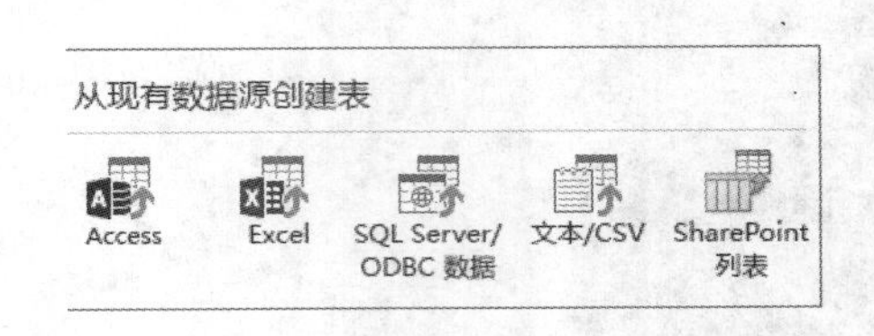

图 1-6 外部数据

4. 用浏览器打开

当用户完成设计后，无须查找兼容性检查器或单击“发布”按钮。只需单击【视图】组中的【启动应用程序】按钮，即可激活应用程序，如图 1-7 所示。

5. 自动创建界面

Access 应用程序无须用户构建视图、切换面板和其他用户界面(UI)元素，表名称显示在窗口的左侧，每个表的视图显示在顶部，如图 1-8 所示。

所有应用程序的导航结构都是相似的，这使得用户更容易熟悉应用程序以及在应用程序之间切换。除了应用程序提供的视图之外，用户随时可以添加更多自定义视图。

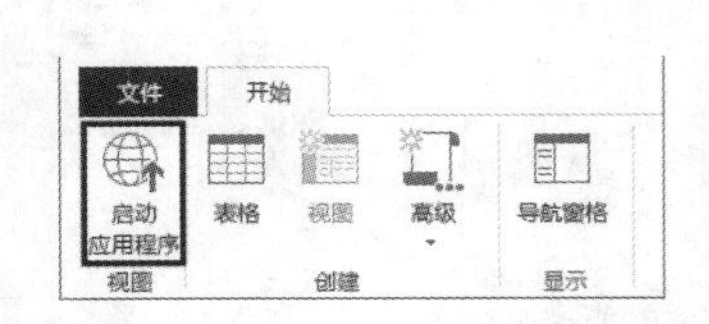

图 1-7 单击【启动应用程序】按钮

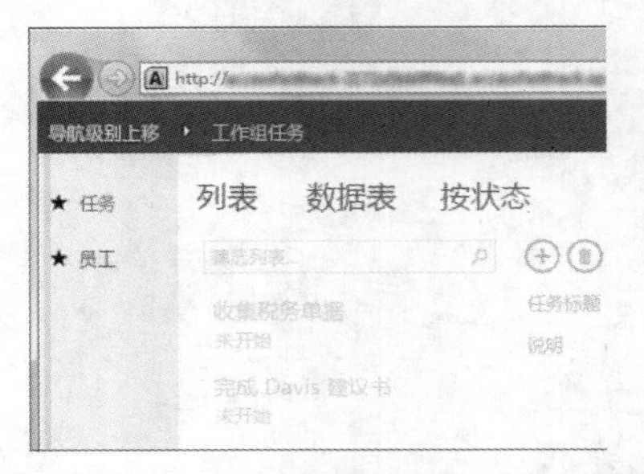

图 1-8 Access 应用程序界面

6. 操作栏

每个内置视图均提供了一个操作栏，其中包含用于添加、编辑、保存和删除项目的按钮，如图 1-9 所示。用户还可以添加更多按钮到此操作栏以运行构建的任何自定义宏，或者也可以删除不想使用的按钮。

7. 更易于修改视图

应用程序允许用户无须先调整布局，即可将控件放到所需的任意位置。用户只需拖动控件不放，其他控件会自动移开以留出空间，如图 1-10 所示。

图 1-9 操作栏

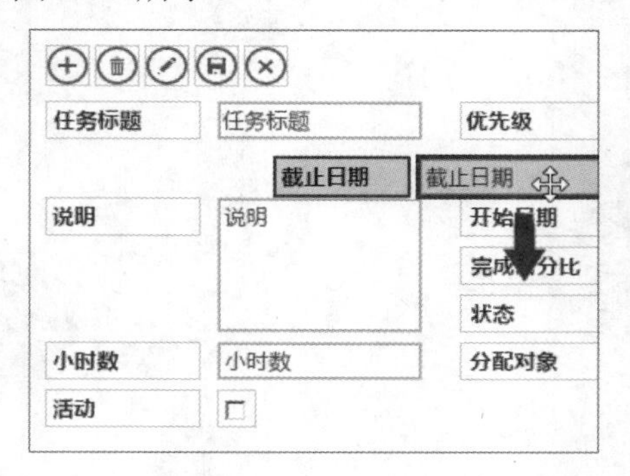

图 1-10 拖动控件

8. 属性设置标注

用户无须在属性表中搜索特定设置，这些设置都位于每个分区或控件旁边的标注内，如图 1-11 所示。

9. 相关项目控件

相关项目控件提供了快速列出和汇总相关表或查询中的数据的方法。单击项目可以打开该项目的详细信息视图，如图 1-12 所示。

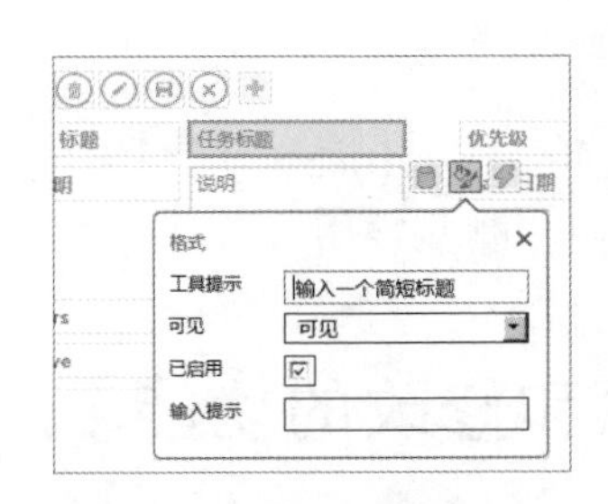

图 1-11 设置格式对话框

图 1-12 详细信息视图

10. 自动完成控件

自动完成控件可以从相关表中查找数据。它是一个组合框，其工作原理更像一个即时搜索框，如图 1-13 所示。

11. 钻取链接

钻取按钮可让用户快速查看相关项目的详细信息。Access 应用程序处理后台逻辑以确保显示正确的数据，如图 1-14 所示。

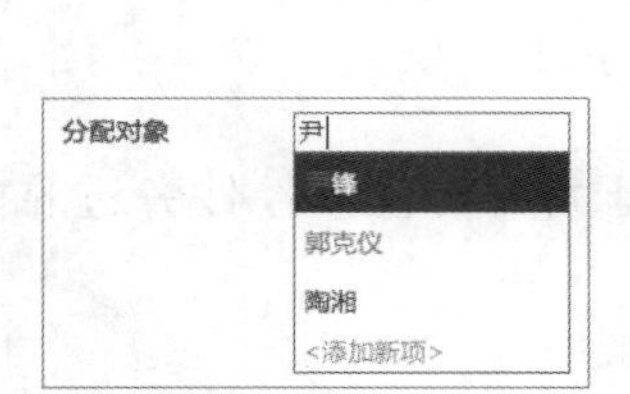

图 1-13　自动完成控件

图 1-14　项目的详细信息

12. 权限改进

Access 2013 能更好地控制用户修改应用程序的权限。SharePoint 现有附带三个默认权限级别：设计者、创作者和读者。其中，只有设计者能够对视图和表做出设计更改；创作者可更改数据，但无法更改设计；读者只可读取现有数据。

13. 打包和分发应用程序

Access 应用程序可另存为包文件，然后添加到企业目录或 Office 应用商店。在 Office 应用商店，用户可以免费分发应用程序，或者收取一定费用，赚些零用钱。

1.3　Access 2013 中删除和修改的功能

1.2 节介绍了 Access 2013 版新增的功能，本节将列出 Access 2013 版与 Access 2010 版的区别，包括一些已删除和修改的功能，还介绍了这些更改对新版本产生的影响。当然，对于某些已删除的特性和功能，新版本还为其提供了替代方法。详情如表 1-1 所示。

表 1-1 Access 2013 版与 Access 2010 版的区别及删除和修改的功能

功 能	说 明	替 换	其他信息
Access 2010 Web 数据库创建	Access 2010 引入了 Access Web 数据库，允许用户构建 Web 数据库并将它们发布到 SharePoint 网站。SharePoint 访问者可以在 Web 浏览器中使用数据库应用程序。在 Access 2013 中，用户可以打开、设计和发布现有的 Access 2010 Web 数据库，但不能创建新的 Access 2010 Web 数据库	在 Access 2013 中，用户可以创建新的 Access Web 应用程序，在此类应用程序中，数据和数据库对象存储在 SQL Server 或 Microsoft Azure SQL 数据库中，因此用户可以使用内部部署 SharePoint 2013 或 Office 365 商业版在组织内共享数据	
Access 数据项目(ADP)	打开 Access 数据项目文件的功能已被完全删除	Access 2013 基于 SQL 的数据库将取代 ADP 的大部分功能。有三种可能的 ADP 迁移方法： ① 将 ADP 转换为 Access 应用程序解决方案。 ② 将 ADP 转换为链接的 Access 桌面数据库。 ③ 将 ADP 转换为完全基于 SQL 的解决方案	
Access 对 Jet 3.x IISAM 的支持	用户不再能够在 Access 2013 中打开 Access 97 数据库。要执行此操作，请在 Access 2010 或 Access 2007 中打开它，将其保存为.accdb 文件格式，然后在 Access 2013 中打开它。 此更改还会影响链接到 Access 97 数据库的数据库	accdb 是桌面数据库中的推荐格式。 Access 2013 支持 Access 2000 及更高版本，直至 Access 2010	Access 2013 已取消对此功能的支持，因为 Jet 3.x IISAM 驱动程序不再可用
数据透视图和数据透视表	Access 2013 中没有创建数据透视图和数据透视表的选项，因此不再支持 Office Web 组件	在 Excel 中增强了数据透视图和数据透视表功能。 非数据透视图的图表和使用 MSGraph 组件的图表在 Access 2013 中仍然可用。 通过图表控件创建的图表仍然受支持	

续表

功 能	说 明	替 换	其他信息
“文本”和“备注”数据类型	“文本”和“备注”数据类型已经重命名，并且其功能稍有改动	“文本”数据类型已重命名为“短文本”。在桌面数据库中，一个短文本字段最多可以包含255个字符。 “备注”数据类型已重命名为“长文本”。在桌面数据库中，长文本字段最多可以包含65538个字符	在桌面数据库中，“长文本”字段可以配置为包含格式文本。但是，“格式文本”选项在Access应用程序中不可用
dBASE 支持	已取消 dBASE 支持，用户不能再链接到外部 dBASE 数据库		
“智能标记”属性	不再支持“智能标记”(操作标记)		
Access 数据收集	Access 2013 不支持创建新的数据收集表单。但是，它可以处理在早期版本的 Access 中创建的数据收集表单	不适用	数据收集功能使客户可以创建数据收集表单并以电子邮件的形式发送这些表单。当客户返回这些电子邮件时，数据已被处理且存储在 Access 数据库中
Access 2003 工具栏和菜单	与 Access 2007 和 Access 2010 中不同，在 Access 2013 中，不能再绕过功能区界面显示 Access 2003 工具栏和菜单。但是可以使它们显示在【加载项】选项卡上，或将它们添加到自定义功能区或快速访问工具栏	不适用	
Access 复制选项	在 Access 2010 或更早版本中打开.mdb 文件时，“复制选项”显示在“数据库工具”选项卡上。Access 2013 中未提供这些选项	不适用	Access 2013 中完全取消了对复制的支持

续表

功　能	说　明	替　换	其他信息
Access 源代码控制	使用“源代码控制”加载项可与 Microsoft Visual SourceSafe 或其他源代码控制系统集成，从而可以对查询、窗体、报表、宏、模块和数据执行签入/签出操作。开发人员源代码控制功能未作为 Access 2013 的加载项提供	不适用	
访问三态工作流	不再提供工作流的入口点。在 UI 宏中，工作流命令不可用。如果用户使用 Start New Work Flow 或工作流任务打开的包含 UI 宏的现有 Access 2010 数据库，Access 2013 将显示警告	不适用	
Access 迁移向导	迁移向导允许用户将 Access 数据库表向上扩展到新的或现有的 Microsoft SQL Server 数据库。Access 2013 已删除此向导	要执行此操作，请运行 SQL Server 导入和导出向导(在 SQL Server Management Studio 中)将 Access 表导入到 SQL Server 数据库。然后，创建新的自定义 Web 应用程序，将表从 SQL Server 导入到该应用程序	
Access 包解决方案向导	已删除程序包解决方案向导。程序包解决方案向导允许用户将 Access 桌面数据库文件与 Access Runtime 一并打包分发给其他人	与将桌面数据库打包分发给其他人相比，更好的方式是在 Access 2013 中创建 Access 应用程序。用户可以将 Access 应用程序另存为程序包以提交到 Office 应用程序市场或内部公司目录	

1.4　Access 2013 工作界面

启动 Access 2013 后，就会出现 Access 2013 的工作首界面。它提供了创建数据库的导航，当选择了新建空白数据库或预定义的模板数据库后，就正式进入工作界面，如图 1-15 所示。

Access 2013 的界面与 2010 版本非常相似，界面顶部主要由标题栏、快速访问工具栏、功能区和各标签组成，中间由导航窗格和数据库对象工作区组成，底部红色区域则为状态栏。与 2010 版本最大的不同就是在右上角增加了用户信息部分。

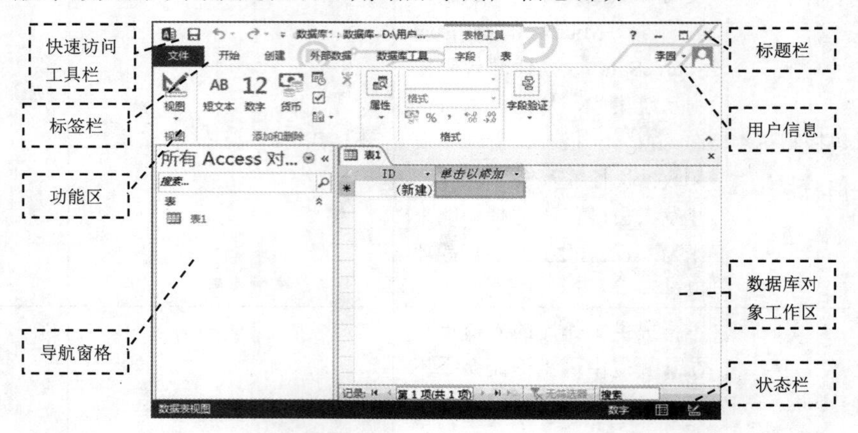

图 1-15　Access 2013 工作界面

1. 标题栏

标题栏位于界面的最上方，用于显示当前打开的数据库文件名。在标题栏右侧有 4 个按钮，依次为【帮助】、【最小化】、【最大化】和【关闭】按钮。这是标准的 Windows 应用程序的组成部分。

2. 快速访问工具栏

快速访问工具栏是一个可自定义的工具栏，位于标签栏上方，如图 1-16 所示。它提供了对最常用的命令，例如保存、撤销等命令的即时、单击访问。

单击快速访问工具栏右侧的向下三角箭头 ，弹出【自定义快速访问工具栏】列表，用户可以在该列表中设置要在工具栏中显示的命令。若某命令在工具栏中显示，其前面会呈现已选中状态，如图 1-17 所示。

图 1-16　快速访问工具栏

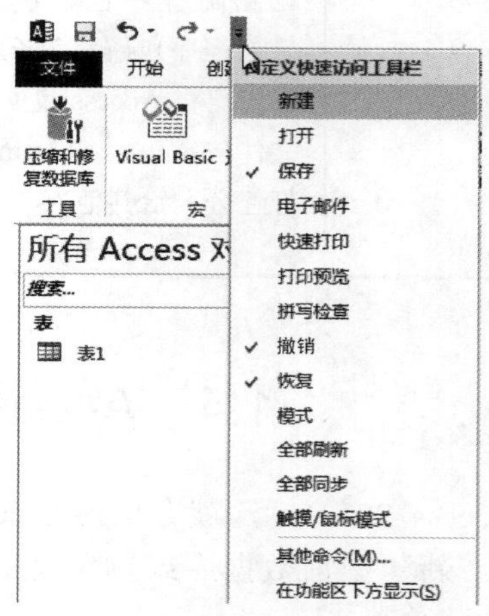

图 1-17　【自定义快速访问工具栏】列表

3. 功能区

Access 2013 的功能区以标签的形式，将通常需要使用的菜单栏、工具栏、任务窗格和其他组件分类组合在一起。通过该功能区，用户只要根据需要在特定的位置查找命令选项，就可以方便快捷地查找到相关命令。

功能区中主要包含有 4 个标签，分别为【开始】、【创建】、【外部数据】和【数据库工具】标签，分别对应不同的选项卡。对于 Access 不同的对象，除了这 4 个基本标签外，还会出现其他相关的标签，如图 1-15 所示，打开“表 1”时，新增了以黄色显示的【字段】标签和【表】标签，对于这类标签所对应的标签，又称为上下文命令标签，将在后面章节中介绍。

在功能区的标签下，某些组中的选项图标显示是灰色的，表示当前状态下禁用。并且有些组的右下角有下拉箭头按钮，单击该按钮可以弹出对话框，设置数据库对象。

1) 【开始】选项卡

【开始】选项卡包括【视图】、【剪贴板】等 6 个工具组，如图 1-18 所示。

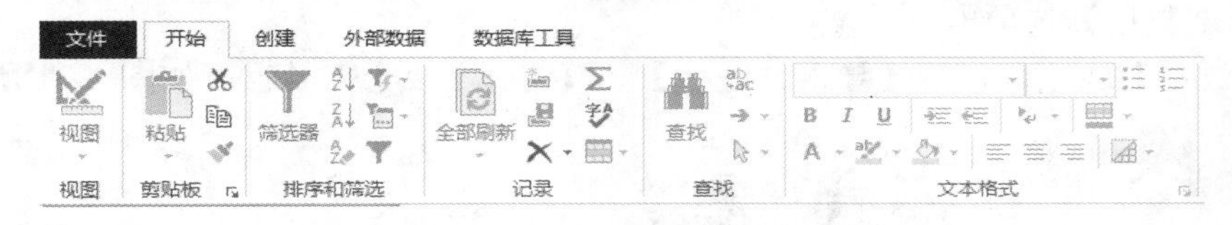

图 1-18 【开始】选项卡

通过该选项卡，用户可以完成以下功能。

- 在【视图】组中可切换不同的视图。
- 在【剪贴板】组中进行剪切、复制和粘贴操作。
- 在【排序和筛选】组中对记录进行排序和筛选操作。
- 在【记录】组中对记录进行新建、刷新、删除或拼写检查等操作。
- 在【查找】组中进行查找和替换操作。
- 在【文本格式】组中可设置当前记录的字体、字号、背景色、对齐方式等。

2) 【创建】选项卡

【创建】选项卡包括【模板】、【表格】等 6 个工具组，如图 1-19 所示。利用该选项卡下的后面 5 个组，用户可创建不同的数据库对象。并且在每个组中，还可通过不同的方式来创建对象。例如，在【查询】组中，用户可通过【查询向导】和【查询设计】两种方式创建一个查询。

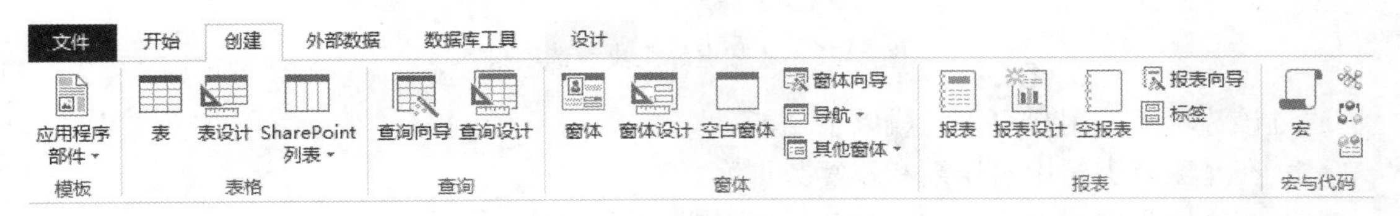

图 1-19 【创建】选项卡

在【模板】组中，单击【应用程序部件】右侧的下拉按钮，在弹出的下拉列表中可以看到，通过【模板】组，用户可创建已经初步布局的空白窗体和各种常用的模板，如图 1-20 所示。

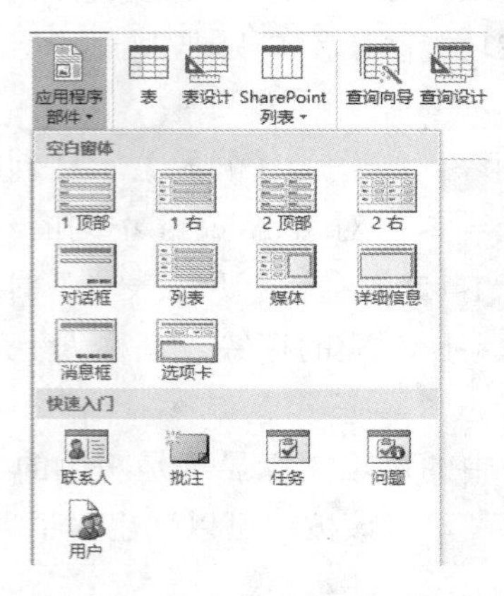

图 1-20 【应用程序部件】下拉菜单

3) 【外部数据】选项卡

【外部数据】选项卡包括【导入并链接】、【导出】2 个工具组，如图 1-21 所示。

图 1-21 【外部数据】选项卡

通过该选项卡，用户可以完成以下功能。

- 在【导入并链接】组中可将其他格式的外部数据，例如 Excel 电子表格、txt 文本文件或 XML 文件等格式的数据导入到 Access 数据库，或创建链接，从而链接到这些外部数据。
- 在【导出】组中可将 Access 数据库对象导出为各种格式的数据。

4) 【数据库工具】选项卡

【数据库工具】选项卡包括【工具】、【宏】等 6 个工具组，如图 1-22 所示。

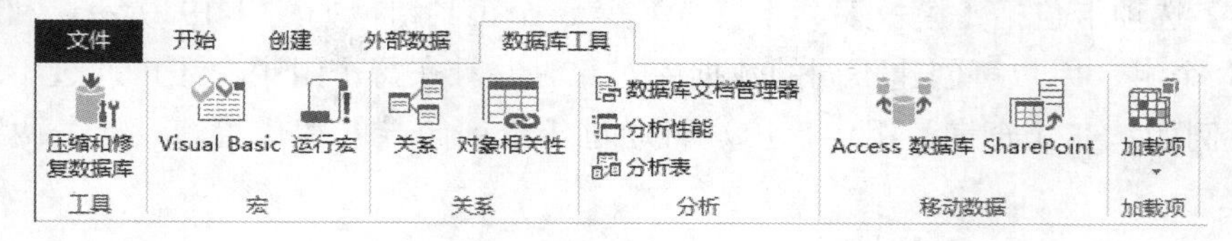

图 1-22 【数据库工具】选项卡

通过该选项卡，用户可以完成以下功能。

- 在【工具】组中可压缩和修复数据库。
- 在【宏】组中可启动 Visual Basic 编辑器或运行宏。

- 在【关系】组中可查看和创建表关系，还可查看数据库中对象的相关性。
- 在【分析】组中可分析表或整个数据库的性能。
- 在【移动数据】组中可拆分数据库或将表导出到 SharePoint 网站。
- 在【加载项】组中可查看、添加或卸载可用的加载项。

4. 【文件】选项卡

在功能区左侧，还有【文件】选项卡。这是一个特殊的选项卡，它的结构、布局与其他选项卡完全不同。选择该选项卡，进入文件操作界面。可以看到界面分为左、右两个部分，左侧由【信息】、【新建】等一组命令组成，右侧则显示选择不同命令后的界面，如图 1-23 所示。

- 选择【信息】命令，可压缩和修复数据库、设置密码或查看数据库属性。
- 选择【新建】命令，进入【新建】界面，用户既可以新建一个空白数据库，又可以通过 Access 2013 提供的模板，新建一个模板数据库。
- 选择【打开】命令，用户可选择打开数据库的目录及方式。其中“OneDrive-个人”是 Access 2013 新增的内容，为云端存储位置，如图 1-24 所示。

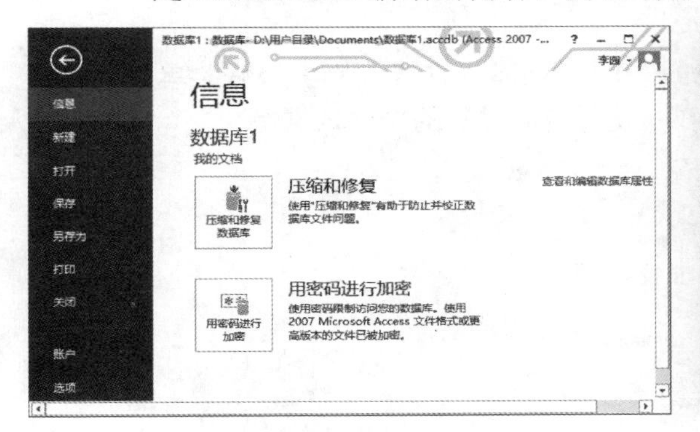

图 1-23　【信息】界面

图 1-24　【打开】界面

- 选择【保存】命令，可保存当前数据库。
- 选择【另存为】命令，可在计算机其他位置保存数据库或将数据库打包并签署。
- 选择【打印】命令，可快速打印当前对象、设置打印选项或查看打印预览。
- 选择【关闭】命令，可关闭当前数据库。
- 选择【账户】命令，可登录到 Office。
- 选择【选项】命令，将打开【Access 选项】对话框，通过各选项界面，用户可对数据库进行设置，如图 1-25 所示。

5. 导航窗格

导航窗格位于窗口左侧，用于组织和管理当前数据库中各数据库对象，如图 1-26 所示。单击导航窗格右上角的【展开/折叠】按钮《或》，可以展开或折叠导航窗格。

在导航窗格中，既可以设置要显示的对象，还可以设置分组方式。单击导航窗格右侧的下拉按钮，弹出下拉列表，如图 1-27 所示。在【浏览类别】列表项中用户可以选择分组的方式，在【按组筛选】列表项中用户可选择显示哪些对象。例如，选择按“表和相关视图”方式来分组，如图 1-28 所示。

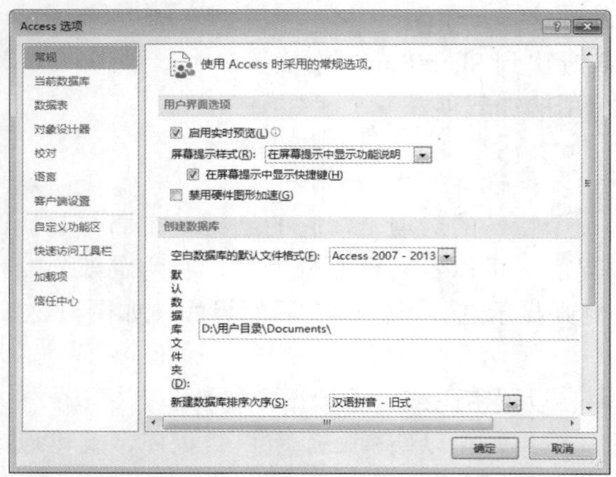

图 1-25 【Access 选项】对话框

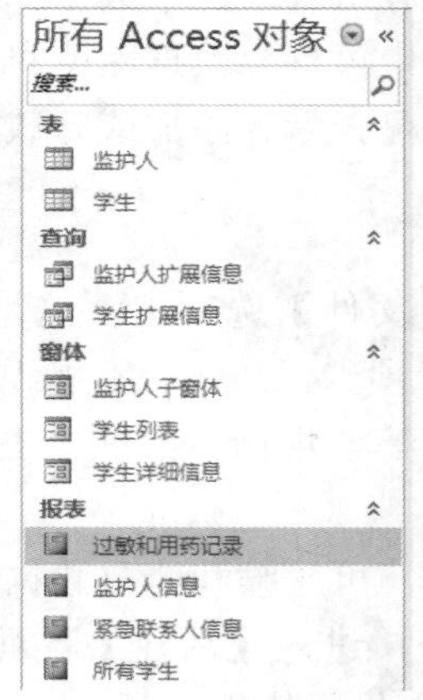

图 1-26 导航窗格

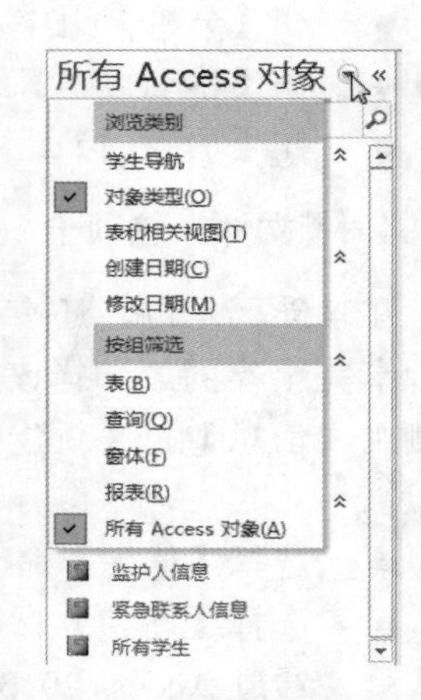

图 1-27 导航窗格的下拉列表

在导航窗格中选择任一对象，双击即可打开该对象。或右击，在弹出的快捷菜单中选择某个菜单命令，以执行相应的操作，如图 1-29 所示。

在导航窗格空白处右击，弹出快捷菜单，如图 1-30 所示。在【类别】级联菜单中同样可以设置分组方式，在【排序依据】级联菜单中可以设置当前对象的排序依据等。

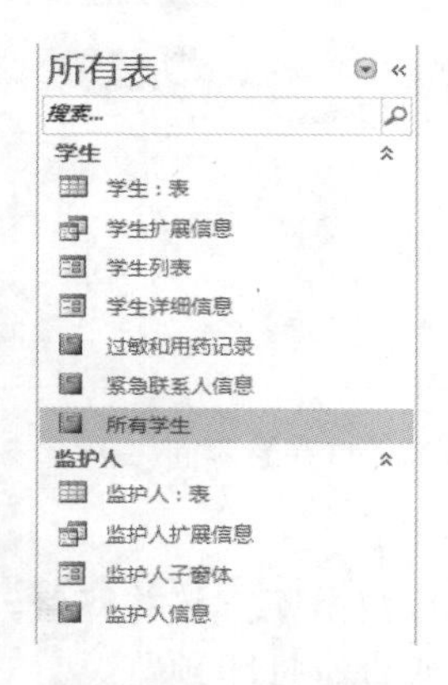

图 1-28 按表和相关视图分组

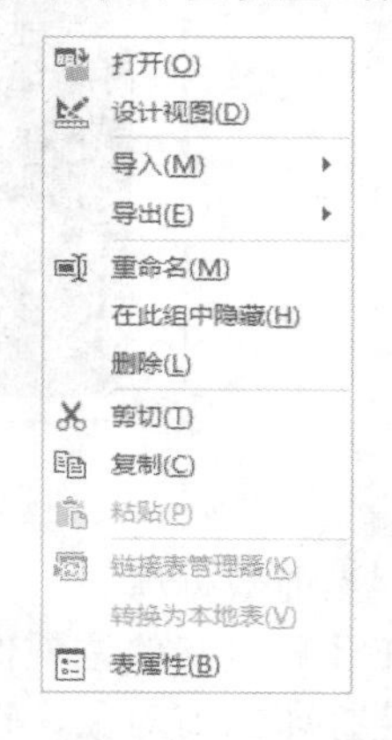

图 1-29 数据库对象的快捷菜单

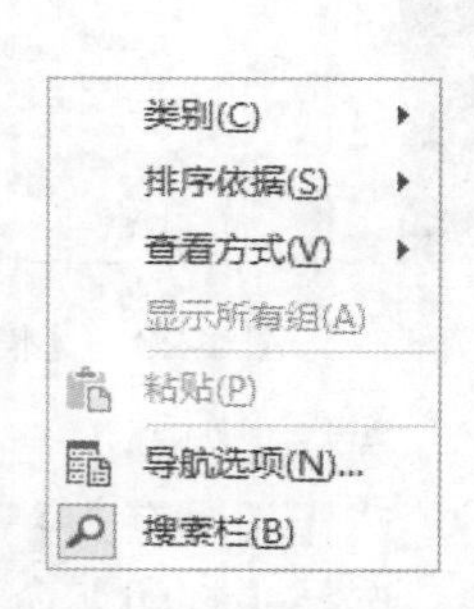

图 1-30 导航窗格的快捷菜单

6. 数据库对象工作区

在左侧导航窗格中选择某数据库对象，在右侧即可对其进行查看、修改、设计等操作。简而言之，对 Access 所有对象进行的所有操作都是在此工作区中进行的。

当打开多个对象时，系统默认将其显示为选项卡式文档，方便用户与数据库的交互，如图 1-31 所示。

7. 状态栏

状态栏位于窗口底部，用于显示状态信息、属性提示、操作提示等。单击状态栏右侧的各按钮，还可切换视图。图 1-32 为一个窗体的【窗体视图】中的状态栏。

图 1-31　选项卡式文档

图 1-32　状态栏

8. 使用快捷键

在工作界面中，快捷键默认是不显示的。若想显示快捷键，则按一下 Alt 键，可以看到每个可用功能的上方都有快捷键显示。例如，选择【文件】选项卡功能的快捷键为 F，【保存】功能的快捷键为 1 等，如图 1-33 所示。

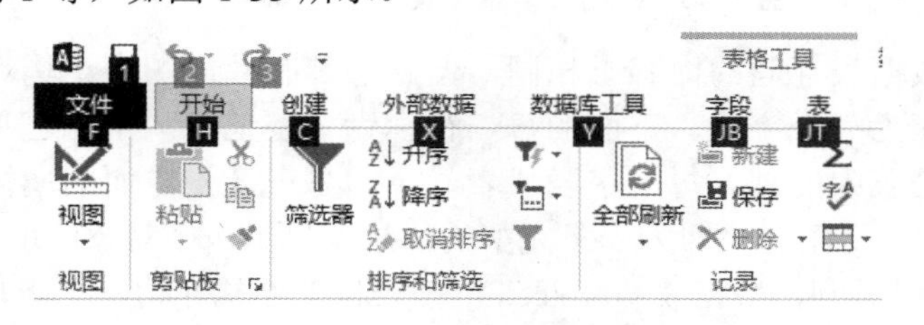

图 1-33　快捷键

在当前状态下，按下相应的快捷键，即可执行相应的功能。例如，按下 C 键，就会打开【创建】选项卡，并显示出该选项卡中各功能的快捷键，如图 1-34 所示。

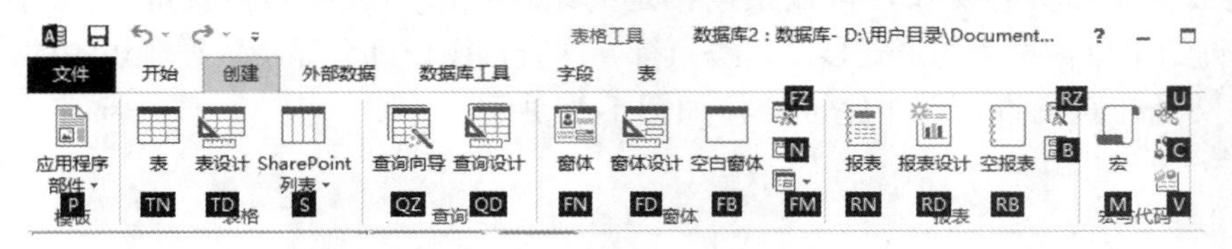

图 1-34　【创建】选项卡中的快捷键

1.5　认识 Access 的对象

Access 数据库系统由数据库中的 6 大数据对象所构成，分别是“表”“查询”“窗体”“报表”“宏”和“模块”。

1. 表

表是数据库中最基本的组成单元，用来存储数据库中的各种数据。一个数据库中可以包含多个表，但一个表应围绕一个主题建立，如图 1-35 所示为“图书信息”表和“借阅信息”表。

图书信息

图书编号	书名	作者	出版社	库存量	类别编号	单价	购入日期	单击以添加
1	学会爱自己	刘敏	青岛出版社	5	C1	¥58.30	2015/7/1	
2	雨天的棉花糖	毕飞宇	江苏文艺出版社	7	C2	¥21.80	2015/7/1	
3	隐身衣	格非	人民文学出版社	10	C2	¥21.20	2015/7/1	
4	梦想家威利	安东尼	21世纪出版社	20	C1	¥23.20	2015/7/1	
5	布尔和比例	吉恩罗巴	中国少年儿童出版社	11	C1	¥97.00	2015/7/1	
6	长恨歌	王安忆	南海出版社	5	C2	¥9.90	2015/7/1	
7	中华上下五千年	朱良南	北方文艺出版社	4	C3	¥49.00	2015/7/1	
8	丁丁历险记	埃尔热	中国少年儿童出版社	6	C1	¥182.00	2015/7/1	
9	阁楼上的精灵	汤素兰	21世纪出版社	7	C1	¥10.30	2015/7/1	
10	万历十五年	黄仁宇	中华书局	8	C3	¥10.80	2015/8/1	
11	这个历史挺靠谱	袁腾飞	湖南人民出版社	5	C3	¥49.50	2015/8/1	
12	琴弦上的家园	李贵春	人民文学出版社	10	C2	¥45.80	2015/8/1	
13	三只小猪的真实故事	谢斯卡	河北教育出版社	10	C1	¥28.00	2015/8/1	
14	皮皮鲁总动员	郑渊洁	21世纪出版社	10	C1	¥30.00	2015/8/1	
15	南渡北归	岳南	湖南文艺出版社	8	C3	¥63.80	2015/8/1	
0				0		¥0.00		

借阅信息

借阅ID	学号	图书编号	书名	借阅日期	归还日期	单击以添加
B1	2005136201	3	隐身衣	2015/7/3	2015/7/5	
B10	2005136204	7	中华上下五千年	2015/8/26	2015/8/28	
B11	2005136206	1	学会爱自己	2015/8/3	2015/8/29	
B2	2005136205	7	中华上下五千年	2015/7/6	2015/7/18	
B3	2005136204	10	万历十五年	2015/8/4	2015/8/26	
B4	2005136203	10	万历十五年	2015/8/5	2015/8/18	
B5	2005136202	3	隐身衣	2015/8/7	2015/8/26	
B6	2005136205	3	隐身衣	2015/8/9	2015/8/12	
B7	2005136208	10	万历十五年	2015/8/10	2015/8/15	
B8	2005136201	1	学会爱自己	2015/8/13	2015/8/27	
B9	2005136207	7	中华上下五千年	2015/8/17	2015/8/27	
	0	0				

图 1-35 “图书信息”表和“借阅信息”表

虽然以上两个数据表存储的内容不相同，但它们都有共同的表结构。表中的第一行称为标题行，每个标题即为一个字段。下面的每一行称为一条记录。由此可见，表是由字段和记录所组成的。字段是表中的列，每个字段代表一条信息在某一方面的属性。而记录则包含了数据表中的每个字段，每条记录即为一条完整的信息，显示一个对象的所有属性。

从图 1-35 中可以看到，数据表与 Excel 电子表格的结构相似，二者均是以行和列来存储数据。用户可以轻松地实现数据表和 Excel 电子表格数据之间的互换和共享。

2. 查询

查询是数据库的核心操作，可以根据指定的条件从数据表或其他查询中筛选出符合条件的记录。查询结果以数据表的形式显示，每执行一次查询操作都会显示数据源表中的最新数据。

查询通常是在查询设计器中完成的，如图 1-36 所示。

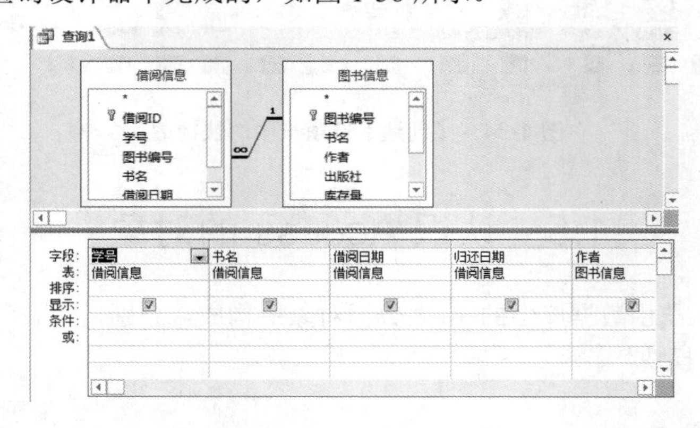

图 1-36 查询设计器

一般来说，查询有两种基本类型：选择查询和操作查询。选择查询仅仅检索出数据以供用户查看结果，而操作查询通常对数据执行一项任务，例如向现有表中追加、更新或删除数据等，不同于选择查询，操作查询将会更改现有表的记录。

3. 窗体

窗体用来显示和修改表，是用户与 Access 应用程序之间的接口。用户通过设置窗体可以定制自己的数据表现形式，设计出友好的用户界面。窗体的数据源来自表或查询，利用窗体可将整个应用程序组织起来，形成一个完整的应用系统。

使用窗体既可以进行数据的输入和显示，又可以查看或更新数据表中的记录，如图 1-37 所示为“图书信息”窗体。

用户还可以使用窗体来控制应用程序的流程，在窗体中添加各种控件，只需要单击窗体上的各个控件按钮，就可以进入不同的程序模块，调用不同的程序，如图 1-38 所示为“登录系统”窗体。

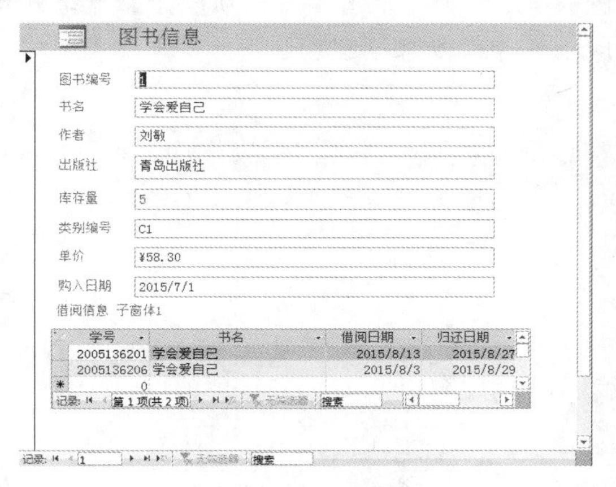

图 1-37 “图书信息”窗体

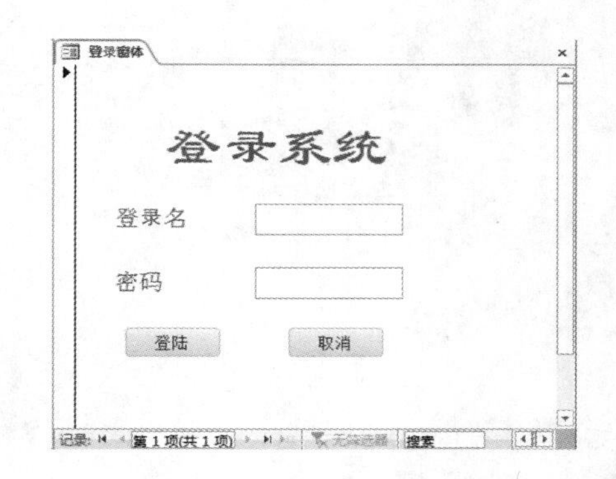

图 1-38 “登录系统”窗体

4. 报表

报表主要用来显示并打印数据，利用报表可以整理和计算基本表中的数据。报表的数据源大多来自表、查询或 SQL 语句，不同于窗体的是，用户不能在报表中输入数据。

报表可以用来显示和打印一个数据表或者查询中的信息，如图 1-39 所示的“借阅信息”报表。

利用报表还可以制作标签，将标签报表打印以后，裁剪成一个个小的标签，贴在每本图书或者每件行李上，用于对该物品进行标识，如图 1-40 所示为“标签 图书信息”报表。

5. 宏

宏是一个或多个操作的集合，其中每个操作实现特定的功能，例如打开窗体、打印报表等。由此看出，利用宏可以完成大量重复性的工作。

通常来讲，可以将宏看作一种简化的编程语言。通过系统提供的 63 种预定义的宏操作命令，用户不必编写任何代码，就可以完成其特定的功能。

借阅信息　2015年9月30日 16:34:45

借阅ID	学号	图书编号	书名	借阅日期	归还日期
B1	2005136201	3	隐身衣	2015/7/3	2015/7/5
B10	2005136204	7	中华上下五千年	2015/8/26	2015/8/28
B11	2005136206	1	学会爱自己	2015/8/3	2015/8/29
B2	2005136205	7	中华上下五千年	2015/7/6	2015/7/18
B3	2005136204	10	万历十五年	2015/8/4	2015/8/26
B4	2005136203	10	万历十五年	2015/8/5	2015/8/18
B5	2005136202	3	隐身衣	2015/8/7	2015/8/26
B6	2005136205	3	隐身衣	2015/8/9	2015/8/12
B7	2005136208	10	万历十五年	2015/8/10	2015/8/15
B8	2005136201	1	学会爱自己	2015/8/13	2015/8/27
B9	2005136207	7	中华上下五千年	2015/8/17	2015/8/27

共 1 页，第 1 页

图 1-39　“借阅信息”报表

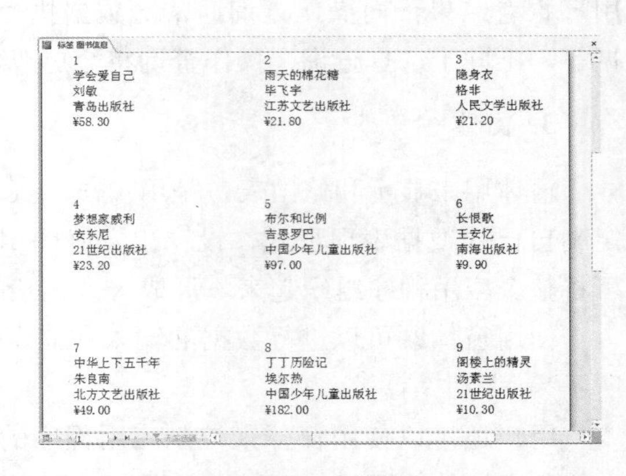

图 1-40　“标签 图书信息”报表

宏的设计一般是在宏生成器中完成的，如图 1-41 所示。单击【添加新操作】下拉列表框的下拉按钮，在弹出的下拉列表中即可选择相应的操作命令来创建宏。

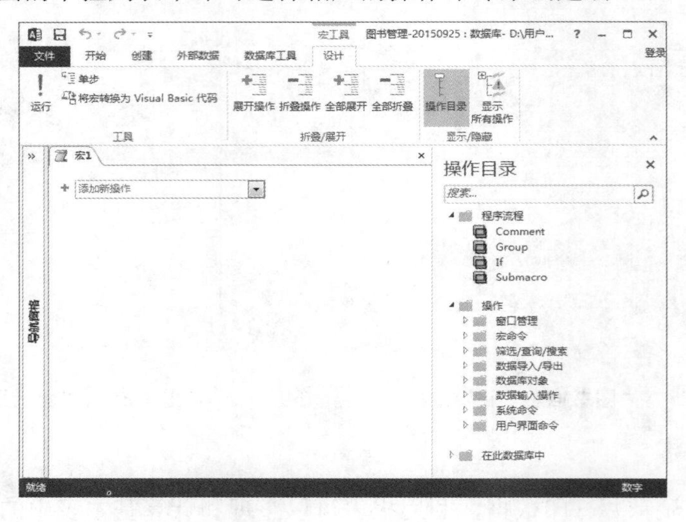

图 1-41　宏生成器

6. 模块

模块是 VBA 程序代码的集合，可以实现数据库中较为复杂的功能。它将声明、语句和过程作为一个单元存储在一起，完成宏对象不能完成的任务。

模块可以分为类模块和标准模块。类模块中包含各种事件过程，它与某个窗体或报表对象相关联，而标准模块包含与任何其他特定对象无关的通用过程，如图 1-42 所示。

过程是模块中最主要的组成部分，它是能够完成某项特定功能的 VBA 代码段，图 1-43 所示为一个能够显示出九九乘法表的 Sub 过程。

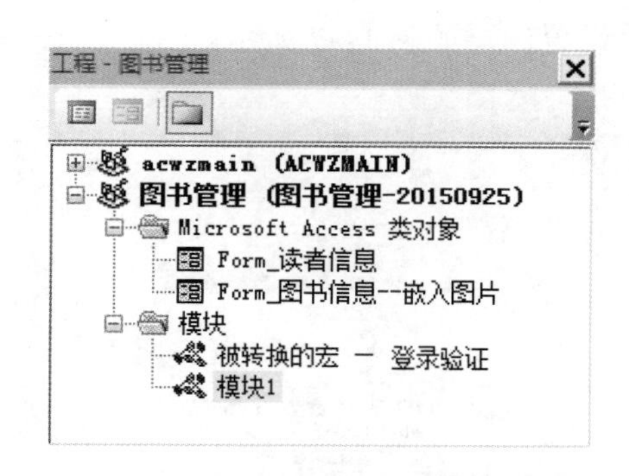

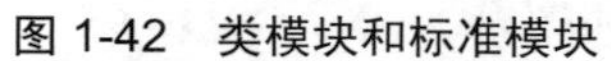
图 1-42　类模块和标准模块

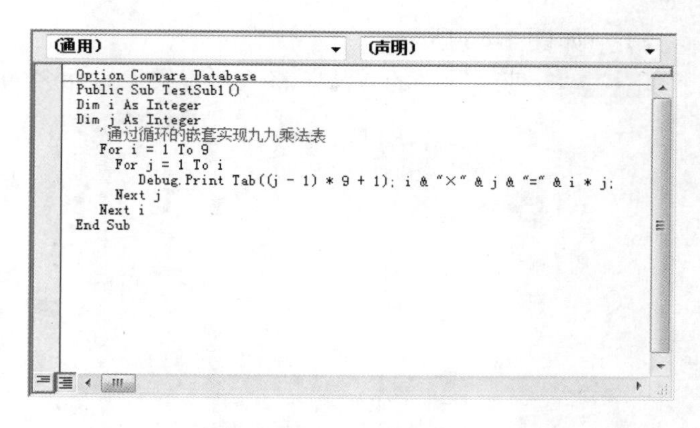

图 1-43　Sub 过程

1.6　综合实战——DIY 自己的功能区

DIY 自己的工具栏主要是通过【Access 选项】对话框来完成的。下面在“数据库 1”中进行操作。具体步骤如下。

step 01 启动 Access 2013，打开“数据库 1”。

step 02 切换到【文件】选项卡，进入文件操作界面，选择左侧的【选项】命令，弹出【Access 选项】对话框。在此对话框中选择左侧窗格中的【自定义功能区】命令，如图 1-44 所示。

step 03 单击右侧的【新建选项卡】按钮，可以看到，在【主选项卡】列表框中添加了一个“新建选项卡”和“新建组”，如图 1-45 所示。

也可以选中已存在的某个选项卡，单击【新建组】按钮，在该选项卡下新建一个组。

图 1-44　选择【自定义功能区】命令

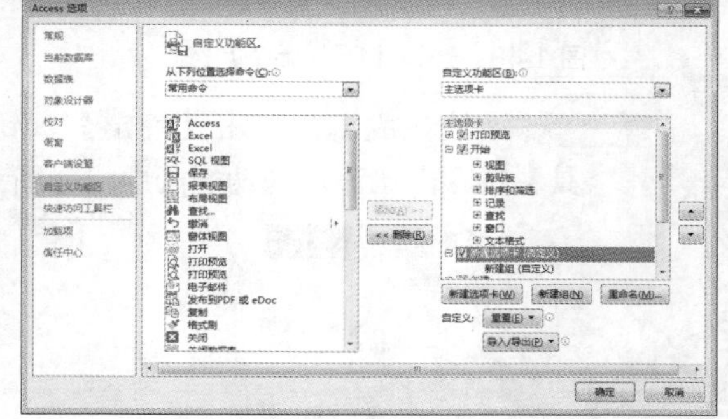

图 1-45　添加【新建选项卡】和【新建组】选项

step 04 选择【新建选项卡】选项，单击【重命名】按钮，弹出【重命名】对话框，在【显示名称】文本框中输入新建选项卡的名称“工具”，然后单击【确定】按钮，如图 1-46 所示。

step 05 使用同样的方法，将“新建组”重命名为“设置”，如图 1-47 所示。

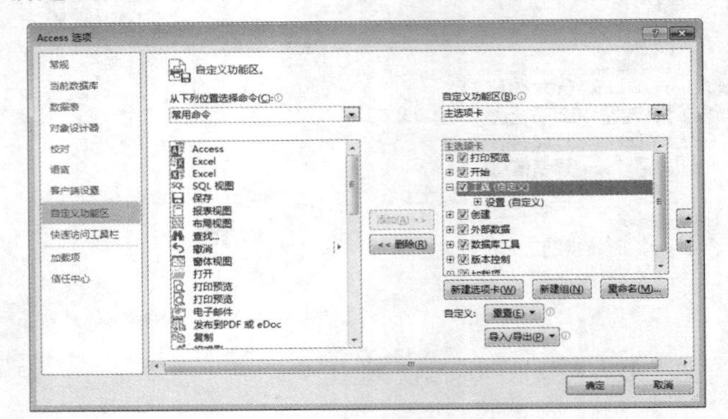

图 1-46 【重命名】对话框 图 1-47 将“新建组”重命名为“设置”

step 06 单击【从下列位置选择命令】右侧的下拉按钮，在弹出的下拉列表中选择【所有命令】选项，如图 1-48 所示。

step 07 在【所有命令】列表框中选择【用户和权限】选项，单击【添加】按钮，将其添加到新建的【设置】组中，如图 1-49 所示。

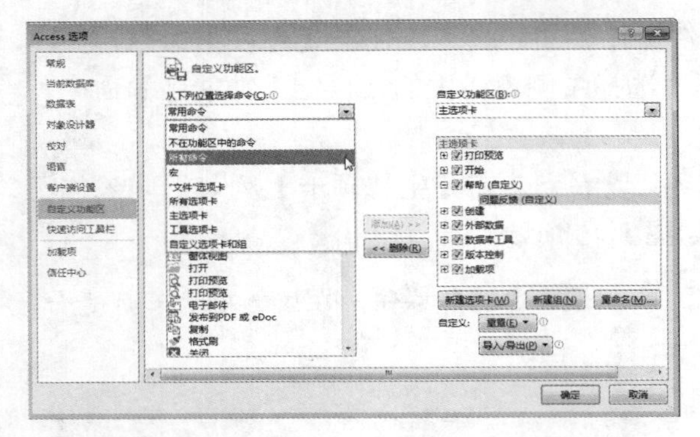

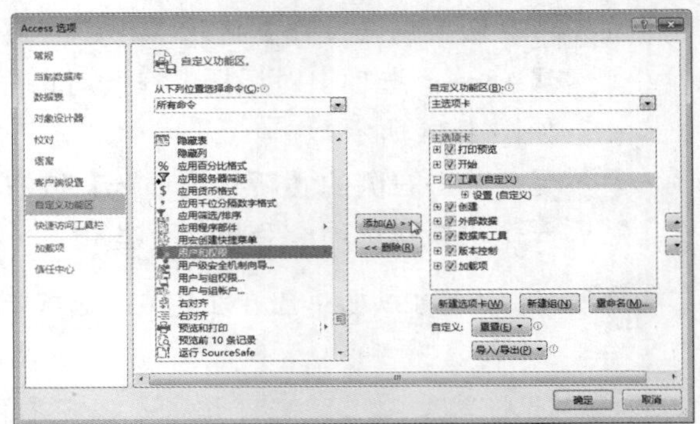

图 1-48 选择【所有命令】选项 图 1-49 选择【用户和权限】选项

step 08 添加完成后，单击【确定】按钮，返回到数据库工作界面。可以看到，【工具】选项卡已添加到功能区中，如图 1-50 所示。

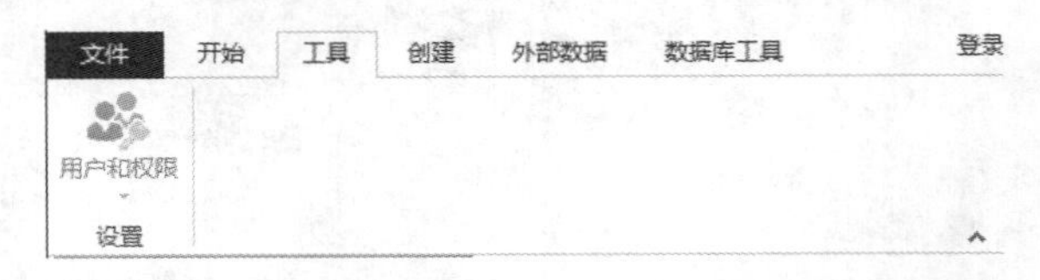

图 1-50 【工具】选项卡

1.7 高手甜点

甜点 1：如何选择合适的数据库？

选择数据库时，需要考虑运行的操作系统和管理系统的实际情况。一般情况下，要遵循以下原则。

(1) 如果是开发大型的管理系统，可以在 Oracle、SQL Server、DB2 中选择；如果是开发中小型的管理系统，可以在 Access、MySQL、PostgreSQL 中选择。

(2) Access 和 SQL Server 数据库只能运行在 Windows 系列的操作系统上，其与 Windows 系列的操作系统有很好的兼容性。Oracle、DB2、MySQL 和 PostgreSQL 除了在 Windows 平台上可以运行外，还可以在 Linux 和 UNIX 平台上运行。

(3) Access、MySQL 和 PostgreSQL 都非常容易使用，Oracle 和 DB2 相对比较复杂，但是其性能较好。

甜点 2：为什么在创建自定义应用程序时，会出现如图 1-51 所示的错误提示？

图 1-51 错误提示

若出现该对话框，可能是在【自定义 Web 应用程序】对话框的【Web 位置】文本框中没有输入地址，或者 Access 无法识别输入的网站。注意系统要求输入的地址必须为有效的，而且用户对其有“完全控制”的权限。

甜点 3：Access 2013 的默认数据库格式是什么？共有几种格式？几种格式之间有何区别？

Access 2013 共有 4 种数据库格式，包括.accdb、.accdc、.accde 和.accdt。其中，accdb(Access Database)是默认的数据库格式；accdc 格式是包含数字签名的数据库软件包，是从原始.accdb 数据库文件中创建而成的。.accde 格式用于“可执行”模式下的数据库文件；.accdt 格式用于数据库模板。

第2章 出色的数据库设计

数据库设计是建立数据库及其应用系统的技术，是信息系统开发和建设中的核心技术。由于数据库应用系统的复杂性，为了支持相关程序运行，数据库设计就变得异常复杂。因此最佳的设计不可能一蹴而就，而只能是一种“反复探寻，逐步求精”的过程。通过本章的学习，读者需要熟悉如何设计出色的数据库，尽量避免因前期的考虑不周而造成不必要的操作。

本章目标(已掌握的在方框中打钩)

- ☐ 了解数据库的基本概念
- ☐ 了解关系型数据库的基本应用
- ☐ 熟悉数据的规范性
- ☐ 掌握数据库的设计步骤和方法

2.1 数据库基本概念

在信息化社会，充分有效地管理和利用各类信息资源，是进行科学研究和决策管理的前提条件。而对于这些大量的数据信息，如果使用手工方式进行管理，不仅效率低下，而且错误不断。这时就需要用到数据库，通常把它做成一个存储数据的仓库。例如，在一个学校，需要管理成千上万名学生的信息，这些信息组成一个数据库——学生信息管理数据库。其中，每个学生的姓名、家庭住址、电话、入学时间、学号等信息都是这个数据库中的数据。同时，在这个数据库中，还可以随时添加或修改学生的信息。

由此可知，数据库可以定义为数据的集合以及针对数据进行各种基本操作的对象集合。也称为 Database，简称 DB。数据库作为存储数据的仓库，仓库中的数据需按一定的规则存放，以便用户对数据进行访问或修改。

一个 Access 数据库是由表、查询、窗体、报表、宏和模块等数据库对象构成的，这些对象都存储于一个扩展名为.accdb 的单独文件中。其中，表作为主要的数据存储仓库来使用，而查询、窗体或报表则提供了数据的访问途径，用户可以添加或提取数据，并通过有效的方法呈现出数据。另外，大多数开发人员还需向窗体或报表中添加宏或 VBA 代码，使应用程序功能更加全面。

2.2 关系型数据库

第 1 章已经介绍过，Access 2013 是一种关系型数据库管理系统，而关系型数据库即建立在关系模型基础上的数据库。关系模型是目前最流行的数据库模型，它的数据结构简单清晰，是一个二维表的集合，每个表格就是一个关系。这意味着在 Access 2013 数据库中，一个表中的数据与另一个表中的数据是有关系的。

2.2.1 为什么创建多个表

一些初级用户在数据库中创建表时，总是希望创建一个能够包含全部信息的巨型表。例如，创建一个图书馆的图书管理表，其中包含了图书信息(图书编号、书名、作者、出版社、单价等)、图书类别信息(类别名称、可借天数、超期罚款等)及每本图书的借阅信息(借阅 ID、学号、借阅日期、归还日期等)，随着图书馆不断购入新的图书，该表中的数据会迅速增加，并且包含了许多无法管理的数据。

由此可知，创建这种巨型表后，维护起来会非常困难。随着数据的不断增加，系统效率随之降低，容易出现数据输入错误，同时会出现大量重复数据或空白数据。例如，若一本书有多次借阅信息，在记录不同的借阅信息时，该条信息前面的图书信息和图书类别信息将会大量重复。

为了解决以上问题，可以创建多个包含少量信息的表，每个表中都有一个主题，表中的字段都是围绕该主题所创建。创建多个表并建立各个表之间的表关系后，同样可以将这些表当成一个表使用，但并不会出现上述问题。

2.2.2　使用多个表

2.2.1 小节介绍了为什么需要在数据库中创建多个表，本小节将介绍如何使用这些表。例如，在“图书管理”数据库中建立了两个表：“图书类别信息”表和“图书信息”表。其中，“类别编号”字段为“图书类别信息”表的主键，需在“图书信息”表中添加该字段作为其外键，通过该字段，创建这两个表的关系，将它们关联起来。

创建关系后，可以将这两个表当成一个表看待，方便用户查看某一类别下的所有图书信息，而不必重复查看每个表的记录。同样地，在每次购入新书时，只需更新“图书信息”表的内容。

由以上例子可以看出，由于特定主题的所有信息都在一个表内，所以将数据分布到数据库中多个表内可以使系统变得更易于维护。创建了关系后又很方便地将它们相互关联起来，这样既节省了数据的存储空间，又减少了数据的冗余，使数据组织非常条理化。

2.3　数据的规范化

在设计数据库时，确保数据正确存储到表中是最重要的步骤。使用良好的表结构，极大地方便了应用程序的其他设计内容，例如窗体、报表等。其中，将数据正确存储在多个表中的过程称为对数据的规范化。在系统设计中应用数据规范化规则是数据库设计成功的保证。

通常情况下，规范化分为五个阶段。大多数据库设计都要求使用前三个阶段，而其中第一阶段是最基础和常用的。对于大部分数据库设计而言，满足第一阶段已经足够了。

规范化规则又称为范式，规范化的第一个阶段称为第一范式，要求数据表符合以下的规则：表中的每个元素都只能包含一个唯一值，并且表中不能包含重复的数据。

第二范式的规则为：将不直接依赖于表主键的数据都移到另一个表中。通俗来讲，是指拒绝巨型表，创建多个表，使每个表都有其特定的主题。

第三范式的规则为：要求删除所有可以从本表其他字段或数据库其他表中获得数据的字段。即表中不应包含计算得来的数据。

以上三个范式其实就是设计表和字段时应遵循的原则。在后面将详细介绍，这里不再赘述。

2.4　数据库的设计步骤和方法

设计数据库的目的实质上是设计出最优的数据库模式，使之能够有效地存储数据，满足用户的实际需求。在初始设计数据库时，难免会发生错误或遗漏数据的现象。完成初步设计后，利用示例数据对其进行测试，Access 很容易对原设计方案进行修改，可是在输入大量数据之后，再想修改就比较困难。正因为如此，在开发完整的数据库系统前，应确保设计方案的合理性。

2.4.1 总体设计

创建数据库之前，第一个步骤是确定数据库的用途，专业术语称为“需求分析”。即开发者需要确定希望从数据库中得到什么信息。例如，学生信息管理是学校管理工作中的主要环节之一，涉及学生的基本信息管理、住宿管理、成绩管理、课程管理等方面。随着每年新学期的开始，学生的信息也在不断地发生变化。为了提高学生管理的效率，可以创建一个“学生信息管理”数据库。

在创建此数据库之前，需要确定其完成的功能，包括以下几点。

- 能输入和修改学生的基本信息，例如学号、姓名、性别、出生日期、专业等。
- 能输入和修改学生每学期的课程信息，例如课程名称、授课老师、上课时间等。
- 能输入和修改学生各学期各门课程的成绩信息，例如学期名称、课程名称、相应成绩、是否及格等。
- 能输入和修改学生的住宿信息，例如宿舍号、宿舍电话、宿舍人数等。
- 能够查询学生的平均成绩、最好成绩、最差成绩等信息。
- 生成标签报表，打印每个学生的基本信息。
- 设置登录名和密码登录系统，查询以上信息。

从以上的例子可以看出，在确定数据库的用途时，希望数据库提供的一系列信息也随之显示出来。由此，可以确定在数据库中存储哪些事件，以及每个事件属于哪个主题。这些事件与数据库中的字段相对应，事件所属的主题则与表是对应的。

当然，构建系统所需要的大多数信息都来源于最终的用户，这意味着开发者可以和他们进行交流探讨以了解得更加全面。同时，在实际创建数据库之前，开发者不妨先在纸面上草拟一些希望数据库生成的报表，或者收集当前用来记录数据的表格，还可以参考某个设计得很好且与当前要设计的数据库相似的数据库，从而确保设计出合理的方案。

2.4.2 设计表

这是数据库设计过程中最重要的一个环节，也是最难处理的一个步骤。因为表对象是整个数据库的基础，也是查询、窗体和报表对象的基础。表结构设计得好坏会直接影响数据库的性能。一个良好的数据表设计应该具备以下两点。

- 表不应包含备份信息，表之间不应包含重复信息，从而减少冗余数据。否则不仅会浪费空间，还会增加出错的可能性。
- 每个表应该只包含关于一个主题的信息。

由此可知，开发者可以将信息划分为各个独立的主题，每个主题都可以设计成为数据库的一个表。例如，在“学生信息管理”数据库中可以划分为学生、课程、成绩等，因此可以设计“学生信息”表、“课程”表、“成绩”表、“班级”表、“宿舍”表等，如图 2-1 所示。

图 2-1　“学生信息管理”数据库中的表

2.4.3 设计字段

每个表中都应包含同一主题的信息，即表中的字段应围绕这个主题而创建。在设计表中的字段时，应注意以下几点。

- 字段应涉及所有需要的信息。
- 以最小的逻辑部分存储信息。例如，学生姓名通常分为两个字段存储，“名字”和“姓氏”。
- 不要创建相互类似的字段。例如，在“供应商”表中，如果创建了“产品 1”和“产品 2”字段，就很难查找所有提供某一特定产品的供应商。
- 不应包含派生或计算得到的数据。例如，如果有“单价”和“数量”字段，就不要额外再创建一个“总价”字段存储这两个字段值的乘数。该数据完全可以通过建立查询来实现。
- 明确有唯一性的字段。

Access 为了连接保存在不同数据表中的信息，数据库中的每个数据表必须设置主键字段。例如，在“学生信息”表中设计“学号”“姓名”“性别”“出生日期”“籍贯”等字段，其中，设置“学号”字段为主键，如图 2-2 所示。

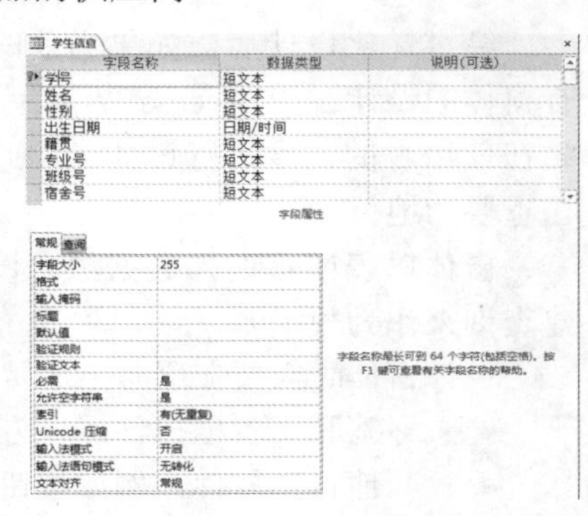

图 2-2 “学生信息”表中的字段

2.4.4 设计关系

Access 数据库中的数据保存在不同的表中，因此必须要有一些方法能够连接这些数据，使之作为一个整体使用。通过建立表间的关系即可解决此问题。

例如，在“学生信息管理”数据库中，来查看一个学生的基本信息和他所住宿舍的信息。因为一个学生只能有一个宿舍，而一个宿舍可以有多位学生，因此在“宿舍”表和“学生信息”表之间建立一对多关系后，就可以把这两个表中的数据结合在一起查询，如图 2-3 所示。

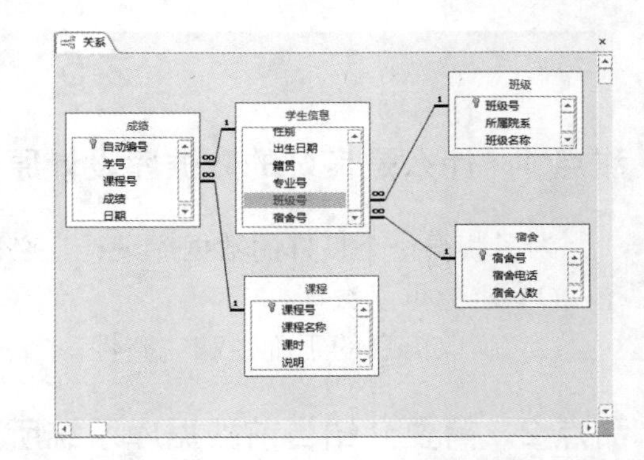

图 2-3 “学生信息管理”数据库中的表关系

数据库表关系要求关系中所涉及的两个表内有唯一的字段，如果表中没有唯一的字段，则数据库引擎无法正确连接并提取相关的数据。这时，就需要向表中添加一个额外的字段，让该字段作为与其他表形成关系的点。

2.4.5 优化设计

在设计完需要的表、字段和关系后，应检查设计并尽量找出任何可能存在的不足。因为改变当前数据库的设计要比改变已经输入数据的表容易得多。

开发者应在每个表中输入充足的示例数据，以方便检查设计。可以创建各种查询，通过得到的结果来检查数据库中的关系，还可以创建窗体和报表的草稿，检查显示的数据是否符合期望，从中查找不需要的重复数据，并对其进行修改。

另外，许多表结构在当时使用效果非常好，但常常会因为用户修改或添加数据而崩溃。开发人员在使用过程中会发现，经常需要重新设计表的结构来适应这些变化。并且表结构发生变化时，所有相关的内容也会发生改变。因此，预测这些变化可以减少问题的发生。

2.4.6 创建窗体

经过优化设计后，如果当前的表结构符合期望，就可以在表中添加所有的数据，接着进行窗体的设计。在 Access 数据库系统中，开发者和使用者往往是分离的，而窗体更多地需要站在使用者的角度进行设计。因此，设计一个操作方便、美观的界面在数据库设计中占有相当重要的地位。

窗体以表或查询为数据源。设计窗体之前，若当前存在的表不满足需求，开发者还需创建查询来作为数据源。

设计窗体时需要在屏幕上放置以下三类对象。

- 标签和文本框控件：以方便输入数据。
- 其他特殊控件：例如按钮、列表框、复选框等。
- 提升窗体效果的图表对象，例如颜色、线条、矩形等。

设计窗体时，将上述控件放置在窗体中的相应位置，并设置对应的事件属性，即设置对应的宏。至此，一个简单的数据库系统就设计完成了。若要完成更复杂的功能，设计相应的 VBA 模块对象即可。

2.5 高 手 甜 点

甜点 1：什么是良好的数据库设计原则？

为了获得一个良好的数据库设计，必须遵循以下基本的原则。

(1) 避免重复数据；

(2) 确保信息的正确性和完整性。

甜点 2：简要介绍当前数据库系统所支持的主要数据模型。

数据库系统的一个核心问题是数据模型。根据组织数据库中数据的结构类型的不同，数据库系统所支持的主要数据模型有层次模型、网状模型和关系模型等几种。其中，层次模型和网状模型统称为非关系模型，它们在早期开发数据库时使用。

在非关系模型中，实体用节点表示，每个节点代表一个实体，实体间的联系用节点之间的连线表示。其中，层次模型利用树型结构来表示各类实体及实体间的联系，它要求只有一个节点而没有父节点，除此之外的其他节点都只能有一个父节点，这使得层次数据库系统只能处理一对多的实体关系。而网状模型是一种比层次模型更具普遍性的结构，它去掉了层次模型的两个限制，但因此变得复杂且数据独立性较差。

对于关系模型，它的数据结构简单清晰，无论是实体还是实体之间的联系都用关系(二维表)来表示，具有更高的数据独立性，简化了程序员的工作和数据库开发建立的工作。

第 2 篇

数据库基本操作

- 第 3 章　操作数据库
- 第 4 章　数据表的基本操作
- 第 5 章　数据库查询操作

第 3 章

操作数据库

数据库技术的不断发展使得人们可以科学地组织和存储数据、高效地获取和处理数据，数据库技术作为数据管理的主要技术，目前已广泛应用于各个领域。若想深入学习 Access 数据库，首先应掌握数据库的一些基本操作，这是学习一个新软件必不可少的步骤。下面通过本章的学习，读者应学会如何打开、保存和关闭数据库，以及如何创建一个新数据库和如何管理数据库。

本章目标(已掌握的在方框中打钩)

- ☐ 掌握如何创建数据库
- ☐ 掌握数据库的一些基本操作
- ☐ 掌握如何管理数据库

3.1 创建新数据库

Access 2013 有多种方式可以创建数据库。建立了数据库以后，就可以在里面添加表、报表、模块等数据库对象了。下面介绍两种创建数据库的方法。

3.1.1 创建一个空白数据库

数据库是存放各个对象的容器，若需要向空数据库中添加表、窗体、宏等对象，首先需要创建一个空白数据库。创建空白数据库的具体操作步骤如下。

step 01 依次选择【开始】|【所有程序】| Microsoft Office 2013 | Access 2013 命令，启动 Access 2013，如图 3-1 所示。

若桌面上有 Access 2013 的快捷方式，直接双击即可启动 Access 2013。

step 02 进入 Access 2013 的工作首界面，单击【空白桌面数据库】选项，如图 3-2 所示。

图 3-1 选择 Access 2013 命令

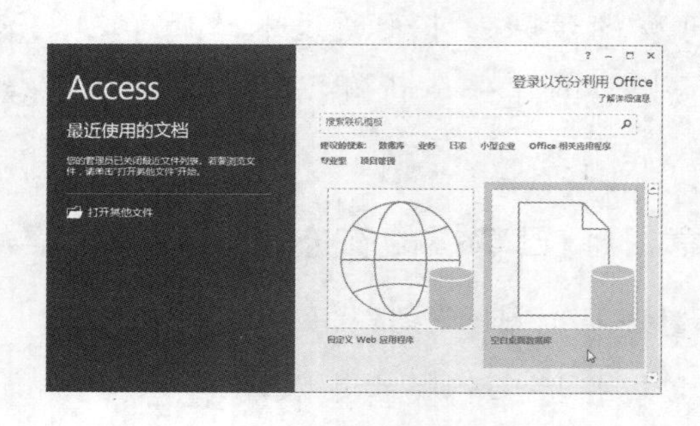

图 3-2 Access 2013 的工作首界面

step 03 弹出【空白桌面数据库】对话框，在【文件名】文本框中输入新建空白数据库的名称，例如命名为“数据库 1”，然后单击文本框右侧的【文件夹】按钮，如图 3-3 所示。

step 04 弹出【文件新建数据库】对话框，在其中可以设置数据库保存的位置，例如将该数据库保存到 E:/access 2013。设置完毕后，单击【确定】按钮，如图 3-4 所示。

在【文件名】文本框中同样可以设置数据库的名称。

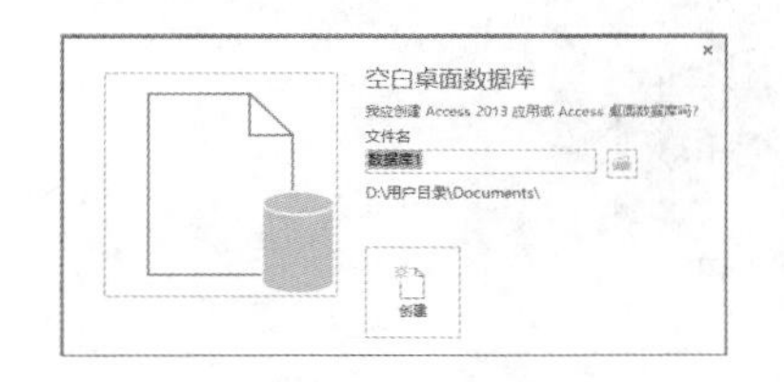

图 3-3 【空白桌面数据库】对话框

图 3-4 【文件新建数据库】对话框

step 05 返回到【空白桌面数据库】对话框，在其中可以查看设置好的保存位置，如图 3-5 所示。

step 06 单击【创建】按钮，即可完成新建一个空白数据库的操作，并在数据库中自动创建一个名为“表 1”的数据表，如图 3-6 所示。

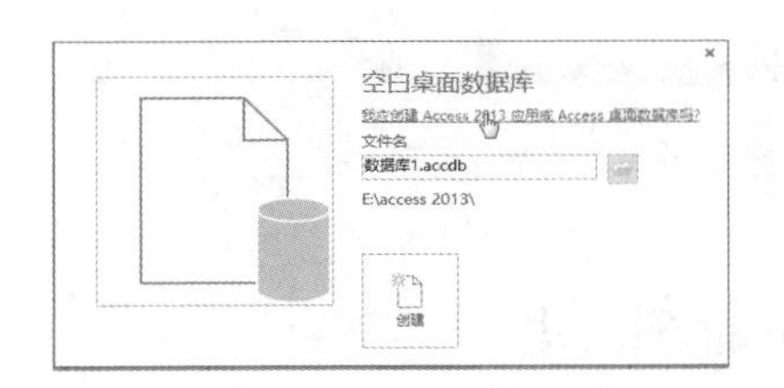

图 3-5 查看设置好的保存位置

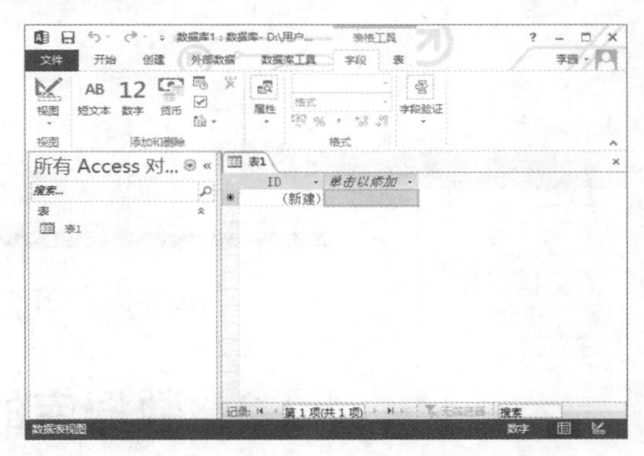

图 3-6 空白数据库

3.1.2 利用模板快速创建数据库

Access 2013 提供了 14 个数据库模板，其中包含 5 个应用程序模板。使用这些数据库模板，用户只需要进行一些简单操作，就可以创建一个包含表、查询等数据库对象的数据库。下面利用 Access 2013 中的模板，创建一个“资产”数据库，具体操作步骤如下。

step 01 启动 Access 2013，进入工作首界面，在 Access 2013 提供的 14 个数据库模板中选择【资产】选项，如图 3-7 所示。

step 02 弹出【资产】对话框，在【文件名】文本框中输入新建数据库的名称，单击文本框右侧的【文件夹】按钮，设置其保存的位置，具体可参考 3.1.1 小节。设置完毕后，单击【创建】按钮，如图 3-8 所示。

step 03 这时将新建一个“资产”数据库，在 Access 2013 的窗口左侧可以看到“资产”数据库预设的所有表，如图 3-9 所示。

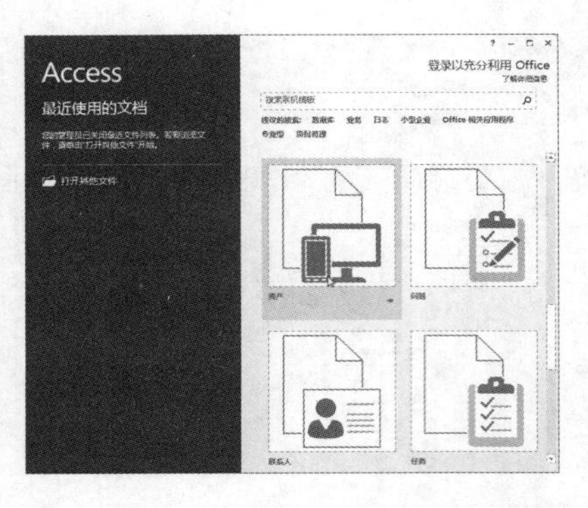

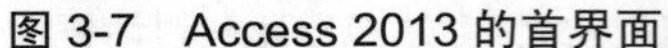
图 3-7　Access 2013 的首界面

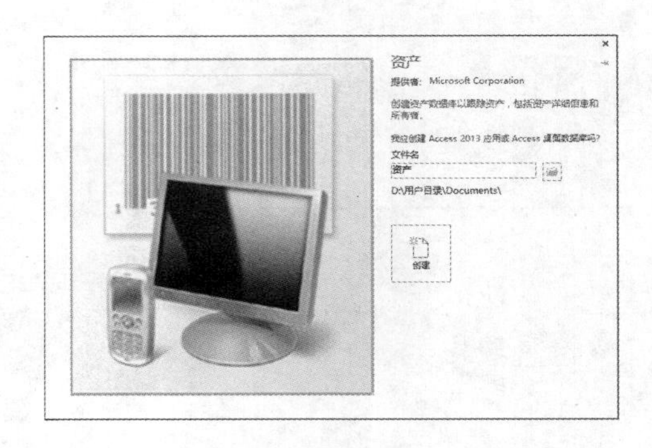

图 3-8　【资产】对话框

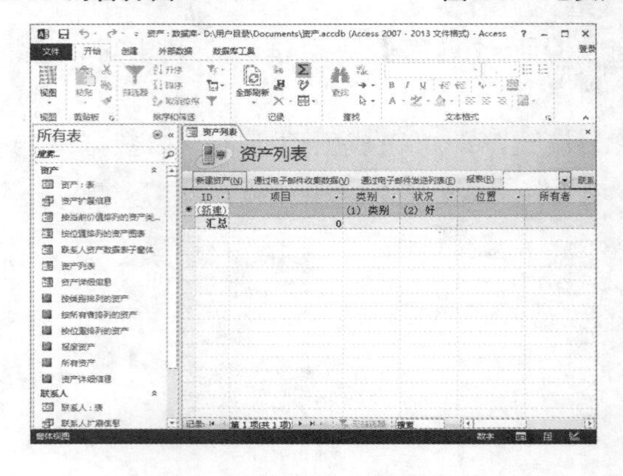

图 3-9　“资产”数据库

3.2　数据库的基础知识

数据库创建完成后，要想将创建的数据库永久保存下来，以方便以后再对其进行编辑，就需要将其保存到计算机磁盘中，这一过程就涉及对数据库进行的打开、保存和关闭三种操作，这也是数据库的基本操作。

3.2.1　打开数据库

创建数据库后，若以后要用到该数据库时就需要打开已创建的数据库。找到数据库的保存位置，双击即可打开，这是最简单的操作。若要从 Access 2013 工作首界面或工作界面中打开数据库，其具体操作步骤如下。

step 01 从【开始】菜单中或使用桌面快捷方式启动 Access 2013，进入工作首界面，单击左侧的【打开其他文件】文字链接，如图 3-10 所示。

step 02 进入【打开】界面，在右侧选择【计算机】选项，然后单击【浏览】按钮，如图 3-11 所示。

图 3-10 Access 2013 工作首界面

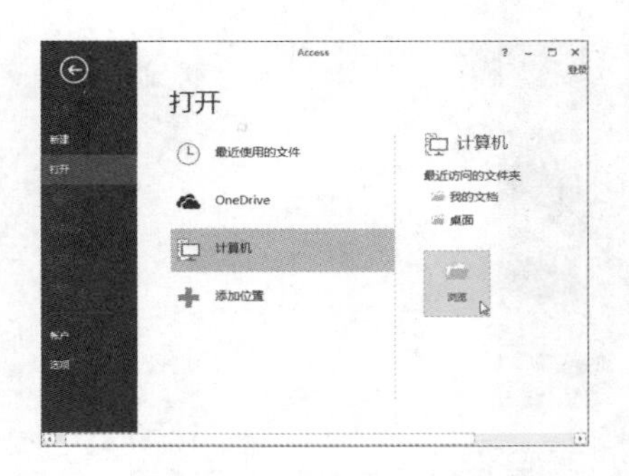

图 3-11 【打开】界面

step 03 弹出【打开】对话框，找到要打开的数据库存放的位置并选中它，例如选中已创建的“资产”数据库，如图 3-12 所示。

step 04 单击【打开】按钮，即可打开“资产”数据库，如图 3-13 所示。

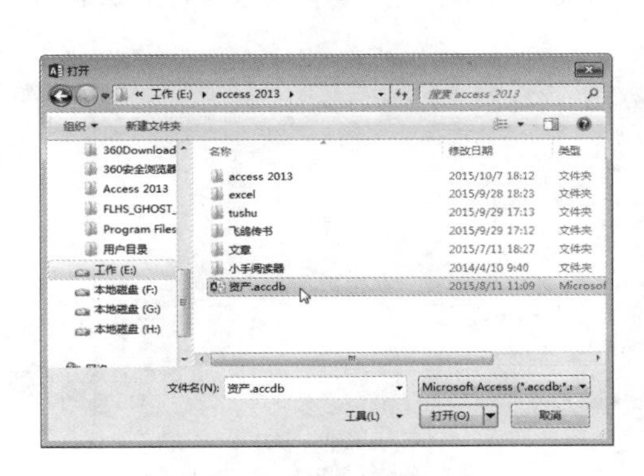

图 3-12 【打开】对话框

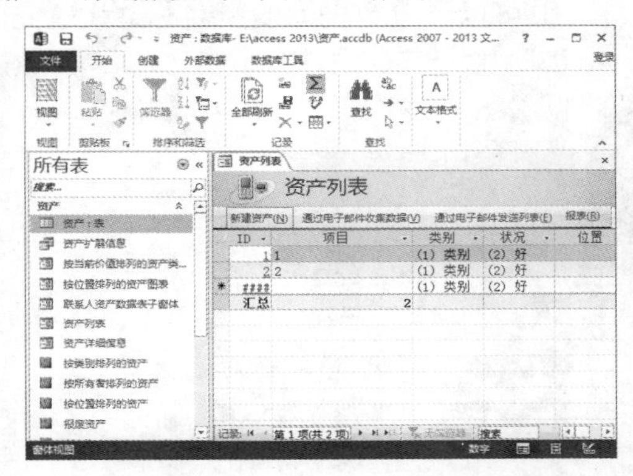

图 3-13 “资产”数据库

若要在某个已打开的其他数据库中打开“资产”数据库，则在 Access 工作界面中切换到【文件】选项卡，进入【信息】界面，选择界面左侧的【打开】命令，之后的步骤与上述步骤一致，这里不再赘述。

3.2.2 保存数据库

对数据库添加了数据对象后，需要将数据库保存，以方便下次可以直接调用。另外，用户在操作数据库时，应养成随时保存的良好习惯，以免出现意外导致大量数据丢失。保存数据库的具体步骤如下。

step 01 启动 Access 2013，进入某个数据库的工作界面。切换到【文件】选项卡，进入【信息】界面，在界面左侧列表中选择【保存】命令，即可保存数据库，如图 3-14 所示。

step 02 若需要更改数据库的保存位置和文件名，则选择【另存为】命令，在【另存为】界面中，选择需保存的数据库文件类型，然后单击【另存为】按钮，如图 3-15 所示。

图 3-14　选择【保存】命令

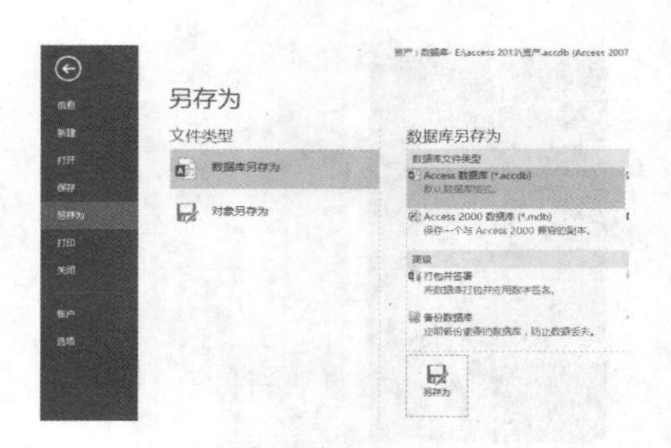

图 3-15　【另存为】界面

step 03 弹出 Microsoft Access 对话框，提示保存数据库前必须关闭所有打开的对象，单击【是】按钮，如图 3-16 所示。

step 04 弹出【另存为】对话框，选择数据库的保存位置，在【文件名】下拉列表框中可以设置数据库的新名称，设置完成后，单击【保存】按钮即可保存该数据库，如图 3-17 所示。

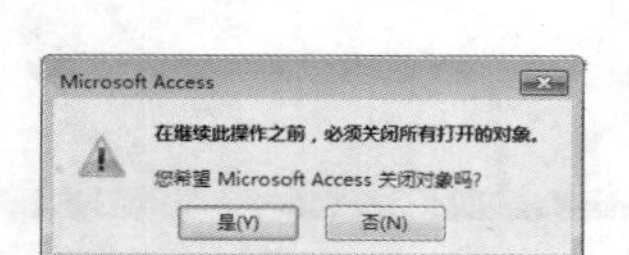

图 3-16　Microsoft Access 对话框

图 3-17　【另存为】对话框

step 05 除了以上两种方法，进入数据库工作界面后，在左上角的快速访问工具栏中单击【保存】按钮🖫，也可保存该数据库，如图 3-18 所示。或者按 Ctrl+S 组合键进行保存。这是两种比较简单的方法。

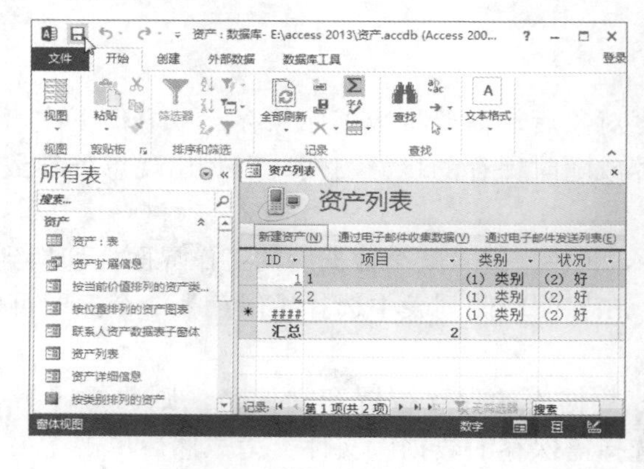

图 3-18　单击【保存】按钮

3.2.3 关闭数据库

当不再需要使用数据库时，需保存数据库，然后就可以关闭数据库了。关闭数据库的方法主要有以下两种。

1. 通过【文件】选项卡关闭数据库

切换到【文件】选项卡，进入【信息】界面，在界面左侧选择【关闭】命令，即可关闭数据库，如图 3-19 所示。

2. 通过【关闭】按钮关闭数据库

单击工作界面右上角的【关闭】按钮 ×，关闭数据库，如图 3-20 所示。

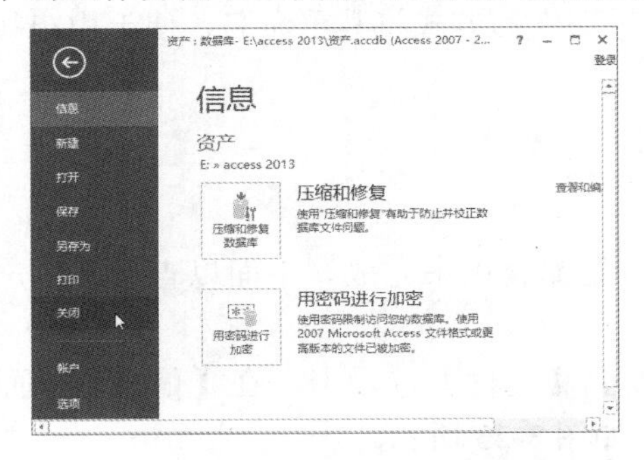

图 3-19 选择【关闭】命令

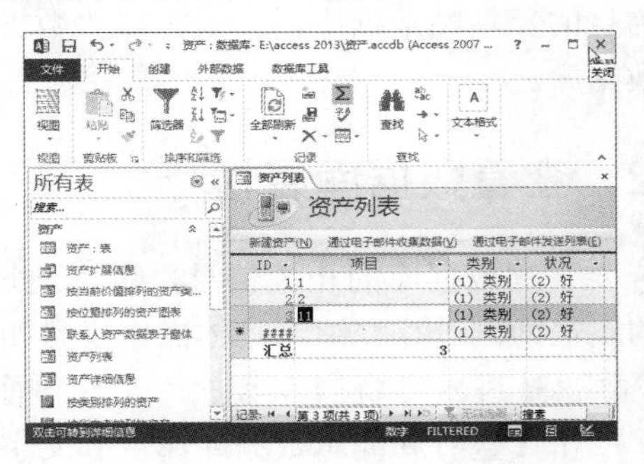

图 3-20 单击【关闭】按钮

3.3 管理数据库

在社会飞速发展的今天，数据库所起的作用越来越大，而如何有效地管理数据库成为不可忽视的内容。下面将介绍基本的数据库管理方法，包括如何备份数据库和如何查看数据库的属性。

3.3.1 备份数据库

当意外发生后，通过备份的数据可以完整、快速、简捷、可靠地恢复原有的数据库。因此，备份数据库是操作中不可缺少的一部分。下面以备份“资产”数据库为例，介绍备份数据库的方法。具体操作步骤如下。

step 01 进入“资产”数据库工作界面，切换到【文件】选项卡，在左侧列表中选择【另存为】命令，进入【另存为】界面，选择【数据库另存为】选项，在右侧双击【备份数据库】选项，如图 3-21 所示。

step 02 弹出【另存为】对话框，系统默认的文件名为“数据库名+日期”，设置数据库的保存位置，单击【保存】按钮，即可完成备份数据库的操作，如图 3-22 所示。

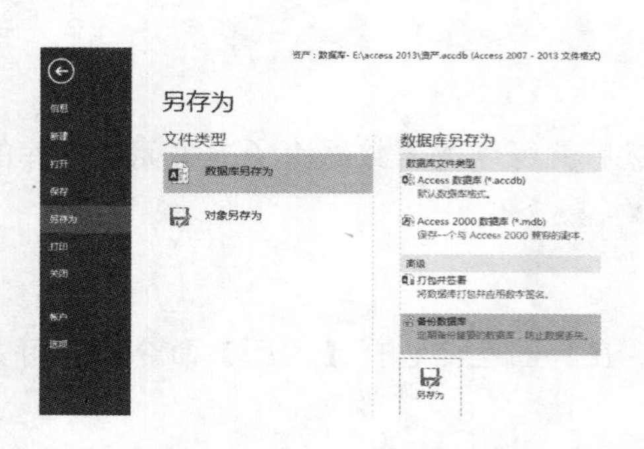

图 3-21 【另存为】界面

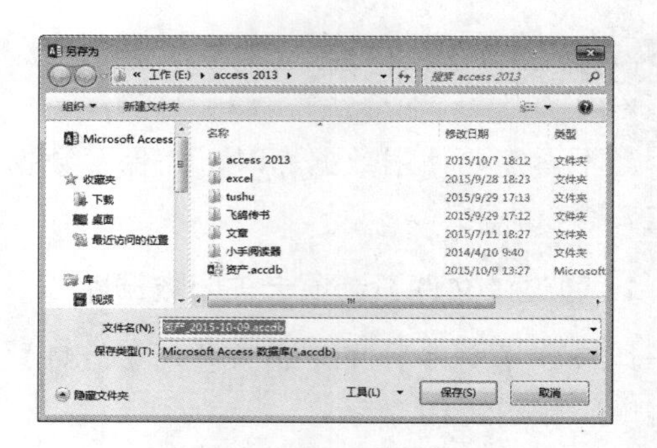

图 3-22 【另存为】对话框

用户还可以直接手动复制(Ctrl+C 组合键)和粘贴(Ctrl+V 组合键)数据库，从而达到备份数据库的目的。粘贴数据库后，最好以“数据库名+日期”的方式将其重命名，便于用户找到最新的数据库。

3.3.2 查看数据库属性

若要了解数据库的相关信息，可以通过查看数据库属性来完成。下面以查看“资产”数据库的属性为例进行介绍。具体操作步骤如下。

step 01 进入“资产”数据库工作界面，切换到【文件】选项卡，在【信息】界面中单击【查看和编辑数据库属性】文字链接，如图 3-23 所示。

step 02 弹出“资产”数据库的属性对话框，其中包括【常规】、【摘要】、【统计】、【内容】和【自定义】5 个选项卡。在【常规】选项卡中可以查看文件的存放位置、大小和创建时间等信息，如图 3-24 所示。

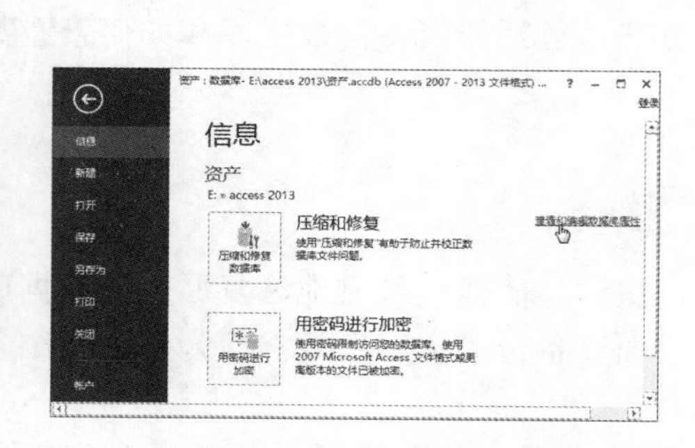

图 3-23 【信息】界面

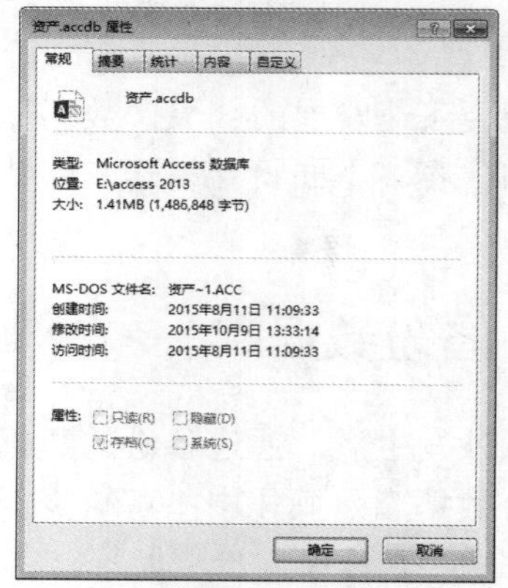

图 3-24 “资产”数据库的属性对话框

step 03 切换到【摘要】选项卡，可以设置标题、主题、作者、主管等摘要信息，如图 3-25 所示。

step 04 切换到【统计】选项卡，可以查看创建时间、修改时间等信息，如图 3-26 所示。

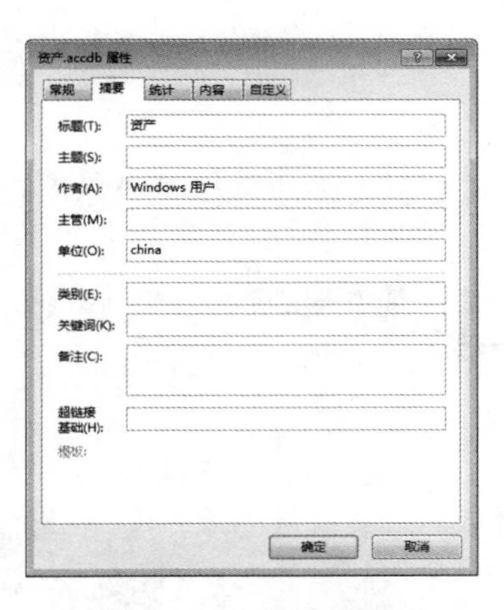

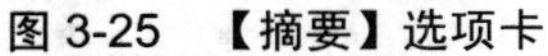
图 3-25 【摘要】选项卡

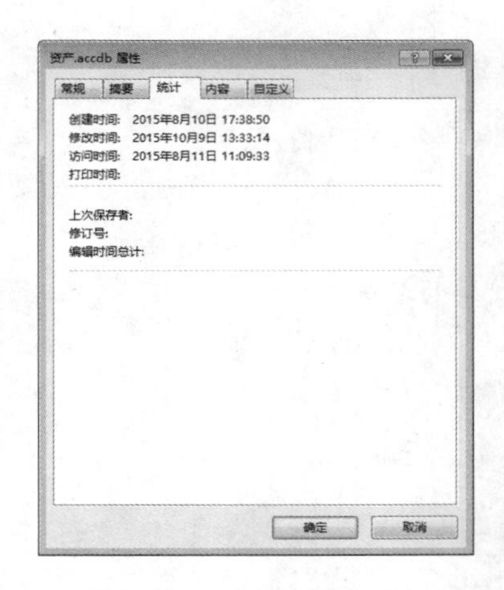

图 3-26 【统计】选项卡

step 05 切换到【内容】选项卡，可以查看当前数据库包含的所有对象，如图 3-27 所示。

step 06 切换到【自定义】选项卡，可以设置数据库的名称、类型、取值等自定义信息，如图 3-28 所示。

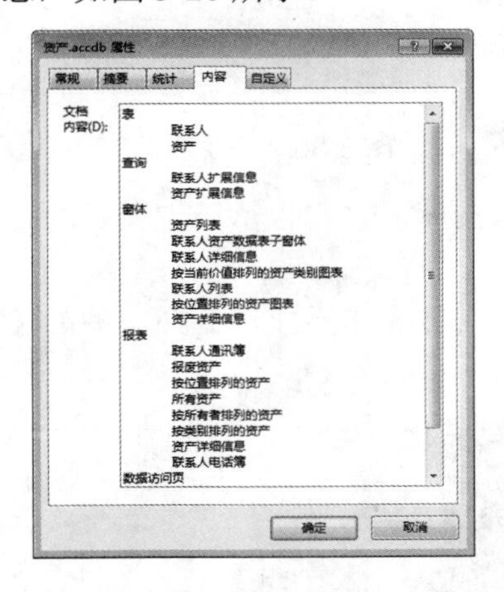

图 3-27 【内容】选项卡

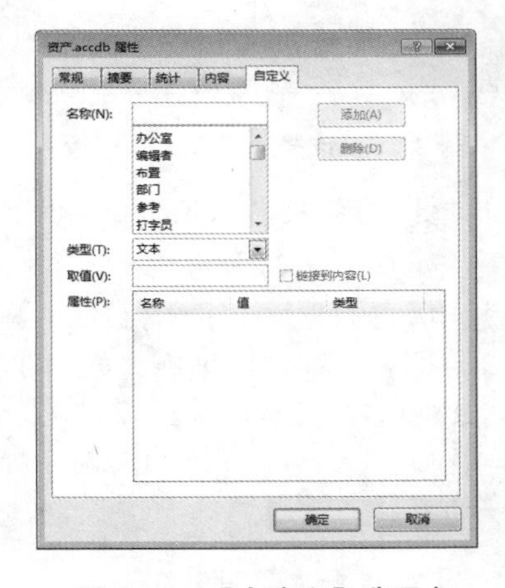

图 3-28 【自定义】选项卡

step 07 设置完毕后，单击“资产”数据库属性对话框中的【确定】按钮，即可保存设置。

3.4 综合实战——操作数据库

下面将给出一个综合案例，让读者全面回顾一下本章的知识要点，并通过这些操作来检验自己是否已经掌握了 Access 2013 数据库的基本操作。

1. 案例目的

通过创建、保存、备份以及关闭数据库等操作，掌握数据库的各种基本操作。

2. 案例操作过程

具体操作步骤如下。

step 01 启动 Access 2013，进入操作首界面，在右侧提供的模板中选择“联系人”模板，如图 3-29 所示。

step 02 弹出【联系人】对话框，在【文件名】文本框中输入数据库的名称“联系人”，然后单击【创建】按钮，如图 3-30 所示。

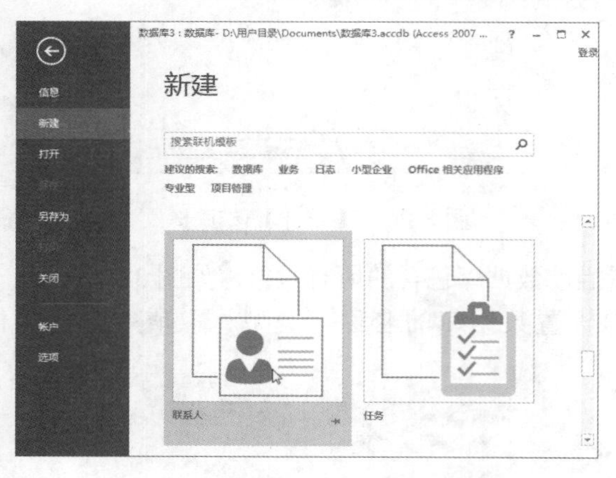

图 3-29　选择“联系人”模板

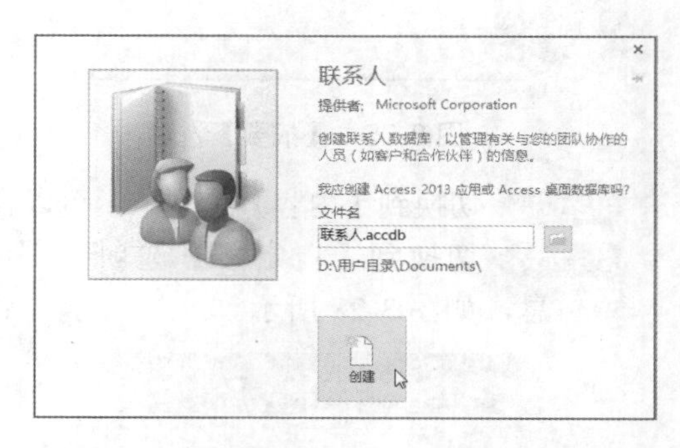

图 3-30　【联系人】对话框

step 03 此时系统将自动创建一个“联系人”数据库，它包含了已定义好的各个数据库对象，如图 3-31 所示。

step 04 保存数据库。打开【文件】菜单，进入文件操作界面，选择左侧的【保存】命令，即可保存该数据库，如图 3-32 所示。

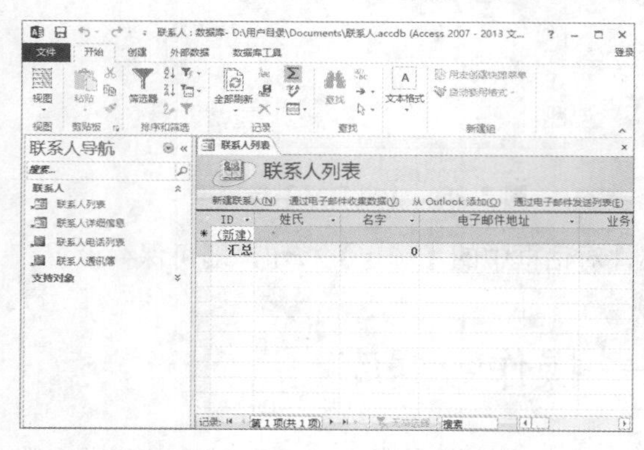

图 3-31　“联系人”数据库

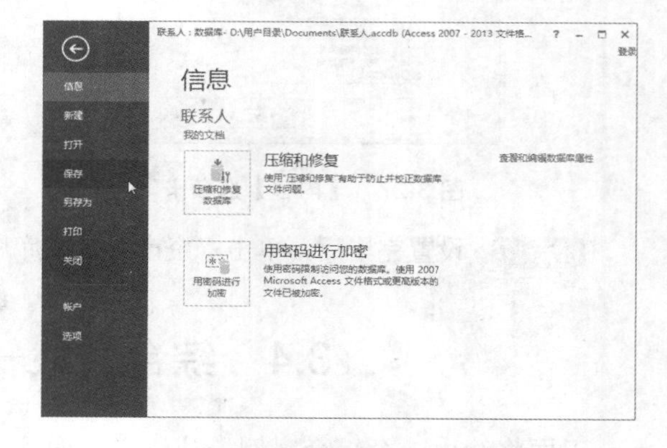

图 3-32　选择【保存】命令

step 05 备份数据库。在文件操作界面中选择左侧的【另存为】命令，进入【另存为】界面，在【文件类型】区域中选择【数据库另存为】选项，然后在右侧双击【备份数据库】选项，如图 3-33 所示。

step 06 弹出【另存为】对话框，选择数据库的保存位置，然后单击【保存】按钮，即可备份数据库，如图 3-34 所示。

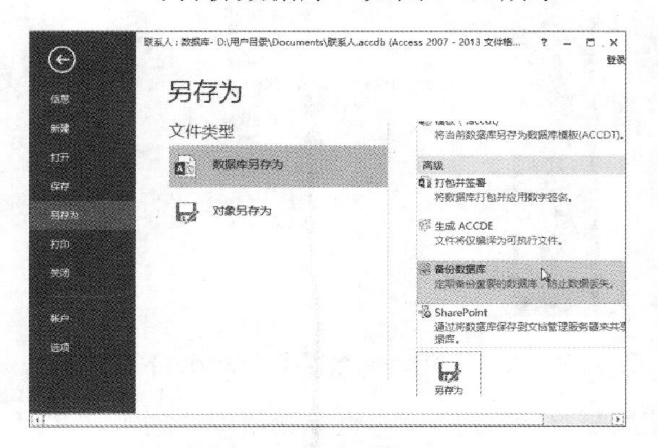

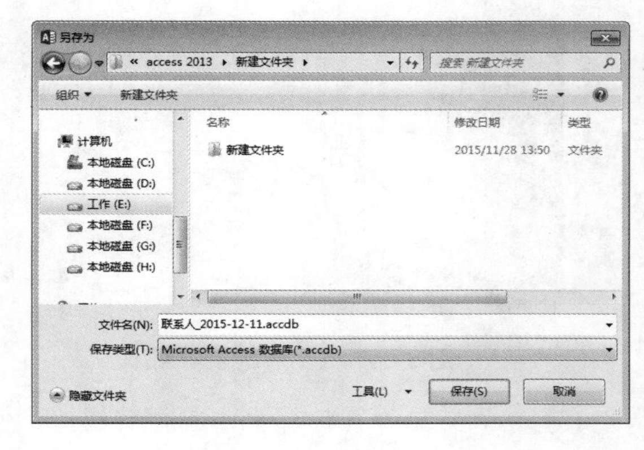

图 3-33 【另存为】界面

图 3-34 【另存为】对话框

step 07 完成备份后，返回到数据库的工作界面。单击工作窗口右上角的【关闭】按钮 ×，关闭打开的数据库对象，然后单击界面右上角的【关闭】按钮，退出数据库，如图 3-35 所示。

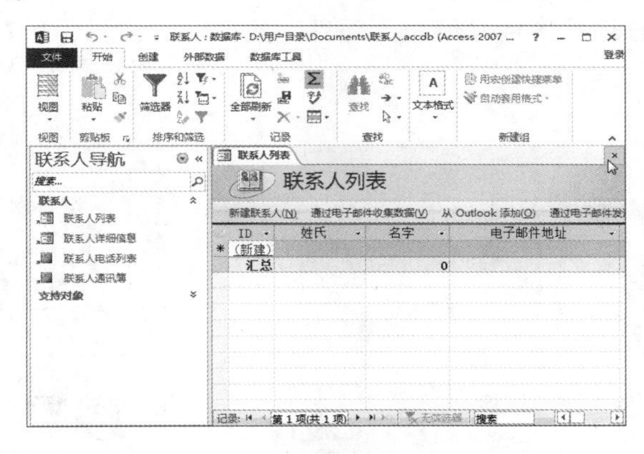

图 3-35 单击【关闭】按钮

3.5 高 手 甜 点

甜点 1：备份数据库主要有哪几种方式？

备份数据库主要有 3 种方式，分别如下。

(1) 切换到【文件】选项卡，选择【另存为】命令，进入【另存为】界面，然后在右侧双击【备份数据库】选项即可进行备份操作，如图 3-36 所示。

(2) 进入【另存为】界面后，在右侧双击【Access 数据库(*.accdb)】选项，将该数据库保存在其他的位置或重命名为“数据库名+日期”格式，同样可以备份数据库，如图 3-37 所示。

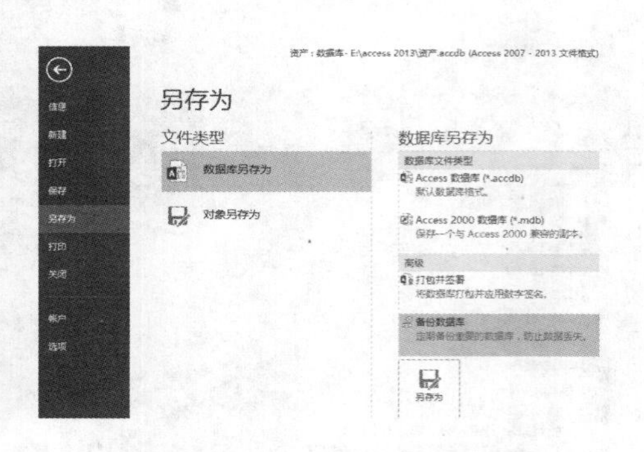

图 3-36　【另存为】界面

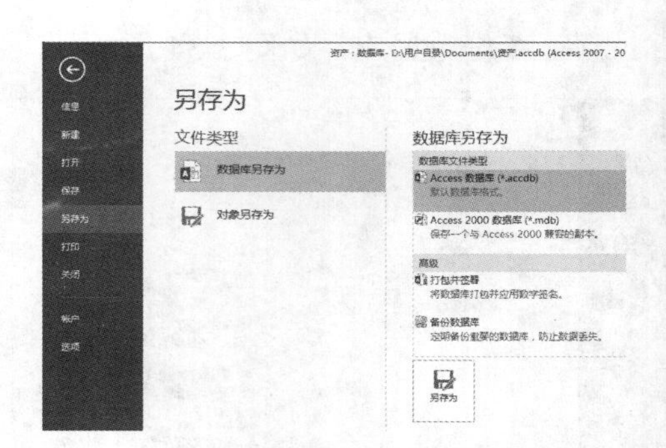

图 3-37　双击【Access 数据库(*.accdb)】数据库

(3) 找到数据库在计算机中的存储位置，使用复制+粘贴的方式建立数据库的副本，从而达到备份数据库的目的。

甜点 2：在提供的模板中，用户如何识别模板是应用程序模板还是桌面数据库模板？

应用程序模板的图片中包含地球图标，例如“项目管理”数据库，如图 3-38 所示。而桌面数据库的模板中不包含地球图标，例如“项目”数据库，如图 3-39 所示。

图 3-38　应用程序模板

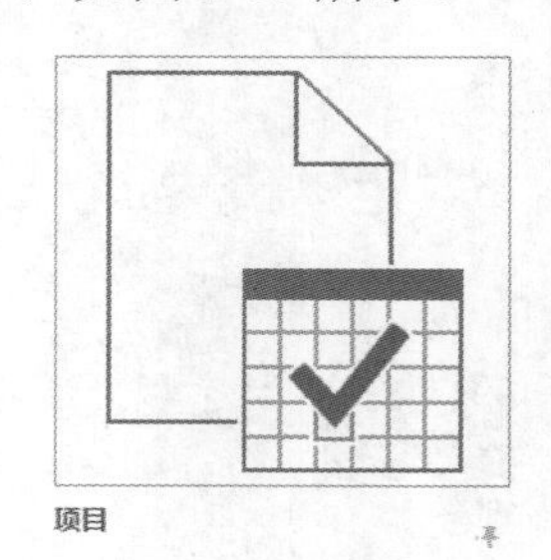

图 3-38　桌面数据库模板

第 4 章 数据表的基本操作

数据表是数据库中最重要、最基本的对象，同时也是其他 5 种对象的基础。简单来说，表就是用来存储数据库中的数据，它将具有相同性质或相关联的数据存储在一起，以行和列的形式来记录数据。本章将详细介绍数据表的基本操作，通过本章的学习，读者应熟练地掌握创建数据表、字段和表关系的各种方法，理解表作为数据库对象的重要性。

本章目标(已掌握的在方框中打钩)

- ☐ 掌握创建新数据表的几种方法
- ☐ 掌握如何在表中设置字段的属性和格式
- ☐ 掌握如何更改表的结构
- ☐ 掌握如何设置、更改和删除主键
- ☐ 掌握如何建立表之间的关系
- ☐ 掌握如何编辑数据表
- ☐ 掌握如何设置数据表的格式

4.1 创建新数据表

表作为整个数据库的基本单位，其结构设计得好坏直接影响到数据库的性能，因此设计一个结构和关系良好的数据表在系统开发中是相当重要的。下面介绍 6 种创建数据表的方法。

4.1.1 使用表模板创建数据表

对于常用的联系人、任务等数据库表，使用系统提供的表模板创建，会比手动创建更加方便和快捷。下面利用 Access 2013 中的表模板，创建一个“任务”表。具体操作步骤如下。

step 01 启动 Access 2013，创建一个空白数据库，并命名为“应用”，如图 4-1 所示。

step 02 切换到【创建】选项卡，单击【模板】组的【应用程序部件】下拉按钮，在弹出的下拉菜单中选择【任务】选项，如图 4-2 所示。

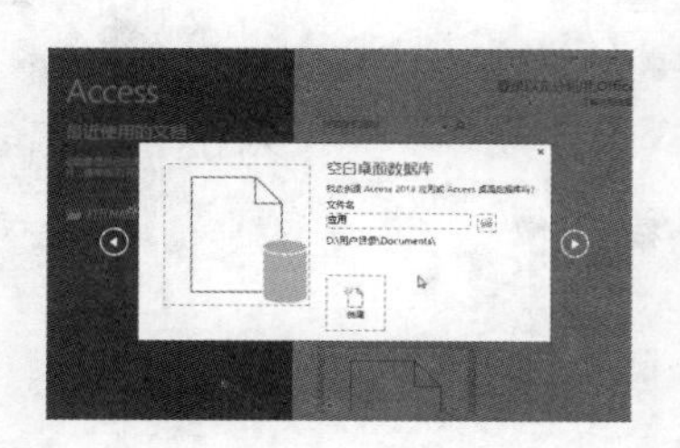

图 4-1 创建“应用”数据库

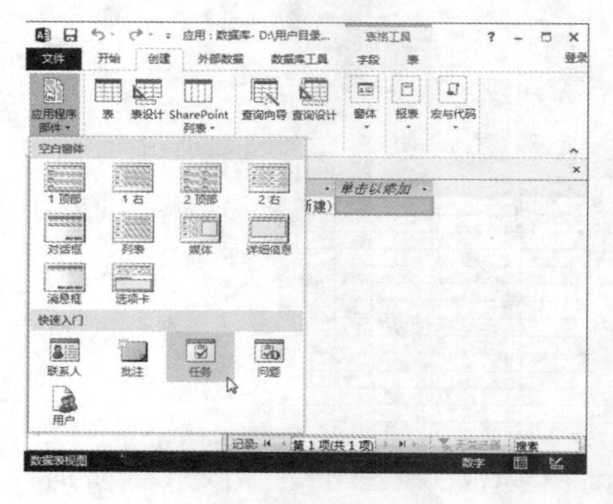

图 4-2 选择【任务】选项

step 03 弹出 Microsoft Access 对话框，提示安装此应用部件之前必须关闭所有打开的对象，单击【是】按钮，如图 4-3 所示。

step 04 此时就成功创建了“任务”表。在左侧的导航窗格中双击“任务”表，即可进入该表的【数据表视图】界面，如图 4-4 所示。

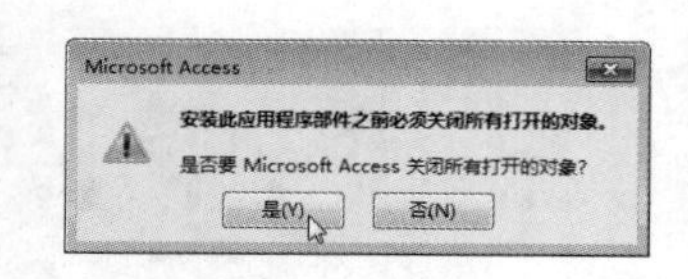

图 4-3 Microsoft Access 对话框

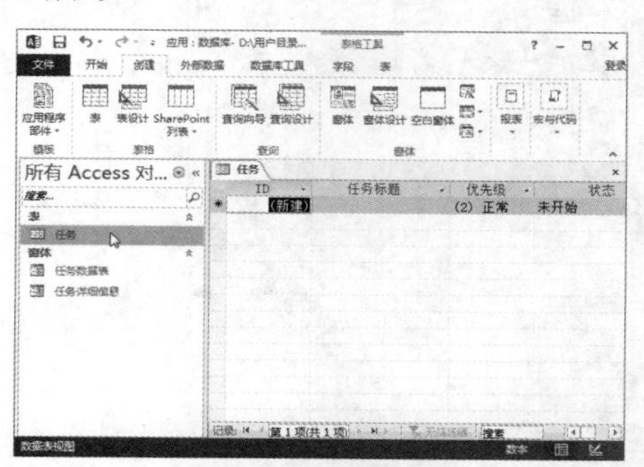

图 4-4 “任务”表的【数据表视图】界面

4.1.2 使用字段模板创建数据表

Access 2013 在字段模板中已经提前设计好了各种字段属性，用户可直接使用。下面在“应用”数据库中，使用字段模板创建一个“水果信息”表。具体操作步骤如下。

step 01 启动 Access 2013，打开新建的“应用”数据库。

step 02 切换到【创建】选项卡，单击【表格】组中的【表】按钮，如图 4-5 所示。

step 03 此时将新建一个名为“表 1”的空白表，并自动进入“表 1”的【数据表视图】界面，如图 4-6 所示。

图 4-5 单击【表】按钮

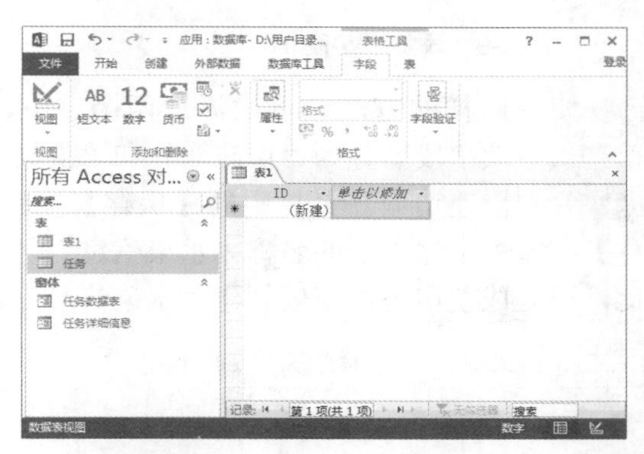

图 4-6 “表 1”的【数据表视图】界面

step 04 在“表 1”的工作窗口中可以看到，功能区增加了两个选项卡：【字段】选项卡和【表】选项卡。其中，【字段】选项卡包括【视图】组、【添加和删除】组、【属性】组、【格式】组、【字段验证】组，如图 4-7 所示。

step 05 单击【添加和删除】组中的【其他字段】选项右侧的下拉按钮，弹出系统提供的各种数据类型，包括基本类型、数字、日期和时间等，如图 4-8 所示。

图 4-7 【字段】选项卡

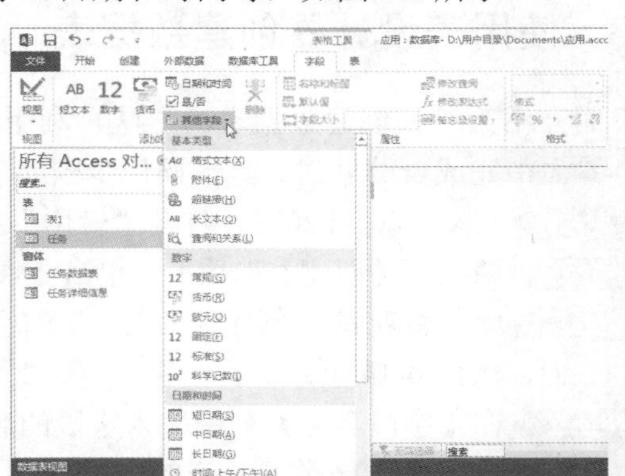

图 4-8 系统提供的各种数据类型

step 06 单击某一选项即可添加相应的字段类型。例如单击【格式文本】选项，即添加一个类型为“格式文本”的“字段 1”，如图 4-9 所示。

step 07 添加完成后，将光标定位在“字段 1”文本框中，更改字段名称为“水果名称”，按 Enter 键，如图 4-10 所示。

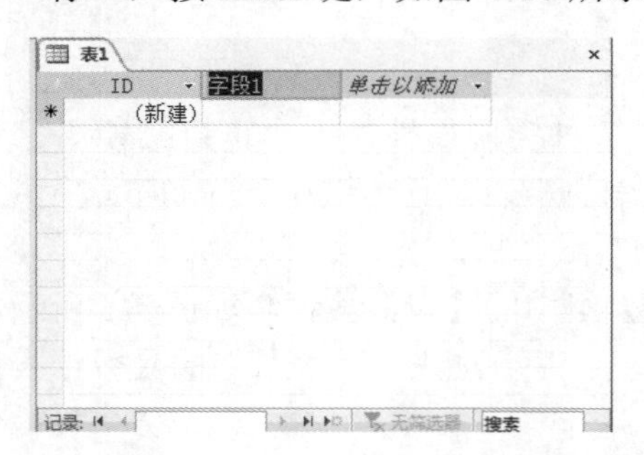

图 4-9 添加“字段 1”

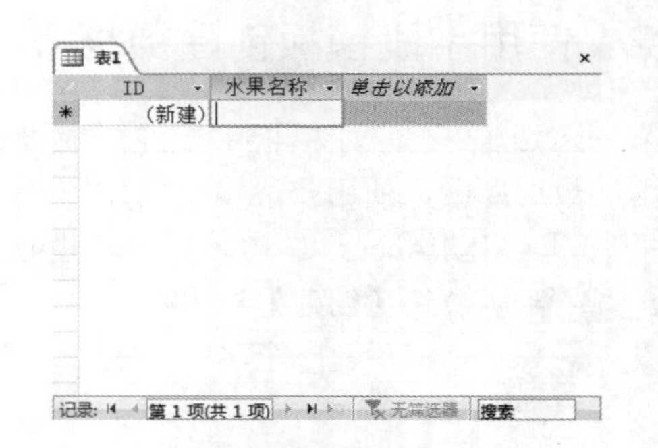

图 4-10 设置“水果名称”字段

step 08 使用同样的方法，再次添加两个字段，数据类型分别为“格式文本”和“货币”，更改字段名称为“供应商”和“价格”，如图 4-11 所示。

step 09 单击快速访问工具栏中的【保存】按钮，弹出【另存为】对话框，在【表名称】文本框中输入表的名称“水果信息”，单击【确定】按钮，如图 4-12 所示。至此，即完成使用字段模板创建“水果信息”表的操作。

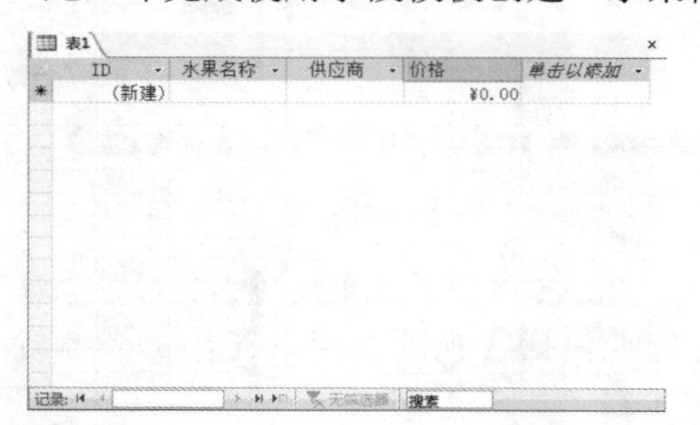

图 4-11 “供应商”字段和“价格”字段

图 4-12 【另存为】对话框

4.1.3 使用表设计器创建数据表

下面介绍第三种创建数据表的方法，利用表设计器创建表。这种方法要求用户在【设计视图】界面中完成表的创建。具体操作步骤如下。

step 01 启动 Access 2013，打开“应用”数据库。

step 02 切换到【创建】选项卡，单击【表格】组中的【表设计】按钮，如图 4-13 所示。

step 03 此时将新建一个名为“表 1”的空白表，并自动进入“表 1”的【设计视图】界面，如图 4-14 所示。

step 04 在【字段名称】列中输入字段的名称“工号”，如图 4-15 所示。

step 05 单击【数据类型】列的下拉按钮，在弹出的下拉列表中选择【数字】类型，如图 4-16 所示。

若直接输入字段名称，而不选择相应的数据类型，则默认为“短文本”类型。

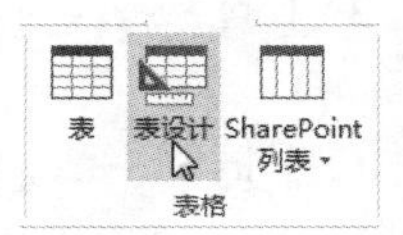

图 4-13 单击【表设计】按钮

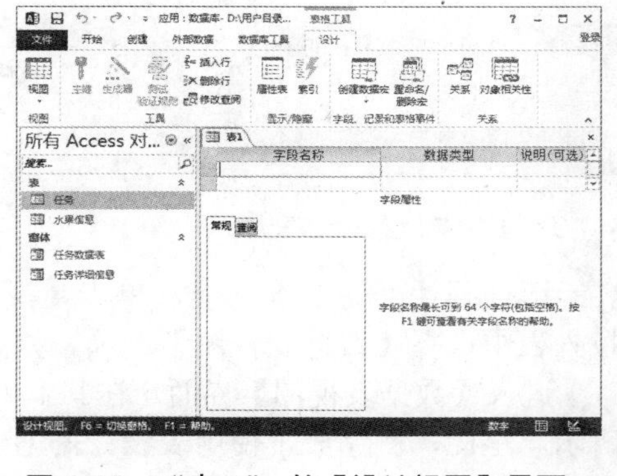

图 4-14 "表 1" 的【设计视图】界面

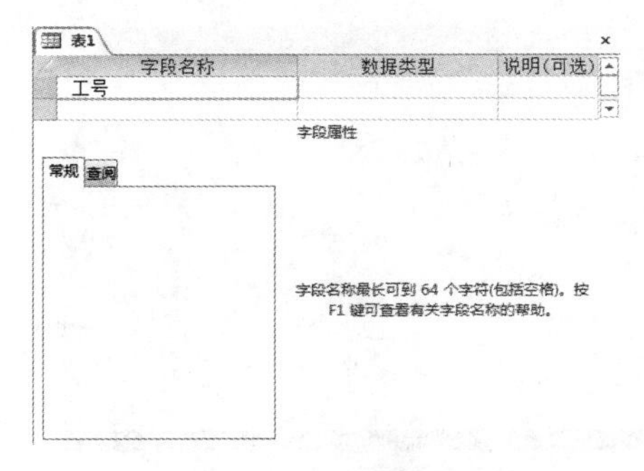

图 4-15 【字段名称】列

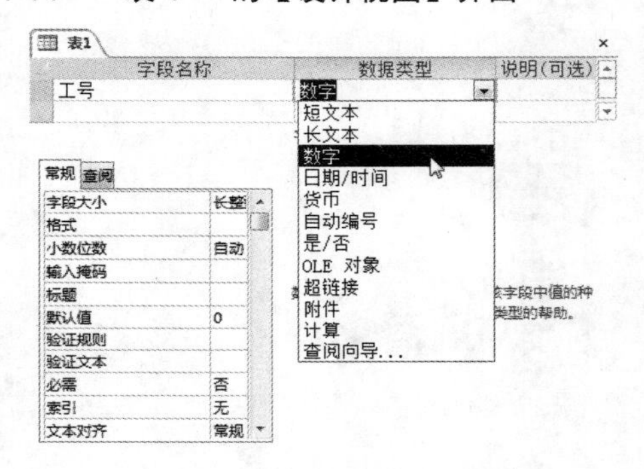

图 4-16 【数据类型】列

step 06 【说明(可选)】列中的内容是选择性的，可以输入也可以不输入。这里输入"工号唯一，作为主键"，如图 4-17 所示。

step 07 使用同样的方法，添加其他的字段名称，并设置相应的数据类型，如图 4-18 所示。

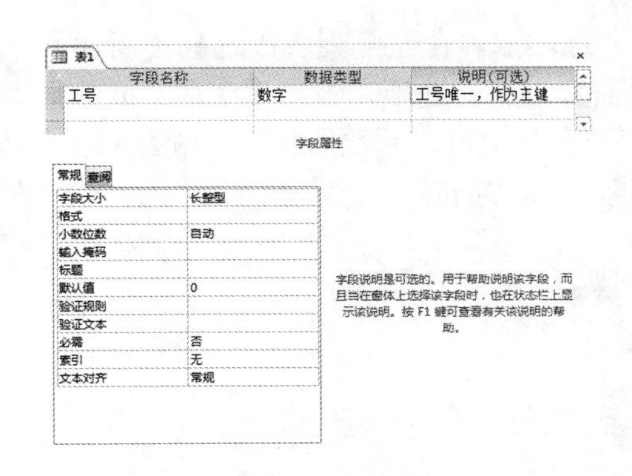

图 4-17 【说明(可选)】列

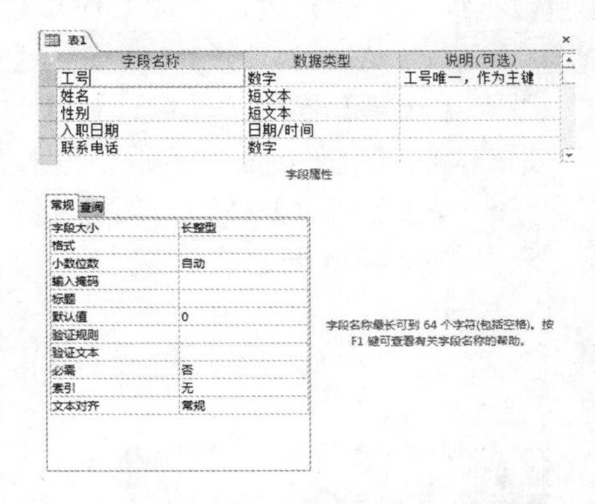

图 4-18 添加其他的字段

step 08 添加完成后，单击【保存】按钮，弹出【另存为】对话框，在【表名称】文本框内输入表的名称"员工信息"，单击【确定】按钮，如图 4-19 所示。

step 09 弹出 Microsoft Access 对话框，提示尚未定义主键，单击【否】按钮，暂时不定义主键，如图 4-20 所示。

图 4-19 【另存为】对话框

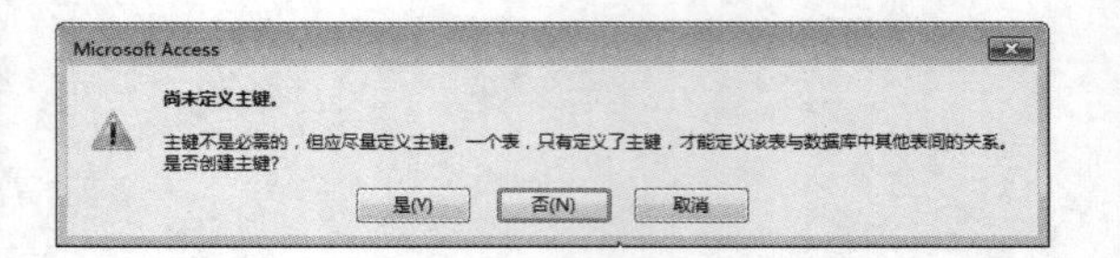

图 4-20 Microsoft Access 对话框

step 10 切换到【开始】选项卡，单击【视图】组中的【视图】下拉按钮，在弹出的下拉列表中选择【数据表视图】选项，如图 4-21 所示。

step 11 进入【数据表视图】界面，在其中可以看到创建好的“员工信息”表，如图 4-22 所示。至此，就完成了使用表设计器创建数据表的操作。

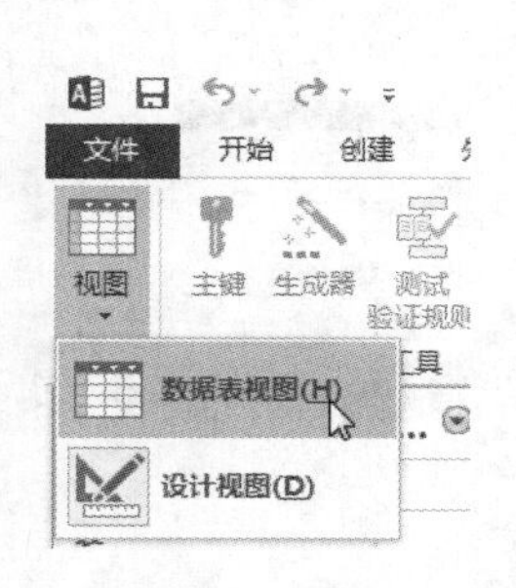

图 4-21 选择【数据表视图】选项

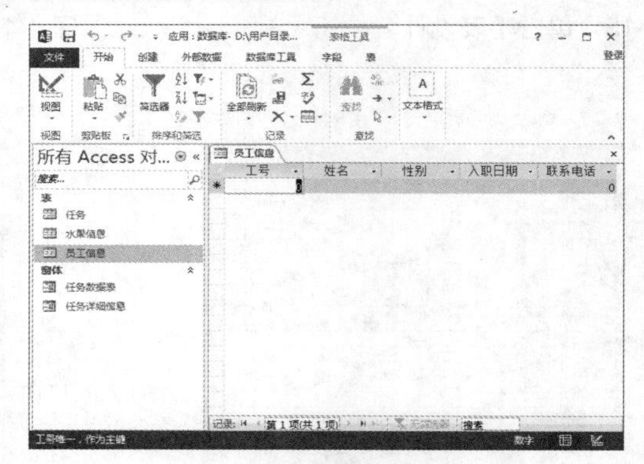

图 4-22 “员工信息”表

4.1.4 在新数据库中创建新表

用户既可以在新的空白数据库中创建新表，也可以在现有数据库中创建新表。下面介绍如何在新数据库中创建新表。具体操作步骤如下。

step 01 启动 Access 2013，切换到【文件】选项卡，在左侧列表中选择【新建】命令，进入【新建】界面，然后选择【空白桌面数据库】选项，弹出【空白桌面数据库】对话框，在【文件名】文本框中输入空白数据库的名称“新数据表”，如图 4-23 所示。

step 02 单击【创建】按钮，新建一个空白数据库，同时自动创建一个名为“表 1”的新表，如图 4-24 所示。

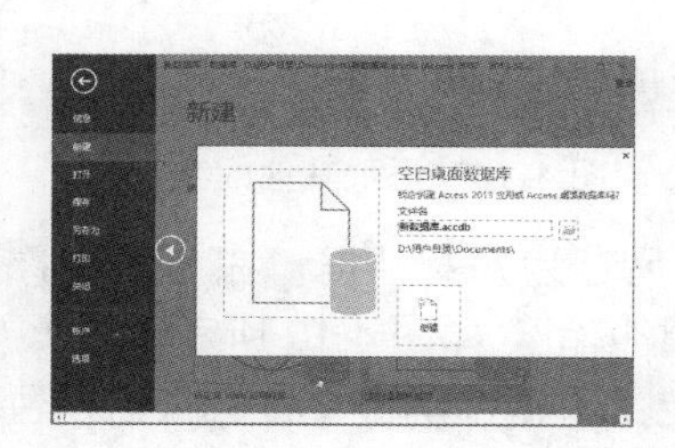

图 4-23 【空白桌面数据库】对话框

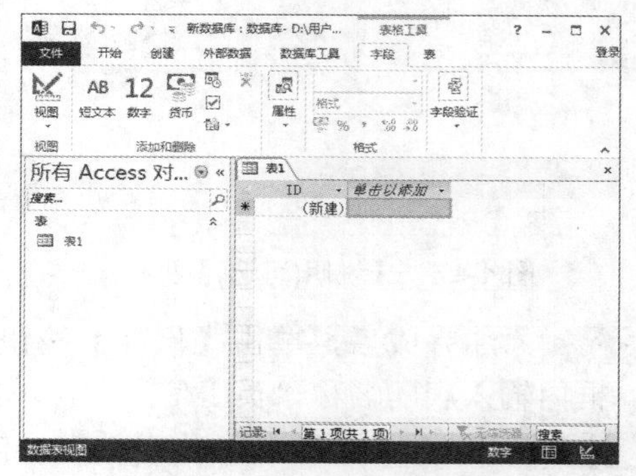

图 4-24 创建“表 1”

4.1.5 在现有数据库中创建新表

下面介绍如何在现有数据库中创建新表。以“应用”数据库为例，具体操作步骤如下。

step 01 启动 Access 2013，打开“应用”数据库。

step 02 切换到【创建】选项卡，单击【表格】组中的【表】按钮，即可创建一个名为“表 1”的新表，并将进入该表的【数据表视图】界面，如图 4-25 所示。

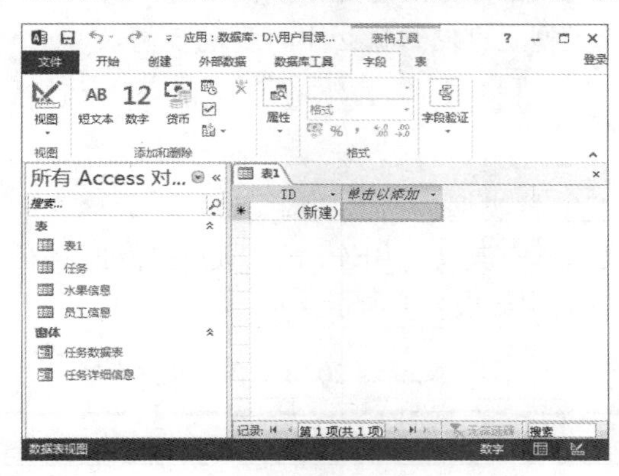

图 4-25 创建“表 1”

4.1.6 使用 SharePoint 列表创建表

使用 SharePoint 可以在数据库中创建导入或链接到 SharePoint 列表的表，还可以使用预定义模板创建新的 SharePoint 列表。下面使用 SharePoint 创建一个“任务”表，具体操作步骤如下。

step 01 启动 Access 2013，打开“应用”数据库。

step 02 切换到【创建】选项卡，单击【表格】组中的【SharePoint 列表】下拉按钮，在弹出的下拉列表中选择【任务】选项，如图 4-26 所示。

step 03 弹出【创建新列表】对话框，在【指定 SharePoint 网站】文本框中输入网站的 URL 地址，在【指定新列表的名称】文本框中输入新列表的名称，在【说明】文本框中输入说明信息，如图 4-27 所示。输入完成后，单击【确定】按钮，即完成使用 SharePoint 列表创建表的操作。

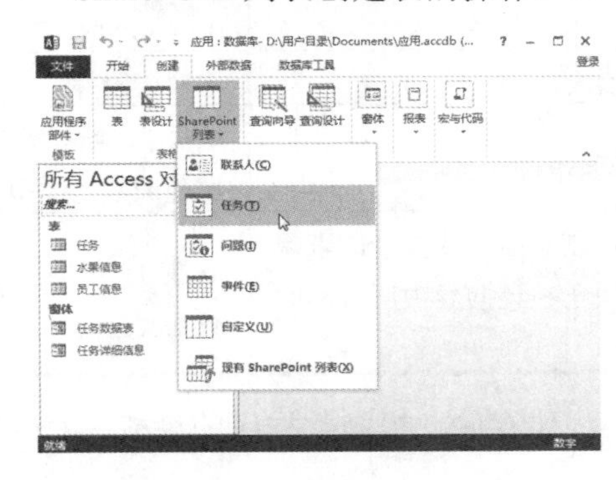

图 4-26 选择【任务】选项

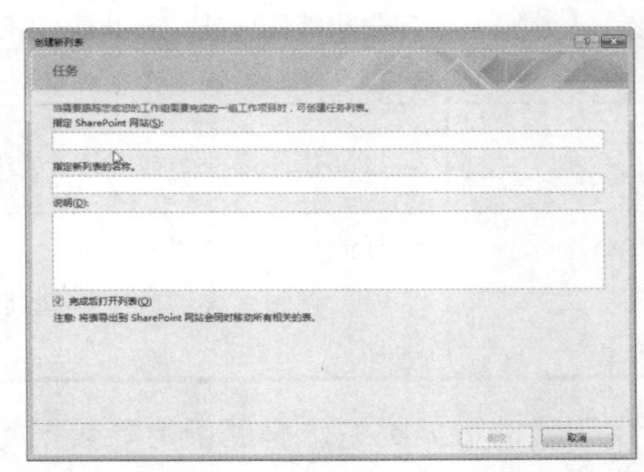

图 4-27 【创建新列表】对话框

4.2 添加字段和类型

大多数情况下，我们可以把数据表的“列”称为字段。由此可见，字段是数据表的基本构成，创建数据表后，只有添加字段和设置正确的数据类型后，数据表才能正确地存储数据。因此，添加字段和设置类型是存储数据必不可少的步骤。

4.2.1 数据类型概述

Access 2013 提供的常见数据类型包括“基本类型”“数字”“日期和时间”“是/否”以及“快速入门”等。每种类型都有其特定用途，下面进行详细介绍。

Access 2013 的常见数据类型如表 4-1 所示。

表 4-1 Access 2013 的常见数据类型

数据类型	用 法	存储大小
短文本	存储文本或文本和数字相结合的数据	0～255 个字符
长文本	存储长度较长的文本和数字	0～65538 个字符
数字	存储进行算术计算的数值数据，可设置的字段大小包括“字节”“整型”“长整型”“单精度型”“双精度型”“同步复制 ID”和“小数”	1、2、4、8 或者 16 个字节
日期和时间	存储日期和时间格式的数据	8 个字节
货币	存储货币值，在计算时禁止四舍五入	8 个字节
自动编号	Access 2013 为每条新记录生成的唯一值	4 个字节
是/否	布尔类型，当字段只包含两个不同的可选值，例如 Yes/No、True/False 或者 On/Off，使用此类型	1 个字节
OLE 对象	添加数据到此字段时，可以链接或嵌入 Access 表中其他使用 OLE 协议程序创建的对象，例如文档、图像、声音或其他对象	最大约 1GB(磁盘空间限制)
超链接	用作超链接地址，可以是 URL 或者 UNC 路径	0～64000 个字符
附件	可以允许向数据库附加外部文件的字段	取决于附件
计算	可以创建使用一个或者多个字段中数据的表达式	取决于“结果类型”属性的数据类型
查阅向导	选择此项将启动“查阅向导”，可以创建简单或复杂的查阅字段。查阅字段的数据类型具体取决于在该向导中所做出的选择	取决于查阅字段的数据类型

使用正确的数据类型，有助于消除数据冗余，优化存储，提高数据库的性能。对于如何选择正确的数据类型，用户可以参考以下几点原则。

(1) 存储的数据内容。例如需要存储的数据为货币值，则不能选择文本类型等。

(2) 数据内容的大小。例如输入的数据为文章的标题，那么设置为短文本即可。

(3) 数据内容的用途。若需要存储的数据为时间，则必然要设置为日期和时间类型。

4.2.2 添加字段

数据表由若干字段组成，创建数据表后，必须向其中添加字段，才能存储数据。添加字段主要有两种方法，分别如下。

1. 在【数据表视图】界面下添加字段

具体操作步骤如下。

step 01 启动 Access 2013，打开“应用”数据库。在左侧导航窗格中选择“表 1”选项，双击，进入“表 1”的【数据表视图】界面，如图 4-28 所示。

step 02 在“表 1”工作区域内，单击【单击以添加】右侧的下拉按钮，弹出字段的数据类型列表，包括短文本、数字、货币等选项，如图 4-29 所示。

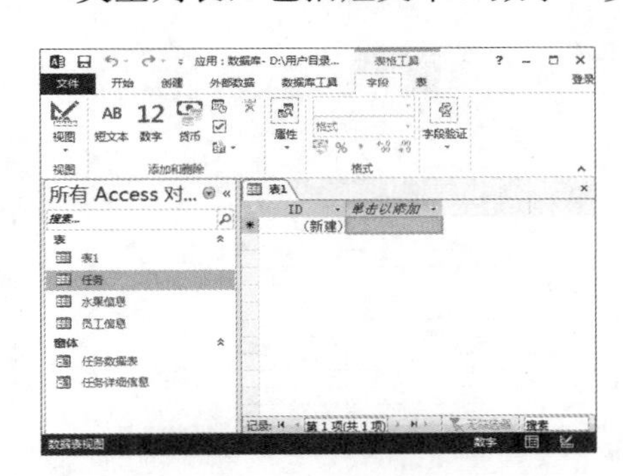

图 4-28 “表 1”的【数据表视图】界面

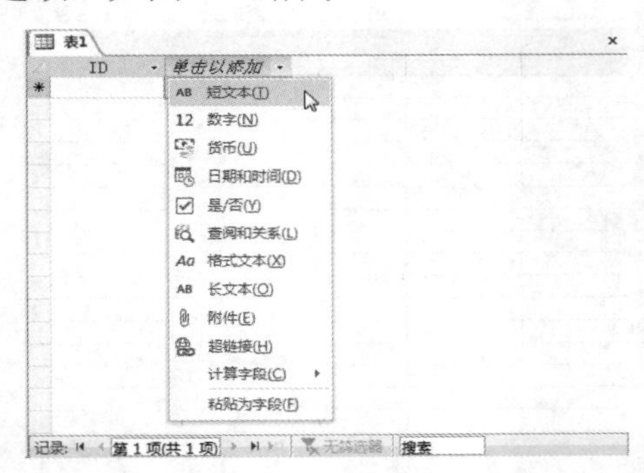

图 4-29 数据类型列表

step 03 在字段的数据类型列表中，用户可以选择任意类型来添加新字段。例如选择【日期和时间】选项，可添加一个数据类型为“日期和时间”、名称为“字段 1”的新字段，如图 4-30 所示。

step 04 添加完成后，将光标定位在“字段 1”文本框中，更改字段名称为“日期”，按 Enter 键，即可添加一个“日期”字段，如图 4-31 所示。

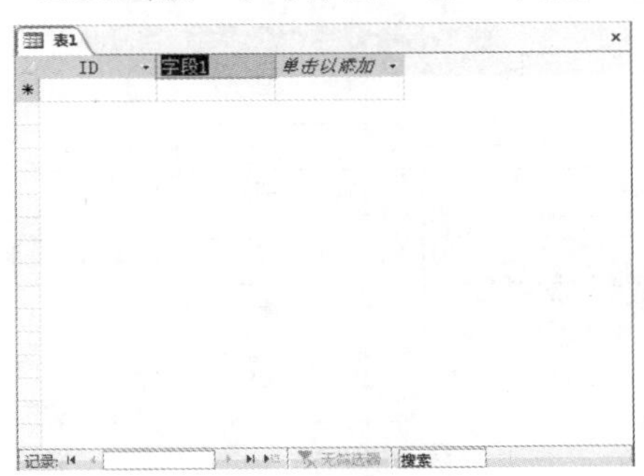

图 4-30 添加“字段 1”

图 4-31 设置“日期”字段

切换到【字段】选项卡，在【添加和删除】组中选择相应的数据类型，也可添加字段，如图 4-32 所示。详情请参考 4.1.2 小节，这里不再赘述。

图 4-32　【添加和删除】组

2. 在【设计视图】界面下添加字段

具体操作步骤如下。

step 01 启动 Access 2013，打开“应用”数据库。在左侧导航窗格中选择“表 1”选项，右击，在弹出的快捷菜单中选择【设计视图】命令，如图 4-33 所示。

step 02 此时进入“表 1”的【设计视图】界面。可以看到，当前已存在两个字段，如图 4-34 所示。

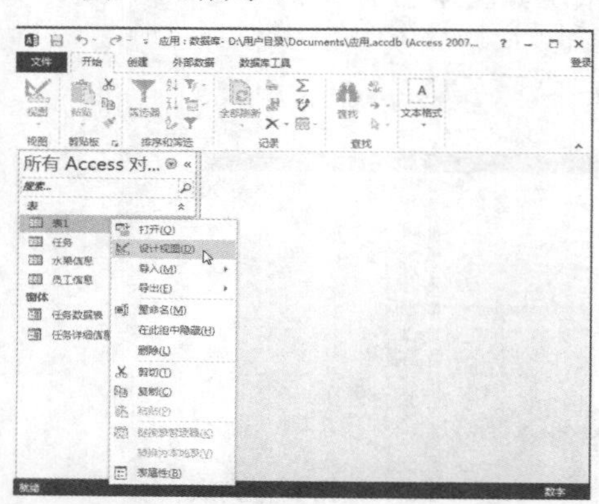

图 4-33　选择【设计视图】命令

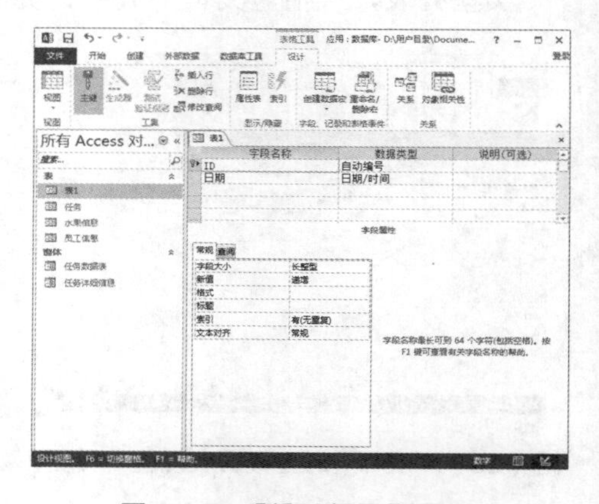

图 4-34　【设计视图】界面

step 03 在【字段名称】列中输入要添加的字段名称，在【数据类型】列中选择相应的类型，即可完成添加字段的操作，如图 4-35 所示。详情请参考 4.1.3 小节，这里不再赘述。

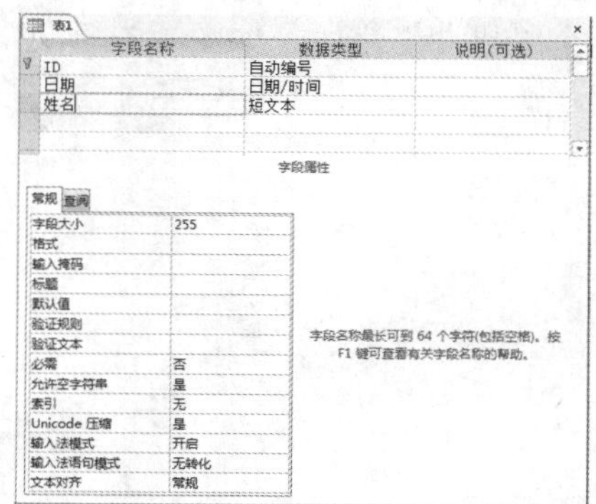

图 4-35　添加新字段

4.2.3 更改数据类型

当设计字段时，还需要设置字段的数据类型，数据表才能准确地存储数据。从上一节可以看到，设计字段的过程就是设置数据类型的过程，因此，这里不再详细介绍如何设置数据类型。本小节主要讲述如何更改数据类型。

1. 在【数据表视图】界面下更改数据类型

具体操作步骤如下。

step 01 启动 Access 2013，打开“应用”数据库，并进入“表 1”的【数据表视图】界面。

step 02 将光标定位于“日期”字段的列首，当变为向下箭头形状⬇时，单击选中该字段列，如图 4-36 所示。然后切换到【字段】选项卡，在【格式】组中可查看当前字段的数据类型。

step 03 单击数据类型右侧的下拉按钮，弹出数据类型列表，如图 4-37 所示。

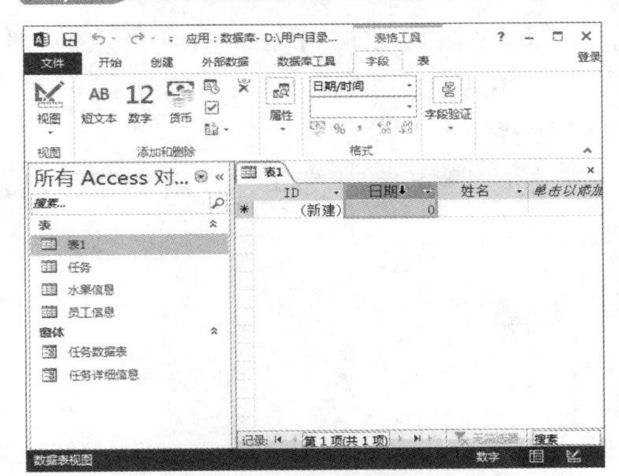

图 4-36 【格式】组

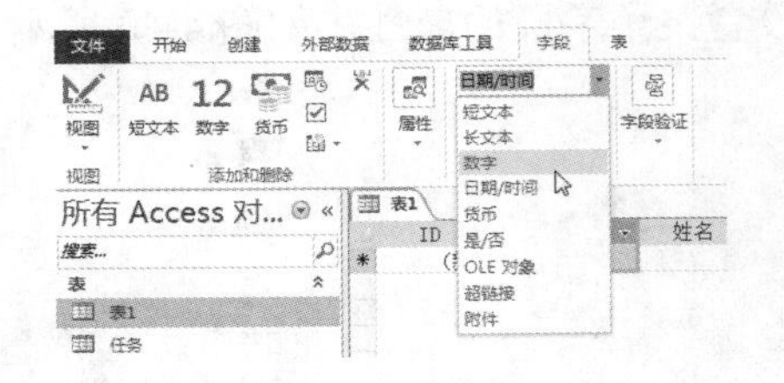

图 4-37 数据类型列表

step 04 选择任意选项，即可更改“日期”字段的数据类型。例如选择【数字】选项，该字段的数据类型便由“日期/时间”更改为“数字”，如图 4-38 所示。

2. 在【设计视图】界面下更改数据类型

具体操作步骤如下。

step 01 启动 Access 2013，打开“应用”数据库，并进入“表 1”的【设计视图】界面。

step 02 若要更改“日期”字段的数据类型，将光标定位在该行，单击【数据类型】选项右侧的下拉按钮，弹出字段的数据类型列表，在其中选择任意类型，均可更改“日期”的数据类型，如图 4-39 所示。

一般来说，所有字段的数据类型都是可以更改的。但是以下几种字段除外，例如启用“同步复制 ID”属性的数字字段、OLE 对象字段和附件字段等。

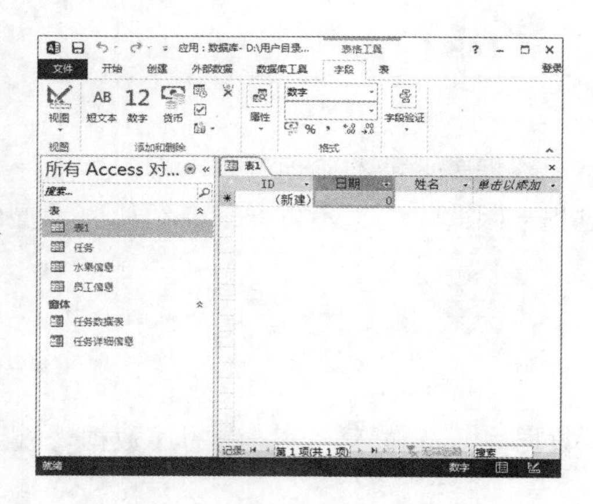

图 4-38　设置“日期”字段

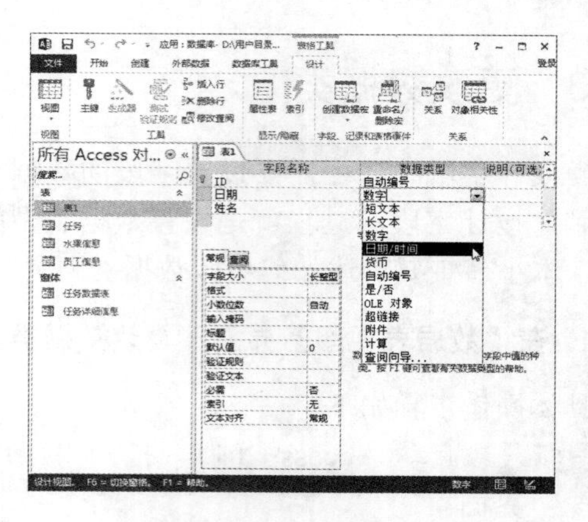

图 4-39　数据类型列表

4.3　设 置 字 段

Access 2013 内置的字段属性非常强大，设置合理的字段属性，可帮助用户有效地存储和管理表中的数据。在用户创建字段并设置数据类型后，可以看到，不同类型的字段拥有不同的属性。由此可见，字段的数据类型决定了用户可以设置哪些属性。

进入某个表的【设计视图】界面，在工作区下方的字段属性列表框中，用户即可以查看并设置某个字段的属性，如图 4-40 所示。

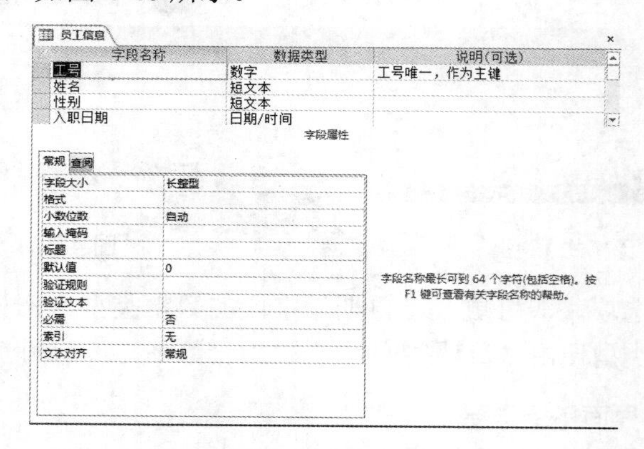

图 4-40　字段属性

4.3.1　字段属性概述

表中的每个字段都有属性，这些属性定义字段的特征和行为。字段最重要的属性是其数据类型，字段的数据类型决定其可以存储哪种数据，还决定着许多其他的重要字段特性，包括是否可对该字段进行索引、如何在表达式中使用该字段、该字段可使用哪些格式等。

图 4-41 是“数字”类型字段的属性，而图 4-42 所示是“短文本”类型字段的属性，两者的数据类型不同，其属性设置也是不同的。例如在“短文本”类型的字段中可以设置

“Unicode 压缩”属性，而对于“数字”类型则是没有该属性的。

常规 | 查阅

字段大小	长整型
格式	
小数位数	自动
输入掩码	
标题	
默认值	0
验证规则	
验证文本	
必需	否
索引	无
文本对齐	常规

图 4-41　“数字”类型字段的属性

常规 | 查阅

字段大小	255
格式	
输入掩码	
标题	
默认值	
验证规则	
验证文本	
必需	否
允许空字符串	是
索引	无
Unicode 压缩	是
输入法模式	开启
输入法语句模式	无转化
文本对齐	常规

图 4-42　“短文本”类型字段的属性

由图 4-41 和图 4-42 可知，字段的属性包括【常规】属性和【查阅】属性。下面介绍几种常用的【常规】属性。

- 字段大小：短文本型的默认值不超过 255 个字符。不同的数据类型，大小范围不一。
- 格式：限定数据在视图中的显示格式。
- 输入掩码：显示编辑字符以引导数据输入。
- 标题：在数据表视图中要显示的列名，默认的列名为字段名。
- 小数位数：指定显示数字时要使用的小数位数。
- 默认值：添加新记录时自动向字段分配该指定值。
- 验证规则：提供一个表达式，从而限定输入的数据，Access 只在满足相应的条件时才能输入数据。
- 验证文本：和验证规则相配合，当用户输入的数据违反验证规则后，给出提示信息。
- 必需：该属性取值为“是”时，表示必须填写本字段。取值为“否”时，字段可以为空。
- Unicode 压缩：为了使一个产品在不同的国家各种语言情况下都能正常运行而编写的一种文字代码。该属性取值为“是”时，表示本字段中数据库可以存储和显示多种语言的文本。
- 索引：决定是否将该字段定义为表中的索引字段，通过创建和使用索引加快对该字段中数据的读取访问速度。
- 文本对齐：指定控件内文本的默认对齐方式。

【查阅】属性也是字段属性之一，包括【显示控件】、【行来源类型】、【行来源】等内容，如图 4-43 所示。下面介绍几种常用的【查阅】属性。

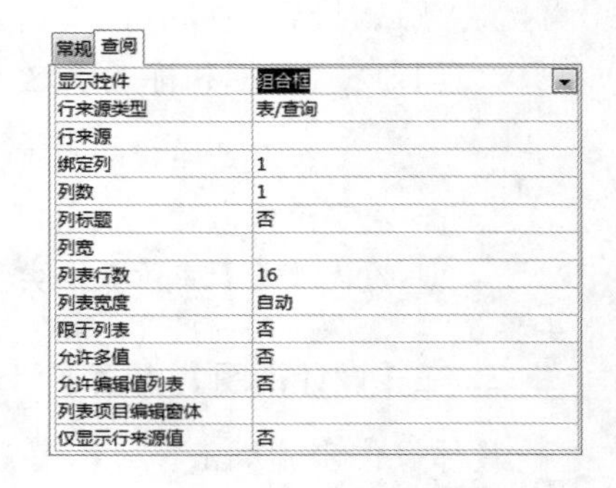

常规 | 查阅

显示控件	组合框
行来源类型	表/查询
行来源	
绑定列	1
列数	1
列标题	否
列宽	
列表行数	16
列表宽度	自动
限于列表	否
允许多值	否
允许编辑值列表	否
列表项目编辑窗体	
仅显示行来源值	否

图 4-43　【查阅】属性

- 显示控件：窗体上用来显示该字段的控件类型。
- 行来源类型：控件的数据源类型。
- 行来源：控件的数据源。
- 列数：将显示的列数。
- 列标题：是否用字段名、标题或数据的首行作为列标题或图表标签。

- 允许多值：一次查阅是否允许多值。
- 列表行数：在组合框列表中显示行的最大数目。
- 限于列表：是否只在与所列的选择之一相符时才接受文本。
- 仅显示行来源值：是否仅显示与行来源匹配的数值。

4.3.2 修改字段属性

用户在【数据表视图】和【设计视图】界面下均可修改字段属性。下面以“员工信息”表为例，介绍如何修改字段属性。

1. 在【数据表视图】界面下修改字段属性

具体操作步骤如下。

step 01 启动 Access 2013，打开“应用”数据库，进入“员工信息”表的【数据表视图】界面。

step 02 选中“入职日期”字段，切换到【字段】选项卡，在【属性】组中用户可查看该字段的属性，包括“名称和标题”“默认值”“字段大小”和“修改查阅”等内容，如图 4-44 所示。

step 03 单击【属性】组中的【名称和标题】按钮，弹出【输入字段属性】对话框，用户可设置字段的名称、标题和说明，如图 4-45 所示。

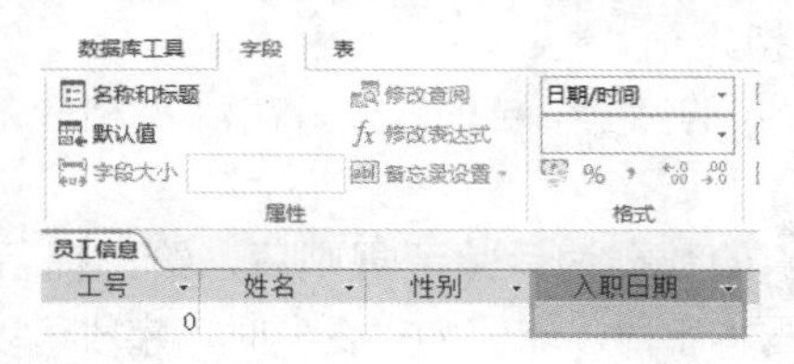

图 4-44 【字段】选项卡的【属性】组

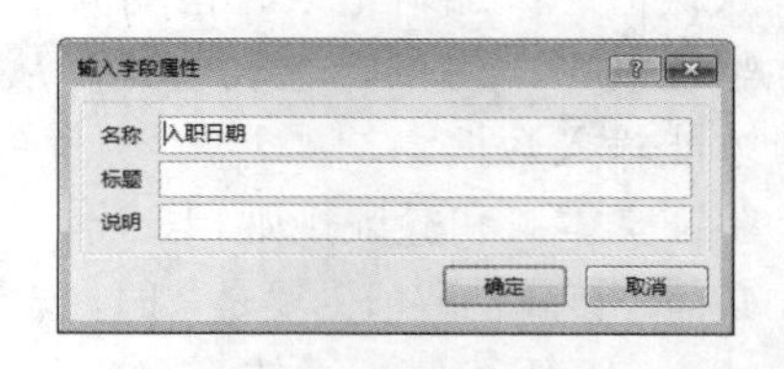

图 4-45 【输入字段属性】对话框

step 04 例如设置【名称】为“Entry Date”、【标题】为“入职日期”、【说明】为“存储员工的入职日期”，如图 4-46 所示。

step 05 设置完成后，单击【确定】按钮，“入职日期”字段的“名称和标题”这一属性即修改成功。

图 4-46 输入字段属性

标题是字段的别名，在数据表视图中，用户看到的是标题，在系统内部引用的则是字段的名称。使用同样的方法，用户可修改“入职日期”字段的其他属性。可修改的属性随着字段数据类型的不同而不同。

2. 在【设计视图】界面下修改字段属性

具体操作步骤如下。

step 01 启动 Access 2013，打开“应用”数据库，进入“员工信息”表的【设计视图】界面。

step 02 将光标定位在 Entry Date 字段的行首，当光标变成向右箭头形状➡时，单击选中该字段。在下方的字段属性列表框中可查看该字段的属性，如图 4-47 所示。

step 03 切换到【常规】选项卡，单击【格式】选项右侧的下拉按钮，弹出格式的类型列表，如图 4-48 所示。

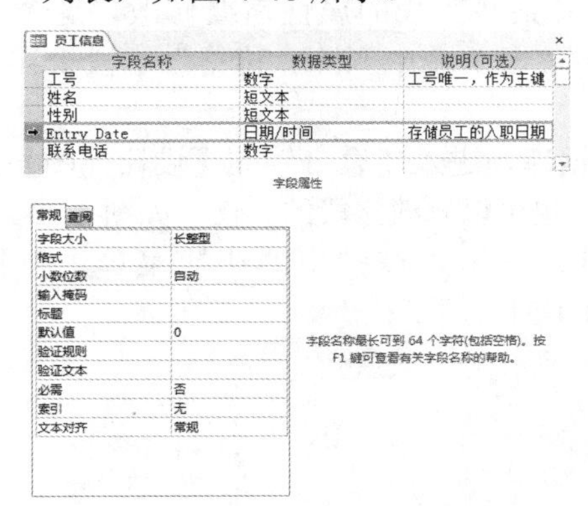

图 4-47 选中 Entry Date 字段

图 4-48 格式的类型列表

step 04 用户可选择任意类型来修改该字段的格式属性，例如选择【长日期】选项，将该字段设置为“长日期”格式，如图 4-49 所示。

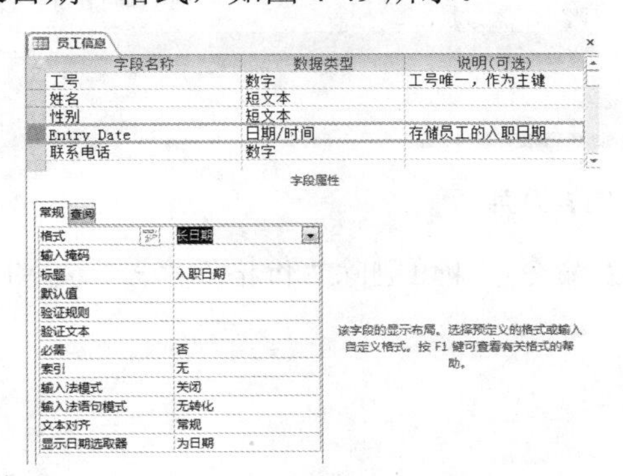

图 4-49 设置“长日期”格式

step 05 使用同样的方法，根据需要修改字段的其他属性。至此，即完成在【设计视图】界面中修改字段属性的操作。

4.4 修改数据表与数据表结构

数据表是数据库最基本的组件，在创建表时，应遵循良好的设计结构。创建表完成后，随着用户对所建数据库更加深入的了解，或者用户利用模板创建的表并不是完全符合要求，可能需要对数据表进行适当修改，以确保表结构设计的合理性，便于数据表的维护，使数据库达到最优状态。

4.4.1 利用设计视图更改表的结构

利用【设计视图】对数据表的结构进行修改，这是最基本的操作。例如前面创建的“水果信息”表，其中的某些字段可能是多余的，或者某些字段的属性需要修改，这都可以在【设计视图】界面中进行操作。下面通过在“水果信息”表中删除“价格”字段来详细介绍如何利用设计视图更改表结构。具体操作步骤如下。

step 01 启动 Access 2013，打开“应用”数据库，进入“表 1”的【设计视图】界面。用户可进行添加、修改和删除字段等操作，也可以修改字段的属性，如图 4-50 所示。

step 02 将光标定位在“价格”字段的行首，右击，在弹出的快捷菜单中包括【主键】、【剪切】、【复制】等命令，如图 4-51 所示。

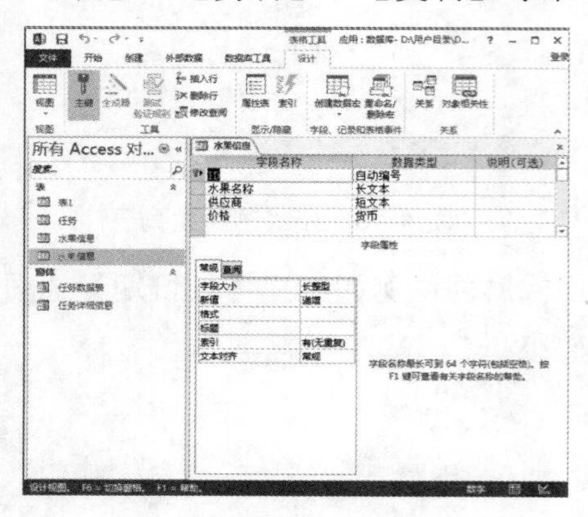

图 4-50 【设计视图】界面

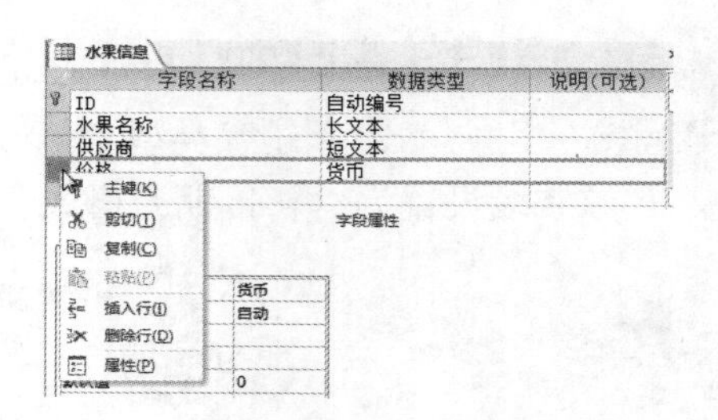

图 4-51 快捷菜单

step 03 选择【删除行】命令，即可删除“价格”字段，如图 4-52 所示。

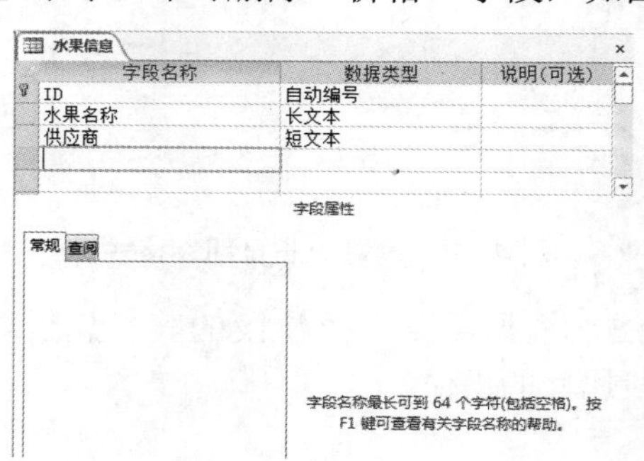

图 4-52 删除“价格”字段

若选择【插入行】命令，可在“供应商”和“价格”字段之间添加一个新的字段。

4.4.2 利用数据表视图更改表的结构

在【数据表视图】界面中，同样可以进行添加、修改和删除字段等操作，从而更改表的结构。关于如何添加字段，前面小节已经介绍。下面通过在“水果信息”表中删除“供应商”字段来详细介绍如何利用数据表视图更改表结构。具体操作步骤如下。

step 01 启动 Access 2013，打开“应用”数据库，进入“水果信息”表的【数据表视图】界面。

step 02 选中“供应商”字段，然后切换到【字段】选项卡，单击【添加和删除】组中的【删除】按钮，即可删除该字段，如图 4-53 所示。

step 03 选中字段后右击，在弹出的快捷菜单中选择【删除字段】命令，也可以删除该字段，如图 4-54 所示。

若选择【插入字段】命令，可添加一个新字段。若选择【重命名字段】命令，可对字段名称重命名。

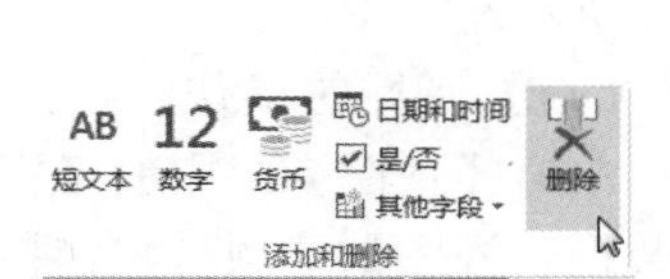

图 4-53　单击【删除】按钮

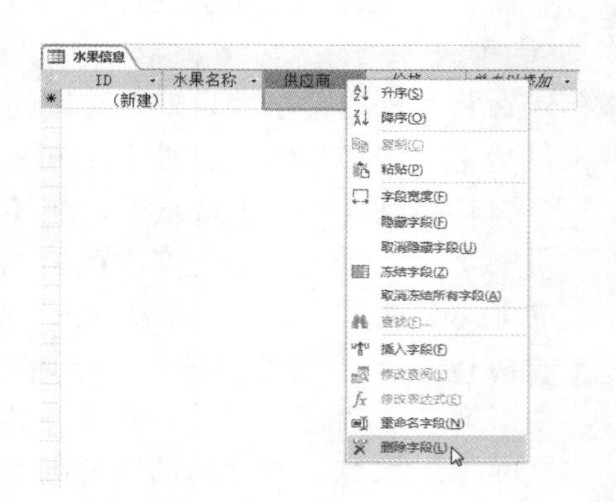

图 4-54　选择【删除字段】命令

4.4.3　数据的有效性

为了避免用户输入错误的数据，可以给数据增加有效性规则，其目的是让数据符合一定的规则，假如不符合规则，数据就无法录入，从而确保数据库用户输入正确的数据类型或数据。

Access 提供了 3 层有效性验证的方法。

(1) 数据类型验证。数据类型通常提供第一层验证。在设计数据库表时，为表中的每个字段定义了一个数据类型，该数据类型限制用户可以输入哪些内容。例如，日期/时间字段只接受日期和时间，货币字段只接受货币数据，以此类推。

(2) 字段大小验证。字段大小提供了第二层验证。例如，如果创建存储名字的字段，可以将其设置为最多接受 20 个字符。这样做可以防止用户恶意地向字段中粘贴大量的无用文本，也可以防止缺少经验的用户在存储名字的字段中错误地输入名字和姓氏。

(3) 属性验证。表属性提供了第三层验证。它提供了非常具体的几类验证。例如：

① 可以将【必需】属性设置为【是】，强制用户在字段中输入值。

② 使用【验证规则】属性要求输入特定的值，并使用【验证文本】属性来提醒用户存在错误。

③ 输入掩码验证。使用输入掩码可以强制用户以特定方式输入值，从而验证数据。例如，一个输入掩码强制用户以欧洲格式输入日期，如 2015.04.14。

以上第一层和第二层验证方法在之前章节中已经简单地介绍过，下面详细介绍第三层验证方法中第②项和第③项方法的使用。

1. 使用【验证规则】属性验证

验证规则是一个逻辑表达式，设置这一属性后，验证规则将根据表达式的逻辑值确认输入数据的有效性。验证文本通常是一句有完整语句的提示句子，它往往与验证规则配合使用。

当输入数据时，验证规则首先对输入的数据进行检查，当数据无效时便弹出提示对话框。下面给“水果销售”表的“日期”字段设置【验证规则】属性，当用户在输入日期时，不能输入将来的日期，具体操作步骤如下。

step 01 启动 Access 2013，打开“应用”数据库，进入“水果销售”表的【设计视图】界面。

step 02 将光标定位于“日期”字段的行首，选中该字段。在下方的字段属性列表框中可查看“日期”字段的属性，如图 4-55 所示。

step 03 切换到【常规】选项卡，在【验证规则】文本框中输入表达式“<Date()”，限定输入的日期必须是已存在的日期。在【验证文本】文本框中输入“输入错误，不能输入将来的日期，请重新输入”，如图 4-56 所示。

step 04 以上即完成对“日期”字段设置【验证规则】属性的操作。单击【保存】按钮，保存该表。然后切换到【开始】选项卡，单击【视图】组中的【视图】按钮下方的下拉按钮，在弹出的下拉列表中选择【数据表视图】选项，将切换到“水果销售”表的【数据表视图】界面，如图 4-57 所示。

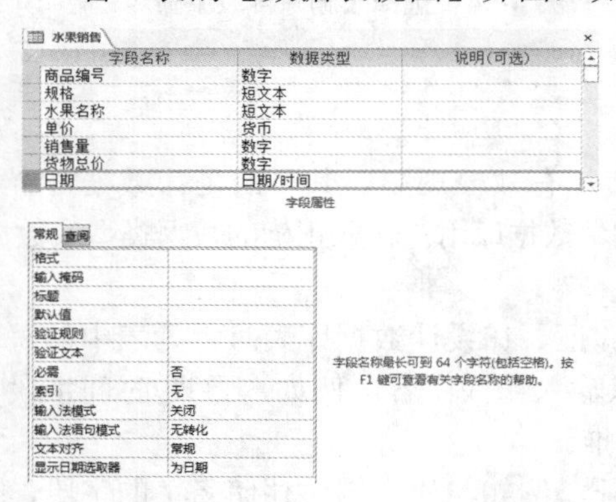

图 4-55　选中“日期”字段

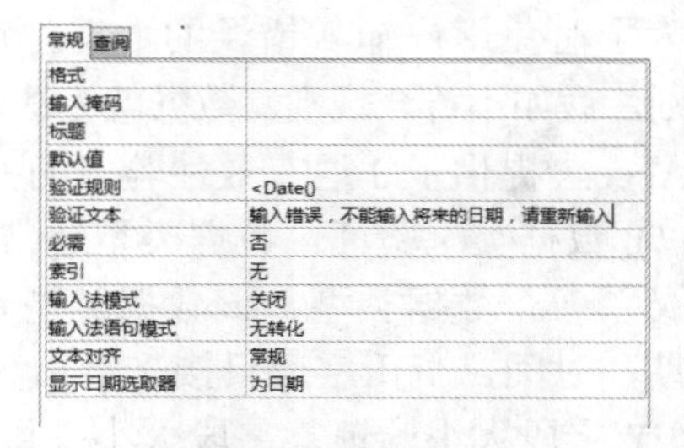

图 4-56　设置【验证规则】和【验证文本】属性

step 05 当在“日期”字段中输入将来的日期时，会弹出 Microsoft Access 对话框，提示输入错误，即限制用户只能输入当前已存在的日期，如图 4-58 所示。

只要掌握了验证规则的表达式，用户就可轻松地使用【验证规则】属性来验证数据的有效性。常用的验证规则表达式如表 4-2 所示。

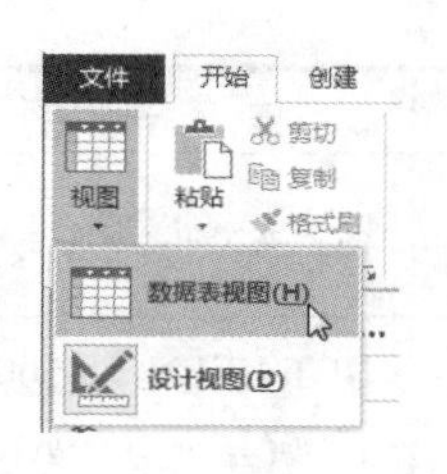

图 4-57 选择【数据表视图】选项

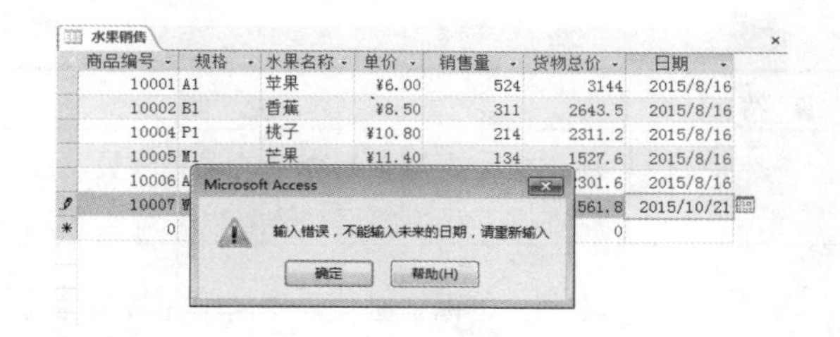

图 4-58 Microsoft Access 对话框

表 4-2 Access 2013 中常见的验证规则表达式

验证规则的表达式	说　明
<>0	输入非零值
>=0	输入值不得小于零(必须输入正数)
0 or >100	输入值必须为 0 或者大于 100
BETWEEN 0 AND 100	输入介于 0～100 的值，相当于“>0 And <100”
<#01/01/2015#	输入 2015 年之前的日期
>=#01/01/2014# AND <#01/01/2015#	必须输入 2014 年的日期
<Date()	不能输入将来的日期
StrComp (UCase([姓氏]),[姓氏],0)=0	“姓氏”字段中的数据必须大写
>=Int(Now())	输入当天的日期
M Or F	输入 M(代表男性)或 F(代表女性)
LIKE"[A-Z]*@[A-Z].com" OR "[A-Z]*@[A-Z].net" OR "[A-Z]*@[A-Z].org"	输入有效的.com、.net 或.org 电子邮件地址
[要求日期]<=[订购日期]+30	输入在订单日期之后的 30 天内的要求日期
[结束日期]>=[开始日期]	输入不早于开始日期的结束日期

验证规则的表达式虽然不使用任何特殊的语法，但是用户在创建表达式时，仍然必须牢记以下原则。

- 将字段的名称用方括号括起来。例如[结束日期]>=[开始日期]，结束日期和开始日期都是字段的名称。
- 日期用井号(#)括起来。例如<#01/01/2015#。
- 将字符串值用双引号括起来。例如"[A-Z]*@[A-Z].com"。
- 使用逗号来分隔项目，并将列表放在圆括号内。例如 IN ("东京","巴黎","莫斯科")。

表 4-3 列出了验证规则表达式中常用的算术运算符，并提供了使用方法示例。

表 4-3 表达式中常见的算术运算符

运 算 符	说　明	示　例
NOT	测试相反值。在除 IS NOT NULL 之外的任何比较运算符之前使用	NOT>10(与<=10 相同)

续表

运 算 符	说 明	示 例
IN	测试值是否等于列表中的现有成员。比较值必须是括在圆括号中的逗号分隔列表	IN("东京","巴黎","莫斯科")
BETWEEN	测试值范围。必须使用两个比较值(低和高)，并且必须使用 AND 分隔符来分隔这两个值	BETWEEN 100 AND 1000(与>=100 AND<=1000 相同)
LIKE	匹配文本和备注字段中的模式字符串	LIKE "Geo*"
IS NOT NULL	强制用户在字段中输入值。此设置与将“必需”字段属性设置为“是”具有同样的效果	IS NOT NULL
AND	指定输入的所有数据必须为 True 或在指定的范围内	>= #01/01/2007# AND <= #03/06/2008# 注意：还可以使用 AND 来组合有效性规则。例如：NOT "英国" AND LIKE "英*"
OR	指定可以有一段或多段数据为 True	1 月 OR 2 月
<	小于	
<=	小于或等于	
>	大于	
>=	大于或等于	
=	等于	
<>	不等于	

2. 输入掩码验证

当有多个用户向数据库中输入数据时，输入掩码可以用来定义必须在字段中输入数据的特定格式，以帮助保持一致性，并使数据库更易于管理。

输入掩码由一个必需部分和两个可选部分组成，每个部分用分号分隔。每个部分的用途如下所示。

- 第一部分是必需的。它包括掩码字符或字符串(字符系列)和字面数据(例如括号、句点和连字符)。
- 第二部分是可选的，指嵌入式掩码字符和它们在字段中的存储方式。如果第二部分设置为 0，则这些字符与数据存储在一起；如果设置为 1，则仅显示而不存储这些字符。将第二部分设置为 1 可以节省数据库存储空间。
- 第三部分也是可选的，指明用作占位符的单个字符或空格。默认情况下，Access 使用下划线(_)。如果希望使用其他字符，请在掩码的第三部分中输入。

下面给“水果销售”表的“日期”字段添加掩码，具体操作步骤如下。

step 01 启动 Access 2013，打开“应用”数据库，进入“水果销售”表的【设计视图】

界面。

step 02 选中“日期”字段，在字段属性列表框中单击【输入掩码】右侧的省略号按钮，如图 4-59 所示。

step 03 弹出【输入掩码向导】对话框，在【输入掩码】列表框中显示出系统提供的掩码类型。选择【短日期】选项，然后单击【下一步】按钮，如图 4-60 所示。

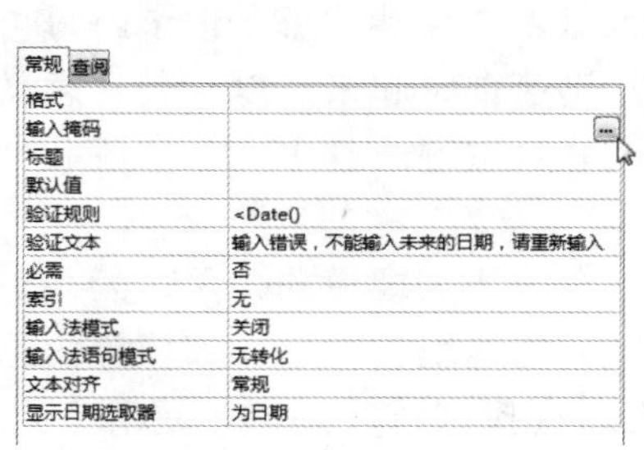

图 4-59 单击【输入掩码】选项右侧的省略号按钮

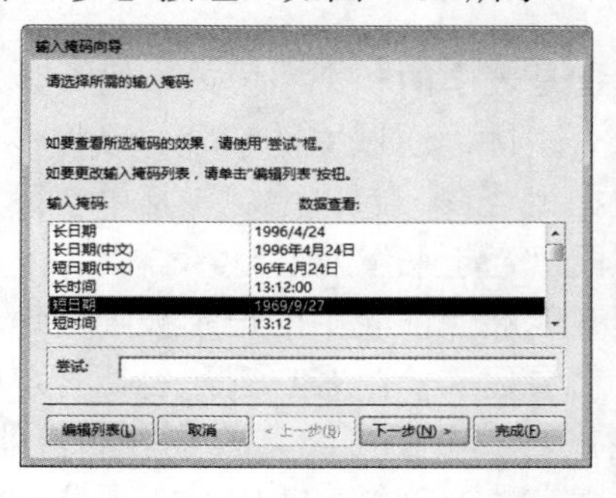

图 4-60 【输入掩码向导】对话框

step 04 弹出确定是否更改输入掩码的对话框，保持默认设置不变，单击【完成】按钮，如图 4-61 所示。

step 05 此时“日期”字段输入掩码设置为 0000/99/99;0;_。该掩码使用了两个占位符字符 9 和 0。9 指示可选位，而 0 指示强制位。第二部分中的 0 指示掩码字符将与数据一起存储。第三部分指定使用连字符(-)而不是下划线(_)用作占位符字符，如图 4-62 所示。

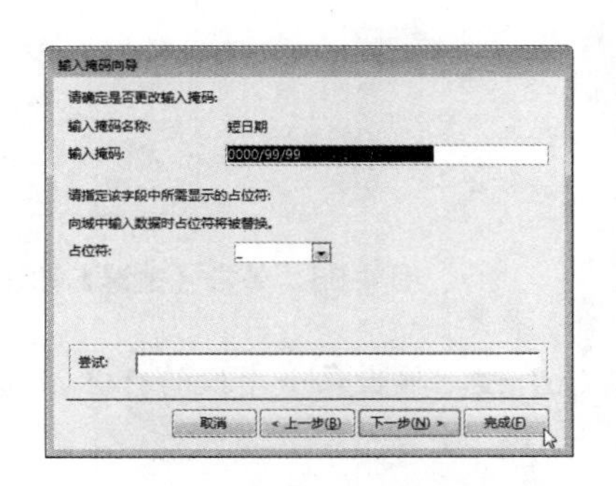

图 4-61 确定是否更改输入掩码对话框

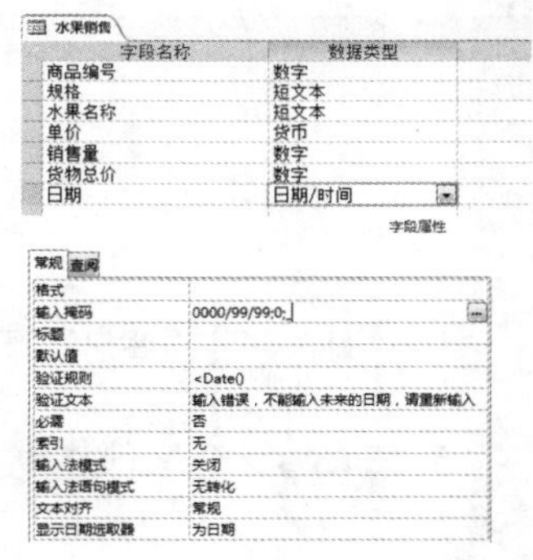

图 4-62 设置【输入掩码】属性

step 06 单击【保存】按钮，然后切换到【数据表视图】界面，当向“日期”字段添加数据时，系统将限制需按照特定的格式进行输入，如图 4-63 所示。

水果销售

商品编号	规格	水果名称	单价	销售量	货物总价	日期
10001	A1	苹果	¥6.00	524	3144	2015/8 /16
10002	B1	香蕉	¥8.50	311	2643.5	2015/8 /16
10004	P1	桃子	¥10.80	214	2311.2	2015/8 /16
10005	M1	芒果	¥11.40	134	1527.6	2015/8 /16
10006	A2	梨子	¥5.60	411	2301.6	2015/8 /16
10007	W1	甜瓜	¥3.80	411	1561.8	____/__/__
0			¥0.00	0	0	

图 4-63 【数据表视图】界面

在 Access 2013 中只能为短文本和日期/时间这两个数据类型的字段设置输入掩码验证。

4.4.4 主键的设置、更改与删除

主键是表中的一个字段或字段集，用来唯一标识该表中存储的每条记录。每个表中都应该有一个主键，通过主键字段可以将多个表中的数据迅速关联起来，以一种有意义的方式将这些数据组合在一起。主键包括单字段主键和多字段联合主键。其中，多字段联合主键是将几个字段组合起来作为主键。

主键能够保证表中的记录被唯一地识别。例如，在一所大规模的公司，为了更好地管理客户，需要建立一个客户表，包括客户的公司名称、公司地址、姓名、邮箱等信息，但是姓名可能重名，电话可能会改变，如何能够在表中快速查找到该客户的信息呢？此时就需要给每个客户赋予一个客户 ID，它是唯一且不可改变的，通过客户 ID 可以快速查找客户信息。

下面就以“客户”表为例，介绍如何设置、更改和删除主键。

设置主键的具体操作步骤如下。

step 01 打开“应用”数据库，使用表设计器新建一个空白表，命名为“客户”表，并在表中添加字段：客户 ID、客户姓名、联系电话等，如图 4-64 所示。

step 02 选中“客户 ID”字段，然后切换到【设计】选项卡，单击【工具】组中的【主键】按钮，如图 4-65 所示。

图 4-64 “客户”表

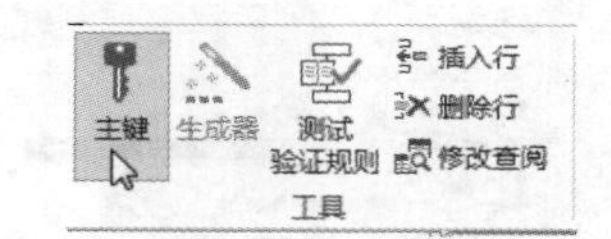

图 4-65 单击【主键】按钮

若要选择多个字段作为主键，则按住 Ctrl 键，单击每个字段的行首以选中多个字段。

step 03 此时“客户 ID”字段的行首出现图标，表示已设置该字段为主键，如图 4-66 所示。

将光标定位于“客户 ID”字段行中，右击，在弹出的快捷菜单中选择【主键】命令，也可以设置该字段为主键，如图 4-67 所示。

使用以上两种方法均可设置主键，那么用户该如何删除主键呢？它的方法和设置主键的方法是相同的。具体有以下两种操作方法。

- 选中“客户 ID”字段，然后切换到【设计】选项卡，单击【工具】组中的【主键】按钮，即可删除主键，如图 4-68 所示。

- 将光标定位于“客户 ID”字段行中，右击，在弹出的快捷菜单中选择【主键】命令，也可以删除主键，如图 4-69 所示。

图 4-66 设置“客户 ID”字段为主键

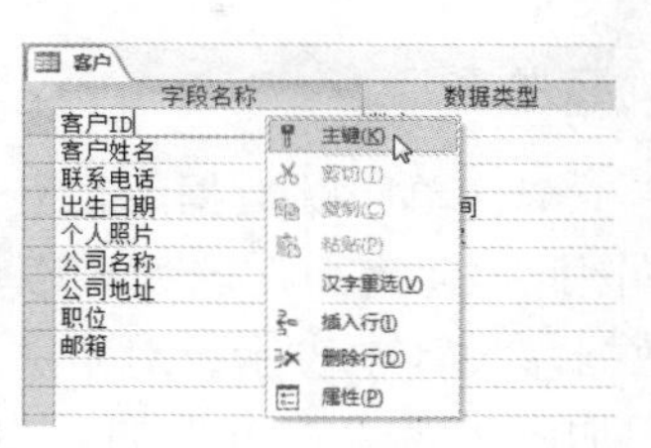

图 4-67 选择【主键】命令

图 4-68 删除主键

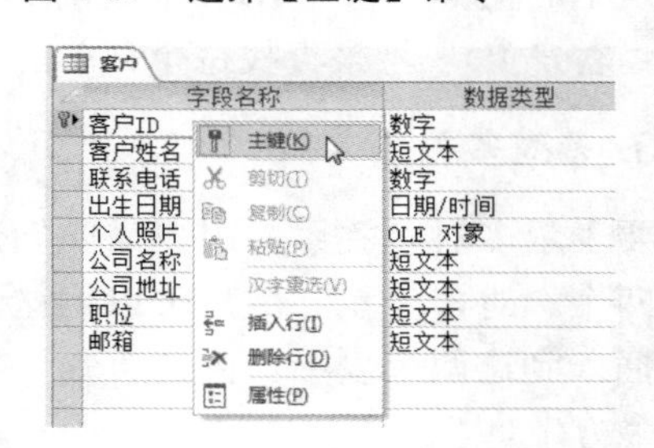

图 4-69 选择【主键】命令

在删除主键之前，必须确保它没有参与任何表关系。如果要删除的主键与某个表建立了表关系，删除时 Access 会提示必须先删除表关系。而如果用户想要更改主键，则直接删除现有的主键，重新设置新的主键即可。

若不设置主键，保存表对象时，系统会弹出 Microsoft Access 对话框，提示用户尚未定义主键。如果单击【是】按钮，Access 会创建一个“自动编号”数据类型的 ID 字段，为每条记录提供一个唯一值。

4.5 建立表之间的关系

良好的数据库设计目标之一就是消除数据冗余(重复数据)。要实现这一目标，可将数据拆分为多个基于主题的表，以使每个记录只显示一次。然后，可通过在相关表中放置公共字段将拆分的信息组合到一起。而为了把不同表的数据组合在一起，必须建立表间的关系。

在 Access 2013 中，有 3 种类型的表关系。

1. 一对一关系

在一对一关系中，第一个表中的每条记录在第二个表中只有一个匹配记录，而第二个表中的每条记录在第一个表中也只有一个匹配记录。这两个表通常是基于同一个主题。这种关系并不常见，因为多数与此方式相关的信息都存储在一个表中。事实上，一对一关系通常都应该避免，因为它违反了规范化的规则。但在某些特殊情况下，可以使用一对一关系将一个表分成许多字段，或出于安全原因隔离表中的部分数据，或存储仅应用于主表中子集的信息。创建此类关系时，这两个表必须共享一个公共字段，并且该公共字段必须具有唯一索引。

2. 一对多关系

假设有一个订单跟踪数据库，其中包含“客户”表和“订单”表。客户可以签署任意数量的订单。因此，“客户”表和“订单”表之间的关系就是一对多关系。

要在数据库设计中表示一对多关系，需要设置表关系“一方”的主键，并将其作为额外公共字段添加到关系“多方”的表中。例如在订单跟踪数据库中，需要将一个字段(即“客户”表中的主键“客户 ID”字段)添加到“订单”表中。然后，Access 就可以使用“订单”表中的“客户 ID”号来查找每个订单的正确客户。

3. 多对多关系

要表示多对多关系，用户需要创建第三个表，该表通常称为连接表，它将多对多关系划分为两个一对多关系。用户可以将这两个表的主键都插入到第三个表中，或者将第三个表的主键插入到这两个表中。由此可知，第三个表可以作为一对多关系中的“一方”，也可以作为“多方”。

例如，在一个订单跟踪数据库中，还包含“订单纳税状态”表，一个订单纳税状态可以对应多张订单表，它与“订单”表是一对多的关系，而“客户”表与“订单”表也是一对多的关系。因此我们可以得出以下结论：“订单纳税状态”表和“客户”表是多对多的关系，而“订单”表即是第三个表(即连接表)，它作为一对多关系中的“多方”连接这两个表，创建表关系时，用户需要将这两个表的主键字段插入到“订单”表中，如图 4-70 所示。

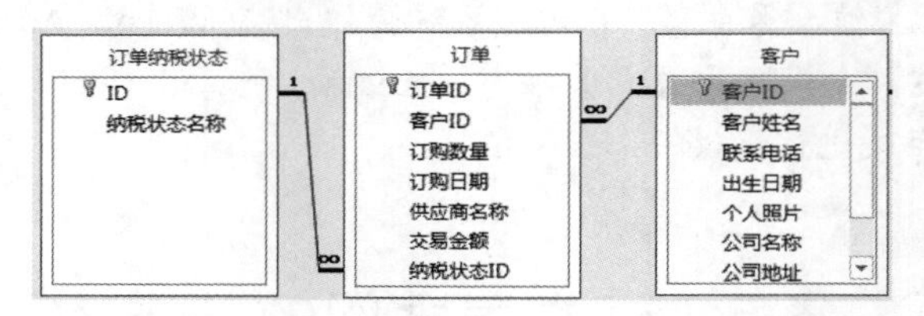

图 4-70 “订单纳税状态”表和“客户”表是多对多的关系

若在订单跟踪数据库中，还包含“客户访问”表，一个客户可以多次访问公司，则“客户”表与“客户访问”表是一对多的关系。我们可以得出以下结论：“订单”表和“客户访问”表是多对多的关系，而“客户”表即是第三个表，它作为一对多关系中的“一方”连接这两个表。创建表关系时，用户需要将“客户”表的主键字段插入到这两个表中，如图 4-71 所示。

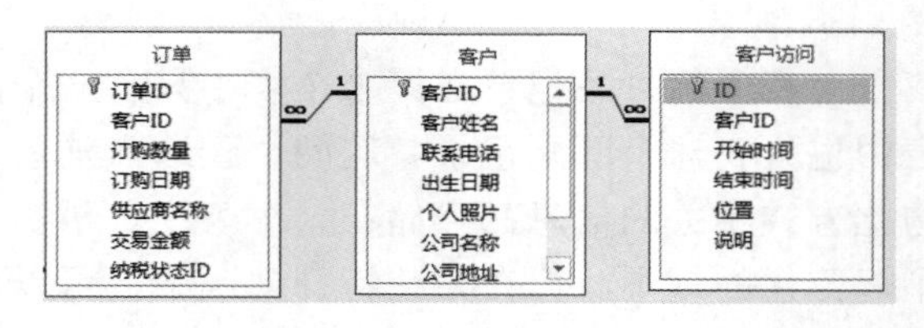

图 4-71 “订单”表和“客户访问”表是多对多的关系

4.5.1 表的索引

索引是对数据库表中一列或多列的值进行排序的一种结构，使用索引可快速访问数据库表中的特定信息。索引好比是一本书的目录，通过它可以快速锁定需要的章节。创建索引可以大大提高系统的性能。当然其也有缺点，它增加了数据库的存储空间耗用，并且当对表中的数据进行添加、删除或修改的时候，索引也要动态地维护，这样就降低了数据的维护速度。

在创建索引的时候，应考虑如何选用合适的列创建索引。一般来说，用户可以参考以下几点创建索引。

(1) 在经常需要搜索的列上创建索引，这样可以加快搜索的速度。

(2) 在作为主键的列上创建索引，这样可以强制该列的唯一性和组织表中数据的排列结构。

(3) 在经常用的链接的列上创建索引，这些列主要是一些外键，可以加快链接的速度。

(4) 在经常需要根据范围进行搜索的列上创建索引，因为索引已经排序，其指定的范围是连续的。

(5) 在经常需要排序的列上创建索引，因为索引已经排序，这样查询可以利用索引的排序，加快排序查询时间。

索引分为单字段索引和多字段索引。如果用户经常同时依据两个或更多个字段进行搜索或排序，则可以为该字段组合创建索引。创建多字段索引时，需要设置字段的次序。如果在第一个字段中的记录具有重复值，则 Access 会接着依据为索引定义的第二个字段来进行排序，以此类推。而在一个多字段索引中最多可以包含 10 个字段。

下面通过两种方法来创建单字段索引。

1. 通过字段属性列表框创建单字段索引

具体操作步骤如下。

step 01 启动 Access 2013，打开“应用”数据库，并进入“客户”表的【设计视图】界面。

step 02 选中“客户 ID”字段，在字段属性列表框中单击【索引】选项右侧的下拉按钮，弹出索引列表，包括【无】、【有(有重复)】和【有(无重复)】3 个选项，如图 4-72 所示。

【无】选项表示不在此字段上创建索引(或删除现有索引);
【有(有重复)】选项表示在此字段上创建索引;
【有(无重复)】选项表示在此字段上创建唯一索引。

step 03 “客户 ID”字段为主键，且不会重复，因此选择【有(无重复)】选项，即可为该字段创建索引，如图 4-73 所示。

step 04 使用同样的方法，设置“客户姓名”字段索引属性为“有(有重复)”。

2. 通过索引设计器对话框创建单字段索引

下面为“客户”表的“联系电话”字段创建索引。具体操作步骤如下。

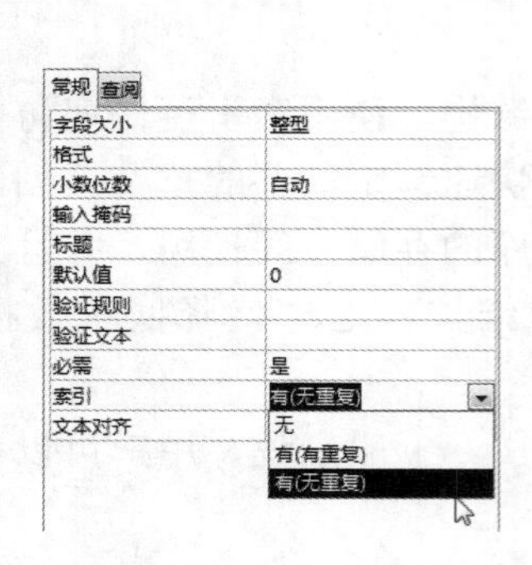

图 4-72　索引列表

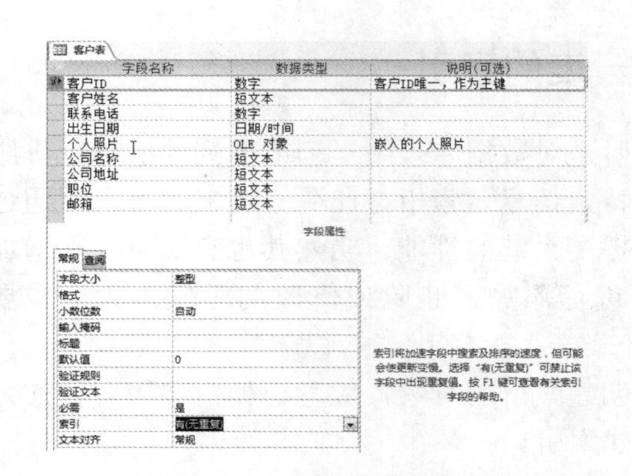

图 4-73　选择【有(无重复)】选项

step 01 启动 Access 2013，打开“应用”数据库，并进入“客户”表的【设计视图】界面。

step 02 切换到【设计】选项卡，单击【显示/隐藏】组中的【索引】按钮，如图 4-74 所示。

step 03 弹出索引设计器，用户可以看到，Access 已经自动为主键“客户 ID”字段创建了索引，如图 4-75 所示。

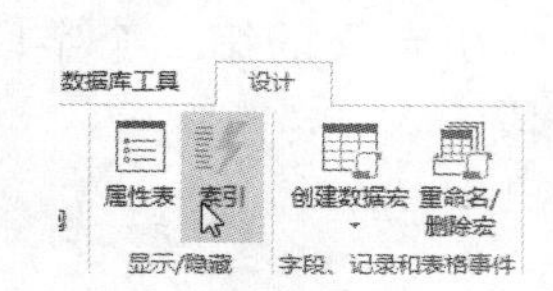

图 4-74　单击【显示/隐藏】组中的【索引】按钮

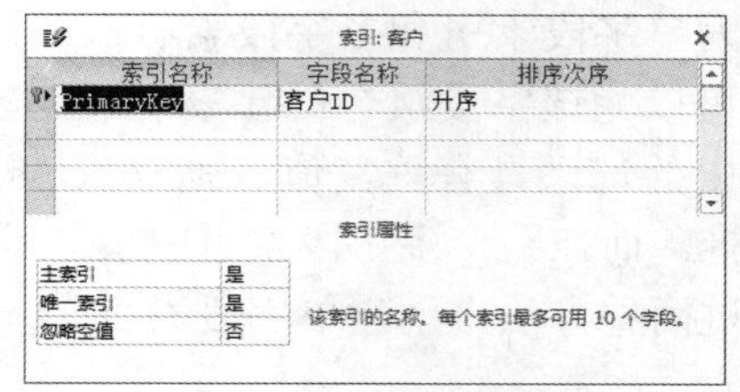

图 4-75　索引设计器

step 04 在【索引名称】列中输入新建的索引名称“联系电话”，单击【字段名称】列右侧的下拉按钮，在弹出的下拉列表中选择“客户姓名”字段，在【排序次序】列中选择【升序】选项，即完成使用索引设计器创建索引的操作，如图 4-76 所示。

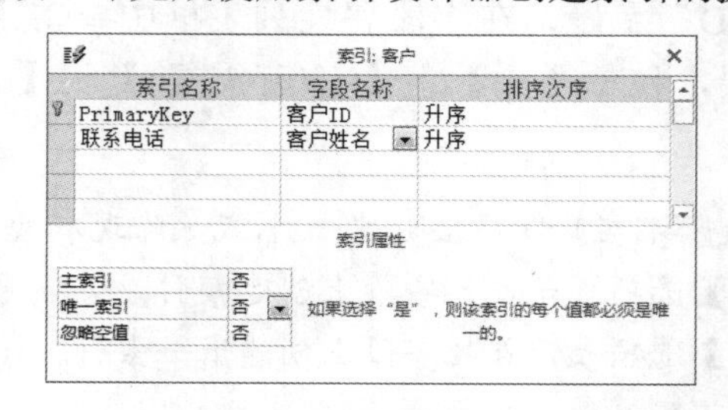

图 4-76　创建“联系电话”索引

在索引设计器下方，有【主索引】、【唯一索引】和【忽略空值】3 个选项。利用这 3 个选项，用户还可以设计其他的索引属性。例如，若【主索引】选择【是】选项，表示设计该字段为主键，若【唯一索引】选择【是】选项，表示此字段中的值是唯一的，若【忽略空值】选择【是】选项，表示该索引将排除值为空的记录。

数据类型为 OLE 对象或附件的字段不能创建索引。另外，Access 还会自动为主键创建唯一索引。

4.5.2 创建表关系

表关系有助于合并两个不同表中的数据。每个关系由两个表中的字段组成，包含相对应的数据。Access 中有 3 种不同的表关系，与此相对应的，创建表关系也应分为 3 种，即建立一对一表关系、一对多表关系以及多对多表关系。

1. 创建一对一表关系

一对一表关系在实际中运用得较少，但在某些情况下，还是非常有用的。假如在数据库中，有“客户”表和“原始信息”表，在这两个表中都是某个客户相关的信息，而且客户名单是完全一致的，因此可以建立一对一表关系，将这两个表合二为一。具体操作步骤如下。

step 01 启动 Access 2013，打开“应用”数据库。切换到【数据库工具】选项卡，单击【关系】组中的【关系】按钮，如图 4-77 所示。

step 02 此时进入【关系】工作窗口，用户可在此窗口中创建表关系，如图 4-78 所示。

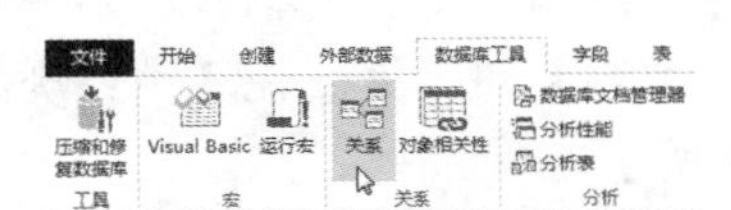

图 4-77 单击【数据库工具】选项卡的【关系】按钮

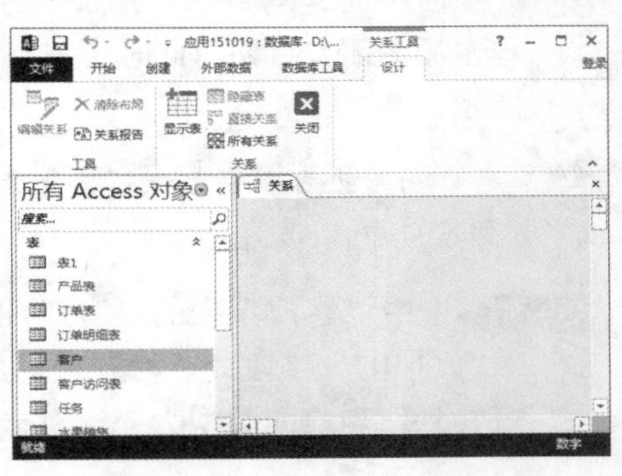

图 4-78 【关系】工作窗口

step 03 切换到【设计】选项卡，单击【关系】组中的【显示表】按钮，如图 4-79 所示；或者在【关系】工作窗口中，右击，在弹出的快捷菜单中选择【显示表】命令，如图 4-80 所示。

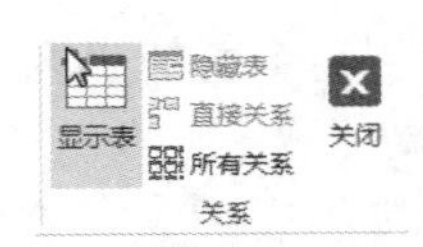

图 4-79 单击【关系 】组中的【显示表】按钮

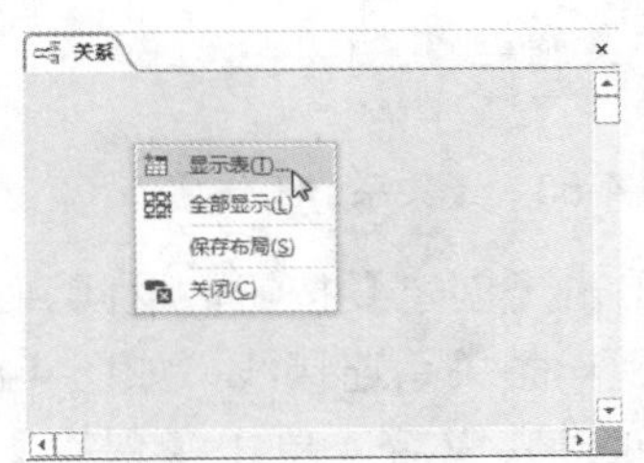

图 4-80 选择【显示表】命令

step 04 打开【显示表】对话框。在此对话框中，用户可以看到，共有【表】、【查询】和【两者都有】3 个选项卡，如图 4-81 所示。

step 05 在【表】选项卡中，系统显示出当前“应用”数据库下包含的所有表对象。选择“客户”表，单击【添加】按钮，可将该表添加到【关系】工作窗口中，如图 4-82 所示。

图 4-81 【显示表】对话框

图 4-82 选择“客户”表

step 06 使用同样的方法，添加“原始信息”表到【关系】工作窗口中。操作完成后，单击【关闭】按钮，此时【关系】工作窗口中将出现这两个表的相关信息，如图 4-83 所示。

提示

用户也可以在导航窗格中选中这两个表，按住左键不放，将其拖动到【关系】工作窗口中。

step 07 选中“客户”表的“客户 ID”字段，按住左键不放将其拖到“原始信息”表的“客户 ID”字段处，松开鼠标后，弹出【编辑关系】对话框。在【关系类型】栏中可看到，当前的类型为“一对一”，如图 4-84 所示。

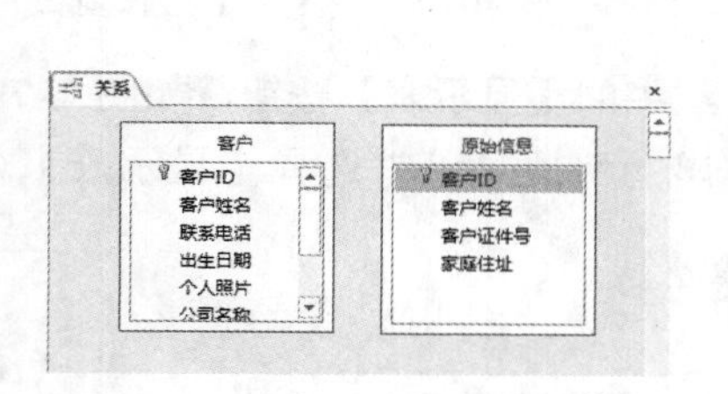

图 4-83 【关系】工作窗口

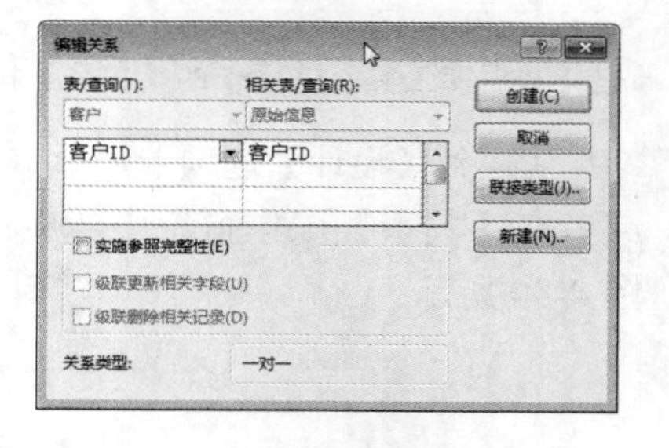

图 4-84 【编辑关系】对话框

step 08 单击【创建】按钮，返回到工作窗口中，可以看到两个表的“客户 ID”字段之间出现一条关系连接线，如图 4-85 所示。

step 09 创建完成后，单击【保存】按钮，即可保存创建的表关系。在左侧导航窗格中，双击打开“客户”表，可以看到，每条记录的行首出现了⊞标记。单击该标记，Access 以子表的形式显示出每个客户的原始信息，如图 4-86 所示。

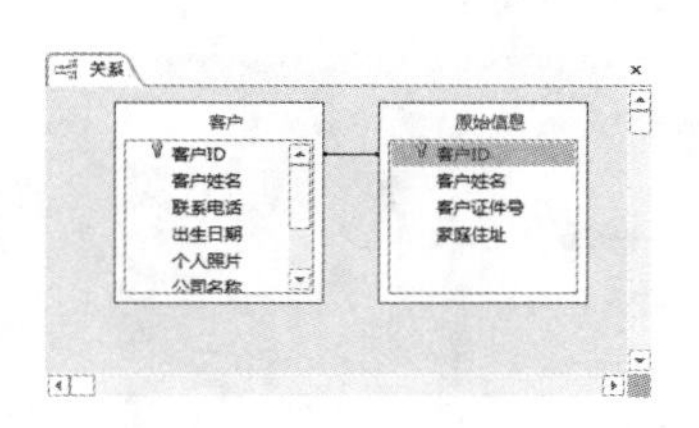

图 4-85 关系连接线

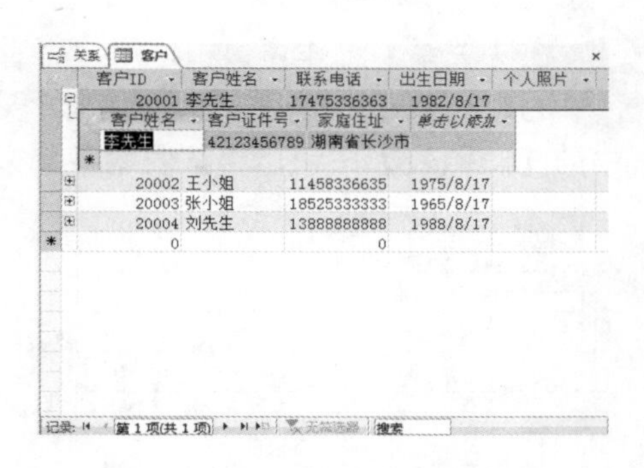

图 4-86 “客户”表的子表

step 10 同理，在左侧导航窗格中，双击打开“原始信息”表，可以看到，每条记录的行首也出现了⊞标记。单击该标记，Access 以子表的形式显示出每个客户的详细信息。至此，即完成创建一对一表关系的操作，如图 4-87 所示。

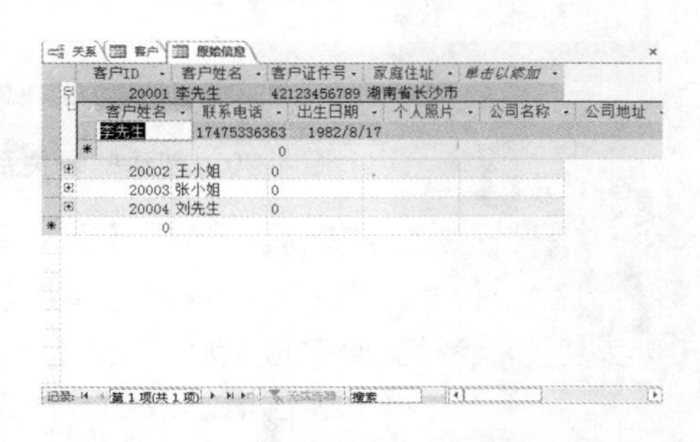

图 4-87 “原始信息”表的子表

2. 创建一对多表关系

一对多表关系在数据库中最为常见。在关系“一方”的字段必须具有唯一索引，该字段通常为主键，该表称为主表。关系“多方”的字段不应具有唯一索引，它可以有索引，但必须允许重复，该字段通常称为表关系的“外键”。当一个字段具有唯一索引而其他字段不具有唯一索引时，Access 将创建一对多关系。

假设在订单跟踪数据库中，有“客户”表和“订单”表，一个客户可以有多个订单，而一个订单只能对应一个客户，因此，在一对多的表关系中，关系“一方”应为“客户”表，而关系“多方”应为“订单”表。下面就以这两个表为例，详细介绍如何创建一对多表关系。具体操作步骤如下。

step 01 打开“应用”数据库，进入“客户”表和“订单”表的【数据表视图】界面。

step 02 切换到【表】选项卡，单击【关系】组中的【关系】按钮，如图 4-88 所示，可进入【关系】工作窗口。

提示 若进入的是“客户”表的【设计视图】界面，切换到【设计】选项卡，单击【关系】组中的【关系】按钮，同样可以进入【关系】工作窗口，如图 4-89 所示。

图 4-88 单击【表】选项卡中的【关系】按钮

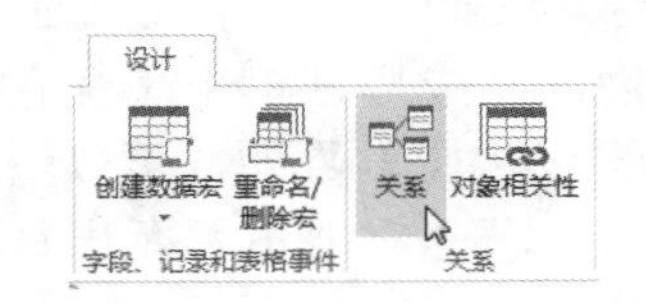

图 4-89 单击【设计】选项卡中的【关系】按钮

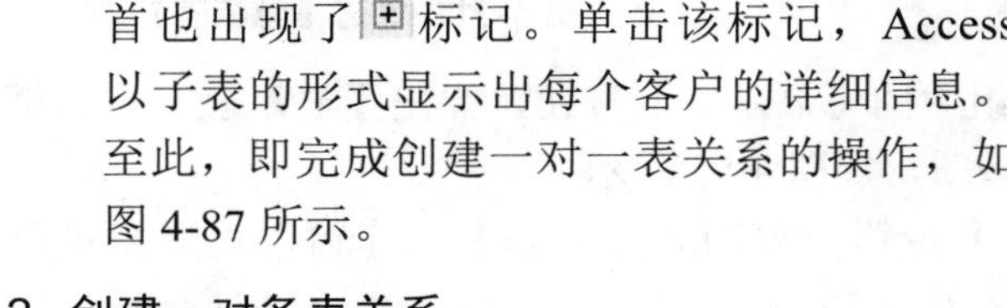

step 03 在【关系】工作窗口中，用户可看到之前创建的表关系，如图 4-90 所示。

step 04 为便于演示，选中“原始信息”表，切换到【设计】选项卡，单击【关系】组中的【隐藏表】按钮，将该表隐藏起来，如图 4-91 所示。

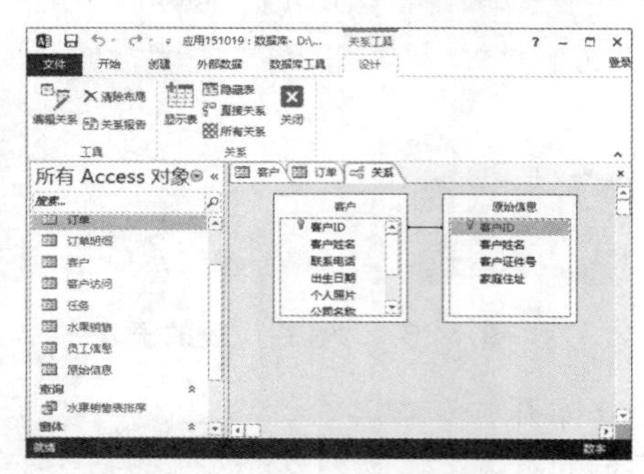

图 4-90　创建的表关系

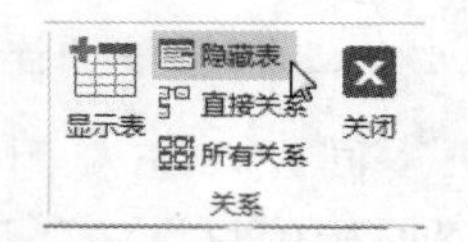

图 4-91　单击【隐藏表】按钮

step 05 隐藏以后，单击【关系】组中的【显示表】按钮，弹出【显示表】对话框。选中“订单”表，单击【添加】按钮，如图 4-92 所示。

step 06 添加完成后，单击【关闭】按钮，返回到【关系】工作窗口。用户可以看到“订单”表已添加成功，如图 4-93 所示。

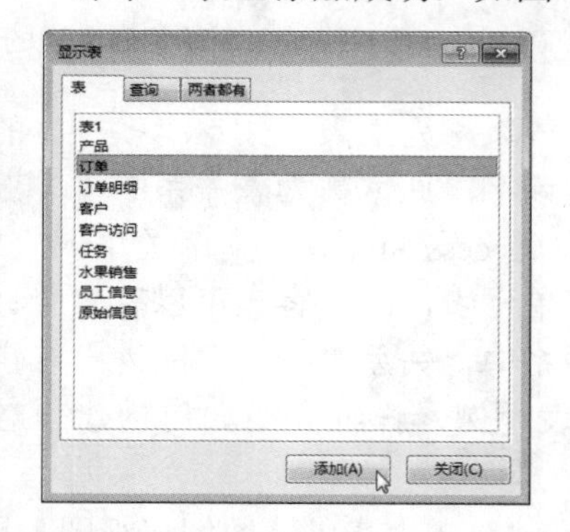

图 4-92　【显示表】对话框

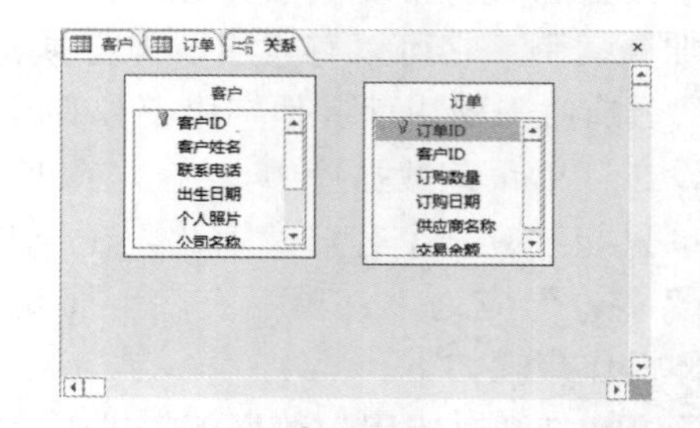

图 4-93　添加“订单”表

step 07 选中“客户”表的“客户 ID”字段，按住鼠标左键不放将其拖动到“订单”表的“客户 ID”字段处，松开鼠标后，弹出【编辑关系】对话框。在【关系类型】栏中可看到，当前的类型为【一对多】，如图 4-94 所示。

step 08 单击【创建】按钮，返回到【关系】工作窗口中，可以看到这两个表的“客户 ID”字段之间出现一条关系连接线，如图 4-95 所示。

step 09 创建完成后，单击【保存】按钮，保存创建的表关系。切换到“客户”表的【数据表视图】界面，可以看到，每条记录的行首出现了 ⊞ 标记。单击该标记，Access 以子表的形式显示出每个客户的订单信息。至此，即完成创建一对多表关系的操作，如图 4-96 所示。

提示

在一对多表关系中，只有关系“一方”的数据表才能查看子表的信息。关系“多方”的数据表是无法出现子表的。

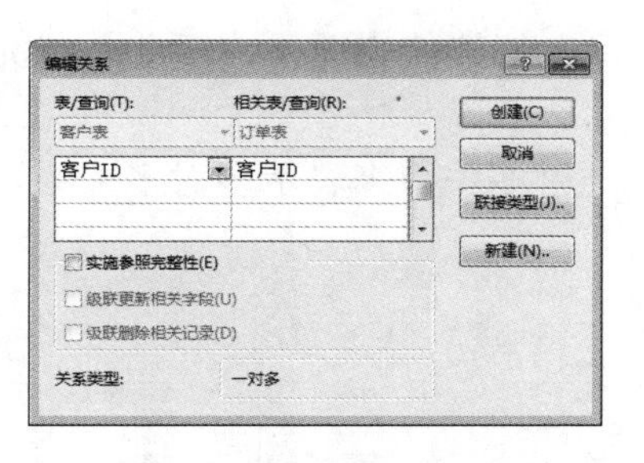

图 4-94 【编辑关系】对话框

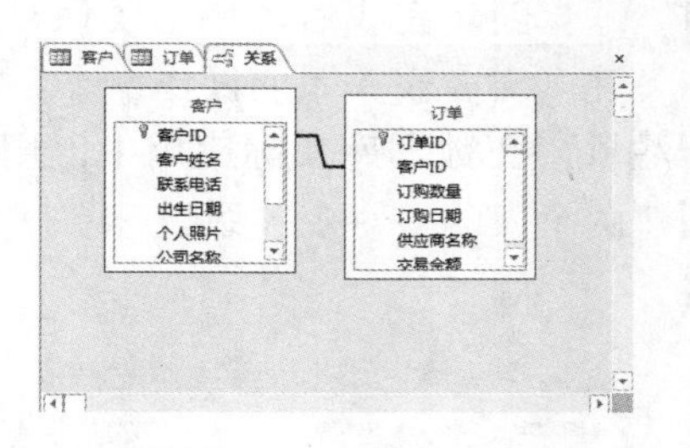

图 4-95 关系连接线

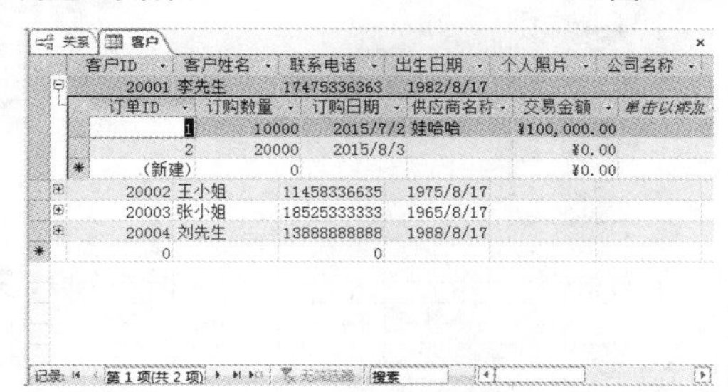

图 4-96 “客户”表的子表

3. 创建多对多表关系

用户既可以如图 4-70 和图 4-71 所示来表示多对多表关系，也可以直接创建多对多表关系。下面为“客户访问”表和“订单”表创建多对多表关系。具体操作步骤如下。

step 01 打开“应用”数据库，切换到【数据库工具】选项卡，单击【关系】组中的【关系】按钮，进入【关系】工作窗口。用户在其中可以查看当前数据库中已存在的表关系，如图 4-97 所示。

step 02 切换到【设计】选项卡，单击【关系】组中的【显示表】按钮，弹出【显示表】对话框，将“客户访问”表添加到【关系】工作窗口中，如图 4-98 所示。

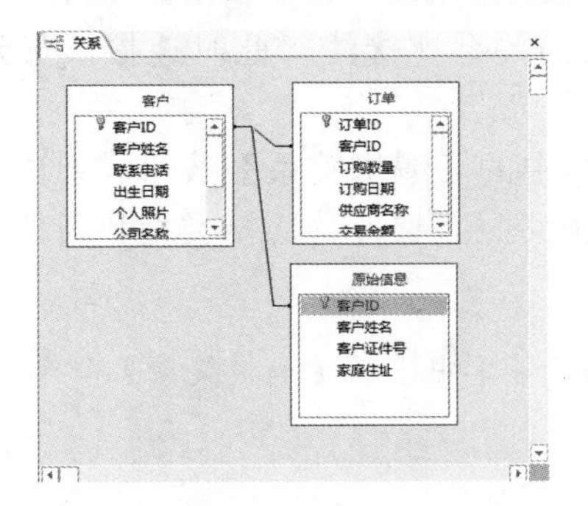

图 4-97 “应用”数据库的表关系

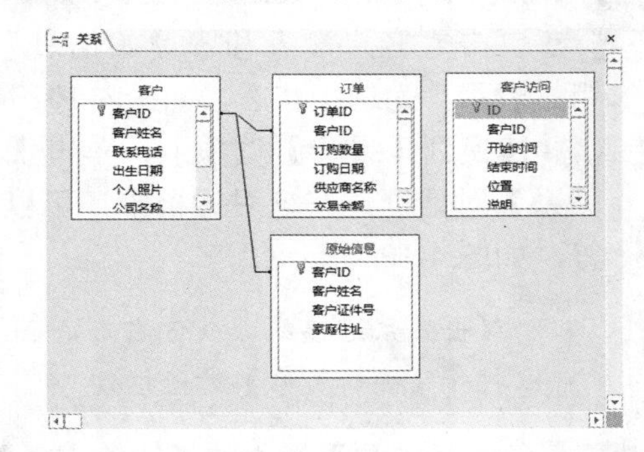

图 4-98 添加“客户访问”表

step 03 选中“客户访问”表的“客户 ID”字段，按住鼠标左键不放将其拖动到“订单”表的“客户 ID”字段处，松开鼠标后，弹出【编辑关系】对话框，如图 4-99 所示。

step 04 单击【创建】按钮，返回到【关系】工作窗口中，可以看到这两个表的“客户 ID”字段之间出现一条关系连接线，如图 4-100 所示。

step 05 创建完成后，单击【保存】按钮，即可保存创建的表关系。至此，就完成了创建多对多表关系的操作。

请注意，在数据库实际应用中，用户通常用两个一对多关系来表示多对多关系，而不是直接创建两个表的多对多关系。

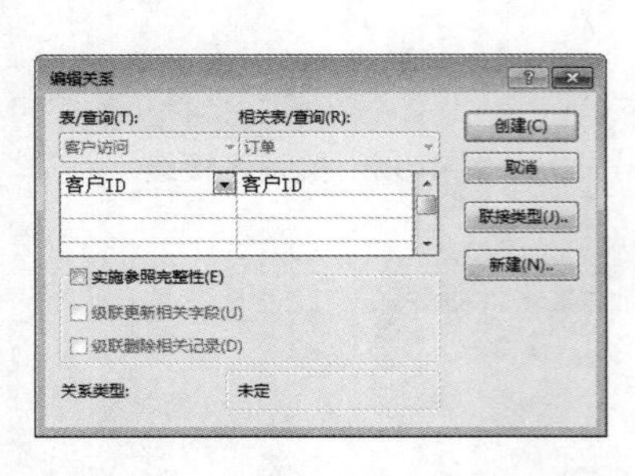

图 4-99 【编辑关系】对话框

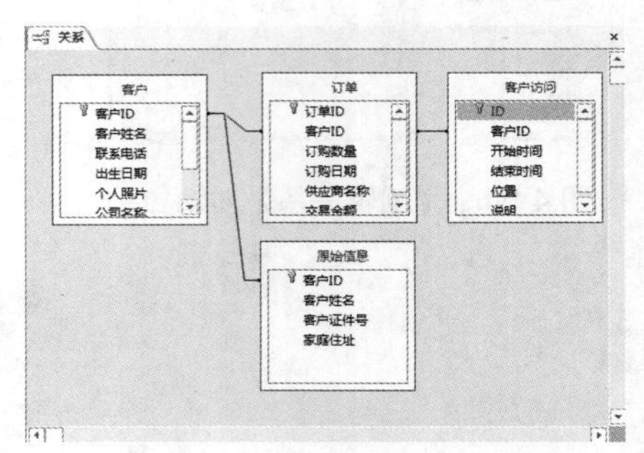

图 4-100 关系连接线

4.5.3 查看与编辑表关系

表关系创建完成后，用户可对表关系进行查看、编辑、隐藏或删除等操作。这一系列的操作都可以通过【设计】选项卡中的【工具】和【关系】组来实现，如图 4-101 所示。

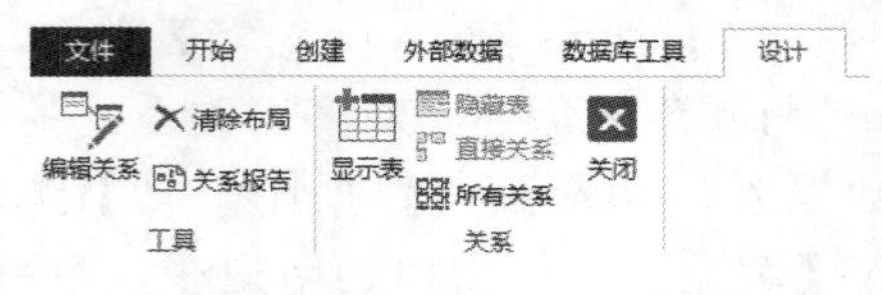

图 4-101 【工具】组和【关系】组

具体操作步骤如下。

step 01 打开“应用”数据库，进入【关系】工作窗口。

step 02 单击“客户”表和“原始信息”表之间的关系连接线，此时连接线显示得较粗，表示其为选中状态，如图 4-102 所示。

step 03 切换到【设计】选项卡，单击【工具】组中的【编辑关系】按钮，弹出【编辑关系】对话框。在该对话框中，可以设置实施参照完整性、连接类型和新建表关系等，如图 4-103 所示。

双击关系连接线，或者右击，在弹出的快捷菜单中选择【编辑关系】命令，同样可以打开【编辑关系】对话框。

step 04 单击【工具】组中的【清除布局】按钮，弹出 Microsoft Access 对话框，提示是否将关系窗口的布局清除。若单击【是】按钮，将会删除当前创建的所有表关系，如图 4-104 所示。

step 05 单击【工具】组中的【关系报告】选项，Access 将自动生成表关系的报表，并进入打印预览模式，用户可打印该报表，如图 4-105 所示。

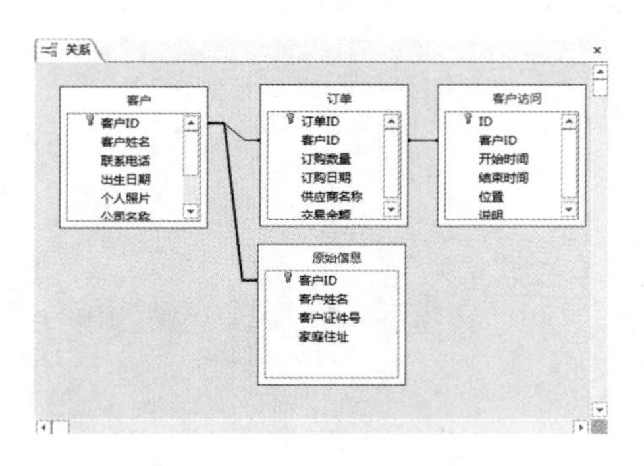

图 4-102　选中关系连接线

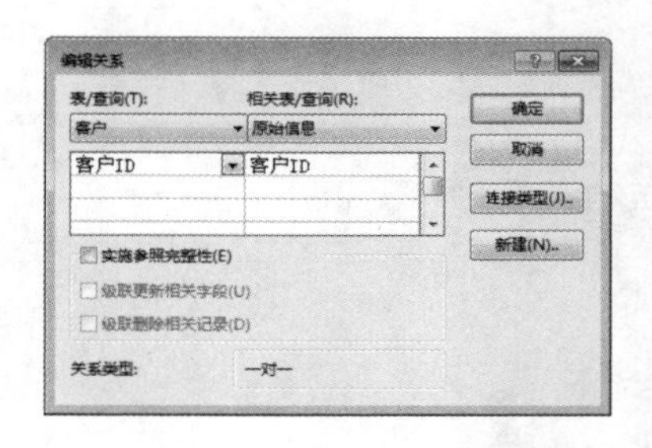

图 4-103　【编辑关系】对话框

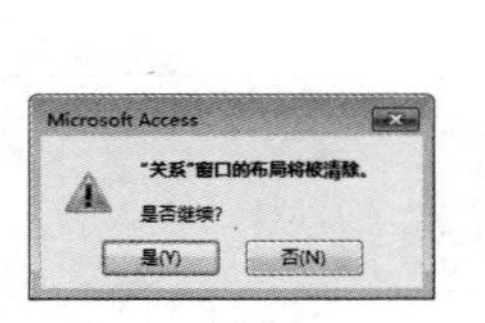

图 4-104　Microsoft Access 对话框

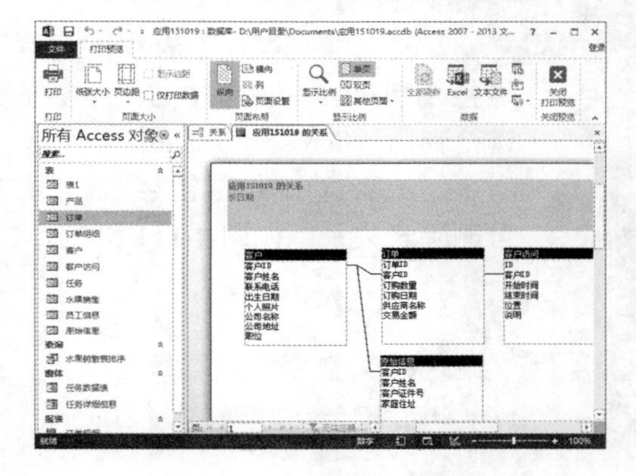

图 4-105　表关系的报表

step 06 选中“订单”表，单击【关系】组中的【隐藏表】按钮，可在【关系】工作窗口中隐藏该表，如图 4-106 所示。

step 07 选中“客户”表，单击【关系】组中的【直接关系】按钮，可以显示并查看所有与该表有直接关系的表。即使这些表被隐藏，此时也会显示出来。例如这里显示出隐藏的“订单”表，如图 4-107 所示。

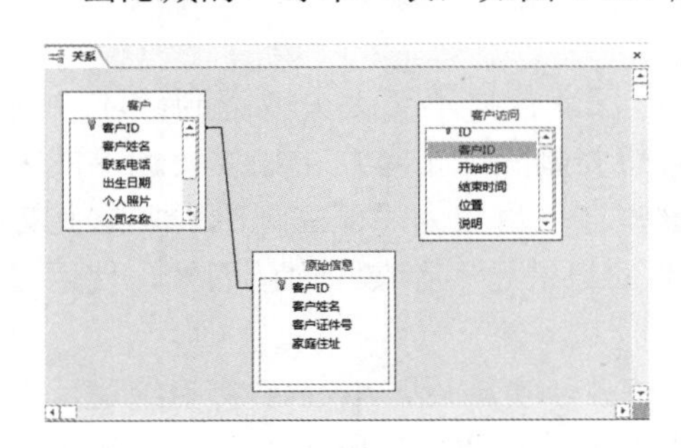

图 4-106　隐藏“订单”表

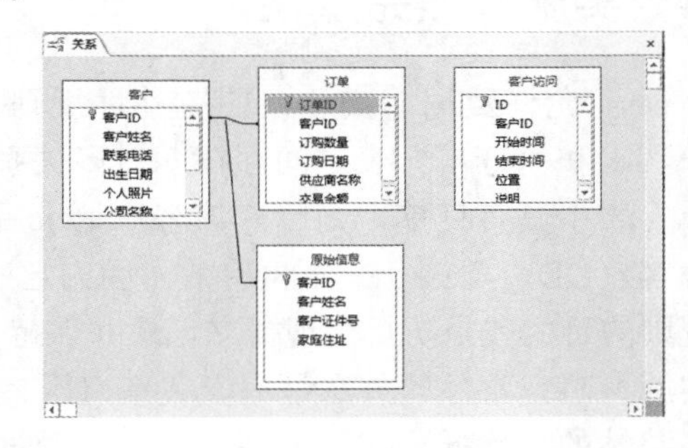

图 4-107　显示直接关系

step 08 单击【关系】组中的【所有关系】按钮，用户可以查看“应用”数据库中所有的表关系，如图 4-108 所示。

step 09 单击【关系】组中的【关闭】按钮，退出【关系】工作窗口，如果窗口中创建的表关系没有保存，则会弹出对话框，提示是否保存，如图 4-109 所示。

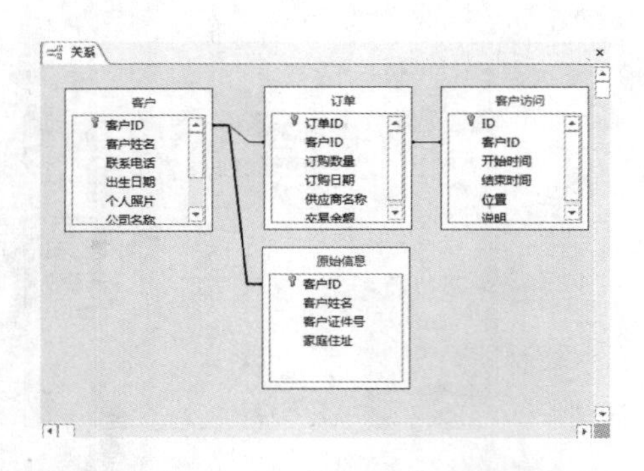

图 4-108 “应用”数据库中所有的表关系

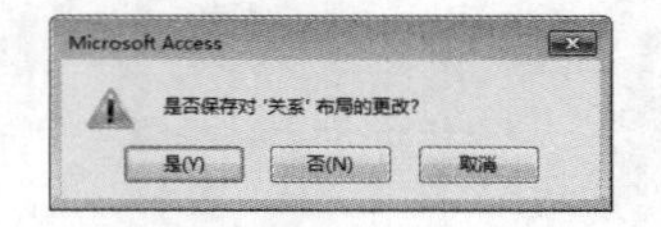

图 4-109 提示对话框

step 10 若要删除“客户”表和“订单”表的表关系，在【关系】工作窗口中删除关系连接线即可。首先选中这两个表的关系连接线(选中状态下显示得较粗)，按 Delete 键，弹出 Microsoft Access 对话框，单击【是】按钮，即可删除表关系，如图 4-110 所示。或者选中关系连接线后，右击，在弹出的快捷菜单中选择【删除】命令，也可删除表关系，如图 4-111 所示。

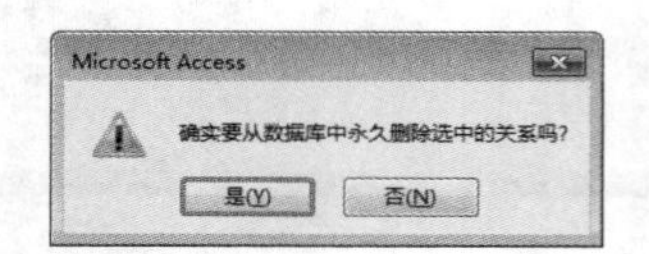

图 4-110 Microsoft Access 对话框

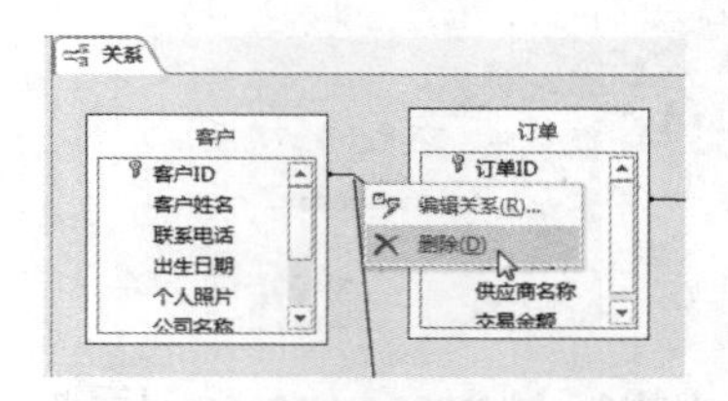

图 4-111 选择【删除】命令

删除表关系时，如果表关系中涉及的任何一个表处于打开状态，或正在被其他程序使用，则用户无法删除该表关系。

4.5.4 实施参照完整性

Access 允许数据库实施参照完整性规则，从而保证数据不会丢失或遭到破坏。例如，“客户”表和“订单”表之间存在一对多关系，若想要删除一个客户，如果要删除的客户在“订单”表中具有订单，则删除该客户记录后，这些订单将成为“孤立记录”。这些订单仍然包含客户 ID，但该 ID 不再有效，因为它所参照的记录已不存在。由此而知，使用参照完整性规则的目的就是防止出现孤立记录并保持参照同步。

实施参照完整性的方法是为表关系启用参照完整性。实施后，Access 将拒绝违反表关系参照完整性的任何操作。下面在“应用”数据库中对表关系实施参照完整性。具体操作步骤如下。

step 01 打开“应用”数据库，切换到【数据库工具】选项卡，单击【关系】组中的【关系】按钮，如图 4-112 所示，进入【关系】工作窗口。

step 02 切换到【设计】选项卡，单击【关系】组中的【所有关系】按钮，显示出“应用”数据库的所有表关系，如图 4-113 所示。

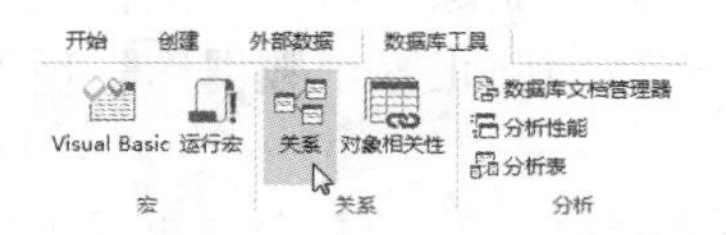

图 4-112　单击【关系】组中的【关系】按钮

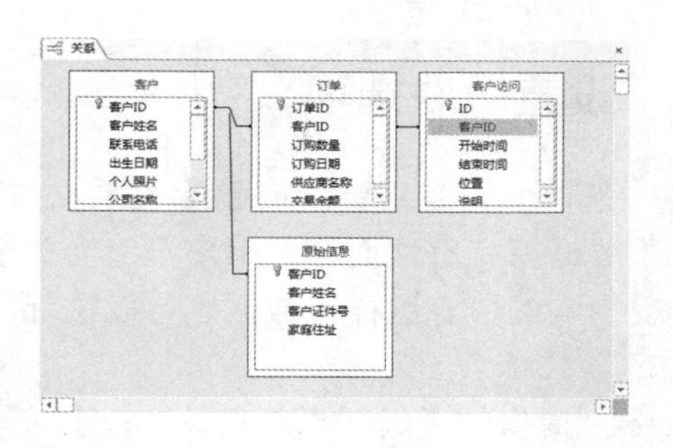

图 4-113　“应用”数据库中的所有表关系

step 03 双击“客户”表和“客户访问”表之间的关系连接线，弹出【编辑关系】对话框，选中【实施参照完整性】复选框，单击【确定】按钮，如图 4-114 所示。

step 04 返回到【关系】工作窗口，可以看到，这两个表的关系连接线上分别以 1 和 ∞ 符号标记出一对多的表关系，如图 4-115 所示。

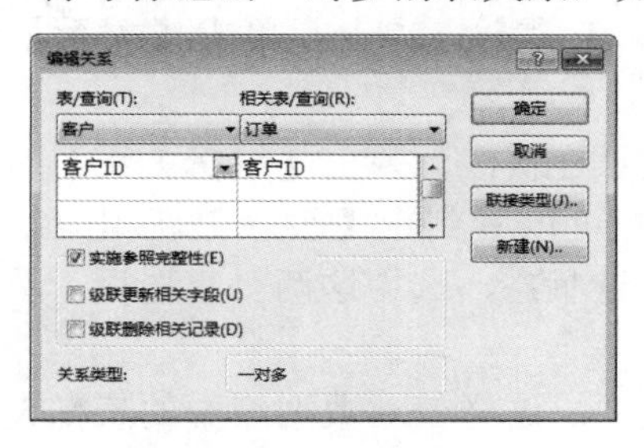

图 4-114　【编辑关系】对话框

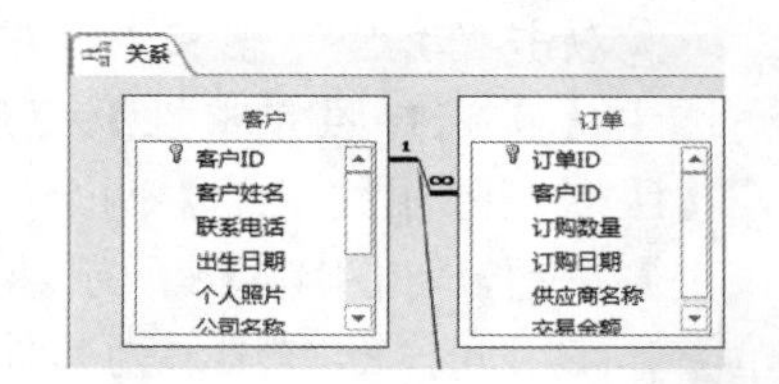

图 4-115　关系连接线上的符号

当用户对数据库实施参照完整性以后，系统将会严格限制主表和中间表的记录修改和更新操作。限制规则如下。

- 如果在主表的主键字段中不存在某条记录，则不能在相关表的外键字段中输入该记录，否则会创建孤立记录。即不允许在“多方”的字段中输入“一方”主键中不存在的值。
- 当“多方”的表中含有和主表相匹配的记录时，不能从主表中删除这条记录。例如，如果在“订单”表中有某客户的订单，则不能从“客户”表中删除该客户的记录。但是如果在【编辑关系】对话框中选中【级联删除相关记录】复选框，则用户在进行删除操作时，可以删除“客户”表中某个客户的记录，但是系统会同时删除“订单”表中该客户所有的订单记录，从而保证数据的完整性。
- 当“多方”的表中含有和主表相匹配的记录时，不可从主表中改变相应的主键值。例如，如果在“订单”表中有某客户的订单，则不能从“客户”表中改变该客户的客户 ID 值。但是如果在【编辑关系】对话框中选中【级联更新相关字段】复选框，则允许完成此操作。

4.5.5 设置级联选项

用户有时可能需要更新或删除关系一方的值，那么关系另外一方的值会发生什么变化呢？对于数据库完整性而言，用户希望当关系一方的值更新或删除时，系统能自动更新或删除所有受影响的值。这样，数据库可以进行完整更新，有效地防止整个数据库呈现不一致的状态。

Access 提供的【级联更新相关字段】选项和【级联删除相关记录】选项正好可以解决此问题。如果实施了参照完整性并选中【级联更新相关字段】复选框，当更新主键时，Access 将自动更新参照主键的所有字段。同样地，如果选中【级联删除相关记录】复选框，当删除包含主键的记录时，Access 会自动删除参照该主键的所有记录。

下面在“应用”数据库中对所有表关系实施参照完整性并设置级联选项。具体操作步骤如下。

step 01 打开“应用”数据库，切换到【数据库工具】选项卡，单击【关系】组中的【关系】按钮，进入【关系】工作窗口。

step 02 双击“客户”表和“订单”表之间的关系连接线，弹出【编辑关系】对话框，选中【实施参照完整性】复选框。此时用户可以看到，【级联更新相关字段】和【级联删除相关记录】两个复选框均变为可选状态，选中这两个复选框，单击【确定】按钮，如图 4-116 所示。

step 03 使用同样的方法，为其他表设置级联选项。这样就对数据库中的表都设置了参照完整性和级联选项，如图 4-117 所示。

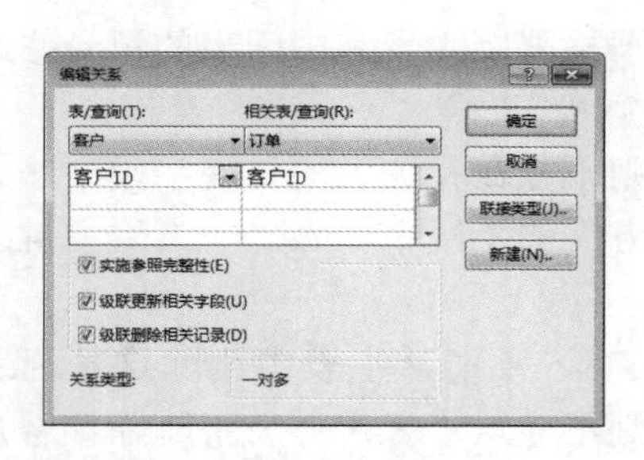

图 4-116 【编辑关系】对话框

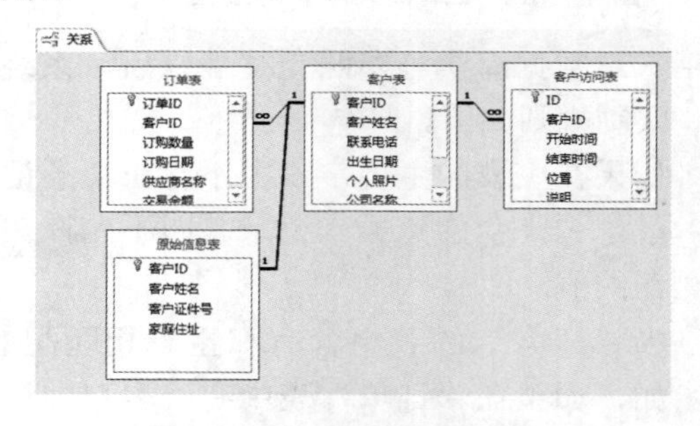

图 4-117 设置参照完整性和级联选项

提示 如果主键是自动编号字段，则选中【级联更新相关字段】复选框时将不起作用，因为系统无法更改自动编号字段中的值。

4.6 编辑数据表

类似于在 Excel 中编辑电子文档一样，用户可以方便快捷地在数据表中对数据进行编辑。例如向表中输入记录、编辑和查看已存在的记录、查找和替换数据、排序和筛选数据等。本节将详细介绍如何完成这些操作。

4.6.1 向表中添加与修改记录

数据表创建完成后，向表中添加和修改数据记录是必不可少的操作。下面介绍向“水果销售”表中添加和修改记录的方法。具体操作步骤如下。

step 01 打开“应用”数据库，进入“水果销售”表的【数据表视图】界面。

step 02 将光标放置在任意行的行首，`右击，在弹出的快捷菜单中选择【新记录】命令，如图 4-118 所示。

step 03 此时光标跳至空白单元格处，变为可编辑状态，输入要添加的记录即可完成添加操作，如图 4-119 所示。

图 4-118 选择【新记录】命令

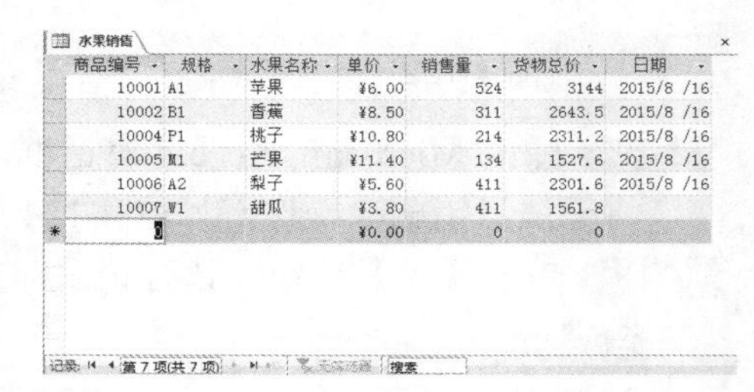

水果销售

商品编号	规格	水果名称	单价	销售量	货物总价	日期
10001	A1	苹果	¥6.00	524	3144	2015/8 /16
10002	B1	香蕉	¥8.50	311	2643.5	2015/8 /16
10004	P1	桃子	¥10.80	214	2311.2	2015/8 /16
10005	M1	芒果	¥11.40	134	1527.6	2015/8 /16
10006	A2	梨子	¥5.60	411	2301.6	2015/8 /16
10007	W1	甜瓜	¥3.80	411	1561.8	
			¥0.00	0	0	

记录: 第 7 项(共 7 项) 无筛选器 搜索

图 4-119 添加记录

step 04 若要修改已存在的记录，单击要修改的单元格，使之变为可编辑状态，输入修改后的记录，例如将“甜瓜”改为“西瓜”，即可完成修改操作，如图 4-120 所示。

用户也可以直接单击下方的空白单元格，或者切换到【开始】选项卡，单击【记录】组中的【新建】按钮，如图 4-121 所示，此时光标跳至空白单元格处，进入可编辑状态，输入要添加的记录即可。

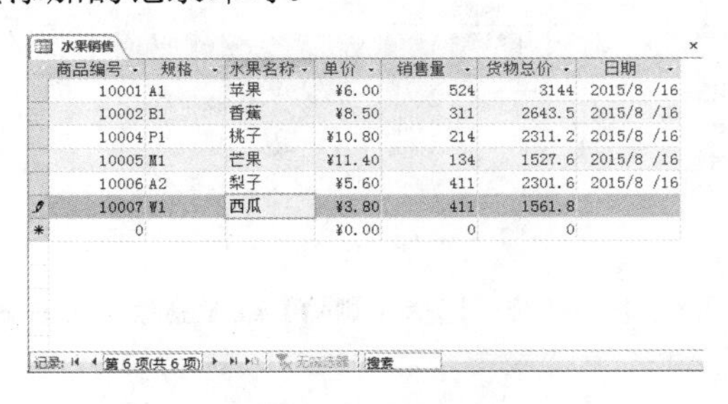

水果销售

商品编号	规格	水果名称	单价	销售量	货物总价	日期
10001	A1	苹果	¥6.00	524	3144	2015/8 /16
10002	B1	香蕉	¥8.50	311	2643.5	2015/8 /16
10004	P1	桃子	¥10.80	214	2311.2	2015/8 /16
10005	M1	芒果	¥11.40	134	1527.6	2015/8 /16
10006	A2	梨子	¥5.60	411	2301.6	2015/8 /16
10007	W1	西瓜	¥3.80	411	1561.8	
0			¥0.00	0	0	

记录: 第 6 项(共 6 项) 无筛选器 搜索

图 4-120 修改记录

图 4-121 单击【记录】组中的【新建】按钮

4.6.2 选定与删除记录

当用户不再需要数据表中的某条记录时，可以选定并删除这条记录。下面以“水果销售”表为例进行详细介绍。具体操作步骤如下。

step 01 打开“应用”数据库，进入“水果销售”表的【数据表视图】界面。

step 02 将光标定位在任意行的行首，当变为向右箭头形状➡时，单击即可选定该行记录，如图 4-122 所示。

step 03 选定该行记录后，右击，在弹出的快捷菜单中选择【删除记录】命令，如图 4-123

所示。

选定记录时，直接按 Delete 键也可删除该行记录。

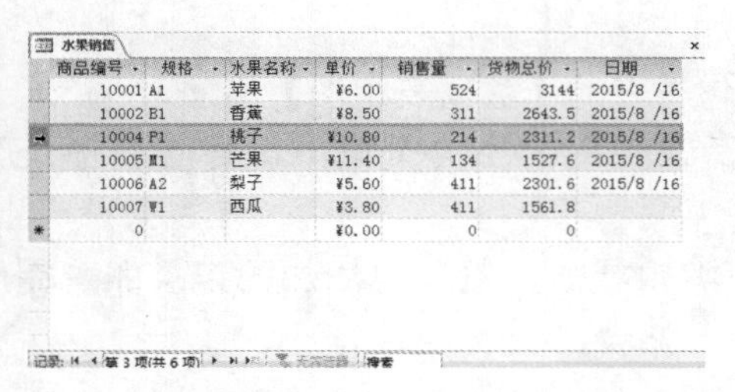

商品编号	规格	水果名称	单价	销售量	货物总价	日期
10001	A1	苹果	¥6.00	524	3144	2015/8 /16
10002	B1	香蕉	¥8.50	311	2643.5	2015/8 /16
10004	P1	桃子	¥10.80	214	2311.2	2015/8 /16
10005	M1	芒果	¥11.40	134	1527.6	2015/8 /16
10006	A2	梨子	¥5.60	411	2301.6	2015/8 /16
10007	W1	西瓜	¥3.80	411	1561.8	
0			¥0.00	0	0	

图 4-122　选定记录

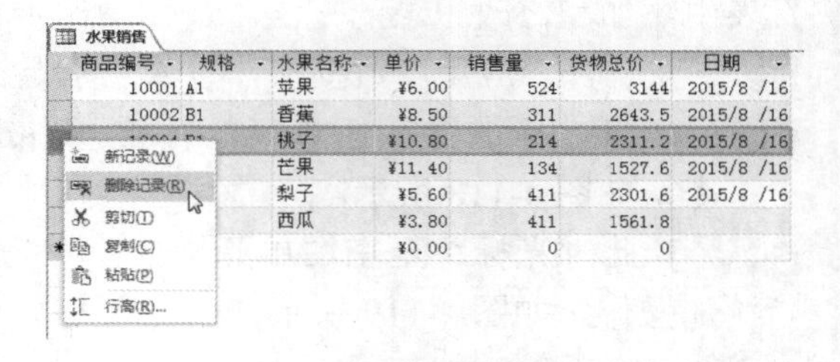

图 4-123　选择【删除记录】命令

step 04 弹出 Microsoft Access 对话框，提示用户是否确定要删除这些记录，如果删除，将无法撤销删除操作，如图 4-124 所示。

step 05 单击【是】按钮，该行记录即被删除，如图 4-125 所示。

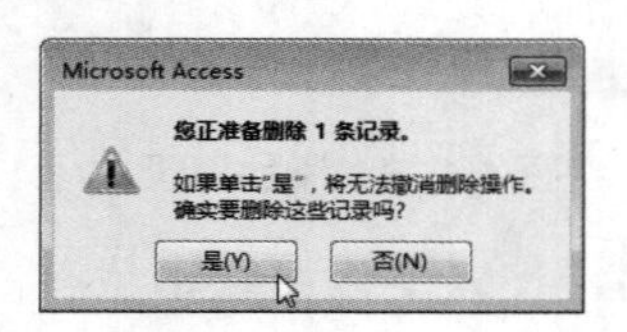

图 4-124　Microsoft Access 对话框

商品编号	规格	水果名称	单价	销售量	货物总价	日期
10001	A1	苹果	¥6.00	524	3144	2015/8 /16
10002	B1	香蕉	¥8.50	311	2643.5	2015/8 /16
10005	M1	芒果	¥11.40	134	1527.6	2015/8 /16
10006	A2	梨子	¥5.60	411	2301.6	2015/8 /16
10007	W1	西瓜	¥3.80	411	1561.8	
0			¥0.00	0	0	

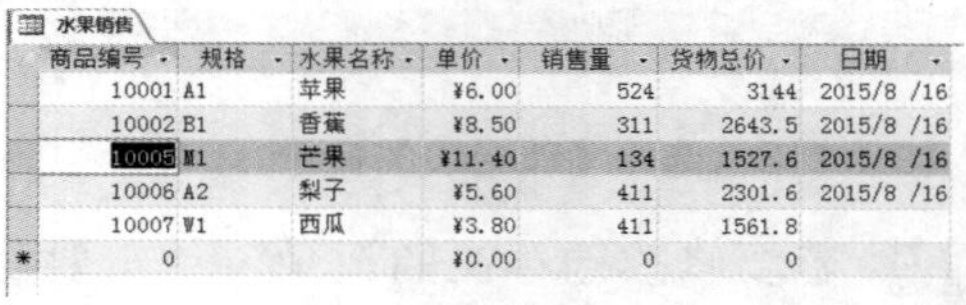

图 4-125　删除记录

选定记录后，直接按 Delete 键也可删除记录。或者切换到【开始】选项卡，单击【记录】组中的【删除】按钮右侧的下拉按钮，在弹出的下拉菜单中选择【删除】或【删除记录】命令均可删除记录，如图 4-126 所示。

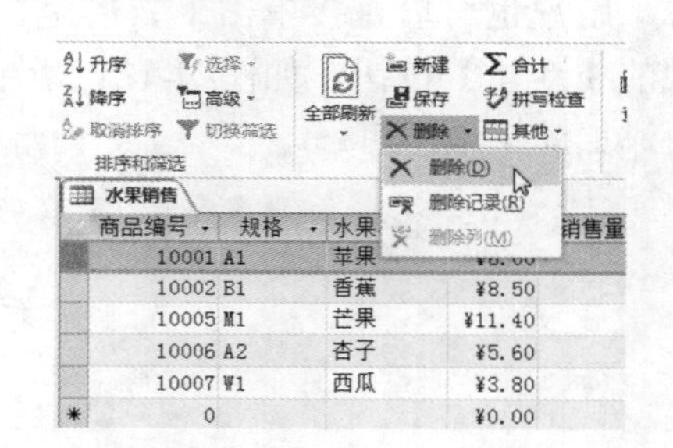

图 4-126　选择【删除】或【删除记录】命令

4.6.3　更改数据表的显示方式

数据表的显示方式包括数据表视图和设计视图。这两种视图显示了不同的数据表内容。

数据表视图是打开数据表时的默认视图。在数据表视图中用户可以查看表中所有的数据记录，也可以对表进行添加、更新和删除记录等操作。

设计视图不显示详细的数据记录。通过该视图，用户可以查看并修改字段的名称、数据类型、说明和属性等内容。

下面以“水果销售”表为例介绍如何更改表的显示方式。具体操作步骤如下。

step 01 打开“应用”数据库，在导航窗格中选中“水果销售”表，双击，即可进入该表的【数据表视图】界面，如图 4-127 所示。此视图为打开表时的默认视图。

step 02 若在导航窗格中选中“水果销售”表，右击，在弹出的快捷菜单中选择【设计视图】命令，即可进入“水果销售”表的【设计视图】界面，如图 4-128 所示。

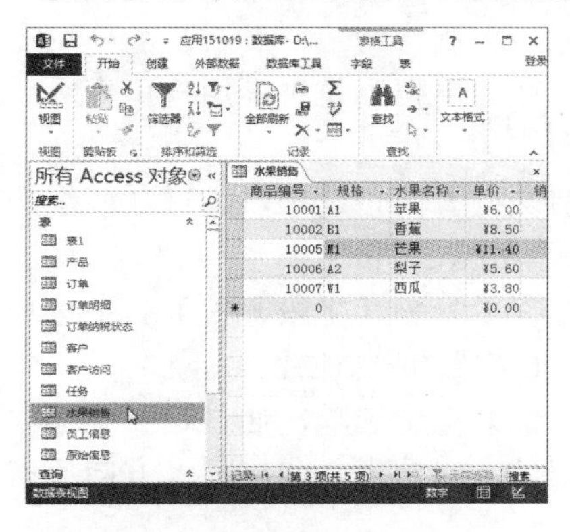

图 4-127　【数据表视图】界面

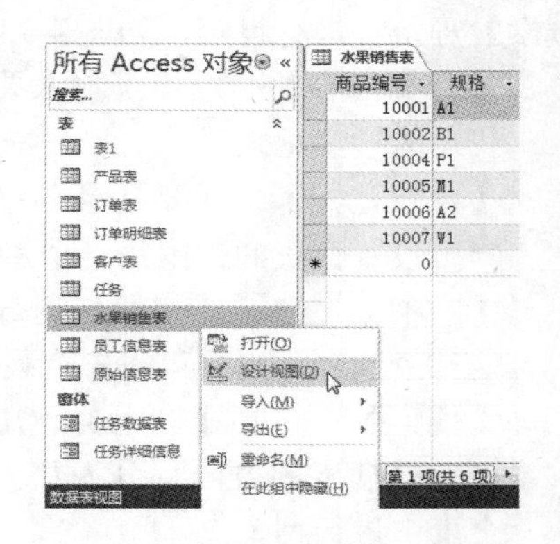

图 4-128　选择【设计视图】命令

step 03 若“水果销售”表已进入某个视图界面，要想切换到另一个视图界面，则切换到【开始】选项卡、【字段】选项卡(当表已进入【数据表视图】界面时)或【设计】选项卡(当表已进入【设计视图】界面时)，单击【视图】组中的【视图】按钮的下拉按钮，在弹出的下拉菜单中选择相应的命令，即可切换到另一个视图，如图 4-129 所示。

step 04 也可以将光标定位在“水果销售”表的标题位置，右击，在弹出的快捷菜单中选择相应的命令即可，如图 4-130 所示。

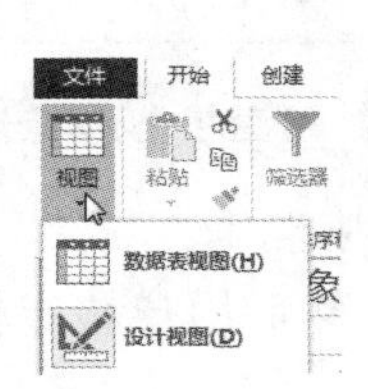

图 4-129　【视图】下拉菜单

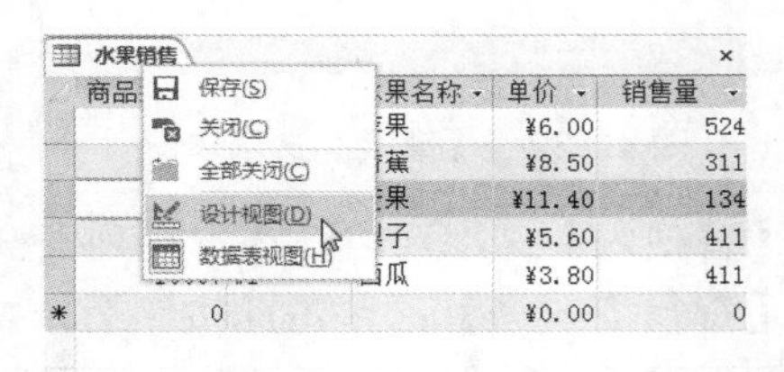

图 4-130　选择【设计视图】或【数据表视图】命令

step 05 用户还可以单击状态栏中的【数据表视图】按钮或【设计视图】按钮，切换到相应的视图界面，如图 4-131 所示。

以上方法均可更改数据表的显示方式，用户可根据对数据表进行以上操作来选择是在【数据表视图】界面还是在【设计视图】界面中。

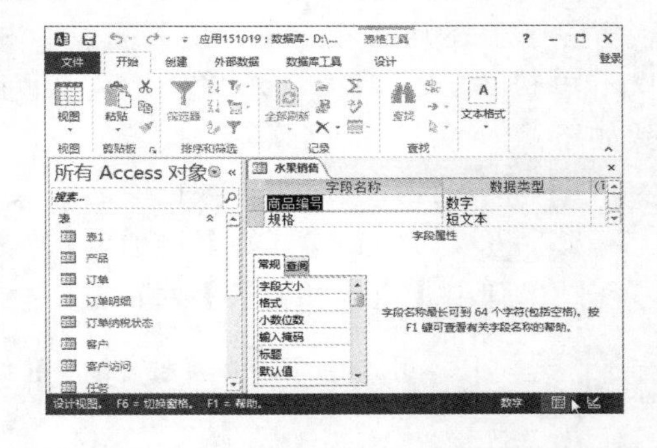

图 4-131　单击窗口底部的状态栏中的相应按钮

4.6.4　数据的查找与替换

当表中的数据太多时，若要快速查找某一数据，可以使用 Access 提供的查找功能。而如果需要修改多处相同的数据，则可以使用替换功能。Access 的查找和替换功能是通过【查找和替换】对话框进行的。

在【查找和替换】对话框的【查找】选项卡中，用户可对【查找内容】、【查找范围】和【搜索】等条件进行设定，如图 4-132 所示。

- 【查找内容】：用户可输入要查找的内容。在其下拉列表中，用户可查看以前曾查找过的搜索记录。
- 【查找范围】：包括【当前字段】和【当前文档】两个选项，通过这两个选项，用户可设置查找的范围是一个字段列，还是整个数据表。
- 【匹配】：包括【字段任何部分】、【整个字段】和【字段开关】3 个选项，通过这三个选项，用户可设置查找的内容将出现在字段的哪个位置。
- 【搜索】：包括【向上】、【向下】和【全部】三个选项，通过这三个选项，用户可选择搜索的方向，分为从当前记录向首记录方向搜索、向尾记录方向搜索和在整个表中进行搜索。
- 【区分大小写】：选中该复选框，可以使搜索区分大小写字母。
- 【按格式搜索字段】：选中该复选框，可以使搜索按照显示的格式进行查找操作。

在【查找和替换】对话框的【替换】选项卡中，用户可以很容易地在表中更改数据，并且可以选择逐个或者全部更改数据，如图 4-133 所示。

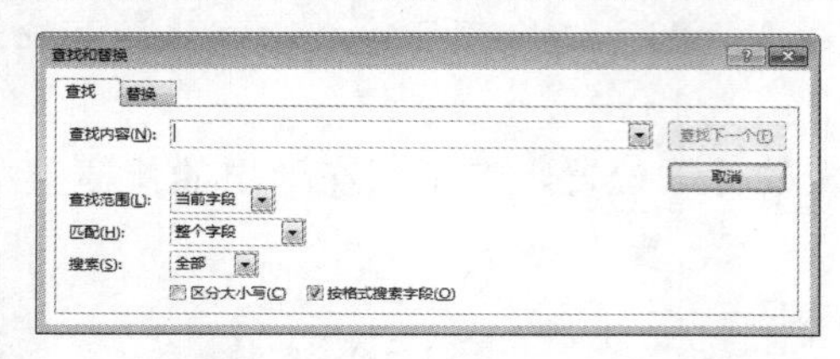

图 4-132　【查找】选项卡

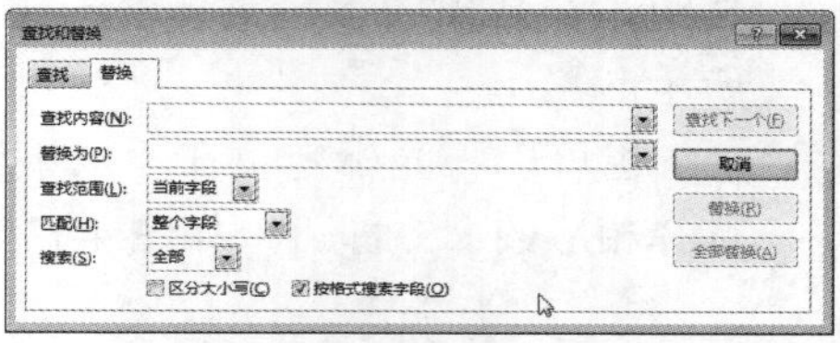

图 4-133　【替换】选项卡

- 【替换为】：用户可在该下拉列表框中输入想要替换的内容。
- 【查找下一个】：单击此按钮后，Access 先进行搜索，然后用户决定搜索出的记录是否需要替换。如果需要替换，则单击【替换】按钮。
- 【全部替换】：单击此按钮后，Access 会自动替换所有与查找文本相匹配的文本。

除了上述几项外，【替换】选项卡中其他的设置条件与【查找】选项卡的用法相似，这里不再赘述。下面以“水果销售”表为例，介绍如何使用查找和替换功能。具体操作步骤如下。

step 01 打开“应用”数据库，进入“水果销售”表的【数据表视图】界面。

step 02 切换到【开始】选项卡，如图 4-134 所示，单击【查找】组中的【查找】按钮，弹出【查找和替换】对话框。

用户也可以直接按 Ctrl + F 组合键，弹出【查找和替换】对话框。

step 03 例如查找“水果名称”为“香蕉”的记录，在【查找内容】下拉列表框中输入要查找的内容“香蕉”，然后在【查找范围】下拉列表框中选择【当前文档】选项，如图 4-135 所示。

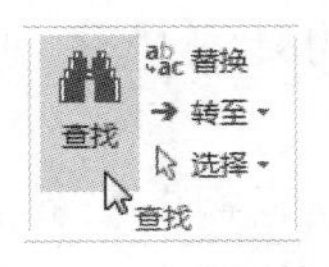

图 4-134　单击【查找】组中的【查找】按钮

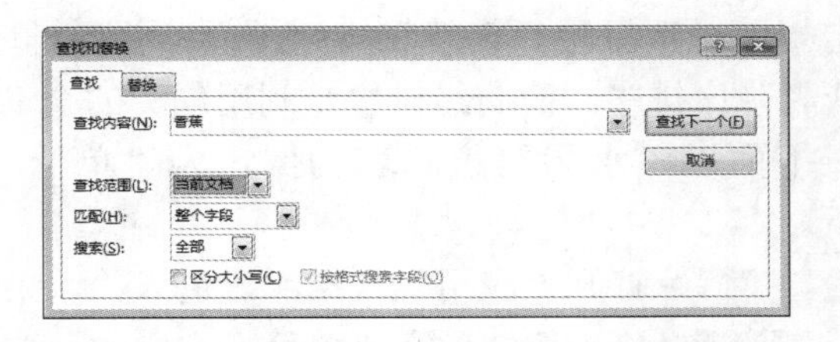

图 4-135　【查找和替换】对话框

step 04 设置完成后，单击【查找下一个】按钮，即可查找到相应的记录，如图 4-136 所示。

step 05 单击【查找】组中的【替换】按钮，或者在【查找和替换】对话框中切换到【替换】选项卡，都可完成替换操作。例如将“水果名称”为“梨子”的记录替换为“杏子”，则在【查找内容】下拉列表框中输入“梨子”，在【替换为】下拉列表框中输入替换后的数据“杏子”，如图 4-137 所示。

水果销售

商品编号	规格	水果名称	单价	销售量	货物总价	日期
10001	A1	苹果	¥6.00	524	3144	2015/8 /16
10002	B1	香蕉	¥8.50	311	2643.5	2015/8 /16
10005	M1	芒果	¥11.40	134	1527.6	2015/8 /16
10006	A2	梨子	¥5.60	411	2301.6	2015/8 /16
10007	W1	西瓜	¥3.80	411	1561.8	
0			¥0.00	0	0	

图 4-136　查找“水果名称”为“香蕉”的记录

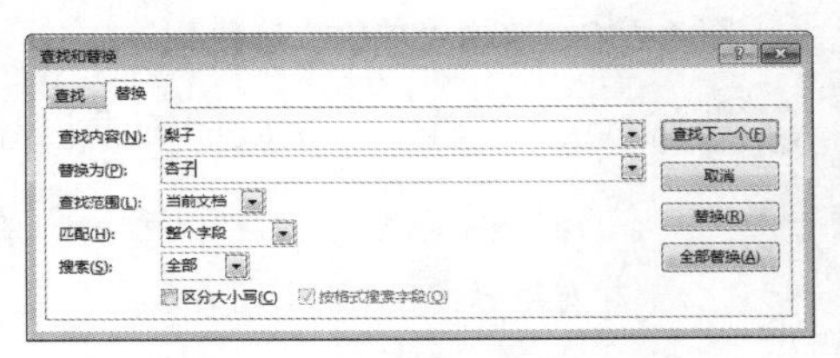

图 4-137　【替换】选项卡

step 06 设置完成后，单击【查找下一个】按钮，即可查找到该条记录，如图 4-138 所示。

step 07 查找到该条记录后，单击【替换】按钮，即可完成替换操作，如图 4-139 所示。

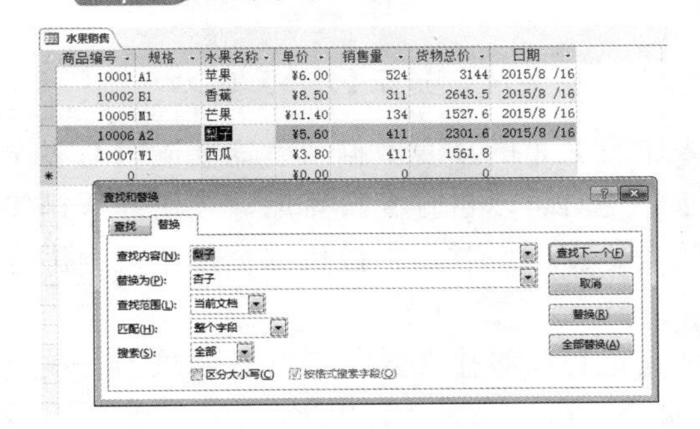

图 4-138　单击【查找下一个】按钮

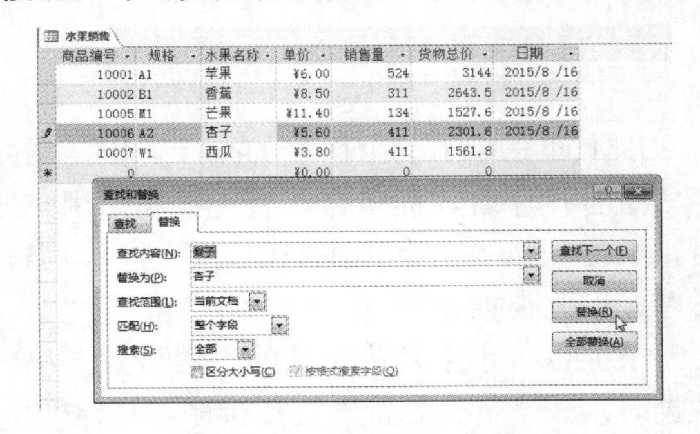

图 4-139　单击【替换】按钮

4.6.5　数据的排序与筛选

对数据进行排序与筛选是数据分析不可缺少的组成部分。当数据表中的数据太多时，对数据进行排序和筛选操作，可以为用户提供极大的便利。

1. 数据的排序

在 Access 中对数据进行排序，与在 Excel 中进行排序的操作是类似的。数据排序是指按一定规则对数据进行整理和排列，包括普通排序和高级排序两种。普通排序是对数据进行升序或者降序排序，而高级排序是利用创建的查询来进行排序。

下面以“水果销售”表为例，为“单价”字段进行简单的升序排序。具体操作步骤如下。

step 01 打开“应用”数据库，进入“水果销售”表的【数据表视图】界面。

step 02 将光标定位在“单价”字段的列首，选中该字段列，如图 4-140 所示。

step 03 切换到【开始】选项卡，单击【排序和筛选】组中的【升序】按钮。如图 4-141 所示。

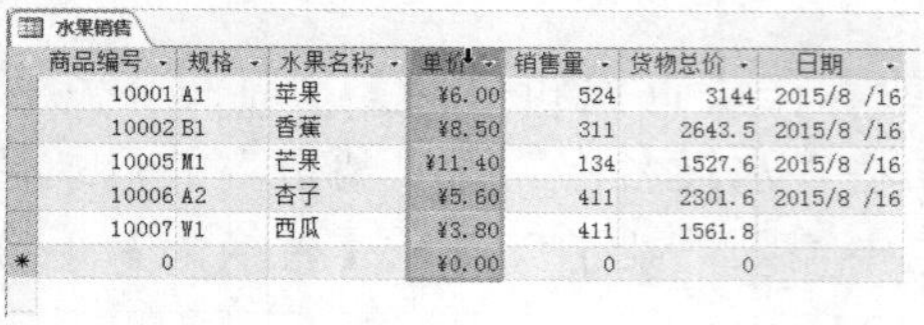

商品编号	规格	水果名称	单价	销售量	货物总价	日期
10001	A1	苹果	¥6.00	524	3144	2015/8 /16
10002	B1	香蕉	¥8.50	311	2643.5	2015/8 /16
10005	M1	芒果	¥11.40	134	1527.6	2015/8 /16
10006	A2	杏子	¥5.60	411	2301.6	2015/8 /16
10007	W1	西瓜	¥3.80	411	1561.8	
0			¥0.00	0	0	

图 4-140　选中“单价”字段列

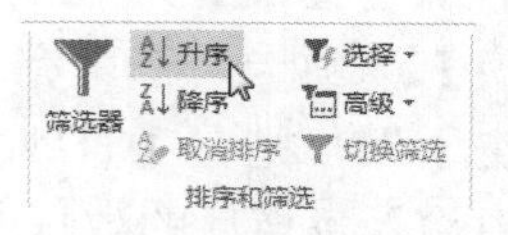

图 4-141　单击【排序和筛选】组中的【升序】按钮

step 04 此时“单价”字段的数据已经按照升序进行排序，如图 4-142 所示。

选中字段后，也可以右击，在弹出的快捷菜单中选择【升序】命令，对其进行升序排序，如图 4-143 所示。

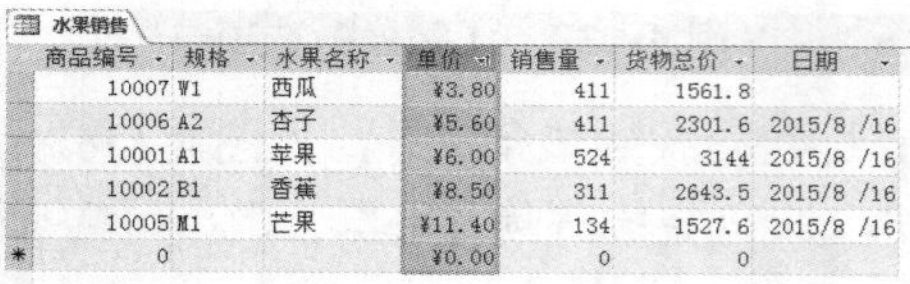

商品编号	规格	水果名称	单价	销售量	货物总价	日期
10007	W1	西瓜	¥3.80	411	1561.8	
10006	A2	杏子	¥5.60	411	2301.6	2015/8 /16
10001	A1	苹果	¥6.00	524	3144	2015/8 /16
10002	B1	香蕉	¥8.50	311	2643.5	2015/8 /16
10005	M1	芒果	¥11.40	134	1527.6	2015/8 /16
0			¥0.00	0	0	

图 4-142　对“单价”字段进行升序排序

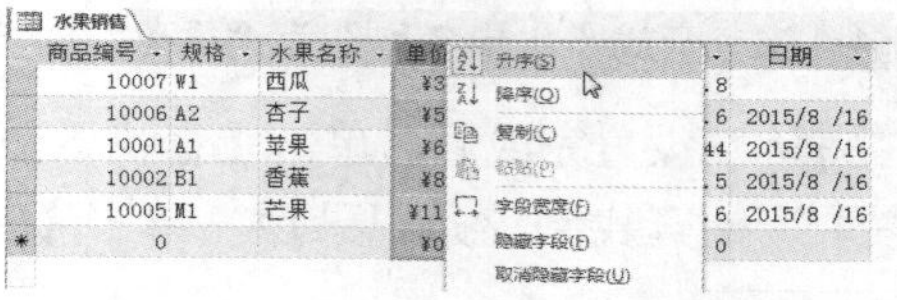

图 4-143　选择【升序】命令

以上即完成了一个简单的排序，但是当数据表中有大量的重复数据或者需要同时对多个字段进行排序时，简单排序就无法满足用户的要求，这时可以进行高级排序。使用高级排序时，数据先按第一个排序规则进行排序，当有相同的数据出现时，再按第二个排序规则进行排序，以此类推。

下面以“水果销售”表的“销售量”字段为依据进行高级排序操作，并且要求当有重复数据时，按“货物总价”进行排序。具体操作步骤如下。

step 01 打开“应用”数据库，进入“水果销售”表的【数据表视图】界面。

step 02 切换到【开始】选项卡，单击【排序和筛选】组中的【高级】按钮的下拉按钮，在弹出的下拉菜单中选择【高级筛选/排序】命令，如图 4-144 所示。

step 03 此时进入“水果销售筛选 1”窗口。在窗口上方显示了“水果销售”表的各个字段，在下方窗格中可以设置排序条件，如图 4-145 所示。

step 04 单击【字段】选项右侧的下拉按钮，弹出“水果销售”表的各个字段，选择“销售量”字段，如图 4-146 所示。

step 05 单击【排序】选项右侧的下拉按钮，弹出的下拉列表中包含【升序】和【降序】两个主要选项，此处选择【降序】选项，如图 4-147 所示。

图 4-144　选择【高级筛选/排序】命令

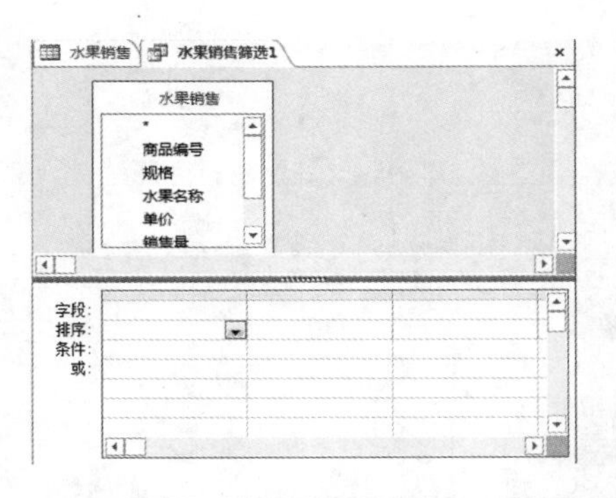

图 4-145　“水果销售筛选 1”窗口

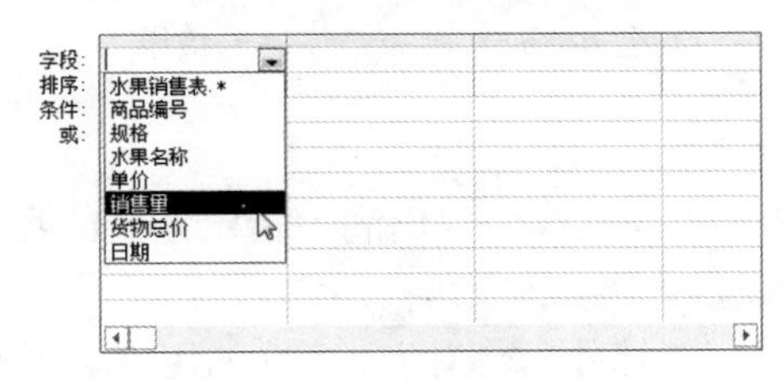

图 4-146　选择“销售量”字段

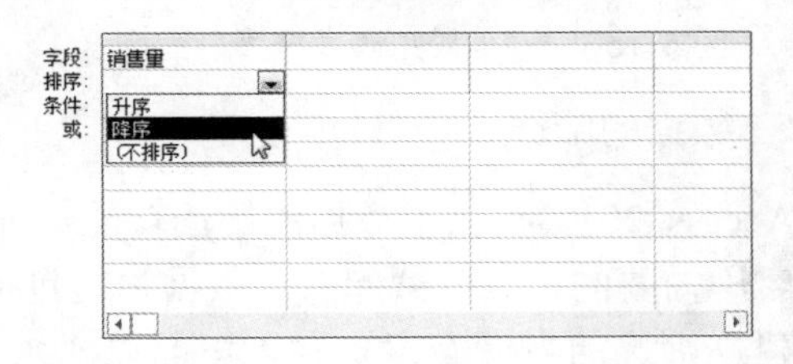

图 4-147　选择【降序】选项

step 06 使用同样的方法，设置第二个排序条件。在【字段】选项中选择“货物总价”字段，在【排序】下拉列表框中选择【降序】选项，如图 4-148 所示。

step 07 设置完成后，单击快速访问工具栏中的【保存】按钮，弹出【另存为查询】对话框，并在【查询名称】文本框中输入“水果销售表排序”，如图 4-149 所示。

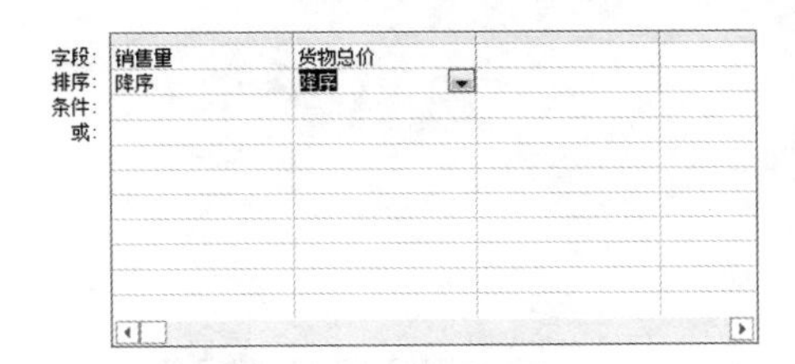

图 4-148　设置第二个排序条件

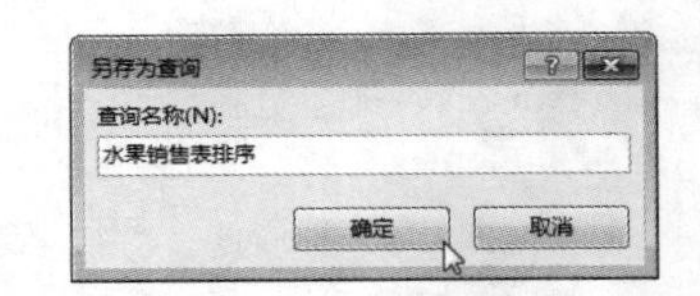

图 4-149　【另存为查询】对话框

step 08 单击【确定】按钮，可以看到，在导航窗格中创建了一个名为“水果销售表排序”的查询对象。双击打开该查询，如图 4-150 所示。

step 09 在打开的查询窗口中，用户可以查看完成高级排序后的结果。首先对销售量进行降序排序，若销售量相等时，再对货物总价进行降序排序，如图 4-151 所示。

用户使用排序操作时应注意以下规则：对数据类型为文本的字段默认是按照首字母排序；在文本字段中保存的数字会作为字符串而不是数值参加排序；在按升序对字段进行排序时，任何包含空字段的记录都将排在列表中的第一行；长文本类型的字段只根据前 255 个字符进行排序；数据类型为“OLE 对象”的字段在任何情况下，都不能进行排序。

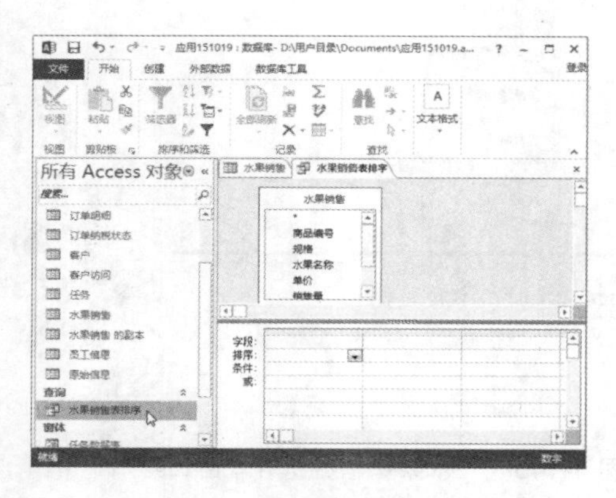

图 4-150 “水果销售表排序”查询

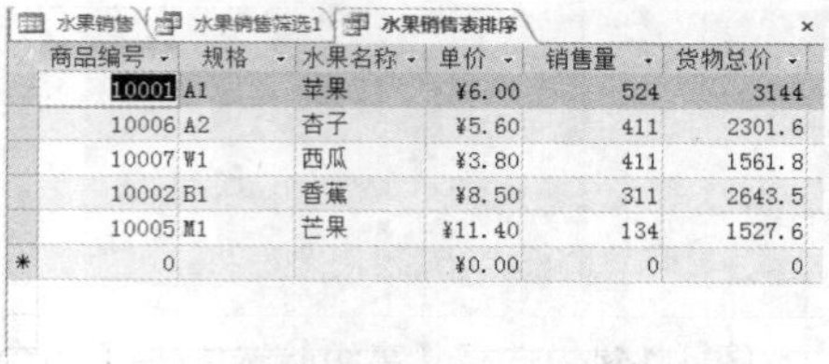

商品编号	规格	水果名称	单价	销售量	货物总价
10001	A1	苹果	¥6.00	524	3144
10006	A2	杏子	¥5.60	411	2301.6
10007	W1	西瓜	¥3.80	411	1561.8
10002	B1	香蕉	¥8.50	311	2643.5
10005	M1	芒果	¥11.40	134	1527.6
0			¥0.00	0	0

图 4-151 高级排序后的结果

2. 数据的筛选

Access 2013 提供了数据的筛选功能，筛选就是从数据清单中找出满足指定条件的数据，将暂时不需要的记录隐藏起来。数据筛选包括自动筛选和高级筛选两种。

建立筛选的方法有很多种，下面以“水果销售”表为例，介绍两种筛选的用法。具体操作步骤如下。

step 01 打开“应用”数据库，进入“水果销售表”的【数据表视图】界面。

step 02 将光标定位在“单价”字段列中，右击，在弹出的快捷菜单中选择【数字筛选器】命令，在弹出的子菜单中选择【等于】命令，如图 4-152 所示。

step 03 弹出【自定义筛选】对话框，在【单价 等于】文本框中输入“5.6”，如图 4-153 所示。

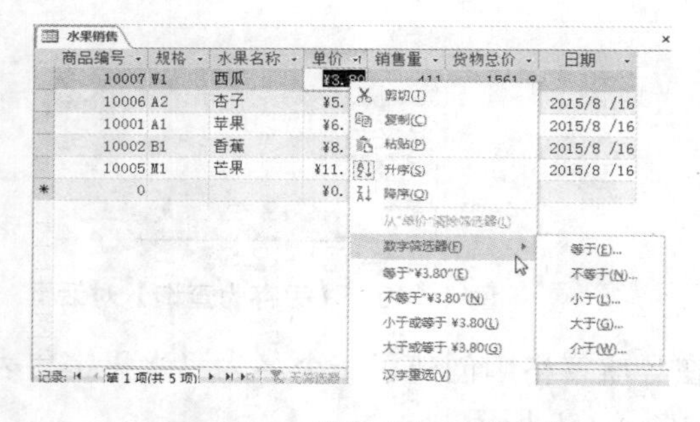

图 4-152 选择【等于】命令

图 4-153 【自定义筛选】对话框

step 04 单击【确定】按钮，Access 将筛选出单价为 5.6 的数据记录，如图 4-154 所示。

step 05 切换到【开始】选项卡，单击【排序和筛选】组中的【切换筛选】按钮，即可在源数据表和筛选数据表之间进行切换，如图 4-155 所示。

在工作窗口下方的【记录】栏中，通过单击【已筛选】或【未筛选】按钮也可以在源数据表和筛选数据表之间进行切换，如图 4-156 和图 4-157 所示。

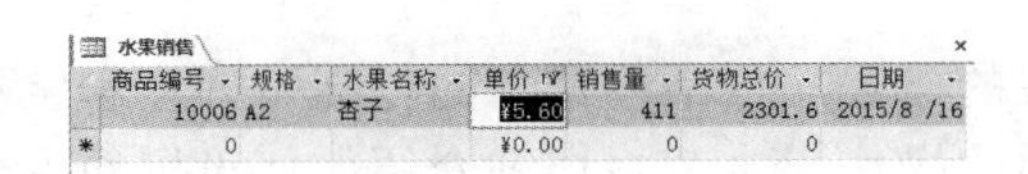

图 4-154 单价为 5.6 的数据记录

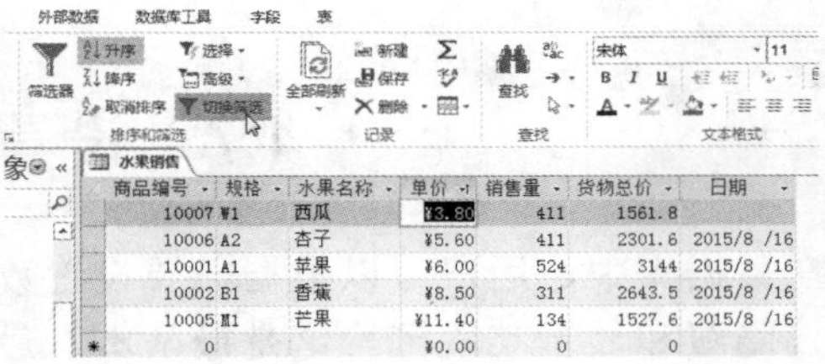

图 4-155 单击【排序和筛选】组中的【切换筛选】按钮

图 4-156 单击【已筛选】按钮

图 4-157 单击【未筛选】按钮

以上是通过鼠标右键功能来建立筛选的方法，用户还可以通过功能选项区来建立筛选。具体操作步骤如下。

step 01 打开“应用”数据库，进入“水果销售”表的【数据表视图】界面。

step 02 将光标定位在“水果名称”字段列，切换到【开始】选项卡，单击【排序和筛选】组中的【筛选器】按钮，如图 4-158 所示。

step 03 在“水果名称”列弹出筛选快捷菜单，如图 4-159 所示。

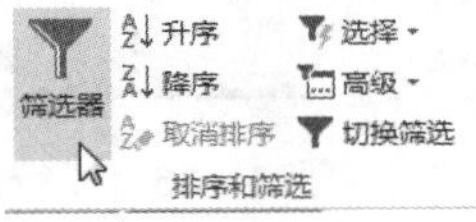

图 4-158 单击【排序和筛选】组中的【筛选器】按钮

图 4-159 筛选快捷菜单

step 04 选择【文本筛选器】命令，弹出筛选子菜单命令，其中包括【等于】、【不等于】、【开头是】和【开头不是】等子命令。通过这些不同的子菜单命令，可以完成不同的筛选操作，如图 4-160 所示。

提示

单击“水果名称”字段右侧的下拉按钮，同样可以弹出筛选快捷菜单，如图 4-161 所示。

图 4-160 筛选子菜单命令

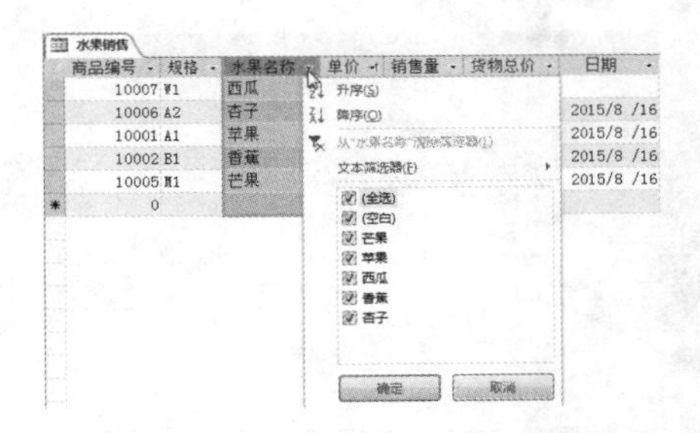

图 4-161 单击“水果名称”字段右侧的下拉按钮

4.7 设置数据表格式

在数据库中，用户可以根据需要设置数据表的格式，包括设置表的行高、列宽和字体格式，隐藏和显示字段等。这是最基本、最常用的操作。本节将详细介绍如何设置数据表格式。

4.7.1 设置表的行高和列宽

下面以“水果销售”表为例，介绍如何设置表的行高和列宽。具体操作步骤如下。

step 01 打开“应用”数据库，打开“水果销售”表，进入该表的【数据表视图】界面。

step 02 将光标定位在任意行的行首，右击，在弹出的快捷菜单中选择【行高】命令，如图 4-162 所示。

step 03 弹出【行高】对话框，用户可看到当前表的行高为 13.5，为标准高度，如图 4-163 所示。

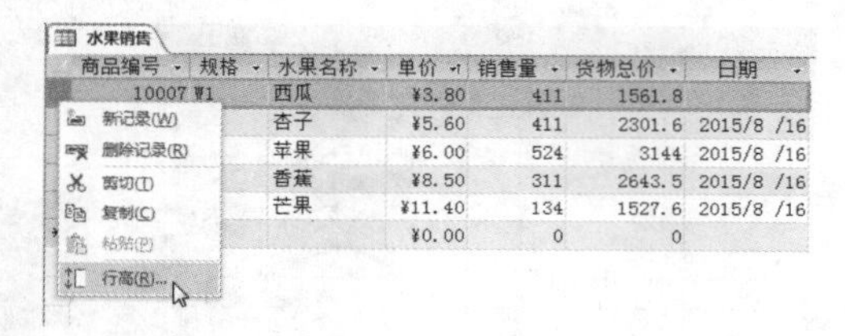

图 4-162 选择【行高】命令

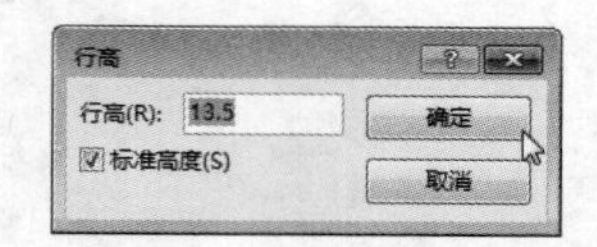

图 4-163 【行高】对话框

切换到【开始】选项卡，单击【记录】组中的【其他】按钮的下拉按钮，在弹出的下拉菜单中选择【行高】命令，同样可打开【行高】对话框，如图 4-164 所示。

step 04 在【行高】文本框中可输入用户要设置的行高，此时【标准高度】复选框会自动取消选中，这里将行高设为 16，单击【确定】按钮，即完成设置行高的操作，如图 4-165 所示。

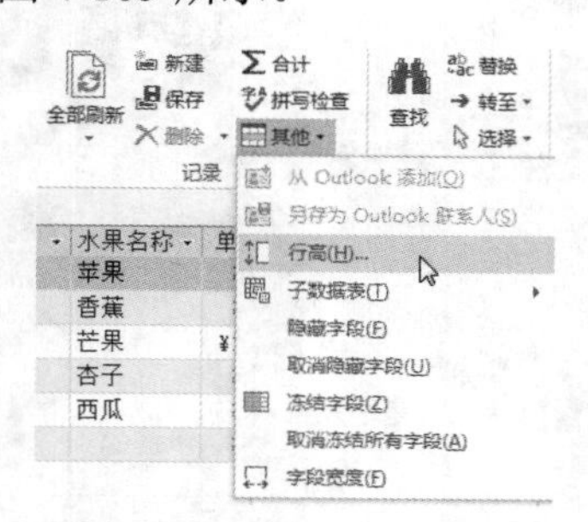

图 4-164 选择【行高】命令

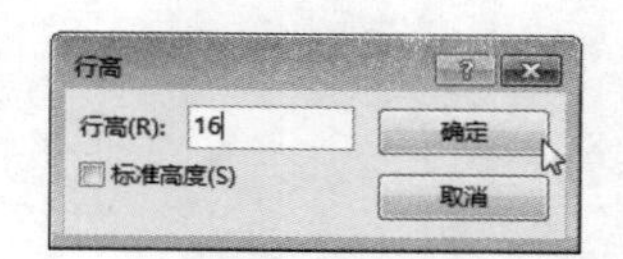

图 4-165 设置行高

step 05 行高设置完成后，可设置列宽。将光标放置在“水果名称”字段的列首，右击，在弹出的快捷菜单中选择【字段宽度】命令，如图 4-166 所示。

step 06 弹出【列宽】对话框。若选中【标准宽度】复选框，Access 将设置当前的列宽为标准宽度；若单击【最佳匹配】按钮，Access 会自动调整当前字段的数据宽度到合适的宽度；若用户想要自行设置高度，则在【列宽】文本框中输入宽度即可。设置完成后，单击【确定】按钮，即完成设置列宽的操作，如图 4-167 所示。

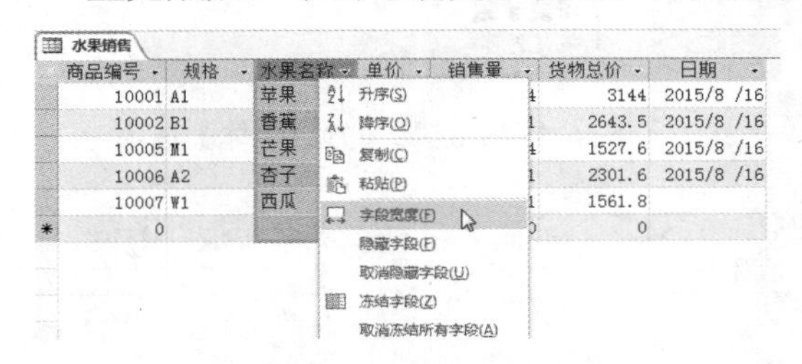

图 4-166 选择【字段宽度】命令

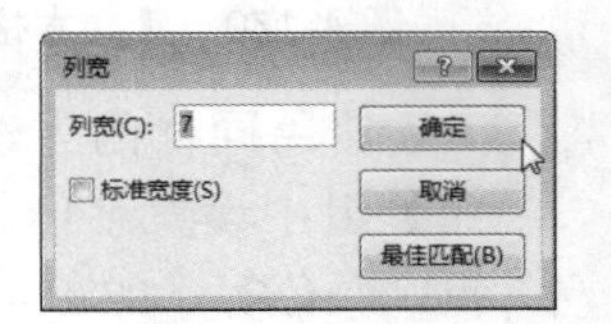

图 4-167 【列宽】对话框

提示

在设置行高时，整个表的行高将一起改变。而设置列宽时，系统只改变某个字段的列宽。

除此之外，将光标定位于两条行记录或两个字段列的中间位置，当变为上下箭头或左右箭头时，按住左键不放上下拖动或左右拖动也可改变行高或列宽，如图 4-168 和图 4-169 所示。

水果销售

商品编号	规格	水果名称
10001	A1	苹果
10002	B1	香蕉
10005	M1	芒果
10006	A2	杏子
10007	W1	西瓜
0		

图 4-168 拖动上下箭头

水果销售

商品编号	规格	水果名称
10001	A1	苹果
10002	B1	香蕉
10005	M1	芒果
10006	A2	杏子
10007	W1	西瓜
0		

图 4-169 拖动左右箭头

4.7.2 设置字体格式

数据表的字体格式设置包括设置字体大小、字体颜色和字体的对齐方式等。下面以“水果销售”表为例，介绍如何设置字体的格式。具体操作步骤如下。

step 01 打开“应用”数据库，进入“水果销售”表的【数据表视图】界面。

step 02 切换到【开始】选项卡，在【文本格式】组中用户可以看到该单元格当前的字体格式，如图 4-170 所示。

step 03 单击【宋体(主体)】右侧的下拉按钮，在弹出的下拉列表中，用户可选择任意选项来改变字体的样式。这里选择【方正姚体】选项，如图 4-171 所示。

图 4-170 【文本格式】组

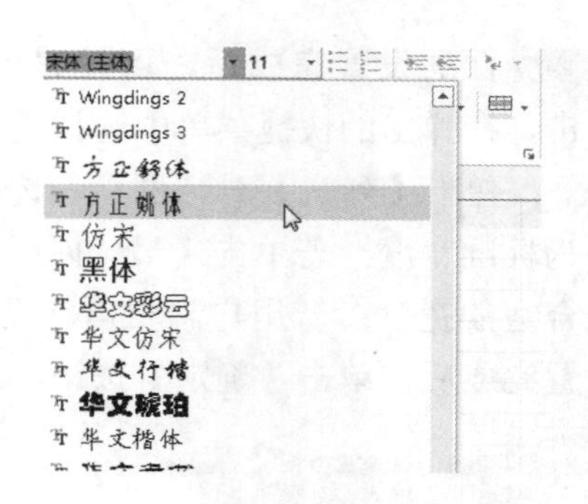

图 4-171 选择【方正姚体】选项

step 04 使用同样的方法，可在【文本格式】组中设置字体的大小、居中、加粗、颜色等，如图 4-172 所示。

水果销售

商品编号	规格	水果名称	单价	销售量	货物总价	日期
10001	A1	苹果	¥6.00	524	3144	2015/8 /16
10002	B1	香蕉	¥8.50	311	2643.5	2015/8 /16
10005	M1	芒果	¥11.40	134	1527.6	2015/8 /16
10006	A2	杏子	¥5.60	411	2301.6	2015/8 /16
10007	W1	西瓜	¥3.80	411	1561.8	
0			¥0.00	0	0	

图 4-172 设置字体格式

4.7.3 隐藏和显示字段

如果不想显示数据表中的某些字段，可以将这些字段隐藏起来。下面以“水果销售”表为例，介绍如何隐藏和显示字段。具体操作步骤如下。

step 01 打开“应用”数据库，进入“水果销售”表的【数据表视图】界面。

step 02 将光标定位在“规格”字段的列首，右击，在弹出的快捷菜单中选择【隐藏字段】命令，如图 4-173 所示。

step 03 可以看到，“规格”字段已被隐藏起来，如图 4-174 所示。

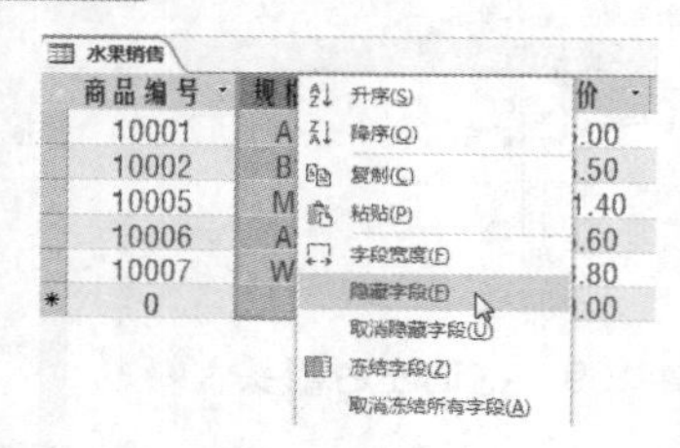

图 4-173 选择【隐藏字段】命令

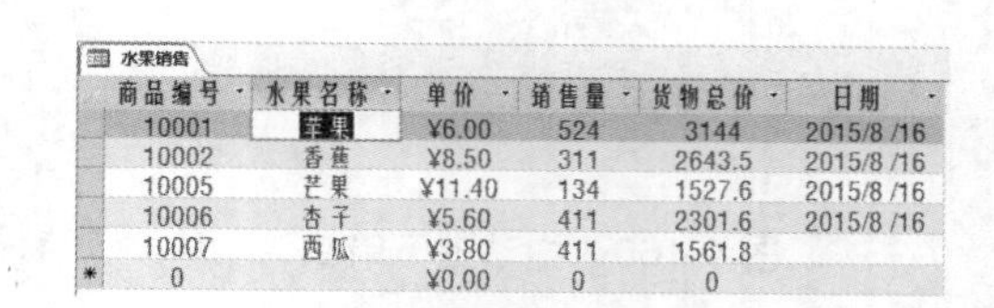
水果销售

商品编号	水果名称	单价	销售量	货物总价	日期
10001	苹果	¥6.00	524	3144	2015/8 /16
10002	香蕉	¥8.50	311	2643.5	2015/8 /16
10005	芒果	¥11.40	134	1527.6	2015/8 /16
10006	杏子	¥5.60	411	2301.6	2015/8 /16
10007	西瓜	¥3.80	411	1561.8	
0		¥0.00	0	0	

图 4-174 隐藏“规格”字段

step 04 若要显示“规格”字段，将光标放置在任意字段的列首，右击，在弹出的快捷菜单中选择【取消隐藏字段】命令，如图 4-175 所示。

step 05 弹出【取消隐藏列】对话框，用户可以看到表的全部字段，选中【规格】复选框，如图 4-176 所示。

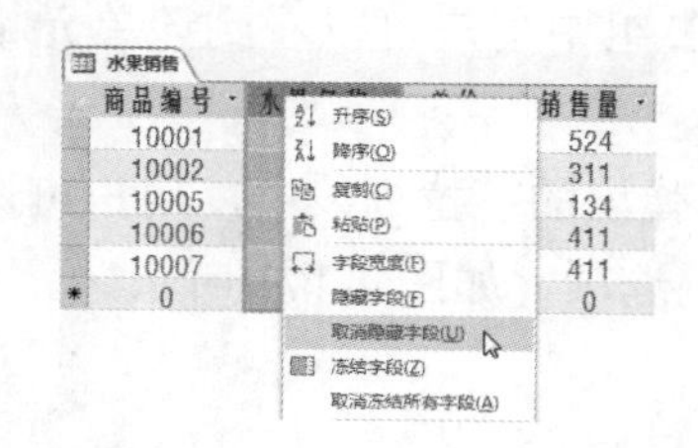

图 4-175 选择【取消隐藏字段】命令

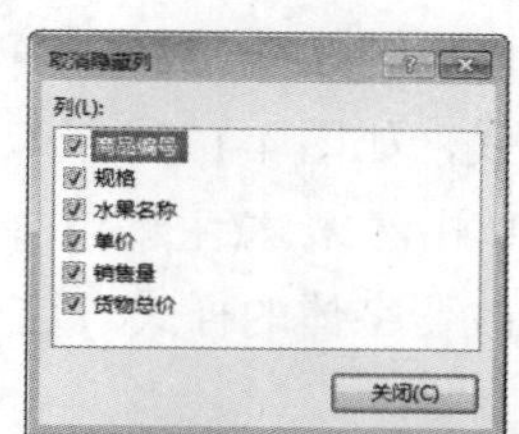

图 4-176 【取消隐藏列】对话框

step 06 单击【关闭】按钮，即可将被隐藏的“规格”字段显示出来，如图 4-177 所示。

商品编号	规格	水果名称	单价	销售量	货物总价
10001	A1	苹果	¥6.00	524	3144
10002	B1	香蕉	¥8.50	311	2643.5
10003	G1	葡萄	¥4.00	635	2540
10004	P1	桃子	¥10.80	214	2311.2
10005	M1	芒果	¥11.40	134	1527.6
10006	A2	杏子	¥5.60	411	2301.6
10007	W1	西瓜	¥3.80	442	1679.6
0			¥0.00	0	0

图 4-177 显示“规格”字段

4.7.4 冻结和取消冻结

Access 2013 可以把一个或多个字段列冻结起来，这样不论用户如何查看字段，这些字段列总是可见的。下面以“水果销售”表为例，介绍如何冻结和取消冻结字段。具体操作步骤如下。

step 01 打开“应用”数据库，进入“水果销售”表的【数据表视图】界面。

step 02 将光标定位在“水果名称”字段的列首，右击，在弹出的快捷菜单中选择【冻结字段】命令，如图 4-178 所示。

step 03 可以看到，Access 会将该列移动到窗口的最左边并固定显示它。当用户单击字段滚动条向右或向左滚动记录时，被冻结的列始终显示在最左边，如图 4-179 所示。

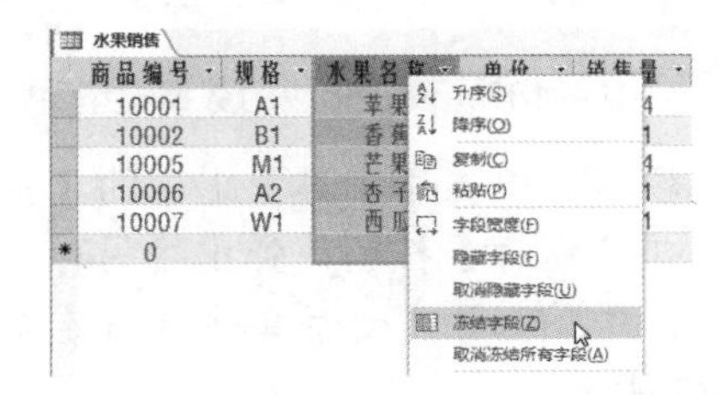

图 4-178 选择【冻结字段】命令

水果名称	商品编号	规格	单价	销售量	货物总价
苹果	10001	A1	¥6.00	524	3144
香蕉	10002	B1	¥8.50	311	2643.5
芒果	10005	M1	¥11.40	134	1527.6
杏子	10006	A2	¥5.60	411	2301.6
西瓜	10007	W1	¥3.80	411	1561.8
	0		¥0.00	0	0

图 4-179 冻结“水果名称”字段

step 04 若要取消冻结“水果名称”字段，将光标定位在任意字段的列首，右击，在弹出的快捷菜单中选择【取消冻结所有字段】命令，即可取消冻结，如图 4-180 所示。

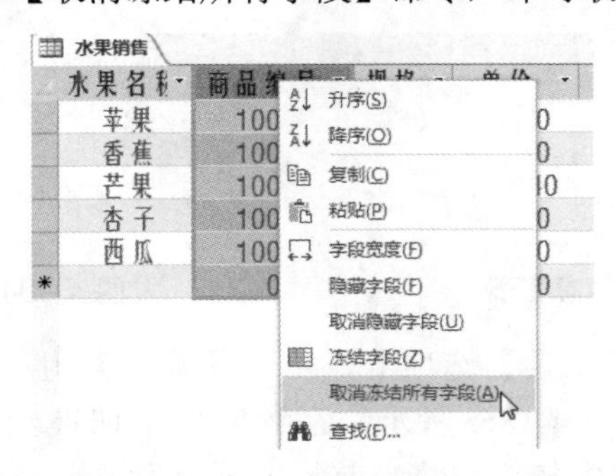

图 4-180 选择“取消冻结所有字段”命令

4.8 综合实战——创建“学生”表和“宿舍”表

下面将给出一个综合案例，让读者全面回顾一下本章的知识要点，并通过这些操作来检验自己是否已经掌握了数据表的常用操作。

1. 案例目的

掌握创建和修改数据表、建立表关系、向表中添加记录等操作。

2. 案例操作过程

step 01 启动 Access 2013，打开“应用”数据库。切换到【创建】选项卡，单击【表格】组中的【表设计】按钮，如图 4-181 所示。新建一个名为“表 2”的空白表，并进入该表的【设计视图】界面。

step 02 在“表 2”中添加字段，并设置相应的数据类型，如图 4-182 所示。

图 4-181　单击【表格】组中的【表设计】按钮

表2

字段名称	数据类型
学号	短文本
姓名	短文本
性别	短文本
出生日期	日期/时间
籍贯	短文本
专业号	短文本
班级号	短文本
宿舍号	短文本

图 4-182　设置相应的数据类型

step 03 选中“学号”字段，切换到【设计】选项卡，单击【工具】组中的【主键】按钮，将该字段设置为主键。设置完成后，单击【保存】按钮，弹出【另存为】对话框，在【表名称】文本框中输入表的名称“学生信息”，然后单击【确定】按钮。至此，“学生信息”表创建成功，如图 4-183 所示。

step 04 使用同样的方法，创建“宿舍”表，并设置“宿舍号”字段为主键，如图 4-184 所示。

学生信息

字段名称	数据类型
学号	短文本
姓名	短文本
性别	短文本
出生日期	日期/时间
籍贯	短文本
专业号	短文本
班级号	短文本
宿舍号	短文本

图 4-183　“学生信息”表

宿舍

字段名称	数据类型
宿舍号	短文本
宿舍电话	短文本
宿舍人数	数字
宿舍位置	短文本
寝室长学号	短文本

图 4-184　“宿舍”表

step 05 切换到【数据库工具】选项卡，单击【关系】组中的【关系】按钮，进入【关系】工作窗口，如图 4-185 所示。在该窗口中切换到【设计】选项卡，单击【关系】组中的【隐藏表】按钮，将当前的表全部隐藏起来。

step 06 单击【关系】组中的【显示表】按钮，弹出【显示表】对话框，依次选中“学生信息”表和“宿舍”表，然后单击【添加】按钮，将它们添加到【关系】工作窗口中，如图 4-186 所示。

step 07 返回到【关系】工作窗口，将“宿舍”表中的“宿舍号”字段拖动到“学生信息”表中的“宿舍号”字段处，弹出【编辑关系】对话框，选中【实施参照完整性】、【级联更新相关字段】和【级联删除相关记录】复选框，如图 4-187 所示。

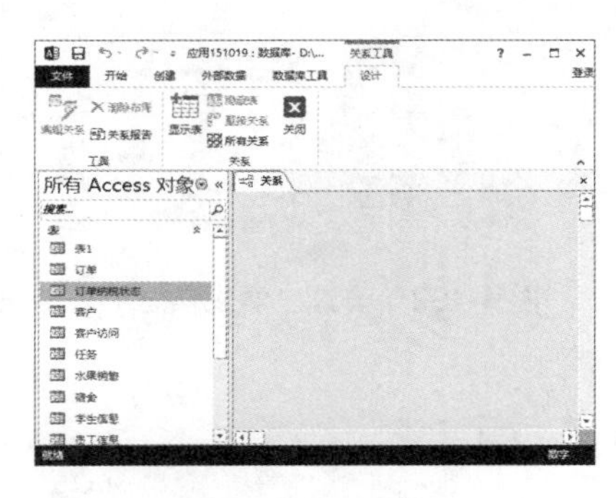

图 4-185　【关系】工作窗口

图 4-186　【显示表】对话框

step 08 返回到【关系】工作窗口，此时“宿舍”表和“学生信息”表成功创建了一对多表关系，如图 4-188 所示。操作完成后，单击【保存】按钮，保存创建的表关系。

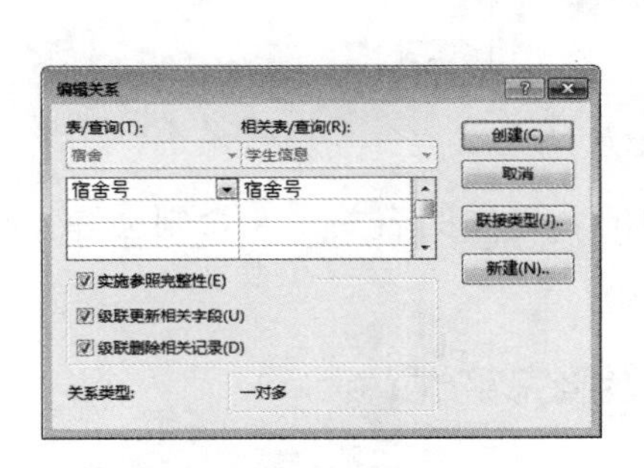

图 4-187　【编辑关系】对话框

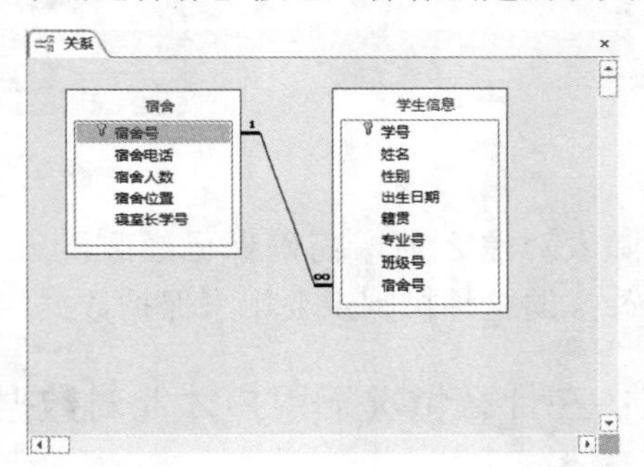

图 4-188　“宿舍”表和“学生信息”表的一对多表关系

step 09 在导航窗格中分别双击“宿舍”表和“学生信息”表，进入这两个表的【数据表视图】界面，并添加记录，如图 4-189 和图 4-190 所示。

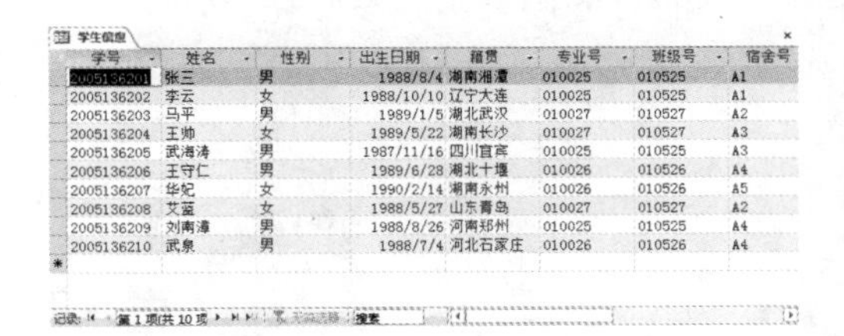

学号	姓名	性别	出生日期	籍贯	专业号	班级号	宿舍号
2005136201	张三	男	1988/8/4	湖南湘潭	010025	010525	A1
2005136202	李云	女	1988/10/10	辽宁大连	010025	010525	A1
2005136203	马平	男	1989/1/5	湖北武汉	010027	010527	A2
2005136204	王帅	女	1989/5/22	湖南长沙	010027	010527	A3
2005136205	武海涛	男	1987/11/16	四川宜宾	010025	010525	A3
2005136206	王守仁	男	1989/6/28	湖北十堰	010026	010526	A4
2005136207	华妃	女	1990/2/14	湖南永州	010026	010526	A5
2005136208	艾蓝	女	1988/5/27	山东青岛	010027	010527	A2
2005136209	刘南漳	男	1988/8/26	河南郑州	010025	010525	A4
2005136210	武泉	男	1988/7/4	河北石家庄	010026	010526	A4

图 4-189　在“学生信息”表中添加记录

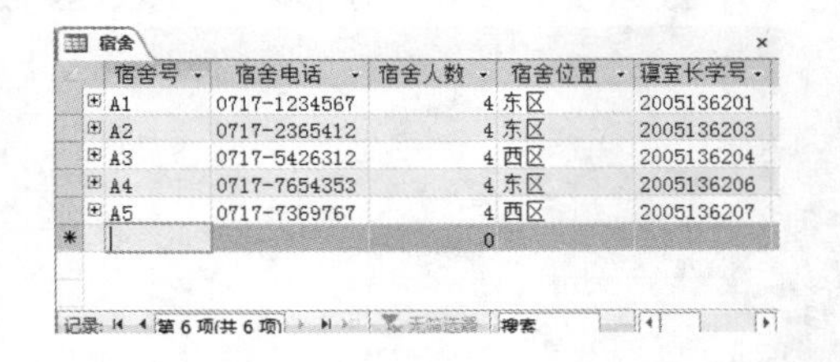

宿舍号	宿舍电话	宿舍人数	宿舍位置	寝室长学号
A1	0717-1234567	4	东区	2005136201
A2	0717-2365412	4	东区	2005136203
A3	0717-5426312	4	西区	2005136204
A4	0717-7654353	4	东区	2005136206
A5	0717-7369767	4	西区	2005136207
		0		

图 4-190　在“宿舍”表中添加记录

step 10 单击“宿舍”表中某个行记录的行首，即可查看该宿舍的学生信息，如图 4-191 所示。

step 11 设置“学生信息”表的格式。设置行高为 17，列宽为最佳匹配模式，字号为 12，字体颜色为深蓝色。设置完成后，单击【保存】按钮，如图 4-192 所示。

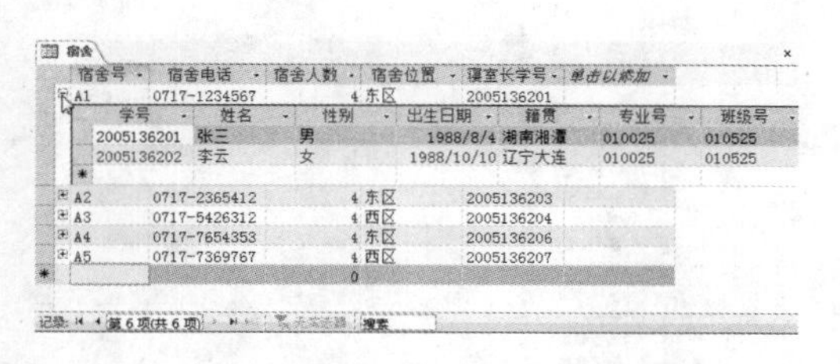

宿舍号	宿舍电话	宿舍人数	宿舍位置	寝室长学号	单击以添加
A1	0717-1234567	4	东区	2005136201	
A2	0717-2365412	4	东区	2005136203	
A3	0717-5426312	4	西区	2005136204	
A4	0717-7654353	4	东区	2005136206	
A5	0717-7369767	4	西区	2005136207	
*		0			

学号	姓名	性别	出生日期	籍贯	专业号	班级号
2005136201	张三	男	1988/8/4	湖南湘潭	010025	010525
2005136202	李云	女	1988/10/10	辽宁大连	010025	010525
*						

图 4-191　查看“宿舍”表中的学生信息

学号	姓名	性别	出生日期	籍贯	专业号	班级号	宿舍号
2005136201	张三	男	1988/8/4	湖南湘潭	010025	010525	A1
2005136202	李云	女	1988/10/10	辽宁大连	010025	010525	A1
2005136203	马平	男	1989/1/5	湖北武汉	010027	010527	A2
2005136204	王帅	女	1989/5/22	湖南长沙	010027	010527	A3
2005136205	武海涛	男	1987/11/16	四川宜宾	010025	010525	A3
2005136206	王守仁	男	1989/6/28	湖北十堰	010026	010526	A4
2005136207	华妃	女	1990/2/14	湖南永州	010026	010526	A5
2005136208	艾蓝	女	1988/5/27	山东青岛	010027	010527	A2
2005136209	刘南谭	男	1988/8/26	河南郑州	010025	010525	A4
2005136210	武泉	男	1988/7/4	河北石家庄	010026	010526	A4

图 4-192　设置“学生信息”表的格式

4.9　高手甜点

甜点 1：删除某个表对象时，为何出现如图 4-193 所示的提示？

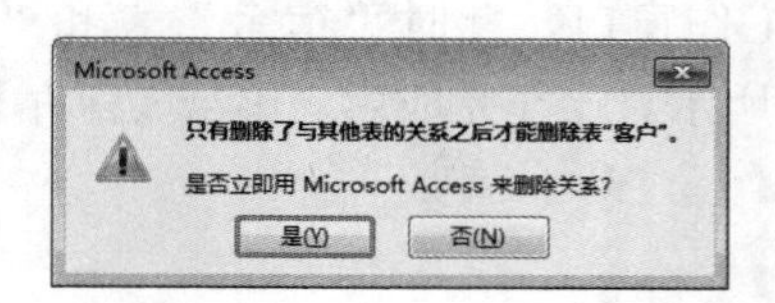

图 4-193　提示信息

删除表对象之前，需确保已经删除该表与其他的表建立的表关系，否则会弹出该提示框。Access 的这种机制主要用来保护数据库的完整性。

甜点 2：在什么情况下用户才能对数据库实施参照完整性？

当满足以下情况时，用户可对数据库实施参照完整性。

(1) 来自主表的公共字段必须为主键或具有唯一索引。

(2) 建立表关系的字段必须具有相同的数据类型。

(3) 数据表必须存在于同一个 Access 数据库中，不能对链接表实施参照完整性。

第 5 章

数据库查询操作

查询是数据库的第二大对象，是数据库处理和分析数据的工具。通过查询，用户可以根据指定的条件，检索出需要的数据。有些读者可能不理解，在第 4 章介绍编辑数据表时，Access 提供的查找和筛选功能同样可以检索数据，为什么还要学习查询呢？通过本章的学习，读者将会充分理解查询在 Access 数据库中的重要性。

本章目标(已掌握的在方框中打钩)

- □ 了解查询的概念
- □ 熟悉各种查询的区别
- □ 掌握如何创建各种简单查询
- □ 熟悉如何创建 SQL 特定查询
- □ 掌握如何创建各种高级查询

5.1 查询概述

查询是指在数据表中，根据给定的查询条件，对数据库中的数据记录进行检索，筛选出符合条件的记录，形成一个新的数据集合，从而方便对数据库中的表进行查看和分析。

利用 Access 提供的查找和筛选功能，用户只能完成一些比较简单的数据搜索工作。如果想要查询符合特定条件的记录，并对该记录做进一步的汇总、分析和计算，就必须使用查询这个功能来实现。

用户在使用数据库的数据时，并不是简单地使用单个表中的数据，而常常是将有“关系”的很多表中的数据一起调出使用，有时还要把这些数据进行一定的计算以后才能使用，用查询这个对象可以很轻松地解决问题。

概括地说，用户利用查询除了用来查看、搜索和分析数据外，还可以实现以下几项功能。

- 在数据库中添加、删除或更改数据。
- 实现筛选、计算、排序和汇总数据等操作。
- 可以完成复杂的多表之间的查询。
- 可以生成新的基本表。
- 自动处理数据管理任务，例如定期查看最新数据。
- 查询结果可以作为其他查询、窗体和报表的数据源。

Access 2013 提供了以下 5 种类型的查询。

- 选择查询。
- 交叉表查询。
- 参数查询。
- 操作查询。
- SQL 查询。

其中操作查询用于添加、更改或删除数据，其又分为 4 种类型的查询：生成表查询、追加查询、更新查询和删除查询。而 SQL 查询是使用 SQL 语句创建的查询，主要分为 3 种类型：联合查询、传递查询和数据定义查询。

5.2 创建查询

用户主要通过 3 种方法来创建查询，分别如下：通过【查询】组中的【查询向导】按钮、通过【查询】组的【查询设计】按钮(见图 5-1)、直接编写 SQL 语句。

图 5-1 【查询】组中的【查询向导】按钮和【查询设计】按钮

使用【查询向导】创建的查询比较简单直观，它可以创建 4 种类型的查询，包括简单查询、交叉表查询、查找重复项查询和查找不匹配项查询。

当需要创建有设定条件的查询或者其他复杂的查询时，【查询向导】并不能满足用户的要求，这时需要使用【查询设计】来创建查询，【查询设计】也可以称为查询的【设计视图】或者“查询设计器”，利用它用户可以随时通过设定各种查询条件或统计的方式来创建查询。

通常情况下，使用以上两种方法创建的查询可以满足用户的大部分需求。若要创建更高级的查询时，就需要直接编写 SQL 语句来实现。

5.2.1 简单查询

简单查询是最常见的查询类型，运用简单查询可以实现以下功能：从一个或多个表中检索数据；在一定的限制条件下，可以更改相关表中的数据；对数据进行总计、计数以及计算平均值等。

使用查询向导来创建简单查询是一种最简单的方法，它不仅可以基于单个表创建查询，也可以基于多个表创建查询。下面在“人事管理”数据库中，将“员工”表和“员工请假”表作为数据源，利用查询向导创建“员工请假信息”查询。具体操作步骤如下。

step 01 打开“人事管理”数据库，切换到【创建】选项卡，单击【查询】组中的【查询向导】按钮。

step 02 弹出【新建查询】对话框，用户可以选择 4 种不同的向导来创建不同类型的查询。这里选择【简单查询向导】选项，单击【确定】按钮，如图 5-2 所示。

step 03 弹出【简单查询向导】对话框，单击【表/查询】下拉列表框右侧的下拉按钮，在弹出的下拉列表中选择【表：员工】选项，即将“员工”表作为建立简单查询的数据源表，如图 5-3 所示。

图 5-2 【新建查询】对话框

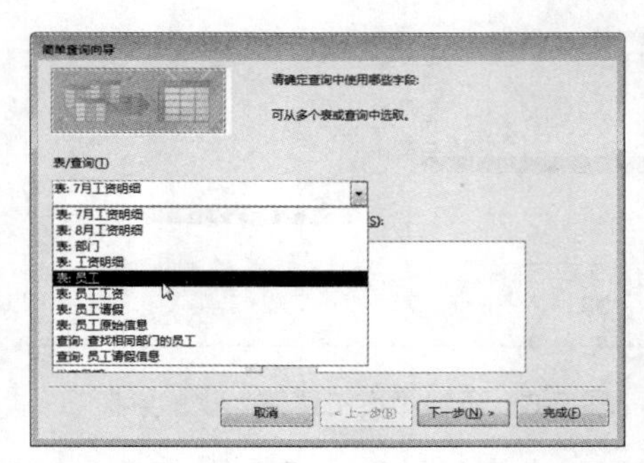

图 5-3 选择【表：员工】选项

step 04 此时在【可用字段】列表框中显示出该表的所有字段。选中“员工 ID”字段，单击【添加】按钮 ，将其添加到右边的【选定字段】列表框中，如图 5-4 所示。

若单击【全部添加】按钮 ，可将【可用字段】列表框中的字段全部添加到【选定字段】列表框中。若添加错误，单击 按钮或 按钮，可将【选定字段】列表框中的字段退回到【可用字段】列表框中。

step 05 使用同样的方法，添加“员工姓名”和“员工职位”字段到【选定字段】列表框中，如图 5-5 所示。

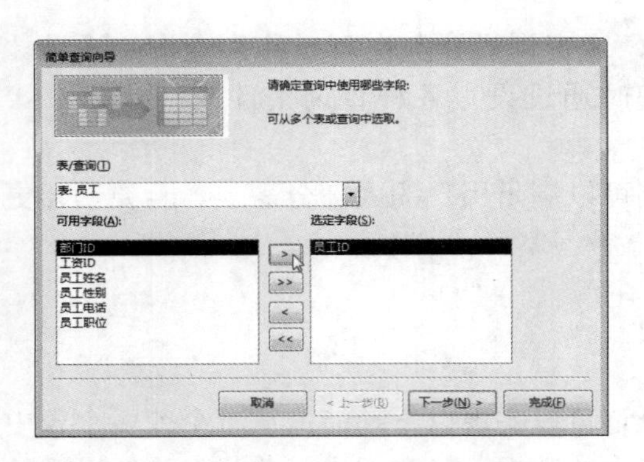

图 5-4　添加“员工 ID”字段

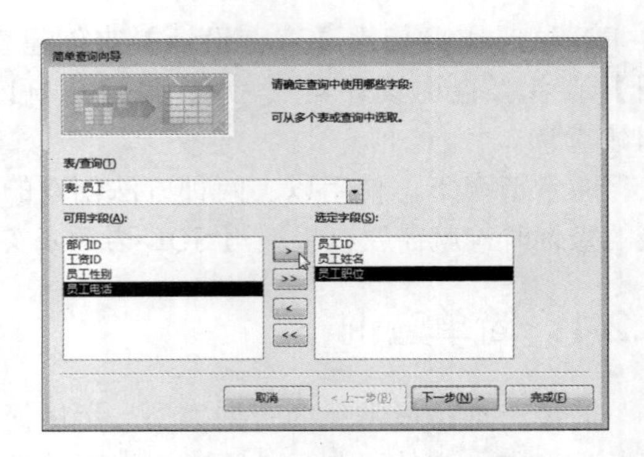

图 5-5　添加“员工姓名”和“员工职位”字段

step 06 在【表/查询】下拉列表框中选择【表：员工请假】选项，将该表中的“请假时间”“返回时间”和“请假原因”3 个字段添加到【选定字段】列表框中。添加完成后，单击【下一步】按钮，如图 5-6 所示。

step 07 弹出确定查询对话框，用户需要确定创建的查询是采用明细查询还是汇总查询，这里保持默认不变，单击【下一步】按钮，如图 5-7 所示。

明细查询可以查看选定字段的详细信息，汇总查询可以对数值型字段的值进行各种统计操作，或对文本等类型的字段进行计数操作等。

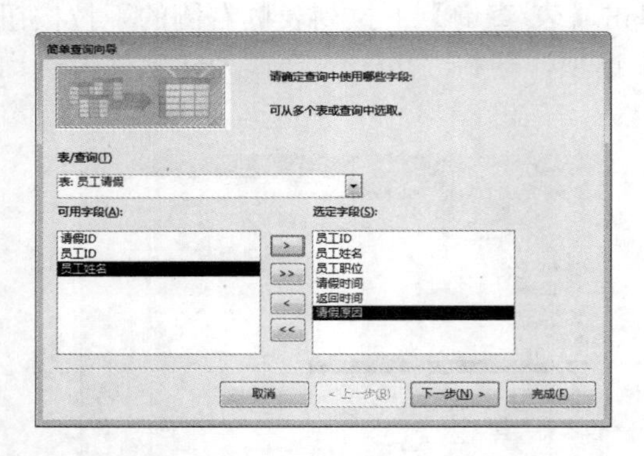

图 5-6　添加“员工请假”表的字段

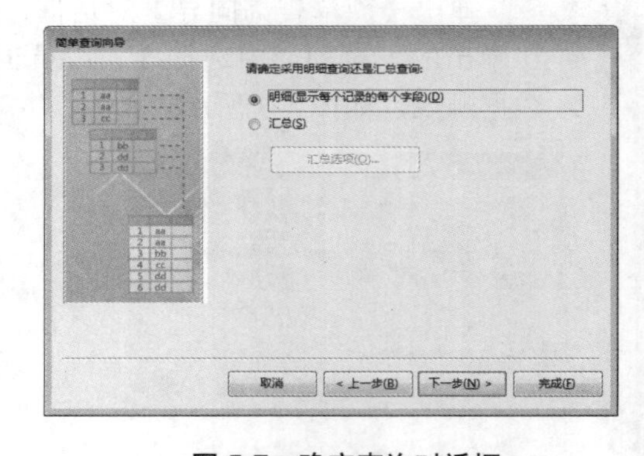

图 5-7　确定查询对话框

step 08 弹出命名对话框，在【请为查询指定标题】文本框中输入创建的查询的名称“员工请假信息”。然后用户需要选择是要打开查询查看信息还是修改查询设计，这里保持默认不变，单击【完成】按钮，如图 5-8 所示。

step 09 此时 Access 将查询结果在【数据表视图】界面中以数据表的形式呈现出来。在导航窗格中可以看到，用户已成功创建“员工请假信息”查询对象，如图 5-9 所示。

以上创建的查询是基于多表的简单查询，使用同样的方法，用户还可以创建基于单表的简单查询或基于查询的简单查询等。在创建基于多表的查询时，表与表之间，必须保证建立了表关系。若没有建立关系，则多表查询将会出现多条重复记录。

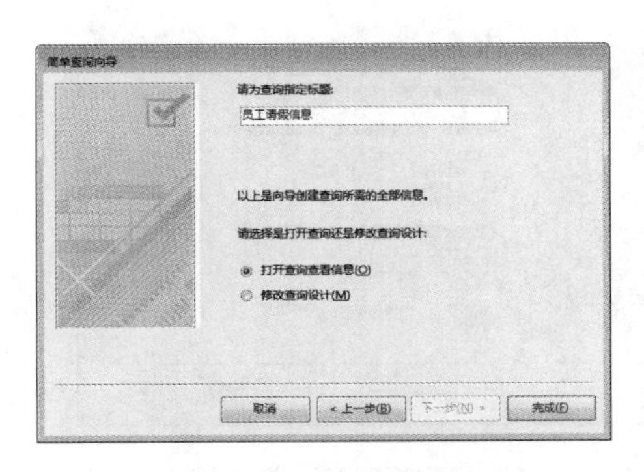

图 5-8　命名对话框

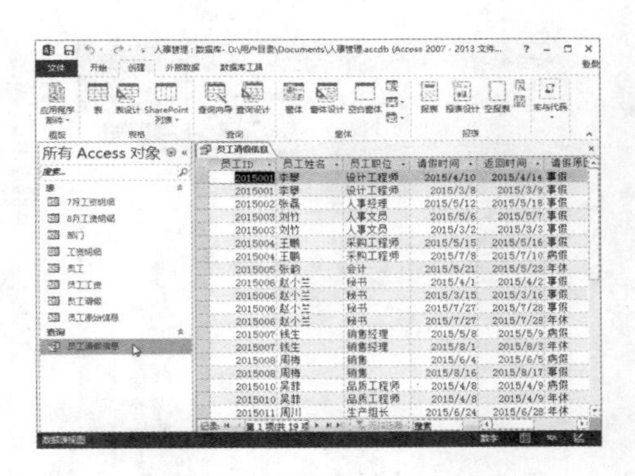

图 5-9　“员工请假信息”查询

5.2.2　交叉表查询

交叉表查询是用来计算某一字段数据的总和、平均值或其他统计值，然后对结果进行分组，一组值垂直分布在数据表的左侧，另一组值水平分布在数据表的顶端，使得数据的显示形式更加清晰，用户更容易理解和分析。例如，用户想要查看产品小计，又想要按月份进行统计，以便每行显示一种产品的小计，每列显示一个月份的产品小计。要同时显示一种产品的小计和一个月份的产品小计，就可以使用交叉表查询。

交叉表查询是 Access 提供的一种特有的查询，由于交叉表查询是属于比较高级的一种查询，因此关于交叉表的各种操作，将在 5.5.2 小节中详细介绍。

5.2.3　查找重复项查询

查找重复项查询可以帮助用户在数据表中查找具有相同内容的记录，还可以用来确认数据表中是否存在重复的记录。利用查询向导可非常轻松地创建这类查询。下面在“员工”表中，查询部门相同的员工信息。具体操作步骤如下。

step 01 打开“人事管理”数据库，切换到【创建】选项卡，单击【查询】组中的【查询向导】按钮。

step 02 弹出【新建查询】对话框，选择【查找重复项查询向导】选项，然后单击【确定】按钮，如图 5-10 所示。

step 03 弹出【查找重复项查询向导】对话框，在列表框中选中“员工”表将其作为查询的数据源表，然后单击【下一步】按钮，如图 5-11 所示。

若要以查询作为数据源，在【视图】选项组中选中【查询】单选按钮，在列表框中选择相应的查询即可。

step 04 弹出确定可能包含重复信息的字段对话框，在【可用字段】列表框中显示出“员工”表的所有字段。选中“部门 ID”字段，单击【添加】按钮 >，将该字段添加到【重复值字段】列表框中，然后单击【下一步】按钮，如图 5-12 所示。

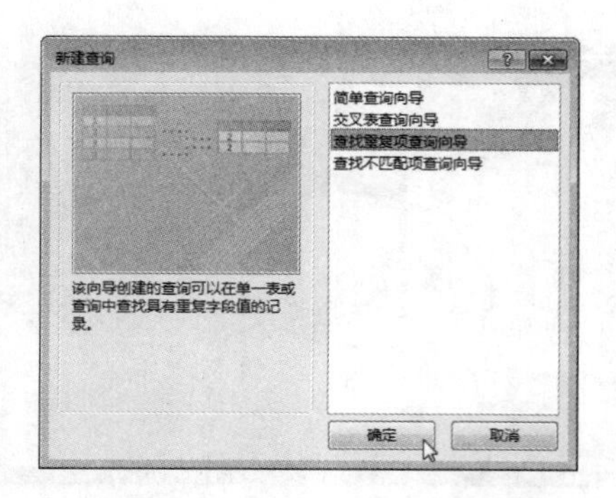

图 5-10 【新建查询】对话框

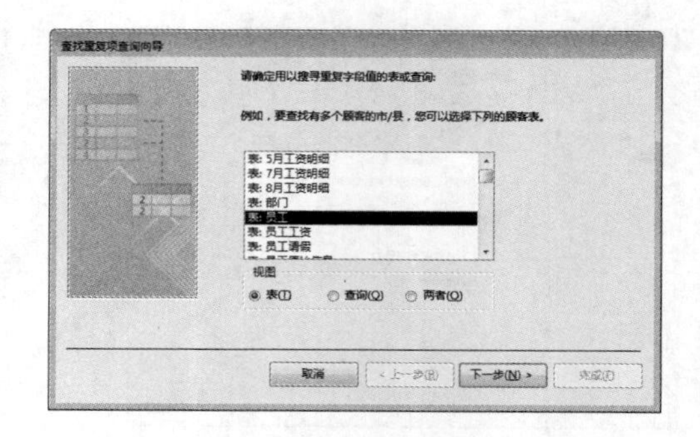

图 5-11 【查找重复项查询向导】对话框

若要查询部门相同的员工信息，只需查询部门 ID 是否相同即可。若相同，则这些员工必然属于同一部门。因此选择“部门 ID”字段作为可能包含重复信息的字段。

step 05 弹出查询是否显示其他字段对话框，用户可以添加在查询结果中想要显示的其他字段。这里选中“员工姓名”和“员工职位”两个字段，将其添加到【另外的查询字段】列表框中，然后单击【下一步】按钮，如图 5-13 所示。

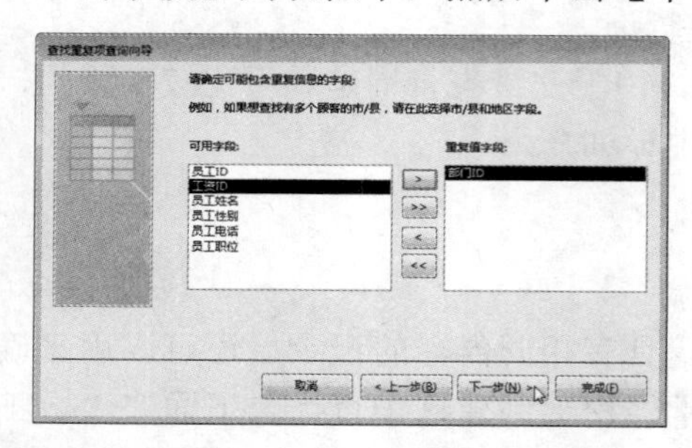

图 5-12 可能包含重复信息的字段对话框

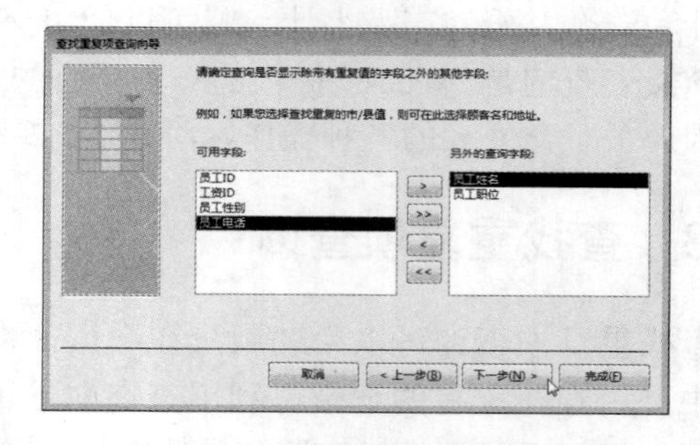

图 5-13 查询是否显示其他字段对话框

step 06 弹出命名对话框，在【请指定查询的名称】文本框中输入创建的查询的名称“查找相同部门的员工”。然后用户需要选择是要查看查询结果还是修改设计，这里保持默认不变，单击【完成】按钮，如图 5-14 所示。

step 07 此时 Access 将查询结果在【数据表视图】界面中以数据表的形式呈现出来，用户可以直观地查看相同部门的员工姓名和员工职位等信息，如图 5-15 所示。

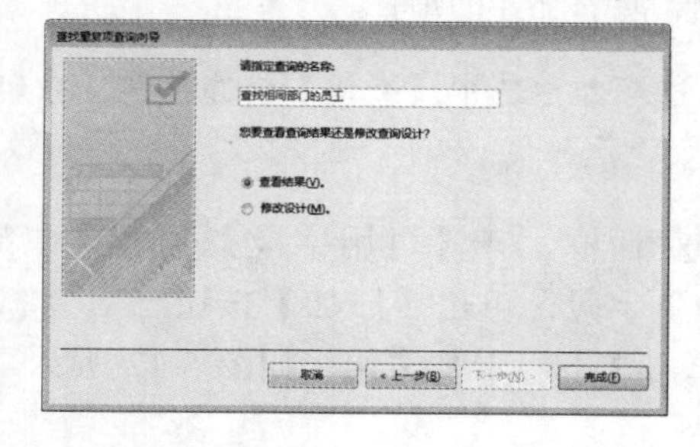

图 5-14 命名对话框

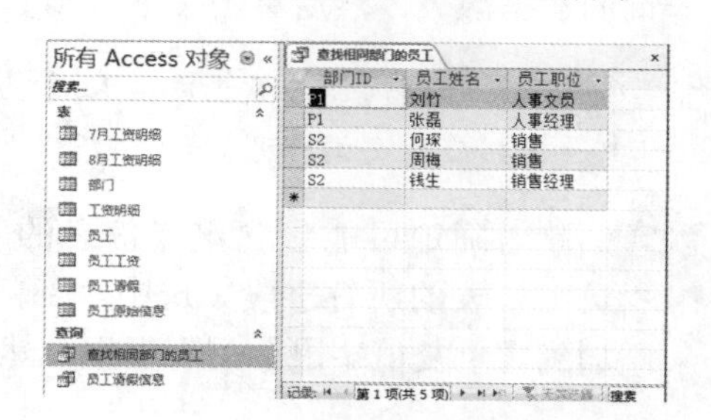

图 5-15 “查找相同部门的员工”查询

5.2.4 查找不匹配项查询

查找不匹配项查询是用来查找两个数据表中内容不相同的记录，或者可以定义为在一个表中查找与另一个表中没有相关记录的记录。

同样地，利用查询向导可以非常轻松地创建这类查询。下面以“员工”表和“工资明细”表的“员工 ID”字段为查询条件，创建查找不匹配项查询。具体操作步骤如下。

由于“人事管理”数据库中的所有记录都是相匹配的，为了演示查找不匹配项查询，需要先删除“工资明细”表中“员工 ID”为“2015000”的记录。注意“员工”表和“工资明细”表是一对多关系且设置了实施参照完整性。因此，不能删除作为关系“一方”的“员工”表中的记录，否则作为关系“多方”的“工资明细”表中的相关记录会同时被删除。

step 01 打开“人事管理”数据库，切换到【创建】选项卡，单击【查询】组中的【查询向导】按钮。

step 02 弹出【新建查询】对话框，选择【查找不匹配项查询向导】选项，单击【确定】按钮，如图 5-16 所示。

step 03 弹出【查找不匹配项查询向导】对话框，在列表框中选择【表：员工】选项，即查询在“员工”表中存在，而在下一步所选的“工资明细”表中不存在的记录，选中后，单击【下一步】按钮，如图 5-17 所示。

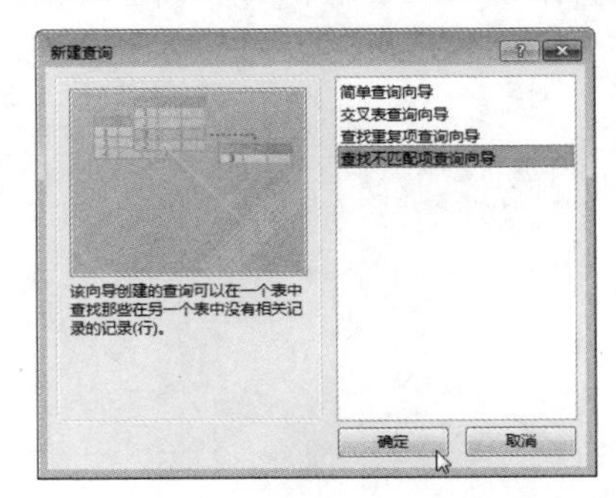

图 5-16 【新建查询】对话框

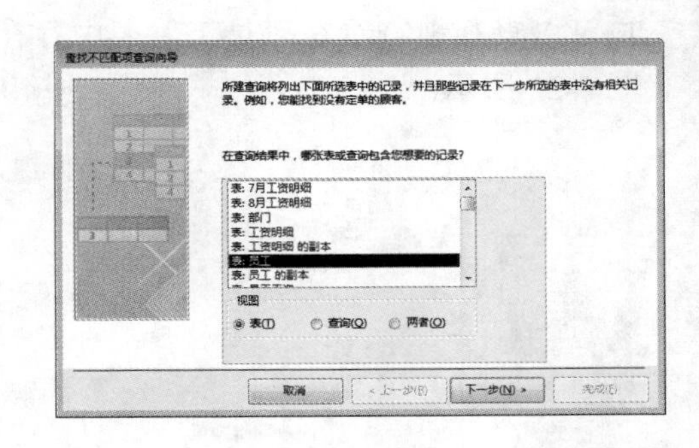

图 5-17 【查找不匹配项查询向导】对话框

step 04 弹出确定包含相关记录的表对话框，选择【表：工资明细】选项，单击【下一步】按钮，如图 5-18 所示。

step 05 弹出确定信息对话框，用户需要在两张表中选择匹配的字段。分别选中“员工 ID”字段，单击【对比】按钮<=>，然后单击【下一步】按钮，如图 5-19 所示。

step 06 弹出查询结果中所需的字段对话框，单击【全部选择】按钮>>，将其全部添加到【选定字段】列表框中，即在查询结果中显示所有的字段，然后单击【下一步】按钮，如图 5-20 所示。

step 07 弹出命名对话框，在【请指定查询名称】文本框中输入要创建的查询的名称“员工与工资明细不匹配”，然后单击【完成】按钮，如图 5-21 所示。

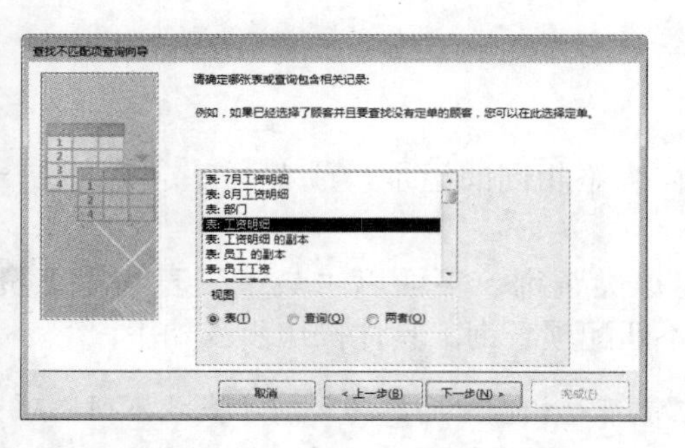

图 5-18　确定包含相关记录的表对话框

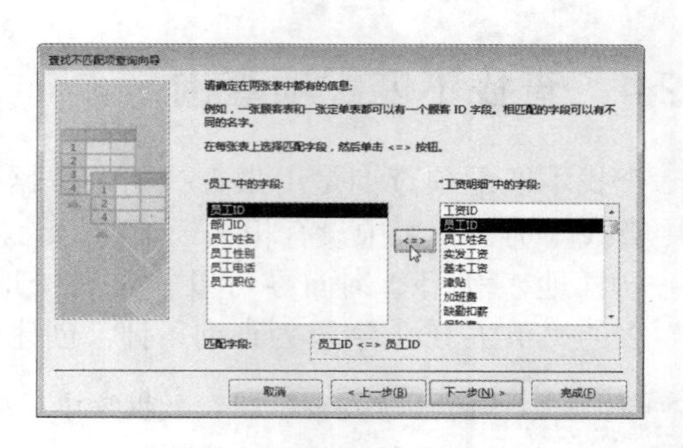

图 5-19　确定信息对话框

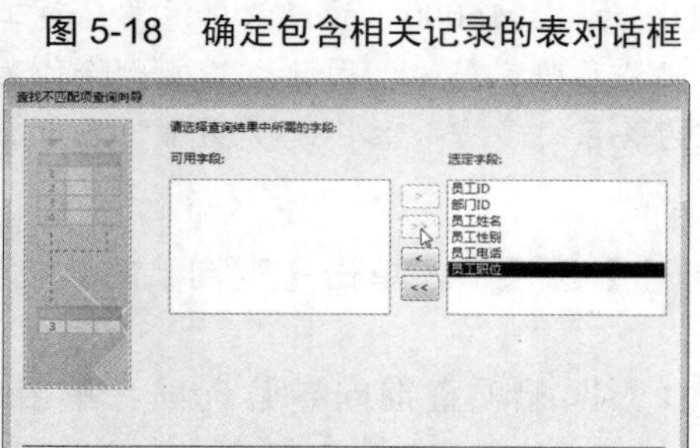

图 5-20　查询结果中所需的字段对话框

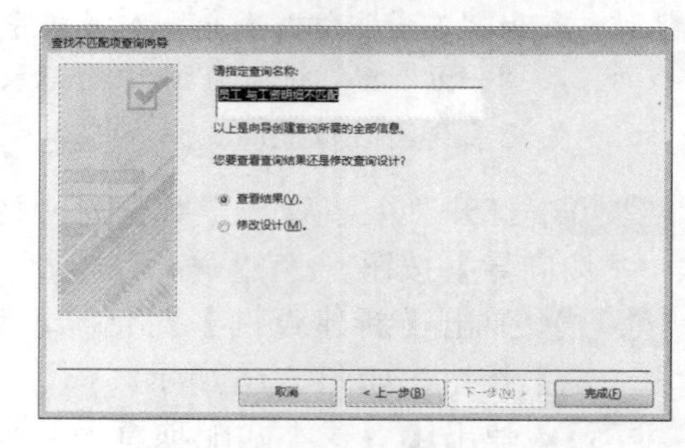

图 5-21　命名对话框

step 08 此时 Access 将查询结果在【数据表视图】界面中以数据表的形式呈现出来，用户可以直观地查看在“员工”表中存在，而在“工资明细”表中不存在的记录，如图 5-22 所示。

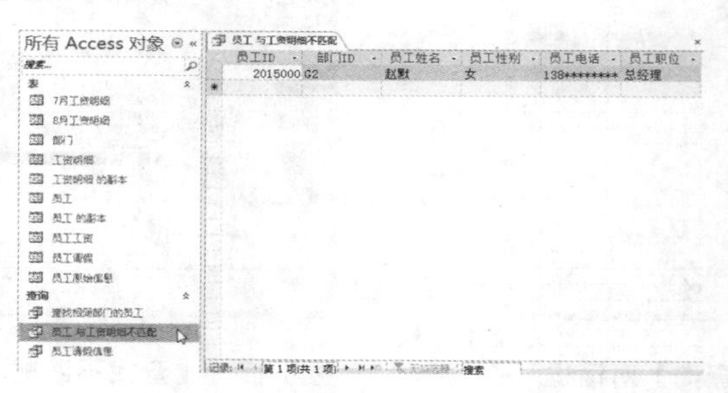

图 5-22　“员工与工资明细不匹配”查询

5.2.5　用设计视图创建查询

在 Access 2013 中，查询有 3 种视图：数据表视图、设计视图和 SQL 视图。其中，用户使用数据表视图查看结果，使用设计视图和 SQL 视图来创建查询。本小节将介绍如何使用设计视图创建查询。

由前几节可知，使用查询向导创建的查询比较简单直观，当需要创建有设定条件的查询或者其他复杂的查询时，查询向导并不能满足用户的要求，这时用户就可以使用设计视图来创建查询。通过该视图，用户既可以创建不带条件的查询，也可以创建含条件或表达式的查询，还可以对已有的查询进行修改。

在【设计视图】界面中，查询的工作窗口共分为两个部分，上部分显示查询所使用的表对象，下部分是查询设计网格，用来设定具体的查询条件，如图5-23所示。

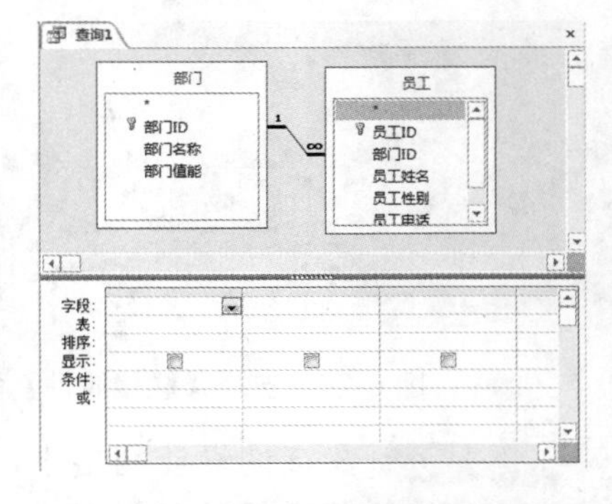

图 5-23 查询的【设计视图】界面

查询设计网格中各个选项的含义分别如下：【字段】选项用来设置查询结果中显示表的哪些字段；【表】选项用来设置字段的来源表；【排序】选项用来定义字段的排序方式，分为升序、降序和不排序3类；【显示】选项用来控制字段是否在数据表视图中显示出来；【条件】选项可以设定查询条件，【或】选项用于设定查询的第二个条件。

下面在“人事管理”数据库中，将“部门”表和“员工”表作为数据源表，利用查询的设计视图创建“部门员工信息”查询。具体操作步骤如下。

step 01 打开“人事管理”数据库，切换到【创建】选项卡，单击【查询】组中的【查询设计】按钮。

step 02 弹出【显示表】对话框，在【表】选项卡中，按住 Ctrl 键不放，分别选择“部门”表和“员工”表作为数据源表，单击【添加】按钮，如图5-24所示。

step 03 添加完成后，单击【关闭】按钮，进入查询的【设计视图】界面，如图 5-25所示。

step 04 在窗口上方选中两个表的关系连接线，右击，在弹出的快捷菜单中选择【联接属性】命令，如图5-26所示。

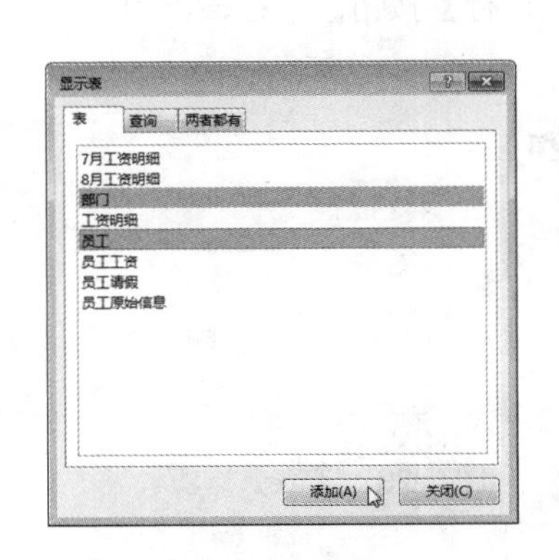

图 5-24 【显示表】对话框

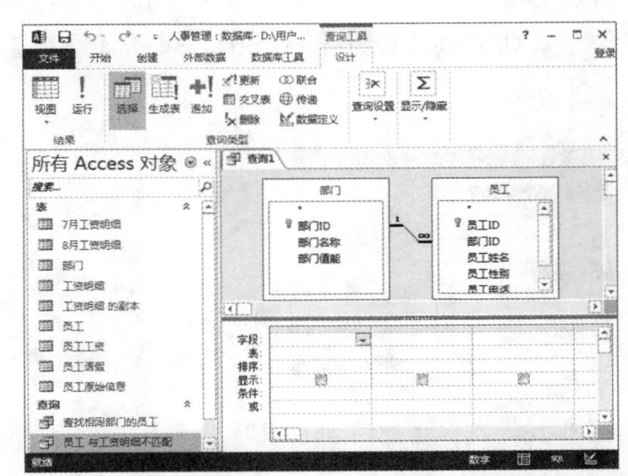

图 5-25 查询的【设计视图】界面

step 05 弹出【联接属性】对话框，用户可以设置对表的哪些记录进行查询。下面有 3 个单选按钮，各个单选按钮对应的查询结果是不同的。这里保持默认不变，单击【确定】按钮，如图5-27所示。

第 1 项为系统默认的选择，表示只有两个表中都存在的“部门 ID”记录才能够被查询；第 2 项是无论“员工”表中有没有相应的记录，“部门”表中的所有记录都将被查询，但是只存在于“员工”表中的记录将不能够被查询；第 3 项和第 2 项的结果相反。

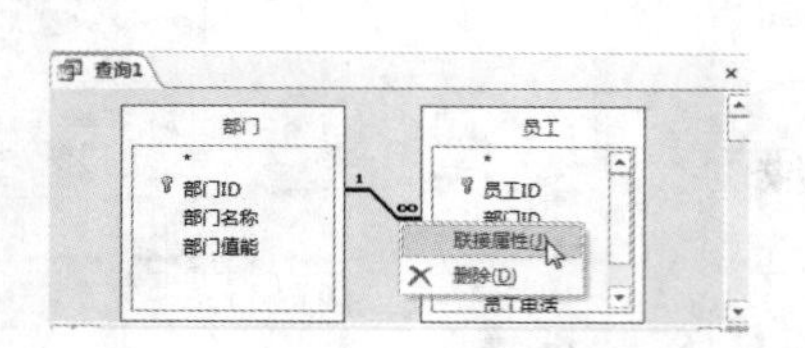

图 5-26　选择【联接属性】命令

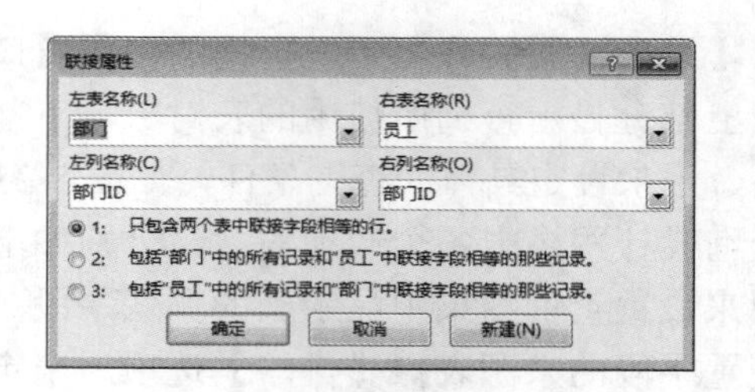

图 5-27　【联接属性】对话框

step 06 在查询设计网格中，单击【字段】选项右侧的下拉按钮，在弹出的下拉列表中选择【部门.部门 ID】选项，表示在查询结果中将显示“部门 ID”字段，如图 5-28 所示。

在窗口上方的表中，选中相应的字段后，双击可以将其添加到【字段】栏中。或者按住鼠标左键不放，直接将其拖动到【字段】栏。

step 07 此时【表】选项右侧的栏中会显示出该字段所在的表的名称，如图 5-29 所示。

若数据源表和字段较多，可以先单击【表】选项右侧的下拉按钮，在弹出的下拉列表中选择相应的表，此时【字段】选项的下拉列表中只会显示该表中的字段，选择相应的字段即可。

step 08 使用同样的方法，将“部门”表的“部门名称”字段和“员工”表中的“员工姓名”“员工电话”“员工职位”字段添加到【字段】栏中，如图 5-30 所示。

step 09 切换到【设计】选项卡，单击【结果】组中的【运行】按钮，运行该查询，如图 5-31 所示。

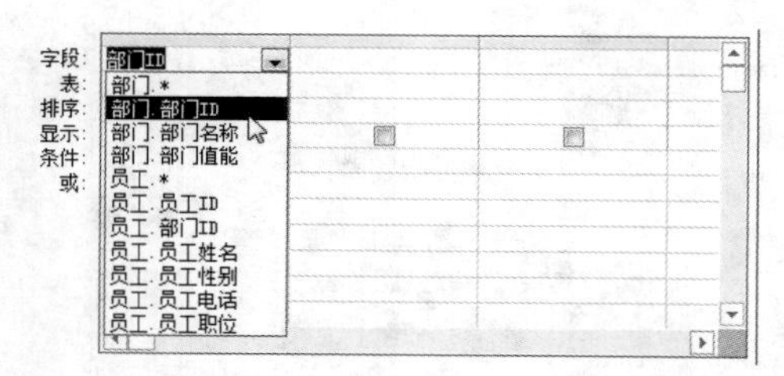

图 5-28　选择【部门.部门 ID】选项

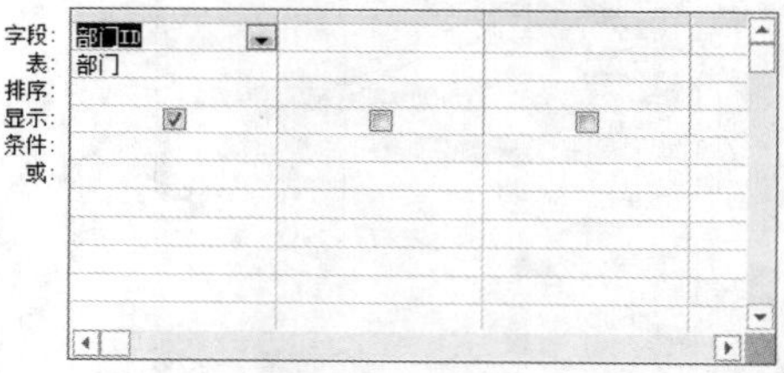

图 5-29　【表】选项

图 5-30　添加其他字段

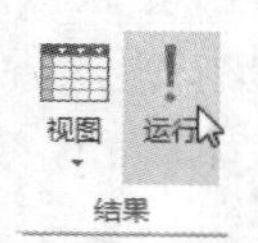

图 5-31　单击【结果】组中的【运行】按钮

step 10 切换到【数据表视图】界面，用户可以查看查询的结果，如图 5-32 所示。

step 11 单击快速访问工具栏上的【保存】按钮，弹出【另存为】对话框，在【查询名称】文本框中输入创建的查询的名称“部门员工信息”，然后单击【确定】按钮，保存创建的查询。至此，即完成使用设计视图创建查询的操作，如图 5-33 所示。

查询1

部门ID	部门名称	员工姓名	员工电话	员工职位
E1	设计部	李攀	138********	设计工程师
P1	人事部	张磊	136********	人事经理
P1	人事部	刘竹	158********	人事文员
P2	采购部	王鹏	132********	采购工程师
G1	财务部	张韵	189********	会计
S1	秘书室	赵小兰	155********	秘书
S2	销售部	钱生	158********	销售经理
S2	销售部	周梅	183********	销售
D1	品质部	吴菲	139********	品质工程师
M1	生产部	周川	134********	生产组长
G2	经理室	赵默	138********	总经理
S2	销售部	何琛	189********	销售

图 5-32　查看查询的结果

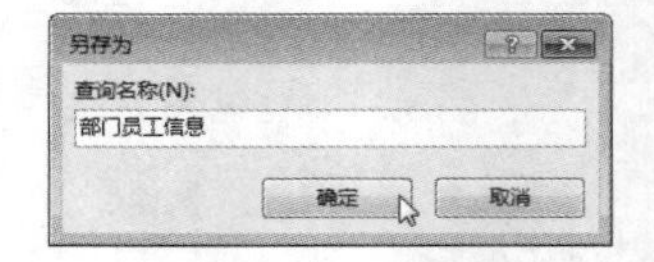

图 5-33　【另存为】对话框

5.2.6　查询及字段的属性设置

创建查询后，用户可以对查询和查询中字段的属性进行设置，包括更改查询的默认视图，设置查询的排序、筛选和记录是否锁定等。下面在“人事管理”数据库中，对“部门员工信息”查询的属性进行设置。具体操作步骤如下。

step 01 打开“人事管理”数据库，在导航窗格内选中“部门员工信息”查询，右击，在弹出的快捷菜单中选择【设计视图】命令，进入该查询的【设计视图】界面，如图 5-34 所示。

step 02 在【设计视图】界面中，切换到【设计】选项卡，单击【显示/隐藏】组中的【属性表】按钮，如图 5-35 所示。

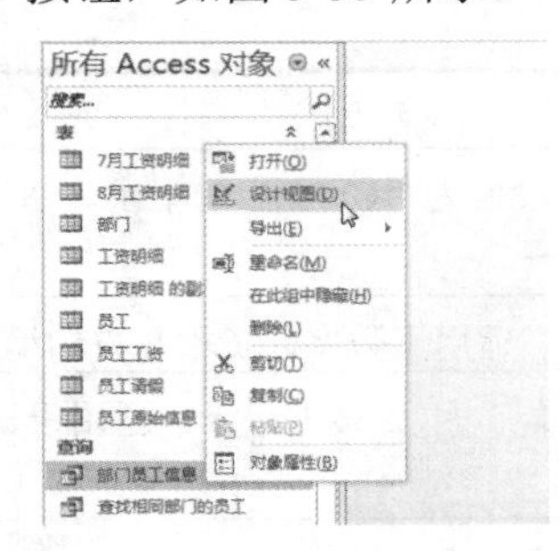

图 5-34　选择【设计视图】命令

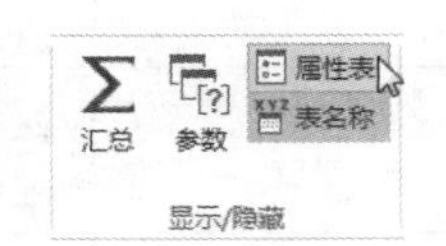

图 5-35　【显示/隐藏】组中的【属性表】按钮

step 03 此时在工作窗口右侧弹出【属性表】窗格，包括【常规】和【查阅】2 个选项卡。其中【所选内容的类型】显示为【字段属性】，表示用户可以对字段的属性进行设置，包括设置说明、格式、输入掩码等，如图 5-36 所示。

step 04 在查询设计网格中取消选中某个字段的【显示】复选框，此时在【属性表】窗格中【所选内容的类型】显示为“查询属性”，表示用户可以对查询的属性进行设置，包括设置说明、默认视图、是否输出所有字段等，如图 5-37 所示。

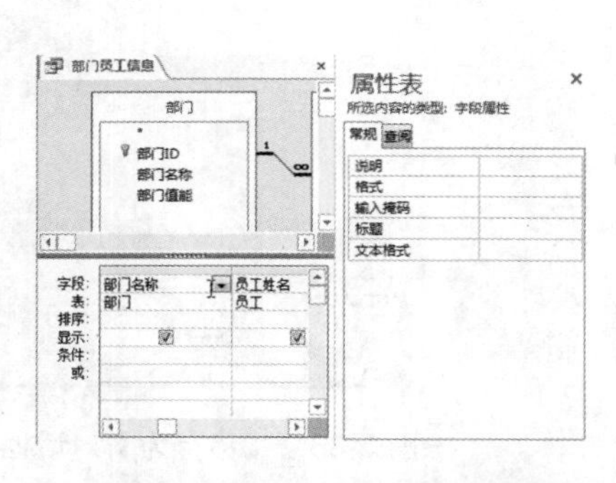

图 5-36　字段的【属性表】窗格

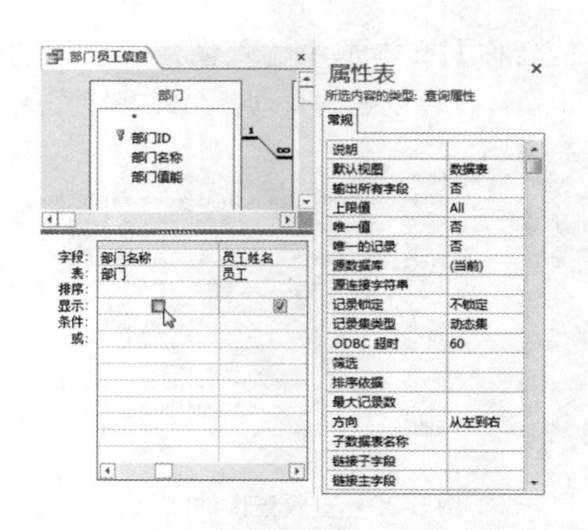

图 5-37　查询的【属性表】窗格

5.2.7　设置查询条件

查询条件类似于一种公式，它是由运算符、常量值、函数和特殊操作符等组成的表达式。以下几种运算符或操作符在设定查询条件时会经常使用，包括<、>、<=、>=、<>、Between、And、Not、Or、In、Is、Like 和 Between…And 等。其中 In 表示指定值属于列表中所列出的值，Like 表示查找相匹配的文字。

对于不同的字段数据类型，使用的查询条件也不同。表 5-1 是一些常用的查询条件，用户在使用时可以作为参考。

表 5-1　常用的查询条件示例

查询条件	说　明
“China”	完全匹配一个值，返回字段值为“China”的记录。适用于文本类型的字段
100	返回字段值为 100 的记录。适用于数字、货币和自动编号类型的字段
#2/2/2015#	返回日期字段值在 2015 年 2 月 2 日的记录。适用于日期/时间类型的字段
Not “China”	完全不匹配一个值，返回字段为“China”以外的记录
Like U*	返回名称以“U”开头的记录
Not Like U*	返回名称以“U”以外开头的字符的记录
Like “*Korea*”	返回包含字符串“Korea”的所有记录
Like “*ina”	返回名称以“ina”结尾的所有记录
Is Null	返回字段中没有值的记录
Is Not Null	返回字段中有值(不是空值)的记录
>=100	返回字段值大于或者等于 100 的记录
>#2/2/2015#	返回日期字段值在 2015 年 2 月 2 日以后的记录
Between 50 and 100	>50 and <100，返回字段值介于 50 和 100 之间的记录

续表

查询条件	说　明
Like "[A-D]*"	在指定范围内，返回名称以字母"A"到"D"开头的记录
"USA" Or "UK"	匹配两个值中的任一值，返回对应 USA 或 UK 的记录
In(10，20，30)	包含值列表中的任一值，返回字段值为 10、20 或 30 的所有记录
Right([CountryRegion], 1) = "y"	返回最后一个字母为"y"的所有的记录
Len([CountryRegion]) > 10	返回名称长度大于 10 个字符的记录
Like "Chi??"	返回名称为五个字符的长度，并且前三个字符为"Chi"的记录
Date()	返回日期字段值为当天的记录
Date()-1	返回日期字段值为前一天的记录

不同数据类型的字段，查询条件的用法大致相同。对于字符串类型，即文本类型的字段值，需要在两边用英文的双引号""括起来，而对于日期/时间类型的字段值，在日期值两边括以#字符。

下面在"人事管理"数据库中，对"部门员工信息"查询设置查询条件，查询"部门名称"为"人事部"，并且"员工职位"为"人事经理"的员工信息。具体操作步骤如下。

step 01 打开"人事管理"数据库，在左侧导航窗格内选定"部门员工信息"查询，右击，在弹出的快捷菜单中选择【设计视图】命令。进入该查询的【设计视图】界面。

step 02 在查询设计网格中，将光标定位在"部门名称"字段所在列与【条件】所在栏的交叉单元格中，输入查询条件"人事部"，在"员工职位"字段对应的【条件】栏中输入"人事经理"，如图 5-38 所示。

以上设定的各个查询条件之间是"And"的关系，查询结果需要同时满足各个查询条件。

step 03 单击状态栏的【数据表视图】按钮，切换到【数据表视图】界面。用户可以查看"部门名称"为"人事部"，"员工职位"为"人事经理"的员工信息，如图 5-39 所示。

字段:	部门ID	部门名称	员工姓名	员工电话	员工职位
表:	部门	部门	员工	员工	员工
排序:					
显示:	☑	☑	☑	☑	☑
条件:		"人事部"			"人事经理"
或:					

图 5-38　设置查询条件

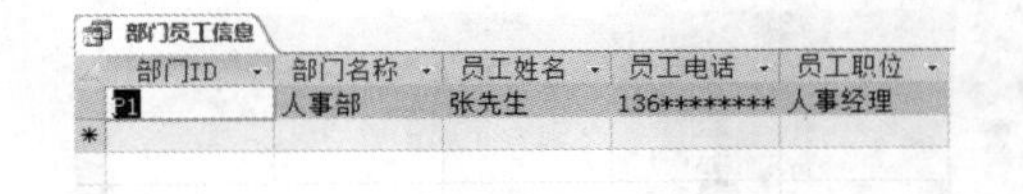

图 5-39　查询结果

如果在【查询条件】选项和【或】选项中都输入查询条件，这时各个查询条件之间是"Or"的关系，查询结果只满足其中一个查询条件即可。

5.3　创建操作查询

操作查询是仅在一个操作中更改或移动多条记录的查询。一个数据库系统经常需要进行各种数据操作，使用操作查询可以方便快速地对数据库中的数据进行添加、更新和删除等操作。

操作查询共有以下 4 种类型。

- 生成表查询。根据其他数据表中存储的数据创建一个新的数据表。
- 更新查询。更改一个或多个数据表中的一组记录。
- 追加查询。检索一个或多个数据表中的数据，将这些数据追加到其他的数据表中。
- 删除查询。删除一个或多个数据表中的一组记录。

5.3.1　生成表查询

生成表查询是从一个或多个表中检索出数据，然后将结果生成到一个新表中。并且用户可以选择是在当前数据库中生成这个新表，还是在其他数据库中生成。

当用户经常需要从多个表中提取数据时，会花费大量时间，对大型数据存储进行查询时尤其如此，而利用生成表查询可以很好地解决这一问题。用户可以将经常需要的数据加载到一个新表中，当以后需要查询这些数据时，可以直接打开新表进行访问。

下面在“人事管理”数据库中，将“员工”表和“工资明细”表中的某些记录生成到一个新表中。具体操作步骤如下。

step 01 打开“人事管理”数据库，切换到【创建】选项卡，单击【查询】组中的【查询设计】按钮。

step 02 弹出【显示表】对话框，在【表】选项卡中，按住 Ctrl 键不放，分别选择“工资明细”表和“员工”表作为数据源表，单击【添加】按钮，如图 5-40 所示。

step 03 添加完成后，单击【关闭】按钮，进入【设计视图】界面。可以看到，这两个表已成功添加到工作窗口中，如图 5-41 所示。

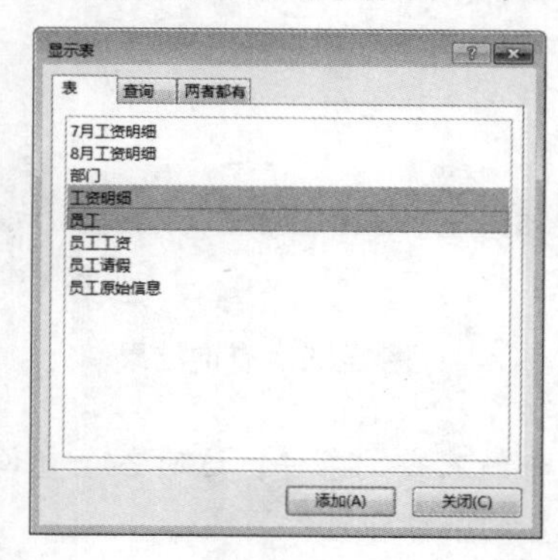

图 5-40　【显示表】对话框

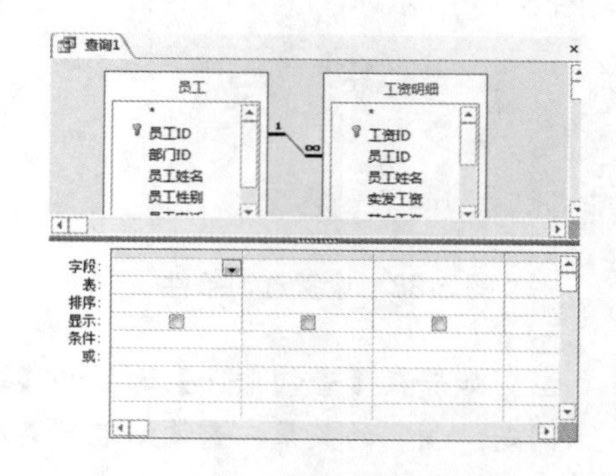

图 5-41　【设计视图】界面

step 04 切换到【设计】选项卡，单击【查询类型】组中的【生成表】按钮，如图 5-42 所示。

或者将光标定位在工作窗口的空白处，右击，在弹出的快捷菜单中选择【查询类型】|【生成表查询】命令，如图 5-43 所示。

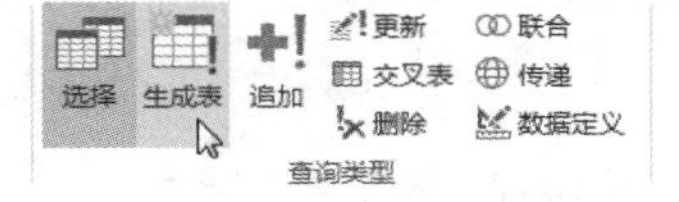

图 5-42　单击【查询类型】组中的【生成表】按钮

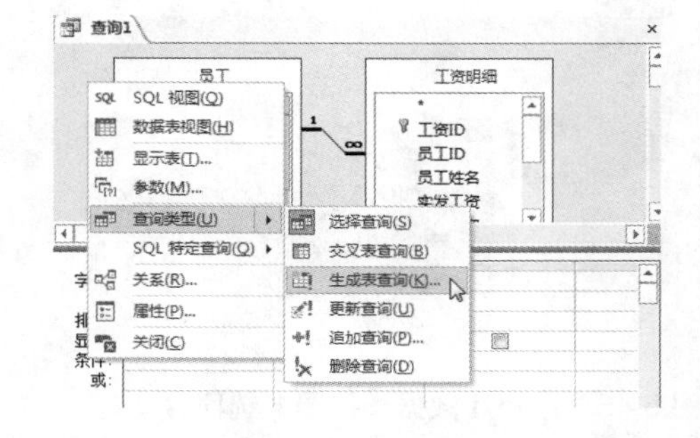

图 5-43　选择【生成表查询】命令

step 05 弹出【生成表】对话框，在【表名称】下拉列表框中输入生成的新表的名称“员工工资”，单击【确定】按钮，如图 5-44 所示。

在【生成表】对话框中，有【当前数据库】和【另一数据库】两个选项，第 1 项为系统默认选项，表示将生成的新表保存在当前的数据库中，第 2 项表示将生成的新表保存在其他数据库中。

step 06 返回到工作窗口，在下方的查询设计网格中，将“工资明细”表的“工资 ID”“实发工资”“发薪月份”3 个字段和“员工”表的“员工姓名”“员工职位”两个字段添加到【字段】栏中，如图 5-45 所示。

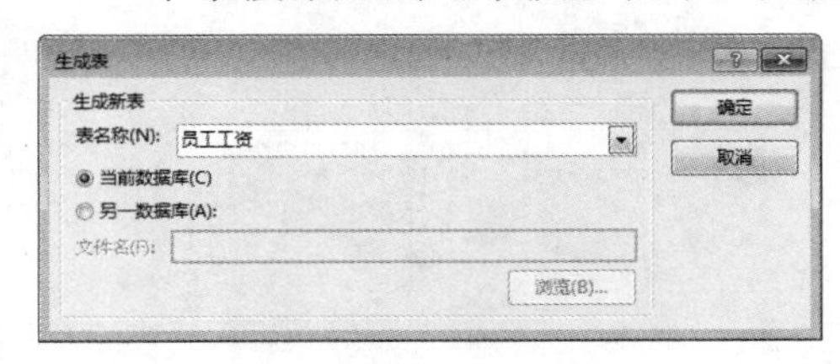

图 5-44　【生成表】对话框

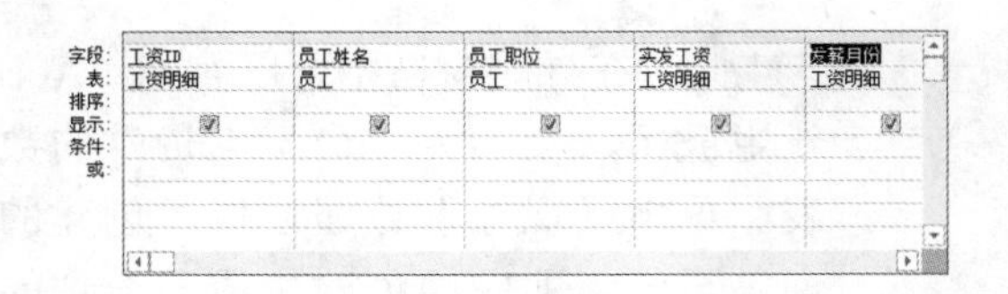

图 5-45　添加字段

step 07 设置完成后，切换到【设计】选项卡，单击【结果】组中的【视图】按钮下方的下拉按钮，在弹出的下拉列表中选择【数据表视图】选项，切换到【数据表视图】界面，如图 5-46 所示。

直接单击【结果】组中的【视图】按钮，也可以切换到【数据表视图】界面，或者通过状态栏进行切换，详情请参考 4.6.3 小节介绍的方法，这里不再赘述。

step 08 在【数据表视图】界面中，用户可以预览查询的结果，如图 5-47 所示。

step 09 预览后，单击状态栏的【设计视图】按钮，返回到【设计视图】界面中。切换到【设计】选项卡，单击【结果】组中的【运行】按钮，如图 5-48 所示。

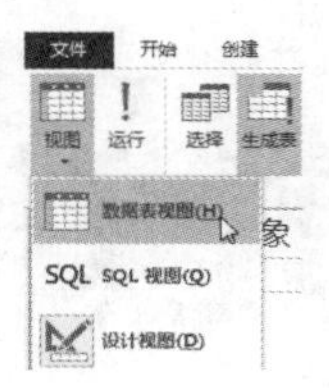

图 5-46　选择【数据表视图】选项

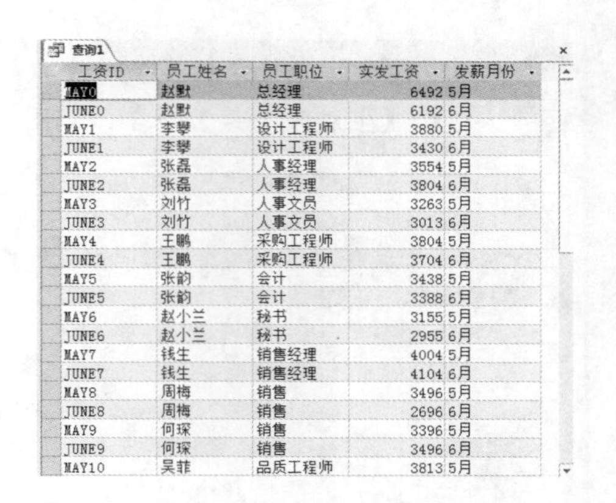

工资ID	员工姓名	员工职位	实发工资	发薪月份
MAY0	赵默	总经理	6492	5月
JUNE0	赵默	总经理	6192	6月
MAY1	李攀	设计工程师	3880	5月
JUNE1	李攀	设计工程师	3430	6月
MAY2	张磊	人事经理	3554	5月
JUNE2	张磊	人事经理	3804	6月
MAY3	刘竹	人事文员	3263	5月
JUNE3	刘竹	人事文员	3013	6月
MAY4	王鹏	采购工程师	3804	5月
JUNE4	王鹏	采购工程师	3704	6月
MAY5	张韵	会计	3438	5月
JUNE5	张韵	会计	3388	6月
MAY6	赵小兰	秘书	3155	5月
JUNE6	赵小兰	秘书	2955	6月
MAY7	钱生	销售经理	4004	5月
JUNE7	钱生	销售经理	4104	6月
MAY8	周梅	销售	3496	5月
JUNE8	周梅	销售	2696	6月
MAY9	何琛	销售	3396	5月
JUNE9	何琛	销售	3496	6月
MAY10	吴菲	品质工程师	3813	5月

图 5-47　预览查询结果

若单击【结果】组中的【视图】按钮，用户可以预览查询的结果，如果对查询结果不满意，可以返回到查询的【设计视图】界面，对查询进行修改。单击【运行】按钮，系统会直接执行查询，执行后数据将无法修改。

step 10 弹出 Microsoft Access 对话框，提示是否确定要用选中的记录创建新表，单击【是】按钮，如图 5-49 所示。

图 5-48　单击【结果】组中的【运行】按钮

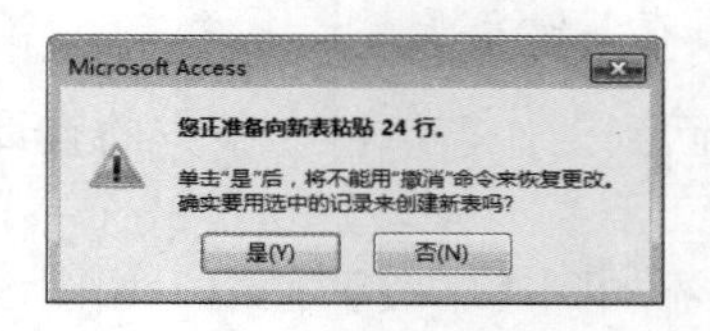

图 5-49　Microsoft Access 对话框

step 11 此时在导航窗格中可以看到，Access 新生成了一个名为“员工工资”的数据表。单击【保存】按钮，保存创建的查询。至此，即完成创建生成表查询的操作，如图 5-50 所示。

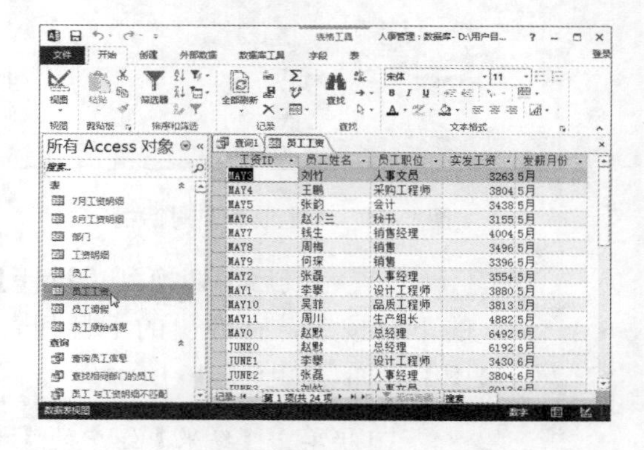

图 5-50　新生成的“员工工资”表

以上是基于两个表生成新表。使用同样的方法，用户还可以基于单表来生成新表。在基于多表生成新表时，表与表之间，必须保证建立了表关系，若没有建立关系，则新表中将会出现多条重复记录。注意新生成的表与其数据源表之间并没有任何关系或连接。

5.3.2　更新查询

更新查询可以对一个或多个数据表中的数据进行有规律的、批量的更新或修改。当数据库中只有一条或几条记录需要修改时，用户可以手动地逐条查找然后修改。但是当有大量数据要修改时，就需要使用更新查询来进行批量的修改。

下面在“人事管理”数据库中，将“员工”表中“员工职位”为“销售”的记录更新为“销售经理”。具体操作步骤如下。

step 01 打开“人事管理”数据库，切换到【创建】选项卡，单击【查询】组中的【查询设计】按钮。

step 02 弹出【显示表】对话框，在【表】选项卡中，选择“员工”表作为数据源表，单击【添加】按钮，如图 5-51 所示。

step 03 添加完成后，单击【关闭】按钮，进入【设计视图】界面，“员工”表已成功添加到工作窗口中，如图 5-52 所示。

图 5-51 【显示表】对话框

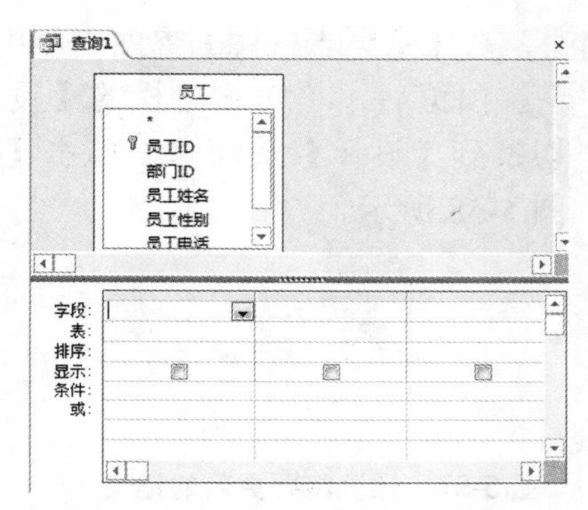

图 5-52 【设计视图】界面

step 04 切换到【设计】选项卡，单击【查询类型】组中的【更新】按钮，如图 5-53 所示。

step 05 进入更新查询的工作窗口。可以看到，更新查询的查询设计网格包括【字段】、【表】、【更新到】、【条件】和【或】5 个选项，如图 5-54 所示。

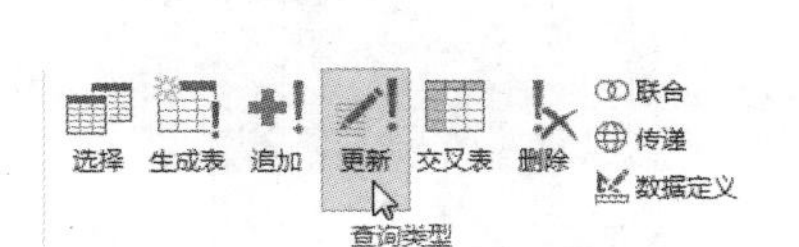

图 5-53 单击【查询类型】组中的【更新】按钮

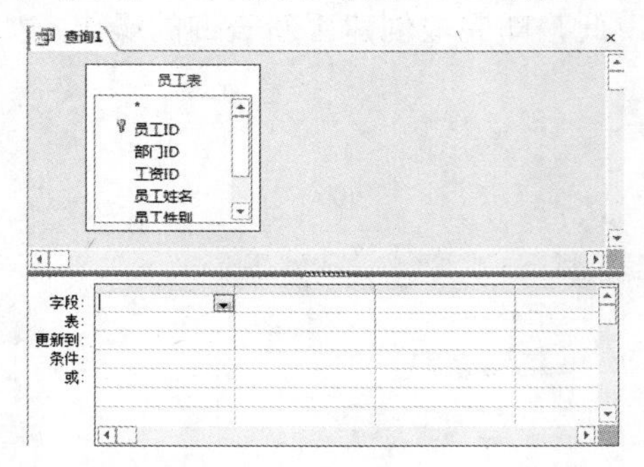

图 5-54 更新查询的工作窗口

step 06 将“员工职位”字段添加到【字段】栏中，在对应的【更新到】栏中输入“销售经理”，【条件】栏中输入“销售”，表示查询“员工职位”为“销售”的记录，并将该记录更新为“销售经理”，如图 5-55 所示。

设置查询条件时，注意文本型字段值需要用英文状态下的双引号“”括起来。

step 07 设置完成后，切换到【设计】选项卡，单击【结果】组中的【视图】按钮，切换到【数据表视图】界面，如图 5-56 所示。

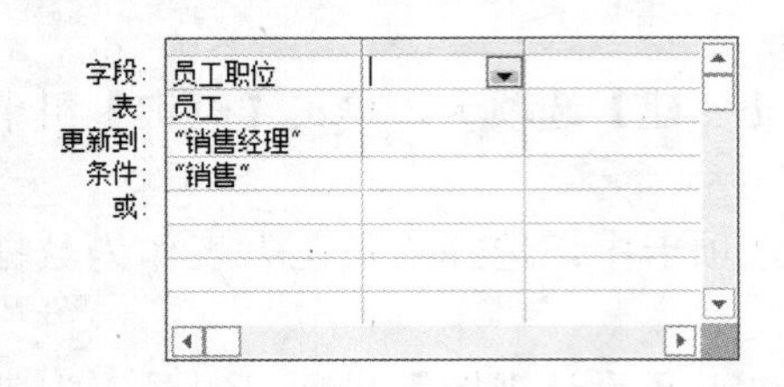

图 5-55　设置字段和条件

图 5-56　单击【结果】组中的【视图】按钮

step 08 在【数据表视图】界面中，用户可以预览将要更新的记录，如图 5-57 所示。

step 09 预览后，单击状态栏的【设计视图】按钮，返回到【设计视图】界面中。切换到【设计】选项卡，单击【结果】组中的【运行】按钮，执行更新查询，如图 5-58 所示。

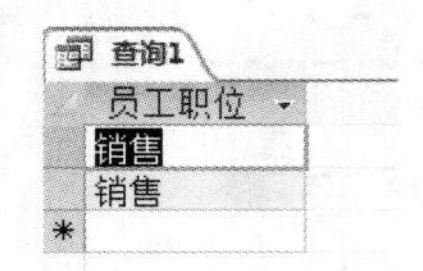

图 5-57　预览将要更新的记录

图 5-58　单击【结果】组中的【运行】按钮

step 10 弹出 Microsoft Access 对话框，提示“员工职位”为“销售”的记录有 2 行，是否确定要更新这些记录，单击【是】按钮，如图 5-59 所示。

step 11 此时在导航窗格中双击打开“员工”表，可以看到 2 条“员工职位”为“销售”的记录已被更新为“销售经理”。单击【保存】按钮，保存创建的查询。至此，即完成创建更新查询的操作，如图 5-60 所示。

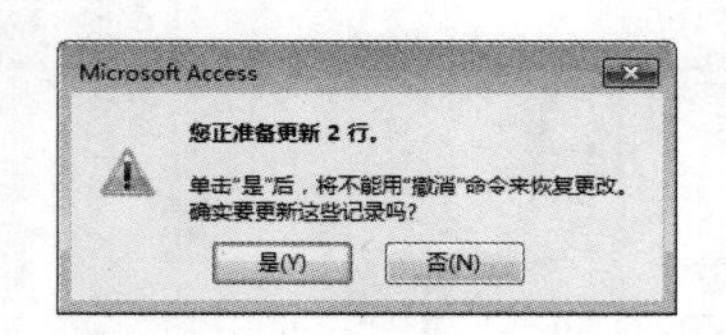

图 5-59　Microsoft Access 对话框

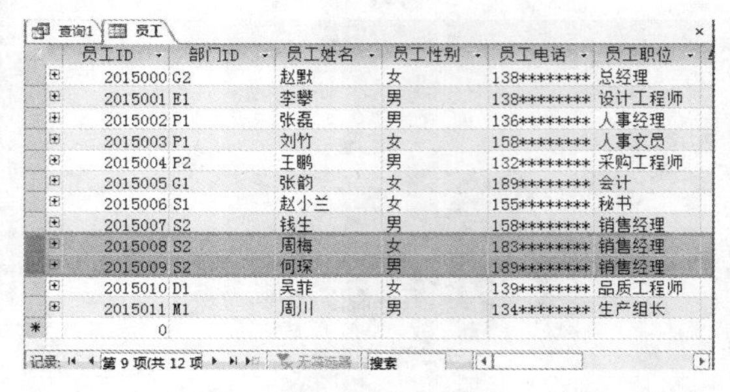

员工ID	部门ID	员工姓名	员工性别	员工电话	员工职位
2015000	G2	赵默	女	138********	总经理
2015001	E1	李攀	男	138********	设计工程师
2015002	P1	张磊	男	136********	人事经理
2015003	P1	刘竹	女	158********	人事文员
2015004	P2	王鹏	男	132********	采购工程师
2015005	G1	张韵	女	189********	会计
2015006	S1	赵小兰	女	155********	秘书
2015007	S2	钱生	男	158********	销售经理
2015008	S2	周梅	女	183********	销售经理
2015009	S2	何琛	男	189********	销售经理
2015010	D1	吴菲	女	139********	品质工程师
2015011	M1	周川	男	134********	生产组长
0					

记录: 第 9 项(共 12 项 搜索

图 5-60　更新后的“员工”表

提示　执行更新操作后，即使按 Ctrl+Z 组合键撤销更新操作，“员工”表的记录也是无法恢复的。

以上是从单表中创建更新查询来更改记录，若是对多个表中的数据进行更改，需要注意多个表是否与其他表建立了表关系，如果建立了表关系，并且选择了“实施参照完整性”和“级联更新相关字段”，注意更新关系“一方”数据的同时，关系“多方”的数据也会自动更新。

5.3.3 追加查询

追加查询是将一组记录从一个或多个数据源表或查询中添加到一个或多个目标表的末尾。通常情况下，数据源表和目标表位于同一数据库中，但也可以位于不同的数据库中。

下面在“人事管理”数据库中，将“7 月工资明细”表中“实发工资”大于 4000 的数据追加到“8 月工资明细”表中。具体操作步骤如下。

step 01 打开“人事管理”数据库，切换到【创建】选项卡，单击【查询】组中的【查询设计】按钮。

step 02 弹出【显示表】对话框，在【表】选项卡中，选择“7 月工资明细”表作为数据源表，单击【添加】按钮，如图 5-61 所示。

step 03 添加完成后，单击【关闭】按钮，进入【设计视图】界面。切换到【设计】选项卡，单击【查询类型】组中的【追加】按钮，如图 5-62 所示。

图 5-61 【显示表】对话框

图 5-62 单击【查询类型】组的【追加】按钮

step 04 弹出【追加】对话框，单击【表名称】下拉列表框右侧的下拉按钮，在弹出的下拉列表中选择【8 月工资明细】选项，表示将数据追加到“8 月工资明细”表中，然后单击【确定】按钮，如图 5-63 所示。

step 05 进入追加查询的工作窗口。可以看到，追加查询的查询设计网格包括【字段】、【表】、【排序】、【追加到】、【条件】和【或】6 个选项，如图 5-64 所示。

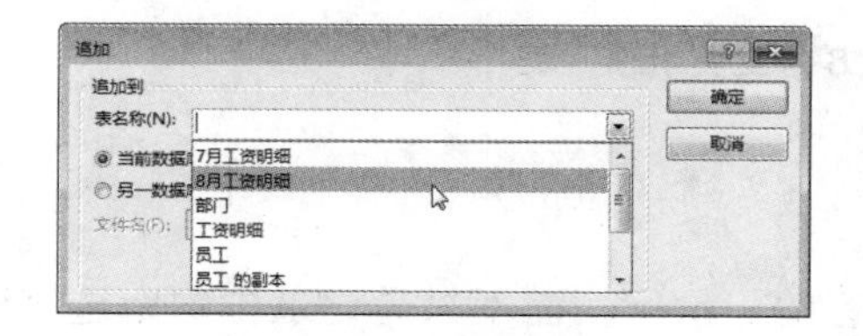

图 5-63 【追加】对话框

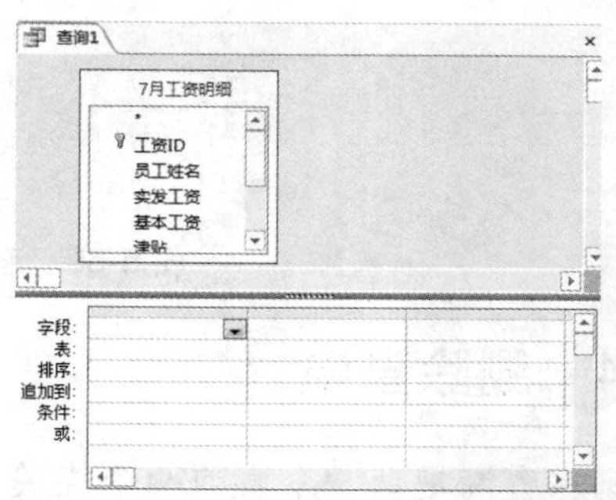

图 5-64 追加查询的工作窗口

step 06 将“工资 ID”字段添加到【字段】栏中，此时【追加到】栏会自动显示出“8 月工资明细”表中相对应的字段，如图 5-65 所示。

step 07 将“7 月工资明细”表中剩余的其他字段都添加到【字段】栏中。然后在“实发工资”字段所在列对应的【条件】栏中输入查询条件“>4000”，如图 5-66 所示。

字段:	工资ID
表:	7月工资明细
排序:	
追加到:	工资ID
条件:	
或:	

图 5-65　添加“工资 ID”字段

字段:	工资ID	员工姓名	实发工资	基本工资	津贴	加班费	缺勤扣薪	保险费	发薪日期
表:	7月工资明细	7月工资明细	7月工资明细	7月工资明细	7月工资明细	7月工资明细	7月工资明细	7月工资明细	7月工资明细
排序:									
追加到:	工资ID	员工姓名	实发工资	基本工资	津贴	加班费	缺勤扣薪	保险费	发薪日期
条件:			>4000						
或:									

图 5-66　添加其余字段和设置查询条件

step 08 切换到【设计】选项卡，单击【结果】组中的【视图】按钮，切换到【数据表视图】界面，预览将要追加的记录。用户可以看到，共有 3 条实发工资大于 4000 的记录，如图 5-67 所示。

step 09 预览后，单击状态栏的【设计视图】按钮，返回到【设计视图】界面。切换到【设计】选项卡，单击【结果】组中的【运行】按钮，执行追加查询。弹出 Microsoft Access 对话框，提示是否确定要追加这些记录，单击【是】按钮，如图 5-68 所示。

查询1

工资ID	员工姓名	实发工资	基本工资	津贴
JUL2	张磊	4154	3500	500
JUL11	周川	4582	4000	620
JUL0	赵默	6492	6000	1000
*		0	0	0

图 5-67　预览将要追加的记录

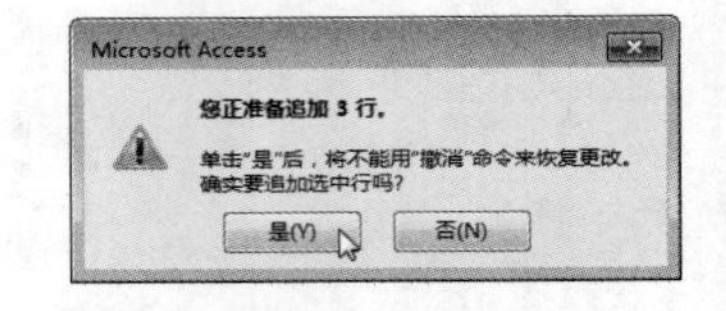

图 5-68　Microsoft Access 对话框

step 10 此时在导航窗格双击打开“8 月工资明细”表，可以看到已经添加了 3 条记录。单击【保存】按钮，保存创建的查询。至此，即完成创建追加查询的操作，如图 5-69 所示。

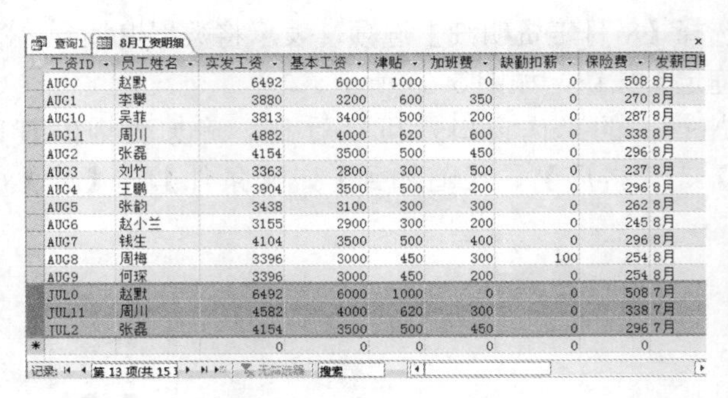

工资ID	员工姓名	实发工资	基本工资	津贴	加班费	缺勤扣薪	保险费	发薪日期
AUG0	赵默	6492	6000	1000	0	0	508	8月
AUG1	李攀	3880	3200	600	350	0	270	8月
AUG10	吴菲	3813	3400	500	200	0	287	8月
AUG11	周川	4882	4000	620	600	0	338	8月
AUG2	张磊	4154	3500	500	450	0	296	8月
AUG3	刘竹	3363	2800	300	500	0	237	8月
AUG4	王鹏	3904	3500	500	200	0	296	8月
AUG5	张韵	3438	3100	300	300	0	262	8月
AUG6	赵小兰	3155	2900	300	200	0	245	8月
AUG7	钱生	4104	3500	500	400	0	296	8月
AUG8	周梅	3396	3000	450	300	100	254	8月
AUG9	何琛	3396	3000	450	200	0	254	8月
JUL0	赵默	6492	6000	1000	0	0	508	7月
JUL11	周川	4582	4000	620	300	0	338	7月
JUL2	张磊	4154	3500	500	450	0	296	7月
*		0	0	0	0	0	0	

图 5-69　追加记录后的“8 月工资明细”表

5.3.4　删除查询

删除查询是从一个表或两个相关表中删除所有的记录行，而不只是记录中的所选字段。注意在创建删除查询时，应该指定相应的删除条件，否则系统将会删除数据表中的全部数据。

下面在“人事管理”数据库中，将“员工”表中的“员工性别”为“男”的记录删除。注意在执行操作前，用户需要先删除“员工”表和其他表的表关系，以免误删其他表中的数据。另外，删除后的数据是无法恢复的，因此操作前用户最好先将“员工”表进行备份。具体操作步骤如下。

step 01 打开“人事管理”数据库，切换到【创建】选项卡，单击【查询】组中的【查询设计】按钮。

step 02 弹出【显示表】对话框，在【表】选项卡中，选择“员工”表作为数据源表，单击【添加】按钮，如图 5-70 所示。

step 03 添加完成后，单击【关闭】按钮，进入【设计视图】界面。切换到【设计】选项卡，单击【查询类型】组中的【删除】按钮，如图 5-71 所示。

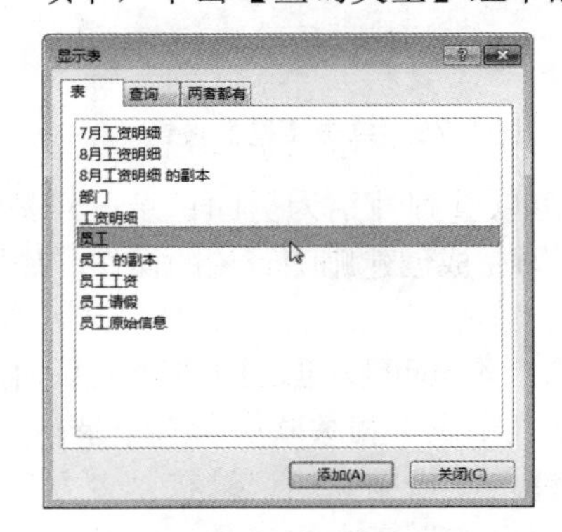

图 5-70 【显示表】对话框

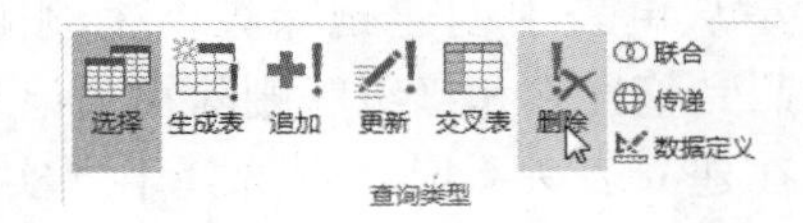

图 5-71 单击【查询类型】组中的【删除】按钮

step 04 进入删除查询的工作窗口。可以看到，删除查询的查询设计网格包括【字段】、【表】、【删除】、【条件】和【或】5 个选项，如图 5-72 所示。

step 05 将“员工性别”字段添加到【字段】栏中，在对应的【条件】栏中输入查询条件“男”。然后将“员工.*”添加到【字段】栏中，如图 5-73 所示。

“员工.*”表示“员工”表的所有字段。

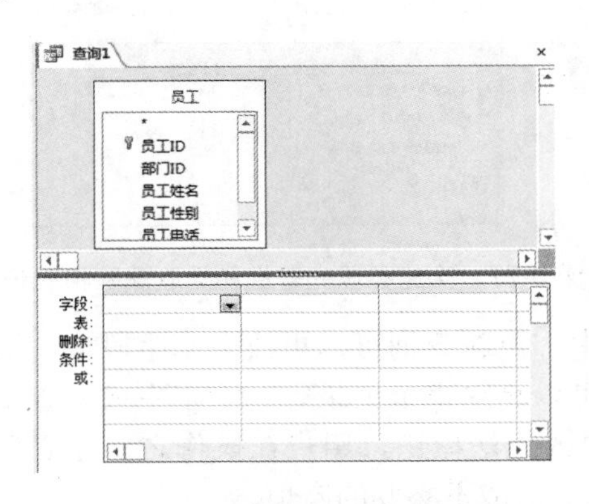

图 5-72 删除查询的工作窗口

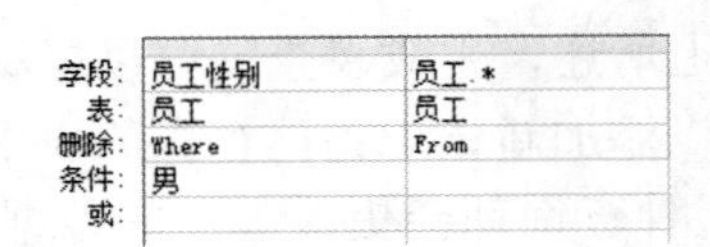

字段:	员工性别	员工.*
表:	员工	员工
删除:	Where	From
条件:	男	
或:		

图 5-73 添加字段和设置查询条件

step 06 切换到【设计】选项卡，单击【结果】组中的【视图】按钮，切换到【数据表视图】界面，预览将要删除的记录。用户可以看到，共有 6 条员工性别为“男”的记录，如图 5-74 所示。

step 07 预览后，单击状态栏的【设计视图】按钮，返回到【设计视图】界面。切换到【设计】选项卡，单击【结果】组中的【运行】按钮，执行删除查询。弹出 Microsoft Access 对话框，提示是否确定要删除这些记录，单击【是】按钮，如图 5-75 所示。

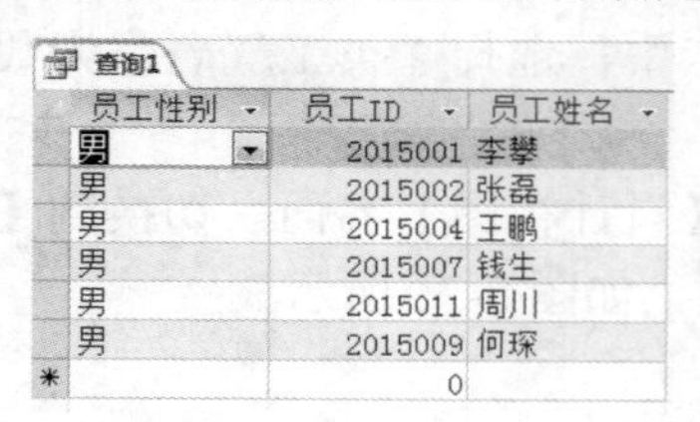

员工性别	员工ID	员工姓名
男	2015001	李攀
男	2015002	张磊
男	2015004	王鹏
男	2015007	钱生
男	2015011	周川
男	2015009	何琛
*	0	

图 5-74　查看记录

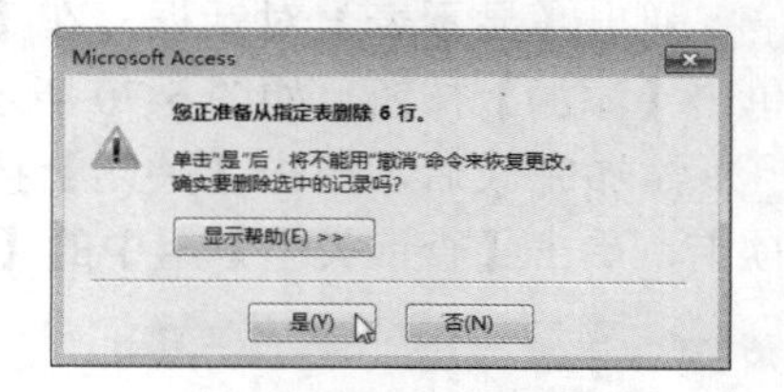

图 5-75　单击【是】按钮

step 08 此时在导航窗格双击打开“员工”表，可以看到性别为男的记录已经被删除。单击【保存】按钮，保存创建的查询。至此，即完成创建删除查询的操作，如图 5-76 所示。

以上是从单表中创建删除查询来删除记录，删除查询还可以通过创建表关系时设置的“实施参照完整性”和“级联删除相关记录”，来删除几个表中相关联的所有记录。

如果在建立表关系时，仅选择了“实施参照完整性”，当删除的记录在“多方”的表中存在与“一方”表中相匹配的记录时，这时允许删除“多方”表中的记录，但禁止删除“一方”表中的记录，因为这将违反参照完整性规则。例如“员工”表与“员工请假”表之间存在一对多表关系且选择了“实施参照完整性”，将禁止删除“员工”表的记录。

如果在建立表关系时，选择了“实施参照完整性”和“级联删除相关记录”，则允许删除“员工”表的记录，如图 5-77 所示。注意在删除“员工”表的记录时，同时也删除了“员工请假”表中相匹配的记录，而且删除后数据无法恢复。

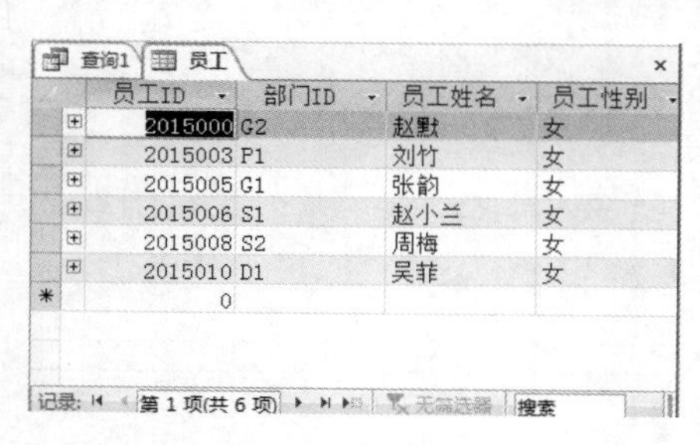

员工ID	部门ID	员工姓名	员工性别
2015000	G2	赵默	女
2015003	P1	刘竹	女
2015005	G1	张韵	女
2015006	S1	赵小兰	女
2015008	S2	周梅	女
2015010	D1	吴菲	女
0			

图 5-76　删除记录后的“员工”表

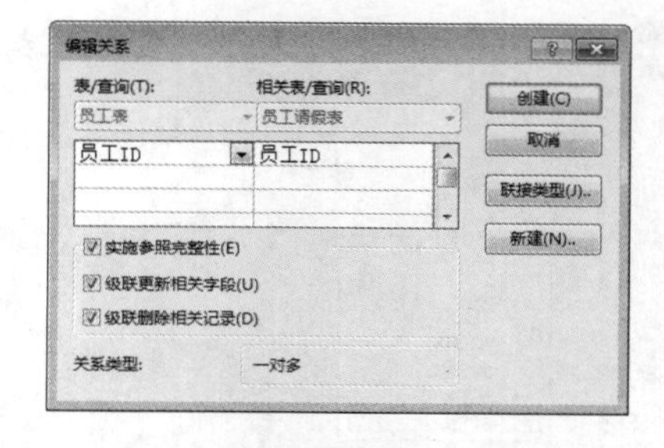

图 5-77　实施参照完整性和级联删除相关记录

综上所述，生成表查询可以复制数据到新表中，更新查询可以更改个别字段值，而追加查询可以添加新记录到已存在的表中，删除查询可以删除整个记录行。除了生成表查询外，其他 3 种查询都会更改表中的数据，而且这些更改无法撤销，用户在操作之前务必确认清楚，或者可以将数据进行备份，以免数据无法恢复而造成不必要的麻烦。

5.4 SQL 特定查询

SQL 即结构化查询语言(Structured Query Language)，是关系数据库的标准查询语言。Access 能够使用 SQL 的数据定义、数据查询和数据操纵功能。

在前几节中，利用查询向导和设计视图创建查询时，Access 会自动在后台生成等效的 SQL 语句。即任何一个查询都对应着一个 SQL 语句。查询创建完成后，可以通过 SQL 视图查看对应的 SQL 语句。例如，在 5.3.4 小节中，创建删除查询后，如图 5-78 所示，单击状态栏的【SQL 视图】按钮，切换到【SQL 视图】界面，用户即可以查看对应的删除查询的 SQL 语句，如图 5-79 所示。当然，用户也可以在 SQL 视图中直接编写 SQL 语句来实现这些查询功能。

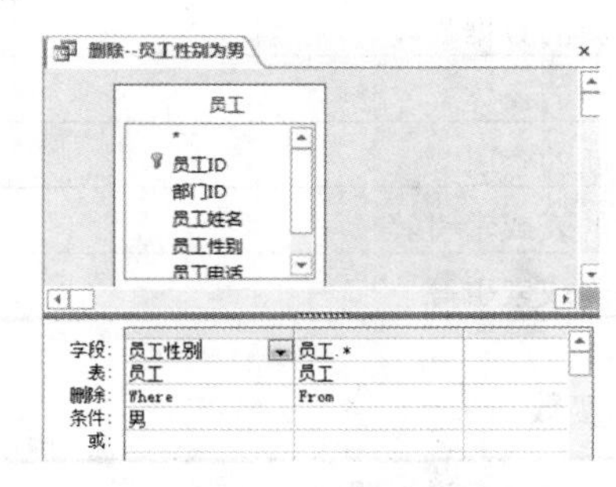

图 5-78 删除查询

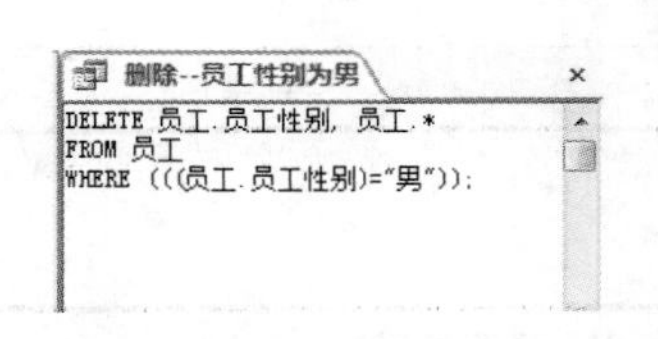

图 5-79 删除查询的 SQL 语句

另外，Access 中有 3 种不能利用查询向导和设计视图创建的查询，创建这 3 种查询需要在 SQL 视图中直接输入相应的 SQL 语句，这 3 种查询称为 SQL 特定查询。

- 联合查询：将一个或多个表、一个或多个查询的字段结合为一个记录集。
- 传递查询：用 ODBC(开放式数据库互联)数据库的 SQL 语法将 SQL 命令直接传递到 ODBC 数据库进行执行处理，然后将结果传递回 Access。
- 数据定义查询：直接创建、修改或删除数据表，或者在数据表中创建或删除索引。

5.4.1 SQL 概述

SQL 语言是一种通用的、功能强大的数据库查询和程序设计语言，用于存取数据以及查询、更新和管理数据库系统。SQL 语言作为关系数据库的标准查询语言，具有以下主要特点。

- SQL 语言是一种一体化语言，提供完整的数据定义、数据查询、数据操纵和数据控制等功能。
- SQL 语言具有完整的查询功能。
- SQL 语言结构简洁，易学易用。
- SQL 语言是一种高度非过程化的语言。
- SQL 语言的执行方式多样。

- 不仅能对数据表进行各种操作，还能对视图进行操作。

如果用户想要真正学透 SQL 语言，可以查阅专门的 SQL 书籍，本节只是简单介绍 SQL 的一些基础知识。表 5-2 列出了 SQL 的常用语句，表 5-3 列出了 SQL 的常用函数，用户可作为参考。

表 5-2　SQL 的常用语句

常用语句	说　明
Select 语句	从数据表中检索记录
Insert 语句	向数据表中添加记录
Delete 语句	从数据表中删除记录
Update 语句	更新数据表中的记录
Create Table 语句	创建一个新的数据表
Create Form 语句	创建一个新的窗体
Create Index 语句	创建一个新的索引
Drop 语句	删除创建的表或索引等
Alter 语句	修改数据表或索引等

表 5-3　SQL 的常用函数

常用函数	说　明
Count(*)	计算个数
Sum	计算数值型数据的总和
Avg	计算数值型数据的平均值
Max	筛选出数据的最大值
Min	筛选出数据的最小值
Stdev	计算标准差
Var	计算方差
Abs	计算数值型数据的绝对值
COS、SIN	计算三角函数值(余弦、正弦)
Exp	返回以给定的参数为指数，以 e 为底数的幂值
LCase、UCase	将字符串全部转换为小写或大写

SQL 语言对大小写没有特殊限制，不管在 SQL 语句中出现的是“Select”还是“SELECT”，意义都是一样的。

在使用 SQL 语句时，用户应先熟悉 SQL 的语法格式。下面通过介绍经常使用的 Select 语句和 Insert 语句，对 SQL 的语法格式进行基本的了解。

1. Select 语句

Select 语句是根据相应的条件从数据表中检索出记录。基本的语法结构如下：

```
SELECT[字段1,字段2,…]…FROM [表1,表2…]
```

```
[WHERE<条件表达式>]
[GROUP BY<列名1>]
[ORDER BY<列名2>]
```

其中，SELECT 后面的字段列表决定要选择显示哪些字段，FROM 后面的表名决定要从哪些表中进行查询，WHERE 后面表示查询的条件，GROUP BY 后的字段列表决定是否对数据分组，按什么字段分组，ORDER BY 后的字段列表决定数据是否要排序，按哪些字段，如何排序。

例如，查找出“员工”表中部门 ID 为 S2 的员工姓名和员工电话等信息。使用以下 Select 语句可以实现：

```
SELECT 员工姓名,员工电话,员工职位 FROM 员工表 WHERE (部门ID="S2")
```

例如，查找出“员工”表中所有员工信息，需要使用通配符*：

```
SELECT * FROM 员工表
```

2. Insert 语句

Insert 语句是向数据表中追加新的数据记录。基本的语法结构如下：

```
INSERT INTO 表名(字段1,字段2,…) VALUES (值1,值2,…)
```

其中，INSERT INTO 后面的表名决定要插入记录的表的名称，字段列表决定要将数据追加到哪些字段，VALUES 后面的值列表表示要插入的新记录，注意新记录中每个值都会插入到与之对应的字段中。

例如，向“员工”表中插入一条员工 ID 为 2015011，部门 ID 为 E1，员工姓名为冯小姐和员工性别为女的新记录。使用以下 Select 语句可以实现：

```
INSERT INTO 员工表(员工ID,部门ID,员工姓名,员工性别) VALUES ("2015011","E1", "冯
小姐","女")
```

5.4.2 SELECT 查询

SELECT 查询是最基本的 SQL 查询。根据 5.4.1 小节学习 SELECT 语句，在“人事管理”数据库的“员工”表中，查询部门 ID 为 S2 的员工姓名和员工电话等信息。具体操作步骤如下。

step 01 打开“人事管理”数据库，切换到【创建】选项卡，单击【查询】组中的【查询设计】按钮。弹出【显示表】对话框，在【表】选项卡中，选择“员工”表作为数据源表，单击【添加】按钮。

step 02 添加完成后，单击【关闭】按钮，进入【设计视图】界面。可以看到，“员工”表已被添加到工作窗口中，如图 5-80 所示。

step 03 单击状态栏中的【SQL 视图】按钮SQL，切换到【SQL 视图】界面，如图 5-81 所示。

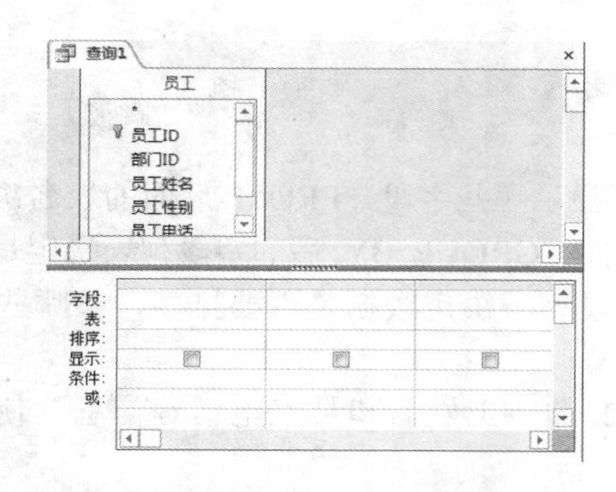

图 5-80 【设计视图】界面

图 5-81 【SQL 视图】界面

step 04 在 SQL 视图的工作窗口中，输入以下的 SQL 语句，如图 5-82 所示。

```
SELECT 员工姓名,员工电话,员工职位 FROM 员工 WHERE (部门 ID="S2")
```

step 05 切换到【设计】选项卡，单击【结果】组中的【运行】按钮，切换到【数据表视图】界面。用户可以查看部门 ID 为“S2”的员工姓名和员工电话等信息。单击【保存】按钮，保存创建的查询。至此，即完成创建 SELECT 查询的操作，如图 5-83 所示。

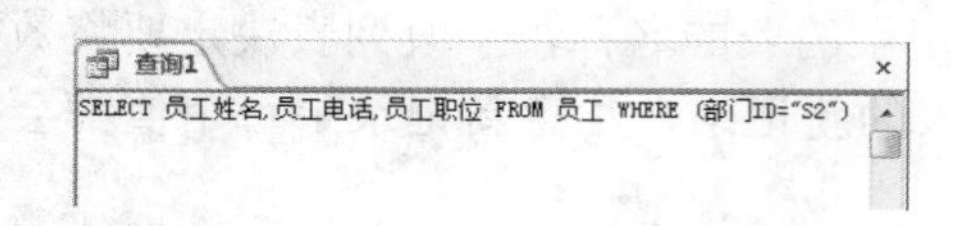

图 5-82 输入 SQL 语句

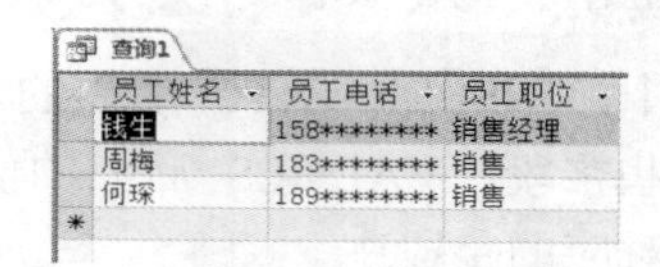

图 5-83 查询结果

5.4.3 数据定义查询

数据定义查询和其他查询不同，它并不操作数据，而是使用数据定义语言直接创建、修改或删除数据表，或者创建和删除索引等。表 5-4 为数据定义查询常用的 SQL 语句。

表 5-4 数据定义查询常用的 SQL 语句

数据定义查询常用的 SQL 语句	说 明
Create Table	创建新的数据表
Alter Table	修改数据表，例如在表中添加或删除字段等
Drop Table	删除数据表
Create Index	为字段或字段组创建索引
Drop Index	删除索引

下面在“人事管理”数据库中，使用 Create Table 语句创建一个“员工信息”表。具体操作步骤如下。

step 01 打开“人事管理”数据库，切换到【创建】选项卡，单击【查询】组中的【查询设计】按钮。弹出【显示表】对话框，不选择任何表，单击【关闭】按钮，进入

【设计视图】界面，此时工作窗口是空白的，如图 5-84 所示。

step 02 切换到【设计】选项卡，单击【查询类型】组中的【数据定义】按钮，如图 5-85 所示。

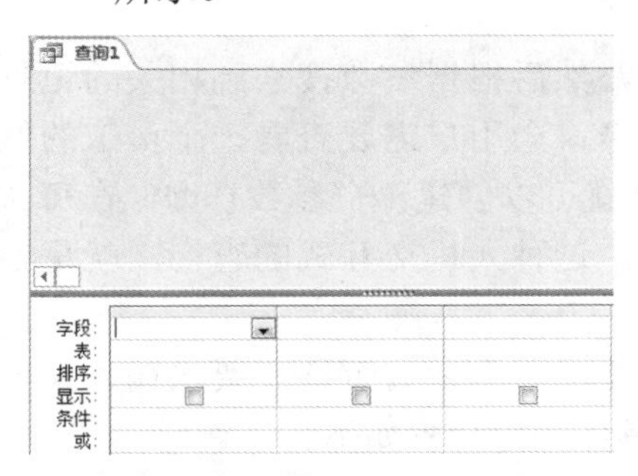

图 5-84 空白工作窗口

图 5-85 单击【查询类型】组中的【数据定义】按钮

step 03 进入查询的【SQL 视图】界面，在窗口中输入以下 SQL 语句，创建一个名称为“员工信息”的新表，包括员工 ID、员工姓名、员工电话、出生日期、员工职位和员工学历 6 个字段，其中员工 ID 字段为主键，并设置了每个字段的数据类型，如图 5-86 所示。

```
CREATE TABLE 员工信息
(员工ID char(10) primary key,员工姓名 char(10),员工电话 char(11),出生日期 date,
员工职位 varchar(10),员工学历 varchar(10));
```

step 04 切换到【设计】选项卡，单击【结果】组中的【运行】按钮。此时在导航窗格中可以看到，用户已成功创建“员工信息”表。进入该表的【设计视图】界面，可以查看各个字段，如图 5-87 所示。

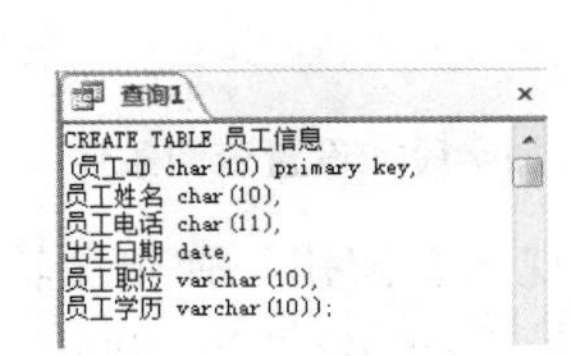

图 5-86 输入 SQL 语句

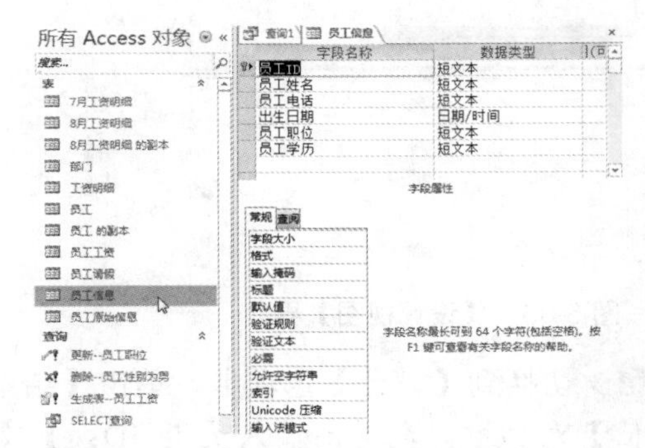

图 5-87 “员工信息”表的【设计视图】界面

step 05 单击【保存】按钮，保存创建的查询。至此，即完成创建数据定义查询的操作。

5.5 创建高级查询

除了以上各种类型的查询外，使用 Access 还可以创建更高级的查询，实现更为复杂的查询功能，例如参数查询或者交叉表查询等。下面将对这两种高级查询做详细的介绍。

5.5.1 参数查询

参数查询是动态的，利用对话框要求用户输入参数，然后根据参数搜索到相关的记录，最后呈现在表格中。例如在人事管理系统中，若员工众多，当用户需要查看一个员工的信息时，往往需要根据员工姓名或者员工 ID 进行查询。这时就可以创建一个参数查询，在每次运行时会提示用户输入员工的姓名，再根据姓名进行查询。这种人机交互式的查询，就是参数查询。

下面在“人事管理”数据库的“工资明细”表中，建立一个参数查询，要求输入某一员工的姓名，可以查询出他的实发工资、加班费等信息。具体操作步骤如下。

step 01 打开“人事管理”数据库，切换到【创建】选项卡，单击【查询】组中的【查询设计】按钮。弹出【显示表】对话框，在【表】选项卡中，选择“工资明细”表作为数据源表，单击【添加】按钮。

step 02 添加完成后，单击【关闭】按钮，进入【设计视图】界面。可以看到，“工资明细”表已被添加到工作窗口中，如图 5-88 所示。

step 03 将“工资明细”表中除“工资 ID”外的所有字段都添加到【字段】栏中，在“员工 ID”字段对应的【条件】栏中输入查询条件“[请输入员工 ID:]”，注意文本两边需要用方括号括起来，如图 5-89 所示。

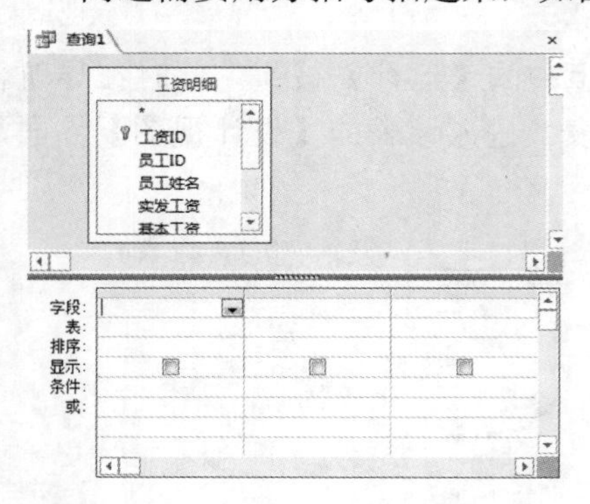

图 5-88 【设计视图】界面

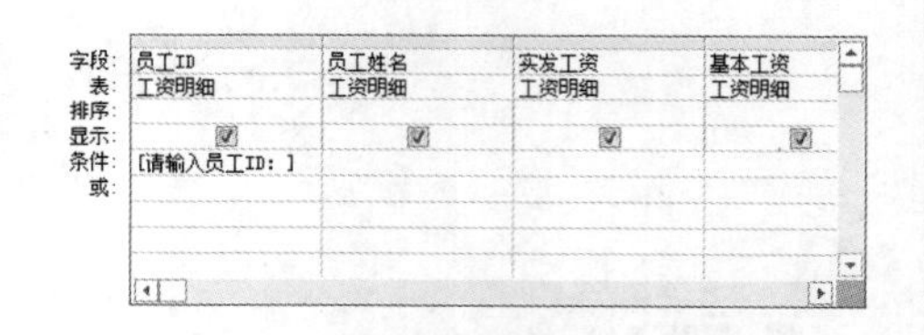

图 5-89 添加字段和设置查询条件

step 04 切换到【设计】选项卡，单击【结果】组中的【视图】按钮，弹出【输入参数值】对话框。在【请输入员工 ID：】文本框中输入员工的 ID“2015000”，单击【确定】按钮，如图 5-90 所示。

step 05 此时系统切换至【数据库视图】界面，用户可以查看该员工的工资信息。单击【保存】按钮，保存创建的查询。至此，即完成创建参数查询的操作，如图 5-91 所示。

每次运行参数查询时，都会出现【输入参数值】对话框，输入要查询的员工姓名，即可得到相关的结果。

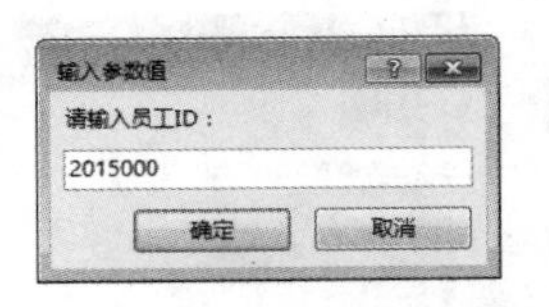

图 5-90 【输入参数值】对话框

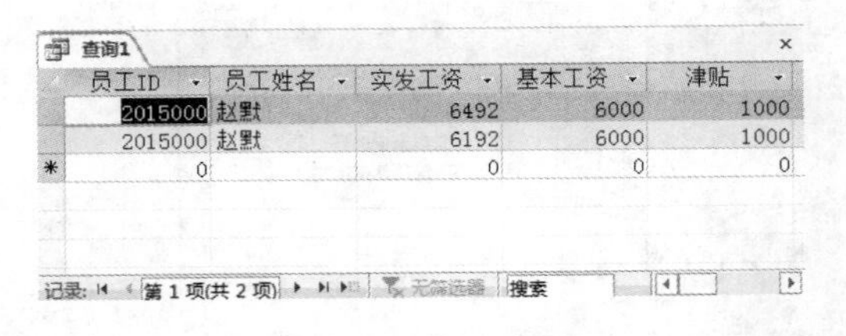

图 5-91 查看结果

每次运行参数查询时，都会出现【输入参数值】对话框，用户只需输入要查询的员工 ID，即可得到相关的结果。

以上是单参数查询，用户也可以创建多参数查询。多参数查询是指设置两个以上的参数进行查询，用户只需在多个字段的【条件】栏中输入参数的表达式，即可完成多参数查询。

5.5.2 交叉表查询

在 5.2.2 小节已经对交叉表查询做了初步的介绍，交叉表查询实际上就是将数据水平分组和垂直分组，在水平分组与垂直分组的交叉处显示统计结果。在创建交叉表查询时，需要指定三种字段：行标题、列标题和交叉值。Access 规定，交叉表查询中行标题字段最多可以有 3 个，列标题字段和交叉值字段只能各有 1 个。

1. 利用查询向导创建交叉表查询

利用查询向导创建交叉表查询时，所需要的字段必须存在于一个表或查询中。如果需要的字段不在一张表中，可以利用前面小节中的方法创建查询，将所需要的字段放在一起。

下面在“人事管理”数据库中，使用交叉表查询来查看每个员工 7 月和 8 月的实发工资以及两个月工资的总和，交叉表左侧显示员工 ID 和员工姓名，上方显示各个月份，行列交叉位置显示两个月的工资明细。为了方便演示，首先备份“8 月工资明细”表，然后使用追加查询将“7 月工资明细”表追加到“8 月工资明细”表中，并重命名为“7 月和 8 月工资明细”表。具体操作步骤如下。

step 01 打开“人事管理”数据库，切换到【创建】选项卡，单击【查询】组中的【查询向导】按钮。弹出【新建查询】对话框，选择【交叉表查询向导】选项，单击【确定】按钮，如图 5-92 所示。

step 02 弹出【交叉表查询向导】对话框，选择【表：7 月和 8 月工资明细】选项，将其作为交叉表查询的数据源表，然后单击【下一步】按钮，如图 5-93 所示。

step 03 弹出选择行标题对话框，用户可以选择使用表中哪些字段值作为行标题，注意最多只能选择 3 个。这里分别选中“员工 ID”字段和“员工姓名”字段，单击【添加】按钮 >，将其添加到【选定字段】列表框中，单击【下一步】按钮，如图 5-94 所示。

step 04 弹出选择列标题对话框，用户可以选择作为列标题的字段，最多只能选择 1 个。这里选择“发薪日期”字段，单击【下一步】按钮，如图 5-95 所示。

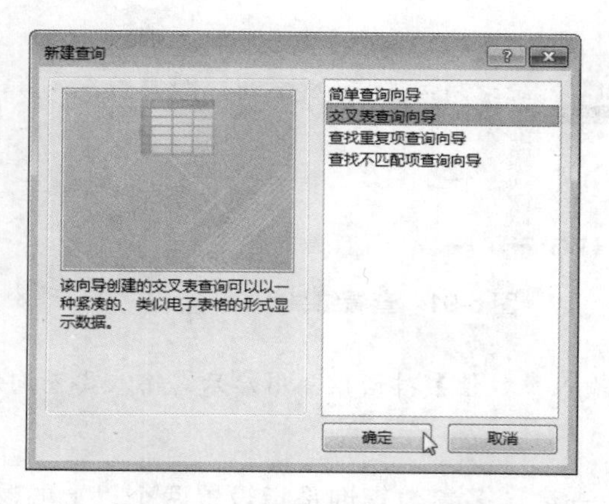

图 5-92 【新建查询】对话框

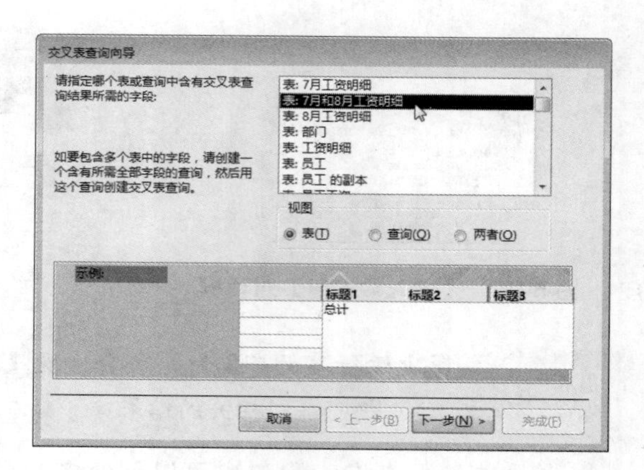

图 5-93 【交叉表查询向导】对话框

在下方的【示例】中，用户可以预览交叉表查询的结构。

step 05 弹出确定交叉点计算对话框，用户可以选择在行列交叉点显示的字段，以及计算该字段的函数。这里在【字段】列表框中选择“实发工资”字段，在【函数】列表框中选择【总数】选项，单击【下一步】按钮，如图 5-96 所示。

选择“实发工资”字段和【总数】选项表示在表的交叉点显示 7 月和 8 月的实发工资，并计算两个月实发工资的总和。

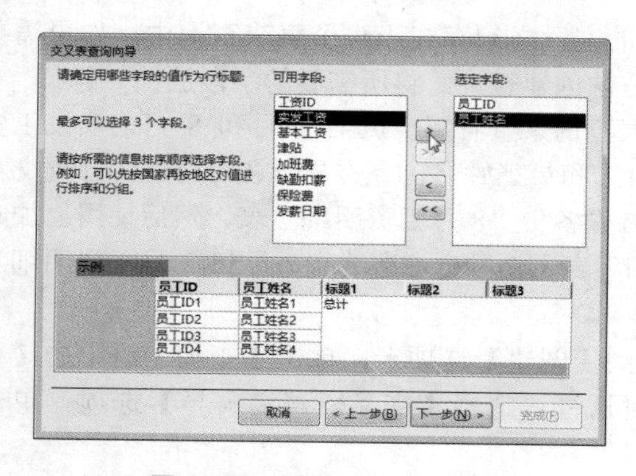

图 5-94 选择行标题对话框

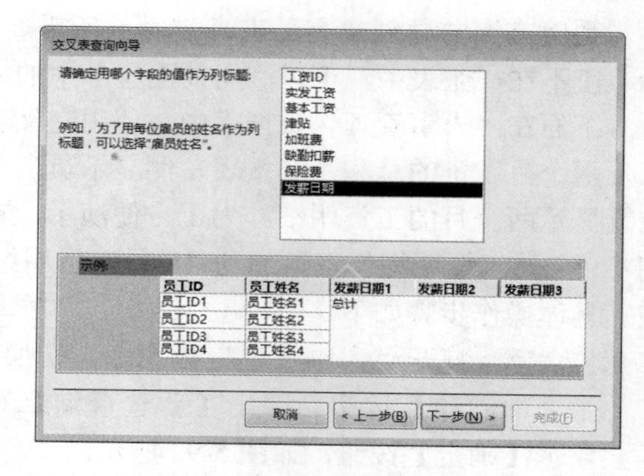

图 5-95 选择列标题对话框

step 06 弹出命名对话框，在【请指定查询的名称】文本框中输入查询的名称“7 月和 8 月工资明细_交叉表”。然后用户需要选择是要查看查询还是修改设计，这里保持默认不变，单击【完成】按钮，如图 5-97 所示。

step 07 此时 Access 将查询结果以数据表的形式呈现出来。用户可以直观地查看每个员工 7 月和 8 月的实发工资以及两个月的总和，如图 5-98 所示。

2. 利用查询的设计视图建立交叉表查询

利用设计视图同样可以建立交叉表查询，与利用查询向导不同的是，它可以在一个或多个表中进行创建。下面在“人事管理”数据库中，查询各个部门员工的籍贯分布情况。具体操作步骤如下。

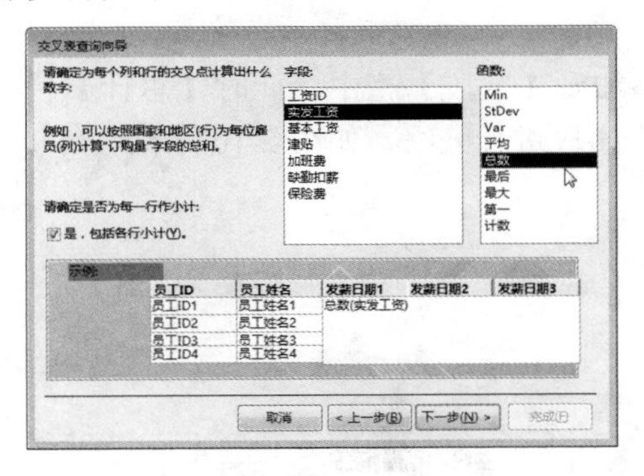

图 5-96 确定交叉点计算对话框

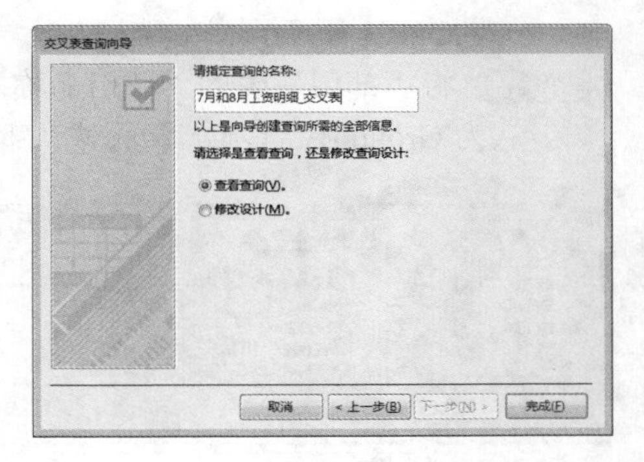

图 5-97 命名对话框

7月和8月工资明细_交叉表

员工ID	员工姓名	总计 实发工资	7月	8月
2015000	赵默	12984	6492	6492
2015001	李攀	7760	3880	3880
2015002	张磊	8308	4154	4154
2015003	刘竹	6426	3063	3363
2015004	王鹏	7808	3904	3904
2015005	张韵	6876	3438	3438
2015006	赵小兰	6410	3255	3155
2015007	钱生	7908	3804	4104
2015008	周梅	6692	3296	3396
2015009	何琛	6842	3446	3396
2015010	吴菲	7776	3963	3813
2015011	周川	9464	4582	4882

图 5-98 查看结果

step 01 打开“人事管理”数据库，切换到【创建】选项卡，单击【查询】组中的【查询设计】按钮。

step 02 弹出【显示表】对话框，在【表】选项卡中，按住 Ctrl 键不放，分别选中“部门”表、“员工”表和“员工原始信息”表作为数据源表，单击【添加】按钮，如图 5-99 所示。

step 03 添加完成后，单击【关闭】按钮，进入【设计视图】界面。切换到【设计】选项卡，单击【查询类型】组中的【交叉表】按钮，如图 5-100 所示。

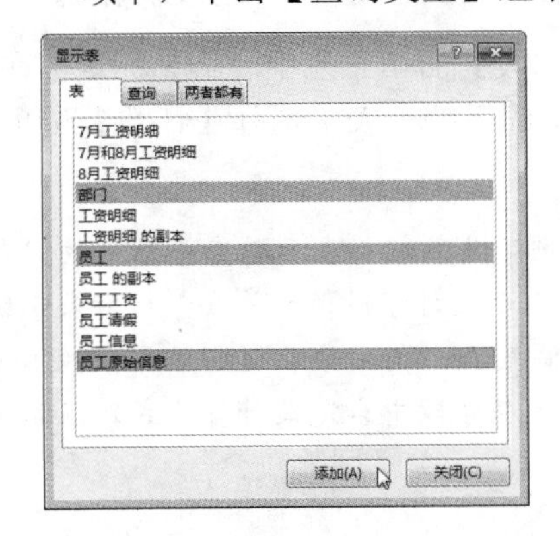

图 5-99 【显示表】对话框

图 5-100 单击【查询类型】组中的【交叉表】按钮

step 04 进入交叉表查询的工作窗口。可以看到，交叉表查询的查询设计网格包括【字段】、【表】、【总计】、【交叉表】、【排序】、【条件】和【或】7 个选项，如图 5-101 所示。

step 05 将“部门”表的“部门名称”字段添加到【字段】栏中，此时【总计】栏中默认为 Group By 选项，表示对“部门名称”字段进行分组，如图 5-102 所示。

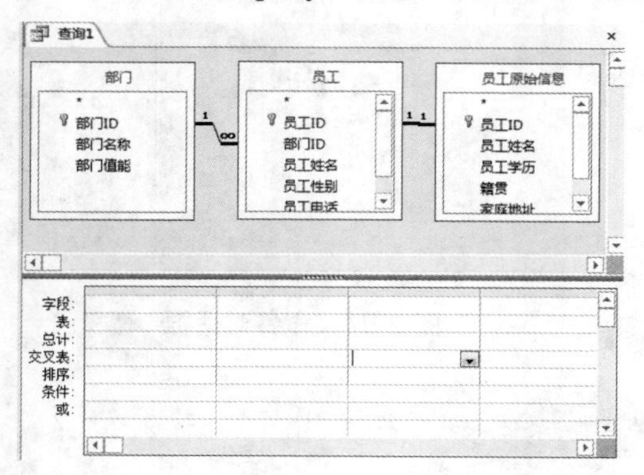

图 5-101　交叉表查询的工作窗口

图 5-102　添加“部门名称”字段

step 06 单击【交叉表】选项右侧的下拉按钮，弹出下拉列表，其中包括【行标题】、【列标题】和【值】3 个选项，用户可以设定该字段为行标题、列标题或值。这里选择【行标题】选项，表示设置“部门名称”字段为行标题，如图 5-103 所示。

step 07 使用同样的方法，添加“员工原始信息”表的“籍贯”字段到【字段】的第二栏中，并设置该字段作为列标题，如图 5-104 所示。

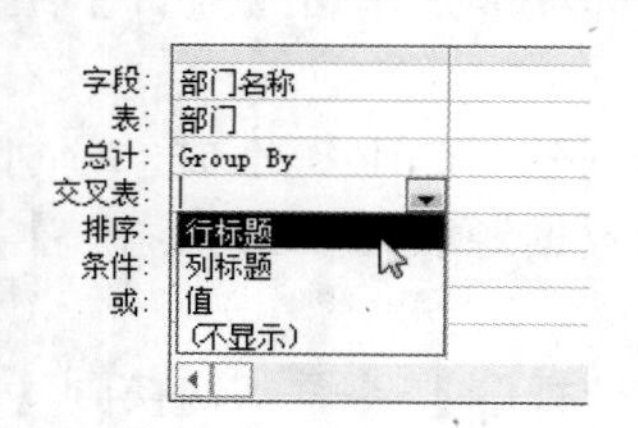

图 5-103　选择【行标题】选项

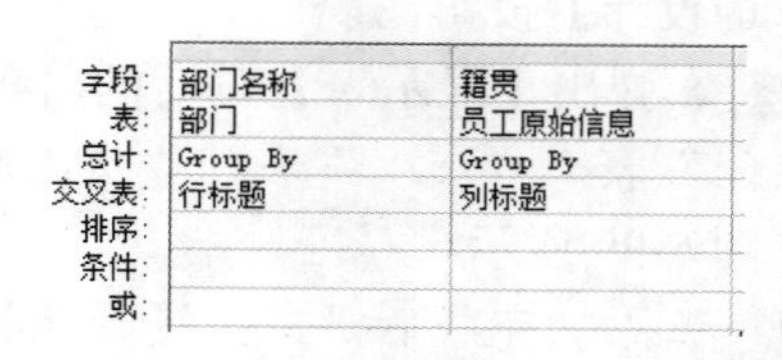

图 5-104　添加“籍贯”字段作为列标题

step 08 添加“员工”表的“员工 ID”字段到【字段】的第三栏中，将光标定位在该字段对应的【总计】栏，单击下拉按钮，在弹出的下拉列表中选择【计数】选项，如图 5-105 所示。

下拉列表中的各个选项是 Access 提供的预定义函数，表示对查询结果的记录进行统计计算。其中，Group By 表示分组；合计表示统计字段值的总和；计数表示统计记录的记录数；StDev 表示计算字段值的标准偏差值；First 表示返回该字段的第一个值；Last 表示返回最后一个值；Expression 表示在字段中自定义计算公式。注意不同数据类型的字段，使用的函数是不同的。

step 09 设置“员工 ID”字段作为交叉表的值。然后在【字段】第四栏中输入“人数总计:[员工 ID]”，在对应的【总计】栏选择【计数】选项，并设置其作为行标题，表示统计每个部门的员工人数，如图 5-106 所示。

图 5-105　添加“员工 ID”字段

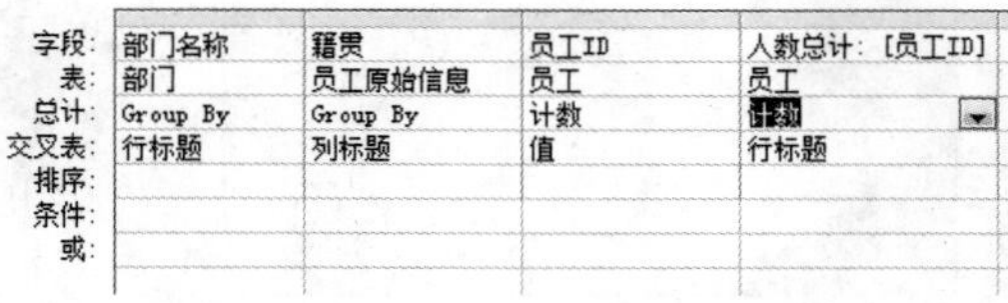

字段:	部门名称	籍贯	员工ID	人数总计: [员工ID]
表:	部门	员工原始信息	员工	员工
总计:	Group By	Group By	计数	计数
交叉表:	行标题	列标题	值	行标题
排序:				
条件:				
或:				

图 5-106　输入“人数总计:[员工 ID]”

提示　“人数总计:[员工 ID]”需要用户按照“行名:[统计字段名]”格式手动输入，这个格式是固定的。

step 10 设置完成后，切换到【设计】选项卡，单击【结果】组中的【运行】按钮，切换到【数据表视图】界面。用户可以查看每个部门员工的籍贯分布情况，如图 5-107 所示。

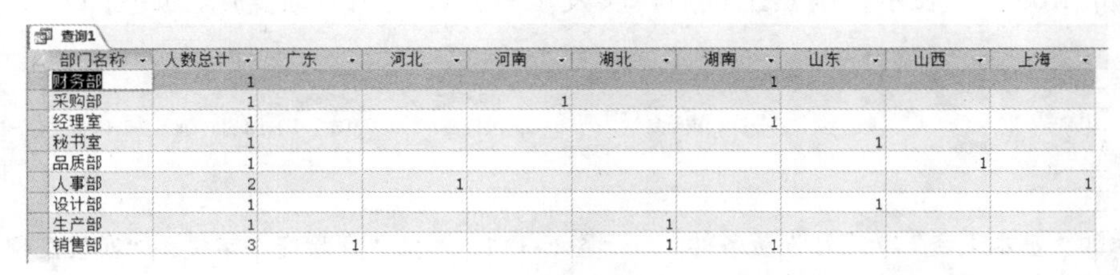

查询1

部门名称	人数总计	广东	河北	河南	湖北	湖南	山东	山西	上海
财务部	1					1			
采购部	1			1					
经理室	1					1			
秘书室	1						1		
品质部	1							1	
人事部	2		1						1
设计部	1						1		
生产部	1				1				
销售部	3	1			1	1			

图 5-107　查看结果

5.6　综合实战 1——更新员工工资情况

1. 案例目的

创建更新查询，筛选出“工资明细”表中基本工资大于等于 3000 元的员工，将其税率上提 5%(即保险费上提 5%)。

2. 案例操作过程

step 01 打开“人事管理”数据库，切换到【创建】选项卡，单击【查询】组中的【查询设计】按钮。弹出【显示表】对话框，在【表】选项卡中，选择“工资明细”表作为数据源表，单击【添加】按钮，如图 5-108 所示。

step 02 添加完成后，单击【关闭】按钮，进入【设计视图】界面。切换到【设计】选项卡，单击【查询类型】组中的【更新】按钮，进入更新查询的工作窗口，如图 5-109 所示。

图 5-108 【显示表】对话框

图 5-109 更新查询的工作窗口

step 03 将“基本工资”字段添加到【字段】栏中，在对应的【条件】栏中输入查询条件“>=3000”，如图 5-110 所示。

step 04 将“保险费”字段添加到【字段】栏中，在对应的【更新到】栏中输入“[保险费]*1.05”，表示将保险费上调 5%。然后将“实发工资”字段添加到【字段】栏中，在对应的【更新到】栏中输入“[基本工资]+[津贴]+[加班费]-[缺勤扣薪]-[保险费]*1.05”，表示保险费上调后，实发工资会发生相应地变化，如图 5-111 所示。

字段:	基本工资
表:	工资明细
更新到:	
条件:	>=3000
或:	

图 5-110 添加“基本工资”字段和设置条件

字段:	基本工资	保险费	实发工资
表:	工资明细	工资明细	工资明细
更新到:		[保险费]*1.05	[基本工资]+[津贴]+[加班费]-[缺勤扣薪]-[保险费]*1.05
条件:	>=3000		
或:			

图 5-111 添加“保险费”字段和“实发工资”字段

step 05 切换到【设计】选项卡，单击【结果】组中的【视图】按钮，切换到【数据表视图】界面中，用户可以预览将要更新的记录，如图 5-112 所示。

step 06 预览后，单击状态栏的【设计视图】按钮，切换回【设计视图】界面中。切换到【设计】选项卡，单击【结果】组中的【运行】按钮，执行更新查询，如图 5-113 所示。

查询1

	保险费	实发工资
	262	3438
	254	3496
	287	3813
	508	6492
	508	6192
	262	3388
	254	2696
	287	3813
*	0	0

图 5-112 预览将要更新的记录

图 5-113 单击【结果】组中的【运行】按钮

step 07 弹出 Microsoft Access 对话框，提示是否确定要更新这些记录，单击【是】按钮，如图 5-114 所示。

step 08 此时在导航窗格双击打开“工资明细”表，可以看到基本工资大于等于 3000 的员工工资都已更新，如图 5-115 所示。

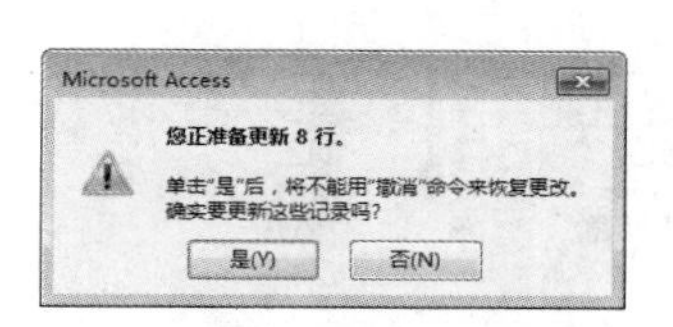

图 5-114　Microsoft Access 对话框

工资ID	员工ID	员工姓名	实发工资	基本工资	津贴	加班费	缺勤扣薪	保险费	发薪月份
JUNE0	2015000	赵默	6167	6000	1000	0	300	533	6月
JUNE10	2015010	吴菲	3799	3400	500	200	0	301	6月
JUNE3	2015003	刘竹	3013	2800	300	150	0	237	6月
JUNE5	2015005	张韵	3375	3100	300	250	0	275	6月
JUNE6	2015006	赵小兰	2955	2900	300	0	0	245	6月
JUNE8	2015008	周梅	2683	3000	450	0	500	267	6月
MAY0	2015000	赵默	6467	6000	1000	0	0	533	5月
MAY10	2015010	吴菲	3799	3400	500	200	0	301	5月
MAY3	2015003	刘竹	3263	2800	300	500	100	237	5月
MAY5	2015005	张韵	3425	3100	300	300	0	275	5月
MAY6	2015006	赵小兰	3155	2900	300	200	0	245	5月
MAY8	2015008	周梅	3483	3000	450	300	0	267	5月
*	0		0	0	0	0	0	0	

图 5-115　更新后的“工资明细”表

5.7　综合实战 2——查询各部门男女员工分布情况

1. 案例目的

创建交叉表查询，要求统计各部门男女员工数。

2. 案例操作过程

step 01 打开“人事管理”数据库，切换到【创建】选项卡，单击【查询】组中的【查询设计】按钮。

step 02 弹出【显示表】对话框，在【表】选项卡中，按住 Ctrl 键不放，分别选中“部门”表、“员工”表作为数据源表，单击【添加】按钮，如图 5-116 所示。

step 03 添加完成后，单击【关闭】按钮，进入【设计视图】界面。切换到【设计】选项卡，单击【查询类型】组中的【交叉表】按钮，进入交叉表查询的工作窗口，如图 5-117 所示。

图 5-116　【显示表】对话框

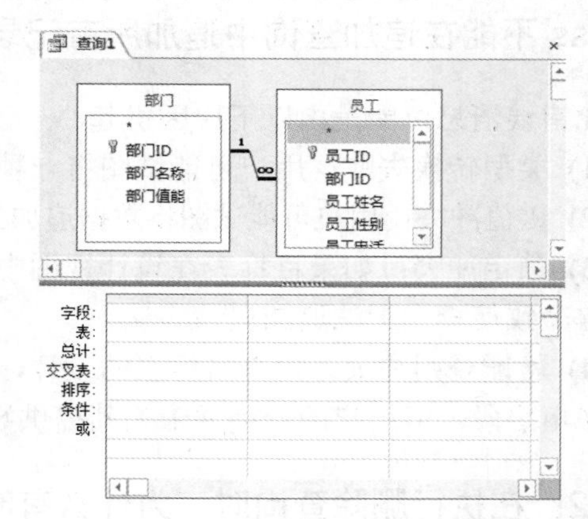

图 5-117　交叉表查询的工作窗口

step 04 将“部门”表的“部门名称”字段添加到【字段】栏中，单击【交叉表】选项右侧的下拉按钮，在弹出的下拉列表中选择【行标题】选项，设置该字段作为交叉表的行标题。使用同样的方法，将“员工”表的“员工性别”字段添加到【字段】栏中，并设置该字段作为列标题，如图 5-118 所示。

step 05 添加“员工”表的“员工 ID”字段到【字段】的第三栏中，将对应的【总计】

栏设置为“计数”，【交叉表】栏设置为“值”。在【字段】的第四栏中输入“总计:[员工 ID]”，将对应的【总计】栏设置为“计数”，【交叉表】栏设置为“行标题”，如图 5-119 所示。

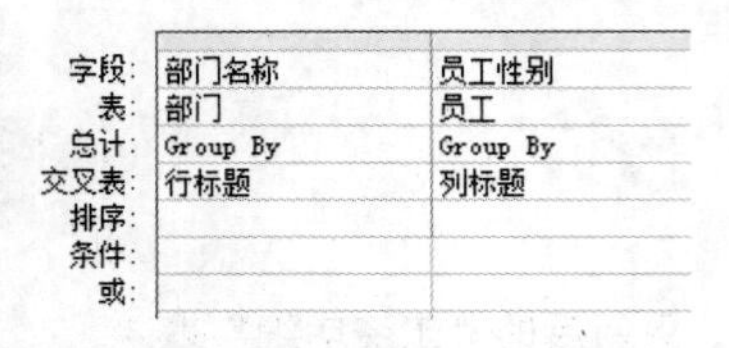

字段:	部门名称	员工性别
表:	部门	员工
总计:	Group By	Group By
交叉表:	行标题	列标题
排序:		
条件:		
或:		

图 5-118　添加“部门名称”和“员工性别”字段

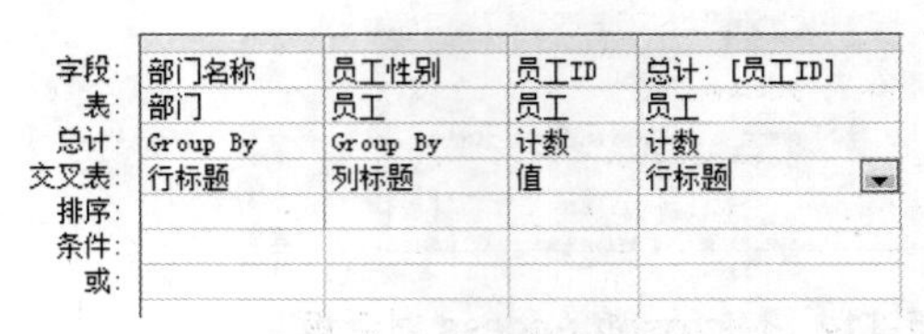

字段:	部门名称	员工性别	员工ID	总计: [员工ID]
表:	部门	员工	员工	员工
总计:	Group By	Group By	计数	计数
交叉表:	行标题	列标题	值	行标题
排序:				
条件:				
或:				

图 5-119　添加“员工 ID”字段

step 06 设置完成后，切换到【设计】选项卡，单击【结果】组的【运行】按钮，切换到“数据表视图”界面。用户可以查看各部门男女员工的分布情况，如图 5-120 所示。

查询1

部门名称	总计	男	女
财务部	1		1
采购部	1	1	
经理室	1		1
秘书室	1		1
品质部	1		1
人事部	2	1	1
设计部	1	1	
生产部	1	1	
销售部	3	2	1

图 5-120　查看各部门男女员工的分布情况

5.8　高 手 甜 点

甜点 1：在执行追加查询时，为何有时会出现一条错误消息：Microsoft Office Access 不能在追加查询中追加所有记录？

此错误消息可能是由以下原因引起。

(1) 类型转换失败：用户可能试图将一种类型的数据追加到另一种类型的字段。

(2) 键值冲突：用户可能试图将数据追加到属于表主键的一个或多个字段，例如 ID 字段。

(3) 锁定冲突：如果目标表在设计视图中打开或由网络上另一个用户打开，这可能导致记录锁定，致使查询无法追加记录。

(4) 验证规则冲突：检查目标表的设计，查看是否存在某些验证规则。例如，如果某个字段为必填字段，但用户的查询并未为其提供数据，就会出现错误。

甜点 2：在执行删除查询时，为什么有时会出现一条如图 5-121 所示的错误消息？

图 5-121　错误提示信息

若在删除查询中包含多个数据表，而“唯一的记录”属性被设置为否，就会出现此错误。在设计视图中打开删除查询，在【属性表】窗格中将“唯一的记录”属性设置为是，然后重新启动查询即可解决此问题，如图 5-122 所示。

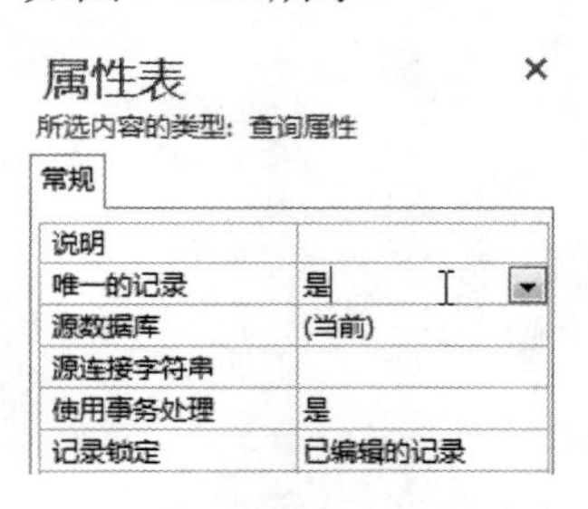

图 5-122 【属性表】窗格

甜点 3：在执行查新查询时，为何有时左下角状态栏会出现警告：操作或事件已被禁用模式阻止？

当数据库未在受信任位置或未签名时，Access 就会出现以上警告。在【文件】选项卡中，依次选择【选项】|【信任中心】|【信任中心设置】|【宏设置】|【启用所有宏】选项，然后重新启动数据库即可解决此问题，如图 5-123 所示。

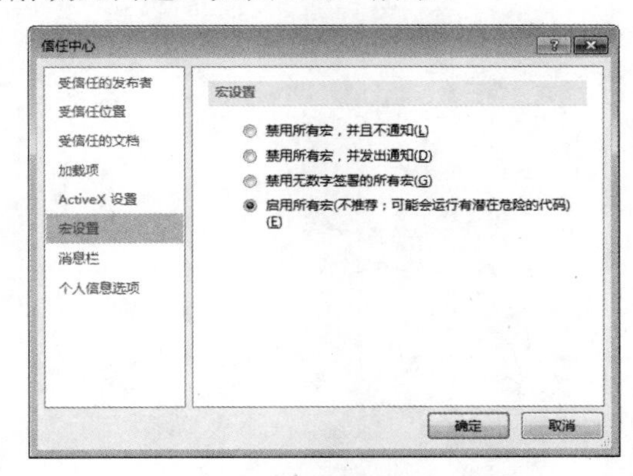

图 5-123 【信任中心】对话框

第3篇

界面设计

第6章 设计窗体

窗体是数据库的第三大对象。由于很多数据库系统并不是给开发者自己使用的，使用 Access 提供的窗体对象，开发者可以建立一个外形美观、操作方便、功能强大的用户操作界面，让其他的使用者都能根据窗口中的提示完成自己的工作，即使是不熟悉 Access 的用户也能方便地操作。由此可知，窗体是联系数据库和用户的桥梁，是人机对话的重要工具。通过本章的学习，读者可了解窗体的概念及作用，掌握窗体的各种创建方法。

本章目标(已掌握的在方框中打钩)

- ☐ 了解窗体的概念及作用
- ☐ 掌握如何创建普通窗体
- ☐ 掌握如何创建主/次窗体
- ☐ 掌握如何使用窗体操作数据
- ☐ 掌握如何设置窗体的格式

6.1 初识窗体

一个优秀的数据库系统不但要有结构合理的表、灵活方便的查询，还应该有一个外形美观、功能强大的用户界面。在 Access 中，用户界面又称为窗体，它是用户与数据库交互的最主要方式，在数据库的设计中起到相当重要的作用。

6.1.1 什么是窗体

窗体就是一个和用户直接交互的界面，一个窗口。它是数据库中数据和各种操作在计算机屏幕上的直观表现，用户通过窗体既可以查看和修改数据库，还可以对数据库中的数据进行添加、修改、删除等操作。利用窗体可以将整个应用程序组织起来，控制程序流程，形成一个完整的应用系统。读者可以参考图 6-1，对窗体有一个初步的印象。

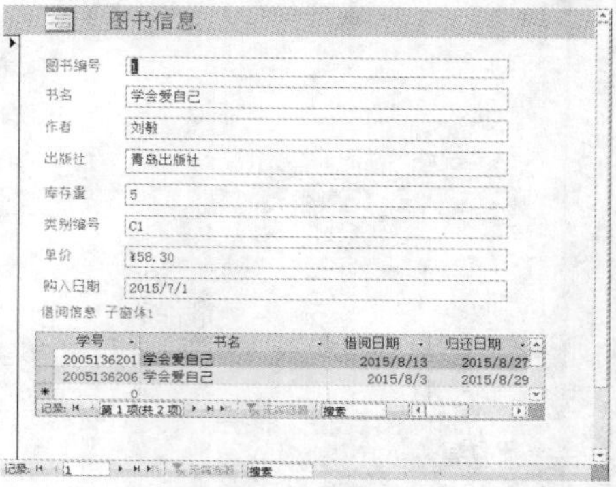

图 6-1 示例窗体

6.1.2 窗体的作用

一般来说，窗体主要有以下几种作用。

- 显示、编辑数据。这是窗体最基本的作用，通过窗体用户可以非常直观地查看数据库中的数据，并对其进行编辑。
- 显示消息。利用窗体可以显示各种警告、提示或出错消息等。例如，当用户输入了非法数据时，消息窗口会告诉用户“输入错误”，并提示正确的输入方法。
- 控制应用程序的流程。窗体上放置了各种命令按钮控件，用户只需要单击窗体上的各个按钮，就可以进入不同的程序模块，调用不同的程序。

6.1.3 窗体的视图与结构

下面对窗体的视图与结构分别进行介绍。

1. 窗体的视图

同数据表和查询一样，Access 也为窗体提供了多种视图查看方式。通常情况下，窗体的视图包括窗体视图、数据表视图、布局视图和设计视图 4 种，在不同的视图中用户可完成不同的任务，如图 6-2 所示。

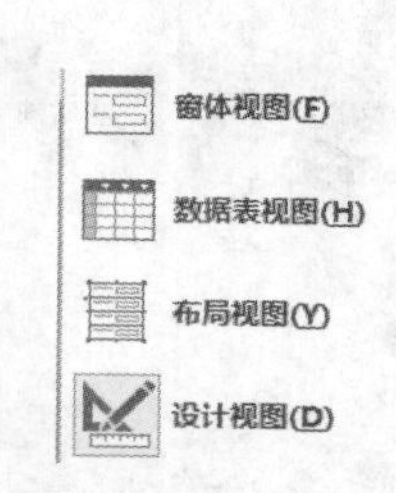

图 6-2 窗体的视图查看方式

- 窗体视图：该视图是窗体的工作视图。用户通过它可以对数据库中的数据进行查看、添加、修改、删除和统计等操作，如图 6-3 所示。

- 数据表视图：该视图以表格的形式显示表或查询中的记录。与窗体视图的功能一样，用户通过它进行查看和编辑记录等操作，如图 6-4 所示。

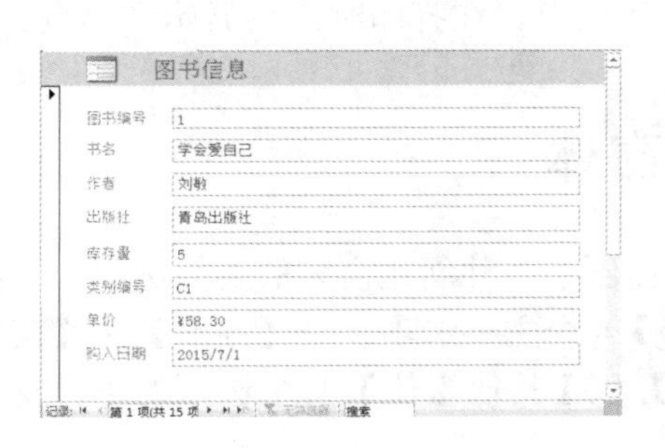

图 6-3　窗体视图

图书编号	书名	作者	出版社	库存量	类别编号
1	学会爱自己	刘敏	青岛出版社	5	C1
2	雨天的棉花糖	毕飞宇	江苏文艺出版社	7	C2
3	隐身衣	格非	人民文学出版社	10	C2
4	梦想家威利	安东尼	21世纪出版社	20	C1
5	布尔和比例	吉恩罗巴	中国少年儿童出版社	11	C1
6	长恨歌	王安忆	南海出版社	5	C2
7	中华上下五千年	朱良南	北方文艺出版社	4	C3
8	丁丁历险记	埃尔热	中国少年儿童出版社	6	C1
9	阁楼上的精灵	汤素兰	21世纪出版社	7	C1
10	万历十五年	黄仁宇	中华书局	8	C3
11	这个历史挺靠谱	袁腾飞	湖南人民出版社	5	C3
12	琴弦上的家园	李贵春	人民文学出版社	10	C2
13	三只小猪的真实故事	谢斯卡	河北教育出版社	10	C1
14	皮皮鲁总动员	郑渊洁	21世纪出版社	10	C1
15	南渡北归	岳南	湖南文艺出版社	8	C3
* 0				0	

记录: 第 1 项(共 15 项　搜索

图 6-4　数据表视图

- 布局视图：该视图是用于修改窗体的最直观的视图。它和窗体视图的界面大致相同，而不同的是，在布局视图中，可以看到字段行或者控件四周被虚线围住，表示用户可以调整和修改它们的位置和大小。这意味着在布局视图中，用户可以调整和修改窗体。另外，在布局视图中，用户也可以向窗体添加控件并设置其属性，如图 6-5 所示。
- 设计视图：该视图主要用于窗体的设计和修改。用户通过它还可以根据需要向窗体中添加控件并设置其属性，美化窗体，如图 6-6 所示。

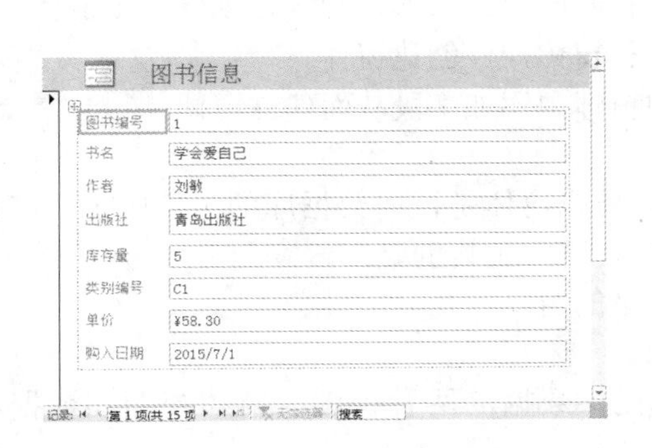

图 6-5　布局视图

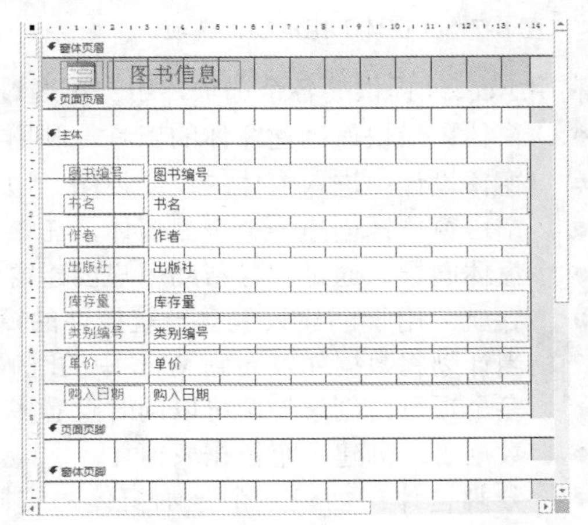

图 6-6　设计视图

2. 窗体的结构

从窗体的“设计视图”界面可以看出，窗体是由窗体页眉、页面页眉、主体、页面页脚和窗体页脚五部分组成，每个部分称为一个节。其中窗体页眉/页脚不被滚动条影响，始终都会显示，而页面页眉/页脚只有打印或预览窗体时才可见，正常窗体视图情况下是看不见的。

- 窗体页眉：用于显示窗体内容说明，例如窗体的标题。在打印时，窗体页眉只显示在第一页顶部。
- 页面页眉：用于显示列标头等信息。在打印时，会显示在每页的顶部。

- 主体：是窗体的主要组成部分，用于显示、修改、输入数据等。
- 页面页脚：用于显示日期或页码等信息。在打印时，会显示在每页的底部。
- 窗体页脚：用来显示命令按钮或窗体操作说明等信息。在打印时，只显示在尾页。

6.2 创建普通窗体

在【创建】选项卡的【窗体】组中，Access 2013 提供了多种创建窗体的功能选项。包括【窗体】、【窗体设计】、【空白窗体】和【窗体向导】4 个主要选项，及【导航】和【其他窗体】两个次要选项，如图 6-7 所示。其中，【导航】和【其他窗体】两个选项的下拉菜单中还提供了多种创建特定窗体的选项，如图 6-8 所示。

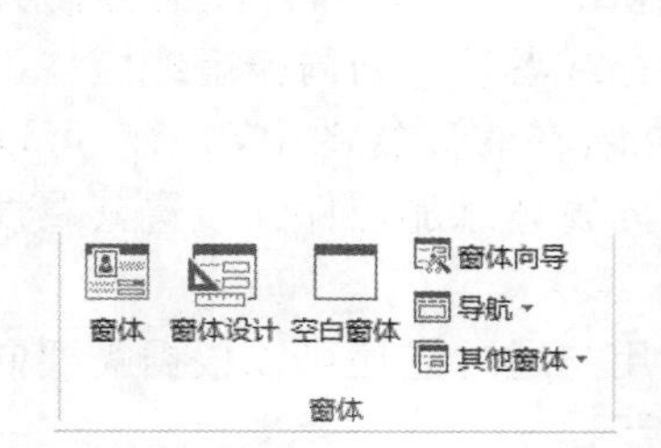

图 6-7 【窗体】组的功能选项

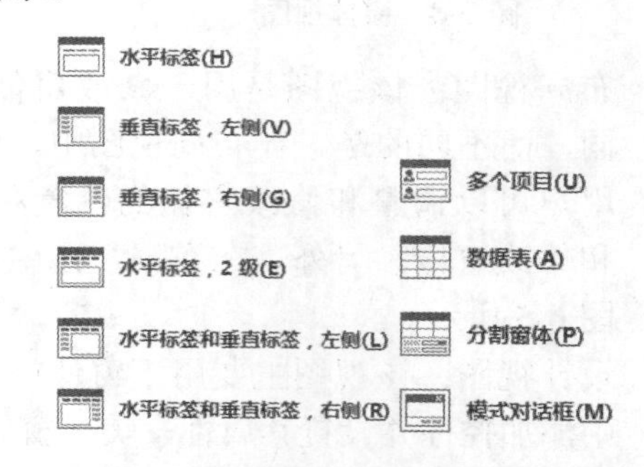

图 6-8 【导航】和【其他窗体】的下拉菜单

利用 Access 提供的各个选项，用户可通过不同的方法创建窗体。各个选项的功能如下。

- 窗体：最快速创建窗体的工具，利用当前打开的数据表或查询快速创建一个窗体。
- 窗体设计：进入窗体的设计视图，通过各种窗体控件创建窗体。
- 空白窗体：创建一个空白窗体，在该空白窗体中添加字段从而建立窗体。
- 窗体向导：通过向导帮助用户创建窗体。
- 导航：用于创建只包含导航控件的窗体。导航窗体是任何数据库的绝佳附加功能，当计划将数据库发布到 Web 中的时候，导航窗体尤其重要。
- 多个项目：创建一个可以同时查看多个记录的窗体。
- 数据表：创建一个数据表窗体。
- 分割窗体：创建一个分割窗体，它同时提供数据的两种视图：窗体视图和数据表视图。
- 模式对话框：创建一个带有命令按钮的浮动对话框窗口。

6.2.1 使用“窗体”工具创建窗体

使用“窗体”工具可以快速创建一个单项目窗体，该窗体每次只显示一条记录。下面以“图书管理”数据库中的“图书信息”表作为数据源，使用“窗体”工具创建窗体。具体操作步骤如下。

step 01 启动 Access 2013，打开“图书管理”数据库，在导航窗格中双击打开“图书信息”表，如图 6-9 所示。

step 02 切换到【创建】选项卡，单击【窗体】组中的【窗体】按钮，如图 6-10 所示。

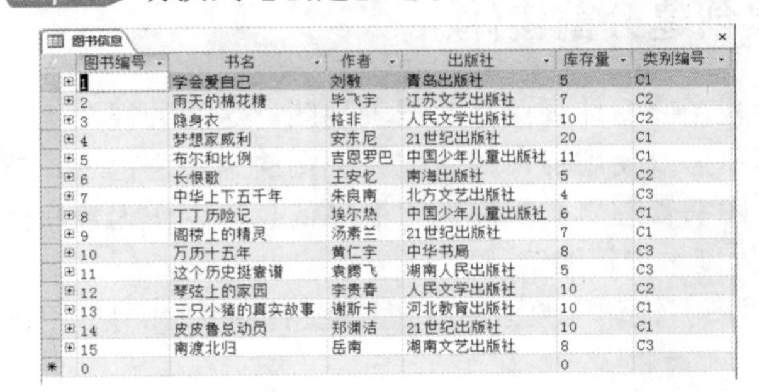

图书编号	书名	作者	出版社	库存量	类别编号
1	学会爱自己	刘敏	青岛出版社	5	C1
2	雨天的棉花糖	毕飞宇	江苏文艺出版社	7	C2
3	隐身衣	格非	人民文学出版社	10	C2
4	梦想家威利	安东尼	21世纪出版社	20	C1
5	布尔和比例	吉恩罗巴	中国少年儿童出版社	11	C1
6	长恨歌	王安忆	南海出版社	5	C2
7	中华上下五千年	朱良南	北方文艺出版社	4	C3
8	丁丁历险记	埃尔热	中国少年儿童出版社	6	C1
9	阁楼上的精灵	汤素兰	21世纪出版社	7	C1
10	万历十五年	黄仁宇	中华书局	8	C3
11	这个历史挺靠谱	袁腾飞	湖南人民出版社	5	C3
12	琴弦上的家园	李贵春	人民文学出版社	10	C2
13	三只小猪的真实故事	谢斯卡	河北教育出版社	10	C1
14	皮皮鲁总动员	郑渊洁	21世纪出版社	10	C1
15	南渡北归	岳南	湖南文艺出版社	8	C3
0				0	

图 6-9 “图书信息”表

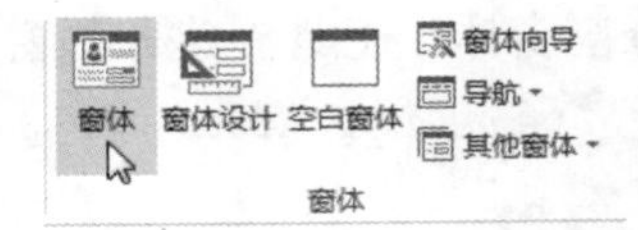

图 6-10 单击【窗体】组中的【窗体】按钮

step 03 此时将快速创建一个名为“图书信息”的窗体，并自动进入该窗体的【布局视图】界面，如图 6-11 所示。

如果 Access 发现某个表与用来创建窗体的数据源表之间有一对多关系，Access 将向基于数据源表的窗体添加一个子数据表(子窗体)。例如，如果“图书信息”表和“借阅信息”表之间定义了一对多关系，该子数据表就会显示“借阅信息”表中与当前的图书记录有关的所有记录。如果不希望窗体上有子数据表，可以选择该数据表，按 Delete 键删除即可。但如果有多个表与用于创建窗体的数据源表都具有一对多关系，Access 将不会向窗体中添加任何子数据表。

step 04 在“图书信息”窗体的【布局视图】界面中可以看到，功能区增加了 3 个选项卡：【设计】、【排列】和【格式】选项卡，通过这 3 个选项卡下的各个选项，可以设置窗体的格式和属性等，如图 6-12 所示。

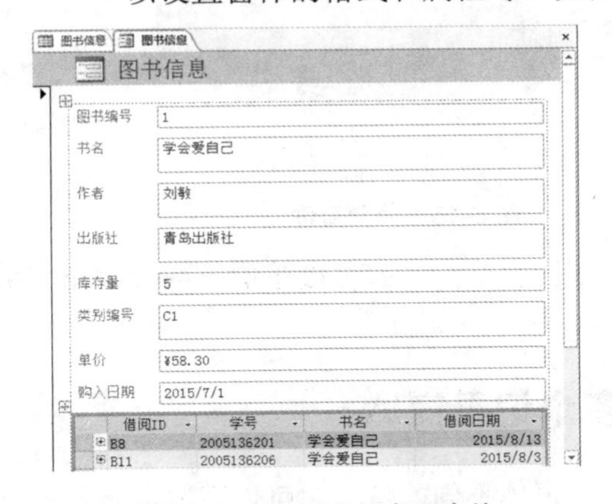

图 6-11 “图书信息”窗体

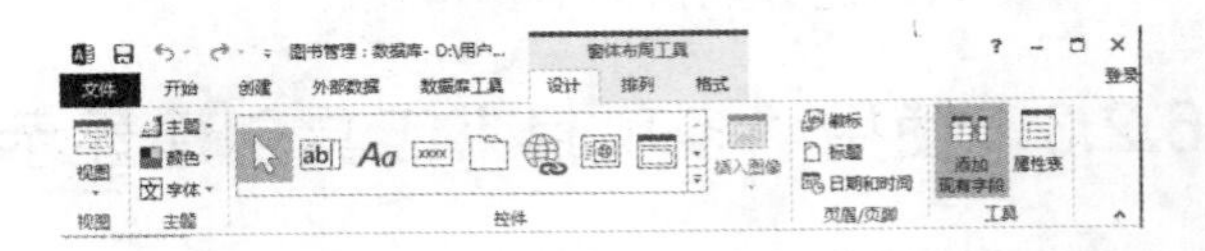

图 6-12 【设计】、【排列】和【格式】选项卡

step 05 单击快速访问工具栏中的【保存】按钮，弹出【另存为】对话框，在【窗体名称】文本框中输入新建窗体的名称“使用窗体工具--图书信息”，单击【确定】按钮。至此，即完成使用“窗体”工具创建窗体的操作，如图 6-13 所示。

图 6-13 【另存为】对话框

6.2.2 使用“分割窗体”工具创建分割窗体

分割窗体可以同时提供窗体的两种视图：窗体视图和数据表视图。这两种视图连接到同一数据源，并且总是保持相互同步，用户可以使用窗体的数据表视图快速定位记录，然后在窗体视图中查看和编辑记录。下面以“图书管理”数据库的“图书信息”表作为数据源，使用“分割窗体”工具创建分割窗体。具体操作步骤如下。

step 01 启动 Access 2013，打开“图书管理”数据库，在导航窗格中双击打开“图书信息”表。

step 02 切换到【创建】选项卡，单击【窗体】组中的【其他窗体】按钮右侧的下拉按钮，在弹出的下拉列表中选择【分割窗体】选项，如图 6-14 所示。

step 03 此时将快速创建一个名为“图书信息”的分割窗体。该窗体的上半部分是“窗体视图”，显示一条记录的详细信息，而下半部分是“数据表视图”，显示表的全部记录，如图 6-15 所示。

如果在窗体的某一部分中选择一个字段，系统自动在另一部分中选择相同的字段。在这两部分视图中，用户都可以进行添加、编辑或删除记录等操作。

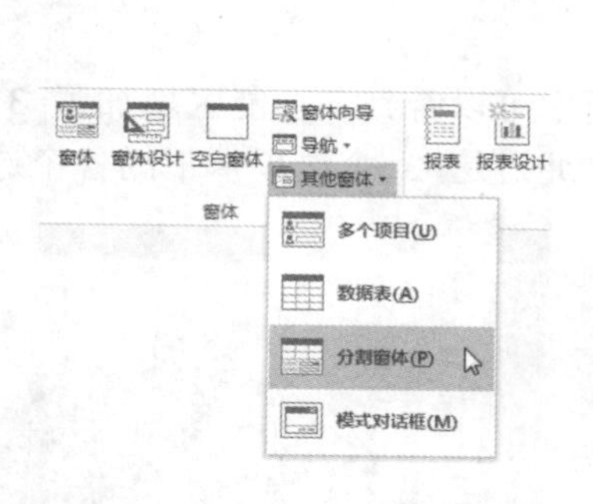

图 6-14　选择【分割窗体】选项

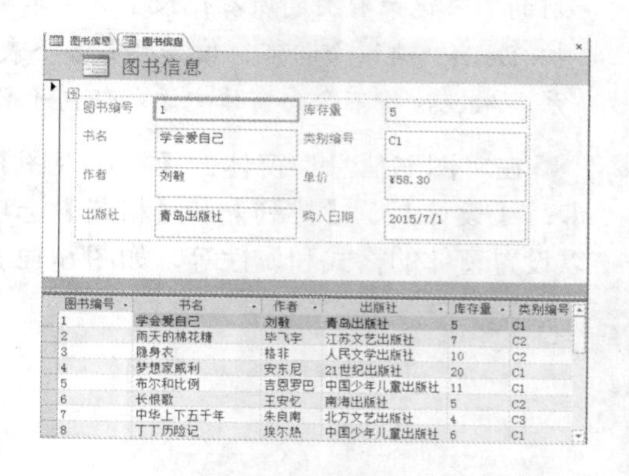

图 6-15　分割窗体

step 04 单击【保存】按钮，保存创建的分割窗体。至此，即完成使用“分割窗体”工具创建分割窗体的操作。

6.2.3 使用“多项目”工具创建显示多个记录窗体

多项目窗体也称作连续窗体，与之前创建的两种窗体不同的是，它可以同时显示多条记录中的信息。下面以“图书管理”数据库中的“图书信息”表作为数据源，使用“多项目”工具创建窗体。具体操作步骤如下。

step 01 启动 Access 2013，打开“图书管理”数据库，在导航窗格中双击打开“图书信息”表。

step 02 切换到【创建】选项卡，单击【窗体】组的【其他窗体】按钮右侧的下拉按钮，在弹出的下拉列表中选择【多个项目】选项，如图 6-16 所示。

step 03 此时将快速创建一个名为“图书信息”的多项目窗体。可以看到，窗体中的数据排列在行和列中，并且同时显示了多个记录，如图 6-17 所示。

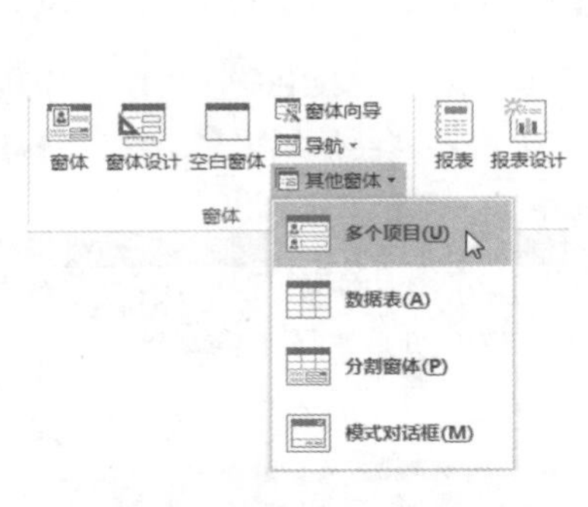

图 6-16 选择【多个项目】选项

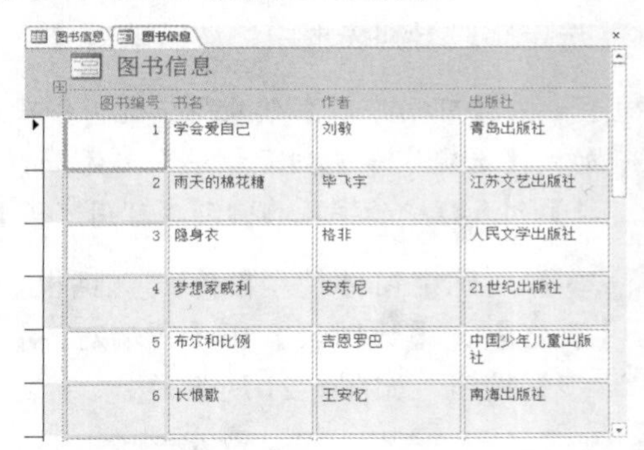

图 6-17 多项目窗体

step 04 单击【保存】按钮，保存创建的多项目窗体。至此，即完成使用“多项目”工具创建窗体的操作。

6.2.4 使用“窗体向导”创建窗体

用户如果想对显示在窗体中的字段有更多的选择，可以使用“窗体向导”来创建窗体。通过该向导可以选择对数据进行分组和排序的方式，并且可以使用来自一个或多个表的字段。

1. 创建基于单表的窗体

下面以“图书管理”数据库中的“读者信息”表作为数据源，使用“窗体向导”工具创建窗体。具体操作步骤如下。

step 01 启动 Access 2013，打开“图书管理”数据库。切换到【创建】选项卡，单击【窗体】组中的【窗体向导】按钮，如图 6-18 所示。

step 02 弹出【窗体向导】对话框，单击【表/查询】下拉列表框右侧的下拉按钮，在弹出的下拉列表中可以看到“图书管理”数据库中的所有表和查询。选择“读者信息”表作为数据源表，如图 6-19 所示。

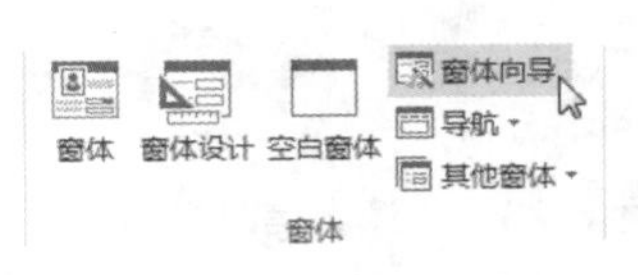

图 6-18 单击【窗体】组中的【窗体向导】按钮

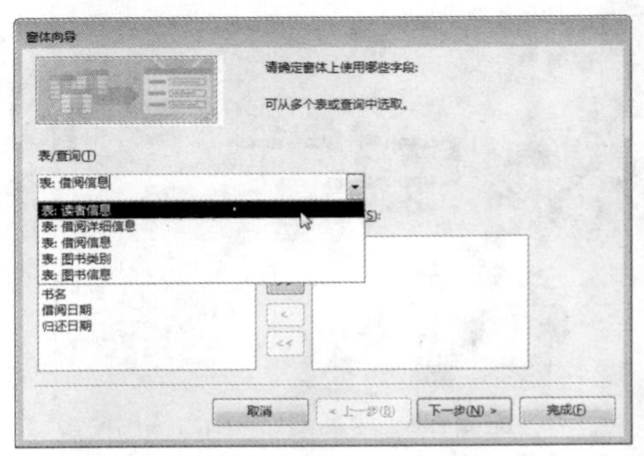

图 6-19 【窗体向导】对话框

step 03 选择“读者信息”表后，在【可用字段】列表框中显示出该表的所有可用字段。单击【全部添加】按钮>>，将【可用字段】列表框中的字段全部添加到右边的【选定字段】列表框中，然后单击【下一步】按钮，如图6-20所示。

在【可用字段】列表框中选中字段后，单击【添加】按钮>可以将字段单个添加到【选定字段】列表框中。若添加错误，可单击<按钮或者<<按钮将【选定字段】列表框中的字段移回到【可用字段】列表框中。

step 04 弹出确定窗体使用的布局对话框，系统提供了 4 种布局方式：【纵栏表】、【表格】、【数据表】和【两端对齐】。选择【纵栏表】布局方式，然后单击【下一步】按钮，如图6-21所示。

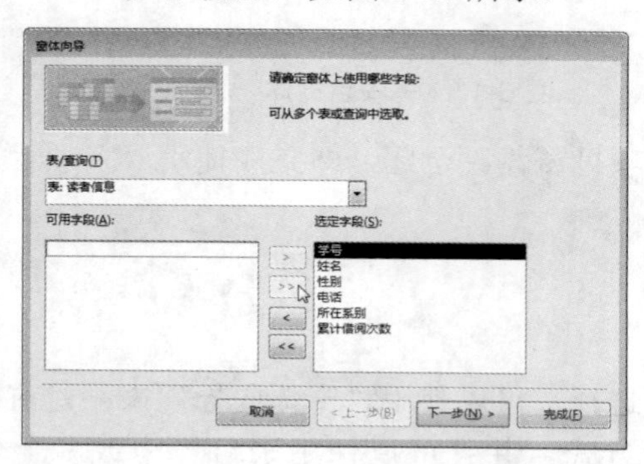

图 6-20　添加全部字段

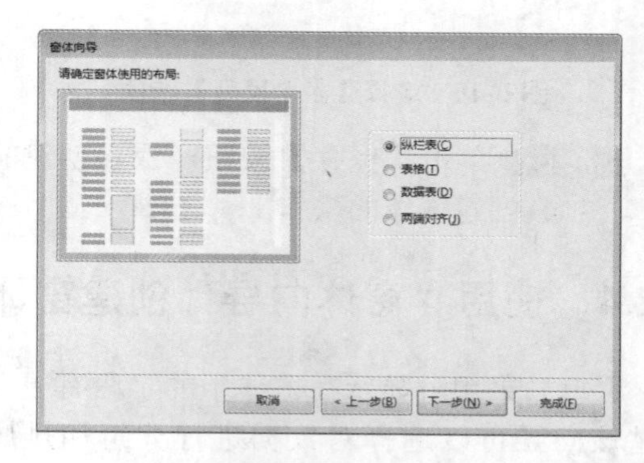

图 6-21　确定窗体使用的布局对话框

step 05 弹出命名对话框，在【请为窗体指定标题】文本框中输入创建的窗体名称“读者信息”，然后选择是要打开窗体还是修改窗体，这里保持默认选项不变，如图6-22所示。

step 06 单击【完成】按钮，此时就创建了名为“读者信息”的窗体。该窗体以纵栏表的形式显示数据，并且每次只显示一条记录。然后单击【保存】按钮，保存创建的窗体。至此，即完成使用“窗体向导”创建基于单表的窗体的操作，如图 6-23所示。

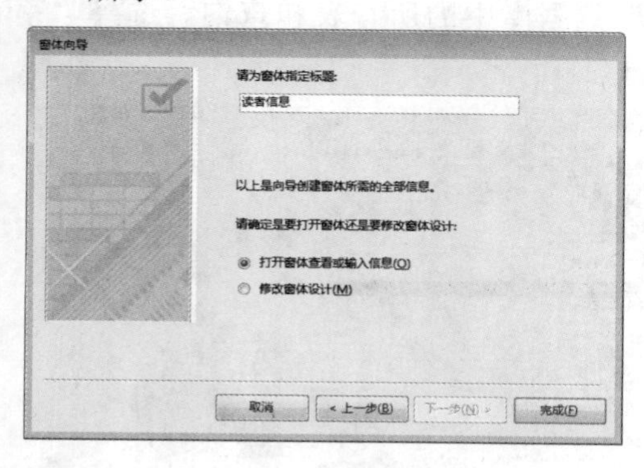

图 6-22　命名对话框

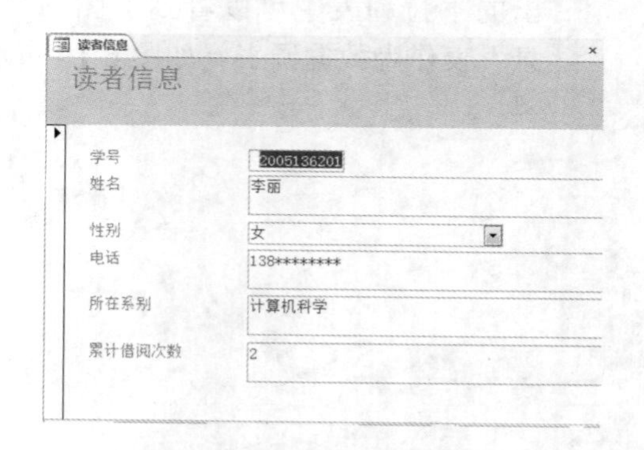

图 6-23　“读者信息”窗体

与使用“窗体”工具自动创建的窗体相比，无论其他表与“读者信息”表这个数据源表有没有表关系，使用“窗体向导”创建的窗体都没有子数据表。

2. 创建基于多表的主窗体和次窗体

使用“窗体向导”也可以创建从多个表中提取数据的窗体。下面以“图书管理”数据库中的“读者信息”表和“借阅信息”表作为数据源，使用“窗体向导”工具创建窗体。具体操作步骤如下。

step 01 启动 Access 2013，打开“图书管理”数据库。切换到【创建】选项卡，单击【窗体】组中的【窗体向导】按钮。

step 02 弹出【窗体向导】对话框，单击【表/查询】下拉列表框右侧的下拉按钮，在弹出的下拉列表中选择“读者信息”表作为窗体的一个数据源表，如图 6-24 所示。

step 03 在【可用字段】列表框中显示出该表的所有可用字段。单击【全部添加】按钮 >>，将字段全部添加到【选定字段】列表框中，如图 6-25 所示。

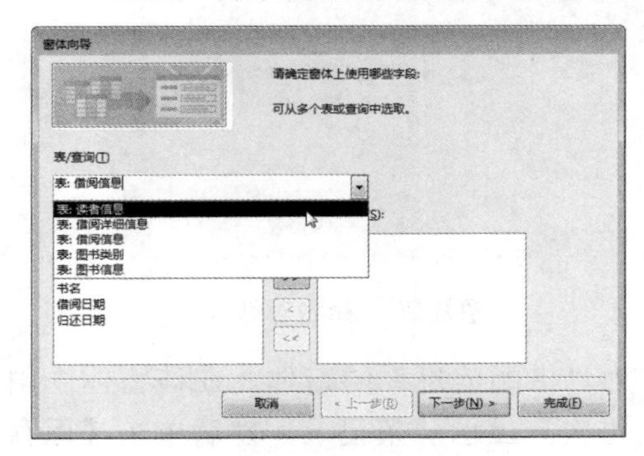

图 6-24 【窗体向导】对话框

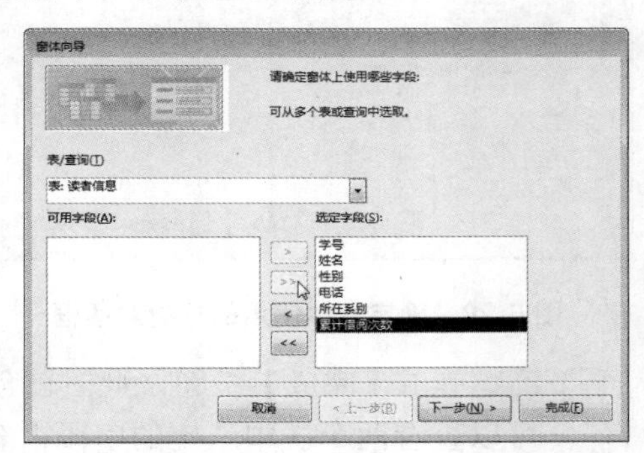

图 6-25 添加全部字段

step 04 使用同样的方法，选择“借阅信息”表作为窗体的另一个数据源表，单击【添加】按钮 >，将该表中的“书名”“借阅日期”和“归还日期”3 个字段添加到【选定字段】列表框中，然后单击【下一步】按钮，如图 6-26 所示。

step 05 弹出确定查看方式对话框，由于有两个数据源表，对应的就有两种查看数据的方式。若要创建带有子窗体的窗体时，选择【通过读者信息】方式进行查看，若需要创建单个窗体，选择【通过借阅信息】方式。这里创建单个窗体，因此选择第二种方式，然后单击【下一步】按钮，如图 6-27 所示。

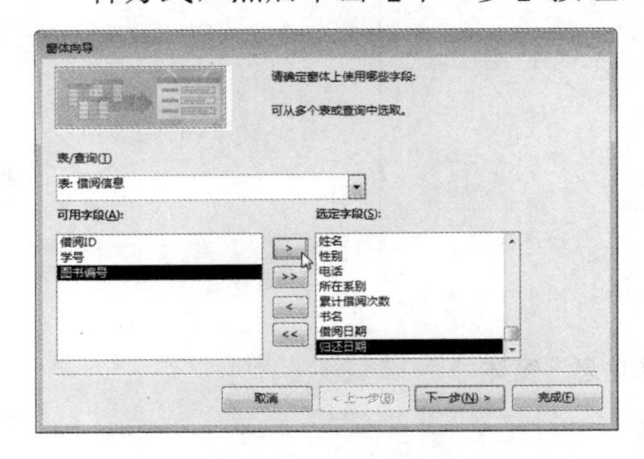

图 6-26 选择“借阅信息”表

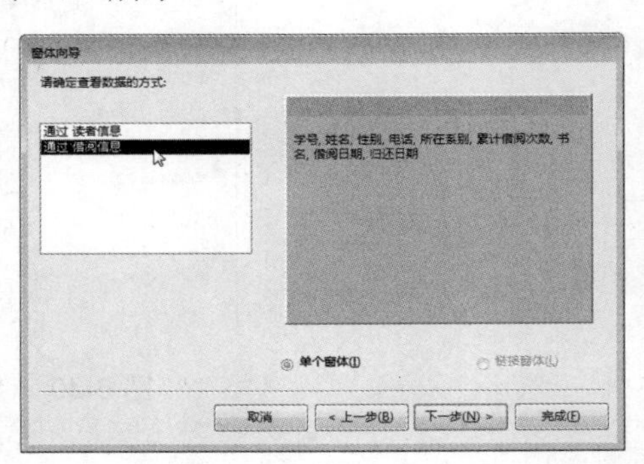

图 6-27 确定查看方式对话框

创建窗体的两个数据源表，必须建立表关系。而且根据表关系是“一对一”还是“一对多”，系统将有不同的查看数据的方式。

step 06 弹出确定窗体使用的布局对话框，选择【纵栏表】布局方式，单击【下一步】按钮，如图 6-28 所示。

step 07 弹出命名对话框，在【请为窗体指定标题】文本框中输入创建的窗体的名称“借阅信息”，然后选择是要打开窗体还是修改窗体，这里保持默认选项不变，如图 6-29 所示。

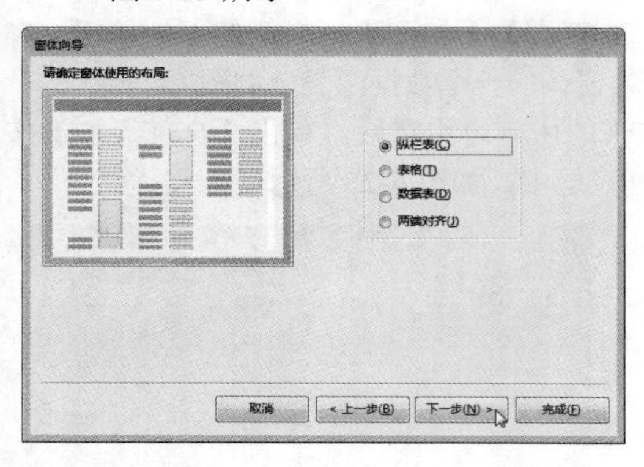

图 6-28 确定窗体使用的布局对话框

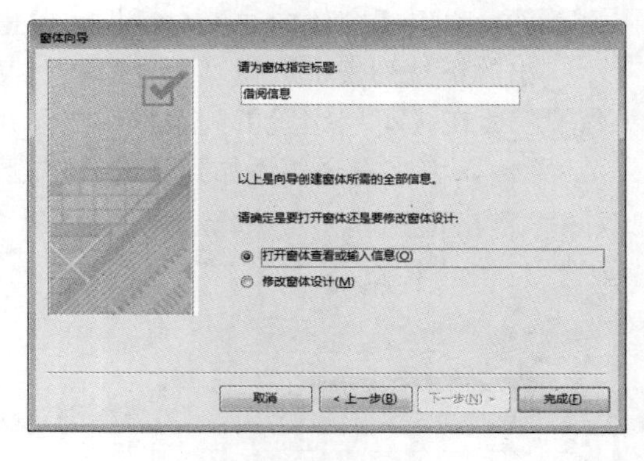

图 6-29 命名对话框

step 08 单击【完成】按钮，此时就创建了名为“借阅信息”的窗体。在该窗体中用户可以查看两个表中选定的字段内容，并且每次只显示一条记录。然后单击【保存】按钮，保存创建的窗体。至此，即完成使用“窗体向导”创建基于多表的窗体的操作，如图 6-30 所示。

基于两个表的窗体创建完成后，从最终的界面上是看不出基于表的个数的。

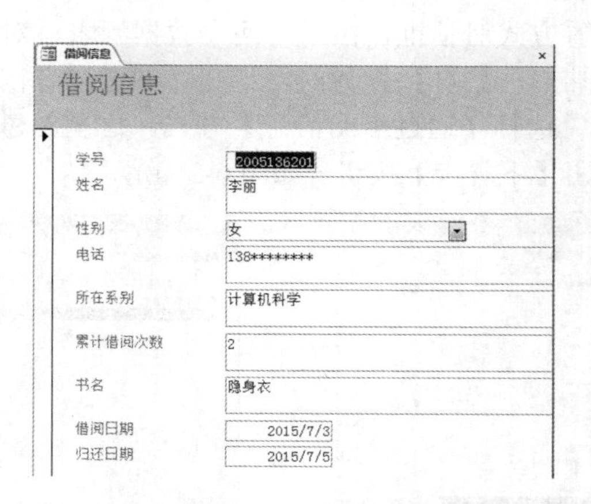

图 6-30 “借阅信息”窗体

6.2.5 使用“空白窗体”工具创建窗体

使用“空白窗体”工具将会打开一个新的空白窗体，然后用户根据需要把一个或多个表中的字段拖到窗体上，从而创建窗体。这是一种非常快捷的窗体构建方法，尤其是当用户只在窗体上放置几个字段时。下面以“图书管理”数据库为例进行介绍。具体操作步骤如下。

step 01 启动 Access 2013，打开“图书管理”数据库。切换到【创建】选项卡，单击【窗体】组中的【空白窗体】按钮。

step 02 此时将创建一个名为“窗体 1”的空白窗体，并自动进入【布局视图】界面。在工作窗口右侧的【字段列表】窗格中，单击【显示所有表】按钮，如图 6-31 所示。

step 03 在【字段列表】窗格中，显示出当前数据库下的所有表，如图 6-32 所示。

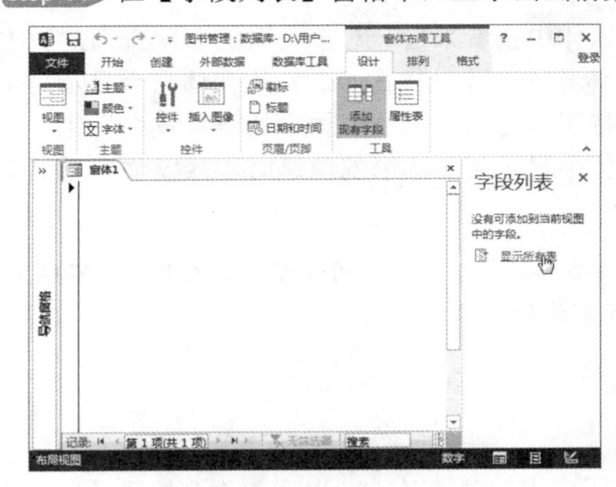

图 6-31 空白窗体

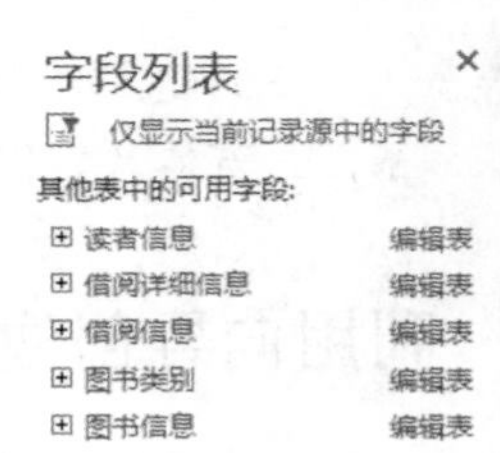

图 6-32 【字段列表】窗格

step 04 单击“读者信息”表前面的【打开】按钮⊞，显示出该表的所有字段，如图 6-33 所示。

step 05 选中某个字段，双击左键，将该字段添加到空白窗体中。或者选中字段后，按住左键不放直接将其拖动到空白窗体中，如图 6-34 所示。

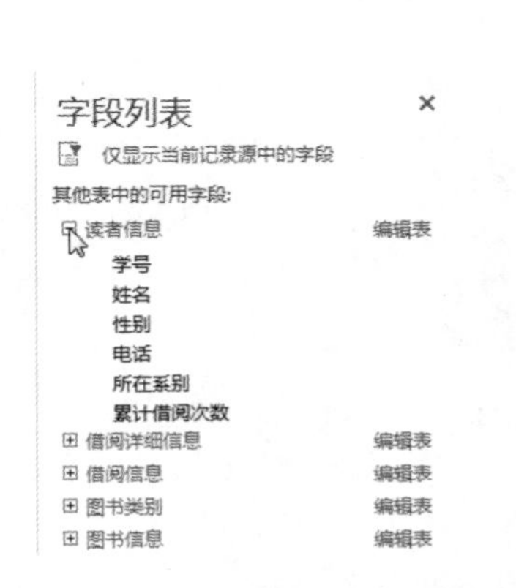

图 6-33 “读者信息”表的所有字段

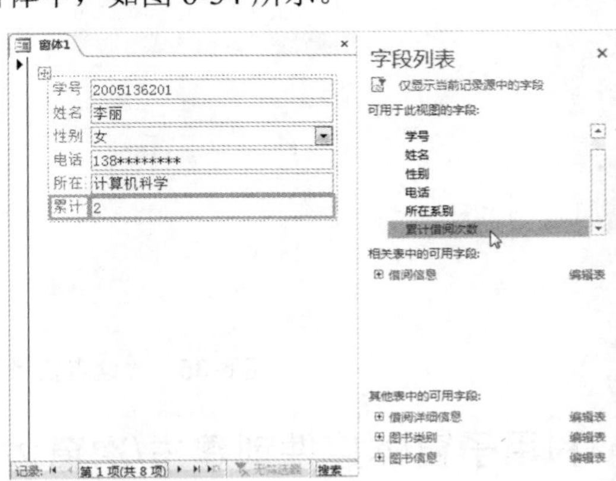

图 6-34 添加字段

在【相关表中的可用字段】中，会显示出与当前表相关的表。使用同样的方法，用户也可以将关联表中的字段添加到空白窗体中。

step 06 单击【保存】按钮，保存创建的窗体。至此，即完成使用“空白窗体”工具创建窗体的操作。

6.3 创建主/次窗体

次窗体是指插入到其他窗体中的窗体，又称为子窗体。被插入的窗体即为主窗体。主/次窗体也被称为阶梯式窗体或父/子窗体。

在处理关系数据库时，若需要在同一窗体中查看来自一对多关系的表或查询的数据时，就需要用到子窗体。在主/次窗体中，主窗体和次窗体链接在一起，次窗体只会显示与主窗体中当前记录相关联的记录。它们的信息保持同步更新，当主窗体中的记录发生变化时，次窗体中的记录也会发生变化。例如，当主窗体中显示某一本书的信息时，次窗体中只显示该书的借阅信息。

在创建主/次窗体之前，确保各窗体的数据源表之间设置好表关系。若不存在表关系，主窗体只能作为容纳无关联子窗体的容器使用。

6.3.1 利用向导创建主/次窗体

在 6.2.4 小节使用“窗体向导”创建基于多表的窗体时，在步骤 5 中若选择【通过读者信息】方式进行查看，就可以创建一个主/次窗体。读者可以参考 6.2.4 小节介绍的方法自行创建该主/次窗体，这里不再重复介绍，如图 6-35 所示。

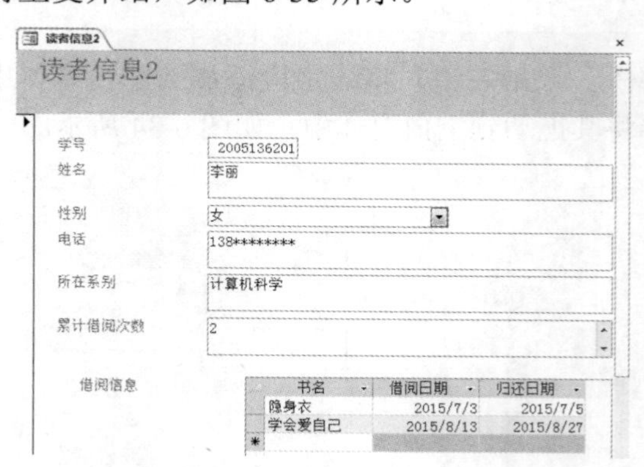

图 6-35 “读者信息 2”主/次窗体

6.3.2 利用子窗体控件创建主/次窗体

在 Access 中，用户也可以利用子窗体控件创建主/次窗体，需要注意的是创建主/次窗体之前，数据源表之间必须建立表关系。下面以“图书管理”数据库中的“图书信息”表和“借阅信息”表作为数据源，使用子窗体控件创建主/次窗体。具体操作步骤如下。

step 01 启动 Access 2013，打开“图书管理”数据库，在导航窗格中双击打开“图书信息”表。切换到【创建】选项卡，单击【窗体】组中的【窗体】按钮，快速创建“图书信息”窗体，如图 6-36 所示。

step 02 为了方便演示如何利用子窗体控件创建主/次窗体，选中窗口下方的借阅信息子窗体，按 Delete 键删除，如图 6-37 所示。

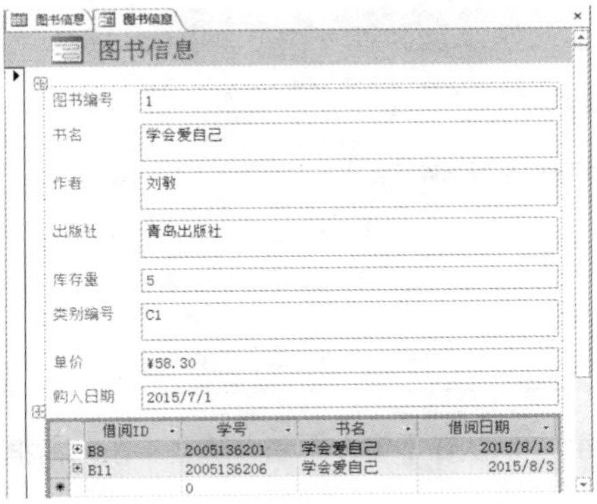

图 6-36 “图书信息”窗体

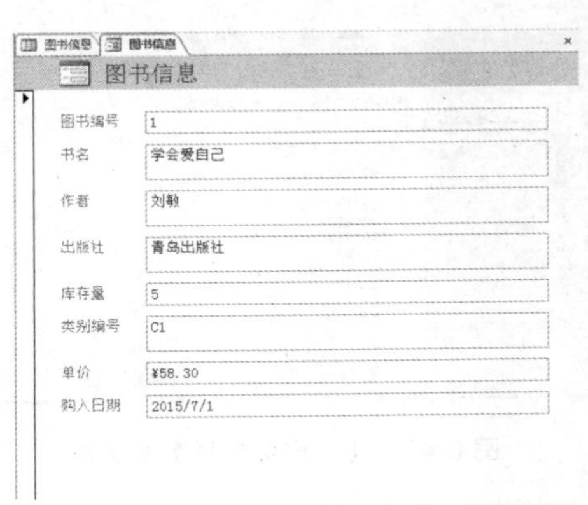

图 6-37 删除借阅信息子窗体

step 03 单击状态栏中的【设计视图】按钮，切换到窗体的【设计视图】界面。此时窗体的工作窗口中共包括三部分：【窗体页眉】、【主体】和【窗体页脚】节。将光标定位在【主体】节下边缘，当光标变为上下箭头时，按住左键不放向下拖动光标，增加【主体】节的高度，如图 6-38 所示。

step 04 切换到【设计】选项卡，单击【控件】组右侧的【其他】按钮，在弹出的下拉列表中选择【子窗体/子报表】选项，然后在【主体】节中单击，如图 6-39 所示。

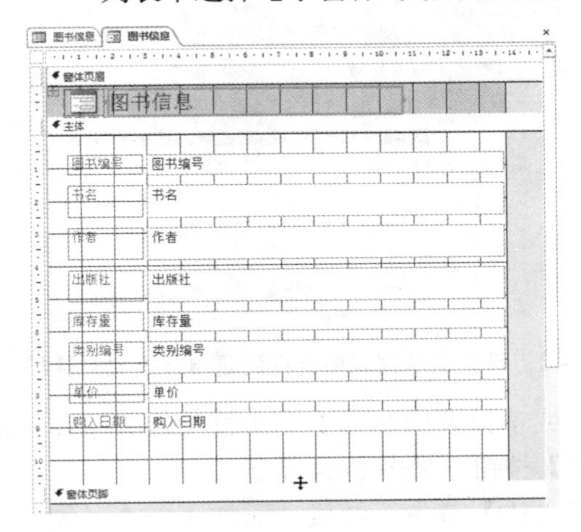

图 6-38 增加【主体】节的高度

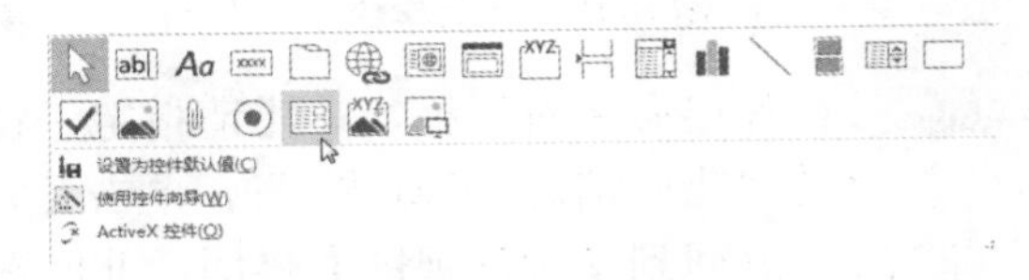

图 6-39 选择【子窗体/子报表】选项

step 05 弹出【子窗体向导】对话框。选中【使用现有的表和查询】单选按钮，表示从表或查询中自行创建子窗体，然后单击【下一步】按钮，如图 6-40 所示。

若选中【使用现有的窗体】单选按钮，表示直接将现有的窗体作为子窗体。

step 06 弹出确认在子窗体中包含哪些字段对话框，单击【表/查询】下拉列表框右侧的下拉按钮，在弹出的下拉列表中选择“借阅信息”表作为子窗体的数据源表，如图 6-41 所示。

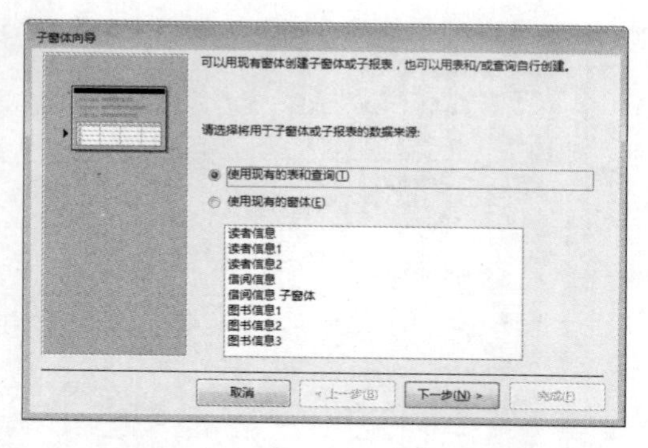

图 6-40 【子窗体向导】对话框

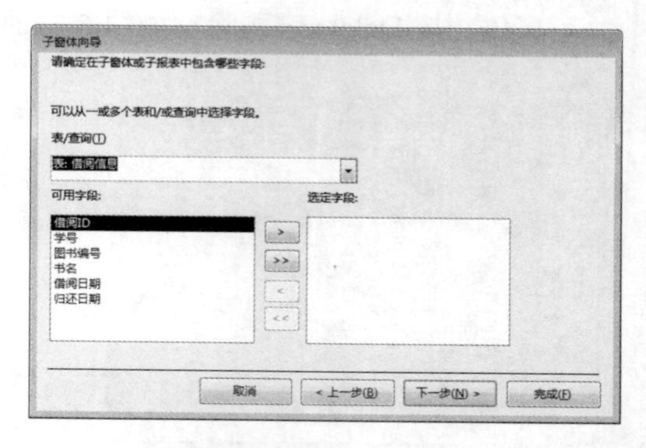

图 6-41 确认在子窗体中包含哪些字段对话框

step 07 在【可用字段】列表框中选中“学号”“书名”“借阅日期”和“归还日期”4 个字段，分别单击【添加】按钮 > ，将其添加到【选定字段】列表框中。操作完成后，单击【下一步】按钮，如图 6-42 所示。

step 08 弹出确定是从列表中选择还是自行定义对话框，用户需要确定是自行定义将主窗体链接到子窗体的字段，还是从下面的列表中进行选择，这里保持默认选项不变，然后单击【下一步】按钮，如图 6-43 所示。

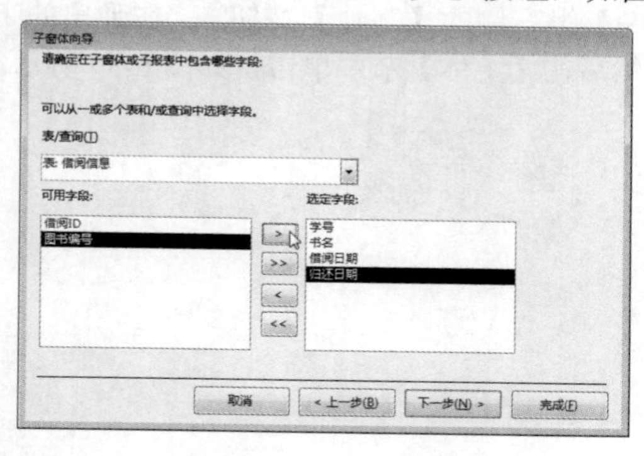

图 6-42 添加字段

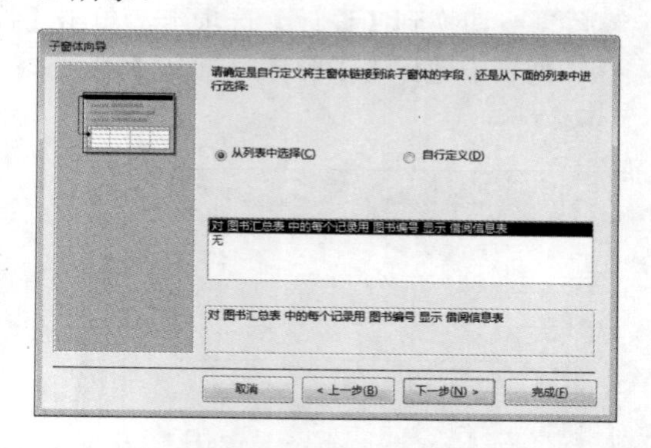

图 6-43 确定是从列表中选择还是自行定义对话框

step 09 弹出命名对话框，在【请指定子窗体或子报表的名称】文本框中输入子窗体的名称“借阅信息 子窗体 1”，单击【完成】按钮，如图 6-44 所示。

step 10 返回到【设计视图】界面，此时在【主体】节中已经成功添加了一个子窗体。并且在导航窗格中可以看到，用户已成功创建了名为“借阅信息 子窗体 1”的子窗体。在【主体】节中选中子窗体的窗口，将其拖动到合适的位置，如图 6-45 所示。

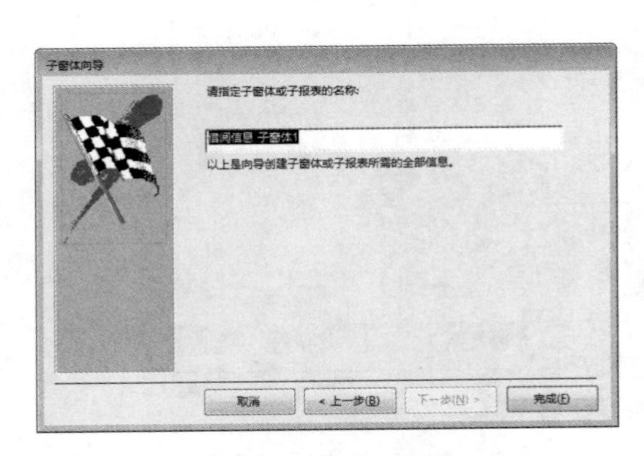

图 6-44　命名对话框

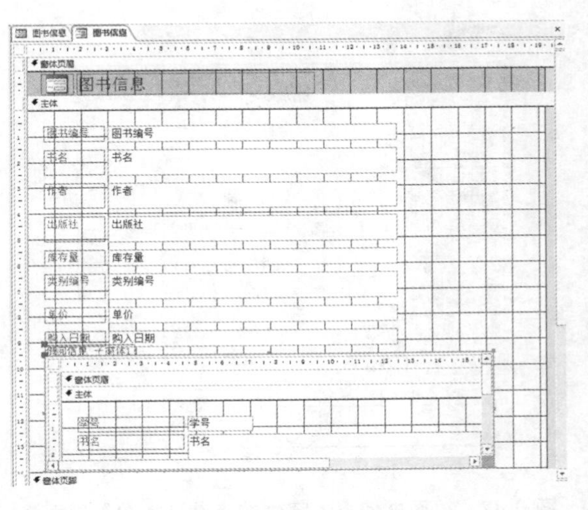

图 6-45　【设计视图】界面

step 11 单击状态栏中的【布局视图】按钮 ，切换到窗体的【布局视图】界面。用户可以查看图书的详细信息及相应的借阅信息，如图 6-46 所示。

step 12 单击【保存】按钮，保存该窗体。至此，即完成利用子窗体控件创建主/次窗体的操作。

图书信息
图书编号 1
书名 学会爱自己
作者 刘敏
出版社 青岛出版社
库存量 5
类别编号 C1
单价 ¥58.30
购入日期 2015/7/1
借阅信息 子窗体1

学号	书名	借阅日期	归还日期
2005136201	学会爱自己	2015/8/13	2015/8/27
2005136206	学会爱自己	2015/8/3	2015/8/29
0			

图 6-46　“图书信息”主/次窗体

6.3.3　用鼠标拖动建立主/次窗体

当数据库中已经存在两个窗体对象，并且希望将一个窗体用作另一个窗体的子窗体时，可以直接用鼠标将子窗体拖动到主窗体中，从而创建主/次窗体。假设“图书管理”数据库中已经存在“图书信息”和“借阅信息”两个窗体，用鼠标拖动来建立主/次窗体。具体操作步骤如下。

step 01 启动 Access 2013，打开“图书管理”数据库，在导航窗格中双击打开“图书信息”窗体。单击界面右下角的【设计视图】按钮 ，切换到窗体的设计视图，如图 6-47 所示。

step 02 在导航窗格中，选中“借阅信息”窗体，按住鼠标左键不放将其拖动到工作窗口的【主体】节中，表示在主窗体中添加子窗体，如图 6-48 所示。

step 03 切换到窗体的【布局视图】界面，可以看到，借阅信息中的记录与图书信息中的记录并不匹配，此时需要设置“借阅信息”子窗体的属性，首先选中这个子窗体，如图 6-49 所示。

step 04 切换到【设计】选项卡，单击【工具】组中的【属性表】按钮，如图 6-50 所示。

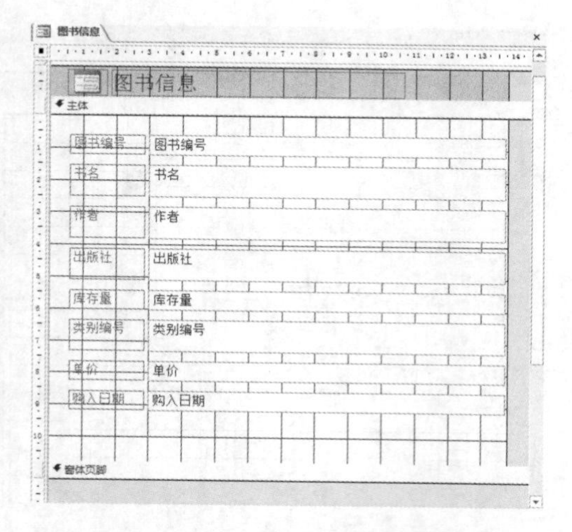

图 6-47 “图书信息”窗体的【设计视图】界面

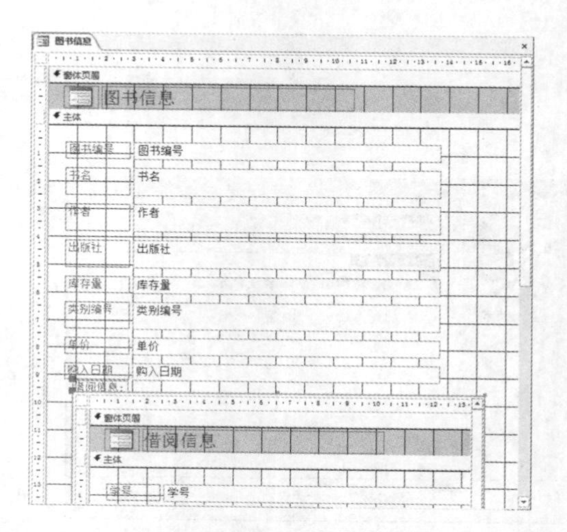

图 6-48 在主窗体中添加子窗体

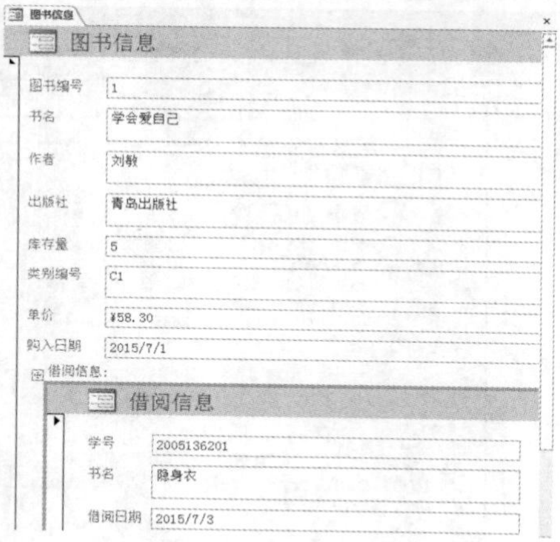

图 6-49 【布局视图】界面

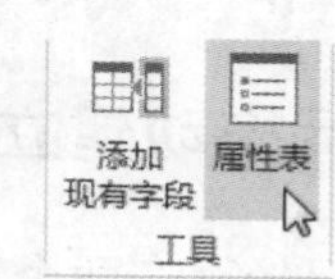

图 6-50 单击【工具】组中的【属性表】按钮

step 05 在工作窗口右侧弹出【属性表】窗格。切换到【数据】选项卡，可以看到，子窗体的【链接主字段】和【链接子字段】属性均为空白，如图 6-51 所示。

step 06 单击【链接子字段】右侧的▭按钮，弹出【子窗体字段链接器】对话框，在【主字段】和【子字段】下拉列表框中分别选择“图书编号”字段，单击【确定】按钮，如图 6-52 所示。

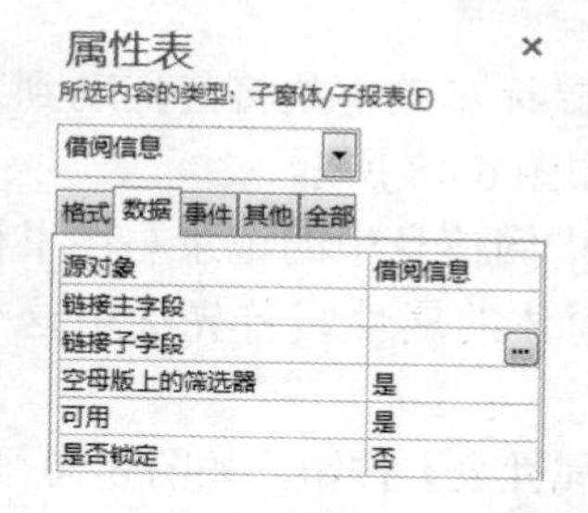

图 6-51 【属性表】窗格

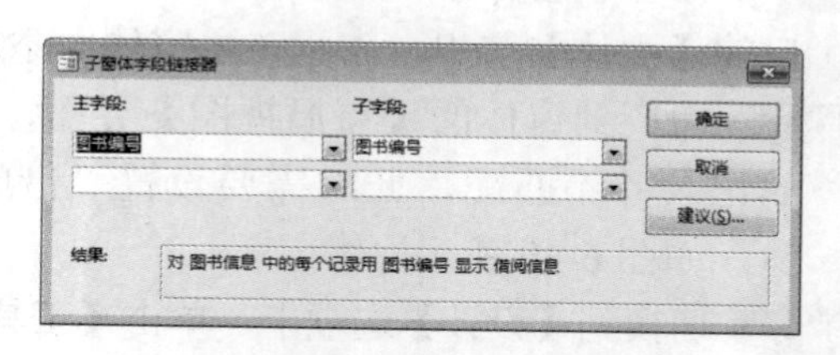

图 6-52 【子窗体字段链接器】对话框

step 07 返回到窗体的【布局视图】界面，此时可以看到，“借阅信息”子窗体显示了该图书的借阅次数，在【记录】栏中单击【下一条记录】按钮，可以查看该图书全部的借阅记录，如图 6-53 所示。

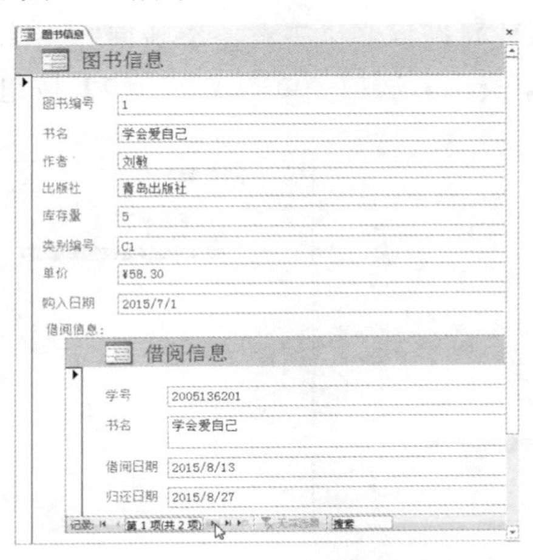

图 6-53 “图书信息”主/次窗体

step 08 单击【保存】按钮，保存该窗体。至此，即完成利用鼠标拖动创建主/次窗体的操作。

6.3.4 创建两级子窗体的窗体

下面在“图书管理”数据库中，将“图书类别”表作为主窗体的数据源，“图书信息”表和“借阅信息”表作为一级子窗体和二级子窗体的数据源，创建含有两级子窗体的窗体。具体操作步骤如下。

step 01 启动 Access 2013，打开“图书管理”数据库。切换到【创建】选项卡，单击【窗体】组中的【窗体向导】按钮。

step 02 弹出【窗体向导】对话框，单击【表/查询】下拉列表框右侧的下拉按钮，在弹出的下拉列表中选择“图书类别”表作为数据源表，如图 6-54 所示。

step 03 单击【全部添加】按钮 >>，将【可用字段】列表框中的字段全部添加到【选定字段】列表框中，如图 6-55 所示。

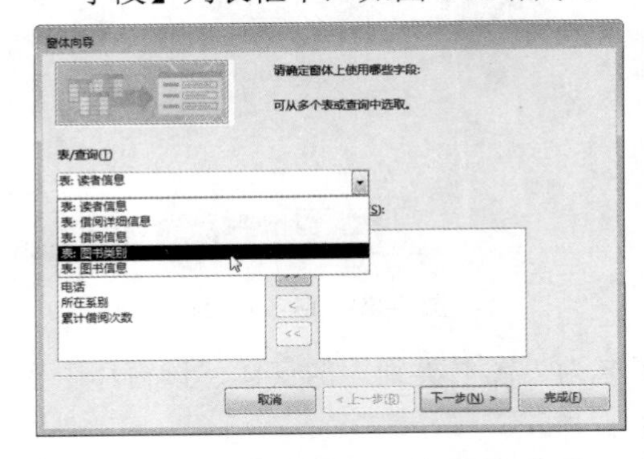

图 6-54 【窗体向导】对话框

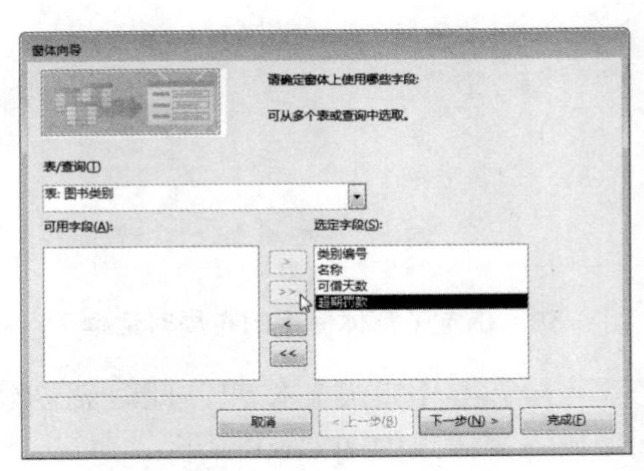

图 6-55 添加所有字段

step 04 使用同样的方法，依次选择“图书信息”表和“借阅信息”表，并将它们的字段全部添加到【选定字段】列表框中。操作完成后，单击【下一步】按钮，如图 6-56 所示。

step 05 弹出确定查看方式对话框，由于有三个数据源表，对应的有三种查看数据的方式。选择【通过 图书类别】选项，单击【下一步】按钮，如图 6-57 所示。

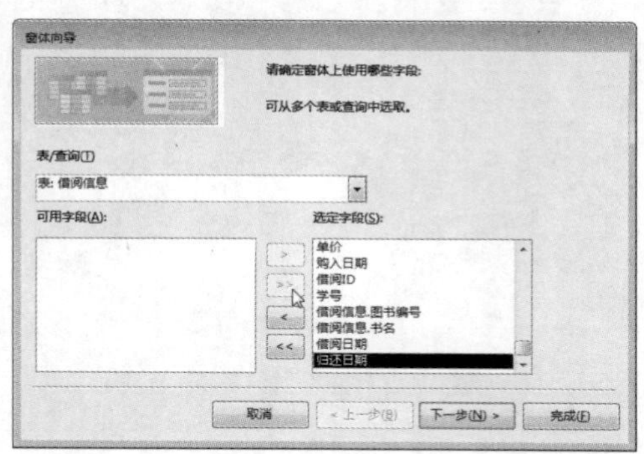

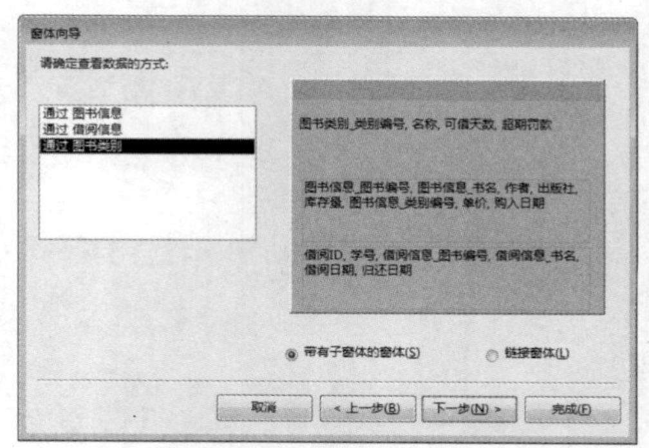

图 6-56　添加其他表的字段

图 6-57　确定查看方式对话框

选择数据的查看方式，实际上是选择将哪个数据源表作为主窗体的内容。

step 06 弹出确定子窗体使用的布局对话框，选中【数据表】单选按钮，单击【下一步】按钮，如图 6-58 所示。

使用数据表的布局方式能呈现更多的数据。

step 07 弹出命名对话框，在【请为窗体指定标题】文本框中输入每个窗体的名称，然后选择是要打开窗体还是修改窗体，这里保持默认选项不变，如图 6-59 所示。

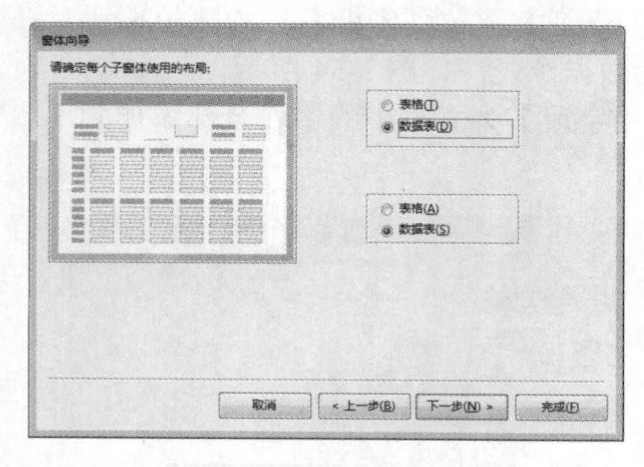

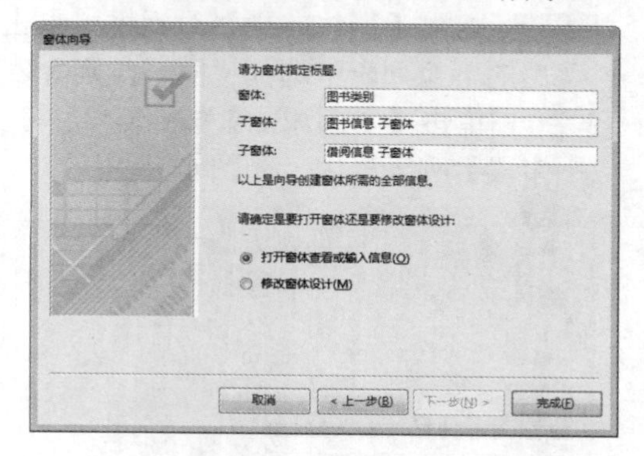

图 6-58　确定子窗体使用的布局对话框

图 6-59　命名对话框

step 08 单击【完成】按钮，此时就创建了名为“图书类别”的窗体，该窗体中含有两个子窗体，如图 6-60 所示。

step 09 单击【保存】按钮，保存该窗体。至此，即完成创建两级子窗体的窗体的操作。

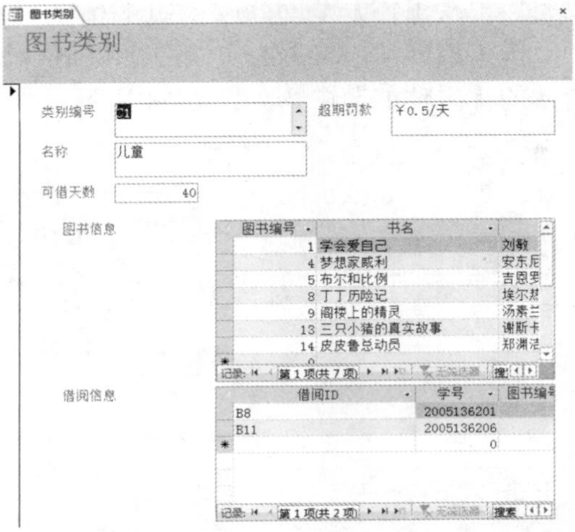

图 6-60　包含两级子窗体的“图书类别”窗体

6.3.5　创建包含嵌套子窗体的窗体

下面在“图书管理”数据库中，以“读者信息”表为主窗体的数据源，“借阅信息”表和“借阅详细信息”表为第一个和第二个子窗体的数据源，来创建包含嵌套子窗体的窗体。具体操作步骤如下。

step 01 启动 Access 2013，打开“图书管理”数据库。以“读者信息”表和“借阅信息”表作为数据源，使用前面介绍的方法创建一个名为“读者信息”的主/次窗体，如图 6-61 所示。

step 02 以“借阅详细信息”表作为数据源，同样地，使用前面介绍的方法快速创建一个名为“借阅详细信息”的窗体，保存并关闭该窗体，如图 6-62 所示。

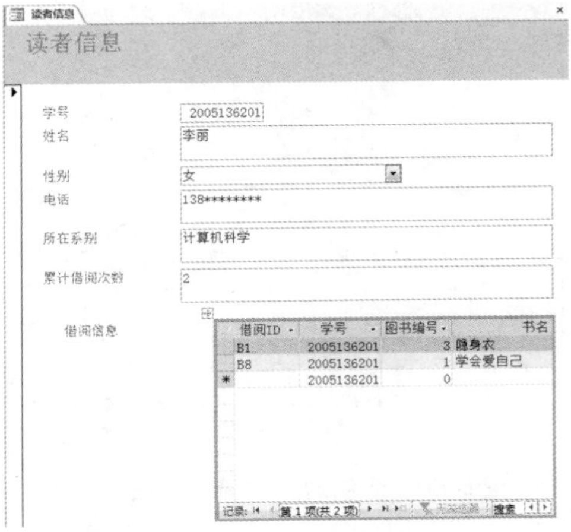

图 6-61　“读者信息”的主/次窗体

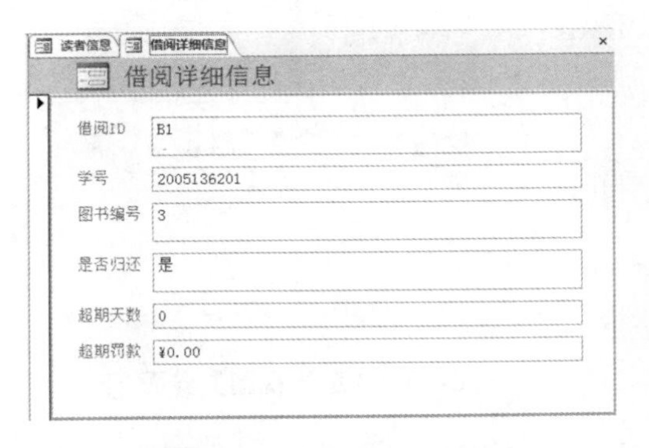

图 6-62　“借阅详细信息”的窗体

step 03 单击状态栏中的【设计视图】按钮，切换到“读者信息”窗体的【设计视图】界面。增加子窗体中【主体】节的高度，如图 6-63 所示。

step 04 在导航窗格中，选中步骤 2 中创建的“借阅详细信息”窗体，按住鼠标左键不放将其拖动到子窗体的【主体】节中，如图 6-64 所示。

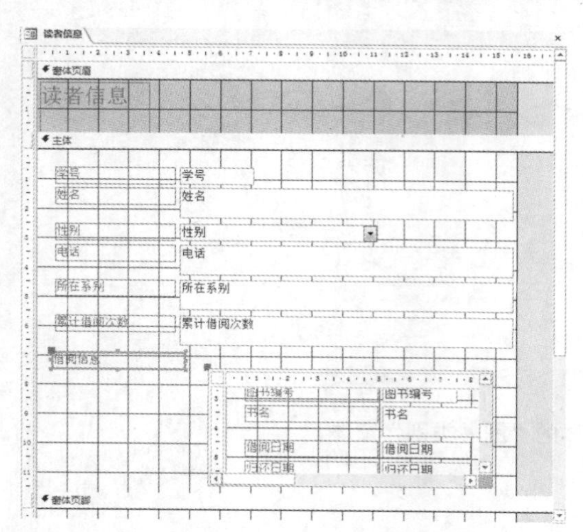

图 6-63　“读者信息”窗体的【设计视图】界面

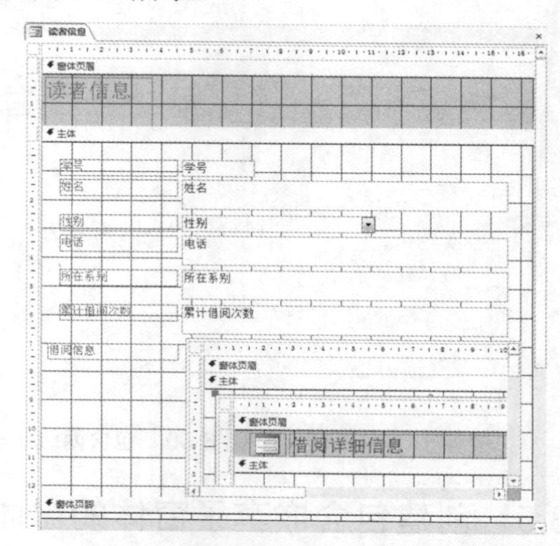

图 6-64　将“借阅详细信息”窗体拖动到子窗体中

step 05 切换到窗体的【窗体视图】界面，可以看到，在“借阅信息”子窗体中，每条对应的记录前面出现一个加号按钮⊞，单击该按钮即可查看嵌套的子窗体，如图 6-65 所示。

step 06 例如单击“借阅 ID”为“B1”的记录前面的加号按钮，可以查看对应的借阅详细信息，如图 6-66 所示。

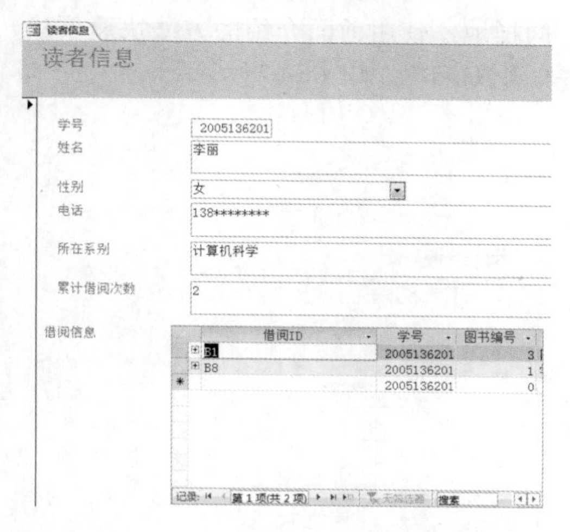

图 6-65　【窗体视图】界面

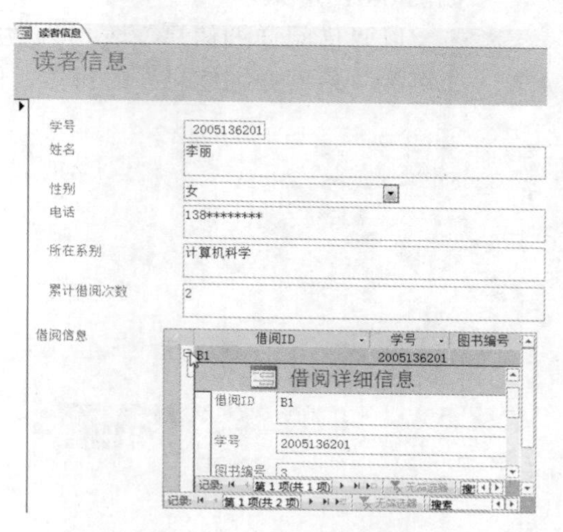

图 6-66　查看对应的借阅详细信息

6.4 使用窗体操作数据

掌握如何创建各种窗体后，接下来开始学习如何对窗体中的各种数据进行操作，包括如何查看、添加、删除、筛选、排序和查找记录等。在窗体中操作各种数据，通常是在窗体的【窗体视图】界面中进行的。

6.4.1 查看、添加、删除记录

窗体创建完成后，用户常常需要在窗体中查看、添加和删除记录，这是经常使用的操作。下面将一一进行介绍。

1. 查看记录

进入窗体的【窗体视图】界面后，即可对窗体中的记录进行查看。使用不同的工具创建的窗体，查看到的记录也不同，有时窗体一次只能查看一条记录，有时窗体一次就可以查看全部的记录。

在查看记录时，用户主要借助于系统的记录栏，也称为导航栏。例如图 6-67 所示的“图书信息”窗体，在工作窗口下方的记录栏中，系统提供有【第一条记录】按钮、【上一条记录】按钮、【下一条记录】按钮和【尾记录】按钮，利用这 4 个按钮用户就可以对记录进行查看。

对于该记录栏显示与否，用户可以在窗体的【属性表】窗格中进行设置。切换到窗体的【设计视图】界面，切换到【设计】选项卡，单击【工具】组中的【属性表】按钮，就可以弹出【属性表】窗格。在【格式】选项卡的【导航按钮】属性中提供了【是】和【否】两种选项，当【导航按钮】为【是】状态时，即会显示记录栏，如图 6-68 所示。

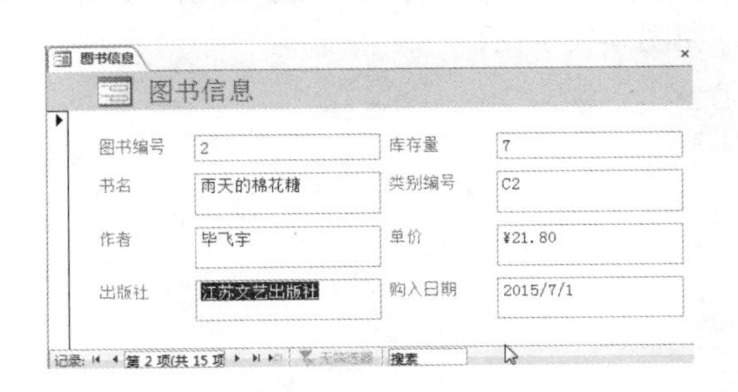

图 6-67 “图书信息”窗体

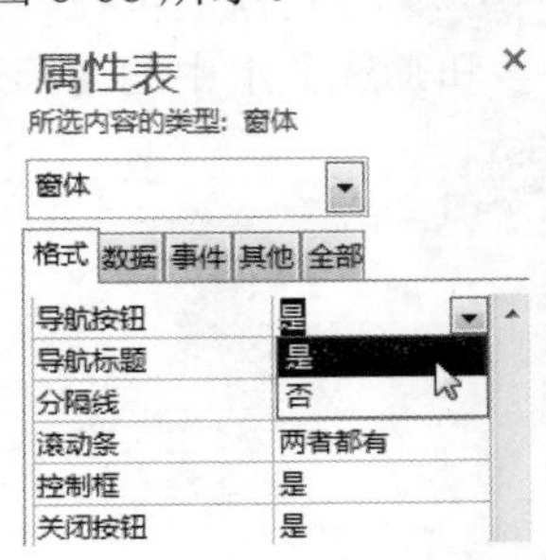

图 6-68 【属性表】窗格

2. 添加记录

在窗体中添加记录，同样需要借助于系统的记录栏。在记录栏中单击【新(空白)记录】按钮，窗体中将显示一个让用户输入数据的空白记录，然后就可以在相应的字段中输入记录，如图 6-69 所示。或者切换到【开始】选项卡，单击【记录】组中的【新建】按钮，也可以显示一个空白记录，如图 6-70 所示。

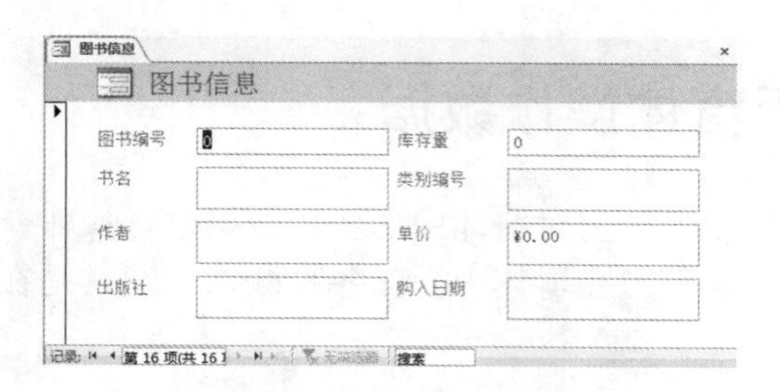
图 6-69　新空白记录

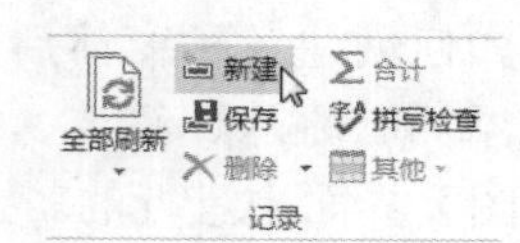
图 6-70　单击【记录】组中的【新建】按钮

3. 删除记录

找到要删除的记录，切换到【开始】选项卡，单击【删除】按钮右侧的下拉按钮，选择【删除】或【删除记录】选项都可以删除该记录，如图 6-71 所示。

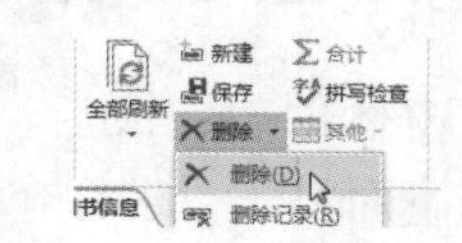
图 6-71　选择【删除】或【删除记录】选项

6.4.2　筛选、排序、查找记录

下面介绍如何在窗体的【窗体视图】界面中进行筛选、排序和查找记录等操作。

1. 筛选记录

在窗体中筛选记录与在数据表中筛选记录的操作类似，下面在“图书管理”数据库中，对“图书类别”窗体的记录进行筛选，筛选出版社为“21 世纪出版社”的所有图书记录。具体操作步骤如下。

step 01 启动 Access 2013，打开“图书管理”数据库。在导航窗格中双击打开“图书类别”窗体，进入到该窗体的【窗体视图】界面，如图 6-72 所示。

step 02 将光标定位在“出版社”字段右侧框中，切换到【开始】选项卡，单击【排序和筛选】组中的【筛选器】按钮，如图 6-73 所示。

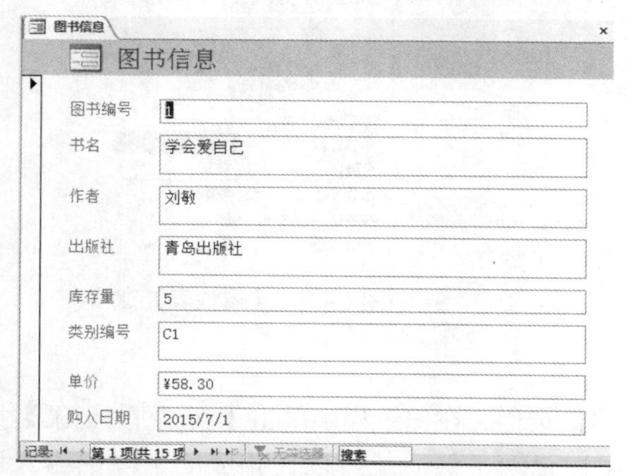
图 6-72　【窗体视图】界面

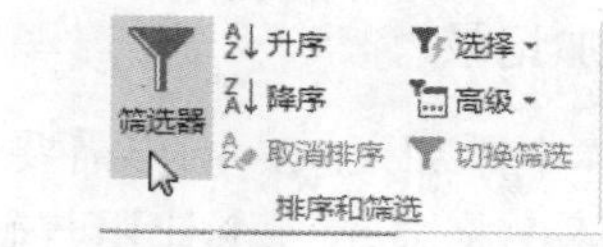
图 6-73　单击【排序和筛选】组中的【筛选器】按钮

step 03 此时在“出版社”字段下方显示出快捷菜单，用户可以使用其中的【文本筛选器】进行筛选，也可以在下面列表框中直接选中出版社，如图 6-74 所示。

step 04 选中【21 世纪出版社】复选框，并取消选中其他的复选框。如图 6-75 所示。

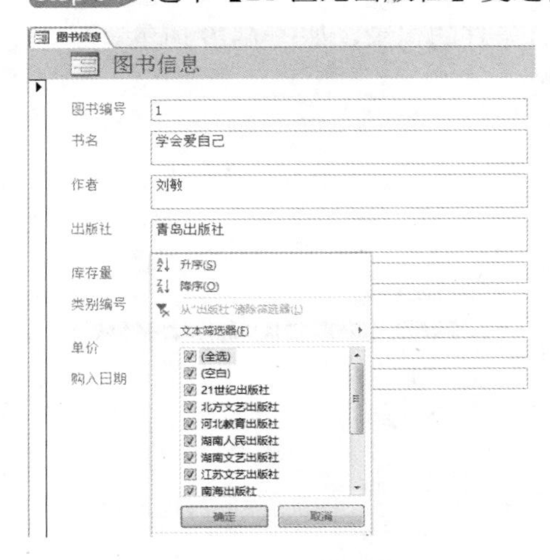

图 6-74 快捷菜单

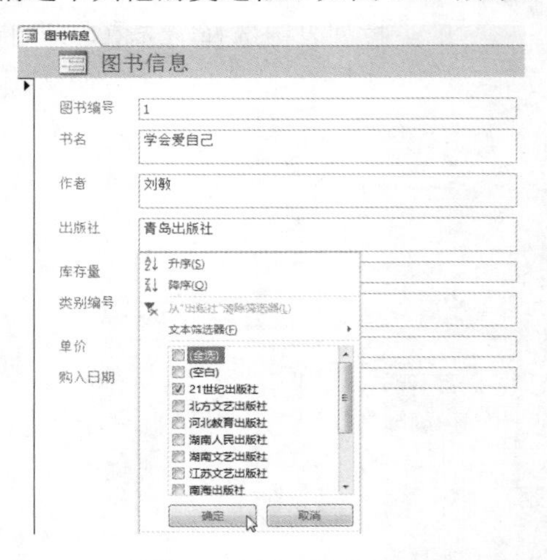

图 6-75 选中【21 世纪出版社】复选框

step 05 单击【确定】按钮，用户可以查看筛选后的记录。在下方【记录】栏中显示共筛选出 3 条符合条件的记录，如图 6-76 所示。

使用同样的方法，可以在筛选后的记录中再次进行筛选。若要清除筛选，切换到【开始】选项卡，单击【排序和筛选】组中的【切换筛选】按钮即可。或者在记录栏中单击【已筛选】按钮，切换到“未筛选”状态，如图 6-77 所示。

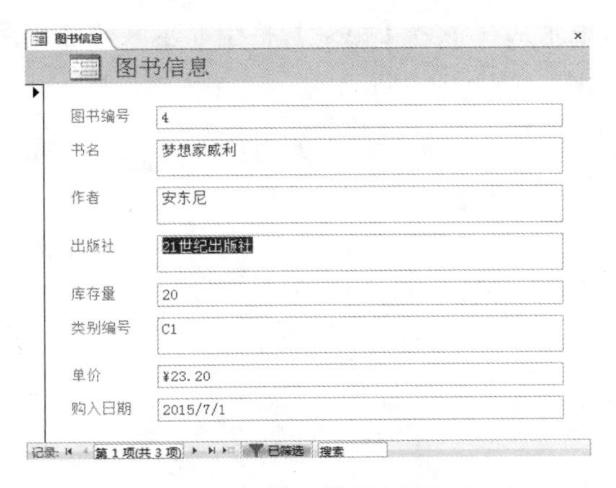

图 6-76 查看筛选后的记录

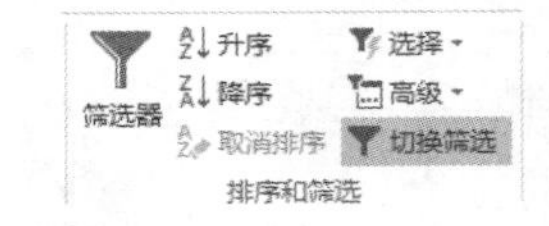

图 6-77 单击【排序和筛选】组中的【切换筛选】按钮

以上只是最简单的一种筛选方法，若要同时设置多个条件的筛选，可以使用按窗体筛选。下面在“图书管理”数据库中，对“图书类别”窗体的记录进行筛选，筛选出版社为“21 世纪出版社”、“购入日期”为“2015/7/1”的所有图书记录。具体操作步骤如下。

step 01 启动 Access 2013，打开“图书管理”数据库。在导航窗格中双击打开“图书类别”窗体，进入到该窗体的【窗体视图】界面。

step 02 切换到【开始】选项卡，单击【排序和筛选】组中的【高级】按钮右侧的下拉按钮，在弹出的下拉列表中选择【按窗体筛选】选项，如图 6-78 所示。

step 03 弹出按窗体筛选的视图，在各字段右侧输入筛选值或者单击下拉按钮，在弹出的下拉列表中选择筛选值，即可筛选出符合条件的记录，如图 6-79 所示。

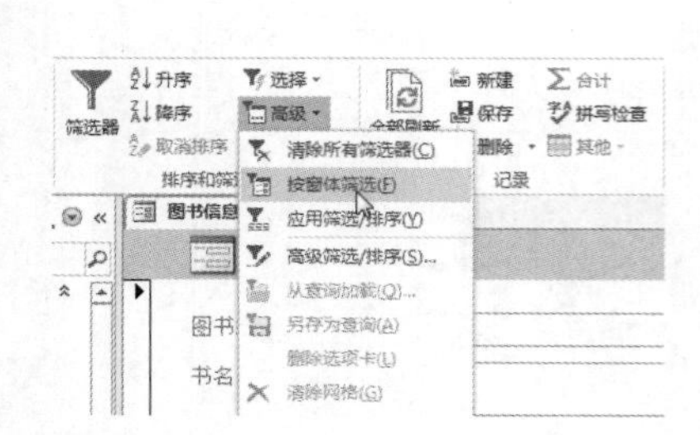

图 6-78 选择【按窗体筛选】选项

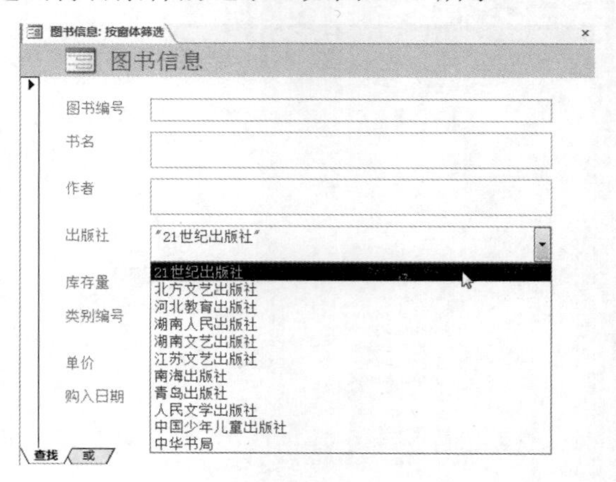

图 6-79 按窗体筛选的视图

step 04 单击“出版社”字段右侧的下拉按钮，在弹出的下拉列表中选择【21 世纪出版社】选项。使用同样的方法，设置“购入日期”为#2015/7/1#选项，如图 6-80 所示。

提示 若需要对同一字段设置多个筛选值，在下方的状态栏中切换到【或】选项卡，切换到下一个视图再输入筛选值。

step 05 筛选值设置完成后，切换到【开始】选项卡，单击【排序和筛选】组中的【切换筛选】按钮。用户可以查看筛选后的记录，在下方【记录】栏中显示共筛选出两条符合条件的记录，如图 6-81 所示。

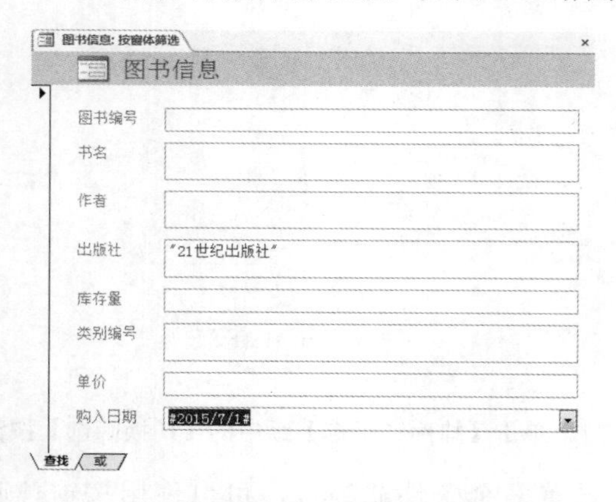

图 6-80 设置筛选值

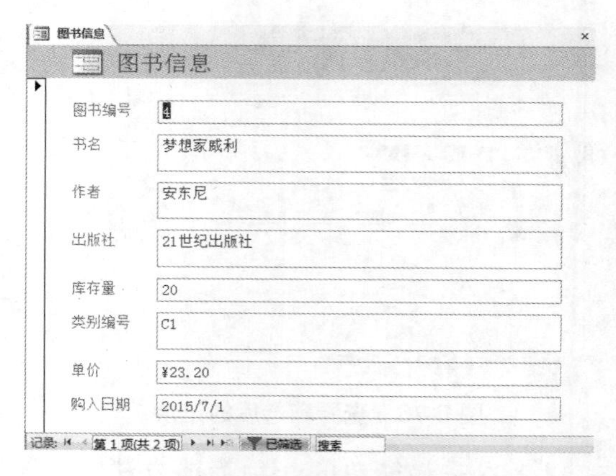

图 6-81 查看筛选后的记录

Access 提供了多种筛选方法，本小节只是介绍了两种常用的方法，用户还可以右击，在弹出的快捷菜单中选择相应的筛选命令，或者在【排序和筛选】组中单击【选择】按钮进行筛选。如果是更复杂的筛选，可以使用【高级筛选/排序】选项来操作。

2. 排序记录

在窗体中只能对一个字段进行排序，将光标定位在要进行排序的字段右侧的框中，单击【排序和筛选】组中的【升序】或【降序】按钮，就可以对该字段进行排序，如图 6-82 所示。或者右击，在弹出的快捷菜单中选择【升序】或【降序】命令对该字段进行排序，如图 6-83 所示。

图 6-82 单击【升序】或【降序】按钮

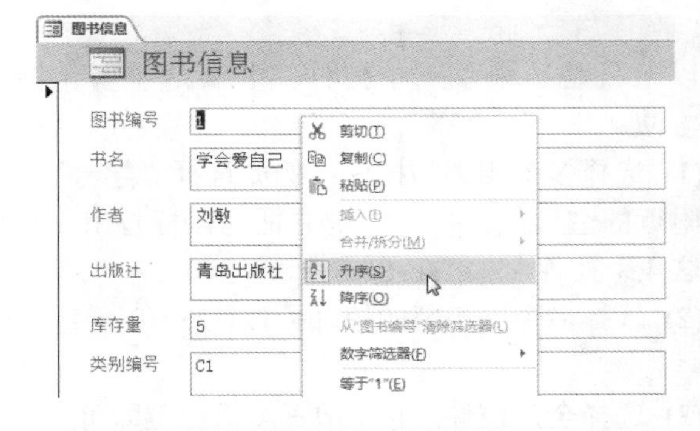

图 6-83 快捷菜单

无论对记录进行怎样的排序，在进行排序操作后，保存窗体时，Access 将保存该排序。并且在重新打开窗体时，将自动重新应用排序。若要取消排序，单击【排序和筛选】组中的【取消排序】按钮即可。

3. 查找记录

在窗体中查找记录同在数据表中查找记录的操作类似。切换到【开始】选项卡，单击【查找】组中的【查找】按钮，如图 6-84 所示。或者直接按 Ctrl + F 组合键，弹出【查找和替换】对话框。通过该对话框，用户就可以完成查找记录的操作，如图 6-85 所示。对于【查找和替换】对话框的详细介绍，可以参考第 4 章关于数据表的数据查找这一小节内容，这里不再赘述。

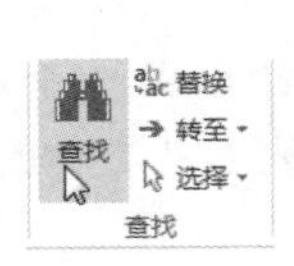

图 6-84 单击【查找】组中的【查找】按钮

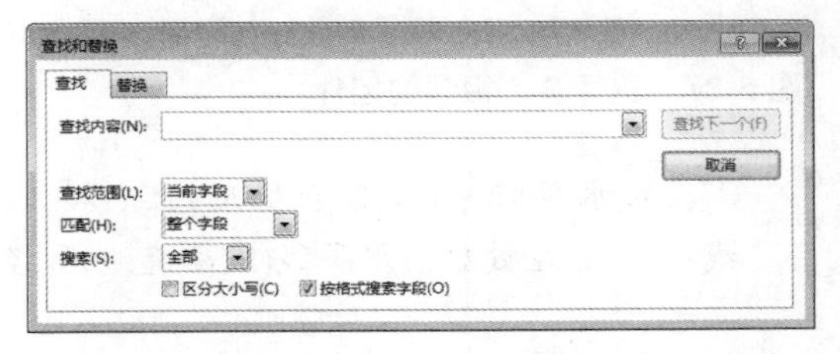

图 6-85 【查找和替换】对话框

6.5 设置窗体格式

在前面小节中介绍了利用各种工具来创建不同类型的窗体。可以看到，创建的窗体并不美观，用户还可以根据需要对窗体的各种控件进行调整，包括调整大小、位置、颜色、外观等，从而使窗体布局更合理，看起来更美观。

1. 选择控件

若需要调整窗体中的控件，首先要选定它们，才能进行各种操作。选中某控件，单击即可选定它。可以看到，此时它的周围出现了 6 个方块，又称为控制柄，使用这些方块即可以调整控件的大小和位置，其中左上角的方块因为作用特殊，因此比较大，如图 6-86 所示。

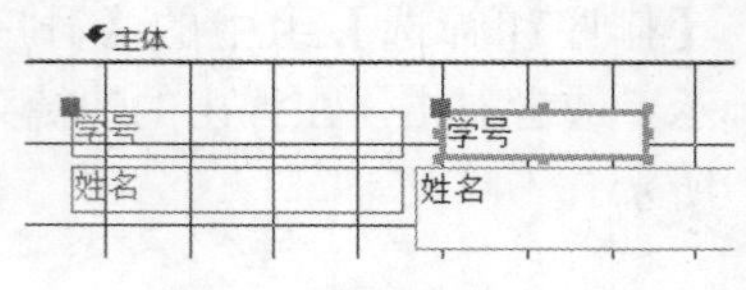

图 6-86　选择控件

以上只是选中了一个控件，若要选中多个控件，参考以下方法。

(1) 选择多个相邻的控件：例如选择“学号”到“电话”4 个相邻的控件，将光标定位在控件附近的空白处，按下左键并拖动鼠标拉出一个框，包围着这些字段，松开左键，就可以选中这 4 个控件，如图 6-87 所示。

(2) 选择多个不相邻的控件：按住 Shift 键或 Ctrl 键不放，单击各个控件即可，如图 6-88 所示。

(3) 选择全部控件，按 Ctrl + A 组合键即可。

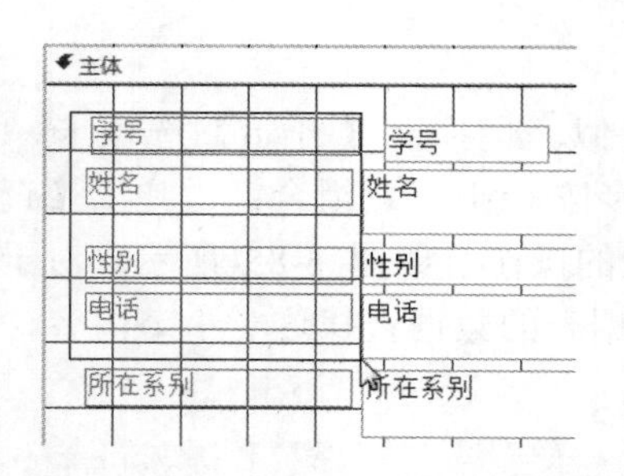

图 6-87　选择多个相邻的控件

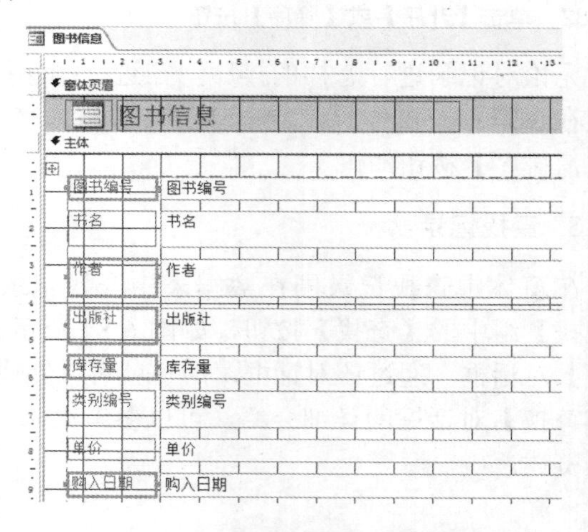

图 6-88　选择多个不相邻的控件

在水平标尺(或垂直标尺)上，按下左键不放，此时会出现一条水平线(或垂直线)，松开左键后，水平线(或垂直线)所经过的控件将全部被选中，如图 6-89 所示。

2. 移动控件

选择一个或多个控件后，将光标放置在控件上，会出现十字箭头，此时按下左键拖动鼠标，即可移动控件，如图 6-90 所示。若将光标定位在左上角比较大的方块上，可以移动单个控件。

用户还可以使用键盘来移动控件。选中控件后，按←/→键可以左右移动，↑/↓键则可以上下移动。若按 Ctrl + ←/→组合键或者 Ctrl + ↑/↓组合键，还可以对控件进行精细的位置调整。

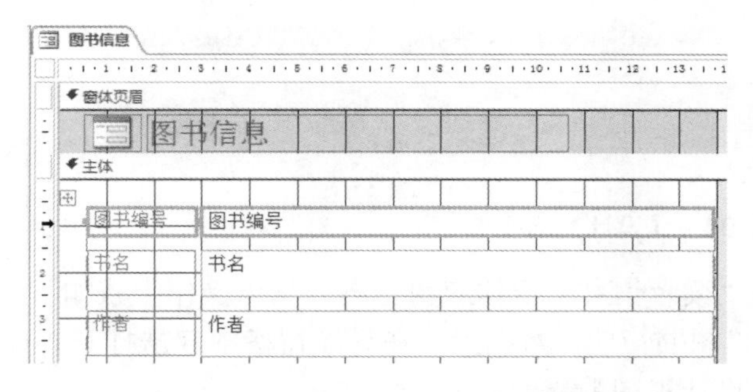

图 6-89 在水平标尺上选择控件

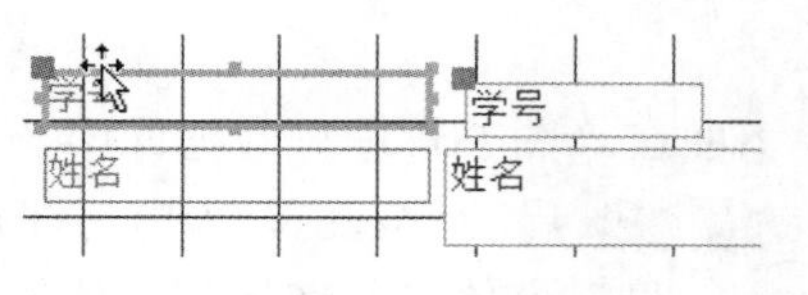

图 6-90 移动控件

3. 调整大小

选择控件后，将光标定位于控件的方块上，当光标变为双箭头形状时，按下左键向上或向下拖动鼠标，即可调整控件的大小，如图 6-91 所示。

同样地，也可以使用键盘来调整控件大小。选中控件后，按 Shift + ←/→组合键可以横向缩小或放大，按 Shift+↑/↓组合键则可以纵向缩小或放大。

还可以通过窗体【属性表】窗格中的【格式】选项卡来调整控件的大小，在【格式】选项卡的【宽度】和【高度】属性中输入具体的属性值即可，如图 6-92 所示。

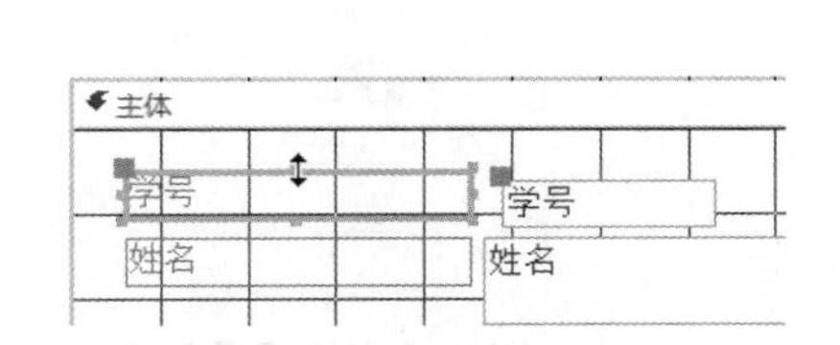

图 6-91 调整控件的大小

图 6-92 【宽度】和【高度】选项

4. 删除控件

选中控件后，按 Delete 键，可以删除选中的控件。或者右击，在弹出的快捷菜单中选择【删除】命令，也可以删除控件，如图 6-93 所示。

上述方法只是最基本的格式设置，在窗体的【设计视图】界面中，用户还可以通过【窗体设计工具】中的【设计】、【排列】和【格式】3 个选项卡进行复杂的格式设置。例如，在【设计】选项卡中，通过【主题】组可以设置窗体的主题、颜色和字体，在【控件】组中可以添加各种控件，在【页眉/页脚】组中则可以添加窗体徽标、标题、日期和时间等，如图 6-94 所示。

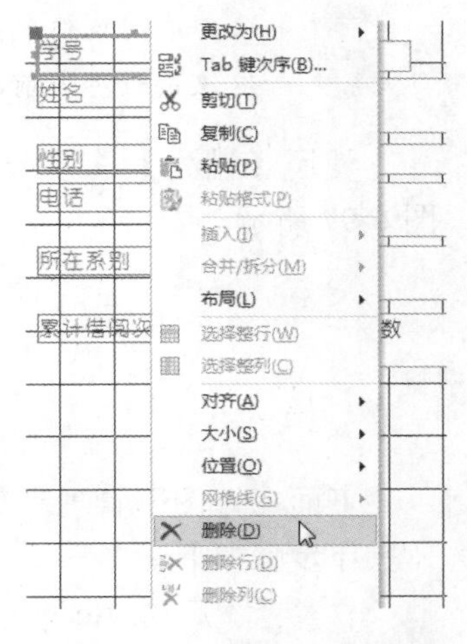

图 6-93 选择【删除】命令

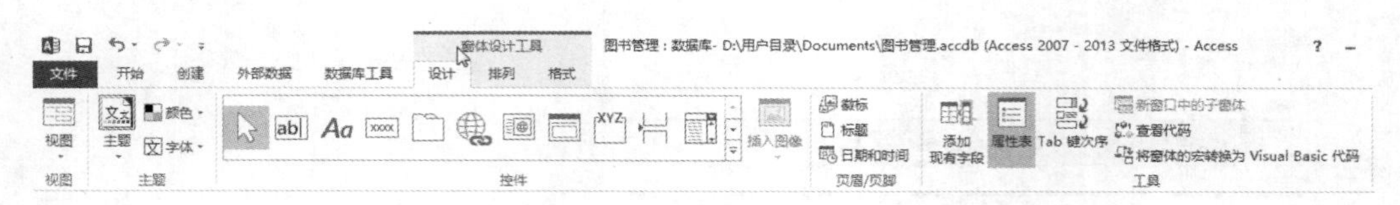

图 6-94 【设计】选项卡

下面在“图书管理”数据库中，对“读者信息”窗体应用主题。具体操作步骤如下。

step 01 启动 Access 2013，打开“图书管理”数据库。在导航窗格中双击打开“读者信息”窗体，并切换到窗体的【设计视图】界面。

step 02 切换到【设计】选项卡，在【主题】组中单击【主题】按钮下方的下拉按钮，在弹出的下拉列表中可以看到，系统提供了多套应用主题，利用这些主题，可以非常容易地创建设计精美、时尚美观的窗体，如图 6-95 所示。

step 03 选择某一种主题，切换到窗体的【窗体视图】界面，用户可以查看最终的效果，如图 6-96 所示。

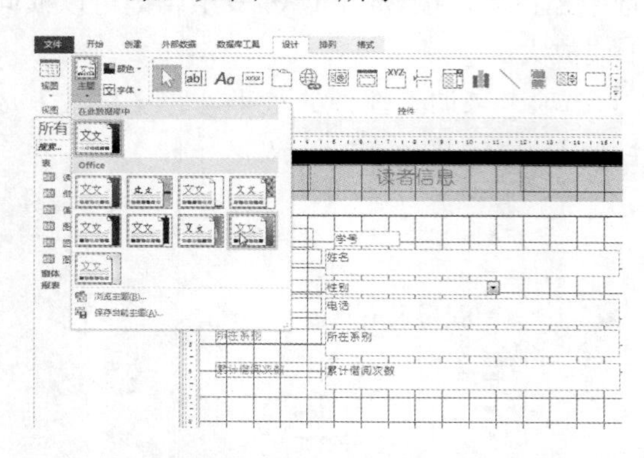

图 6-95 【主题】下拉列表

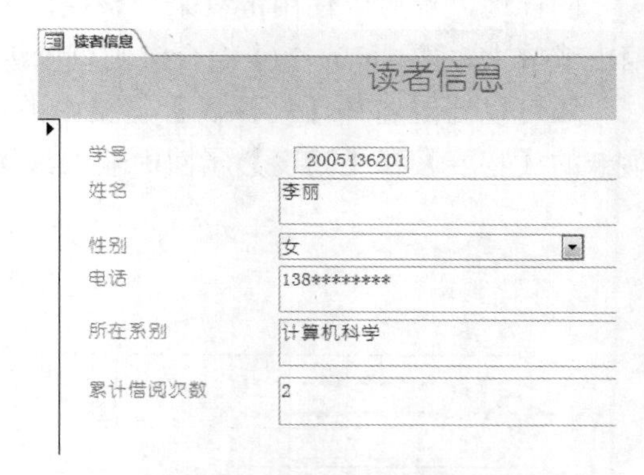

图 6-96 【窗体视图】界面

应用窗体的主题后，会使当前数据库下所有对象的格式都发生同样的改变，而不仅仅是针对当前的窗体。

使用【排列】选项卡，用户可以设置各个控件的对齐方式、调整各控件的间距等，如图 6-97 所示。

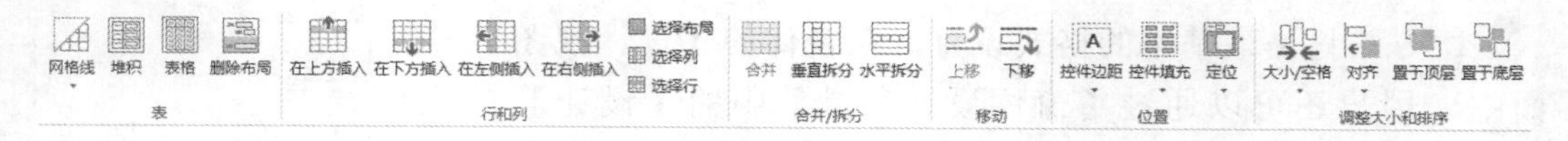

图 6-97 【排列】选项卡

下面在“图书管理”数据库中，对“读者信息”窗体使用【排列】选项卡设置格式。具体操作步骤如下。

step 01 启动 Access 2013，打开“图书管理”数据库。在导航窗格中双击打开“读者信息”窗体，并切换到窗体的【设计视图】界面。

step 02 选中右侧各文本框控件，切换到【排列】选项卡，单击【调整大小和排序】组中的【对齐】按钮下方的下拉按钮，在弹出的下拉列表中可以选择是靠左对齐还是靠右对齐等，如图 6-98 所示。

step 03 选择【靠左】选项，可以看到选中的控件已经靠左对齐，如图 6-99 所示。

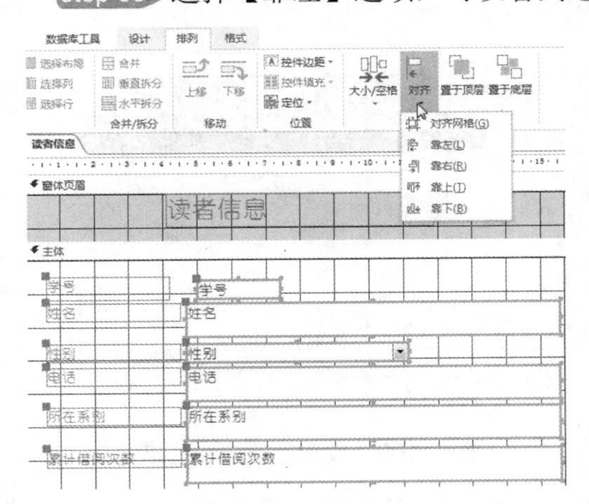

图 6-98 【对齐】选项的下拉列表

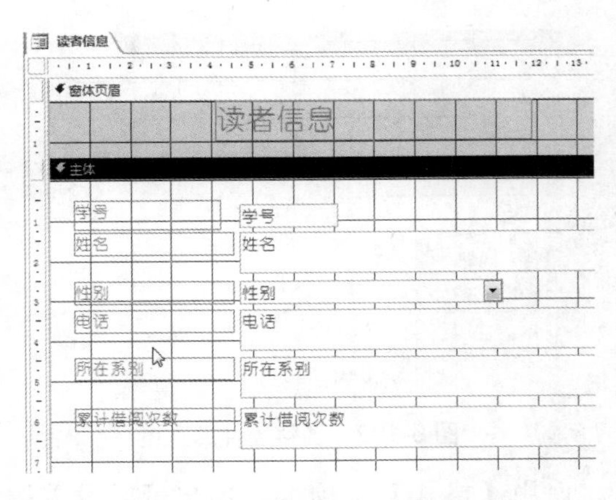

图 6-99 使控件靠左对齐

右击，在弹出的快捷菜单中依次选择【对齐】|【靠左】命令，也可以使各控件靠左对齐，如图 6-100 所示。

step 04 单击【调整大小和排序】组中的【大小/空格】按钮下方的下拉按钮，在弹出的下拉列表中可以调整控件的大小、间距等，如图 6-101 所示。

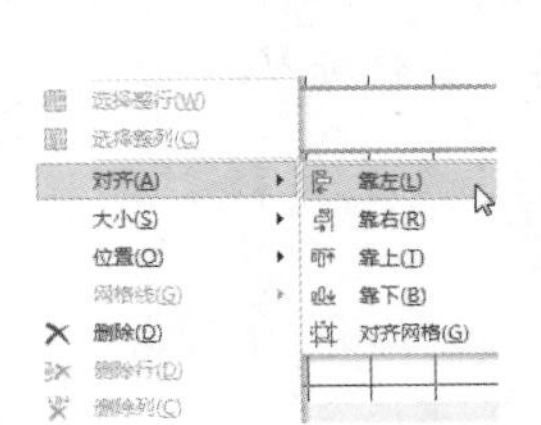

图 6-100 选择【对齐】|【靠左】命令

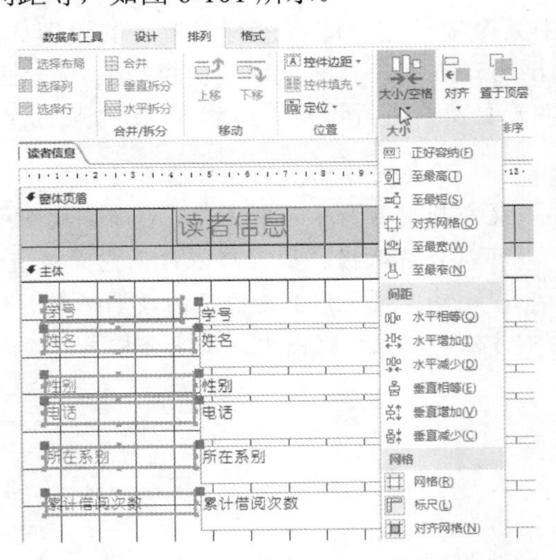

图 6-101 【大小/空格】选项的下拉列表

step 05 例如，选择【正好容纳】选项，可以看到控件的宽度根据内容自动进行了调整，如图 6-102 所示。

step 06 使用同样的方法，设置其他控件的对齐方式、大小和间距等，如图 6-103 所示。

在【大小/空格】选项的下拉列表中，选择【垂直相等】选项，可以设置各控件的垂直距离相等。

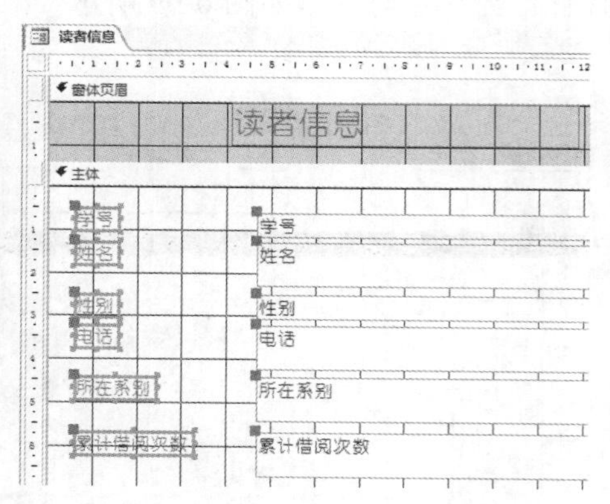

图 6-102　调整控件的宽度

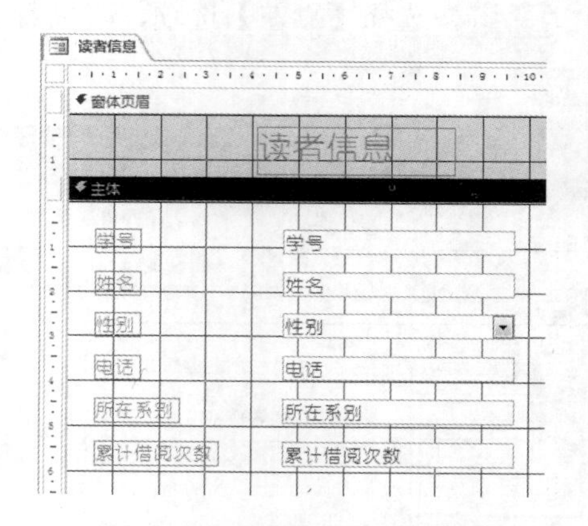

图 6-103　设置其他控件的格式

使用【格式】选项卡，用户可以设置控件的字体大小、背景色、字体颜色、背景图像等，如图 6-104 所示。

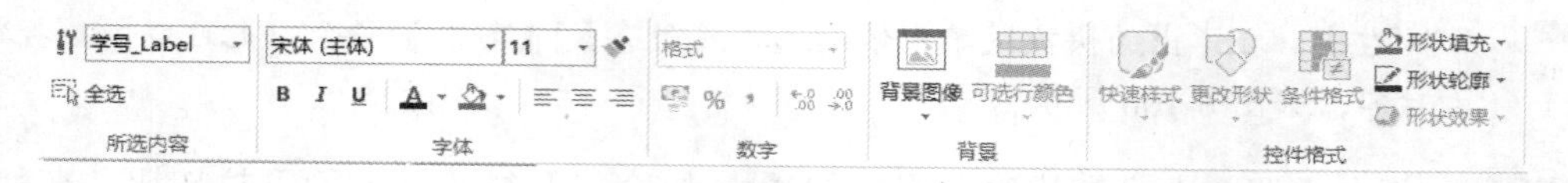

图 6-104　【格式】选项卡

选中某个控件后，即可进行设置。其设置方法与上述方法类似，这里不再赘述，最终效果如图 6-105 所示。当然，用户也可以右击，在弹出的快捷菜单中设置这些格式，还可以通过【属性表】窗格进行设置，或者在【开始】选项卡的【文本格式】组中设置。

设置窗体格式的操作通常是在窗体的【设计视图】界面中进行的，用户也可以在【布局视图】界面中进行。在布局视图中，窗体处于运行状态，在设置格式的同时还可以查看数据。因此可以说，它是最直观的一种视图。但是，在【布局视图】界面中，缺少【排列】选项卡的【调整大小和排序】组。除此之外，在布局视图中的操作方法与在设计视图中方法完全相同，读者可参考上述方法，自行练习。

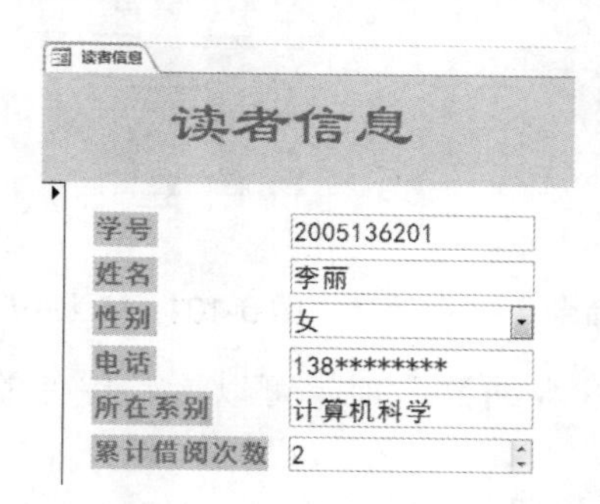

图 6-105　最终效果

6.6 综合实战——部门员工信息查看窗体

1. 案例目的

创建一个含有嵌套子窗体的窗体，通过该窗体中的某部门可以查看该部门中的员工及他们的工资发放情况。

2. 案例操作过程

step 01 启动 Access 2013，打开“人事管理”数据库。切换到【创建】选项卡，单击【窗体】组中的【窗体向导】按钮，如图 6-106 所示。

step 02 弹出【窗体向导】对话框，单击【表/查询】下拉列表框右侧的下拉按钮，在弹出的下拉列表中选择“部门”表，然后单击【全部添加】按钮，将【可用字段】列表框中的字段全部添加到【选定字段】列表框中。使用同样的方法，将“员工”表的字段也全部添加到【选定字段】列表框中。操作完成后，单击【下一步】按钮，如图 6-107 所示。

图 6-106 单击【窗体】组中的【窗体向导】按钮

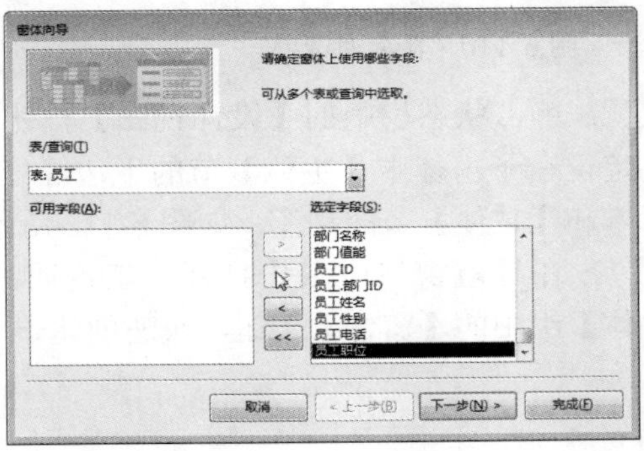

图 6-107 【窗体向导】对话框

step 03 弹出确定查看数据的方式对话框，保持默认选项不变，表示创建一个带有子窗体的窗体，单击【下一步】按钮，如图 6-108 所示。

step 04 弹出确定子窗体使用的布局对话框，选中【数据表】单选按钮，单击【下一步】按钮，如图 6-109 所示。

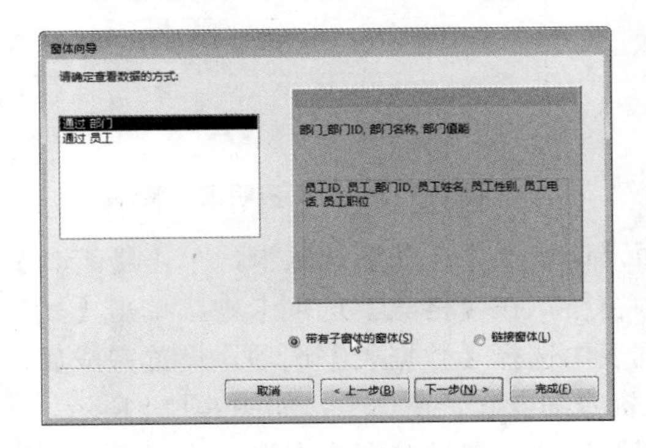

图 6-108 确定查看数据的方式对话框

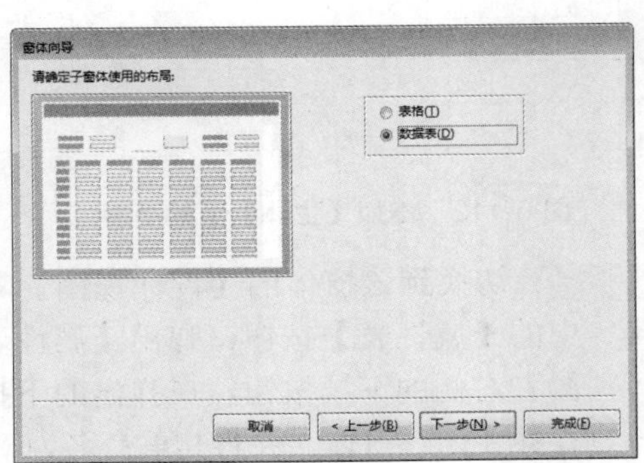

图 6-109 确定子窗体使用的布局对话框

step 05 创建命名对话框，在【窗体】和【子窗体】文本框中分别输入名称“部门”和“员工”，如图 6-110 所示。

step 06 单击【完成】按钮，可以看到，此时已成功创建一个含有子窗体的“部门”窗体，如图 6-111 所示。

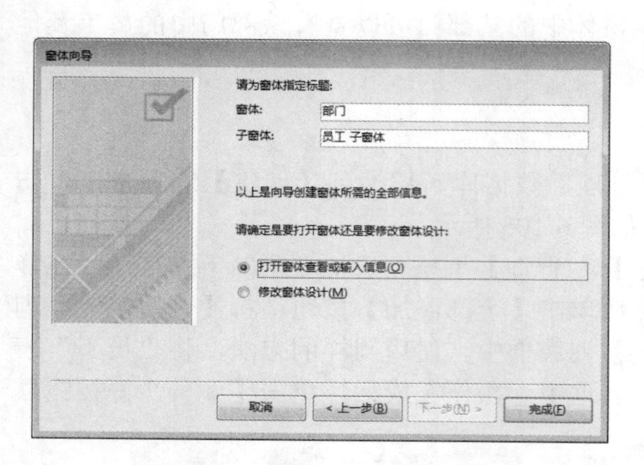

图 6-110 命名对话框

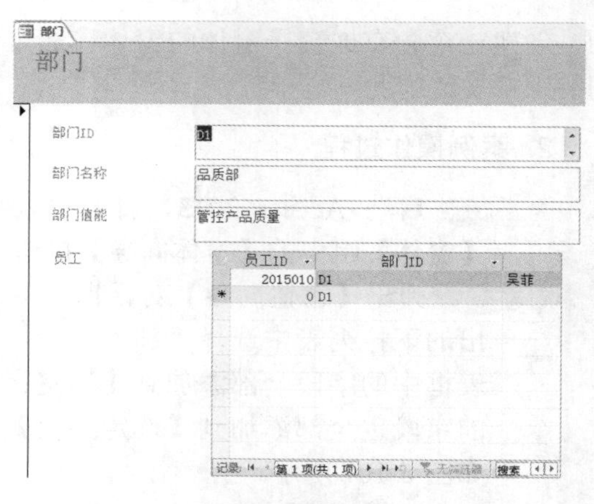

图 6-111 含有子窗体的“部门”窗体

step 07 单击状态栏中的【设计视图】按钮，切换到窗体的【设计视图】界面，将光标定位在子窗体中【主体】节的下边缘处，当变为上下箭头形状时，向下拖动鼠标，增加【主体】节的高度，如图 6-112 所示。

step 08 在导航窗格中双击打开“工资明细”表，切换到【创建】选项卡，单击【窗体】组中的【窗体】按钮，快速创建一个“工资明细”窗体，如图 6-113 所示。

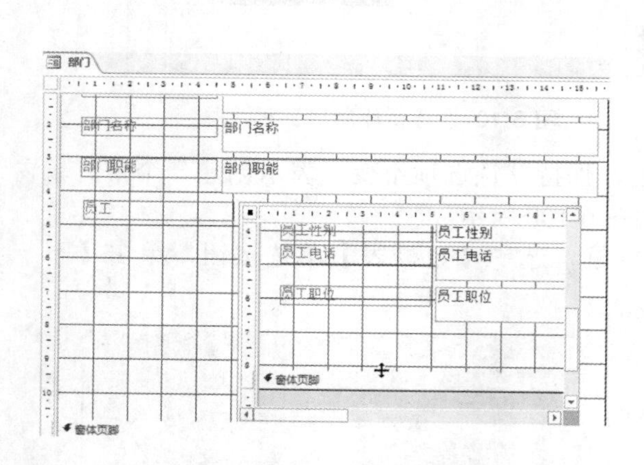

图 6-112 增加【主体】节的高度

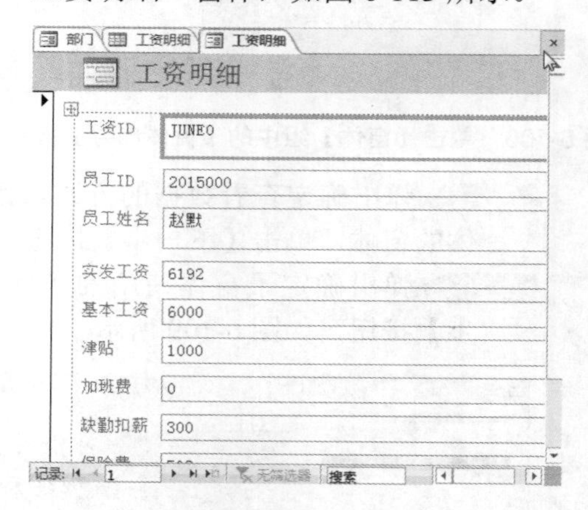

图 6-113 “工资明细”窗体

step 09 切换到该窗体的【设计视图】界面，切换到【设计】选项卡，单击【工具】组中的【属性表】按钮，弹出【属性表】窗格，在【格式】选项卡中，单击【默认视图】右侧的下拉按钮，在弹出的下拉列表中选择【数据表】选项。设置完成后，保存并关闭该窗体，并将其重命名为“工资明细嵌套子窗体”，如图 6-114 所示。

step 10 返回到“部门”窗体的【设计视图】界面，在导航窗格中选中“工资明细嵌套子窗体”，按住左键不放将其拖动到“部门”窗体中子窗体的【主体】节中，如图 6-115 所示。

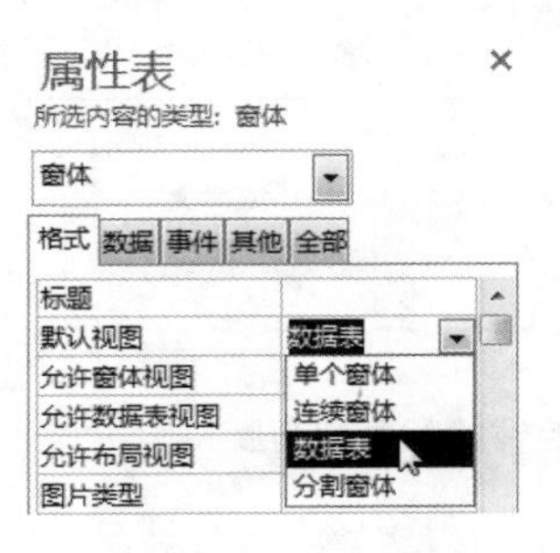

图 6-114　【属性表】窗格

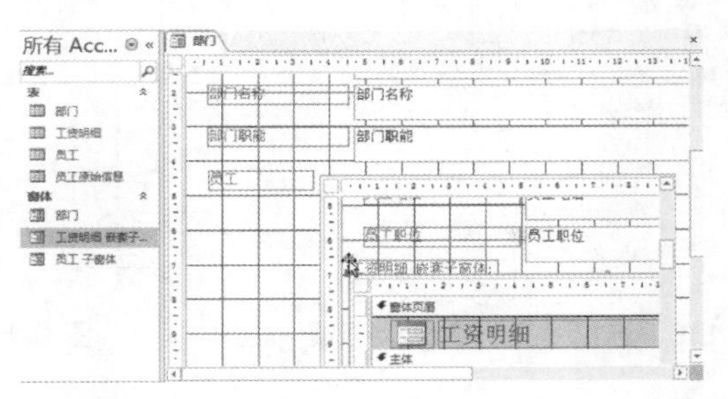

图 6-115　拖动窗体到子窗体的【主体】节中

step 11 在【窗体页眉】节中选中“部门”标题控件，切换到【格式】选项卡，在【字体】组中将其字体设置为“隶书”、字号设置为“26”、字体颜色设置为黑色，如图 6-116 所示。

step 12 将光标定位在【窗体页眉】节的空白处，右击，在弹出的快捷菜单中选择【填充/背景色】命令，然后在右侧选择某一颜色作为背景色，如图 6-117 所示。

图 6-116　在【字体】组中设置格式

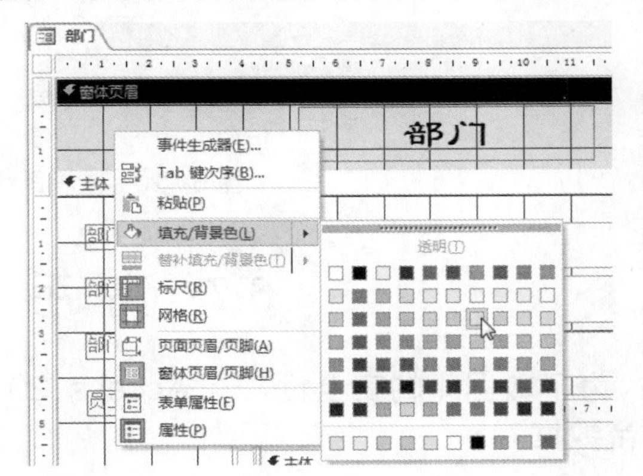

图 6-117　设置背景色

step 13 在【主体】节中，按住 Ctrl 键，选中 3 个标签控件，切换到【排列】选项卡，单击【调整大小/排序】组中的【大小/空格】的下拉按钮，在弹出的下拉列表中选择【正好容纳】选项，调整控件的大小，如图 6-118 所示。

step 14 可以看到，此时 3 个标签控件的大小已成功调整。按住 Ctrl 键，选中右侧的 3 个文本框控件，将光标定位于文本框右边缘处，当变为左右箭头形状时，向左拖动鼠标，缩短控件的宽度。然后将光标定位于文本框下边缘处，当变为上下箭头形状时，向上拖动鼠标，缩短控件的高度到合适的位置，如图 6-119 所示。

step 15 操作完成后，切换到【窗体视图】界面。可以查看当前部门下的员工情况，在“员工”子窗体中，单击每条记录前面的加号按钮，还可查看该员工的工资发放情况，如图 6-120 所示。

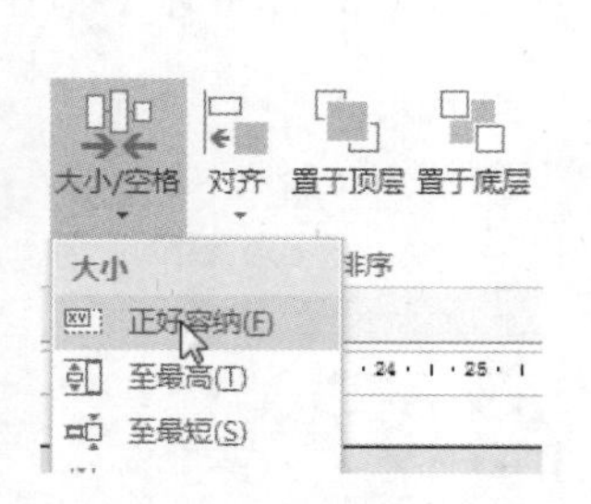

图 6-118　选择【正好容纳】选项

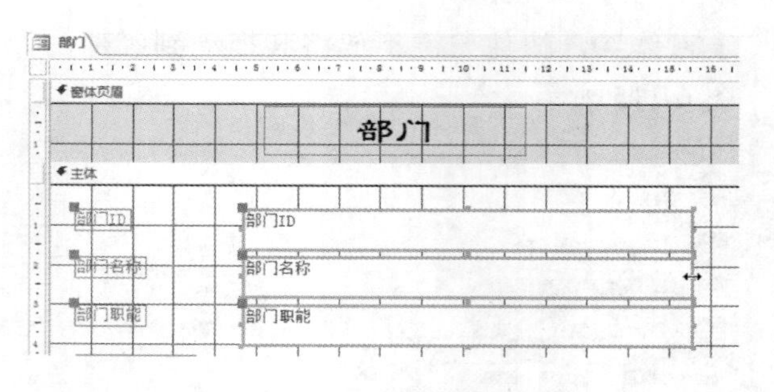

图 6-119　调整控件的宽度和高度

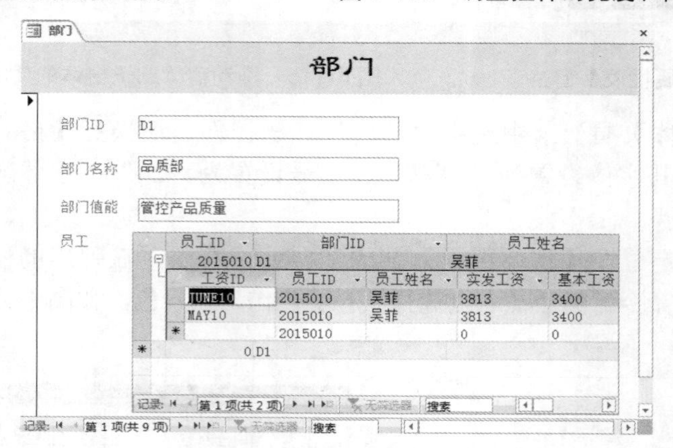

图 6-120　查看最终的结果

6.7　高 手 甜 点

甜点 1：为了数据库的安全性，在 Access 2013 中如何实现禁止其他用户在窗体中修改后台数据？

在窗体的【属性表】窗格中，选择【数据】选项，将其中的“允许删除”和“允许编辑”属性均设置为“否”，将“记录锁定”属性设置为“所有记录”后，用户就无法在窗体中修改后台数据。

甜点 2：当在窗体中新增数据时，为何会出现错误提示：由于将在索引、主关键字或关系中创建重复的值，请求对表的改变没有成功。改变该字段中的或包含重复数据的字段中的数据，删除索引或重新定义索引以允许重复的值并再试一次？

当新增的这条记录在数据源表中已经存在，而数据源表建立的主键或索引不允许出现重复的记录时，就会出现该错误提示。用户可以更改数据源表中相应字段的索引，设置为“有(有重复)”即可。

第 7 章

使用控件和窗体操作

通常来说，控件就是窗体和报表中的任何对象，是构成窗体和报表的基础，在窗体和报表中拥有至关重要的地位。Access 2013 提供了多种类型的控件，利用它们用户可创建出功能强大的窗体和报表。通过本章的学习，读者应了解控件的概念及类型，熟悉各控件的用途，掌握如何创建控件及设置它们的属性。

本章目标(已掌握的在方框中打钩)

- ☐ 了解控件的概念及类型
- ☐ 熟悉各控件的用途
- ☐ 掌握如何创建控件
- ☐ 掌握如何设置控件和窗体的属性

7.1 认识控件

控件是窗体和报表的基本组成部分，不管是窗体还是报表，创建和使用控件的方法是相同的。下面从窗体的角度来介绍控件的概念及类型。

7.1.1 控件概述

控件是构成用户界面的主要元素，在窗体中起着显示数据、执行操作以及修饰窗体的作用。在窗体中，常见控件包括文本框、命令按钮、复选框和组合框等。灵活地运用这些控件，可以创建出功能强大、界面美观的窗体。

在窗体的【设计视图】界面中，用户通过【控件】组的各个选项可以创建各种不同的控件，并设置它们的属性，从而创建出功能强大的窗体，这也是通常使用设计视图来创建和设计窗体的根本原因，如图 7-1 所示。

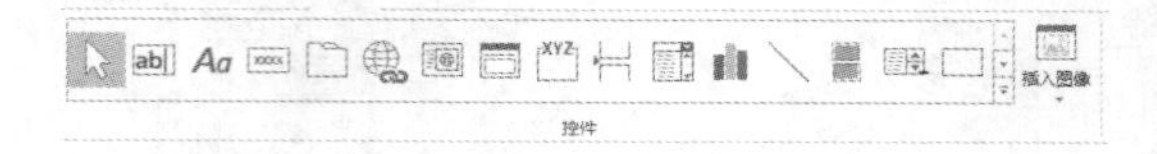

图 7-1 【控件】组

7.1.2 控件类型

通常情况下，控件分为绑定型、未绑定型和计算型 3 种。

- 绑定型控件：又称为结合型控件，它以表或查询中的字段作为数据源，用来显示、输入或修改字段的值，并且字段值将随着当前记录的改变而动态地发生变化。例如，显示图书名称的文本框控件可以从“图书信息”表中的“书名”字段获取信息，当控件内容改变时，“书名”字段的值也随之变化。
- 未绑定型控件：又称为非结合型控件，它没有数据源，一般用来显示信息、图片、线条或矩形等。例如，显示窗体标题的标签控件就是未绑定型控件。未绑定型控件可用来美化窗体。
- 计算型控件：它以表达式(而非字段)作为数据源。表达式可以是运算符(如 = 或 + 等)、控件名称、字段名称、返回单个值的函数以及常数值的组合等。例如，对于表达式“=[单价] * 0.75”，它将“单价”字段的值乘以常数值(0.75)来计算折扣为 25%的图书价格。表达式中所使用的数据可以来自窗体中的数据源表或查询的字段，也可以来自窗体中的另一个控件。

7.2 使用窗体控件

Access 提供了多种控件，单击【控件】组中的【其他】按钮⊡，用户可查看全部的控件种类，如图 7-2 所示。

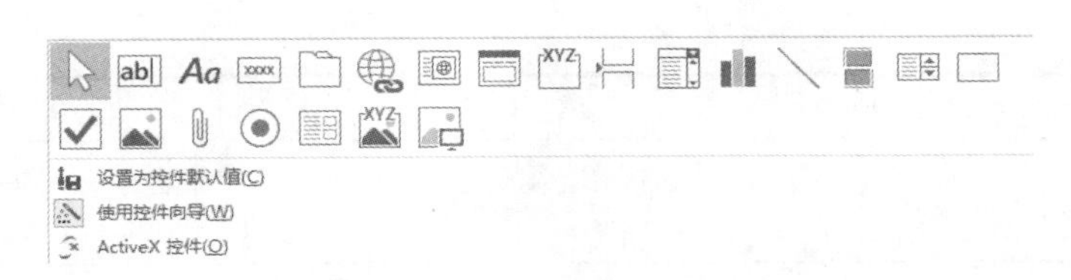

图 7-2　全部的控件种类

对于不同的控件，其功能也不同。将光标定位在【控件】组的各选项上，系统将会显示一个提示框，说明该控件的名称。用户可参考表 7-1 来了解常见控件的区别及功能。

表 7-1　Access 2013 的控件

控　件	名　称	说　明
	选择	选择控件、节或窗体，释放锁定的按钮
ab|	文本框	最常用的控件，用于显示和编辑数据，也可以显示表达式运算后的结果和接受用户输入的数据
Aa	标签	用于显示说明性的文本，如窗体的标题等
xxxx	按钮	也称为命令按钮，用于完成各种操作，如查找记录或筛选记录等
	选项卡控件	用于创建一个带选项卡的窗体，可以在选项卡中添加其他对象
	超链接	在窗体中插入超链接控件
	Web 浏览器控件	在窗体中插入浏览器控件
	导航控件	在窗体中插入导航条
XYZ	选项组	与复选框、选项按钮或切换按钮搭配使用，可以显示一组可选值
	插入分页符	指定多页窗体的分页位置
	组合框	结合列表框和文本框的特性，既可以在文本框中输入值，也可以从列表框中选择值
	图表	在窗体中插入图表对象，以图形的格式显示数据
	直线	可以在窗体上绘制水平线、垂直线和对角线等直线，用来突出显示的数据或者隔离不同的数据
	切换按钮	单击时可以在“开/关”“真/假”或“是/否”两种状态之间切换，使数据的输入更加直接、容易
	列表框	以固定的尺寸出现在窗体上，若可选项超出了列表框的尺寸，在列表框的右侧会出现一个滚动条，只可选择其中列出的值
	矩形	用来绘制一个矩形方框，将一组相关的控件组织在一起
	复选框	表示“是/否”值的最佳控件，显示为一个方框，如果选中会显示一个标记，否则就是一个空白方框
	未绑定对象框	用于显示没有绑定到表的字段上的 OLE 对象或嵌入式图片，如 Excel 表格、Word 文档等
	附件	在窗体中插入附件控件

续表

控　件	名　称	说　明
	选项按钮	又称为单选按钮，显示为一个圆圈，如果选中，中间会显示一个点，作用与切换按钮类似
	子窗体/子报表	用于在主窗体中添加另一个窗体，即创建主/次窗体，显示来自多个表或查询的记录
	绑定对象框	用于显示与表字段绑定在一起的 OLE 对象或嵌入式图片
	图像	显示静态图像，且不能对其编辑
	控件向导	帮助用户设计更复杂的控件
	ActiveX 控件	打开一个 ActiveX 控件列表，插入 Windows 系统提供的更多控件

结合表 7-1 所列出的控件，下面详细介绍窗体中一些常用控件的使用方法。

7.2.1　文本框控件

文本框控件是窗体中最常用的控件，用于显示和编辑数据，也可以接受用户输入的数据或显示计算结果。文本框控件可以是绑定型和未绑定型控件，也可以是计算型控件。绑定型文本框用来显示数据源表或查询的字段等，未绑定型文本框用于接受用户输入的数据，计算型文本框则可以用来显示表达式的值。

下面在“图书管理”数据库中，以“图书信息”表作为数据源表，添加文本框控件。具体操作步骤如下。

step 01 启动 Access 2013，打开“图书管理”数据库，切换到【设计】选项卡，单击【窗体】组中的【空白窗体】按钮，快速创建一个空白窗体，并切换到窗体的【设计视图】界面，如图 7-3 所示。

step 02 切换到【设计】选项卡，单击【工具】组中的【添加现有字段】按钮，如图 7-4 所示。

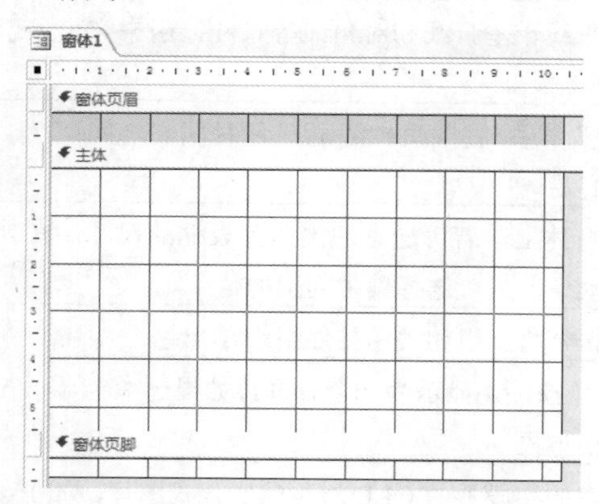

图 7-3　空白窗体

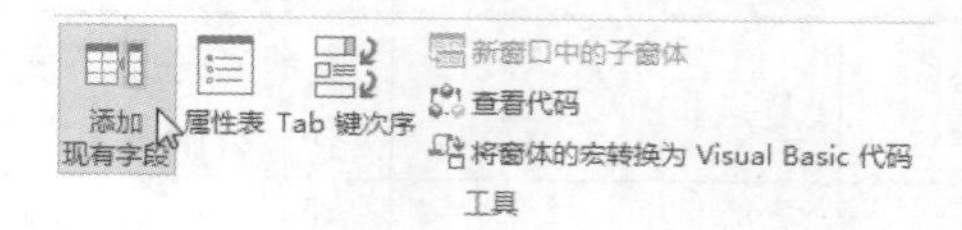

图 7-4　单击【工具】组中的【添加现有字段】按钮

step 03 弹出【字段列表】窗格，单击【图书信息】前面的【打开】按钮，显示出“图书信息”表的全部字段，如图 7-5 所示。

step 04 选定“书名”字段，按住鼠标左键不放将其拖动到【主体】节中适当的位置上。使用同样的方法，将“作者”和“单价”字段也添加到【主体】节中。至此，即完成添加 3 组绑定型文本框控件的操作，这 3 组绑定型文本框分别与“图书信息”表中的“书名”“作者”和“单价”字段相关联，如图 7-6 所示。

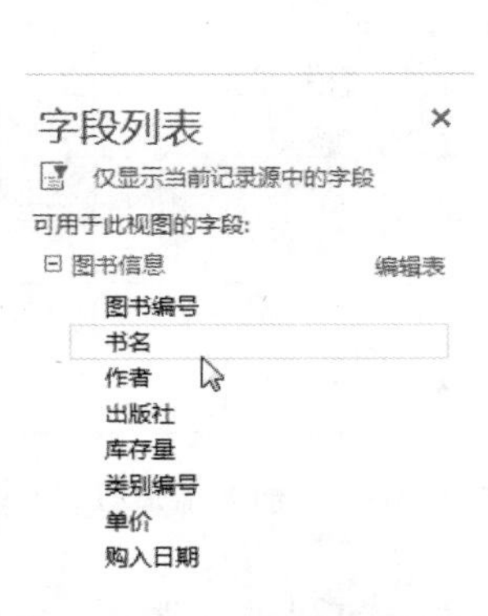

图 7-5 【字段列表】窗格

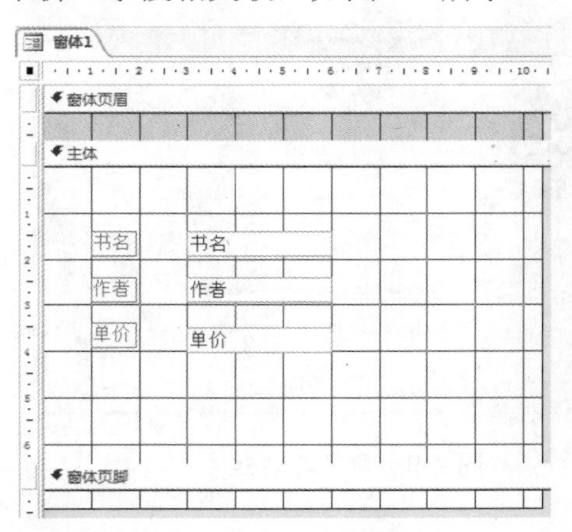

图 7-6 添加 3 组绑定型文本框控件

在 Access 中创建绑定型文本框控件最快速的方法就是将字段从【字段列表】窗格中直接拖到窗体上。

step 05 若要添加未绑定型文本框控件，可切换到【设计】选项卡，单击【控件】组中的【文本框】按钮，然后在【主体】节中单击，弹出【文本框向导】对话框，如图 7-7 所示。在该对话框中用户可以设置文本的格式，包括设置字体、字号和对齐方式等。设置完成后，单击【下一步】按钮。

step 06 弹出输入法模式设置对话框，如图 7-8 所示，用户需要为获得焦点的文本框指定输入法模式。系统提供了【随意】、【输入法开启】和【输入法关闭】3 个选项。这里保持默认选项不变，然后单击【下一步】按钮。

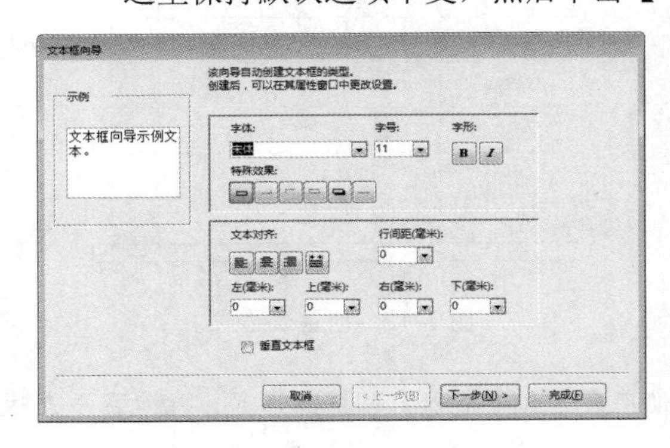

图 7-7 【文本框向导】对话框

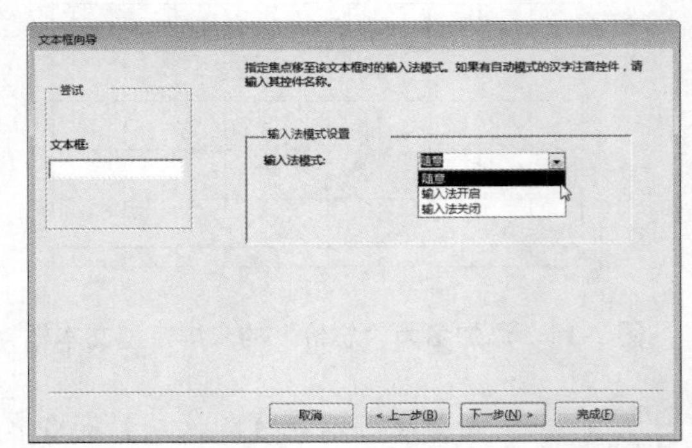

图 7-8 输入法模式设置对话框

step 07 弹出命名对话框，在【请输入文本框的名称】文本框中输入名称“备注”，如图 7-9 所示。

step 08 单击【完成】按钮，返回到窗体的【设计视图】界面。可以看到，此时已经添加了一个名为“备注”的未绑定型文本框，如图 7-10 所示。

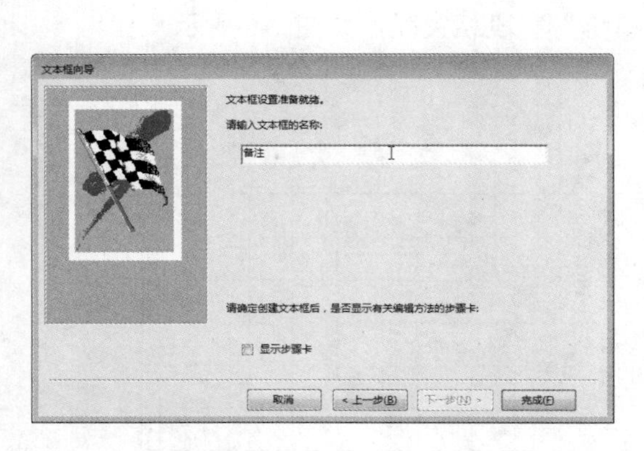

图 7-9　命名对话框

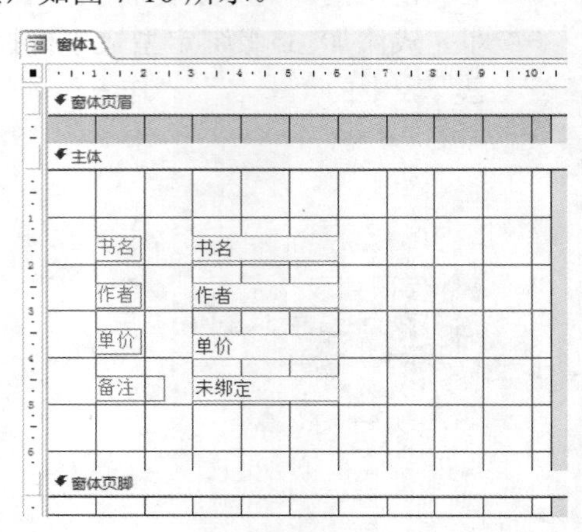

图 7-10　添加未绑定型文本框

若需要将未绑定型文本框更换为绑定型文本框，可以通过设置控件的属性来实现。或者右击，在弹出的快捷菜单中选择【更改为】命令来更换。

step 09 若要添加计算型文本框，首先添加一个名为“总价”的未绑定型文本框，如图 7-11 所示。

step 10 假设每本图书共购了 10 本，需要计算总价格，在“总价”文本框中输入“=[单价]*10”，如图 7-12 所示。

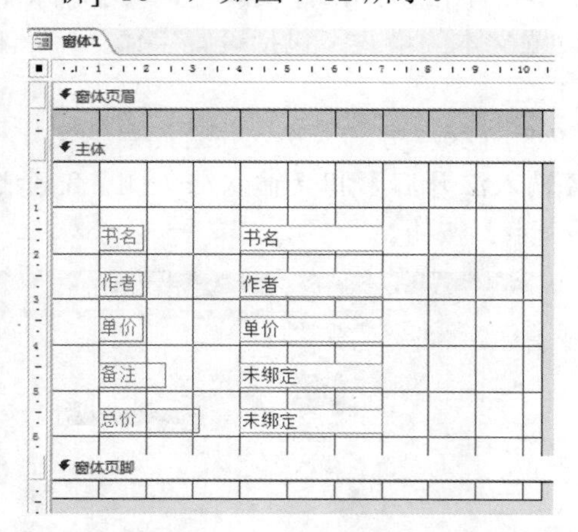

图 7-11　添加名为“总价”的未绑定型文本框

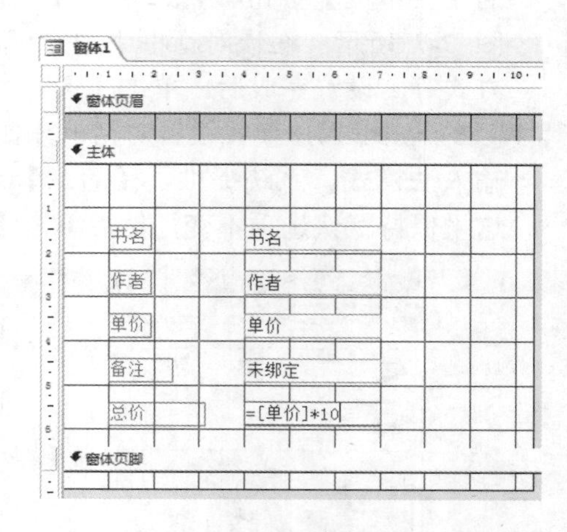

图 7-12　创建表达式

用户也可以在【属性表】窗格中使用表达式生成器来创建表达式，注意每个表达式都以“=”运算符开头。

step 11 切换到【设计】选项卡，单击【工具】组中的【属性表】按钮，如图 7-13 所示。

step 12 弹出【属性表】窗格，切换到【格式】选项卡，单击【格式】选项右侧的下拉按钮，在弹出的下拉列表中选择【货币】选项，表示将“总价”文本框的格式设置为货币格式，如图 7-14 所示。

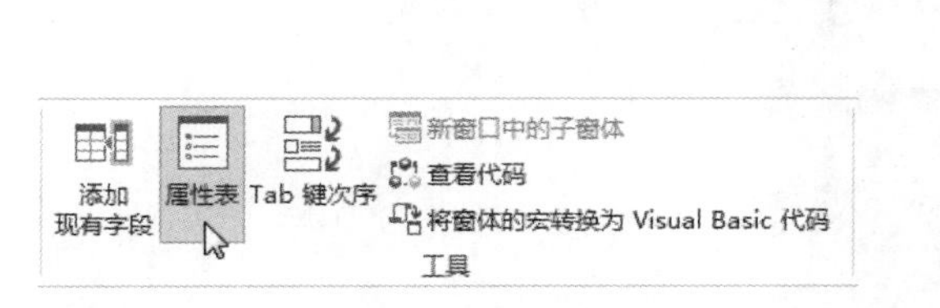

图 7-13　单击【工具】组中的【属性表】按钮

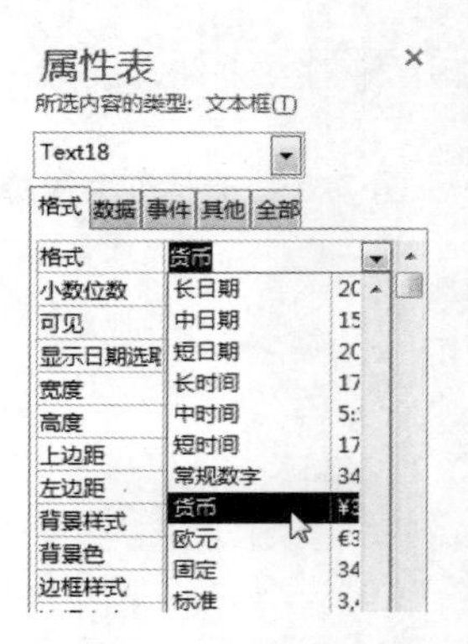

图 7-14　【属性表】窗格

step 13 设置完成后，切换到窗体的【窗体视图】界面，用户可以查看最终结果。其中，前 3 个文本框属于绑定型文本框，会自动获取源数据表的值。“备注”文本框为非绑定型文本框，需要用户自行输入值。“总价”文本框为计算型文本框，会自动将源数据表中的“单价”字段乘以 10，并以货币的形式呈现出来，如图 7-15 所示。

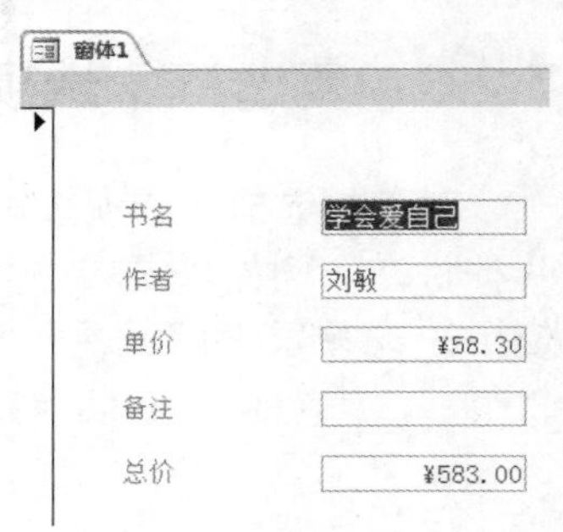

图 7-15　查看最终结果

7.2.2　标签控件

若用户需要在窗体或报表中显示说明性的文字时，可以使用标签控件。标签控件是典型的未绑定型控件，并不显示字段的值，也没有数据源，只能单向地向用户传达信息。

标签控件可分为两种：独立标签和关联标签。其中，独立标签是利用【工具】组中的【标签】选项手动创建的标签，是和其他标签没有关联的标签，用来添加说明性的文字。而关联标签是和除标签控件外的其他控件同时创建的，可以附加到其他控件上的标签，又称为附加标签，用以对其他控件进行说明介绍。

下面在“图书管理”数据库的“读者信息”窗体中，添加一个标签控件。具体操作步骤如下。

step 01 启动 Access 2013，打开“图书管理”数据库，在导航窗格中双击打开“读者信息”窗体，并切换到窗体的【设计视图】界面。

step 02 切换到【设计】选项卡，单击【控件】组中的【标签】按钮 Aa，此时光标会变成添加标签的状态，如图 7-16 所示。

step 03 将光标定位在【窗体页眉】节的右下角，按住左键不放并拖动鼠标绘制一个方框。绘制完成后，在方框中输入“清华大学图书馆”文本内容，如图 7-17 所示。

step 04 设置完成后，切换到窗体的【窗体视图】界面。可以看到，在页眉位置已经成功添加了一个标签按钮，如图 7-18 所示。

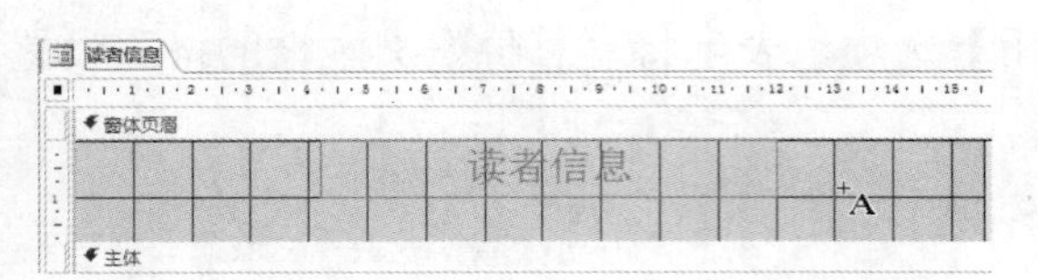

图 7-16　光标变为添加标签的状态

图 7-17　添加标签控件

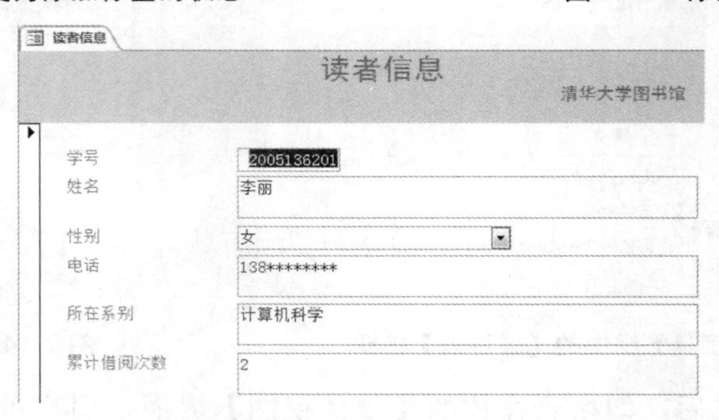

图 7-18　查看最终结果

7.2.3　复选框、选项按钮和切换按钮控件

对于复选框、选项按钮和切换按钮 3 种控件，它们的功能有许多相似之处，都用来显示两种状态，例如“是/否”“开/关”或“真/假”。这些控件提供了这两种状态的图形表示，使用户既易于理解又易于使用。当选中或按下控件时，表示“是”，其值为-1，反之则为“否”，值为 0。表 7-2 列出了这 3 种控件表示“是/否”时的具体图形表示。

表 7-2　3 种控件的具体图形表示

控　件	是	否
复选框		
单选按钮		
切换按钮		

通常情况下，复选框是表示“是/否”值的最佳控件，是用户向窗体或报表添加“是/否”字段时创建的默认控件类型。而选项按钮和切换按钮控件常常作为选项组的一部分。

以上 3 种控件也可以分为绑定型和未绑定型两种。在创建完成后，用户还可以将这 3 种控件互相更换。例如，若要将复选框更换为单选按钮或者切换按钮，则选中该复选框，右击，在弹出的快捷菜单中选择【更改为】命令，然后选择【切换按钮】或者【选项按钮】命令即可完成更改，如图 7-19 所示。

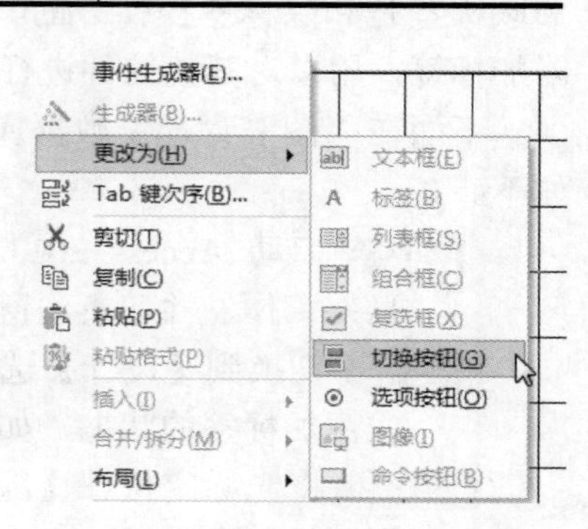

图 7-19　快捷菜单

关于这 3 种控件的具体创建方法，将在选项组控件中具体介绍。

7.2.4 选项组控件

选项组是由一组框架和一组复选框、选项按钮或切换按钮所组成。用户只需要单击即可完成数据输入，但是一次只能选择一个。

通常情况下，当选项的数目大于或者等于 4 时，使用选项组控件会占用过多的屏幕面积。因此，在选项的数目小于 4 时，才使用该控件，而大于或者等于 4 时，则推荐使用组合框控件。

下面在“图书管理”数据库中，通过添加选项组控件来创建一个简单的“读者调查”窗体。具体操作步骤如下。

step 01 启动 Access 2013，打开“图书管理”数据库，切换到【创建】选项卡，单击【窗体】组中的【空白窗体】按钮，创建一个空白窗体，并切换到窗体的【设计视图】界面。

step 02 切换到【设计】选项卡，单击【控件】组中的【选项组】按钮，然后在窗体的【主体】节中单击，弹出【选项组向导】对话框，如图 7-20 所示。

step 03 在【请为每个选项指定标签】下面的【标签名称】文本框中分别输入各选项的名称：“非常满意”“满意”“一般”和“不满意”。输入完成后，单击【下一步】按钮，如图 7-21 所示。

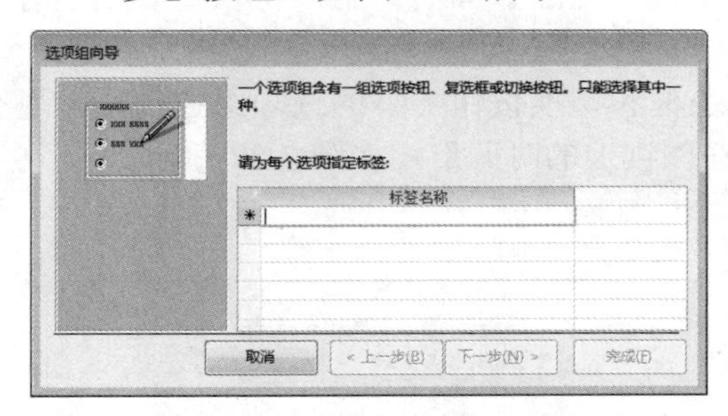

图 7-20 【选项组向导】对话框

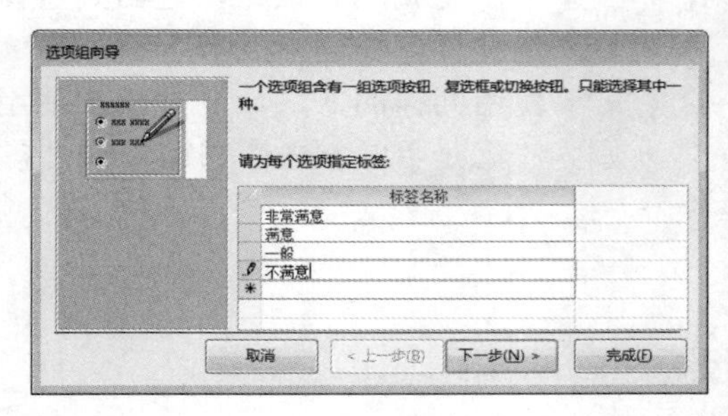

图 7-21 输入各选项的名称

step 04 弹出确定默认选项的对话框，选中【是，默认选项是】单选按钮，然后单击右侧下拉列表框的下拉按钮，在弹出的下拉列表中选择“非常满意”作为默认选项，单击【下一步】按钮，如图 7-22 所示。

step 05 弹出为每个选项赋值的对话框，保持默认设置不变，单击【下一步】按钮，如图 7-23 所示。

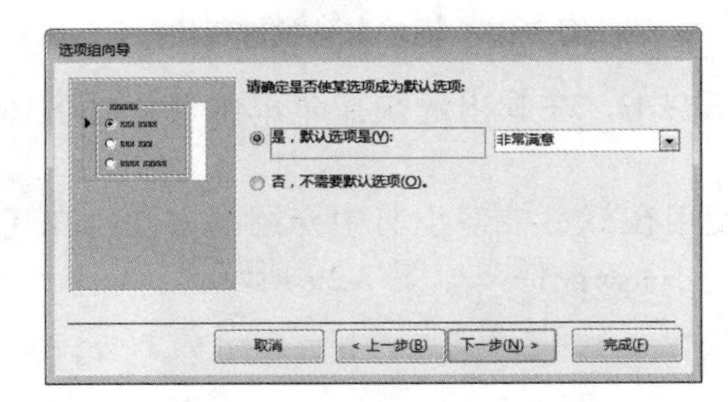

图 7-22 确定默认选项对话框

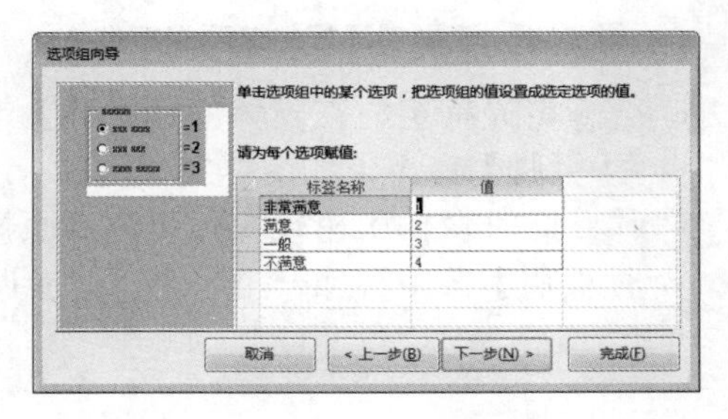

图 7-23 为每个选项赋值对话框

step 06 弹出选择控件类型及样式对话框，在【请确定在选项组中使用何种类型的控件】中选择“选项按钮”控件，在【请确定所用样式】选项组中选择“蚀刻”样式，单击【下一步】按钮，如图 7-24 所示。

在对话框左侧的【示例】组中，用户可以预览选择控件和样式后的效果。

step 07 弹出命名对话框，在【请为选项组指定标题】文本框中输入创建的选项组控件的标题“您是否对图书资源满意”，如图 7-25 所示。

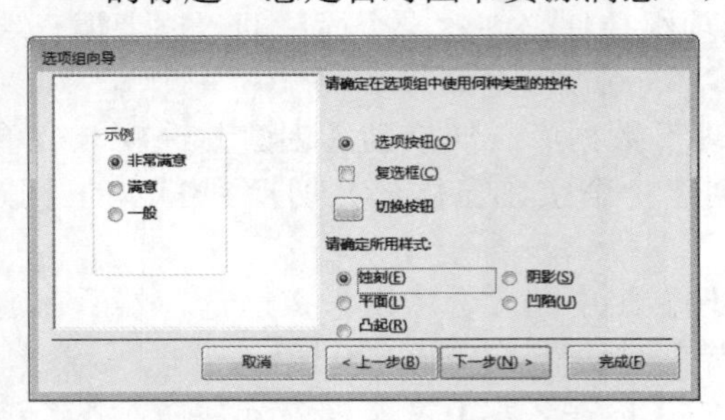

图 7-24　选择控件类型及样式对话框

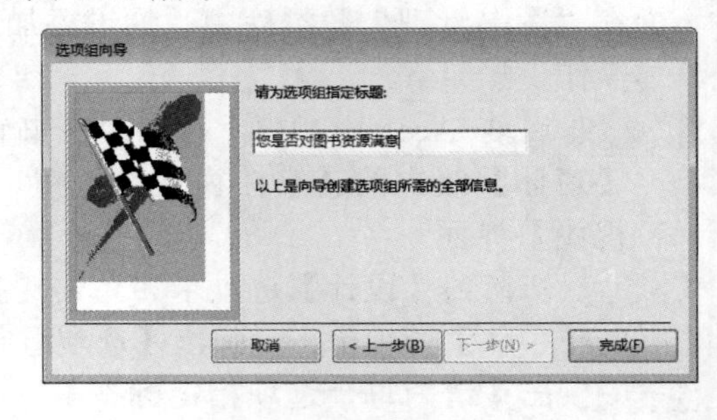

图 7-25　命名对话框

step 08 单击【完成】按钮，返回到窗体的【设计视图】界面，用户可以查看创建好的选项组控件，如图 7-26 所示。

step 09 使用同样的方法，分别添加使用复选框和切换按钮类型的选项组控件，标题分别为“您是否经常去图书馆”和“您用在阅读上的时间”，如图 7-27 所示。

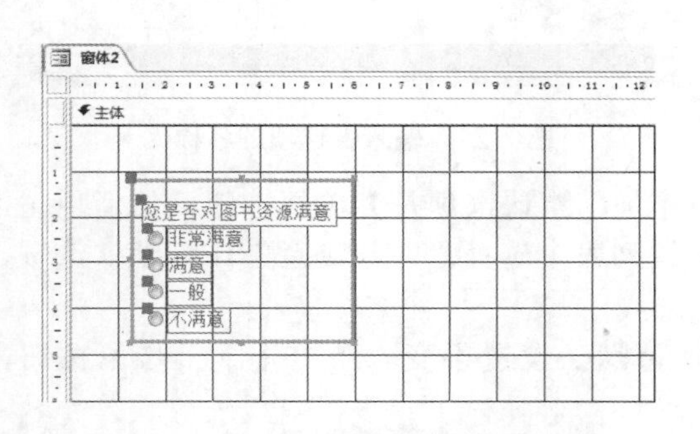

图 7-26　查看创建好的选项组控件

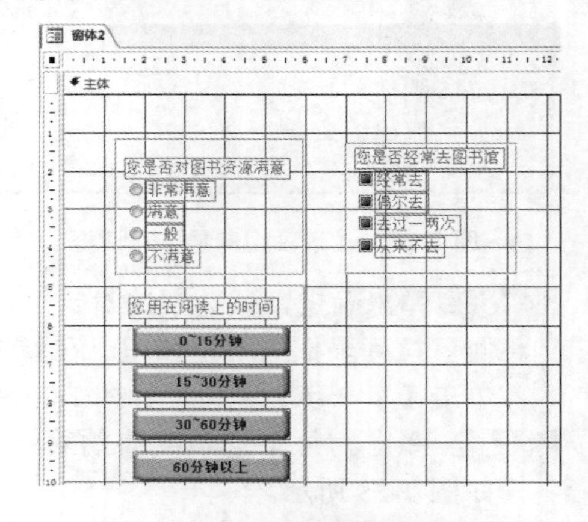

图 7-27　添加其他的选项组控件

step 10 将光标定位在窗体的【主体】节中，右击，在弹出的快捷菜单中选择【窗体页眉/页脚】命令，如图 7-28 所示。

step 11 此时窗体中出现窗体页眉和页脚，使用在标签控件小节中介绍的方法，在【窗体页眉】节中添加一个名为“读者调查”的标签控件，如图 7-29 所示。

图 7-28　选择【窗体页眉/页脚】命令

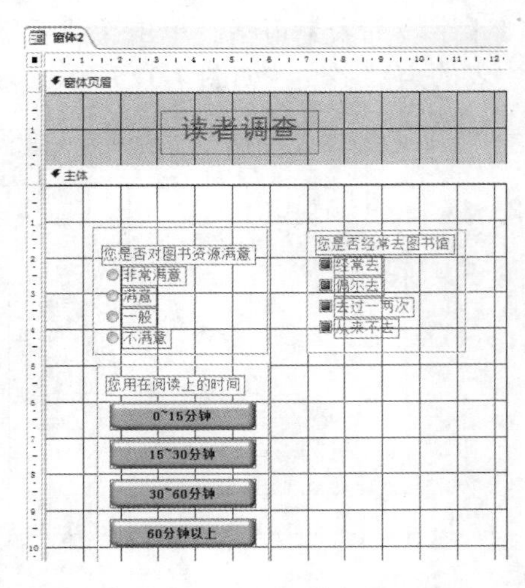

图 7-29　添加标签控件

step 12 添加完成后，切换到窗体的【窗体视图】界面，用户可以查看最终的结果，如图 7-30 所示。

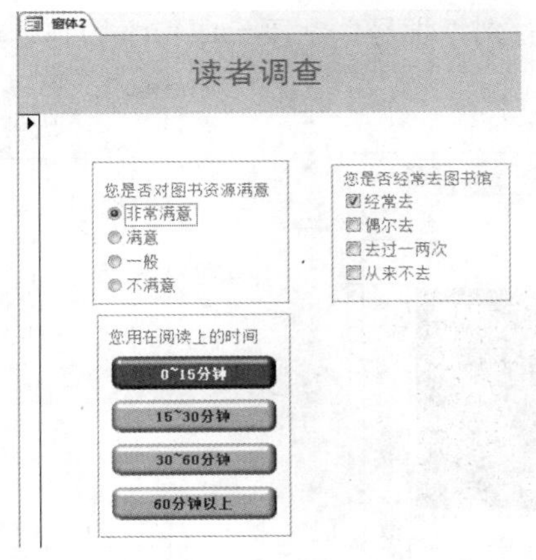

图 7-30　查看最终的结果

7.2.5　选项卡控件

当窗体中包含许多控件时，用户可以使用选项卡控件将同类的控件放在选项卡控件的各页上，从而使窗体更加有条理，使数据处理更加容易。

下面在“图书管理”数据库中，介绍如何添加选项卡控件。具体操作步骤如下。

step 01 启动 Access 2013，打开“图书管理”数据库，切换到【创建】选项卡，单击【窗体】组中的【空白窗体】按钮，创建一个空白窗体，并切换到窗体的【设计视图】界面。

step 02 切换到【设计】选项卡，单击【控件】组中的【选项卡控件】按钮，然后在窗体的【主体】节中单击，添加一个选项卡控件，如图 7-31 所示。

step 03 切换到【设计】选项卡，单击【工具】组中的【添加现有字段】按钮，弹出

【字段列表】窗格。单击【读者信息】前面的【打开】按钮，显示出“读者信息”表的全部字段，如图 7-32 所示。

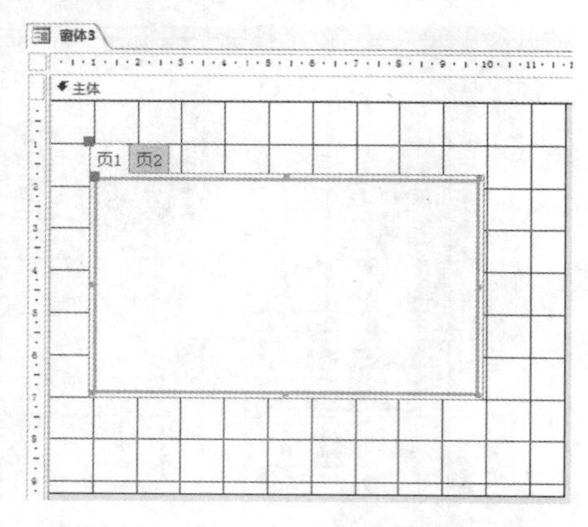

图 7-31　添加一个选项卡控件

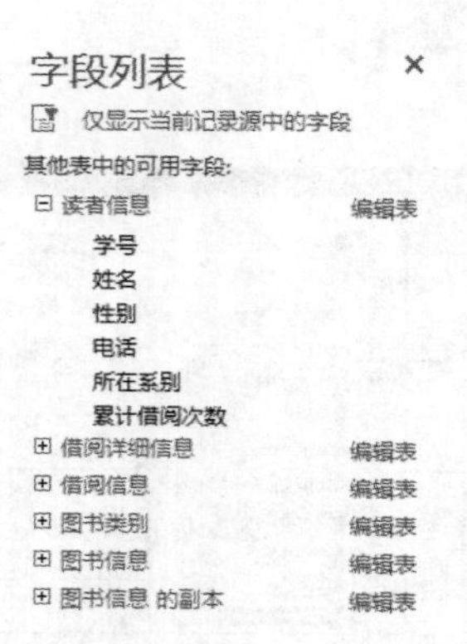

图 7-32　【字段列表】窗格

step 04 选中“学号”字段，按住鼠标左键不放将其拖动到选项卡页 1 中，此时页 1 变为黑色，如图 7-33 所示。

step 05 松开左键，可以看到“学号”字段已成功添加到选项卡页 1 中，如图 7-34 所示。

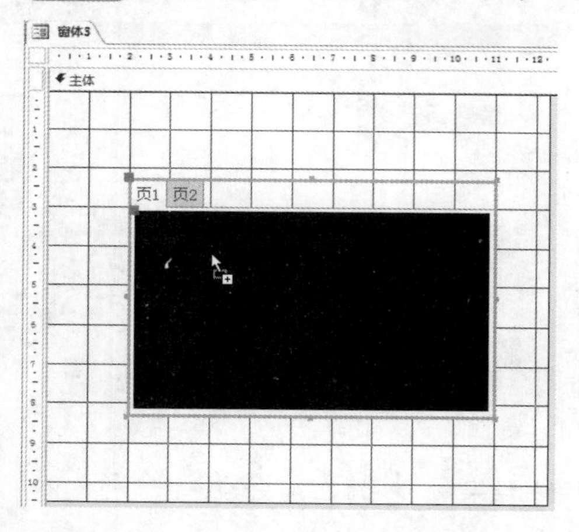

图 7-33　将字段拖动到选项卡页 1 中

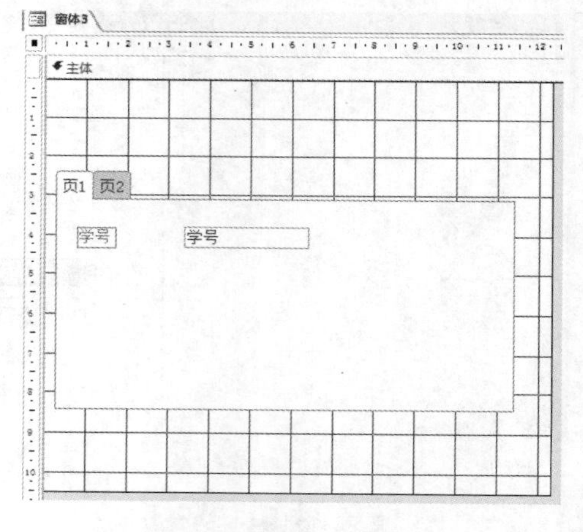

图 7-34　添加“学号”字段

step 06 使用同样的方法，将“读者信息”表其余的字段都添加到选项卡的页 1 中，如图 7-35 所示。

按住 Ctrl 或 Shift 键不放，单击字段将它们全部选中，然后拖动到选项卡中，就可以快速地将全部字段一次性添加到选项卡中。

step 07 用户还可以向选项卡控件中添加其他类型的控件。例如，若要在页 2 中添加一个未绑定型文本框控件，首先单击【页 2】标签，切换到【页 2】选项卡，然后单击【控件】组中的【文本框】按钮，当光标移动到选项卡控件上时，此时页 2 变为黑色，如图 7-36 所示。

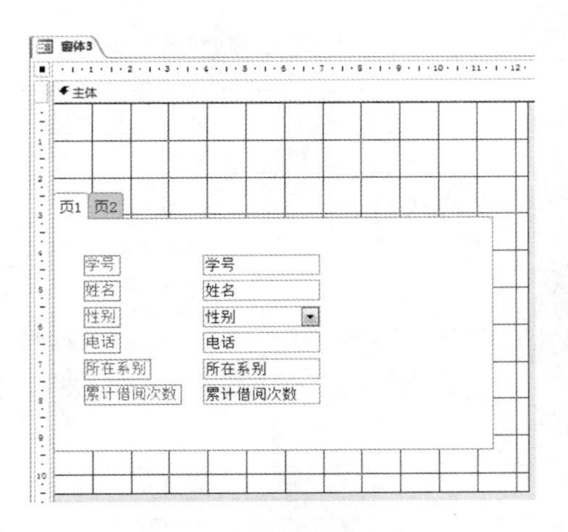

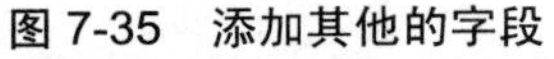
图 7-35　添加其他的字段

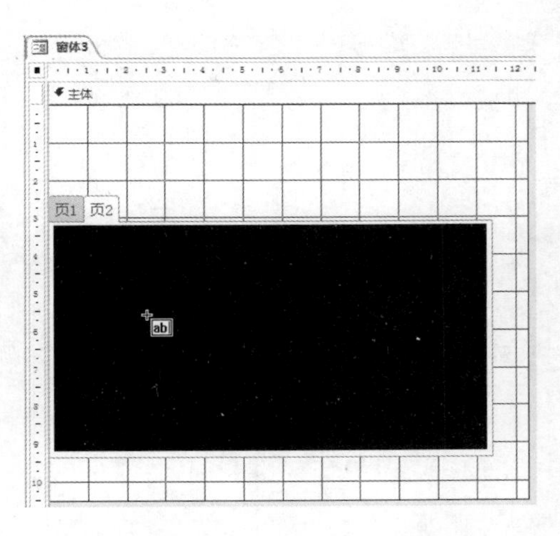

图 7-36　切换到【页 2】选项卡

step 08 在页 2 中按住左键不放，拖动鼠标绘制一个文本框，松开鼠标后，弹出【文本框向导】对话框，单击【取消】按钮，如图 7-37 所示。

step 09 可以看到，此时已成功添加一个未绑定型文本框，将光标定位在文本框控件前面的关联标签控件上，单击，进入可编辑状态，输入“备注”文本内容，将其重命名，如图 7-38 所示。

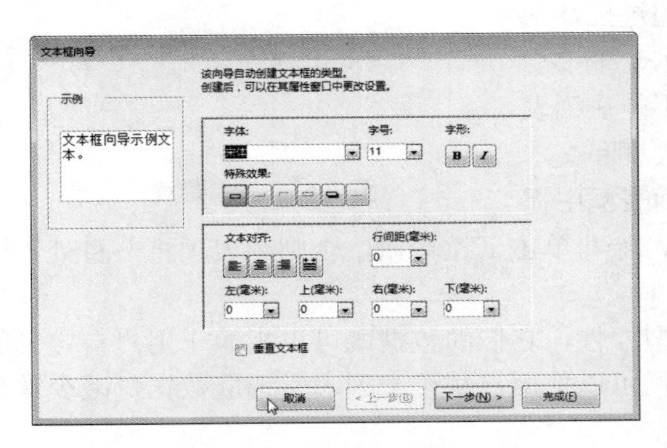

图 7-37　【文本框向导】对话框

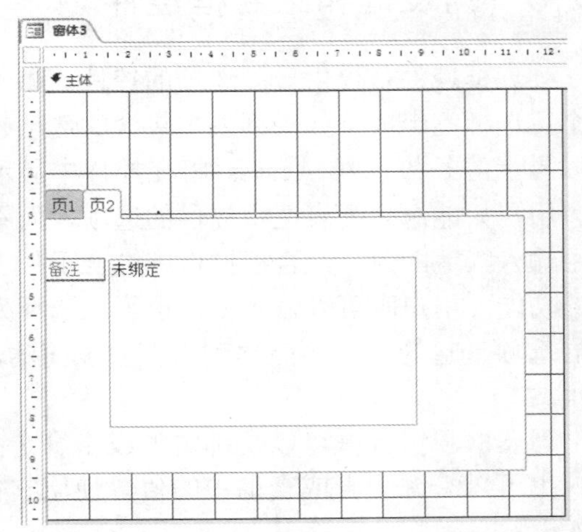

图 7-38　添加未绑定型文本框

step 10 当页 1 和页 2 还不能满足用户的需求时，可以添加新的选项卡页。首先选中选项卡，右击，在弹出的快捷菜单中选择【插入页】命令，如图 7-39 所示。

step 11 可以看到，此时已成功添加一个新的空白页。若要删除页，选定要删除的页，右击，在弹出的快捷菜单中选择【删除页】命令即可，如图 7-40 所示。

若要更改选项卡页 1 或页 2 的标题，用户可以在【属性表】窗格的【格式】选项卡中进行更改。

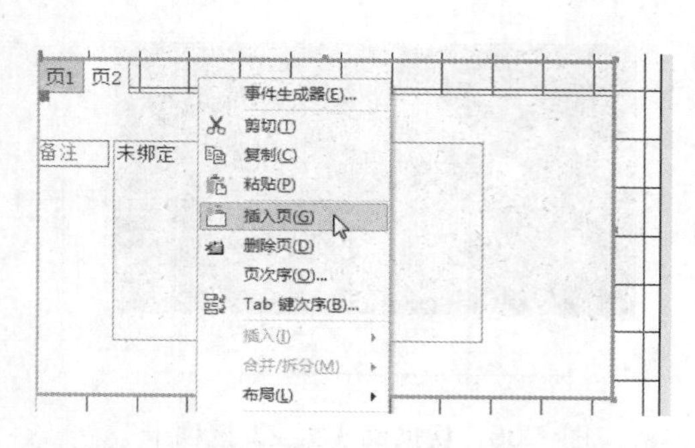

图 7-39　选择【插入页】命令

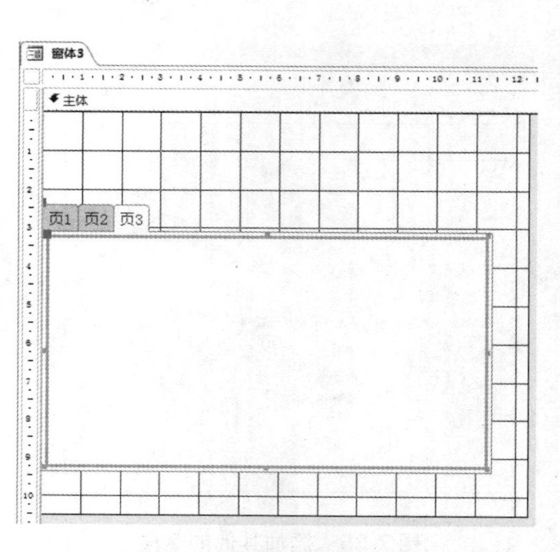

图 7-40　添加新的空白页

step 12 设置完成后，切换到窗体的【窗体视图】界面，用户可以查看最终的结果，如图 7-41 所示。

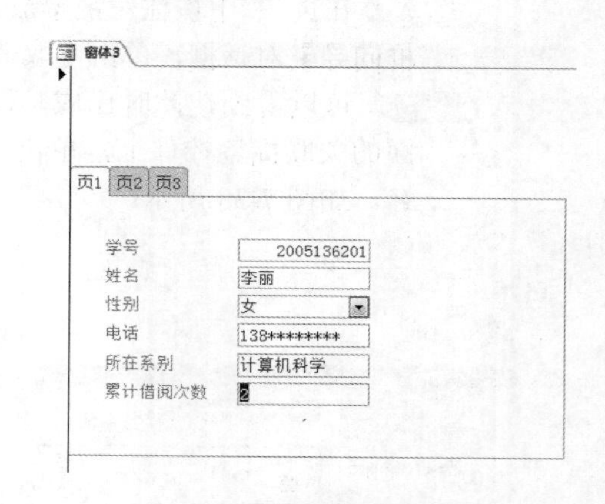

图 7-41　查看最终的结果

7.2.6　列表框和组合框控件

列表框控件是提供一列选项的控件，由一个列表和一个可选标签组成，如果列表中包含的选项超过控件中可以显示的条数，则 Access 将在控件中显示一个滚动条。用户只能选择列表框中提供的选项，而不能在列表框中输入其他的值。组合框控件则综合了列表框和文本框的功能，用户既可以输入值，也可以选择列表框中提供的选项，它的显示界面比列表框更加简洁，除非单击下拉按钮，否则列表项将一直处于隐藏状态。

列表框和组合框可以是绑定型或未绑定型控件，它们的数据既可以来源于用户自定义的值，也可以来源于表或查询中的值。使用它们可以使用户从一个列表中选取数据，减少键盘输入。

下面在“图书管理”数据库中，介绍如何添加列表框和组合框控件。具体操作步骤如下。

step 01 启动 Access 2013，打开“图书管理”数据库，切换到【创建】选项卡，单击【窗体】组中的【空白窗体】按钮，创建一个空白窗体，并切换到窗体的【设计视图】界面。

step 02 切换到【设计】选项卡，单击【控件】组中的【组合框控件】按钮，然后在窗体的【主体】节中单击，弹出【组合框向导】对话框，用户需要确定组合框获取数值的方式，可以获取表或查询中的值，也可以自行输入所需的值。这里保持默认选项不变，单击【下一步】按钮，如图 7-42 所示。

step 03 弹出确定数据源对话框，选择“图书信息”表作为数据源表，单击【下一步】按钮，如图 7-43 所示。

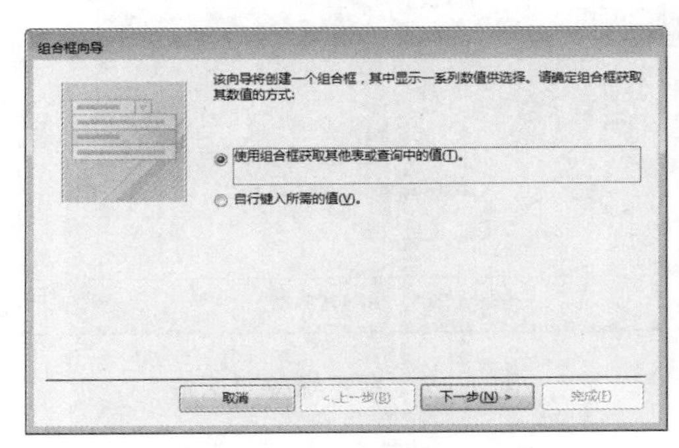

图 7-42 【组合框向导】对话框

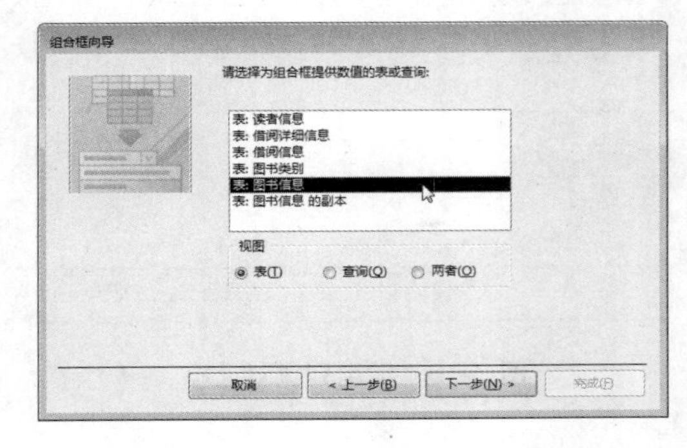

图 7-43 确定数据源对话框

step 04 弹出选择字段对话框，在【可用字段】列表框中选中“书名”字段，单击【添加】按钮 将其添加到【选定字段】列表框中，然后单击【下一步】按钮，如图 7-44 所示。

step 05 弹出排序对话框，用户可以定义对字段进行升序排序或降序排序。单击第一行的下拉按钮，在弹出的下拉列表中选择“书名”字段，表示对其进行升序排序，然后单击【下一步】按钮，如图 7-45 所示。

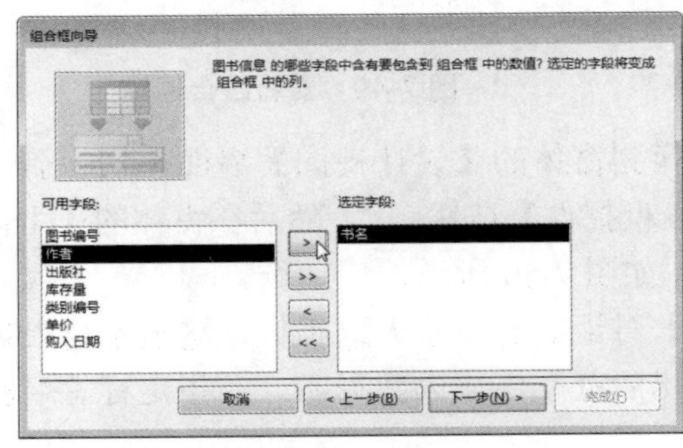

图 7-44 选择字段对话框

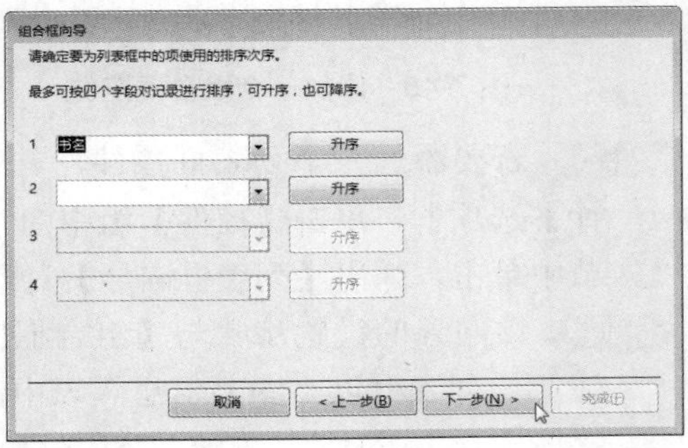

图 7-45 排序对话框

step 06 弹出指定列宽对话框，将光标定位在列的右侧边框处，当光标变成左右箭头形状时向右拖动到合适的位置，然后单击【下一步】按钮，如图 7-46 所示。

step 07 弹出指定标签对话框，在【请为组合框指定标签】文本框中输入“请选择书名”，如图 7-47 所示。

step 08 单击【完成】按钮，可以看到，此时已成功添加一个组合框控件，如图 7-48 所示。

step 09 切换到窗体的【窗体视图】界面，单击【请选择书名】下拉列表框的下拉按钮，在弹出的下拉列表中可以看到所有的书名选项，如图 7-49 所示。

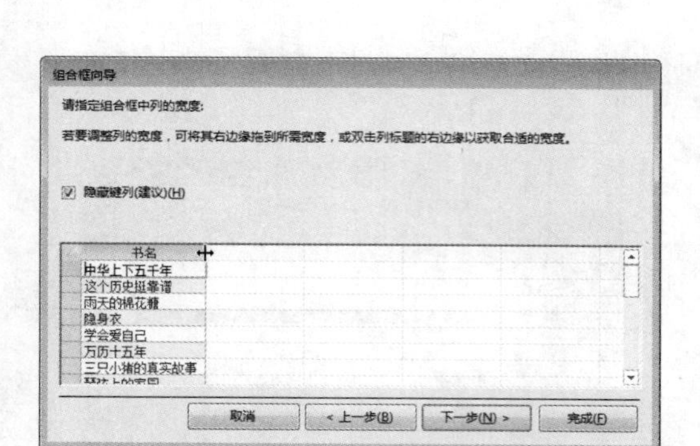

图 7-46　指定列宽对话框

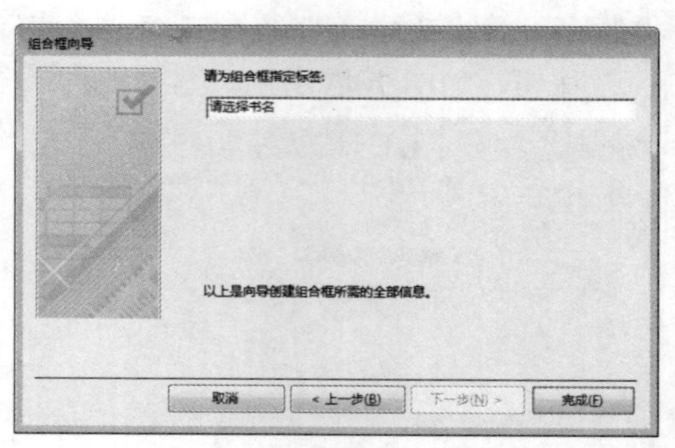

图 7-47　指定标签对话框

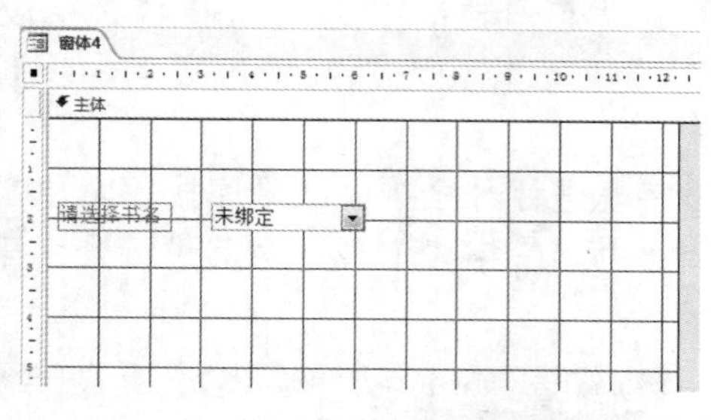

图 7-48　添加一个组合框控件

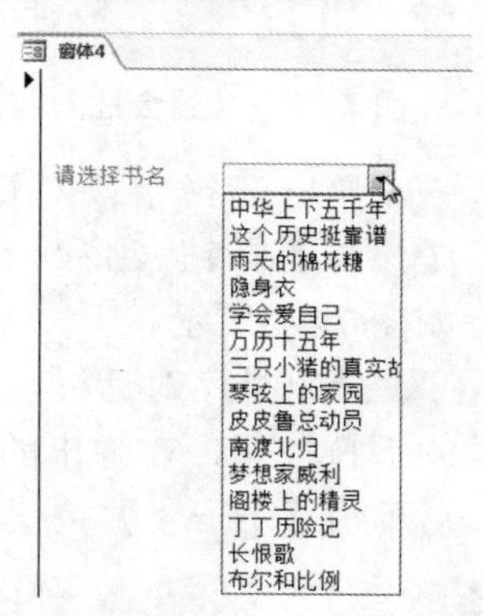

图 7-49　查看组合框控件

step 10 若要添加一个列表框控件，首先切换到窗体的【设计视图】界面。切换到【设计】选项卡，单击【控件】组中的【列表框控件】按钮，然后在窗体的【主体】节中单击，弹出【列表框向导】对话框，如图 7-50 所示。

step 11 该向导的设置步骤与【组合框向导】对话框的步骤大致相似，这里不再赘述。注意该列表框以“图书信息”表中的“出版社”字段为数据源，并指定标签名称为“请选择出版社”，如图 7-51 所示。

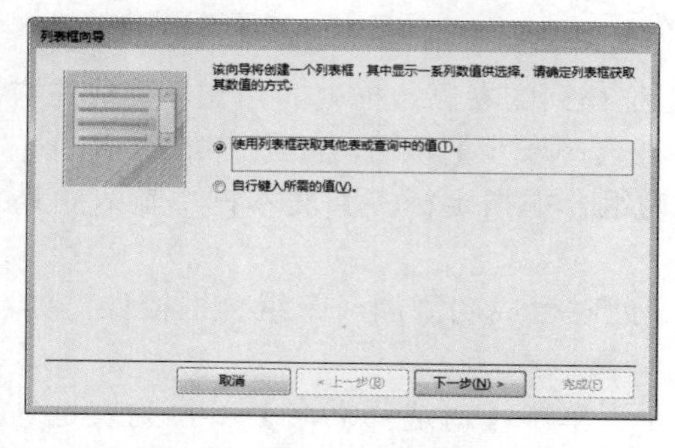

图 7-50　【列表框向导】对话框

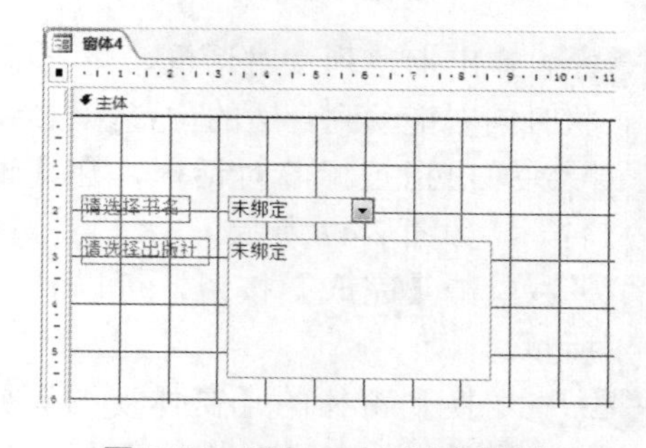

图 7-51　添加一个列表框控件

step 12 切换到窗体的【窗体视图】界面，用户可以查看最终的结果，如图 7-52 所示。若用户要将组合框更换为列表框，或者反之，需选定要更换的组合框控件，右击，

在弹出的快捷菜单中选择【更改为】|【列表框】命令即可，如图 7-53 所示。

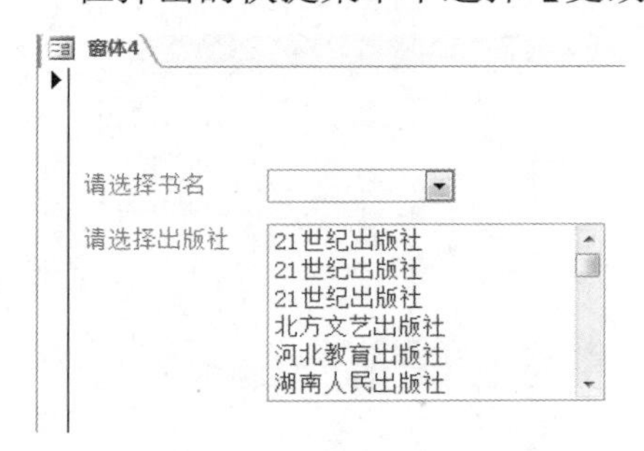

图 7-52　查看最终的结果

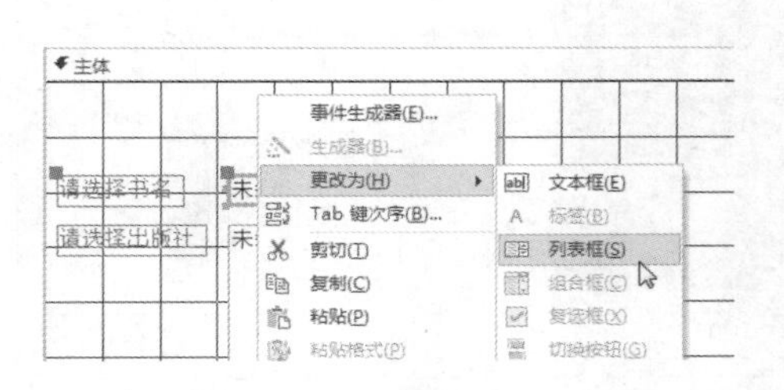

图 7-53　快捷菜单

7.2.7　按钮控件

按钮控件是用来响应窗体中的鼠标事件，当用户单击它时，就可以执行某个操作。例如，经常用到的【上一步】、【下一步】、【确定】和【取消】等按钮都属于按钮控件。对于单击按钮时要执行的操作，既可以由 Access 的宏对象或 VBA 程序来实现，也可以通过按钮向导直接创建。下面在上一节创建的“窗体 4”中通过按钮向导添加一个简单的按钮控件。具体操作步骤如下。

step 01 启动 Access 2013，双击打开“窗体 4”，并切换到窗体的【设计视图】界面。

step 02 切换到【设计】选项卡，单击【控件】组中的【按钮】按钮，然后在窗体的【主体】节中单击，弹出【命令按钮向导】对话框，选择单击按钮时执行的操作，针对不同的类别有多种不同的操作。在【类别】列表框中选择【窗体操作】选项，在对应的【操作】列表框中选择【关闭窗体】选项，表示当单击该按钮时，将关闭当前的窗体。设置完成后，单击【下一步】按钮，如图 7-54 所示。

step 03 弹出确定在按钮上显示文本还是图片的对话框，选中【文本】单选按钮，在右侧的文本框内输入“关闭窗体”，然后单击【下一步】按钮，如图 7-55 所示。

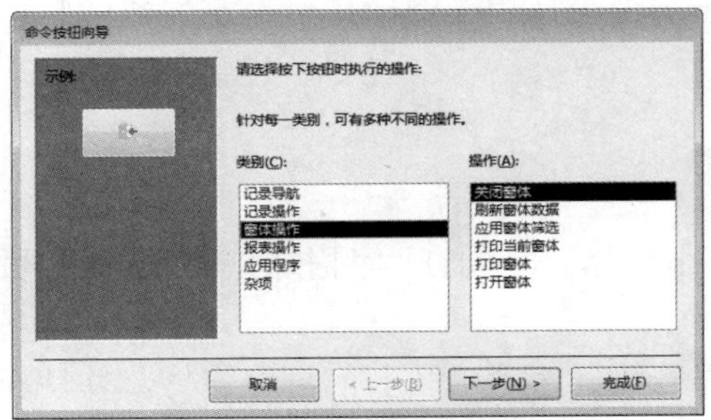

图 7-54　【命令按钮向导】对话框

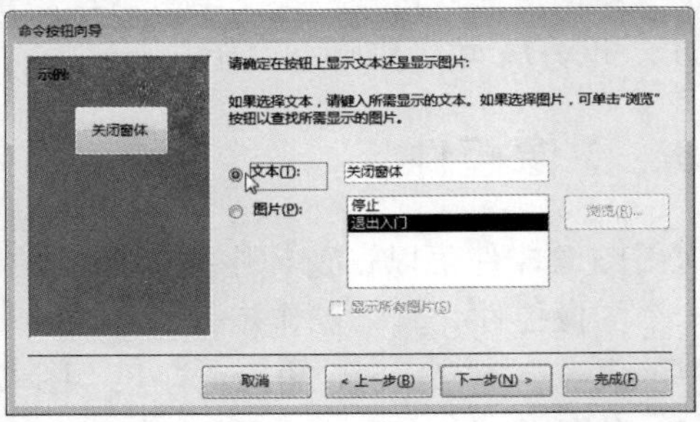

图 7-55　确定在按钮上显示文本还是图片对话框

step 04 弹出指定按钮名称对话框，在文本框中输入按钮的名称“关闭”，如图 7-56 所示。

step 05 单击【完成】按钮，可以看到，此时已成功添加一个按钮控件，如图 7-57 所示。

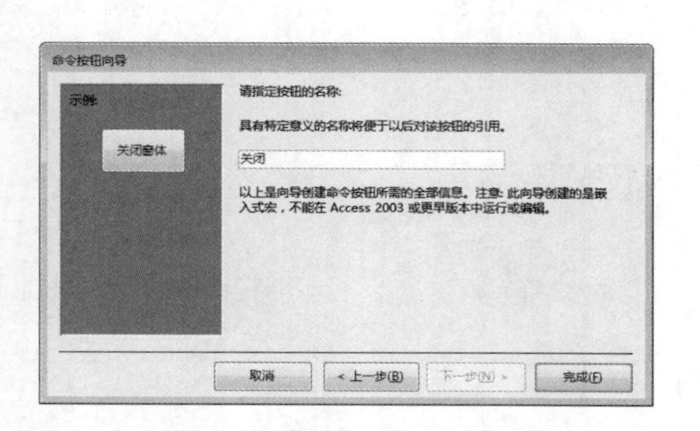

图 7-56　指定按钮名称对话框

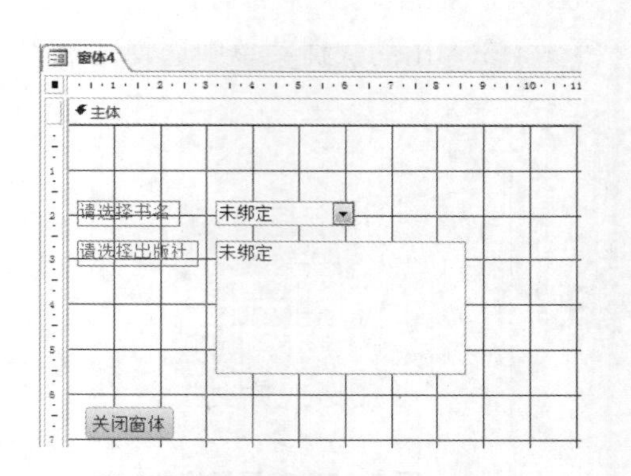

图 7-57　添加一个按钮控件

step 06 切换到窗体的【窗体视图】界面，单击【关闭窗体】按钮，弹出 Microsoft Access 对话框，提示关闭窗体前是否保存，表示该按钮控件添加成功，如图 7-58 所示。

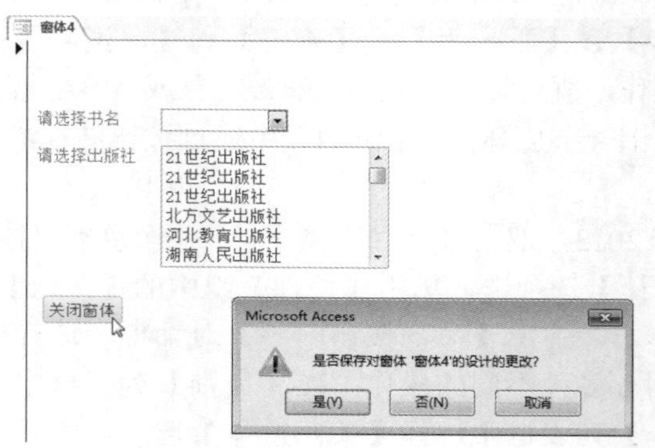

图 7-58　查看最终结果

在上述步骤中，当选择相应的操作时，系统会自动创建对应的宏，利用宏来实现操作。用户也可以根据需要自行创建宏或者 VBA 事件过程来执行相应的操作。关于这些知识，将在后面的宏和 VBA 章节中详细介绍。

7.2.8　图像控件

使用图像控件可以在窗体中插入图片，以美化窗体。下面在“图书信息”窗体的页眉中添加一个图像控件。具体操作步骤如下。

step 01 启动 Access 2013，打开“图书管理”数据库的“图书信息”窗体，并切换到窗体的【设计视图】界面，如图 7-59 所示。为了演示方便，将【窗体页眉】节中的窗体图标删除。

step 02 切换到【设计】选项卡，单击【控件】组中的【图像】按钮，然后在窗体的【窗体页眉】节中单击，弹出【插入图片】对话框，找到要插入的图片，选中后，单击【确定】按钮，如图 7-60 所示。

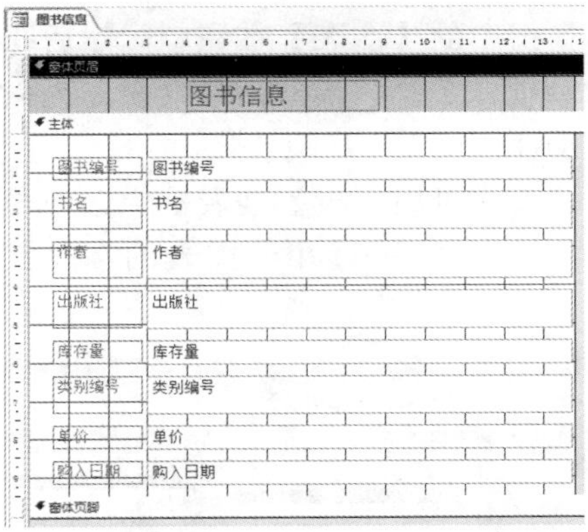

图 7-59 【设计视图】界面

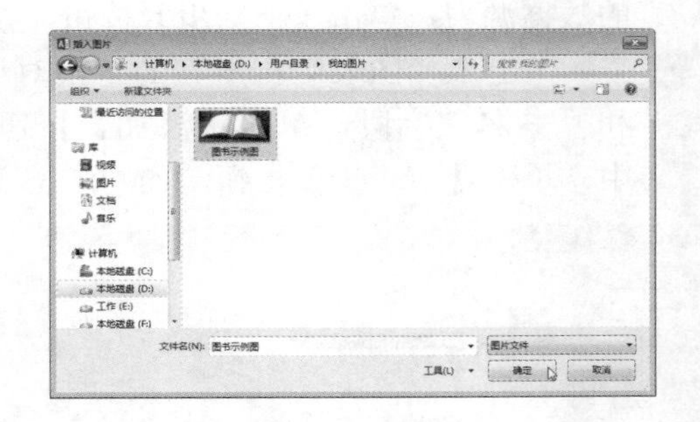

图 7-60 【插入图片】对话框

在【控件】组中单击【插入图像】按钮的下拉按钮，在弹出的下拉菜单中选择【浏览】命令，同样可以弹出【插入图片】对话框，如图 7-61 所示。

step 03 返回到【设计视图】界面，可以看到，此时在窗体的【窗体页眉】节中添加了一个图像控件，选中该图像控件，调整到合适的大小，如图 7-62 所示。

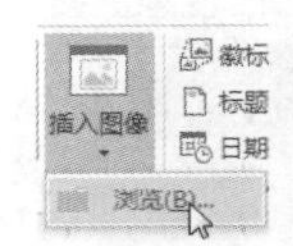

图 7-61 选择【浏览】命令

step 04 切换到窗体的【窗体视图】界面，用户可以查看最终的结果，如图 7-63 所示。

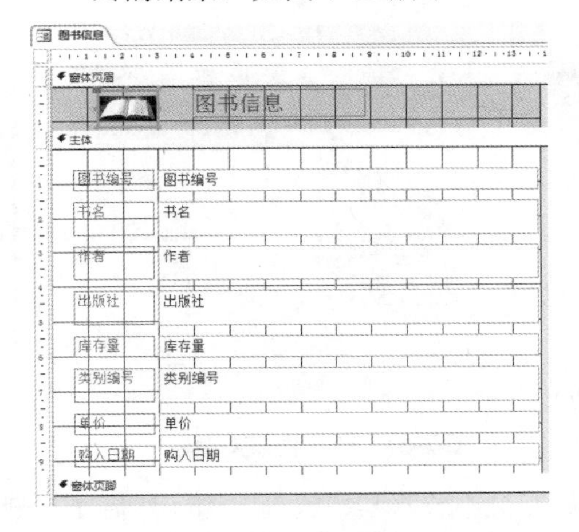

图 7-62 添加一个图像控件

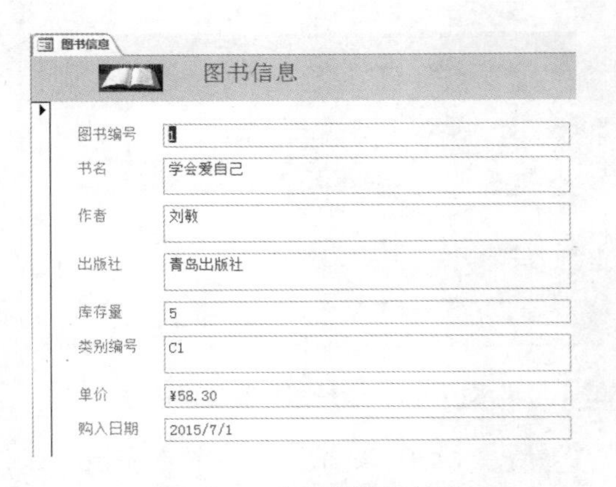

图 7-63 查看最终的结果

7.2.9 图表控件

图表控件是在窗体中以图表的形式显示数据，使数据更加直观明了。下面在空白窗体中添加一个图表，显示每本书的借阅次数。具体操作步骤如下。

step 01 启动 Access 2013，打开“图书管理”数据库，切换到【创建】选项卡，单击【窗体】组中的【空白窗体】按钮，创建一个空白窗体，并切换到窗体的【设计视图】界面。

step 02 切换到【设计】选项卡，单击【控件】组中的【图表】按钮，然后在窗体的【主体】节中单击，弹出【图表向导】对话框，选择“借阅信息”表作为创建图表的数据源表，单击【下一步】按钮，如图 7-64 所示。

step 03 弹出选择图表数据所在的字段对话框，在【可用字段】列表框中选中“学号”和“书名”字段，单击【添加】按钮，将其添加到【用于图表的字段】列表框中，单击【下一步】按钮，如图 7-65 所示。

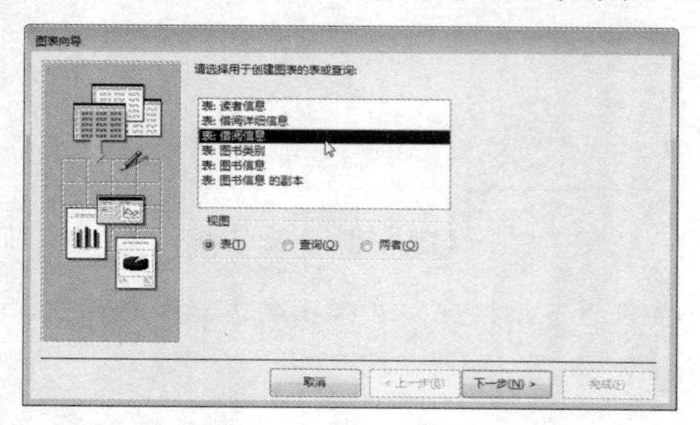

图 7-64 【图表向导】对话框

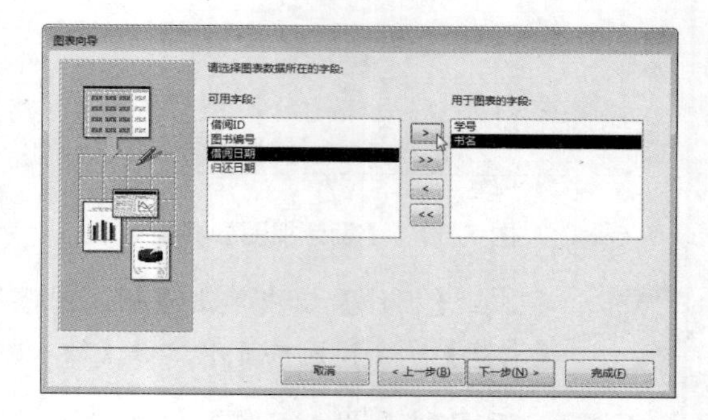

图 7-65 选择图表数据所在的字段对话框

step 04 弹出选择图表类型对话框，选中柱形图，单击【下一步】按钮，如图 7-66 所示。

step 05 弹出预览图表对话框，用户可以拖动图表中的字段，改变图表的布局方式，如图 7-67 所示。

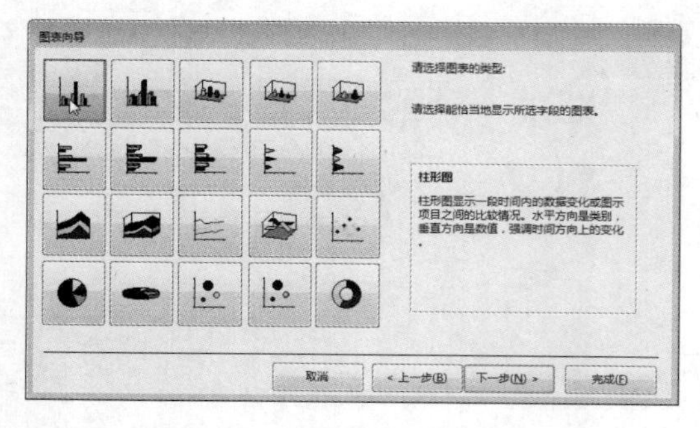

图 7-66 选择图表类型对话框

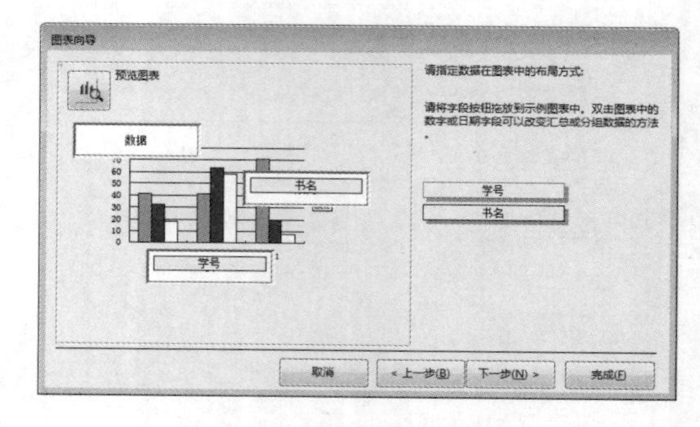

图 7-67 预览图表对话框

step 06 选中 X 轴的“学号”字段，按住鼠标左键不放将其拖放到右侧。然后在右侧选中“书名”字段，将其拖放到 X 轴的方框中。使用同样的方法，将“学号”字段拖放到图表的 Y 轴上，然后将图表中的“书名”字段拖放到右侧。设置完成后，单击【下一步】按钮，如图 7-68 所示。

表示 X 轴显示每本书的书名，Y 轴上通过对学号的计数显示相对应的书的借阅次数。

step 07 弹出命名对话框，在【请指定图表的标题】文本框内输入“借阅信息”，然后选中【是，显示图例】单选按钮，如图 7-69 所示。

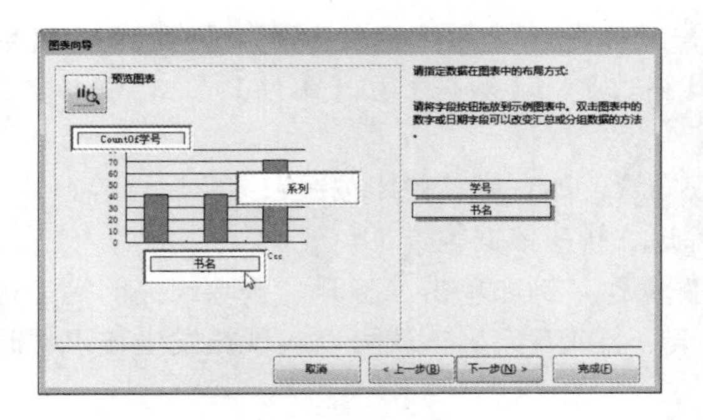

图 7-68　设置布局方式

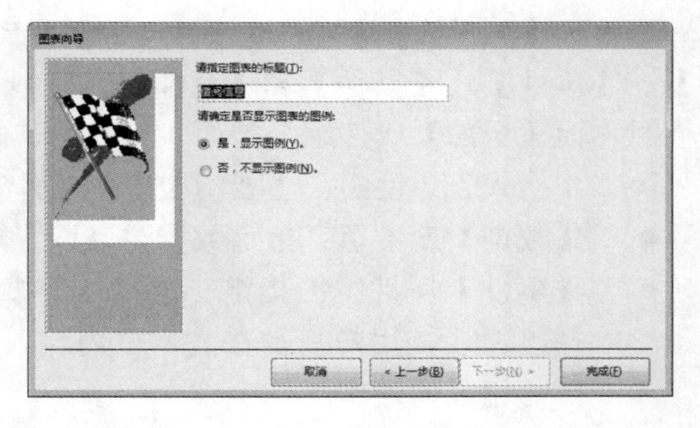

图 7-69　命名对话框

step 08 单击【完成】按钮，然后切换到窗体的【窗体视图】界面，用户可以查看创建的柱形图表，图表的 X 轴显示了书名，Y 轴通过对学号进行计数显示了相对应的书的借阅次数，如图 7-70 所示。

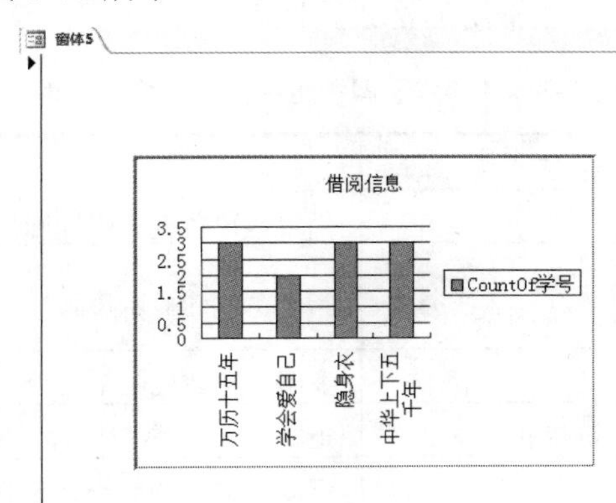

图 7-70　查看最终结果

通过上述的介绍，读者应该掌握如何在窗体中添加这些常用的控件，以此来美化窗体。

7.3　设置窗体和控件的属性

在窗体上添加控件后，往往还需要对窗体和控件的属性进行设置。任何对象都具有各自的属性，不同对象拥有的属性不同。属性决定了窗体和控件的结构、外观以及数据特性等。

7.3.1　设置窗体的属性

通常情况下，用户是在窗体的【设计视图】界面中设置窗体的属性。在窗体的【设计视图】界面中，切换到【设计】选项卡，单击【工具】组中的【属性表】按钮，弹出【属性表】窗格。通过该窗格，用户就可以对窗体的标题、数据源和窗体的各种事件等属性进行设置，如图 7-71 所示。

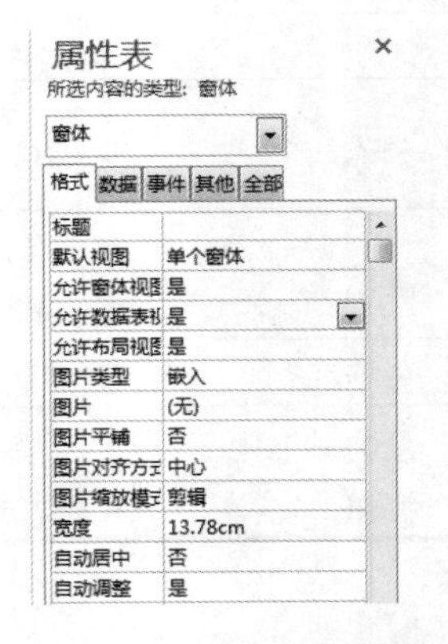

图 7-71　【属性表】窗格

窗体的【属性表】窗格共包括 5 个选项卡，又称为 5 个属性组，分别为【格式】、【数据】、【事件】、【其他】和【全部】。其中【格式】、【数据】和【事件】是 3 个主要的属性组，而【全部】属性组是前面 4 组的总和。

- 【格式】属性组：主要指定窗体的外观布置，如宽度、关闭按钮和图片属性等。
- 【数据】属性组：指定数据源，设置筛选、排序依据等。
- 【事件】属性组：指定一个窗体的事件操作，例如单击、打开、删除或关闭等。选择事件后，用户只需在文本框内输入操作名或者宏名，就可以实现在发生该事件时执行相应的操作。
- 【其他】属性组：指定工具栏、菜单栏等属性。
- 【全部】属性组：是以上 4 种属性组的汇总。

1) 【格式】属性组

【格式】属性组主要用来设置窗体的格式属性，例如窗体的标题、默认视图、图片等。它的选项众多，表 7-3 列出了一些常用的格式属性。

表 7-3 【格式】属性组中常用的格式属性

属性名称	属 性 值	说 明
标题	字符串	指定在窗体视图中标题栏上显示的文本
默认视图	单个窗体(默认值)、连续窗体、数据表和分割窗体	指定窗体的显示形式
允许窗体视图	是(默认值)/否	表明在窗体视图中是否可以查看指定的窗体
图片类型	嵌入(默认值)、链接和共享	指定 Access 是将图片存储为链接对象还是嵌入对象
宽度	数字	可以将窗体的大小调整为指定的尺寸。窗体的宽度是从边框的内侧开始度量的
自动居中	是/否(默认值)	指定在窗体显示时，是否在 Windows 窗口中将窗体自动居中
自动调整	是(默认值)/否	指定在打开窗体时，是否自动调整窗体的窗口大小以显示整条记录
记录选择器	是(默认值)/否	指定在窗体视图中是否显示记录选择器
导航按钮	是(默认值)/否	指定窗体上是否显示导航按钮
分隔线	是/否(默认值)	指定是否使用分隔线分隔窗体上的节或连续窗体上显示的记录
滚动条	两者均无、只水平、只垂直和两者都有(默认值)	指定窗体上是否显示滚动条，或滚动条的形式
控制框	是(默认值)/否	指定在窗体视图和数据表视图中窗体是否具有控制框
最大最小化按钮	无、最小化按钮、最大化按钮和两者都有(默认值)	指定在窗体上最大化或最小化按钮是否可见

下面在“图书管理”数据库中给“图书信息”窗体中添加一个背景图片，并设置格式。具体操作步骤如下。

step 01 启动 Access 2013，打开“图书管理”数据库的“图书信息”窗体，并切换到窗体的【设计视图】界面。

step 02 切换到【设计】选项卡，单击【工具】组中的【属性表】按钮，弹出【属性表】窗格，如图 7-72 所示。

在【属性表】窗格中，【所选内容的类型】若显示为【窗体】，表示当前可以设置窗体的属性。若此时显示的类型不是【窗体】，则单击右侧的下拉按钮，在弹出的下拉列表中选择【窗体】选项即可。

step 03 在【属性表】窗格中切换到【格式】选项卡，单击【图片】选项右侧的省略号按钮，如图 7-73 所示。

图 7-72 【属性表】窗格

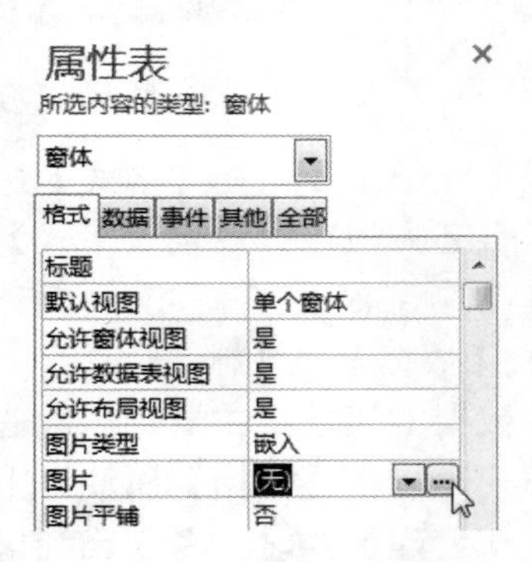

图 7-73 【格式】选项卡

step 04 弹出【插入图片】对话框，选择要插入的图片，如图 7-74 所示。

在功能区中切换到【格式】选项卡，单击【背景】组中的【背景图像】按钮的下拉按钮，在弹出的下拉菜单中选择【浏览】命令，同样可以弹出【插入图片】对话框，如图 7-75 所示。

图 7-74 【插入图片】对话框

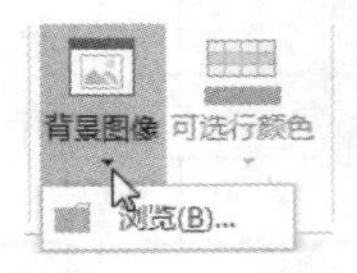

图 7-75 选择【浏览】命令

step 05 单击【确定】按钮，并切换到窗体的【窗体视图】界面，用户可查看插入背景图像后的效果，如图 7-76 所示。

step 06 在【格式】选项卡中，用户还可对添加的背景图片设置格式。例如，设置图片的类型、是否平铺、图片的对齐方式、图片的缩放模式等，如图 7-77 所示。

图 7-76　查看效果

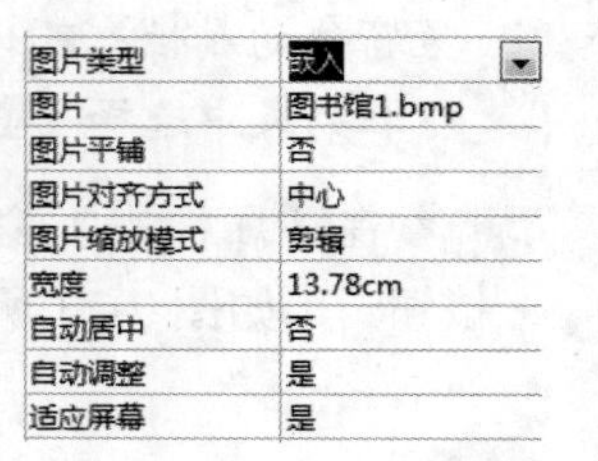

图片类型 嵌入
图片 图书馆1.bmp
图片平铺 否
图片对齐方式 中心
图片缩放模式 剪辑
宽度 13.78cm
自动居中 否
自动调整 是
适应屏幕 是

图 7-77　设置背景图片的格式

以上介绍了如何在【格式】选项卡中设置背景图片，用户可以参考上述方法自行设置【格式】选项卡中其他的属性，并观察每个属性的效果。

2) 【数据】属性组

【数据】属性组主要用来设置窗体的数据源，如图 7-78 所示。用户可以在【数据】属性组中自行设置数据源，但大多数情况下，在创建窗体时，系统已经根据创建的内容，自行添加了数据源。例如，打开“图书信息”窗体，在【属性表】窗格中切换到【数据】选项卡，可以看到【记录源】选项右侧已经显示该窗体的数据源为“图书信息”表。若用户需要自行添加数据源，则单击【记录源】选项右侧的下拉按钮，在弹出的下拉列表中选择某一表或查询作为数据源即可。单击右侧的省略号按钮，用户还可创建查询作为数据源。

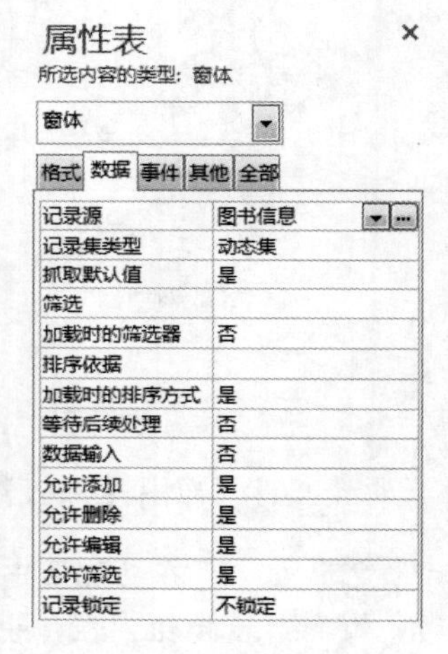

图 7-78　【数据】属性组

设置了数据源后，还可以设置记录集类型、筛选、数据输入等属性。用户可以根据需要自行设置属性，并观察每个属性的效果。表 7-4 列出了一些常用的数据属性。

表 7-4　【数据】属性组常用的数据属性

属性名称	属 性 值	说　明
记录源	表名称、查询名称或 SQL 语句	指定窗体的数据源
筛选	字符串表达式	指定在数据源中筛选数据的规则
排序依据	字符串表达式	指定如何对窗体中的记录进行排序

续表

属性名称	属 性 值	说 明
允许编辑	是(默认值)/否	指定用户在窗体运行时是否可对记录进行编辑、删除、添加或筛选等操作
允许删除		
允许添加		
允许筛选		
记录集类型	动态集(默认值)、动态集(不一致的更新)、快照	指定何种类型的记录集可以在窗体中使用

3) 【事件】属性组

【事件】属性组主要用来设置该事件对应的操作。这些操作可通过创建宏或编写 VBA 程序来实现，如图 7-79 所示。关于【事件】属性的相关内容，在后面有关宏的章节，将会详细介绍。

4) 【其他】属性组

【其他】属性组主要用来设置窗体的弹出方式、模式、快捷菜单等属性，如图 7-80 所示。表 7-5 列出了【其他】属性组中常用的属性。

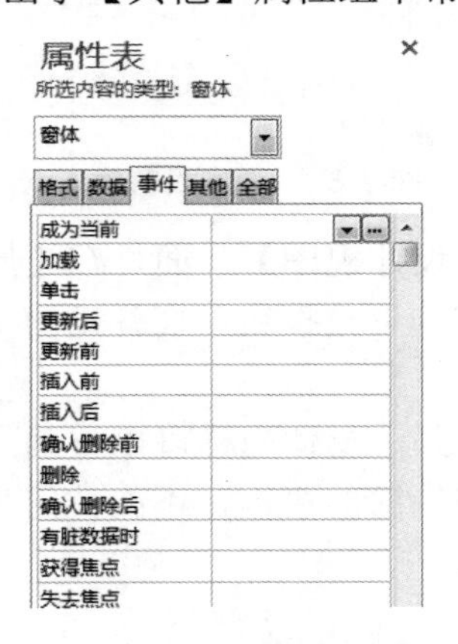

图 7-79 【事件】属性组

图 7-80 【其他】属性组

表 7-5 【其他】属性组常用的属性

属性名称	属 性 值	说 明
弹出方式	是/否(默认值)	指定窗体是否作为弹出式窗体打开，若作为弹出式窗体，将停留在其他所有 Access 窗体的上面
模式	是/否(默认值)	指定窗体是否可以作为模式窗体打开。若作为模式窗体，一直到关闭该窗体为止，将不能在当前窗体以外的屏幕区域中进行操作
快捷菜单	是(默认值)/否	指定当用鼠标右击窗体上的对象时是否显示快捷菜单

下面在“图书管理”数据库中，在【其他】属性组中分别设置“图书信息”窗体为弹出式窗体和模式窗体，并观察最终效果。具体操作步骤如下。

step 01 启动 Access 2013，打开“图书管理”数据库的“图书信息”窗体，并切换到窗体的【设计视图】界面。

step 02 切换到【设计】选项卡，单击【工具】组中的【属性表】按钮，弹出【属性表】窗格。切换到【其他】选项卡，单击【弹出方式】选项右侧的下拉按钮，在弹出的下拉列表中选择【是】选项，如图 7-81 所示。

step 03 切换到窗体的【窗体视图】界面，可以看到，窗体可以移动到屏幕的任何位置，不管用户有没有访问数据库中的其他对象，它总是停留在其他数据库对象的最上方，如图 7-82 所示。

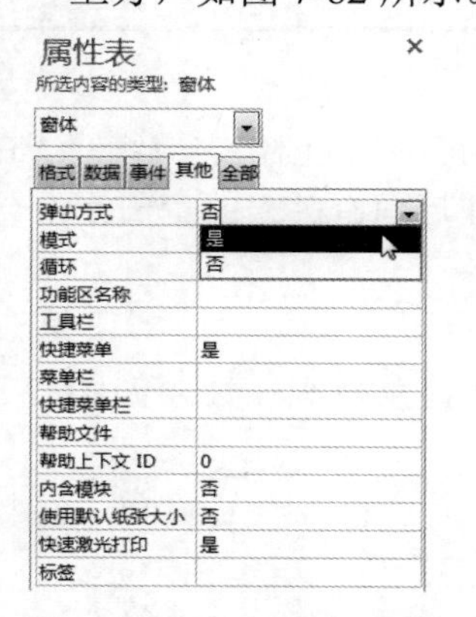

图 7-81　将【弹出方式】属性设置为“是”

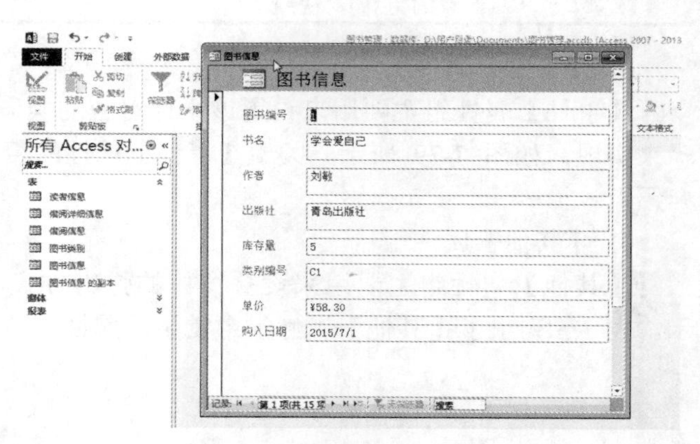

图 7-82　弹出式窗体

step 04 若要创建模式窗体，首先切换回窗体的【设计视图】界面，在【属性表】窗格的【其他】选项卡中，单击【模式】选项右侧的下拉按钮，在弹出的下拉列表中选择【是】选项，如图 7-83 所示。

step 05 切换到窗体的【窗体视图】界面，可以看到，窗体同样可以移动到屏幕上的任何位置，但是一直到关闭为止，用户只能操作当前的窗体，不能访问数据库的其他对象，如图 7-84 所示。

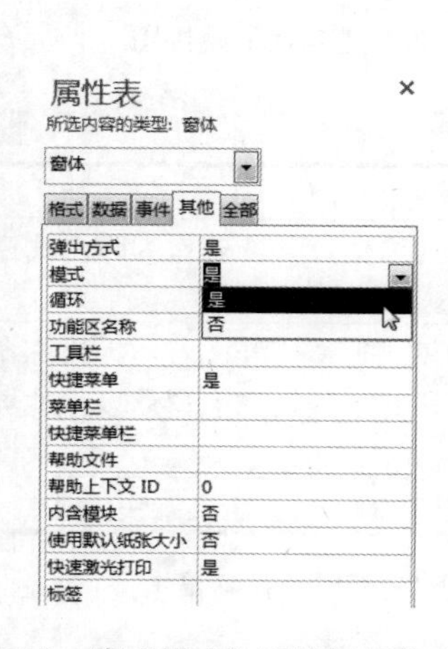

图 7-83　将【模式】属性设置为“是”

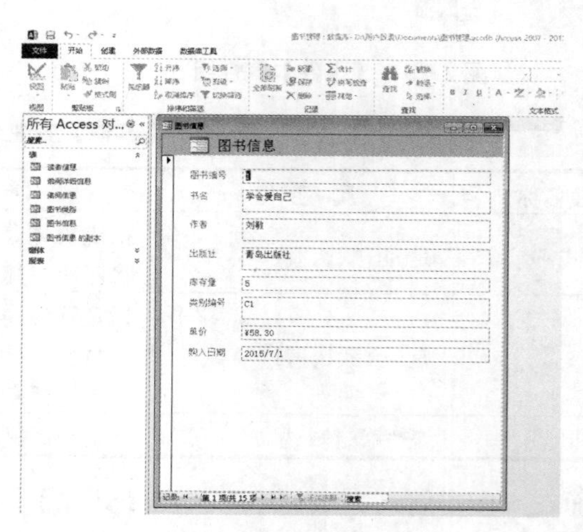

图 7-84　模式窗体

弹出式窗体和模式窗体更多地用于数据库的登录界面上，灵活利用这种格式的窗体，可以增强数据的保密性，减少错误的发生。

5)【全部】属性组

【全部】属性组是以上 4 个属性组的内容汇总。通过该属性组，用户可以方便快捷地查看和设置以上 4 个属性组的全部属性，并且各种属性选项并不是随意排列，而是系统按照用户的习惯和各属性的使用频率进行了重新排序，有次序地显示出来，如图 7-85 所示。

在【属性表】窗格中，单击【所选内容的类型】下拉列表框的下拉按钮，在弹出的下拉列表中选择不同的选项，表示是对窗体还是各控件设置属性，如图 7-86 所示。

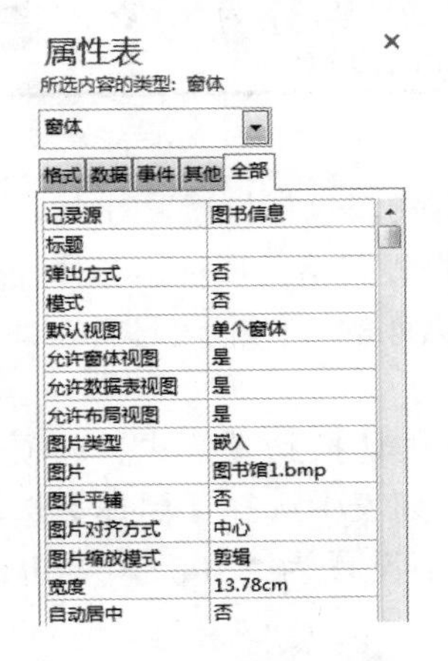

图 7-85 【全部】属性组

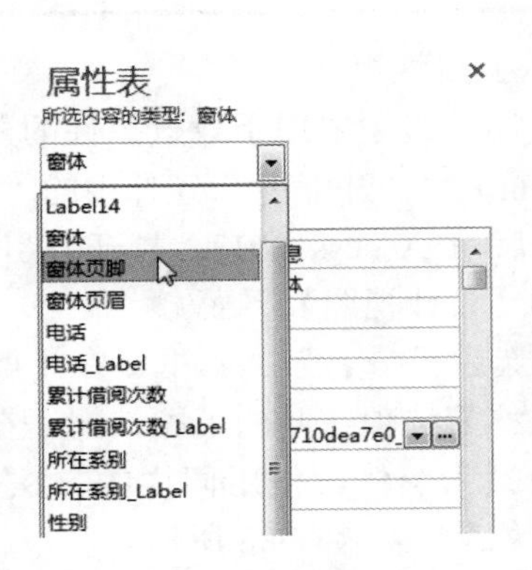

图 7-86 所选内容的类型

7.3.2 设置控件的属性

在窗体中添加控件后，只有经过各种设置，才能充分发挥控件的作用。Access 提供了多种方法来设置控件，用户既可以通过添加控件时弹出的【控件向导】设置，也可以通过控件的【属性表】窗格设置，还可以通过【窗体设计工具】中的 3 个选项卡进行设置。本小节主要介绍通过控件的【属性表】窗格进行属性的设置。

同窗体一样，控件的【属性表】窗格也包括 5 个选项卡，如图 7-87 所示。不同的控件类型，【属性表】窗格中的各属性也不同。虽然各属性不同，但设置的方法大致相同。下面以最常用的文本框控件属性为例进行介绍。

图 7-87 控件的【属性表】窗格

通过【属性表】窗格，用户可以对文本框控件的格式、数据有效性、控件来源等属性进行设置。表 7-6 列出了文本框控件常用的属性。

表 7-6　文本框控件常用的属性

属性名称	属性值	说明
文本对齐	常规、左(默认值)、居中、右、分散	指定文本框的内容采用何种对齐方式
控件来源		设定文本框的数据来源，若为空的话则为未绑定型控件
输入掩码		规定文本框中数据输入的格式
默认值		设置文本框中的固定值
验证规则	字符串表达式	限制文本框中数据输入的范围
是否锁定	是/否(默认值)	指定文本框是否可读，若为否，表示文本框为可读写状态，反之则为可读状态

1) 【格式】属性组

【格式】属性组主要用于设置控件的外观或显示格式，包括标题、字体、名称、字号、背景色等。下面对“图书信息”窗体中的“书名”文本框设置格式属性。具体操作步骤如下。

step 01 启动 Access 2013，打开“图书管理”数据库的“图书信息”窗体，并切换到窗体的【设计视图】界面。

step 02 选中“书名”文本框，在【属性表】窗格中切换到【格式】选项卡，单击【字体名称】选项右侧的下拉按钮，在弹出的下拉列表中选择【黑体】选项，表示将文本设置为黑体。使用同样的方法，将字号大小设置为“20”，将边框颜色设置为“红色”，如图 7-88 所示。

step 03 设置完成后，切换到窗体的【窗体视图】界面，用户可查看最终的结果，如图 7-89 所示。

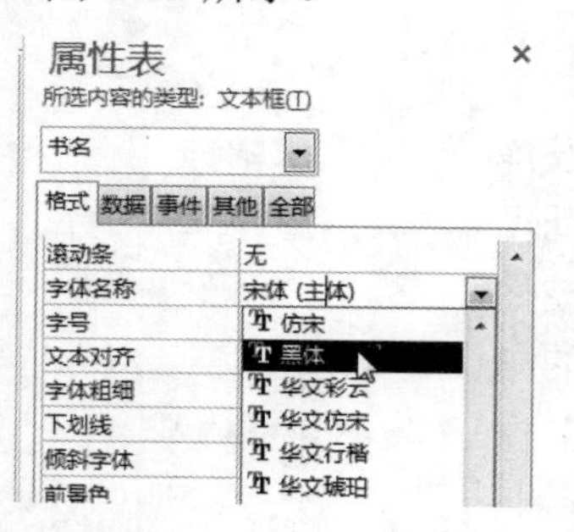

图 7-88　设置格式属性

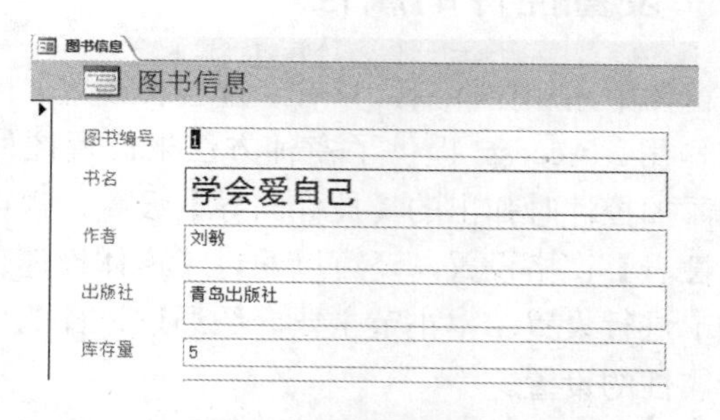

图 7-89　查看最终的结果

以上只是进行了简单的格式设置，用户可以参考上述方法，根据需要自行设置其他的格式。

2) 【数据】属性组

【数据】属性组主要用于设置控件的控件来源、输入掩码等属性，如图 7-90 所示。其中，最重要的属性为“控件来源”属性，若设置控件来源为窗体记录源属性中指定的字段名，则在窗体中对文本框内容的编辑不仅传送给记录源中指定的字段，还会保存在默认值属性中。

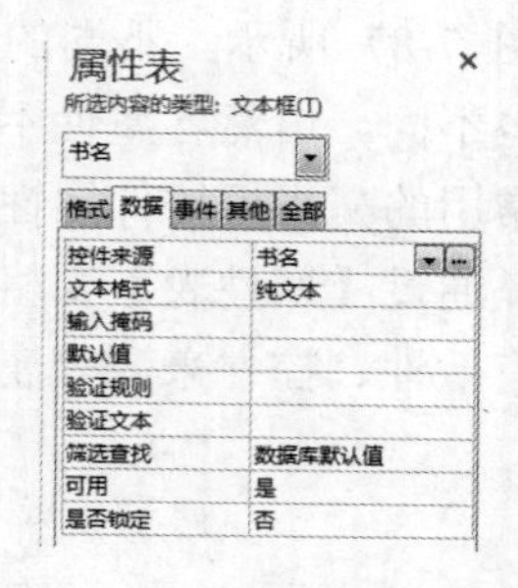

图 7-90　控件的【数据】属性组

当控件为未绑定型控件时，没有数据源，此时【数据】选项卡中是空白的。

其余 3 个属性组的内容，与窗体的【属性表】窗格的内容及设置方法大致相同，这里不再赘述。

7.4 综合实战——创建图书信息录入窗体

1. 案例目的

创建一个图书信息录入窗体，当图书馆购入新书时，管理员可通过该窗体录入新书的相关信息，而不是在数据源表中进行添加。

2. 案例操作过程

step 01 启动 Access 2013，打开“图书管理”数据库，在导航窗格中双击打开“图书信息”表。切换到【创建】选项卡，单击【窗体】组中的【窗体】按钮，快速创建一个“图书信息”窗体。

step 02 切换到窗体的【设计视图】界面，选中子数据表，按 Delete 键，删除该表，如图 7-91 所示。

step 03 切换到【排列】选项卡，单击【表】组中的【删除布局】按钮，删除当前的布局，如图 7-92 所示。

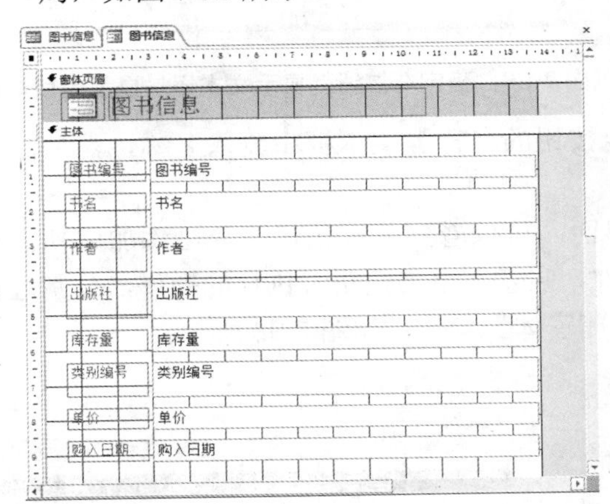

图 7-91 删除子数据表

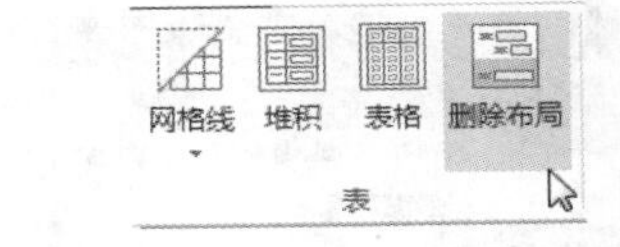

图 7-92 单击【表】组中的【删除布局】按钮

step 04 在【主体】节中选中文本框控件，移动其位置，调整其宽度和高度，重新进行布局，如图 7-93 所示。

step 05 切换到【排列】选项卡，通过【调整大小和排序】组中的【大小/空格】和【对齐】两个选项设置各控件的垂直距离和对齐方式，如图 7-94 所示。

step 06 切换到【设计】选项卡，单击【控件】组中的【按钮】按钮 xxxx，然后在窗体的【主体】节中单击，弹出【命令按钮向导】对话框。在【类别】列表框中选择【记录操作】选项，在右侧的【操作】列表框中选择【添加新记录】选项，然后单击

【下一步】按钮，如图 7-95 所示。

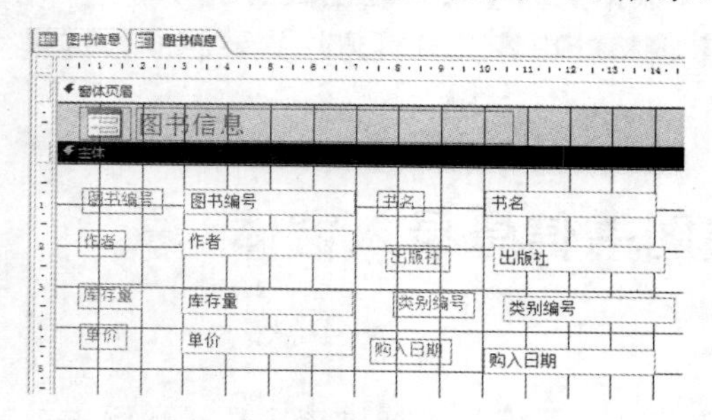

图 7-93　调整控件宽度和高度

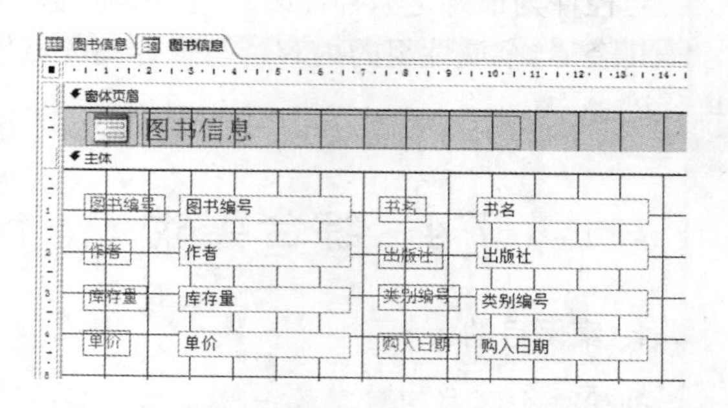

图 7-94　设置各控件的垂直距离和对齐方式

step 07 弹出确定在按钮上显示文本还是显示图片的对话框，保持默认选项不变，单击【下一步】按钮，如图 7-96 所示。

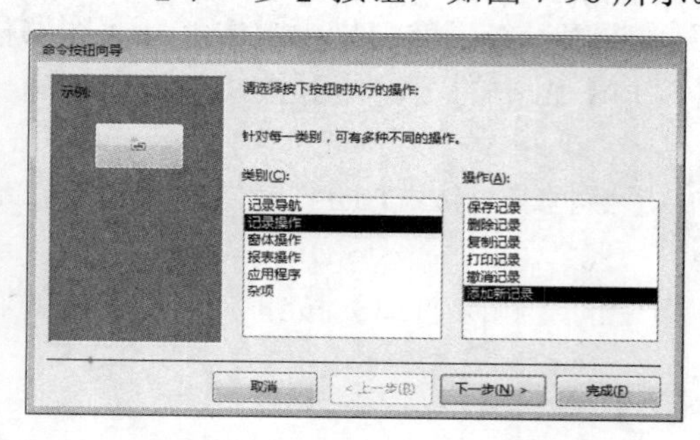

图 7-95　【命令按钮向导】对话框

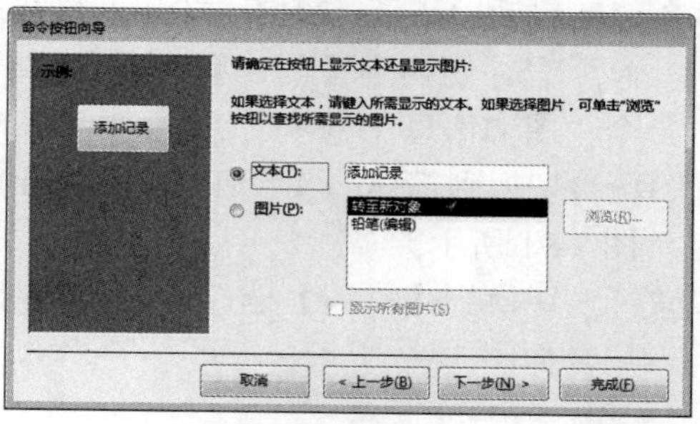

图 7-96　确定在按钮上显示文本还是显示图片对话框

step 08 弹出命名对话框，在【请指定按钮的名称】文本框中输入名称，然后单击【完成】按钮，如图 7-97 所示。

step 09 返回到窗体的【设计视图】界面，可以看到，该按钮控件已添加成功。使用同样的方法，添加其他 3 个按钮控件，注意在单击按钮时执行的操作，分别选择“前一项记录”“下一项记录”和“关闭窗体”操作，如图 7-98 所示。

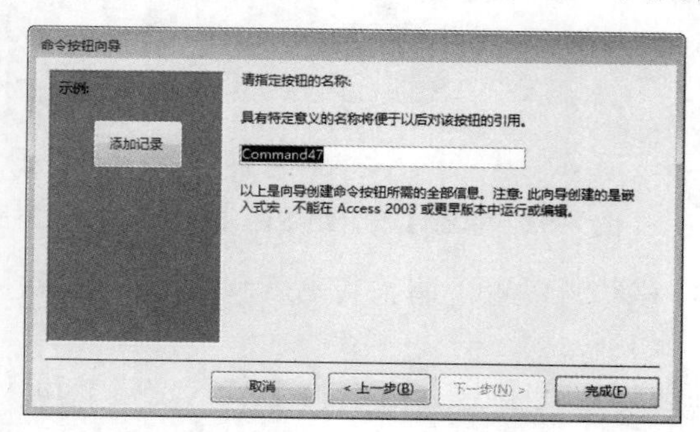

图 7-97　命名对话框

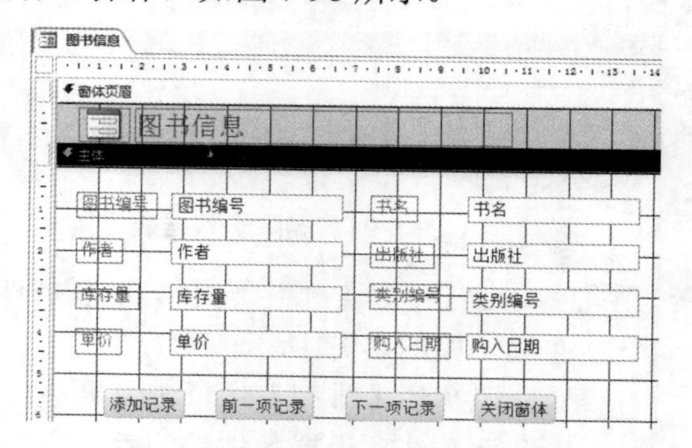

图 7-98　添加其他按钮控件

step 10 选中【类别编号】文本框控件，右击，在弹出的快捷菜单中依次选择【更改为】|【组合框】命令，将其变更为组合框控件，如图 7-99 所示。

step 11 选中该组合框控件，切换到【设计】选项卡，单击【工具】组中的【属性表】按钮，弹出【属性表】窗格。切换到【数据】选项卡，单击【行来源】右侧的省略号按钮，如图 7-100 所示。

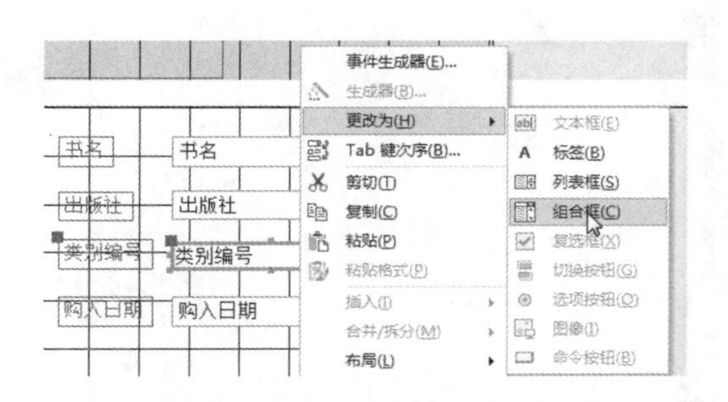

图 7-99 选择【更改为】|【组合框】命令

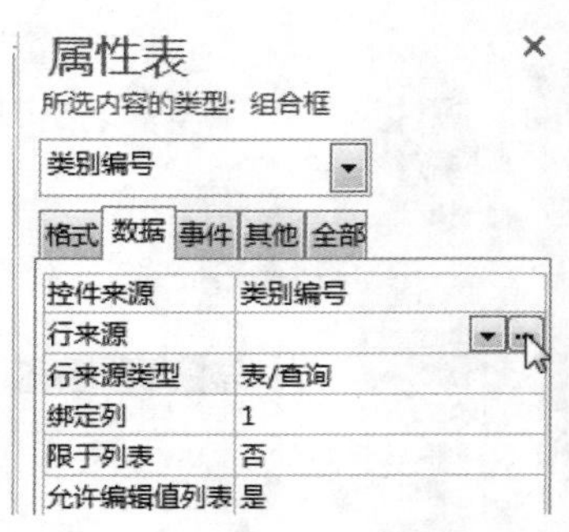

图 7-100 【属性表】窗格

step 12 弹出【显示表】对话框，选中“图书类别”表，单击【添加】按钮，如图 7-101 所示。

step 13 操作完成后，单击【关闭】按钮，进入查询生成器的设计视图，在查询设计网格中，将“类别编号”添加到【字段】行中。单击【保存】按钮，保存并关闭该查询窗口，如图 7-102 所示。

该步骤主要设置使“类别编号”组合框中的数据源来源于“图书类别”表的“类别编号”字段。

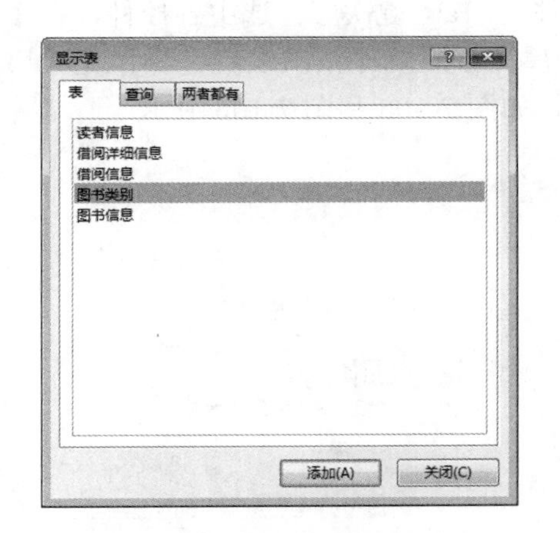

图 7-101 【显示表】对话框

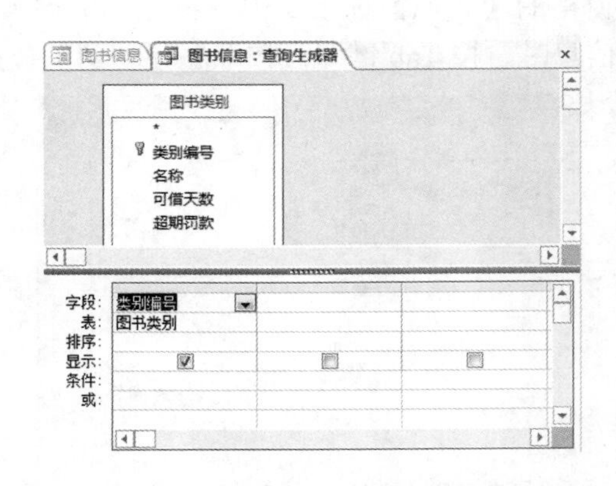

图 7-102 查询生成器的设计视图

step 14 返回到窗体的【设计视图】界面，在【属性表】窗格中，单击【所选内容的类型】下拉列表框的下拉按钮，选择【窗体】选项，切换到窗体的【属性表】窗格。切换到【其他】选项卡，单击【弹出方式】选项右侧的下拉按钮，选择【是】选项，将其设置为弹出式窗体，如图 7-103 所示。

step 15 切换到【窗体视图】界面，单击【添加记录】按钮，可以看到，当前窗体中各字段内容均为空白，用户只需输入信息即可。单击【类别编号】文本框右侧的下拉按钮，可以选择某一类别，无须用户手动输入值。输入图书信息后，单击【添加记录】按钮，该信息会自动添加到“图书信息”数据源表中，如图 7-104 所示。

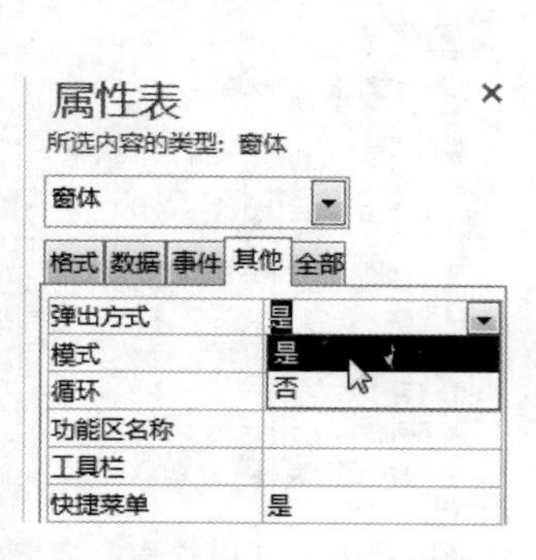

图 7-103　将【弹出方式】设置为“是”

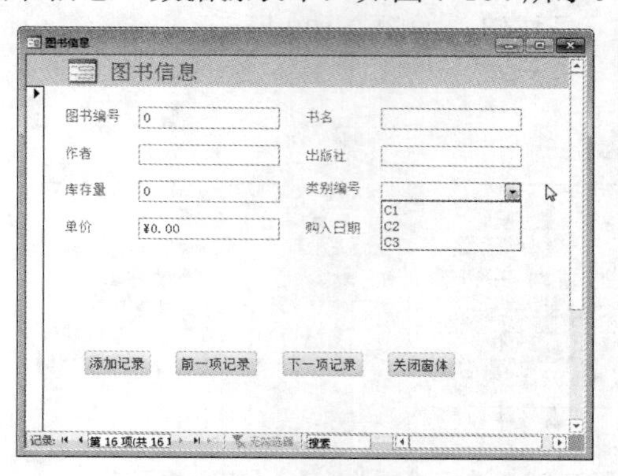

图 7-104　查看最终的结果

7.5　高 手 甜 点

甜点 1：在信息录入窗体中添加新记录时，经常会用到 Tab 键和 Enter 键跳转到下一控件。如何实现按 Tab 键时，光标能够按正常的顺序往下移动？

在窗体的【设计视图】界面中，单击【工具】组中的【Tab 键次序】按钮，在弹出的【Tab 键次序】对话框中，用户可以查看当前各控件的 Tab 键次序。选中各控件，在【属性表】窗格的【其他】选项卡中，将【Tab 键索引】属性按照顺序依次设置。操作完成后，在录入信息时，按 Tab 键即可按顺序移动到下一控件，如图 7-105 和图 7-106 所示。

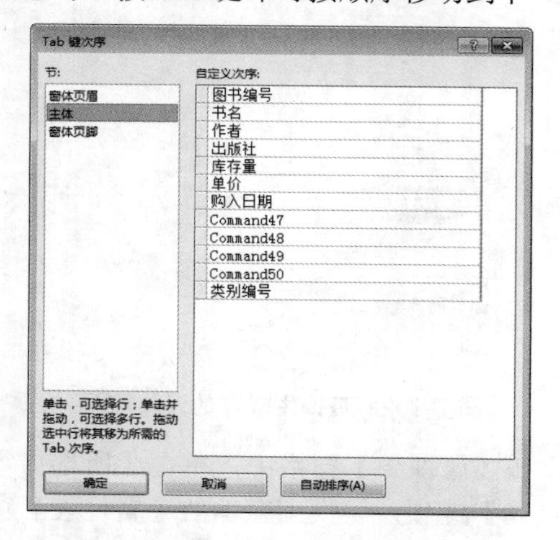

图 7-105　【Tab 键次序】对话框

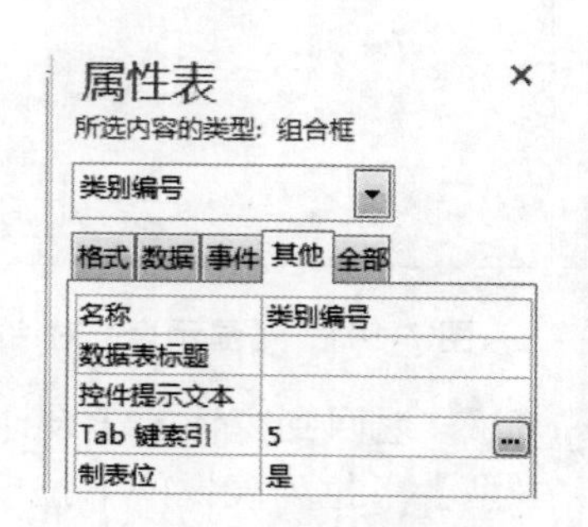

图 7-106　【属性表】窗格

甜点 2：添加标签控件时，控件左上角为何会出现如图 7-107 所示的错误符号？

单击标签控件左上角的感叹号按钮，可以看到该控件是一个未关联标签控件。系统出现此错误符号，是为了提示用户是否需要将标签与其他控件相关联。若需要关联，选择【将标签与控件关联】命令，将其设置为一个关联标签控件，如图 7-108 所示；若不需要关联，选择【忽略错误】命令，将其设置为一个独立标签即可。

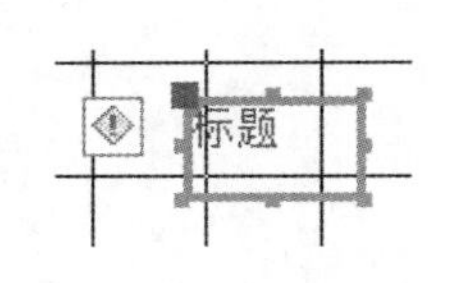

图 7-107　错误符号

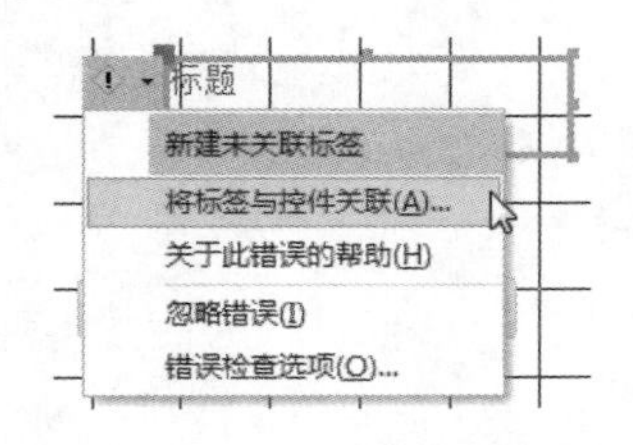

图 7-108　选择标签与控件关联

第 8 章 使用 Access 报表展示数据

报表是 Access 数据库的第四大对象。在一个完整的数据库系统中，肯定会有打印输出的功能，而 Access 的报表对象正是为了这一功能而诞生的。使用报表对象，用户可以将数据表或查询中的数据进行组合，还可以添加汇总、统计、图片或图表等，从而方便快捷地完成复杂的打印工作。通过本章的学习，读者应该熟练地掌握创建报表的各种方法。

本章目标(已掌握的在方框中打钩)

- ☐ 了解报表的功能与视图
- ☐ 了解报表与窗体的区别
- ☐ 熟悉报表的结构
- ☐ 掌握如何创建各类报表
- ☐ 掌握如何设置报表的打印页面

8.1 初识报表

报表是真正面向用户的对象，提供了查看和打印信息的最灵活的方法，它的所有内容格式以及外观都可以由用户自己设计，还可以根据需要对数据进行分组、排序和汇总等。总而言之，报表是打印 Access 数据库数据的最佳方式，可以帮助用户以更好的方式展示数据。

8.1.1 报表的功能

报表是数据库中数据和文档信息输出的一种形式，它可以将数据库中的数据信息和文档信息以多种形式通过屏幕显示或打印机打印出来。报表的具体功能如下。

- 从一个或多个表中对数据进行比较、分组、排序和小计等。
- 可以设计成美观的目录或数据标签，例如发票、购物订单等。
- 提供单个记录的详细信息。

总之，报表是专门为打印而生的特殊窗体。创建内容丰富、清晰明了的报表，可以在一定程度上提高数据分析的效率。

8.1.2 报表的视图与分类

下面对报表的视图与分类进行介绍。

1. 报表的视图

在 Access 中，报表共有 4 种视图：报表视图、打印预览、布局视图和设计视图，如图 8-1 所示。

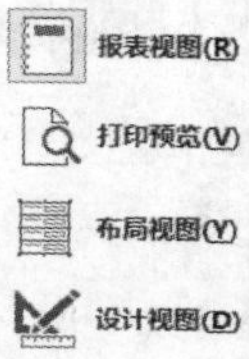

报表视图(R)
打印预览(V)
布局视图(Y)
设计视图(D)

图 8-1　报表的视图

- 报表视图：它是报表的显示视图，用于在报表中显示报表内容。在该视图中用户可对报表中的数据进行筛选、查找等操作，如图 8-2 所示。
- 打印预览：它是报表打印时的显示方式。在该视图中用户可以按不同的缩放比例预览报表的打印效果，并设置打印页面，如图 8-3 所示。

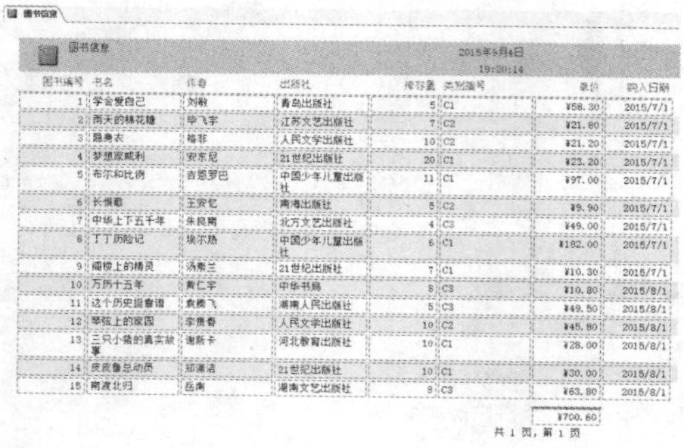

图 8-2　报表视图

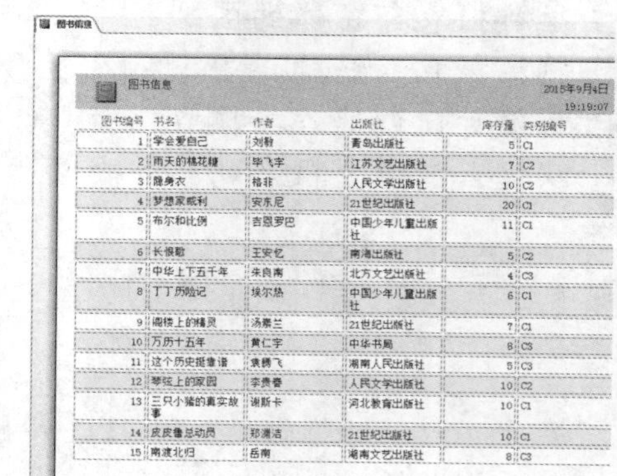

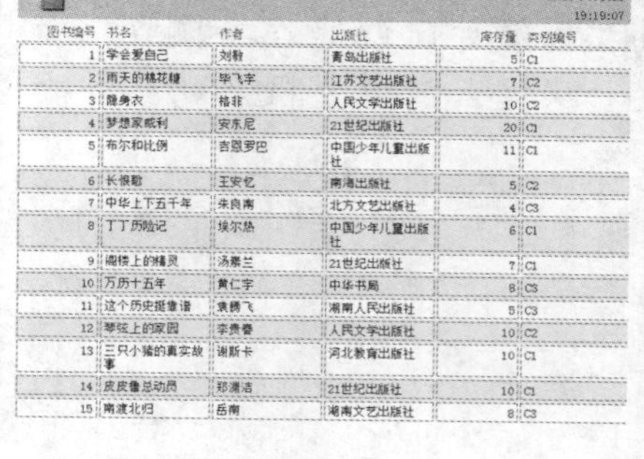

图 8-3　打印预览

- 布局视图：它和报表视图的界面大致相同。在该视图中，用户不仅可以查看报表内容、调整和修改报表，还可以向报表中添加控件并设置其属性。它综合了报表视图和设计视图的部分功能，如图 8-4 所示。
- 设计视图：用于报表的设计和修改。在该视图中，用户可以根据需要添加控件或表达式，设置各个控件的属性，并美化报表等，如图 8-5 所示。

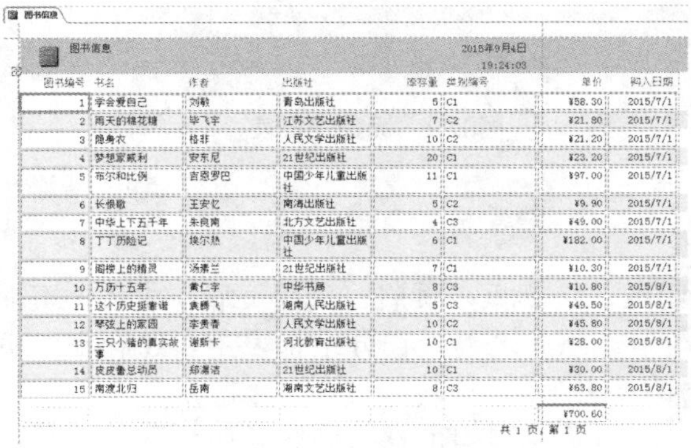

图 8-4 布局视图

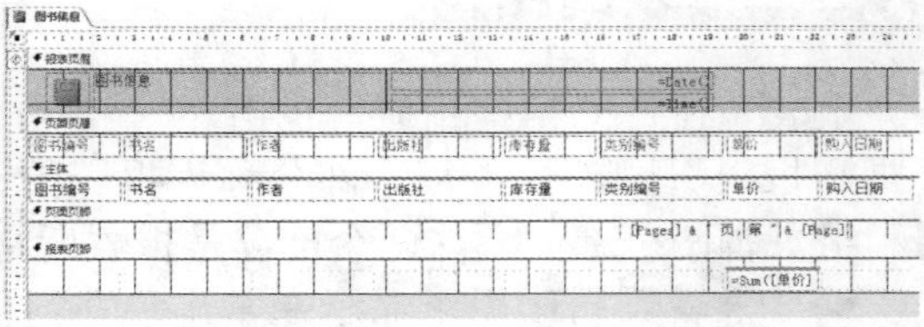

图 8-5 设计视图

2. 报表的分类

一般来说，报表主要有以下几种类型。

- 表格式报表：这些报表以行和列的形式打印数据，如图 8-6 所示。
- 纵栏式报表：通常以垂直方式排列报表中的控件，使其在每页上显示一条或多条记录，如图 8-7 所示。

图 8-6 表格式报表

图 8-7 纵栏式报表

- 图表式报表：以图表的形式显示数据，可以直观地描述数据的分组和统计等信息，如图 8-8 所示。
- 标签式报表：在一页中包含多个大小和格式一致的标签，可以用来粘贴标识性信息，例如机场托运行李的标签，如图 8-9 所示。

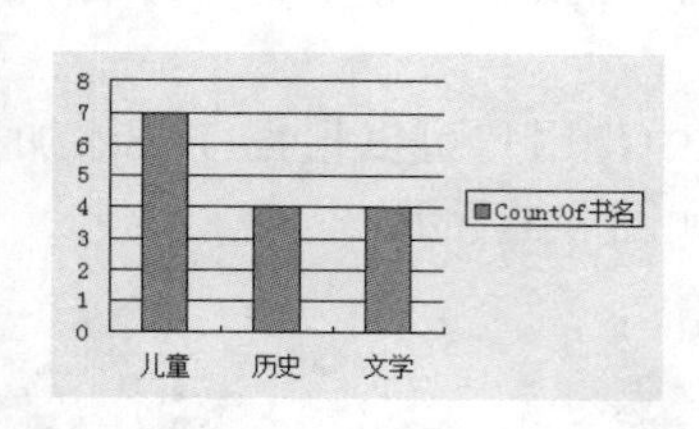

图 8-8　图表式报表

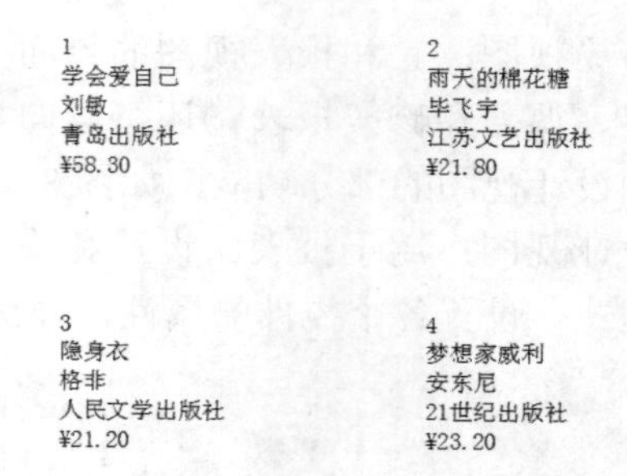

图 8-9　标签式报表

8.1.3　报表的结构

报表和窗体的结构相似，也由 5 个部分所组成，包括报表页眉、页面页眉、主体、页面页脚和报表页脚部分，每个部分称为报表的一个节。除此之外，在分组报表中，还存在组页眉和组页脚两个部分，这两个部分是报表所特有的。

- 报表页眉：用于显示通常出现在封面上的信息，例如报表的标题、徽标或日期等。在打印时，报表页眉只显示在第一页顶部。
- 页面页眉：用于显示列标题等信息。在打印时，会显示在每页的顶部。
- 组页眉：显示报表的分组信息。一个报表中可具有多个组页眉，这取决于在分组报表中已添加的分组级别数。在打印时，会显示在每个新记录组的开头。
- 主体：是报表的主要组成部分，用于显示报表中的信息。
- 组页脚：显示诸如小计、汇总等信息。与组页眉一样，一个报表中也可以具有多个组页脚。在打印时，会显示在每组记录的结尾。
- 页面页脚：用于显示日期或页码等信息。在打印时，会显示在每页的底部。
- 报表页脚：用来显示报表操作说明或总计等信息。在打印时，只显示在尾页。

8.1.4　报表与窗体的区别

报表和窗体的主要区别是输出结果的目的不同。报表将数据打印出来，从而查看数据；而窗体除了查看数据外，还可用于数据的输入和与用户的交互。除了输入数据之外，通过窗体实现的功能都可以通过报表来实现，并且创建报表、控件和设置属性的方法与对窗体的操作方法几乎完全一致。

8.2　创建报表

在【创建】选项卡的【报表】组中，提供了【报表】、【报表设计】、【空报表】、【报表向导】和【标签】5 个选项。通过这 5 个选项，用户可以采用不同的方式创建报表，如图 8-10 所示。

图 8-10　【报表】组的各选项

- 报表：最快速创建报表的工具，利用当前打开的数据表或查询快速创建一个报表。
- 报表设计：进入报表的设计视图，通过各种控件创建报表，并对其进行修改。
- 空报表：创建一个空白报表，在该空白报表中添加要显示的字段从而建立报表。
- 报表向导：通过向导帮助用户创建报表。
- 标签：利用标签向导来创建一组大小、格式都相同的标签。

总之，利用这些选项，Access 能创建出用户所能想到的任何形式的报表，下面将一一进行介绍。

8.2.1 使用报表工具创建报表

使用报表工具不会向用户提示任何信息，可以根据当前打开的表或查询快速地创建一个报表，该报表将显示数据源表或查询中的所有字段。下面以“图书管理”数据库中的“图书信息”表作为数据源，使用报表工具创建报表。具体操作步骤如下。

step 01 启动 Access 2013，打开“图书管理”数据库，在导航窗格中双击打开“图书信息”表。

step 02 切换到【创建】选项卡，单击【报表】组中的【报表】按钮，如图 8-11 所示。

step 03 此时将快速创建一个名为“图书信息”的报表，并自动进入该报表的【布局视图】界面，如图 8-12 所示。

图 8-11　单击【报表】组中的【报表】按钮

图书信息
2015年9月1日
18:23:59

图书编号	书名	作者	出版社	库存量	类别编号	单价	购入日期
1	学会爱自己	刘毅	青岛出版社	5	C1	¥58.30	2015/7/1
2	雨天的棉花糖	毕飞宇	江苏文艺出版社	7	C2	¥21.80	2015/7/1
3	隐身衣	格非	人民文学出版社	10	C2	¥21.20	2015/7/1
4	梦想家威利	安东尼	21世纪出版社	20	C1	¥23.20	2015/7/1
5	布尔和比例	吉恩罗巴	中国少年儿童出版社	11	C1	¥97.00	2015/7/1
6	长恨歌	王安忆	南海出版社	5	C2	¥9.90	2015/7/1
7	中华上下五千年	朱良南	北方文艺出版社	4	C3	¥0.00	2015/7/1
8	丁丁历险记	埃尔热	中国少年儿童出版社	6	C1	¥182.00	2015/7/1
9	阁楼上的精灵	汤素兰	21世纪出版社	7	C1	¥10.30	2015/7/1
10	万历十五年	黄仁宇	中华书局	8	C3	¥10.80	2015/8/1
11	这个历史挺靠谱	袁腾飞	湖南人民出版社	5	C3	¥49.50	2015/8/1
12	琴弦上的家园	李贵春	人民文学出版社	10	C2	¥45.80	2015/8/1
13	三只小猪的真实故事	谢斯卡	河北教育出版社	10	C1	¥28.00	2015/8/1
14	皮皮鲁总动员	郑渊洁	21世纪出版社	10	C1	¥30.00	2015/8/1
15	南渡北归	岳南	湖南文艺出版社	8	C3	¥63.80	2015/8/1
						¥651.60	

共 1 页，第 1 页

图 8-12　“图书信息”的报表

step 04 在报表的【布局视图】界面中可以看到，功能区增加了 4 个选项卡：【设计】、【排列】、【格式】和【页面设置】，通过这 4 个选项卡下的各个选项用户可以设置报表的格式和属性等，如图 8-13 所示。

step 05 单击快速启动工具栏中的【保存】按钮，弹出【另存为】对话框，在【报表名称】文本框中输入新建的报表的名称，单击【确定】按钮。至此，即完成使用报表工具创建报表的操作，如图 8-14 所示。

通过报表工具快速创建的报表并不十分美观，用户可在布局视图或设计视图中进行修改，创建出符合用户需求的报表。

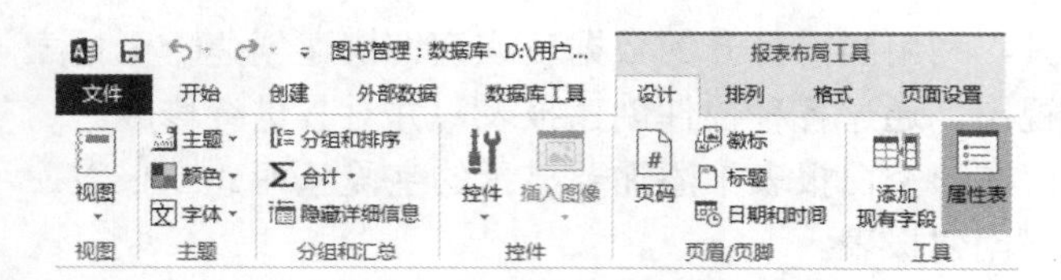

图 8-13　增加的 4 个选项卡

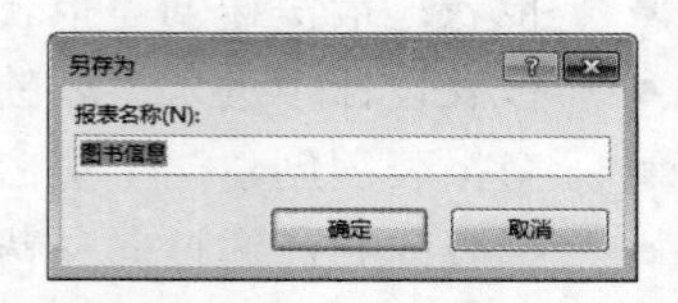

图 8-14　【另存为】对话框

8.2.2　使用报表向导创建报表

使用报表向导用户可以选择在报表上显示哪些字段，还可以指定数据的分组和排序方式。而且，如果所选择的数据源表与其他表存在表关系，还可以使用与之存在表关系的多个表中的字段。下面以“图书管理”数据库中的“图书类别”表和“图书信息”表作为数据源，使用报表向导创建报表。具体操作步骤如下。

step 01 启动 Access 2013，打开“图书管理”数据库。切换到【创建】选项卡，单击【报表】组中的【报表向导】按钮。

step 02 弹出【报表向导】对话框，单击【表/查询】下拉列表框右侧的下拉按钮，在弹出的下拉列表中选择“图书类别”表作为数据源表，如图 8-15 所示。

step 03 在【可用字段】列表框中显示出“图书类别”表的所有可用字段。单击【全部添加】按钮，将【可用字段】列表框中的字段全部添加到右边的【选定字段】列表框中，如图 8-16 所示。

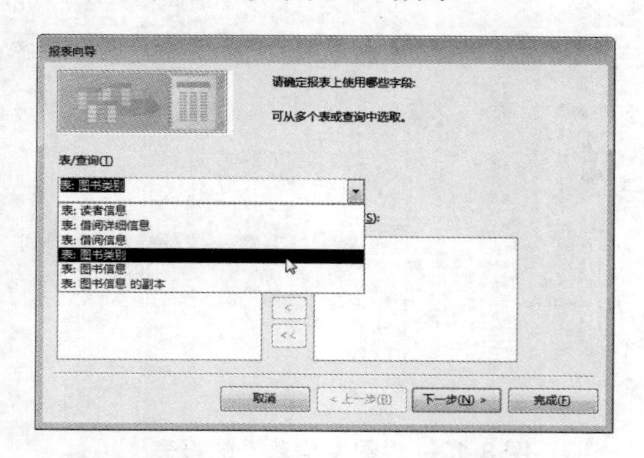

图 8-15　【报表向导】对话框

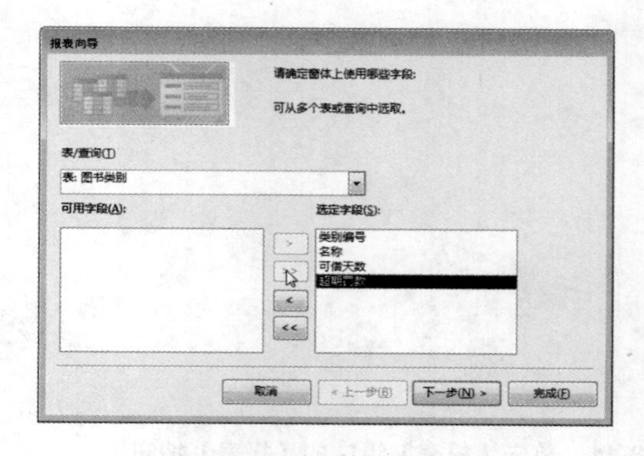

图 8-16　添加全部字段

step 04 使用同样的方法，将“图书信息”表的“书名”“作者”和“出版社”3 个字段添加到【选定字段】列表框中，然后单击【下一步】按钮，如图 8-17 所示。

step 05 弹出确定查看方式对话框，由于有两个数据源表，对应的有两种查看数据的方式。这里选择【通过图书类别】进行查看，单击【下一步】按钮，如图 8-18 所示。

step 06 弹出是否添加分组级别对话框，用户可以选择对报表的某些字段进行分组，若同时对两个以上的字段进行分组，单击【上移】按钮或【下移】按钮还可设置分组字段的优先级，如图 8-19 所示。

step 07 选中“类别编号”字段，直接双击该字段或者单击【添加】按钮，表示报表将对该字段进行分组，单击【下一步】按钮，如图 8-20 所示。

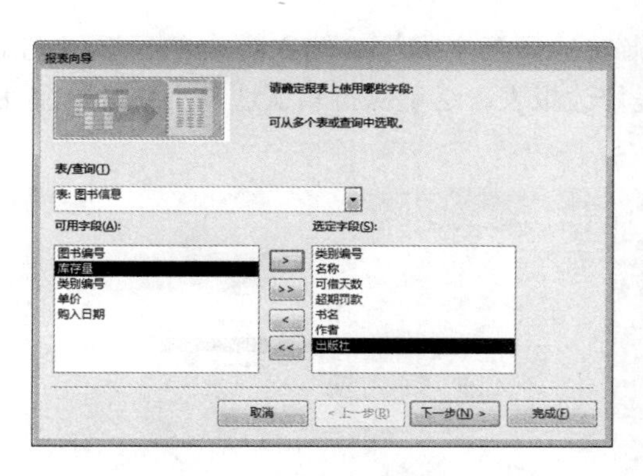

图 8-17　添加其他表的字段

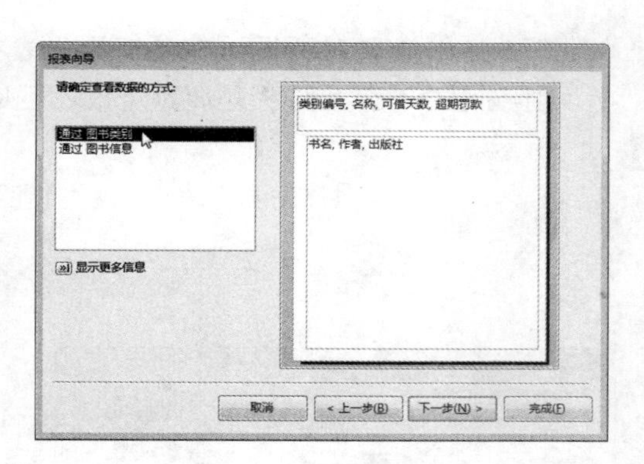

图 8-18　确定查看方式对话框

图 8-19　是否添加分组级别对话框

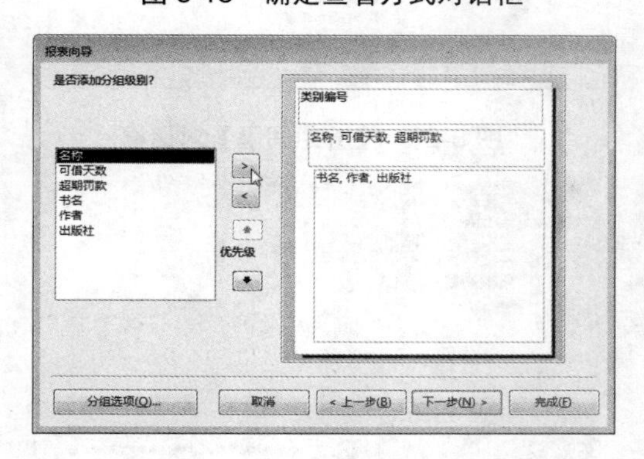

图 8-20　对“类别编号”字段分组

用户还可以设置分组的依据，单击【分组选项】按钮，弹出【分组间隔】对话框，单击【分组间隔】下拉列表框的下拉按钮，在弹出的下拉列表中即可选择分组的依据，如图 8-21 所示。

step 08 弹出确定明细记录使用的排序次序对话框，用户可对报表中选定的字段进行排序，最多可按 4 个字段对记录进行排序。单击第一行的下拉按钮，在弹出的下拉列表中选择“书名”字段，表示对其进行升序的排序，单击【下一步】按钮，如图 8-22 所示。

若需要对记录进行降序排序，选定字段后，单击【升序】按钮，切换到【降序】即可。

step 09 弹出确定报表的布局方式对话框，系统提供了 3 种布局方式(【递阶】、【块】和【大纲】)和两种报表打印时的方向(【纵向】和【横向】)。这里分别选择【递阶】布局方式和【横向】方向，单击【下一步】按钮，如图 8-23 所示。

用户可以选择其他的布局方式，并查看最终的显示结果。

step 10 弹出命名对话框，在【请为报表指定标题】文本框中输入报表的标题“图书类别-分组”，然后选择是要预览报表还是修改报表，这里保持默认选项不变，如图 8-24 所示。

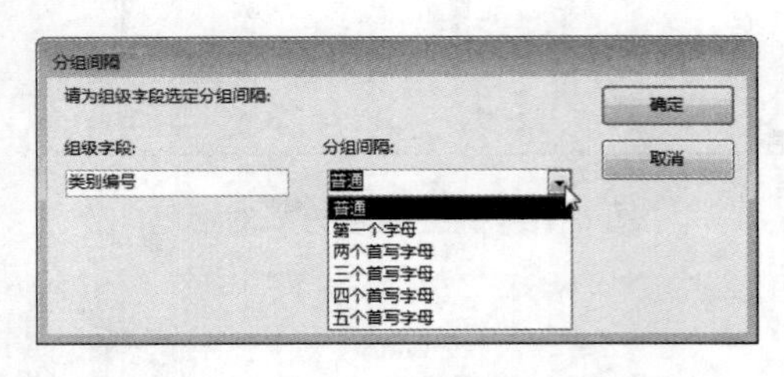

图 8-21 【分组间隔】对话框

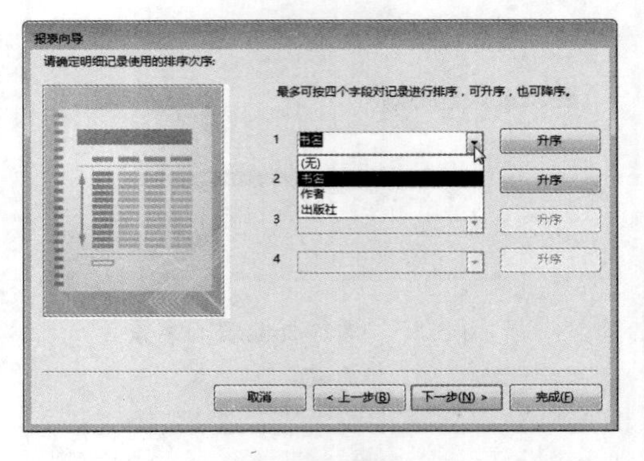

图 8-22 确定明细记录使用的排序次序对话框

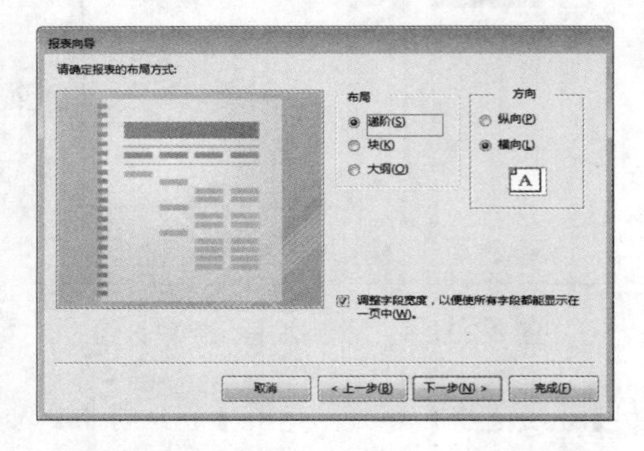

图 8-23 确定报表的布局方式对话框

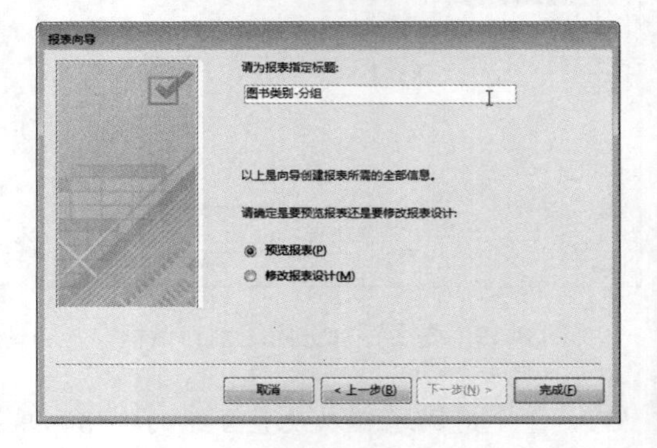

图 8-24 命名对话框

step 11 单击【完成】按钮，进入报表的“打印预览”视图。可以看到，该报表通过“类别编号”字段进行分组，并且以递阶的方式显示出数据。单击【保存】按钮，保存该报表。至此，即完成使用报表向导创建报表的操作，如图 8-25 所示。

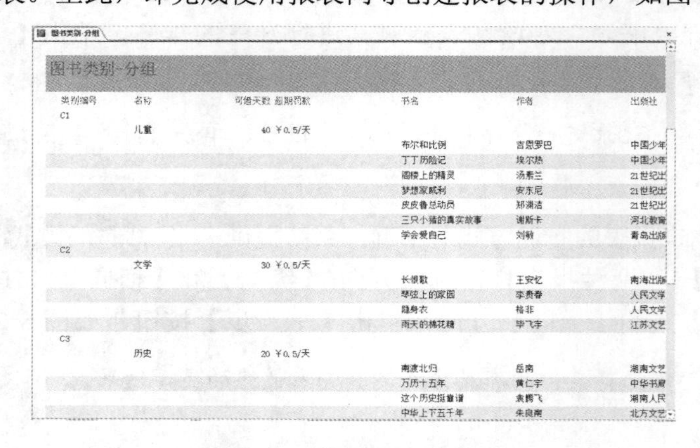

图 8-25 查看最终的结果

8.2.3 使用空白报表工具创建报表

使用空白报表工具会打开一个新的空白报表，然后用户根据需要把一个或多个表中的字段拖放到报表上，从而创建报表。这是一种非常快捷的报表生成方法，尤其是当用户只在报表上放置几个字段时。下面以“图书管理”数据库为例进行介绍。具体操作步骤如下。

step 01 启动 Access 2013，打开“图书管理”数据库。切换到【创建】选项卡，单击【报表】组中的【空报表】按钮。

step 02 此时将创建一个名为“报表 1”的空白报表，并自动进入【布局视图】界面。在窗口右侧的【字段列表】窗格中，单击【显示所有表】按钮，如图 8-26 所示。

step 03 在【字段列表】窗格中，显示了当前数据库下的所有表，如图 8-27 所示。

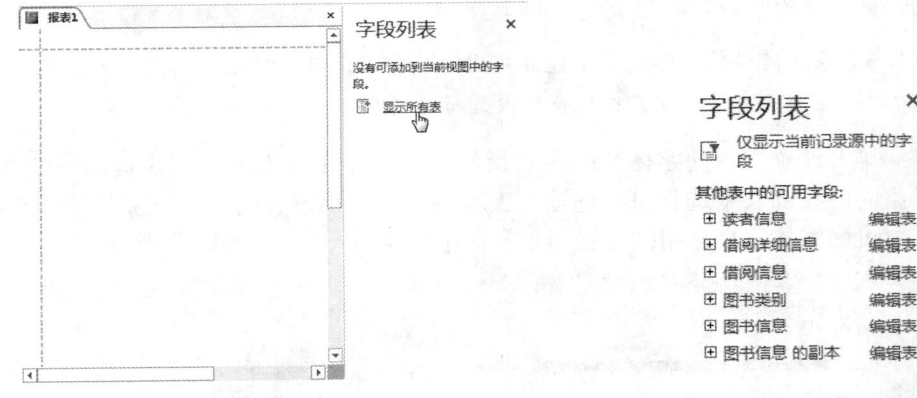

图 8-26　空白报表

图 8-27　【字段列表】窗格

step 04 单击“读者信息”表前面的【打开】按钮 ⊞，显示出该表的所有字段，如图 8-28 所示。

step 05 选中某个字段，双击左键，将该字段添加到空白报表中。或者选中字段后，按住左键不放直接将其拖动到空白报表中。操作完成后，单击【保存】按钮，保存该报表。至此，即完成使用空白报表工具创建报表的操作，如图 8-29 所示。

字段列表
仅显示当前记录源中的字段
其他表中的可用字段:
⊟ 读者信息 编辑表
学号
姓名
性别
电话
所在系别
累计借阅次数
⊞ 借阅详细信息 编辑表
⊞ 借阅信息 编辑表

图 8-28　查看“读者信息”表的所有字段

报表1

学号	姓名	性别	所在系别
2005136201	李丽	女	计算机科学
2005136202	周二	男	中文
2005136203	王磊	男	中文
2005136204	吴傅	男	历史
2005136205	刘倩	女	外语
2005136206	赵浩	男	经济管理
2005136207	李梅	女	历史
2005136208	钱竹	女	外语

图 8-29　添加字段

8.2.4 创建标签类型报表

通过【报表】组中的【标签】按钮，可以创建各种类型的标签，用来粘贴标识性信息。例如在机场托运行李时，将标签贴在每个行李上用来标识等。下面以“图书管理”数据库的“图书信息”表为数据源表，创建标签类型的报表，可以打印出来贴在每本书的扉页上用来标识图书。具体操作步骤如下。

step 01 启动 Access 2013，打开“图书管理”数据库，在导航窗格中双击打开“图书信息”表。切换到【创建】选项卡，单击【报表】组中的【标签】按钮。

step 02 弹出【标签向导】对话框，在【请指定标签尺寸】下面的列表框中选择型号为 C2166 的标签，表示创建该型号的标准型标签。操作完成后，单击【下一步】按钮，如图 8-30 所示。

若系统提供的标签尺寸不能满足用户的需求，可以单击【自定义】按钮，在弹出的对话框中单击【新建】按钮自行设置标签的尺寸。

step 03 弹出设置文本的字体和颜色对话框，单击【字号】下拉列表框的下拉按钮，在弹出的下拉列表中选择 14 选项，表示将字号大小设置为 14。使用同样的方法，将字体设为宋体，字体粗细设置为正常，单击【下一步】按钮，如图 8-31 所示。

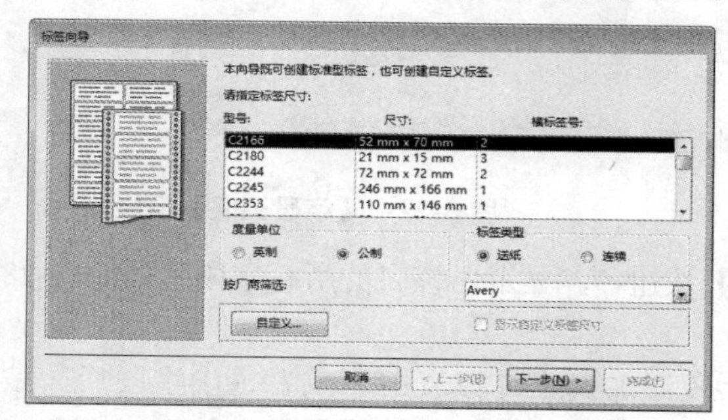

图 8-30 【标签向导】对话框

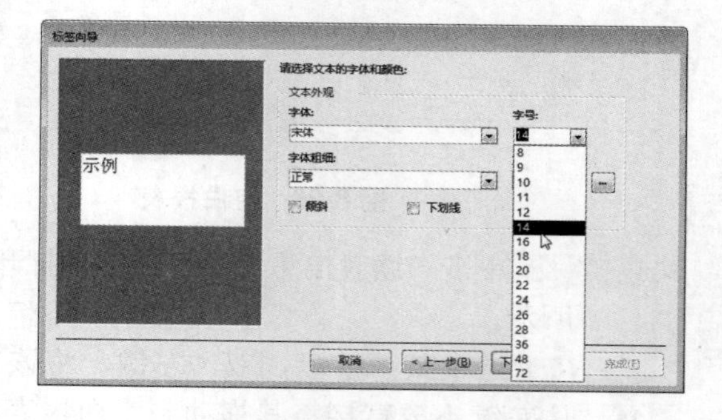

图 8-31 设置文本的字体和颜色对话框

step 04 弹出确定标签的显示内容对话框，在【可用字段】列表框中选中“图书编号”字段，双击字段或者单击【添加】按钮，将其添加到【原型标签】列表框中，然后将光标直接定位到“图书编号”字段的下一行，如图 8-32 所示。

也可以按 Enter 键将光标定位到下一行。若要删除【原型标签】列表框中的字段，按 Backspace 键即可。

step 05 使用同样的方法，将“书名”“作者”“出版社”和“单价”4 个字段添加到【原型标签】列表框中，单击【下一步】按钮，如图 8-33 所示。

step 06 弹出排序对话框，在【可用字段】列表框中选中“图书编号”字段，单击【添加】按钮将其添加到【排序依据】列表框中，表示以该字段作为排序依据，单击【下一步】按钮，如图 8-34 所示。

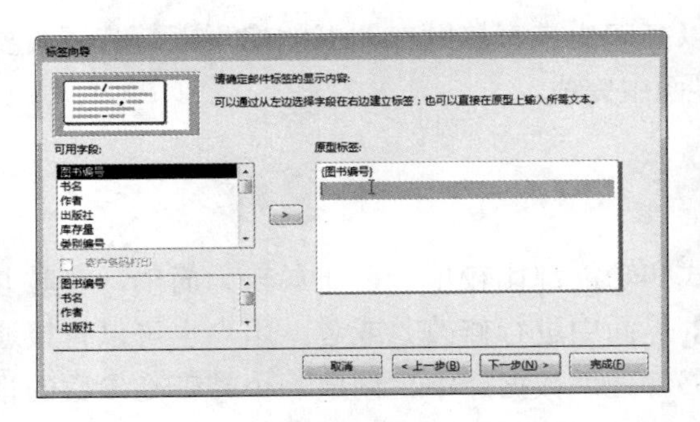

图 8-32　确定标签的显示内容对话框

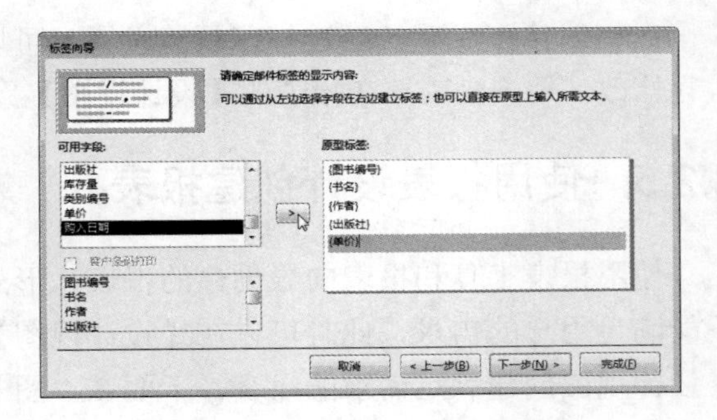

图 8-33　添加其他的字段

step 07 弹出命名对话框，在【请指定报表的名称】文本框中输入报表的名称“标签 图书信息”，然后选择是查看标签还是修改标签，这里保持默认选项不变，如图 8-35 所示。

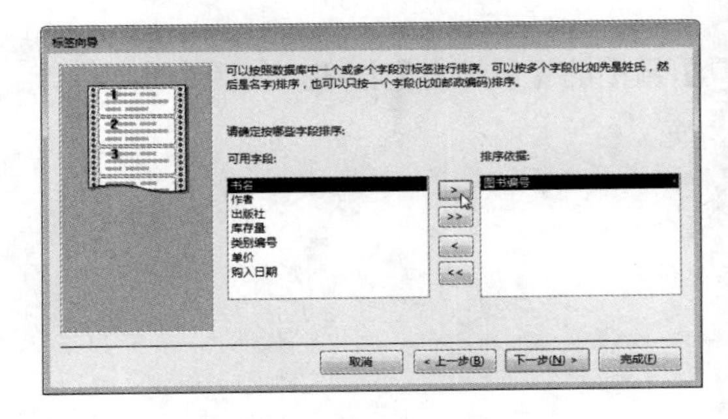

图 8-34　排序对话框

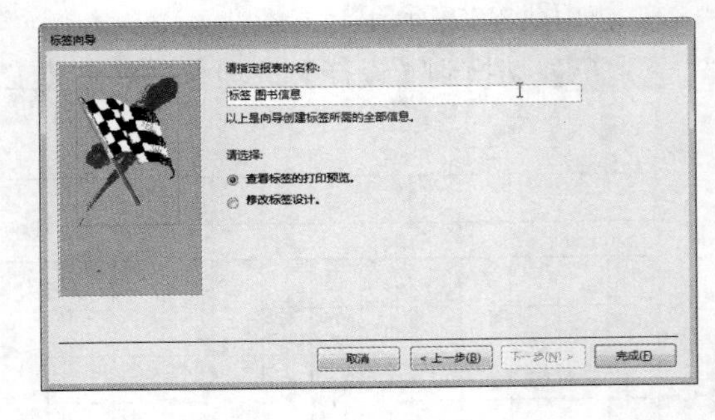

图 8-35　命名对话框

step 08 单击【完成】按钮，进入报表的“打印预览”视图，用户可以查看最终的结果。单击【保存】按钮，保存该报表。至此，即完成创建标签类型报表的操作，如图 8-36 所示。

报表的“打印预览”视图可以显示多个列，而其他的视图只能将数据显示在单个列中。

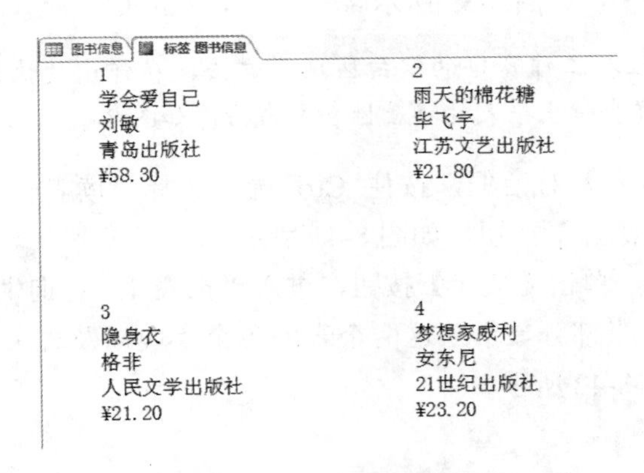

图 8-36　查看最终的结果

标签创建完成后，经过打印预览设置，可以打印出来直接贴在图书的扉页上。若还需要进行修改，用户则需要在报表的【设计视图】界面中完成。

8.2.5 使用报表设计创建报表

使用报表工具和报表向导创建的报表，形式和功能都比较单一，布局较为简单，有时并不能满足用户的需求，此时可以在【设计视图】界面中进行修改。或者，用户也可以直接通过设计视图创建满足需求的报表。下面在“图书管理”数据库中，创建一个带查询参数的报表，输入书名即可查询出相应的借阅信息。具体操作步骤如下。

step 01 启动 Access 2013，打开“图书管理”数据库。切换到【创建】选项卡，单击【报表】组中的【报表设计】按钮。

step 02 此时系统会自动创建一个新的空白报表，并进入报表的【设计视图】界面，如图 8-37 所示。

step 03 切换到【设计】选项卡，单击【工具】组中的【属性表】按钮，如图 8-38 所示。

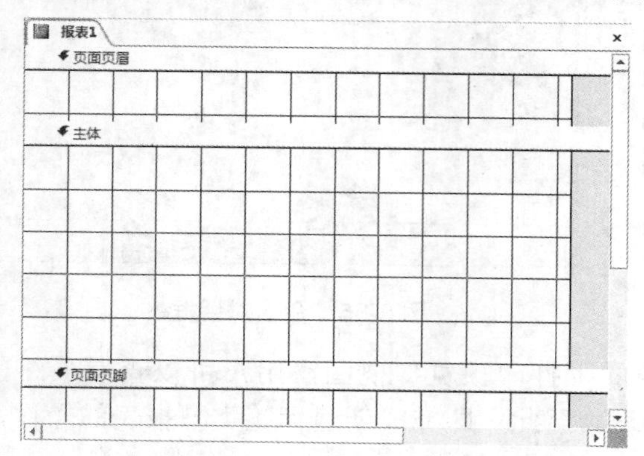

图 8-37 新的空白报表

图 8-38 单击【工具】组中的【属性表】按钮

step 04 弹出报表的【属性表】窗格，切换到【数据】选项卡，单击【记录源】选项右侧的省略号按钮，如图 8-39 所示。

将光标定位在工作窗口的空白区域，右击，在弹出的快捷菜单中选择【报表属性】命令，同样会弹出报表的【属性表】窗格，如图 8-40 所示。

step 05 弹出【显示表】对话框，按住 Ctrl 键，选择“读者信息”表和“借阅信息”表，然后单击【添加】按钮，如图 8-41 所示。

step 06 添加完成后，单击【关闭】按钮，进入“报表 1：查询生成器”的【设计视图】界面。窗口的上半部分显示了这两个表的各个字段以及表关系，下半部分则是查询设计网格，如图 8-42 所示。

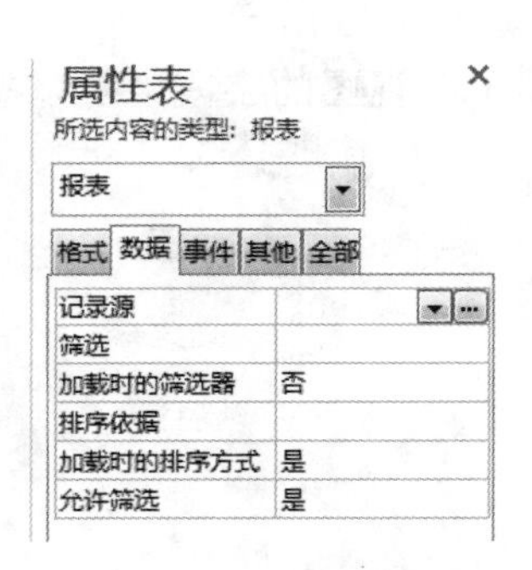

图 8-39　报表的【属性表】窗格

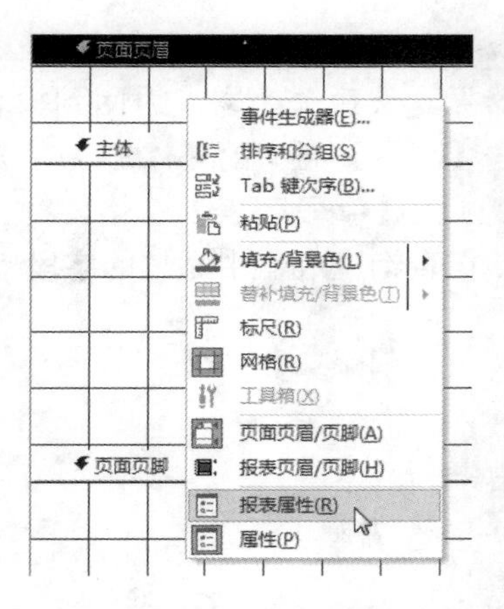

图 8-40　选择【报表属性】命令

图 8-41　【显示表】对话框

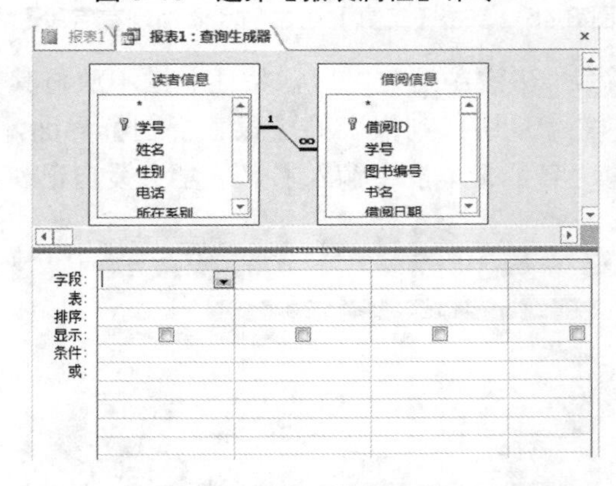

图 8-42　查询生成器的【设计视图】界面

step 07 在查询设计网格中，单击【字段】下拉列表框的下拉按钮，在弹出的下拉列表中选择“借阅信息”表的“书名”字段，如图 8-43 所示。

step 08 使用同样的方法，分别将“借阅信息”表的“借阅日期”“归还日期”字段和“读者信息”表的“学号”“姓名”“所在系别”字段添加到【字段】行中。然后在【条件】行输入查询条件“[请输入书名：]”，如图 8-44 所示。

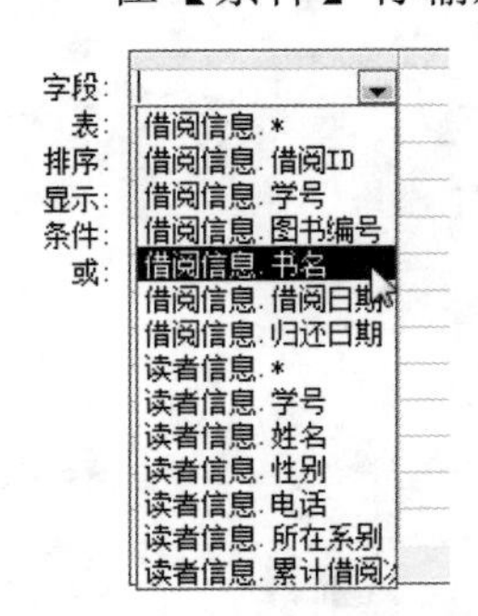

图 8-43　选择“书名”字段

字段:	书名	借阅日期	归还日期	学号	姓名	所在系别
表:	借阅信息	借阅信息	借阅信息	读者信息	读者信息	读者信息
排序:						
显示:	☑	☑	☑	☑	☑	☑
条件:	[请输入书名：]					
或:						

图 8-44　添加其余字段和设置查询条件

step 09 操作完成后，单击快速访问工具栏中的【保存】按钮，保存“报表 1：查询生成器”。然后关闭它，返回到报表的【设计视图】界面。切换到【设计】选项卡，单击【工具】组中的【添加现有字段】按钮，如图 8-45 所示。

step 10 弹出【字段列表】窗格，列出了所有可用于此视图的字段，可以看到，这些字段即在查询生成器中添加的字段，如图 8-46 所示。

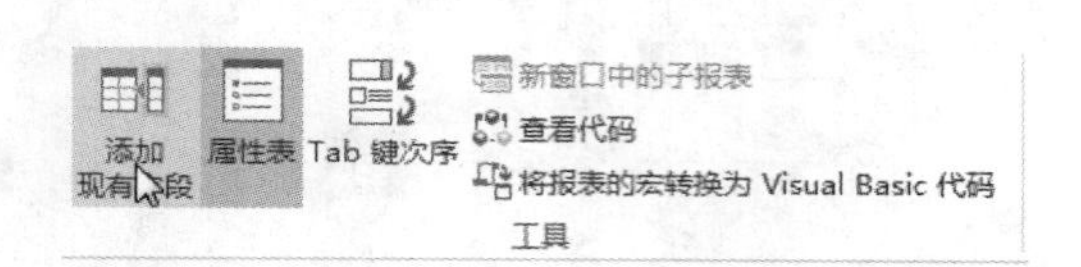

图 8-45　单击【工具】组中的【添加现有字段】按钮

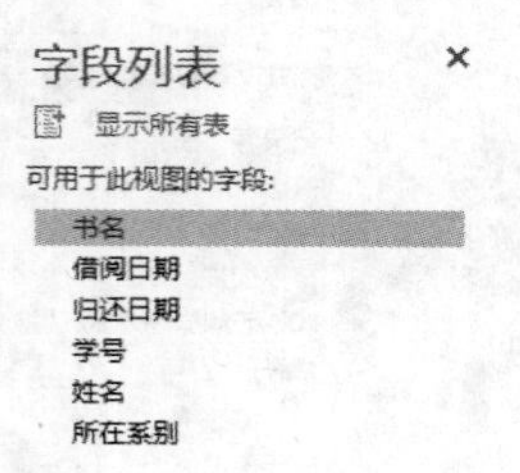

图 8-46　【字段列表】窗格

step 11 选中这些字段，按住左键不放将其直接拖放到【主体】节中，如图 8-47 所示。

step 12 切换到报表的【报表视图】界面，弹出【输入参数值】对话框，在【请输入书名】文本框中输入书名“学会爱自己”，如图 8-48 所示。

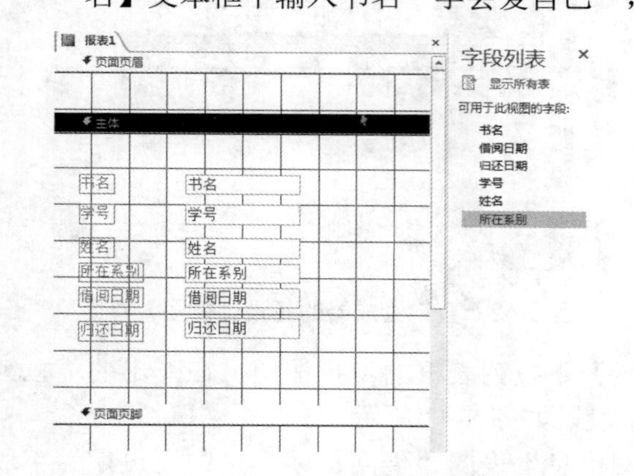

图 8-47　将字段拖放到【主体】节中

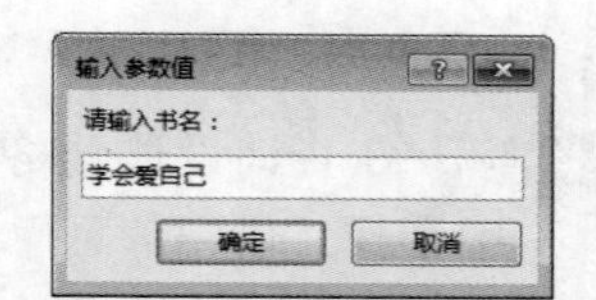

图 8-48　【输入参数值】对话框

step 13 单击【确定】按钮，可以查看“学会爱自己”这一本对应的借阅信息。单击【保存】按钮，保存该报表。至此，即完成使用报表设计创建报表的操作，如图 8-49 所示。

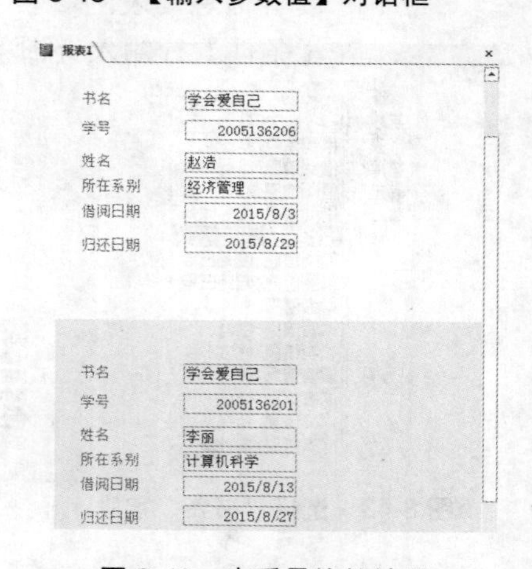

图 8-49　查看最终的结果

8.2.6　建立专业参数报表

在 8.2.5 小节中创建了一个带查询参数的报表，但是这个报表的很多功能并不完善。下面利用各种控件和页眉/页脚，对这个报表进行添加和修改，建立更加专业的参数报表。具体操作步骤如下。

step 01 启动 Access 2013，打开“图书管理”数据

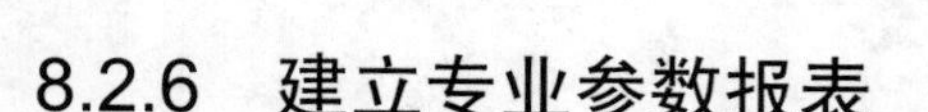

库。在导航窗格中选中“报表 1”，右击，在弹出的快捷菜单中选择【设计视图】命令，进入该报表的【设计视图】界面。

step 02 切换到【设计】选项卡，单击【页眉/页脚】组中的【徽标】按钮，如图 8-50 所示。

step 03 弹出【插入图片】对话框，选择要插入的图片，如图 8-51 所示。

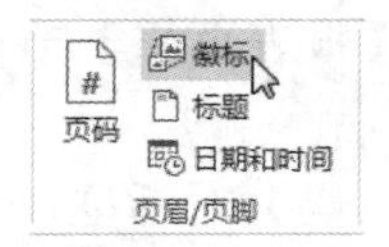

图 8-50　单击【页眉/页脚】组中的【徽标】按钮

图 8-51　【插入图片】对话框

step 04 单击【确定】按钮，可以看到，徽标已经添加到报表的【报表页眉】节中，如图 8-52 所示。

step 05 单击【页眉/页脚】组中的【标题】按钮，在【报表页眉】节中添加一个标签控件，将光标定位在标签中，输入“图书借阅信息”，完成添加一个标题的操作，如图 8-53 所示。

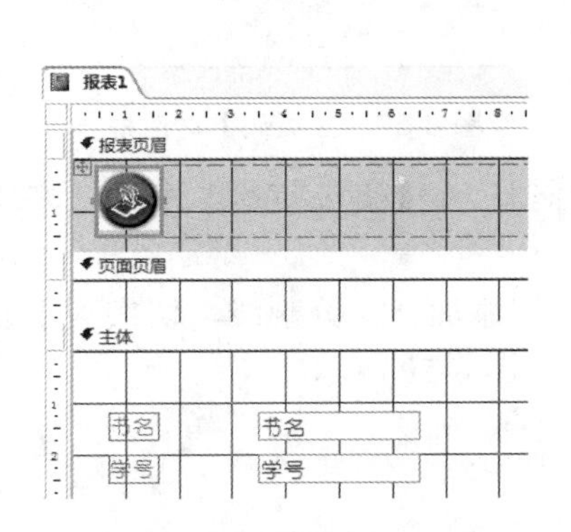

图 8-52　查看已添加的徽标

图 8-53　添加标题

step 06 使用设置窗体格式这一章节中介绍的方法，设置徽标和标题的格式，包括字号、颜色、背景色等设置，如图 8-54 所示。

step 07 接下来向报表中添加日期和时间，单击【页眉/页脚】组中的【日期和时间】按钮，弹出【日期和时间】对话框，选中【包含日期】复选框，并选择第 3 种格式，取消选中【包含时间】复选框，表示在报表中只显示日期，不显示时间，如图 8-55 所示。

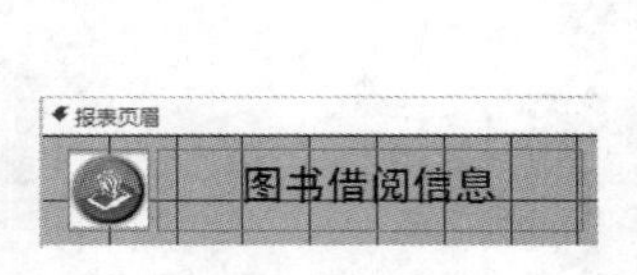

图 8-54 设置格式

图 8-55 【日期和时间】对话框

step 08 设置完成后，单击【确定】按钮。可以看到，在【报表页眉】节已经成功添加一个日期控件，调整该控件的大小，如图 8-56 所示。

step 09 单击【页眉/页脚】组中的【页码】按钮，弹出【页码】对话框，在【格式】选项组中选中【第 N 页，共 M 页】单选按钮，在【位置】选项组中选中【页面底端(页脚)】单选按钮，对齐方式选择居中，如图 8-57 所示。

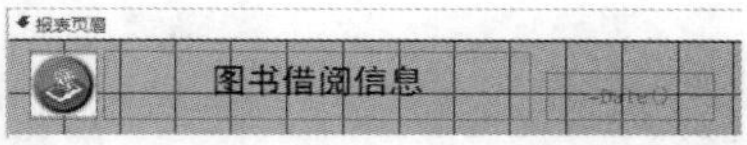

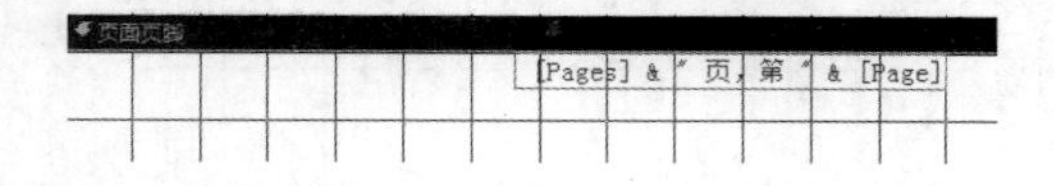

图 8-56 添加一个日期控件

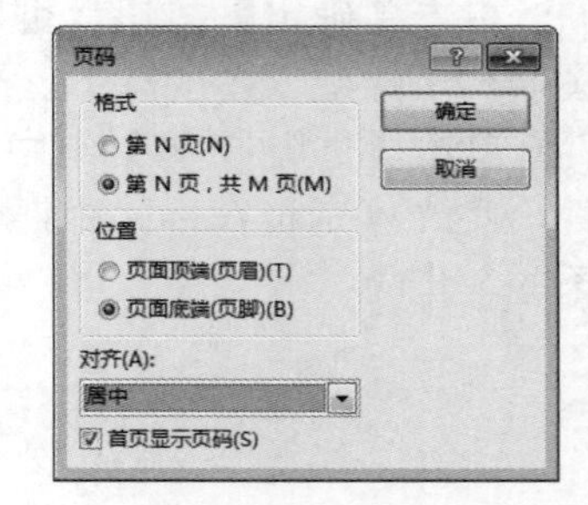

图 8-57 【页码】对话框

step 10 设置完成后，单击【确定】按钮。可以看到，在【页面页脚】节中已经成功添加了一个页码控件，如图 8-58 所示。

step 11 接下来在【页面页眉】节和【主体】节之间添加一条分割线，切换到【设计】选项卡，单击【控件】组中的【直线】按钮，如图 8-59 所示。

图 8-58 添加一个页码控件

图 8-59 单击【控件】组中的【直线】按钮

step 12 将光标定位在【页面页眉】节中，按住左键不放拖动鼠标绘出一条水平直线，如图 8-60 所示。

提示：在绘制水平或垂直线时，按住 Shift 键，可以确保绘出来的一定是直线。

step 13 绘制完成后，调整【主体】节中的各控件的大小、位置，并设置对齐方式等，如图 8-61 所示。

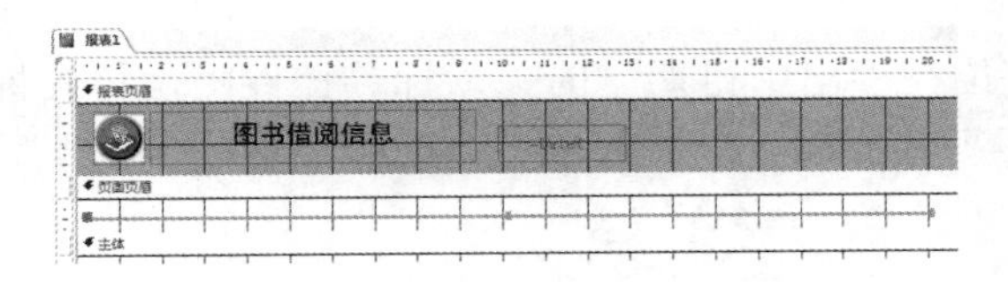

图 8-60　绘出一条水平直线

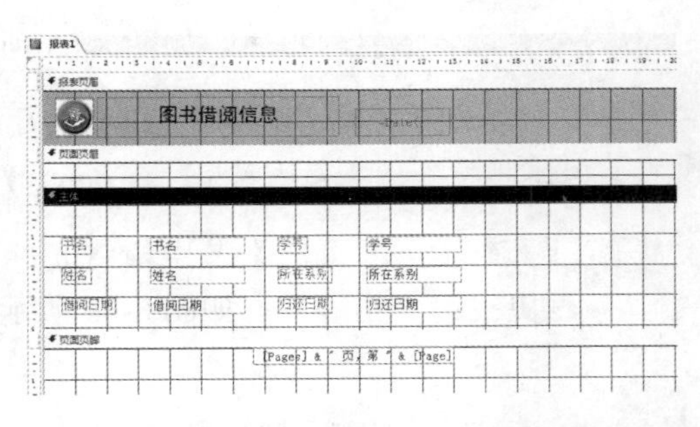

图 8-61　设置【主体】节中各控件的格式

step 14 设置完成后，切换到【报表视图】界面，在弹出的【输入参数值】对话框中，输入书名“万历十五年”，单击【确定】按钮，可以查看最终的结果，如图 8-62 所示。

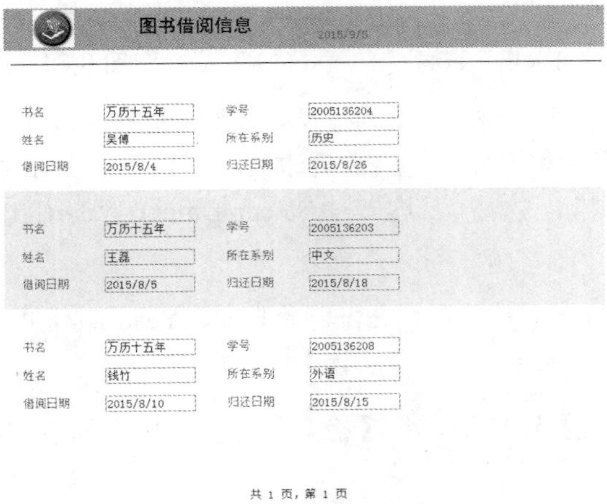

图书借阅信息　2015/9/5

书名 万历十五年　学号 2005136204
姓名 吴倩　所在系别 历史
借阅日期 2015/8/4　归还日期 2015/8/26

书名 万历十五年　学号 2005136203
姓名 王磊　所在系别 中文
借阅日期 2015/8/5　归还日期 2015/8/18

书名 万历十五年　学号 2005136208
姓名 钱竹　所在系别 外语
借阅日期 2015/8/10　归还日期 2015/8/15

共 1 页，第 1 页

图 8-62　查看最终的结果

通过添加徽标、页码、日期等控件，并设置相应的格式后，用户就创建了更加专业的参数报表。

8.3　报表中的数据运算

在报表的实际应用中，经常需要对报表中的数据进行运算。例如，计算某个字段的总和、平均值和百分比，对记录进行分组等。若要在报表中对某个数据进行计算，首先要创建能够用于计算的控件。由前一章可知，文本框控件是最常用的计算型控件。

下面在“图书管理”数据库中，以“读者信息”表为数据源表，创建一个“读者信息”报表，并在报表中添加一个计算型控件，计算每个读者的年龄。为了便于演示，首先需要在“读者信息”表中添加一个“出生日期”字段。具体操作步骤如下。

step 01 启动 Access 2013，打开“图书管理”数据库，在导航窗格中双击打开“读者信息”表。切换到【创建】选项卡，单击【报表】组中的【报表】按钮，快速创建一个“读者信息”报表，如图 8-63 所示。

使用报表工具快速创建报表时，系统在【报表页脚】节中自动创建一个计算型文本框控件，其表达式为“=Count(*)”，表示对当前读者人数进行统计。

step 02 在【页面页眉】节中，将光标定位在“出生日期”的关联标签控件中，将其标题更改为“年龄”，如图 8-64 所示。

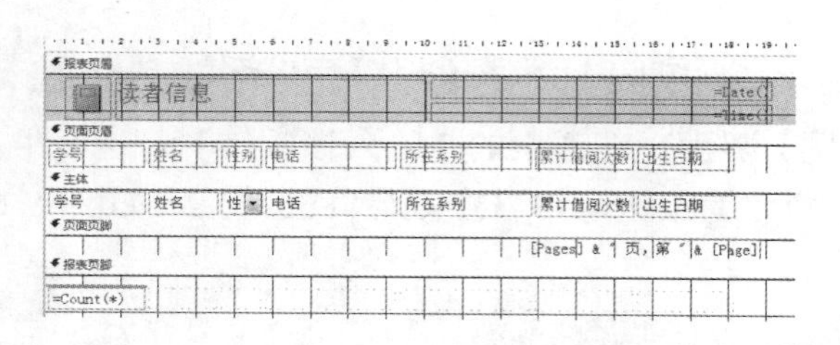

图 8-63 “读者信息”报表

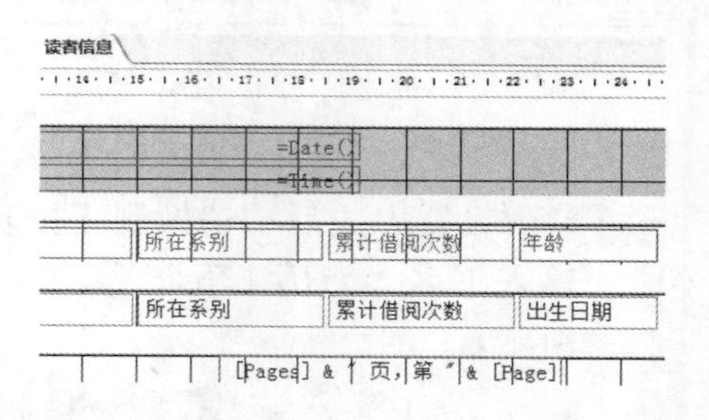

图 8-64 更改标签控件的标题

step 03 在【主体】节中，选中“出生日期”文本框控件，在【属性表】窗格中切换到【全部】选项卡，将【名称】属性更改为“年龄”，然后将【控件来源】属性中原有的数据来源删除，输入表达式“=Year(Date())-Year([出生日期])”，如图 8-65 所示。

Date 函数用来自动获取系统当前的日期，Year 函数用来获取日期中的年份，用当前的年份减去出生年份，计算出读者的年龄。

step 04 切换到【格式】选项卡，将【格式】属性中原有的格式删除，如图 8-66 所示。

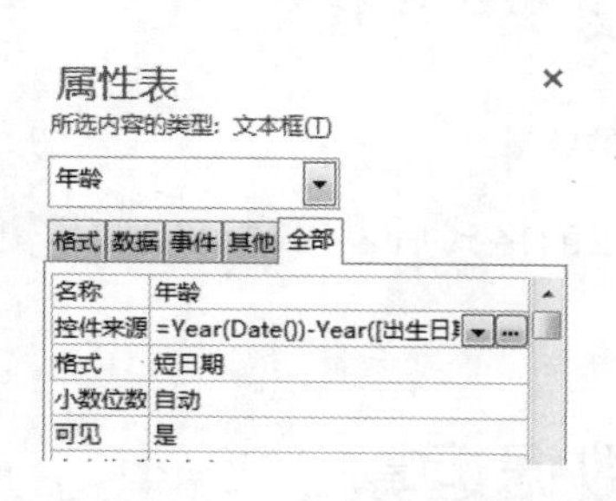

图 8-65 设置【名称】和【控件来源】属性

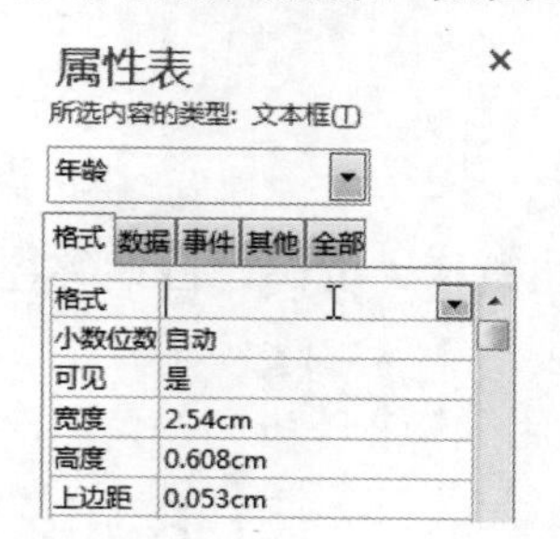

图 8-66 设置【格式】属性

step 05 设置完成后，切换到报表的【报表视图】界面。可以看到，在【年龄】列中已自动计算出每位读者的年龄，如图 8-67 所示。

Access 提供了多种内置函数，用来对报表中的数据进行计算。例如，使用 Max 函数计算字段的最大值，使用 Count 函数计算记录的总数等。在【属性表】窗格的【数据】选项卡中，单击【控件来源】右侧的省略号按钮，弹出【表达式生成器】对话框，在左侧的【表达式元素】列表框中依次选择【函数】|【内置函数】选项，在【表达式类别】列表框中可以查看 Access 提供的所有内置函数种类。单击某个类别，在右侧的【表达式值】列表框中可以查

看该类别下的所有函数，如图 8-68 所示。

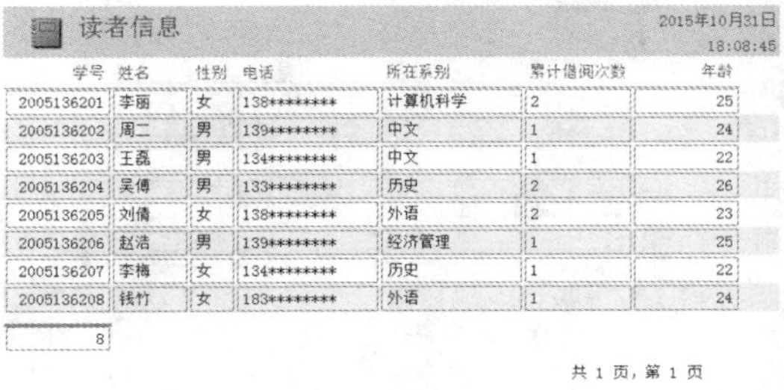

图 8-67　查看最终的结果

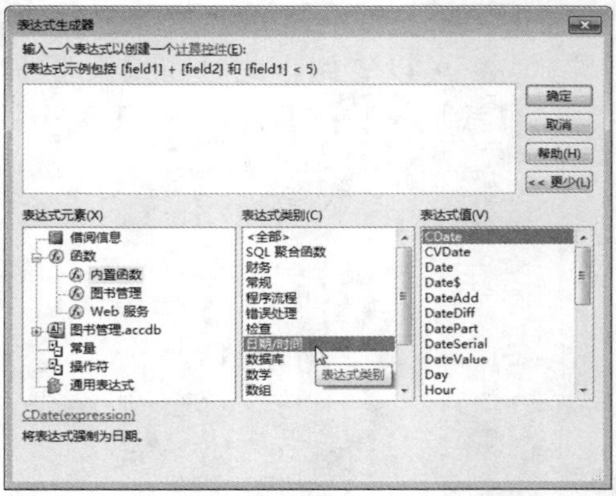

图 8-68　【表达式生成器】对话框

综上，在报表中进行数据运算的操作方法是，首先添加计算型控件，然后在控件中添加相应的表达式即可。在窗体和报表中使用的表达式与在查询中使用的表达式是有区别的。表 8-1 列出了在窗体和报表的计算型控件中常用的表达式示例。

表 8-1　在窗体或报表的计算型控件中常用的表达式

表 达 式	说　明
=Date()	使用 Date 函数显示系统当前的日期
=[名字]&" "&[姓氏]	显示“姓氏”字段和“名字”字段的值，两者之间以空格隔开
=Left([产品名称], 1)	使用 Left 函数显示“产品名称”字段值的第一个字符
=Trim([地址])	使用 Trim 函数显示“地址”字段的值，并且删除首尾的空格
= [小计] + [运费]	显示小计”和“运费”字段值的总和
=[雇员总计]/[国家/地区总计]	显示“雇员总计”和“国家/地区总计”字段值的百分比
=IIf([确认] = "是","订单已确认","订单没有确认")	如果“确认”字段的值为“是”则显示“订单已确认”，否则显示“订单没有确认”
=IIf(IsNull([国家/地区])," ",[国家/地区])	如果“国家/地区”字段值为 Null 则显示空字符串，否则显示“国家/地区”字段的值
=Avg([运费])	使用 Avg 函数显示“运费”控件的平均值
=Sum([数量] * [价格])	使用 Sum 函数显示“数量”和“价格”控件值的乘积总和

除了使用计算型控件对数据进行运算外，用户还可以使用 Access 提供的分组和汇总功能对报表的数据进行分组、排序和汇总。下面在“图书管理”数据库中，对“读者信息”报表进行分组和排序操作。具体操作步骤如下。

step 01 启动 Access 2013，打开“图书管理”数据库，在导航窗格中双击打开“读者信息”报表，并切换到该报表的【设计视图】界面。

step 02 切换到【设计】选项卡，单击【分组和汇总】组中的【分组和排序】按钮，如图 8-69 所示。

step 03 可以看到，此时在报表下方将出现【分组、排序和汇总】窗格，该窗格包括【添加组】和【添加排序】两个按钮，如图 8-70 所示。

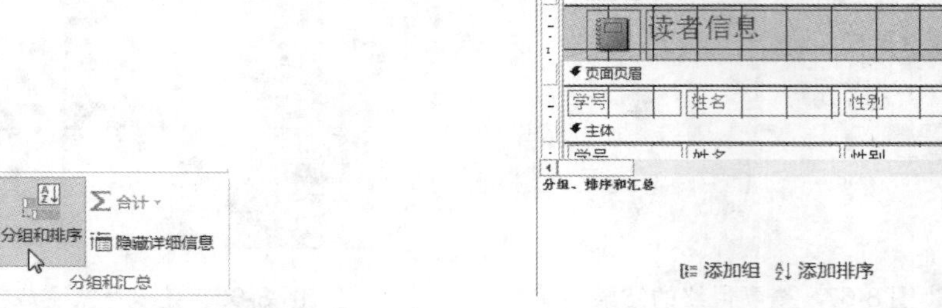

图 8-69　单击【分组和汇总】组中的【分组和排序】按钮　　图 8-70　【分组、排序和汇总】窗格

step 04 单击【添加组】按钮，打开字段列表，选择“性别”字段，表示按该字段进行分组，如图 8-71 所示。

step 05 操作完成后，可以看到，在该【分组形式】下面出现另一个添加组和添加排序选项，表示用户可以添加第二个分组依据，如图 8-72 所示。

在【分组形式】右侧单击【升序】选项右侧的下拉按钮，在弹出的下拉列表中可以选择更多的排序方式。单击【更多】文字链接右侧的下拉按钮，可以对数据进行汇总操作等。

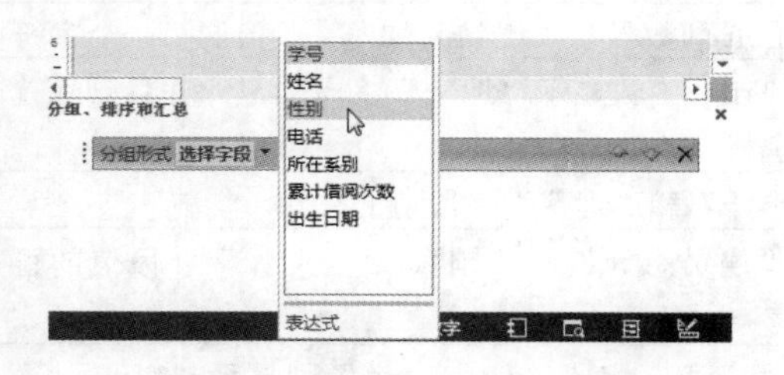

图 8-71　选择“性别”字段

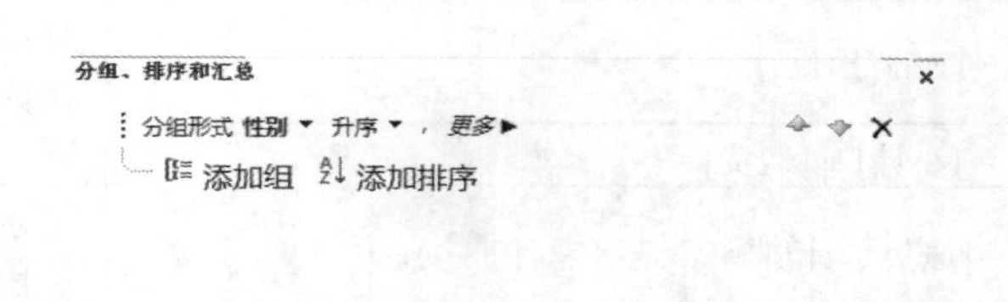

图 8-72　添加第二个分组依据

step 06 切换到【报表视图】界面中，可以看到，报表已按照“性别”字段进行升序排序，如图 8-73 所示。

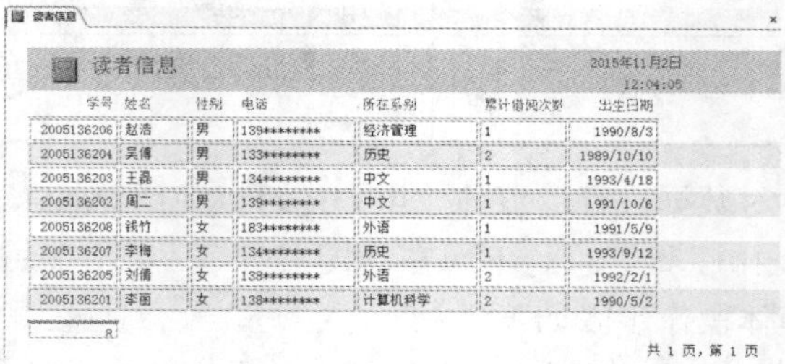

读者信息

2015年11月2日
12:04:05

学号	姓名	性别	电话	所在系别	累计借阅次数	出生日期
2005136206	赵浩	男	139********	经济管理	1	1990/8/3
2005136204	吴倩	男	133********	历史	2	1989/10/10
2005136203	王磊	男	134********	中文	1	1993/4/18
2005136202	周二	男	139********	中文	1	1991/10/6
2005136208	钱竹	女	183********	外语	1	1991/5/9
2005136207	李梅	女	134********	历史	1	1993/9/12
2005136205	刘倩	女	138********	外语	2	1992/2/1
2005136201	李丽	女	138********	计算机科学	2	1990/5/2

共 1 页，第 1 页

图 8-73　查看最终的结果

8.4 制作高质量的报表

本节将介绍如何利用各种控件，制作出高质量的报表。主要包括主/次报表、弹出式报表和图形报表等。

8.4.1 创建主/次报表

同主/次窗体类似，用户也可以创建主/次报表。其中次报表又称为子报表，插入主报表中，用来显示与主报表中当前记录相关联的记录。用户有两种方法可以创建主/次报表，分别如下。

- 在已存在的报表中创建一个子报表。
- 将已存在的报表作为子报表插入到另一个存在的报表中。

下面在“图书管理”数据库中，创建一个主/次报表。具体操作步骤如下。

step 01 启动 Access 2013，打开“图书管理”数据库。在导航窗格中选中“读者信息”报表，右击，在弹出的快捷菜单中选择【设计视图】命令，进入该报表的【设计视图】界面，如图 8-74 所示。

step 02 将光标定位在【主体】节下边缘位置，当光标变为上下箭头 ✢ 时，按住左键不放向下拖动，增加【主体】节的高度，如图 8-75 所示。

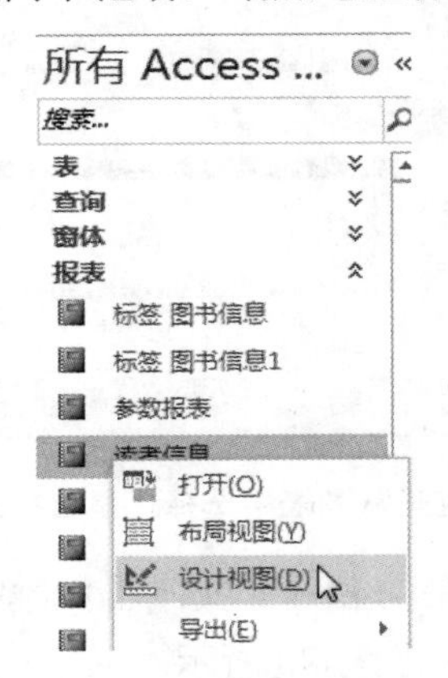

图 8-74 选择【设计视图】命令

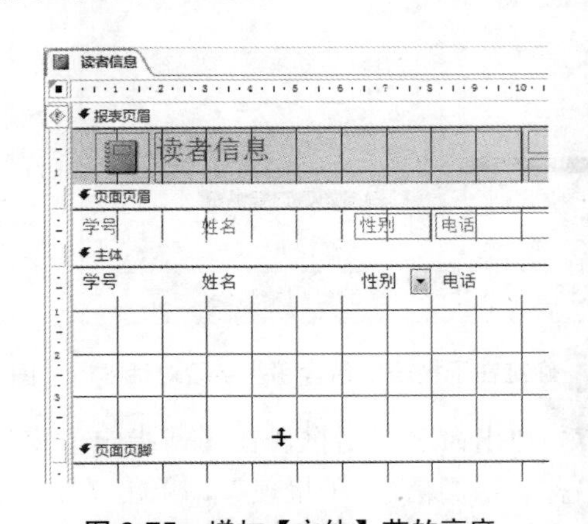

图 8-75 增加【主体】节的高度

step 03 切换到【设计】选项卡，单击【控件】组中的【子窗体/子报表】按钮，然后在【主体】节中单击，如图 8-76 所示。

step 04 弹出【子报表向导】对话框，选中【使用现有的表和查询】单选按钮，表示从表或查询中自行创建子报表，然后单击【下一步】按钮，如图 8-77 所示。

若选中【使用现有的报表和窗体】单选按钮，表示直接将现有的报表作为子报表。

step 05 弹出确定在子报表中包含哪些字段对话框，单击【表/查询】下拉列表框的下拉按钮，选择“借阅信息”表作为数据源表，在【可用字段】列表框中将“学号”“图书编号”“书名”“借阅日期”和“归还日期”5 个字段添加到【选定字段】列表框中。使用同样的方法，添加“借阅详细信息”表的“是否归还”字段。操作完成后，单击【下一步】按钮，如图 8-78 所示。

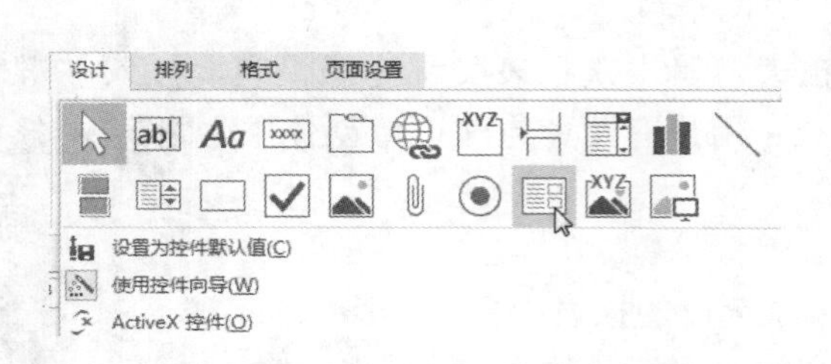

图 8-76　单击【控件】组中的【子窗体/子报表】按钮

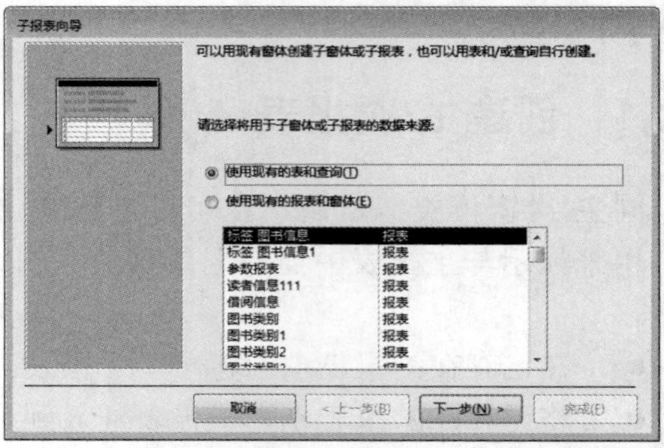

图 8-77　【子报表向导】对话框

step 06 弹出确定是从列表中选择还是自行定义对话框，保持默认选项不变，然后单击【下一步】按钮，如图 8-79 所示。

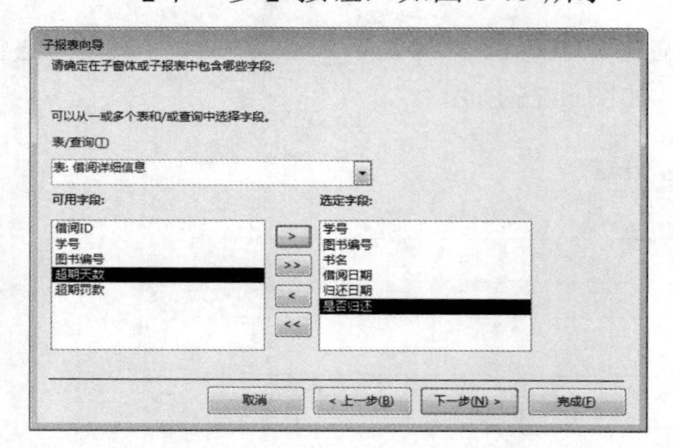

图 8-78　确定在子报表中包含哪些字段对话框

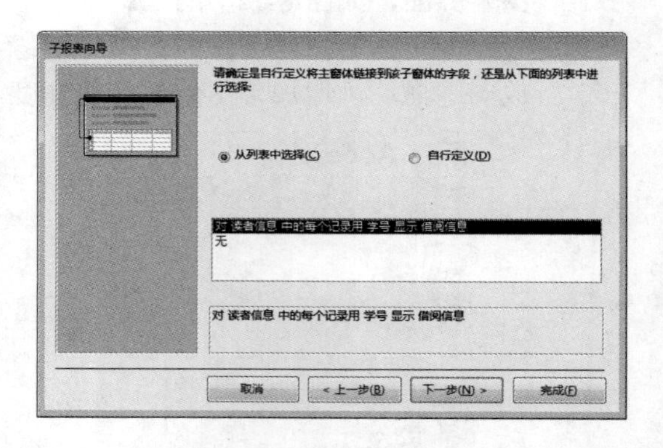

图 8-79　确定是从列表中选择还是自行定义对话框

step 07 弹出命名对话框，在【请指定子窗体或子报表的名称】文本框中输入子报表的名称“借阅信息 子报表”，单击【完成】按钮，如图 8-80 所示。

step 08 返回到【设计视图】界面，此时在【主体】节中已经成功添加了一个子报表。并且在导航窗格中可以看到，用户已成功创建了名为“借阅信息 子报表”的子报表，如图 8-81 所示。

step 09 选中该子报表，切换到【设计】选项卡，单击【工具】组中的【新窗口中的子报表】按钮，如图 8-82 所示。

step 10 进入子报表的【设计视图】界面，调整各控件的大小，设置其属性，使其看起来更美观，如图 8-83 所示。

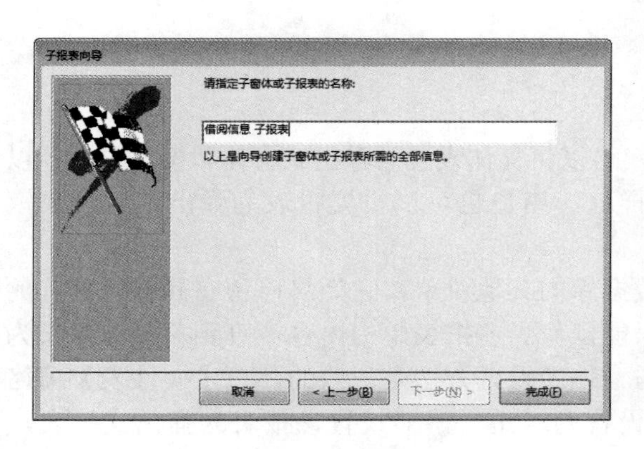

图 8-80　命名对话框

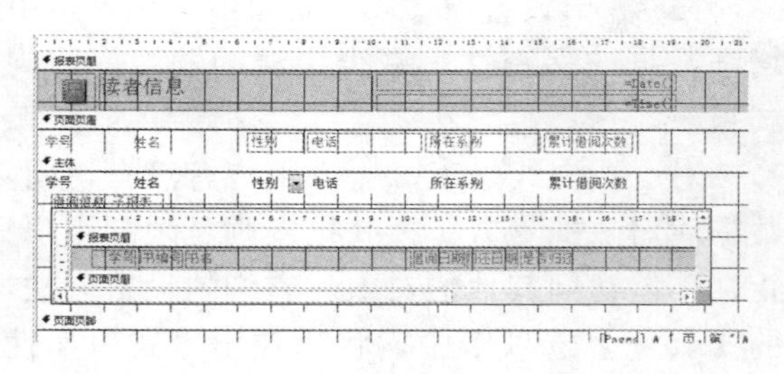

图 8-81　添加一个子报表

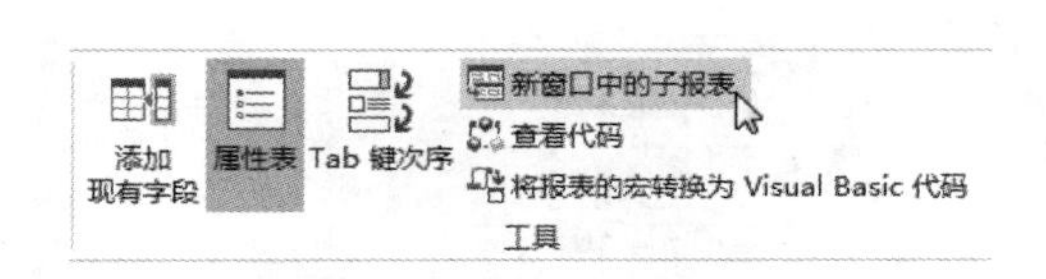

图 8-82　单击【工具】组中的【新窗口中的子报表】按钮

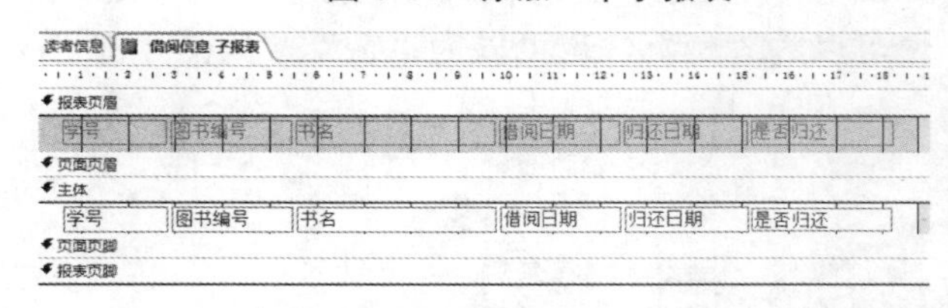

图 8-83　子报表的【设计视图】界面

step 11 设置完成后，关闭子报表。返回到“读者信息”报表，切换到【报表视图】界面，用户可以查看添加子报表后的效果，如图 8-84 所示。

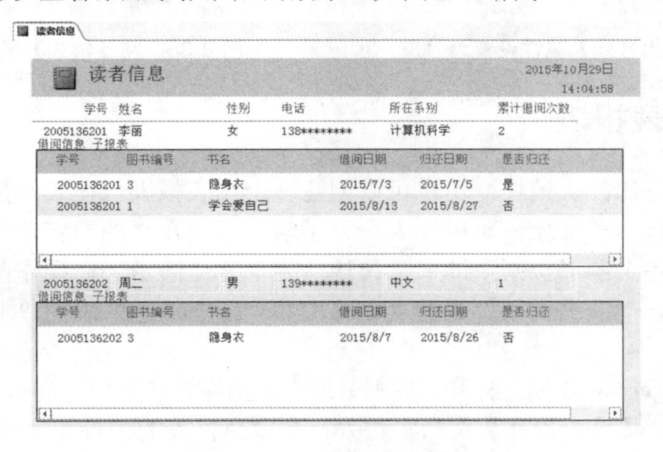

图 8-84　查看最终的结果

step 12 单击【保存】按钮，保存该报表。至此，即完成创建主/次报表的操作。

在添加子报表时，子报表控件应该与主报表相链接。该链接可以确保在子报表中显示的记录与在主报表中显示的记录保持正确的对应关系。例如，“借阅信息 子报表”显示的记录就是主报表中每一个读者所对应的借阅信息。当然，若主报表与子报表未绑定，主报表此时可作为容纳无关联子报表的容器使用。

8.4.2 创建弹出式报表

在 7.3 节设置窗体属性时已经介绍过，用户可以将窗体设置为弹出式窗体和模式窗体，以增强数据的保密性，减少错误的发生等。同样地，用户也可以设置报表为弹出式报表或模式报表。

对于弹出式报表，无论用户有没有访问数据库的其他对象，它始终停留在其他已打开的数据库对象的上方。模式报表则是限制用户只能操作当前报表中的内容，直到关闭该报表为止，不能访问其他的对象。它们的设置方法与窗体的设置方法是一致的，在【属性表】窗格的【其他】选项卡中，将“弹出方式”属性设置为“是”，即设置该报表为弹出式报表，如图 8-85 所示。将“模式”属性设置为“是”，即设置其为模式报表，此时“弹出方式”属性可以为“是”，也可以为“否”，如图 8-86 所示。

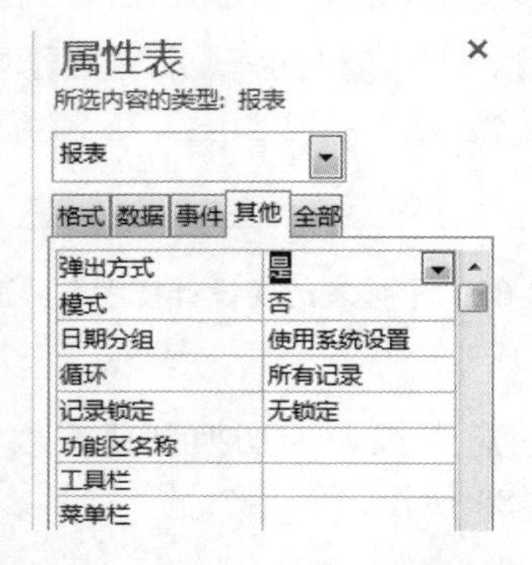

图 8-85　将【弹出方式】属性设置为“是”

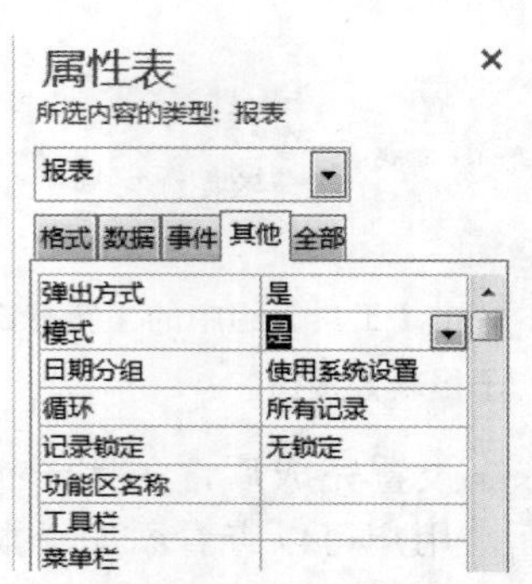

图 8-86　将【模式】属性设置为“是”

8.4.3 创建图表报表

通过在报表中添加图表控件，用户可以创建一个图表报表。在某些情况下，使用该报表来展示数据，更加直观和形象，可以让人一目了然。下面在“图书管理”数据库中创建一个图表报表，展示出各个图书类别下的书目统计。为了方便演示，在操作前首先创建一个“图书汇总”查询，包含“图书类别”表的“名称”和“图书信息”表的“书名”两个字段。具体操作步骤如下。

step 01 启动 Access 2013，打开“图书管理”数据库。切换到【创建】选项卡，单击【报表】组中的【报表设计】按钮，进入一个空白报表的“设计视图”界面，如图 8-87 所示。

step 02 切换到【设计】选项卡，单击【控件】组中的【图表】按钮，然后单击报表的【主体】节，弹出【图表向导】对话框。在【视图】选项组中选中【查询】单选按钮，然后在上方的列表框中选中“图书汇总”查询作为数据源，单击【下一步】按钮，如图 8-88 所示。

step 03 弹出选择图表数据所在的字段对话框，单击【全部添加】按钮，将【可用字段】列表框中的两个字段添加到【用于图表的字段】列表框中，然后单击【下一步】按钮，如图 8-89 所示。

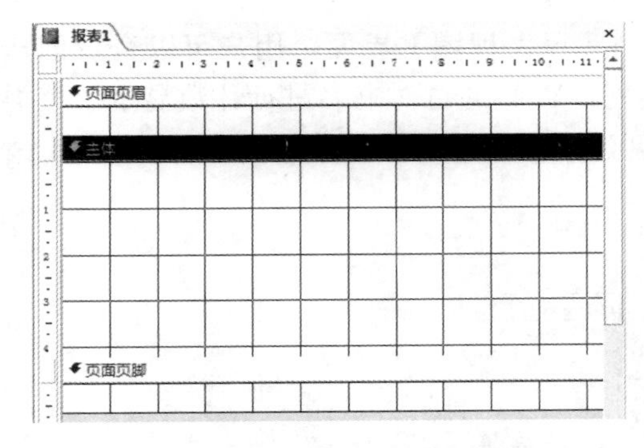

图 8-87　空白报表的【设计视图】界面

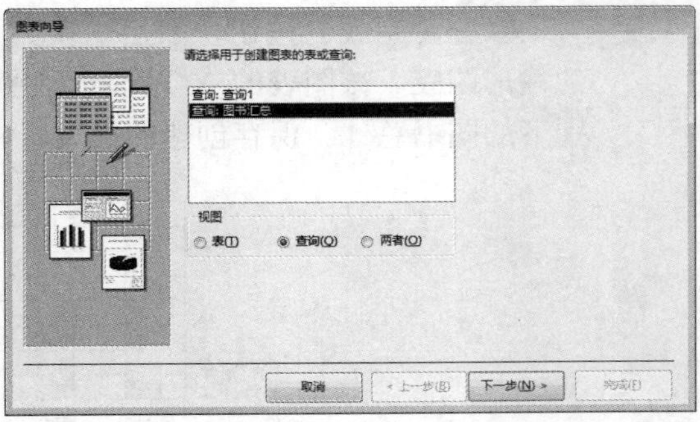

图 8-88　【图表向导】对话框

step 04 弹出选择图表类型对话框，选中柱形图，单击【下一步】按钮，如图 8-90 所示。

读者也可以选择其他的图表类型，并查看每种类型的显示效果。

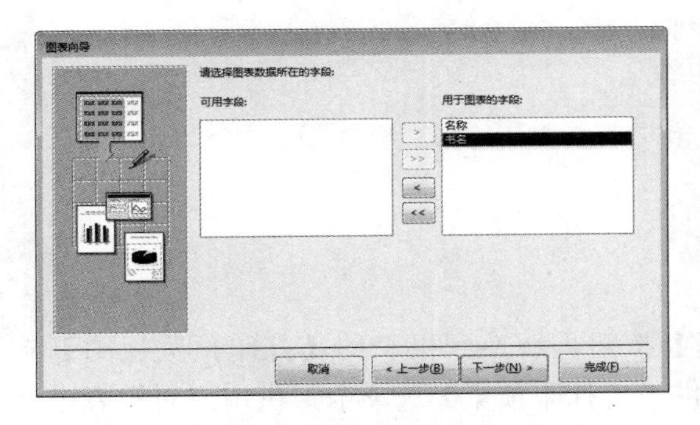

图 8-89　选择图表数据所在的字段对话框

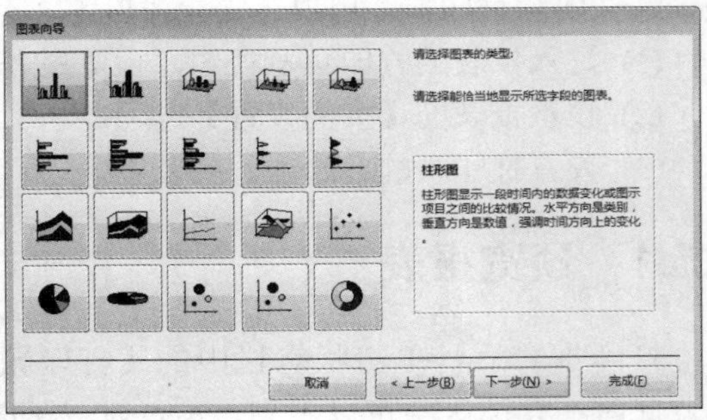

图 8-90　选择图表的类型对话框

step 05 弹出预览图表对话框，在右侧选中“名称”字段，将其拖放到图表的 X 轴的方框中。使用同样的方法，将“书名”字段拖放到图表的 Y 轴上，然后将图表中的“书名”字段拖回到右侧。设置完成后，单击【下一步】按钮，如图 8-91 所示。

step 06 弹出命名对话框，在【请指定图表的标题】文本框内输入“图书汇总”，然后选中【是，显示图例】单选按钮，如图 8-92 所示。

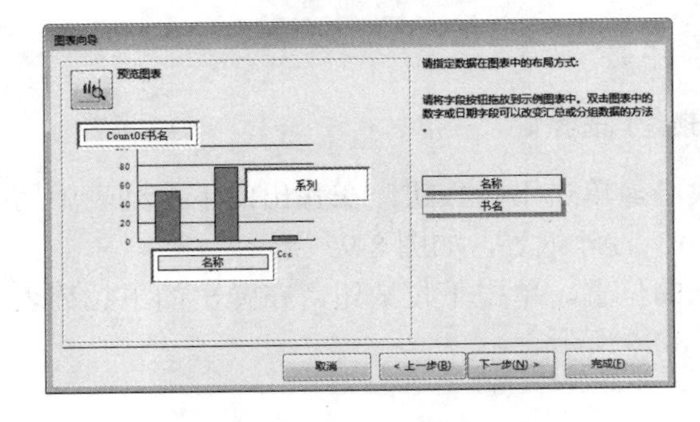

图 8-91　预览图表对话框

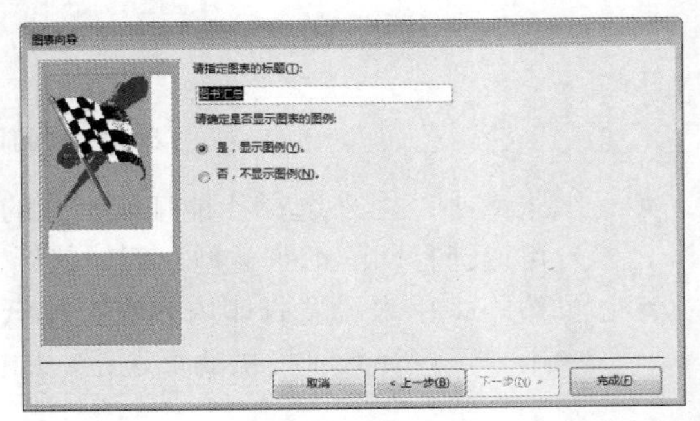

图 8-92　命名对话框

step 07 单击【完成】按钮，然后切换到报表的【报表视图】界面，用户可以查看创建的柱形图表。该图表的 X 轴显示了图书类别，Y 轴通过对书名进行计数显示了该类别下的图书总计。保存创建的报表，完成创建图表报表的操作，如图 8-93 所示。

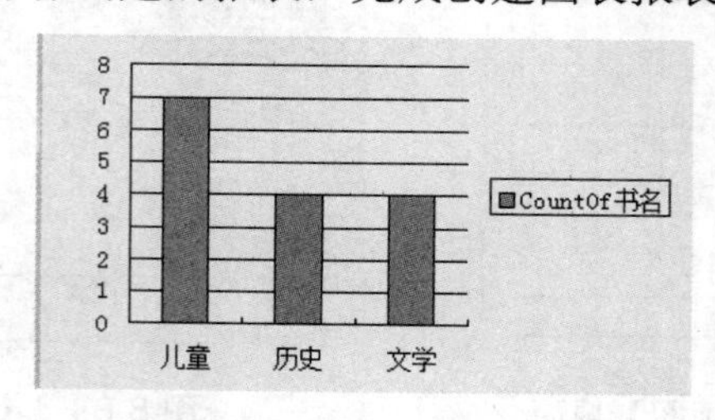

图 8-93　查看最终的结果

8.5　报表的打印

在 Access 数据库中创建报表的最终目的是将其打印出来。为了打印出美观、符合要求的报表，在实际打印前，用户还需完成以下 3 个步骤。

(1) 进入报表的打印预览视图，预览报表。

(2) 设置报表的【页面设置】选项。

(3) 设置打印时的各选项。

8.5.1　预览报表

打开报表后，单击状态栏中的【打印预览】按钮，切换到报表的【打印预览视图】界面。此时在功能区中可以看到，Access 专门提供了【打印预览】选项卡，供用户对报表进行打印设置，如图 8-94 所示。该选项卡共包括【打印】、【页面大小】、【页面布局】、【显示比例】、【数据】和【关闭预览】6 个组。其中，【打印】组用来打印报表，【数据】组用来将报表导出为其他的文件格式，例如 Excel、文本文件、PDF 等，【关闭预览】组用来关闭当前的打印预览视图，返回到报表的【报表视图】界面。关于其他组的选项，将在下面进行详细介绍。

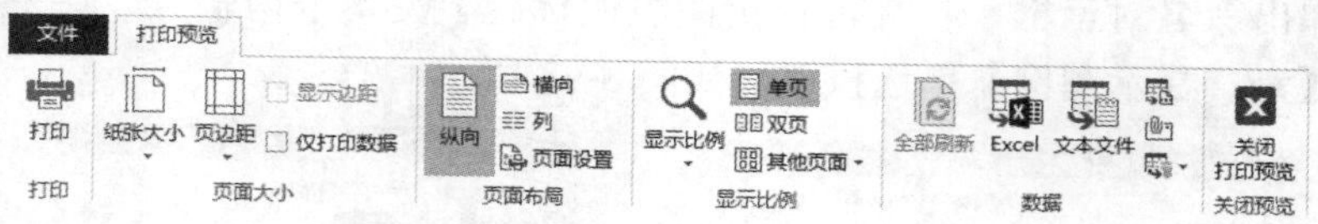

图 8-94　【打印预览】选项卡

- 纸张大小：用来选择各种打印纸张的大小。单击下拉按钮，在弹出的下拉列表中用户可选择打印的纸张类型，例如信纸、A3、A4 纸等，如图 8-95 所示。
- 页边距：用来设置打印内容在打印纸上的位置。单击下拉按钮，在弹出的下拉列表中用户可选择系统提供的页边距，如图 8-96 所示。

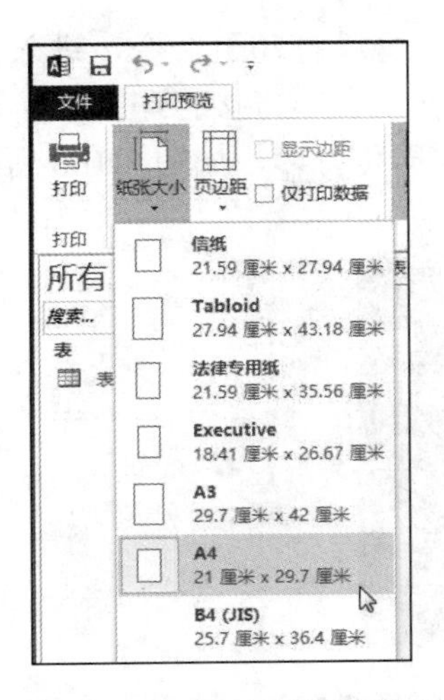

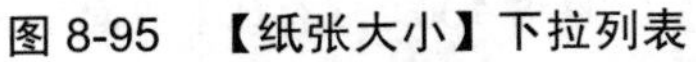

图 8-95 【纸张大小】下拉列表

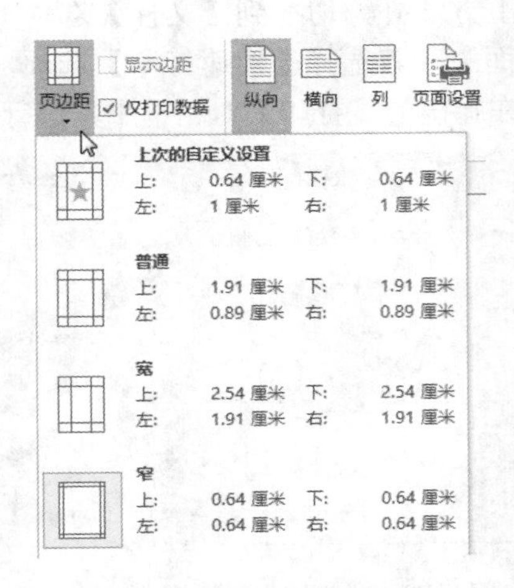

图 8-96 【页边距】下拉列表

- 纵向和横向：它们是报表在纸上的显示形式。其中，【纵向】为系统的默认选项。
- 页面设置：单击【页面布局】组中的【页面设置】按钮，弹出【页面设置】对话框。包括【打印选项】、【页】和【列】3 个选项卡，通过各选项卡，用户可设置页边距、选择纸张、设置打印方向等，如图 8-97 所示。
- 单页、双页和其他页面：选择不同的按钮，可以以不同的方式预览报表。若选择【双页】选项，在打印预览视图中可以同时预览两页报表，如图 8-98 所示。

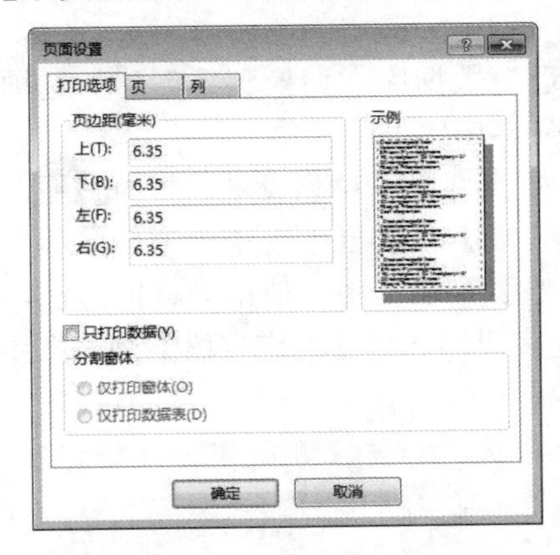

图 8-97 【页面设置】对话框

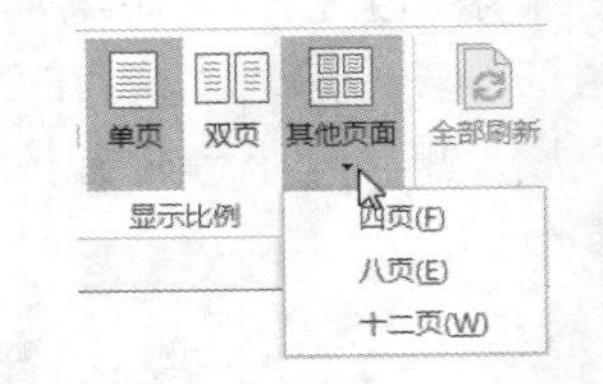

图 8-98 单页、双页和其他页面

8.5.2 打印报表

在打印预览视图中设置好打印页面后，接下来用户就可以打印报表了。单击【打印】组中的【打印】按钮，弹出【打印】对话框。单击【名称】下拉列表框的下拉按钮，在弹出的下拉列表中用户可选择使用哪台打印机进行打印，在【打印范围】选项组中可选择是打印全部报表，还是指定打印的页数，在【份数】选项组中可设置要打印的份数。设置完成后，单击【确定】按钮，即可进行打印，如图 8-99 所示。

除了以上方法外，切换到【文件】选项卡，在左侧选择【打印】命令，进入【打印】界面。在该界面中，若选择【快速打印】选项，可不做任何设置，直接打印报表。若选择【打印】选项，在弹出的【打印】对话框中，进行相应的设置即可打印，如图 8-100 所示。

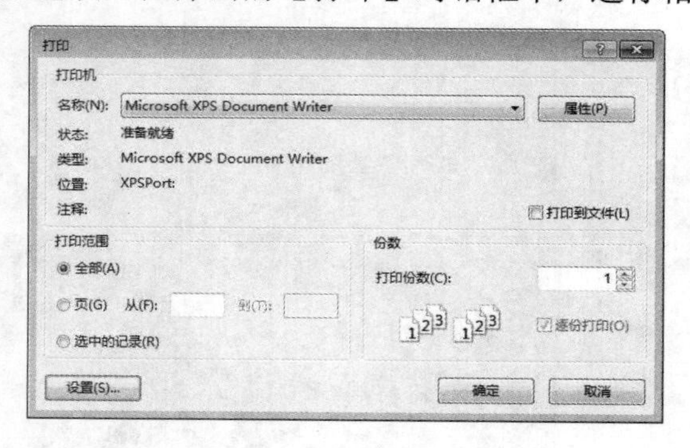

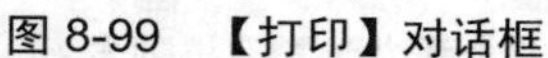
图 8-99 【打印】对话框

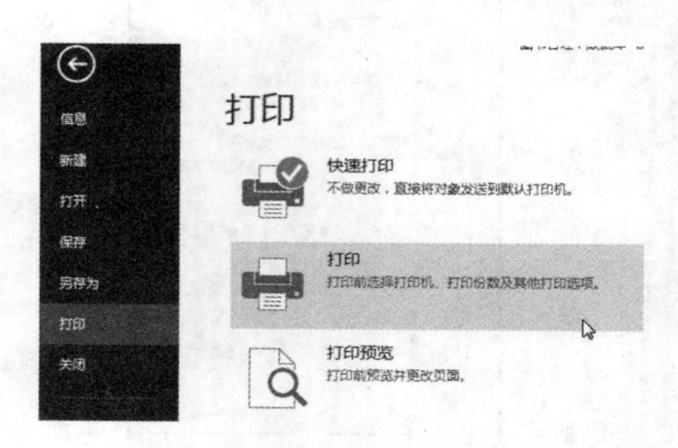

图 8-100 【打印】界面

8.6 综合实战——创建员工工资汇总报表

1. 案例目的

创建一个员工工资汇总报表，通过该报表可以查看部门员工工资具体的发放情况。

2. 案例操作过程

step 01 启动 Access 2013，打开“人事管理”数据库。切换到【创建】选项卡，单击【报表】组中的【报表向导】按钮，如图 8-101 所示。

step 02 弹出【报表向导】对话框，单击【表/查询】下拉列表框的下拉按钮，在弹出的下拉列表中选择“部门”表，在【可用字段】列表框中选中“部门名称”字段，单击【添加】按钮，将其添加到【选定字段】列表框中。使用同样的方法，将“工资明细”表中除“工资 ID”字段外的其他字段添加到【选定字段】列表框中。操作完成后，单击【下一步】按钮，如图 8-102 所示。

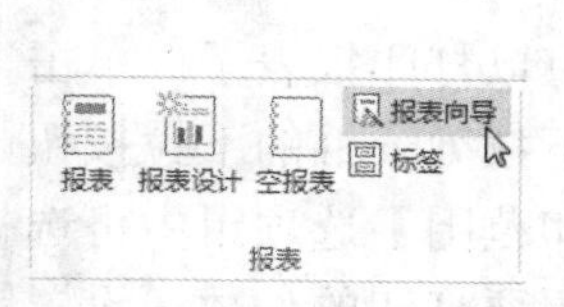

图 8-101 单击【报表】组中的【报表向导】按钮

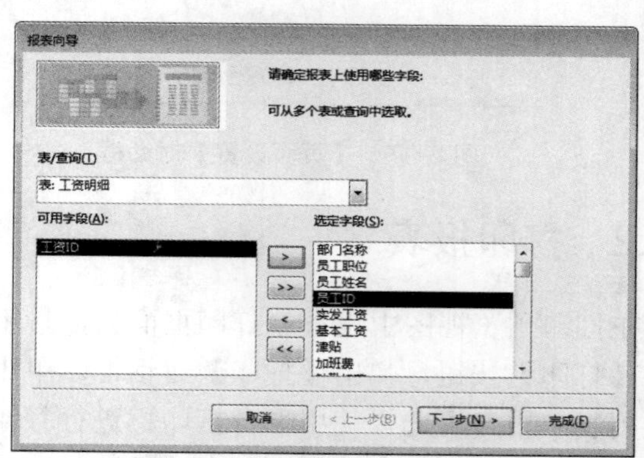

图 8-102 【报表向导】对话框

step 03 弹出确定查看方式对话框，选择【通过 部门】选项，单击【下一步】按钮，如图 8-103 所示。

step 04 弹出是否添加分组级别对话框，保持默认选项不变，单击【下一步】按钮，如图 8-104 所示。

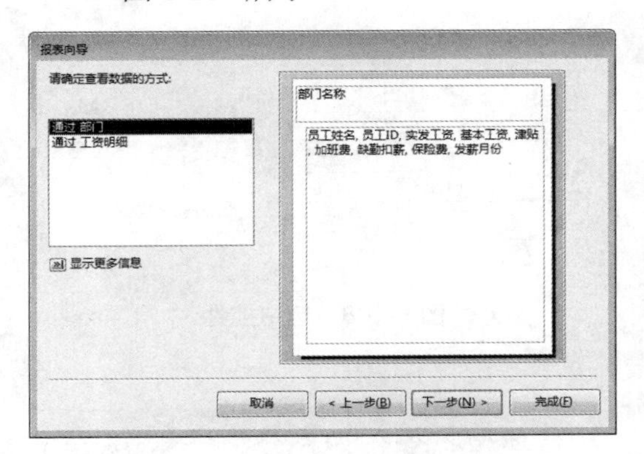

图 8-103 确定查看方式对话框

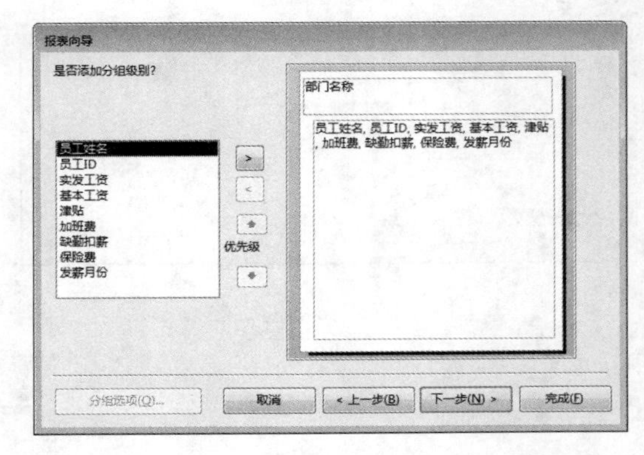

图 8-104 是否添加分组级别对话框

step 05 弹出确定明细记录使用的排序次序对话框，单击第一行的下拉按钮，在弹出的下拉列表中选择“员工姓名”字段，表示对其进行升序的排序，单击【下一步】按钮，如图 8-105 所示。

step 06 弹出确定报表的布局方式对话框，分别选择【递阶】布局方式和【横向】方向，单击【下一步】按钮，如图 8-106 所示。

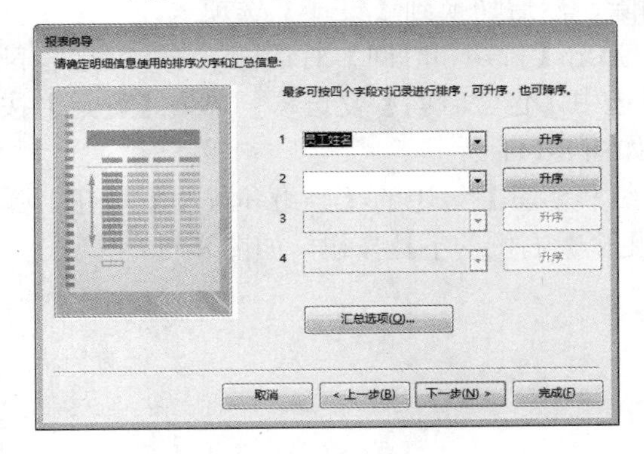

图 8-105 确定明细记录使用的排序次序对话框

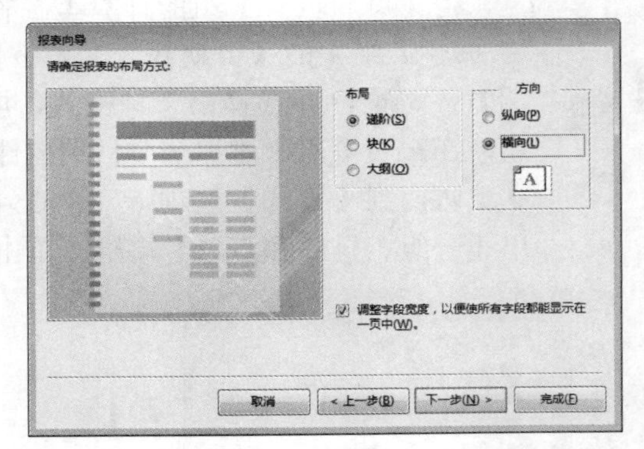

图 8-106 确定报表的布局方式对话框

step 07 弹出命名对话框，在【请为报表指定标题】文本框中输入报表的标题“部门员工工资发放情况”，单击【完成】按钮，如图 8-107 所示。

step 08 此时已成功创建该报表，切换到【设计视图】界面，在【页面页眉】节和【主体】节中选中除“部门名称”标签控件外的所有控件，如图 8-108 所示。

step 09 切换到【排列】选项卡，单击【表】组中的【表格】按钮，如图 8-109 所示。

step 10 此时已创建一个类似电子表格的布局，选中各控件，调整其宽度和位置，并设置字号大小、字体、背景色等格式，如图 8-110 所示。

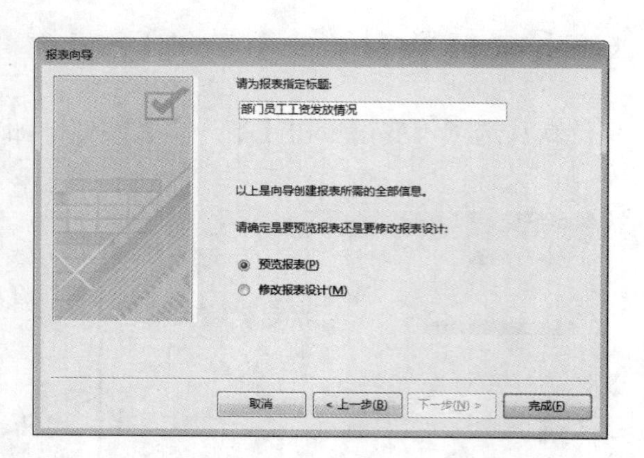

图 8-107　命名对话框

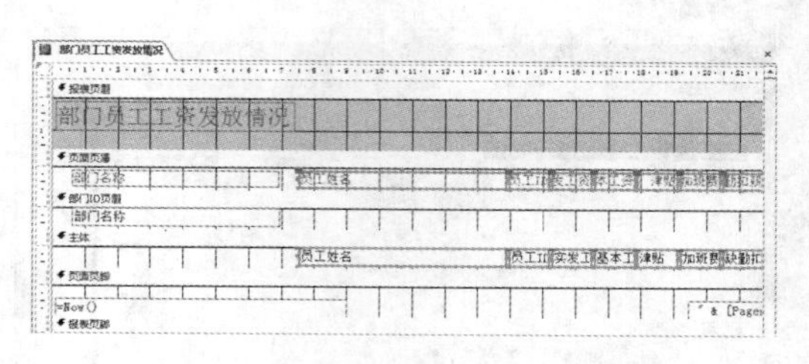

图 8-108　选中控件

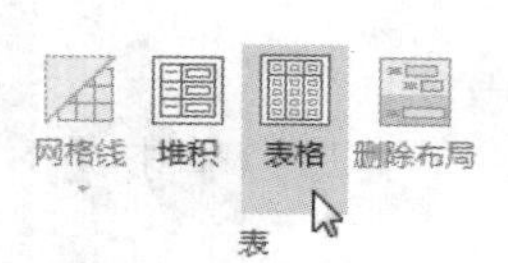

图 8-109　单击【表】组中的【表格】按钮

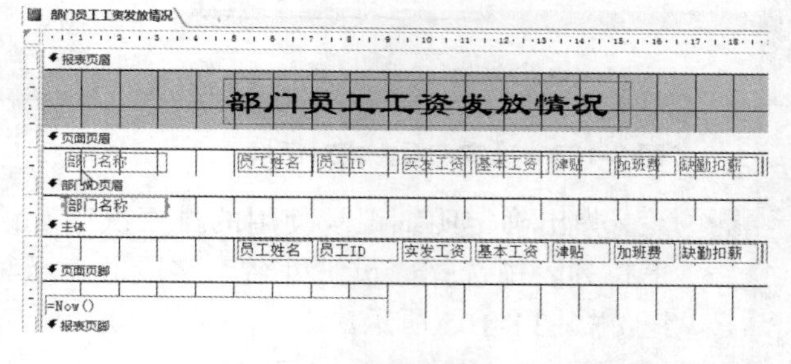

图 8-110　设置控件的格式

step 11 将【页眉页脚】组的计算型控件删除，然后切换到【设计】选项卡，单击【页眉/页脚】组中的【日期和时间】按钮，弹出【日期和时间】对话框，选中【包含日期】复选框，并选择第一种格式，取消选中【包含时间】复选框，单击【确定】按钮，在报表页眉中添加一个日期控件，如图 8-111 所示。

step 12 切换到【设计】选项卡，单击【分组和汇总】组中的【分组和排序】按钮，弹出【分组、排序和汇总】窗格，单击【更多】右侧的下拉按钮，如图 8-112 所示。

图 8-111　【日期和时间】对话框

图 8-112　单击【更多】右侧的下拉按钮

step 13 弹出更多的选项，单击【无页脚节】右侧的下拉按钮，在弹出的下拉列表中选择【有页脚节】选项，如图 8-113 所示。

step 14 可以看到，此时在工作窗口中将出现【部门 ID 页脚】节，切换到【设计】选项卡，单击【控件】组中的【直线】按钮，按住 Shift 键不放，在【部门 ID 页脚】节中绘制一条直线，如图 8-114 所示。

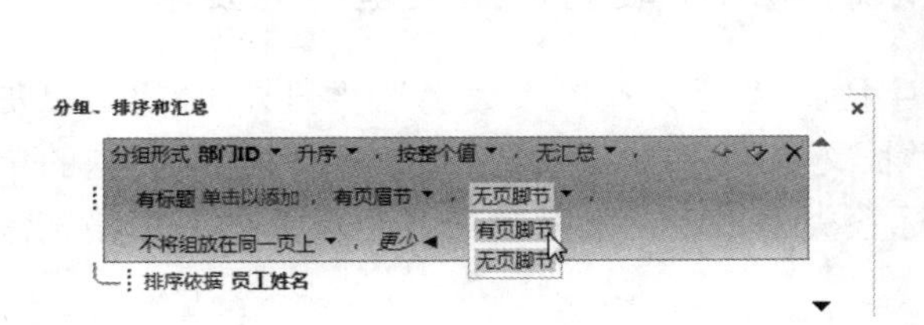

图 8-113 选择【有页脚节】选项

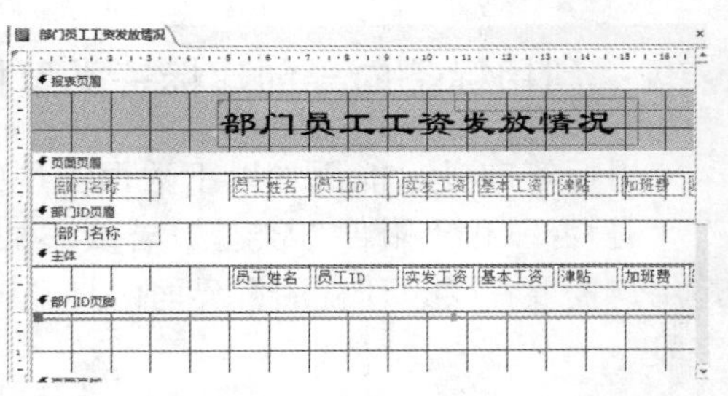

图 8-114 绘制一条直线

step 15 单击【控件】组中的【文本框】按钮，添加一个文本框控件，设置关联标签名称为“该部门平均工资”，在【文本框】控件中输入表达式“=Avg([实发工资])”，计算每个部门平均工资，如图 8-115 所示。

step 16 切换到【报表视图】界面，用户可以查看部门员工工资表及每个部门的平均工资，如图 8-116 所示。

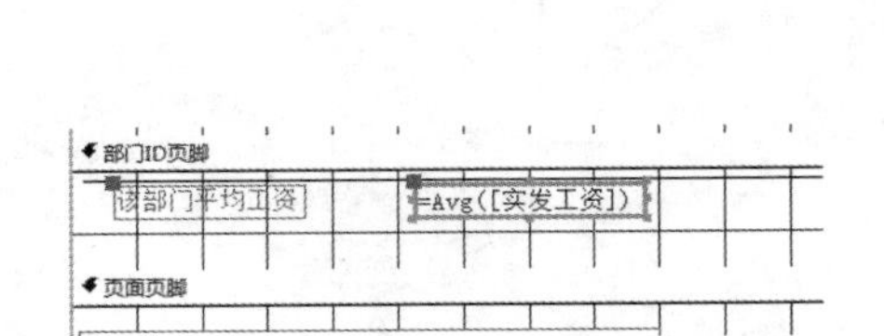

图 8-115 添加一个文本框控件

部门员工工资发放情况

部门员工工资发放情况 2015年11月2日

部门名称	员工姓名	员工ID	实发工资	基本工资	津贴	加班费	缺勤扣薪	发薪月份
品质部								
	吴菲	2015010	3813	3400	500	200	0	5月
	吴菲	2015010	3813	3400	500	200	0	6月
该部门平均工资	3813							
财务部								
	张韵	2015005	3438	3100	300	300	0	5月
	张韵	2015005	3388	3100	300	250	0	6月
该部门平均工资	3413							
经理室								
	赵默	2015000	6492	6000	1000	0	0	5月
	赵默	2015000	6192	6000	1000	0	300	6月
该部门平均工资	6342							
人事部								
	刘竹	2015003	3263	2800	300	500	100	5月
	刘竹	2015003	3013	2800	300	150	0	6月
该部门平均工资	3138							

图 8-116 查看最终的结果

8.7 高 手 甜 点

甜点 1：在切换到打印预览视图时，有时为何会弹出如图 8-117 所示的提示信息框？

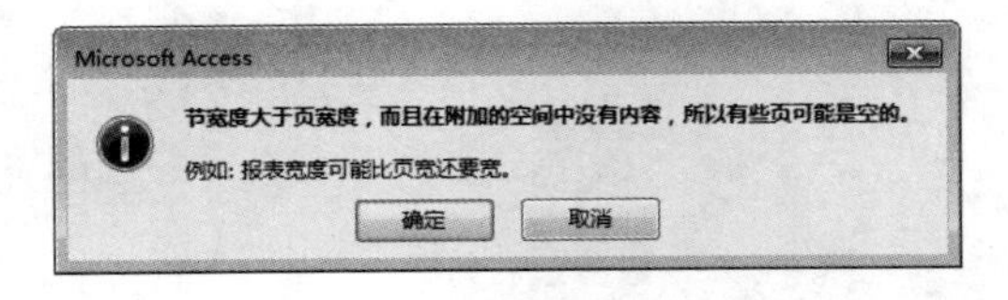

图 8-117 提示信息框

在设计报表时，在【主体】节、【页面页眉】节或【页面页脚】节中，当控件的宽度大于设置的打印纸张的宽度时就会弹出该提示框。此时可以调整控件的大小和位置，若仍出现提示框，缩短报表的宽度即可。

甜点 2：利用标签向导创建标签类型报表时，对字段的数据类型有何要求？

使用标签向导只能添加以下数据类型的字段："短文本""数字""日期/时间""货币""是/否"和"附件"类型。若要添加"长文本""OLE"或"超链接"数据类型的字段，用户需要在【设计视图】界面中打开该标签类型报表，然后使用【字段列表】窗格来添加字段。

第 4 篇

编 程 技 术

- 第 9 章　使用宏
- 第 10 章　VBA 编程语言
- 第 11 章　处理错误与异常

第9章 使用宏

宏是 Access 数据库的第五大对象。它是一种特殊的编程语言，这种语言无须用户去编写复杂的代码，主要是通过生成一系列要执行的操作来编写的。当用户需要频繁地重复一系列的操作时，就可以创建宏来执行这些操作。通过本章的学习，读者应了解宏的基本概念，掌握如何创建各种类型的宏以及宏的一些基本操作。

本章目标(已掌握的在方框中打钩)

- ☐ 了解宏的基本概念
- ☐ 掌握如何创建各种类型的宏
- ☐ 掌握宏的基本操作
- ☐ 掌握如何对宏进行运行与调试
- ☐ 熟悉宏在 Access 中的一些应用
- ☐ 熟悉如何对宏进行安全设置

9.1 初 识 宏

宏是一个或多个操作的集合，其中每个操作执行特定的功能，例如打开或关闭某个报表等。在 Access 中，系统已经预先定义好了宏操作，用户只要进行简单的参数设置就可以直接调用。而正是由于系统提供的这几十个预定义的宏操作，用户不用编写任何程序代码，就能有次序地自动执行一系列的操作，从而使用户更加方便快捷地操纵数据库系统。

9.1.1 宏生成器介绍

宏主要是在宏生成器中创建的，切换到【创建】选项卡，单击【宏与代码】组中的【宏】按钮，如图 9-1 所示，进入宏的设计视图，如图 9-2 所示。在下面的工作窗口中，包括【宏生成器】窗格和【操作目录】窗格两个部分。通过这两个窗格，用户就可以创建和修改宏。

在【宏生成器】窗格中，存在一个【添加新操作】下拉列表框。单击【添加新操作】下拉列表框的下拉按钮，在弹出的下拉列表中即可选择相应的操作命令来创建宏，如图 9-3 所示。

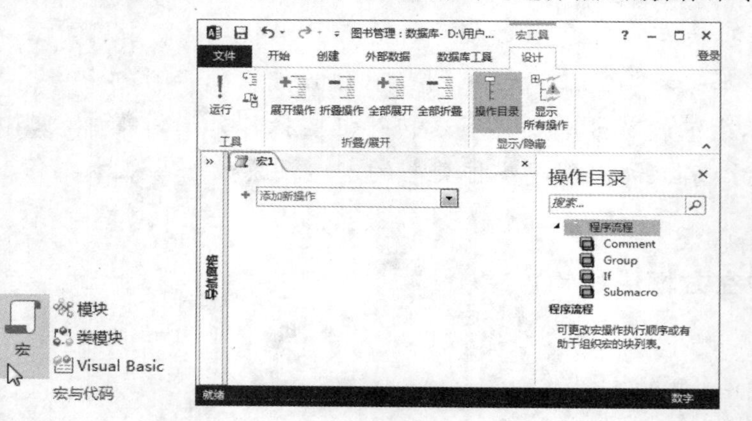

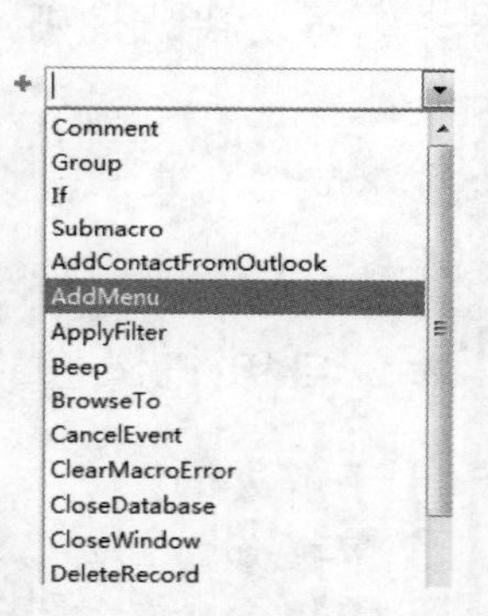

图 9-1　单击【宏】按钮　　　　图 9-2　宏的设计视图　　　　图 9-3　【添加新操作】下拉列表

宏的操作命令是非常丰富的，表 9-1 列出了一些常用的宏操作命令。

表 9-1　Access 2013 常用的宏操作命令

宏操作命令	功　能
AddMenu	用于将菜单添加到自定义的菜单栏中或创建自定义快捷菜单栏
ApplyFilter	用于筛选或限制表、窗体或报表中的记录。用于报表时，只能在报表的 OnOpen 事件的嵌入式宏中使用此命令
Beep	使计算机的扬声器发出“嘟嘟”声
CancelEvent	取消引起宏操作的事件
CloseWindow	关闭指定的窗口。如果没有指定窗口，则关闭当前的活动窗口
CloseDatabase	关闭当前的数据库

续表

宏操作命令	功 能
EMailDatabaseObject	将指定的表、窗体、报表、模块或数据访问页包含在电子邮件中，以便进行查看和转发
ExportWithFormatting	导出指定的数据库对象
FindRecord	查找符合 FindRecord 参数指定条件的数据库的第一个实例
FindNextRecord	依据 FindRecord 操作使用的查找准则查找下一条记录
GoToControl	在打开的窗体、表或查询中，将焦点移动到指定的字段或控件，使用该命令还可以根据某些条件在窗体中导航
GoToPage	在活动窗体中将焦点移动到指定页的第一个控件上
GoToRecord	指定表、查询或窗体中的记录为当前记录
MaximizeWindow	最大化活动窗口，从而使其充满 Access 窗口。该命令可以使用户尽可能多地看到活动窗口中的对象
MessageBox	可以显示一个包含警告或信息性消息的消息框
MinimizeWindow	与 MaximizeWindow 命令的作用相反，该命令最小化活动窗口，使其缩小为 Access 窗口底部的标题栏
OnError	指定当宏出现错误时如何处理
OpenForm	在【窗体视图】、【设计视图】、【打印预览】或【数据表视图】中打开窗体。通过设置参数，用户可以为窗体选择数据输入和窗口模式，并可以限制窗体显示的记录
OpenQuery	在【数据表视图】、【设计视图】或【打印预览】中打开选择查询或交叉表查询，或执行动作查询。同时，还可以选择该查询的数据输入模式
OpenReport	在【设计视图】或【打印预览】中打开报表，或将报表直接发送到打印机。同时，还可以限制报表打印的记录
OpenTable	在【数据表视图】、【设计视图】或【打印预览】中打开表，还可以选择该表的数据输入模式
QuitAccess	退出 Access 2013 数据库系统
Requery	将对象上指定控件的数据源进行再次查询，从而实现对该控件中数据的更新。如果没有指定控件，会对对象自身的数据源进行再次查询。该命令可确保对象或者其包含的控件显示最新数据
RestoreWindows	将处于最大化或最小化的窗口改回为原来的大小
RunCode	调用 VBA 函数过程
RunMacro	从其他宏中运行宏，也可以根据条件运行宏，或者将宏附加到自定义菜单命令
StopMacro	终止当前正在运行的宏

9.1.2 宏的功能和类型

宏是一种特殊的代码，通过代码可以执行一系列的操作。但是用户无须在 VBA 模块中编写代码，也无须记住各种语法，只需选择要执行的操作命令并设置相应的参数和条件即可。在 Access 中，经常需要进行一些重复性的工作，例如打开表、查询或窗体，打印报表等，此时用户可以将这些大量重复性的工作创建成为一个宏，每次只要运行宏就可完成这些工作，通过此方式将极大地提高工作效率。并且每次宏都按同样的方式执行操作，能够增加数据库的准确性和有效性。总而言之，宏几乎可以完成数据库的大部分操作，它的主要功能如下。

- 执行重复性的操作，节约用户的时间。例如打开或关闭数据表、查询、窗体、报表对象等。
- 使数据库中的各个对象联系得更加紧密。
- 执行报表的显示、预览和打印功能。
- 可以查询或筛选数据记录。
- 设置窗体、报表或控件的属性。
- 发出提示或警告信息。

在 Access 中，如果按照打开宏的设计视图的方法来分类，可以分为以下几种类型。

- 独立宏：独立宏是独立的对象，独立于表、窗体等对象之外。它在导航窗格中是可见的。
- 嵌入宏：与独立宏相反，嵌入宏是嵌入到窗体、报表或控件中的宏，成为所嵌入到的对象或控件的一个属性。它在导航窗格中是不可见的。
- 数据宏：数据宏允许用户在表事件(如添加、更新或删除数据等)中添加逻辑。有两种类型的数据宏，一种是由表事件触发的数据；另一种是为响应按名称调用而运行的数据宏。

9.1.3 宏设计视图

创建宏的前提是要了解宏的设计视图。打开某个数据库，切换到【创建】选项卡，单击【宏与代码】组中的【宏】按钮，即可进入宏的设计视图。在功能选项区中显示出【设计】选项卡下的各个选项，在工作窗口中显示出【宏生成器】窗格和【操作目录】窗格。

其中，【设计】选项卡由【工具】、【折叠/展开】、【显示/隐藏】3 个组构成。关于每个组中选项的作用，将在创建宏时具体介绍。

对于【宏生成器】窗格，在 9.1.1 小节中已经介绍过。下面介绍【操作目录】窗格，该窗格以树型结构分别列出【程序流程】、【操作】和【在此数据库中】3 个主目录、每个目录下面的子目录以及部分宏对象，如图 9-4 所示。

- 【程序流程】目录：包括 Comment(注释)、Group(组)、If(条件)和 Submacro(子宏)4 个程序块。其中，注释是对宏的整体或一部分进行说明；组可以把宏操作命令根据目的进行分组，使宏的结构显得十分清晰；条件是指定在执行宏操作之前必须满足的某些标准或限制；子宏可以用来创建宏组。

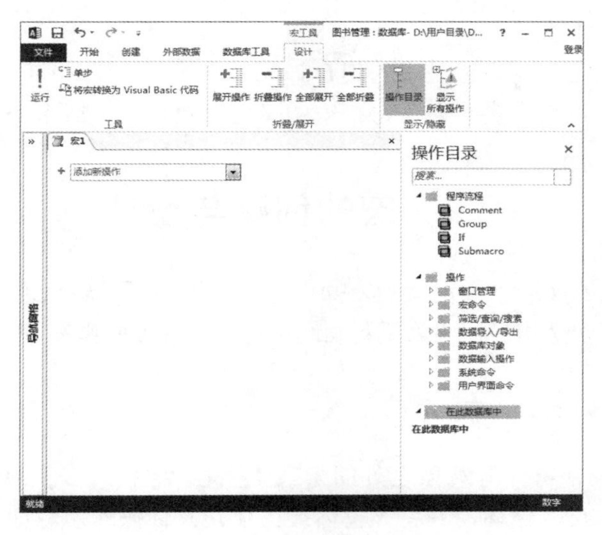

图 9-4　【操作目录】窗格

- 【操作】目录：系统对宏的所有操作命令按功能进行了分类，共分为 8 类，分别为【窗口管理】、【宏命令】、【筛选/查询/搜索】、【数据导入/导出】、【数据库对象】、【数据输入操作】、【系统命令】和【用户界面命令】。每个分类的子目录中都包含着对应的宏操作，共有 63 个宏操作，它与【宏生成器】窗格中提供的宏操作是完全相同的。
- 【在此数据库中】目录：在该目录中，系统列出了当前数据库中已存在的宏对象，以便用户重复使用这些宏和事件过程代码。并且根据已存在的宏的实际情况，还会列出该宏对象上层的报表、窗体等目录。

在宏的设计视图中，用户可以添加和修改宏。添加新操作的方法主要有以下 3 种。

- 直接在【添加新操作】列表框中输入操作命令。
- 单击列表框的下拉按钮，在弹出的下拉列表中选择操作命令。
- 在【操作目录】窗格中，单击【操作】目录下面的子目录，选择相应的操作命令。

在添加宏操作后，还需要设置相应的参数、条件等内容，才能创建出功能强大的宏。

9.1.4　宏和宏组

事实上，一个宏对象中可以包含多个宏，执行不同的操作，这个宏通常被称为宏组。宏组以单个宏的形式显示在导航窗格中，但它其实包含多个宏，便于用户管理和操作数据库。宏组下的多个宏又被称为子宏，用户可以为宏组和子宏分别命名，如图 9-5 所示。

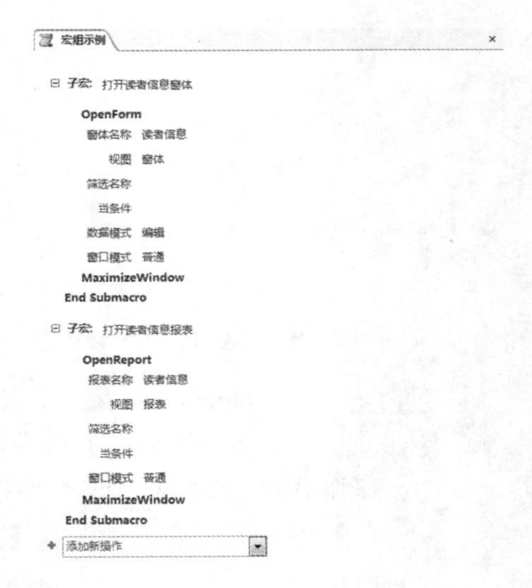

图 9-5　宏组

宏和宏组的关系如下。

- 宏是操作的集合，而宏组是宏的集合。
- 一个宏组中可以包含多个宏，每个宏中又可以包含一个或多个宏操作。

9.2 宏的创建与设计

使用 Access 提供的 63 个预定义的宏操作命令，用户可以轻松地创建宏，而不用编写任何代码。但是，添加了宏操作后，还需要正确地设置宏的各项操作参数，才能创建完整的宏。

9.2.1 创建与设计独立宏

独立宏是独立于表、窗体等对象之外的宏。下面在“图书管理”数据库中，创建一个能够自动打开的“图书信息”窗体，并将该窗体最大化。具体操作步骤如下。

step 01 启动 Access 2013，打开“图书管理”数据库。切换到【创建】选项卡，单击【宏与代码】组中的【宏】按钮，创建一个名为“宏 1”的空白宏，并进入该宏的设计视图，如图 9-6 所示。

step 02 单击【添加新操作】右侧的下拉按钮，在弹出的下拉列表中选择 OpenForm 操作。

用户还可以直接输入操作命令，或者在【操作目录】窗格中选择相应的操作，如图 9-7 所示。

图 9-6 “宏 1”的设计视图　　图 9-7 选择 OpenForm 操作

step 03 弹出 OpenForm 窗格，用户需要设置各个参数，如图 9-8 所示。

step 04 单击【窗体名称】选项右侧的下拉按钮，可以看到当前数据库下所有的窗体，在弹出的下拉列表中选择“图书信息”窗体。然后单击【视图】选项右侧的下拉按钮，在弹出的下拉列表中选择【数据表视图】，其他参数保持默认选项不变，如图 9-9 所示。

【窗体名称】参数是必选项，表示设置要打开的窗体的名称；【视图】表示打开窗体使用的视图，默认值为“窗体”；【筛选名称】表示对窗体中记录进行限制或排序的筛选器，可以输入现有查询的名称或另存为查询的筛选的名称；【当条件】表示从窗体的数据源表或查询中选择记录的 WHERE 子句或表达式；【数据模式】指窗体的数据输入模式，仅适用于在【窗体视图】或【数据表视图】界面中打开的窗体，默认值为“编辑”。单击其右侧的下拉按钮，可以看到，系统共提供了 3 种数据模式，其中“增加”模式表示允许增加新的记录，“编辑”模式表示既允许编辑现有记录，也可增加新记录，“只读”模式表示只允许查看记录；【窗口模式】指打开窗体时所用的窗口模式，默认值为“普通”。单击其右侧的下拉按钮，可以看到，系统共提供了 4 种窗体模式，其中“普通”模式指以其窗体属性所设置的模式打开，“隐藏”模式指隐藏窗体，“图标”模式表示窗体打开时将其最小化为屏幕底部的一个小标题栏，“对话框”模式表示将窗体的“模式”和“弹出方式”属性设置为“是”。

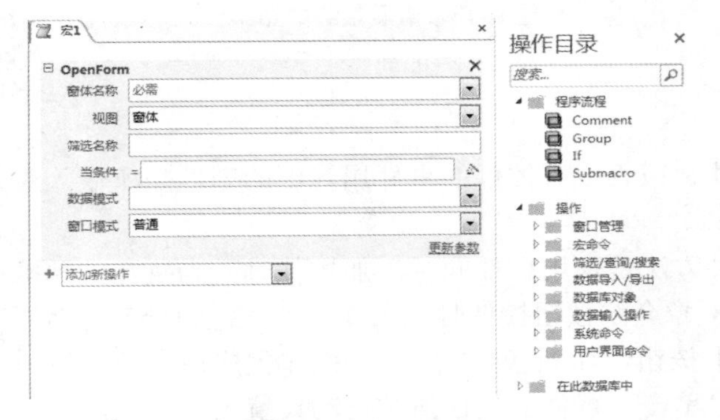

图 9-8 OpenForm 窗格

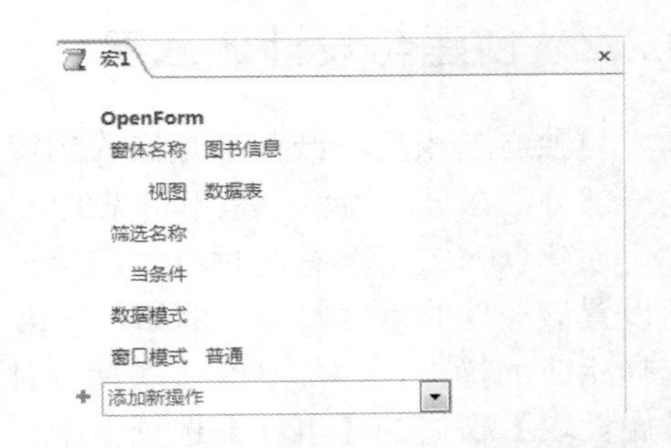

图 9-9 设置【窗体名称】和【视图】参数

step 05 使用同样的方法，添加 MaximizeWindow 操作，该操作无须设置参数，如图 9-10 所示。

step 06 单击快速访问工具栏中的【保存】按钮，弹出【另存为】对话框，在【宏名称】文本框中输入新建的宏名称“打开图书信息”，单击【确定】按钮，如图 9-11 所示。

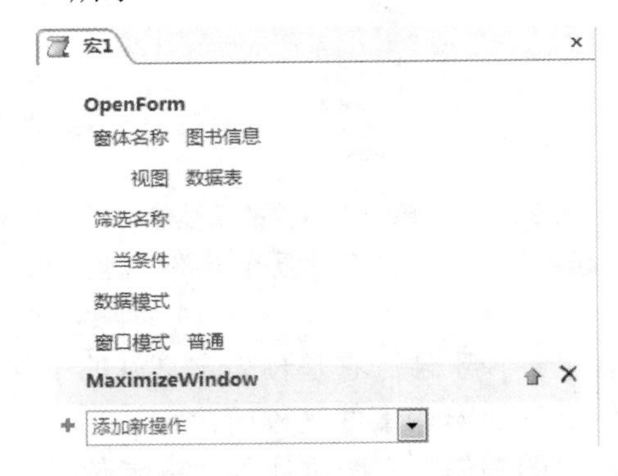

图 9-10 添加 MaximizeWindow 操作

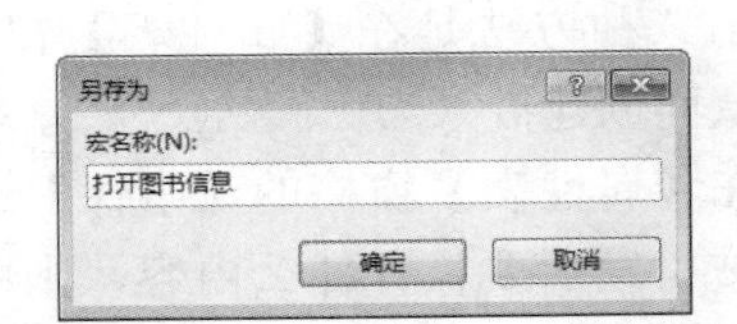

图 9-11 【另存为】对话框

step 07 保存完成后，切换到【设计】选项卡，单击【工具】组中的【运行】按钮，如图 9-12 所示。

step 08 此时 Access 在【数据表视图】界面中打开“图书信息”窗体，并自动将该窗体最大化。在导航窗格中可以看到，用户已成功创建“打开图书信息”宏，该宏为独立宏，包含两个宏操作，如图 9-13 所示。

图 9-12 单击【工具】组中的【运行】按钮

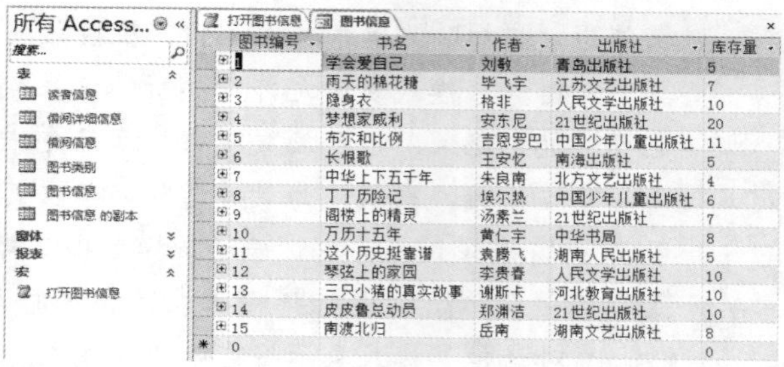

图 9-13 查看最终的结果

9.2.2 创建与设计嵌入宏

与独立宏相反，嵌入宏是嵌入到窗体、报表或其控件的事件属性中的宏，是所嵌入对象的一部分，在导航窗格中是不可见的。

创建嵌入宏主要有两种方法。第一种方法是使用控件向导添加控件时，为执行某种操作而设置该控件的事件属性。例如，在第 8 章介绍按钮控件时，在【命令按钮向导】对话框中选择相应的操作，添加一个【关闭窗体】按钮，如图 9-14 所示。操作完成后，在该按钮的【属性表】窗格的【事件】选项卡中，“单击”事件的属性值被自动设置为“嵌入的宏”，如图 9-15 所示。这是第一种创建嵌入宏的方法，可以看到，在用户定义某控件要执行的操作后，系统会自动创建该宏。

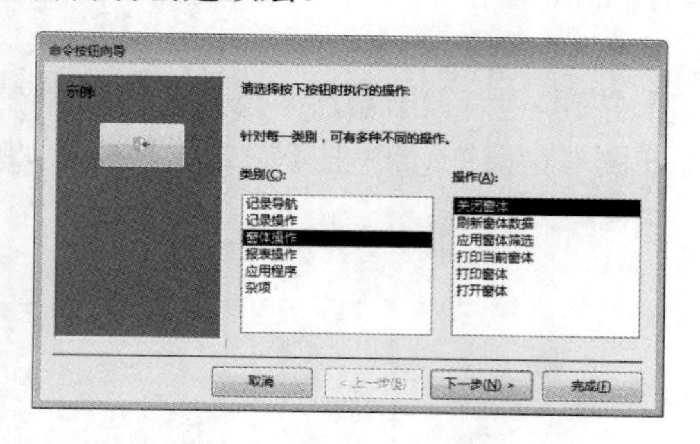

图 9-14 【命令按钮向导】对话框

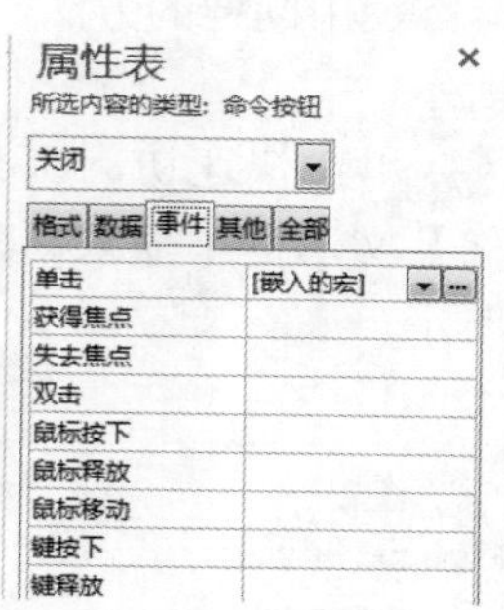

图 9-15 “单击”事件的属性值为“嵌入的宏”

第二种方法是在【属性表】窗格的【事件】选项卡中，直接对某个事件属性值进行设置，从而创建嵌入宏。

在【属性表】窗格的【事件】选项卡中，包含了各种事件。它是预先定义好的事件，但事件被引发后要执行什么内容，则由用户为此事件创建的宏或事件过程所决定。当一个对象上指定的事件发生时，便会触发相应的宏。下面在“图书信息”数据库的“读者信息”窗体中，创建两个嵌入宏。具体操作步骤如下。

step 01 启动 Access 2013，打开“图书管理”数据库。在导航窗格中双击打开“读者信息”窗体，并切换到该窗体的【设计视图】界面。

step 02 切换到【设计】选项卡，单击【控件】组中的【按钮】按钮，然后在【主体】节中单击，弹出【命令按钮向导】对话框，单击【取消】按钮，添加一个按钮控件，将光标定位在该控件的框内，输入新名称“关闭”，如图 9-16 所示。

step 03 选中按钮控件，然后切换到【设计】选项卡，单击【工具】组中的【属性表】按钮，弹出【属性表】窗格。切换到【事件】选项卡，单击【单击】选项右侧的省略号按钮，如图 9-17 所示。

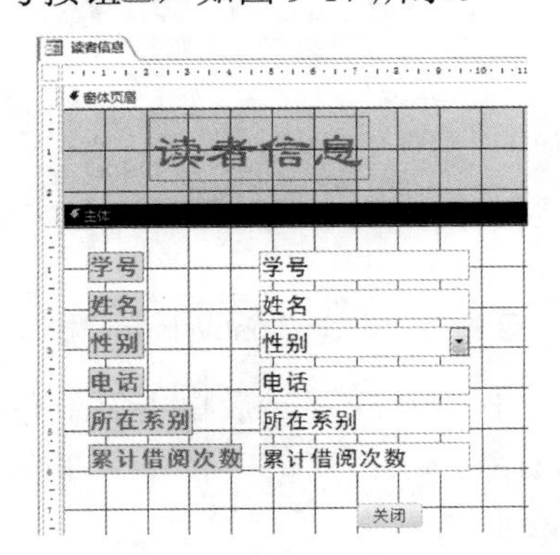

图 9-16　添加一个按钮控件

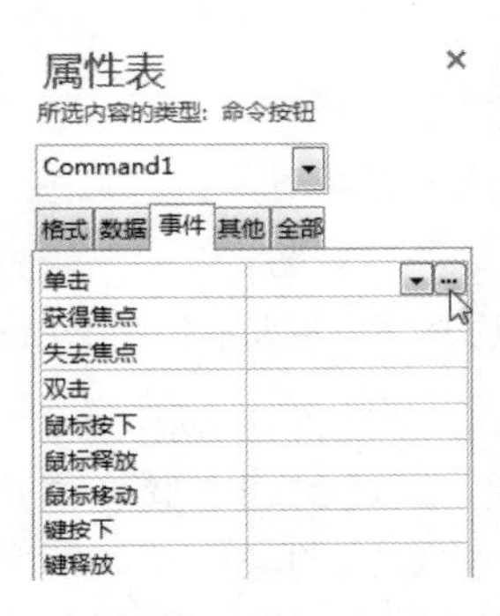

图 9-17　单击【单击】选项右侧的省略号按钮

提示：单击【单击】选项右侧的下拉按钮，在弹出的下拉列表中选择已存在的宏，可以直接将其生成为嵌入的宏，如图 9-18 所示。

step 04 弹出【选择生成器】对话框，选择【宏生成器】选项，单击【确定】按钮，如图 9-19 所示。

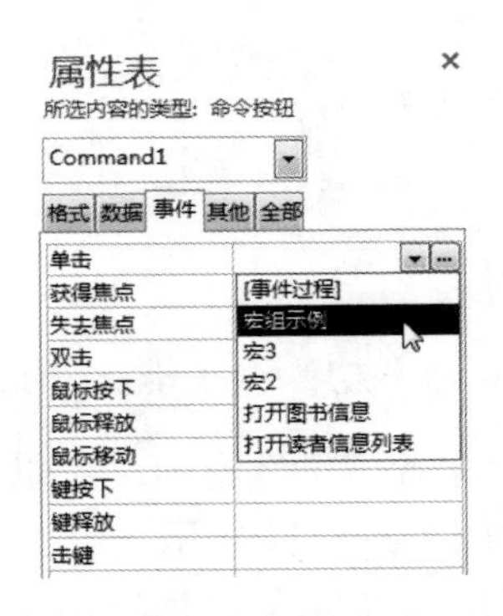

图 9-18　【单击】选项的下拉列表

图 9-19　【选择生成器】对话框

step 05 进入宏的设计视图窗口，在【添加新操作】组合框中输入操作命令 CloseWindow，如图 9-20 所示。

step 06 按 Enter 键，进入该命令的窗格，设置各参数。单击【对象类型】下拉列表框的下拉按钮，在弹出的下拉列表中选择【窗体】选项。使用同样的方法，将【对象名称】选项设置为“读者信息”窗体，将【保存】选项设置为“提示”，如图 9-21 所示。

提示

【保存】参数有 3 个选项。其中，【提示】选项表示关闭前会提示是否保存该对象，【是】选项表示关闭前自动保存对象，【否】选项与【是】选项用法则相反。

图 9-20　输入操作命令 CloseWindow　　　　图 9-21　设置 CloseWindow 操作的各参数

step 07 参数设置完成后，单击【保存】按钮，保存该宏，然后单击右上角的【关闭】按钮×，返回到“读者信息”窗体。可以看到，该按钮的“单击”事件的属性已设置为“嵌入的宏”，如图 9-22 所示。

step 08 选中窗体，使用同样的方法，在“打开”事件的宏生成器中添加一个 MessageBox 宏操作，并设置各参数，如图 9-23 所示。

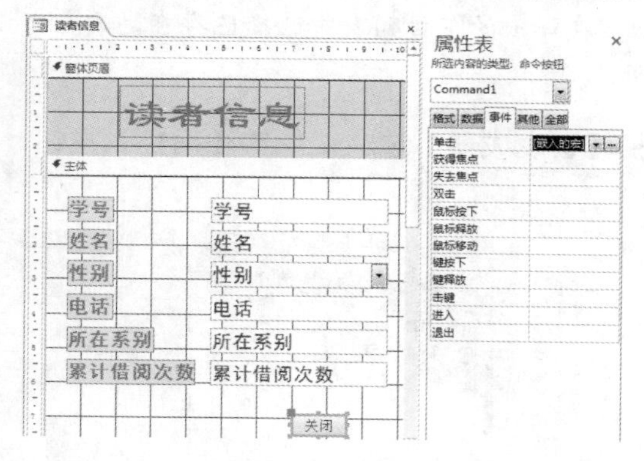

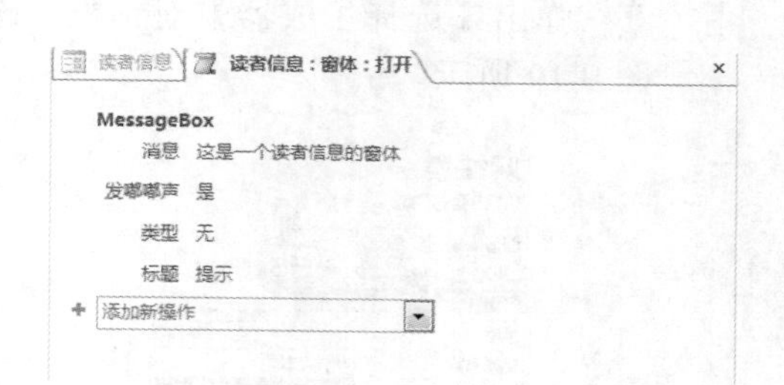

图 9-22　“单击”事件的属性设置为“嵌入的宏”　　　　图 9-23　添加一个 MessageBox 宏操作

step 09 设置完成后，保存并关闭该宏，返回到“读者信息”窗体。可以看到，该窗体的“打开”事件的属性已设置为“嵌入的宏”，如图 9-24 所示。

step 10 切换到窗体的【窗体视图】界面，弹出一个【提示】对话框，表示窗体的“打开”这一事件触发了宏操作“MessageBox”，如图 9-25 所示。

step 11 单击【关闭】按钮，弹出 Microsoft Access 对话框，提示关闭前是否保存窗体，单击【是】按钮，即可关闭当前的窗体，表示【关闭】按钮的“单击”事件触发了宏操作 CloseWindow，如图 9-26 所示。

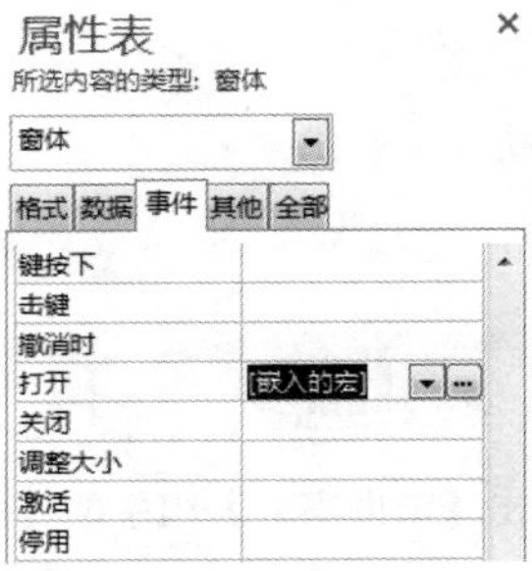

图 9-24 “打开”事件的属性设置为“嵌入的宏”

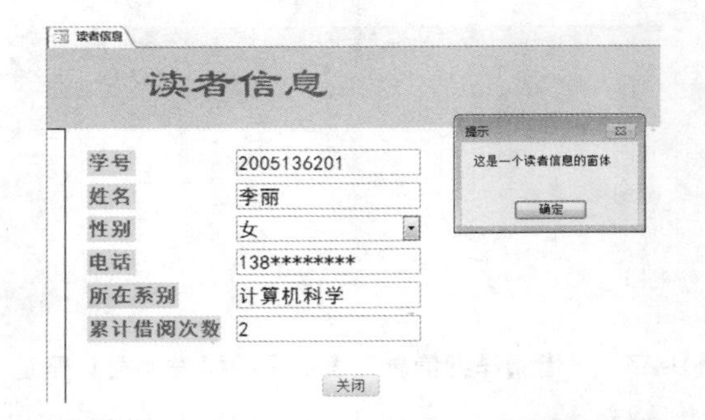

图 9-25 “打开”事件触发了宏操作 MessageBox

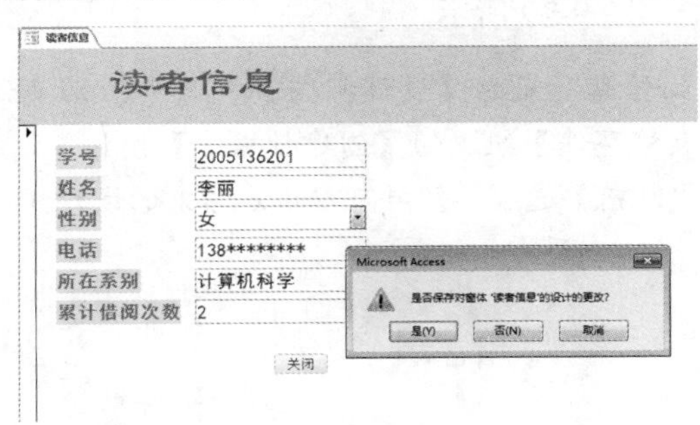

图 9-26 “单击”事件触发了宏操作 CloseWindow

创建嵌入宏时，Access 允许用户将已存在的宏或宏组生成为嵌入的宏。但是，当触发事件时，只有宏组中的第一个宏会执行，后面的宏将被忽略。

9.2.3 创建与设计数据宏

数据宏类似于触发器，允许用户在表事件(如添加、更新或删除数据等)中添加逻辑。在添加数据宏之后，无论访问数据的方式如何，它都将运行，从而提高数据表的应用程序可靠性和数据准确性。数据宏和嵌入宏一样，在导航窗格中是不可见的。

目前 Access 提供有两种主要的数据宏类型：一种是由表事件触发的数据宏，也称为“事件驱动的”数据宏。其中，表事件包括更改前、删除前、插入后、更新后和删除后 5 种。另一种是为响应按名称调用而运行的数据宏，也称为“已命名的”数据宏。

下面在“图书管理”数据库的“借阅详细信息”表中，创建一个【更改前】数据宏事件来验证用户输入的数据。当更改表中的数据时，若不符合条件，则会弹出警告框。具体操作步骤如下。

step 01 启动 Access 2013，打开“图书管理”数据库。在导航窗格中双击打开“借阅详细信息”表，进入该表的【数据表视图】界面，如图 9-27 所示。

step 02 切换到【表】选项卡，单击【前期事件】组中的【更改前】按钮，如图 9-28 所示。

借阅详细信息

借阅ID	学号	图书编号	是否归还	超期天数	超期罚款
B1	2005136201	3	是	0	¥0.00
B10	2005136204	7	是	0	¥0.00
B11	2005136206	1	否	30	¥15.00
B2	2005136205	7	否	2	¥1.00
B3	2005136204	10	是	0	¥0.00
B4	2005136203	10	是	0	¥0.00
B5	2005136202	3	否	5	¥2.50
B6	2005136205	3	是	0	¥0.00
B7	2005136208	10	是	0	¥0.00
B8	2005136201	3	否	20	¥10.00
B9	2005136207	7	是	0	¥0.00
*		0		0	¥0.00

图 9-27 “借阅详细信息”表的【数据表视图】界面

图 9-28 单击【前期事件】组中的【更改前】按钮

step 03 此时系统将进入“借阅详细信息：更改前”宏的设计视图，用户可以在其中添加相应的宏操作，如图 9-29 所示。

在“借阅详细信息”表的【设计视图】界面中，切换到【设计】选项卡，单击【字段、记录和表格事件】组中的【创建数据宏】按钮下方的下拉按钮，在弹出的下拉列表中选择【更改前】选项，同样可以进入该宏的设计视图，如图 9-30 所示。

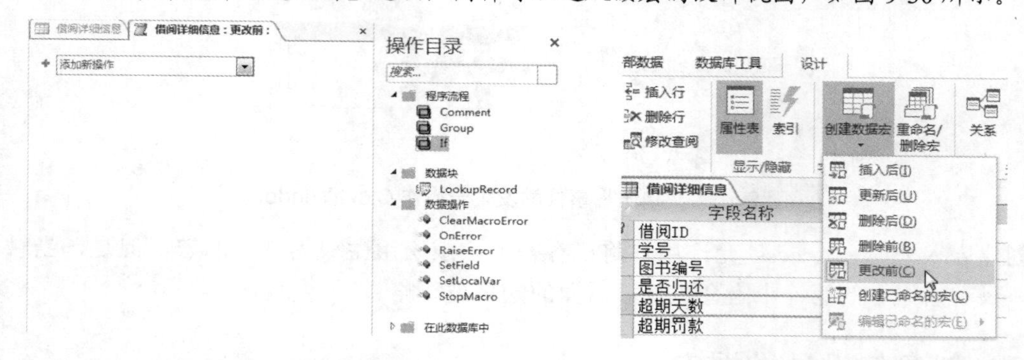

图 9-29 宏的设计视图

图 9-30 选择【更改前】选项

step 04 在【操作目录】窗格中，双击【程序流程】目录下的 If 选项，将其添加到【宏生成器】窗格。或者选中后，按住左键不放直接将其拖动到【宏生成器】窗格中，如图 9-31 所示。

step 05 单击 IF 文本框右侧的【表达式生成器】按钮，弹出【表达式生成器】对话框，在文本框内输入条件表达式“[超期天数]>60”，单击【确定】按钮，如图 9-32 所示。

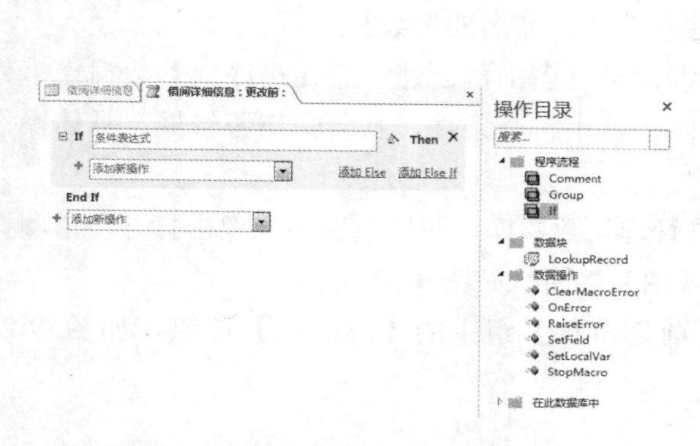

图 9-31 将 If 选项添加到【宏生成器】窗格

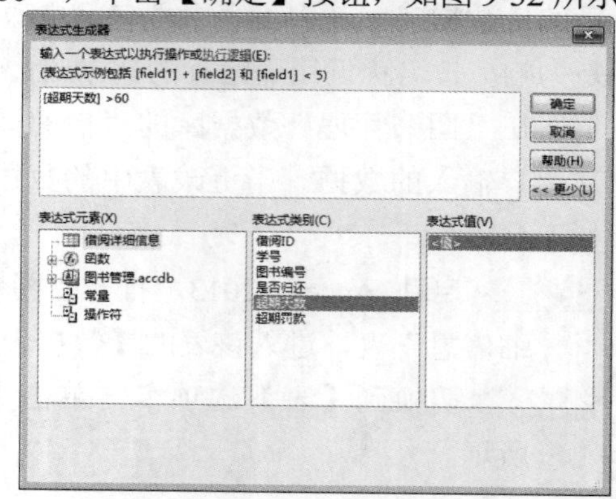

图 9-32 【表达式生成器】对话框

step 06 设置条件表达式后，还需添加相应的宏操作。在 Then 后面单击【添加新操作】下拉列表框的下拉按钮，在弹出的下拉列表中选择 RaiseError 宏操作，如图 9-33 所示。

RaiseError 宏操作表示出错时的通知应用程序，可用于失败验证。

step 07 接下来设置 RaiseError 宏操作的参数。在【错误号】文本框中输入“10001”，在【错误描述】文本框中输入“超期天数不能高于 60 天，请通知读者尽快归还”。操作完成后，保存并关闭该宏，如图 9-34 所示。

【错误号】文本框是用来标识特定错误的错误号，可由用户自行定义，它对于 Access 是无意义的。

图 9-33 选择 RaiseError 操作命令

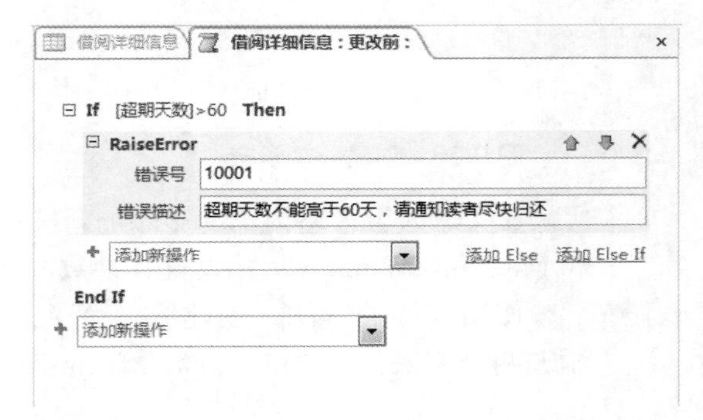

图 9-34 设置 RaiseError 操作命令的参数

step 08 返回到【数据表视图】界面，用户可进行验证并查看最终的结果。例如，将某一行的“超期天数”字段值更改为“70”，单击【保存】按钮，即会弹出 Microsoft Access 对话框，提示出现错误。至此，即完成创建一个数据宏的操作，如图 9-35 所示。

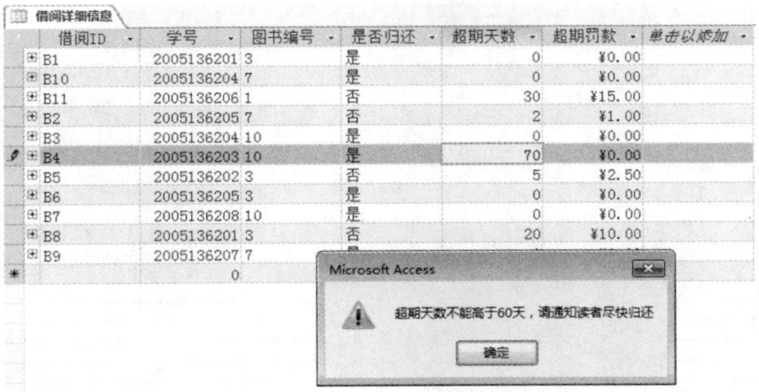

借阅详细信息

借阅ID	学号	图书编号	是否归还	超期天数	超期罚款	单击以添加
B1	2005136201	3	是	0	¥0.00	
B10	2005136204	7	是	0	¥0.00	
B11	2005136206	1	否	30	¥15.00	
B2	2005136205	7	否	2	¥1.00	
B3	2005136204	10	是	0	¥0.00	
B4	2005136203	10	是	70	¥0.00	
B5	2005136202	3	否	5	¥2.50	
B6	2005136205	3	是	0	¥0.00	
B7	2005136208	10	是	0	¥0.00	
B8	2005136201	3	否	20	¥10.00	
B9	2005136207	7				
	0					

Microsoft Access

超期天数不能高于60天，请通知读者尽快归还

确定

图 9-35 查看最终的结果

9.2.4 创建含有子宏的宏组

一个宏可以包含多个宏操作，还可以包含多个子宏，当包含多个子宏时，这个宏称为宏组。在 Access 中，宏组和子宏都可单独引用，引用子宏的格式为“宏组名.子宏名”。下面创

建一个“读者信息”宏组。具体操作步骤如下。

step 01 启动 Access 2013，打开“图书管理”数据库。切换到【创建】选项卡，单击【宏与代码】组中的【宏】按钮，创建一个名为“宏 1”的空白宏，并进入该宏的设计视图。

step 02 单击【添加新操作】下拉列表框的下拉按钮，在弹出的下拉列表中选择 Submacro 宏操作。创建一个子宏，如图 9-36 所示。

step 03 在【子宏】窗格中，用户可以为子宏命名和添加宏操作。在【子宏】文本框中输入该子宏的名称“打开读者信息报表”，如图 9-37 所示。

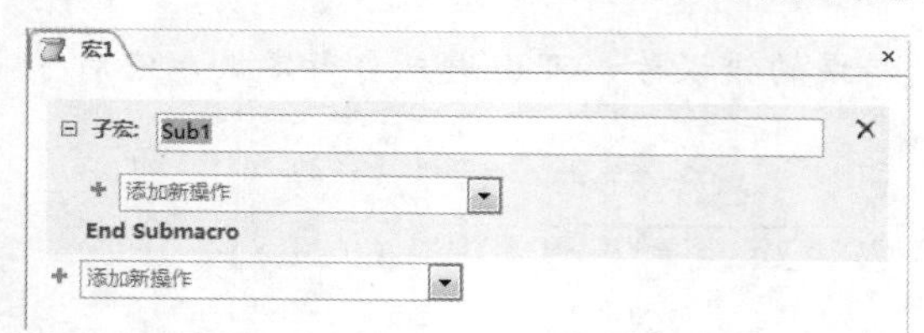

图 9-36　创建一个子宏

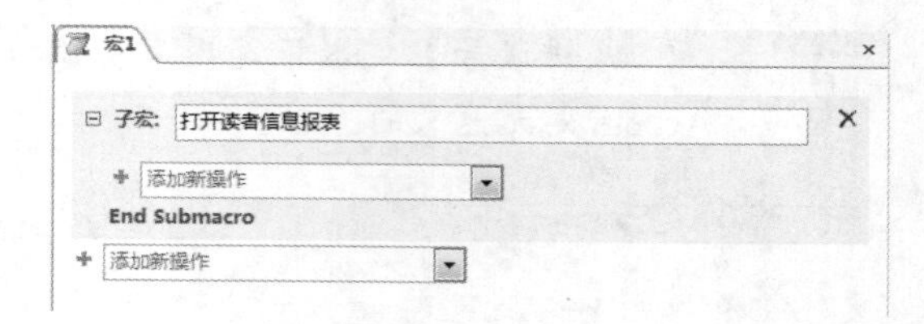

图 9-37　为子宏命名

step 04 在【子宏】窗格内部的【添加新操作】下拉列表框中添加两个宏操作 OpenReport 和 MaximizeWindow，并设置其参数，如图 9-38 所示。

step 05 使用同样的方法，创建第二个子宏，将其命名为“打开读者信息窗体”。然后添加两个宏操作 OpenForm 和 MaximizeWindow，并设置其参数，如图 9-39 所示。

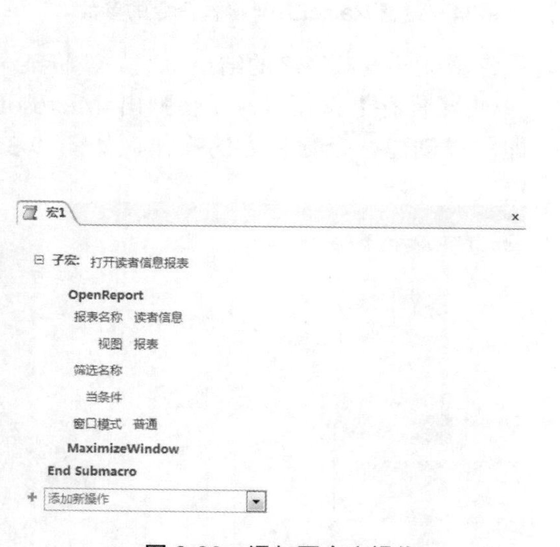

图 9-38　添加两个宏操作

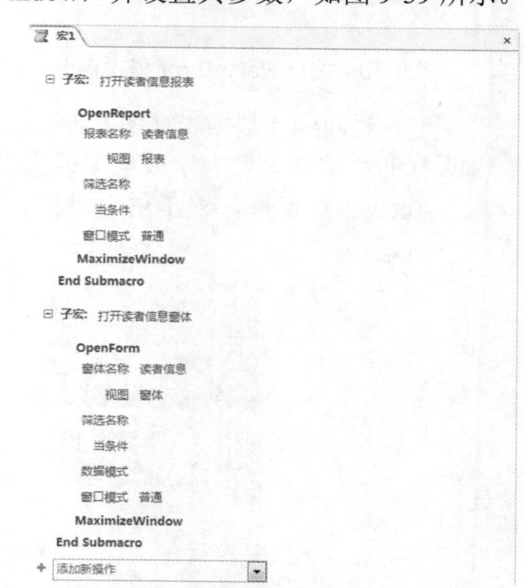

图 9-39　创建第二个子宏并添加宏操作

step 06 单击【保存】按钮，弹出【另存为】对话框，在【宏名称】文本框中输入新建的宏组名称“宏组示例”，单击【确定】按钮。至此，即完成创建含有子宏的宏组的操作，如图 9-40 所示。

图 9-40　【另存为】对话框

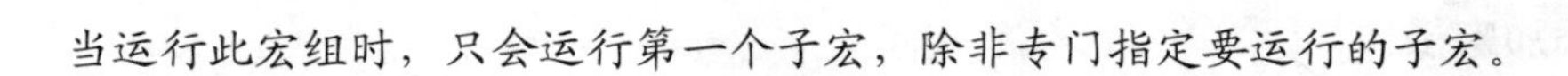

当运行此宏组时，只会运行第一个子宏，除非专门指定要运行的子宏。

9.3 宏的基本操作

创建宏以后，用户可能还需要对宏进行操作，例如添加、移动某个宏操作，或者向宏添加 If 块等。下面对宏的基本操作一一进行介绍。

9.3.1 添加操作

操作是构成宏的各个命令，每个操作都是按照其功能来命名的，例如 OpenForm 或 CloseWindow 等。向宏中添加操作主要分为以下 3 个步骤。

1. 浏览或搜索宏操作

添加操作的前提是在【添加新操作】下拉列表框或操作目录中找到相应的操作。

- 在【宏生成器】窗格中查找。单击【添加新操作】下拉列表框的下拉按钮，弹出下拉列表，在下拉列表中按照字母顺序列出了所有的操作命令，向下滚动找到要执行的操作命令，如图 9-41 所示。
- 在【操作目录】窗格中查找。默认情况下，在【操作目录】窗格中仅显示了在不受信任的数据库中执行的操作，若要查看所有的操作命令，切换到【设计】选项卡，单击【显示/隐藏】组中的【显示所有操作】按钮即可，如图 9-42 所示。如果在设计视图中未显示【操作目录】窗格，单击【显示/隐藏】组中的【操作目录】按钮即可显示。在该窗格中，【操作目录】对所有的操作按功能进行了分组，可以展开每个组以查看其中包含的操作，如果选择了某个操作，在窗格的底部将显示出该操作的简短说明。用户还可以在窗格的顶部【搜索】文本框中输入相应的操作命令，单击【搜索】按钮，在窗格中搜索该操作，如图 9-43 所示。

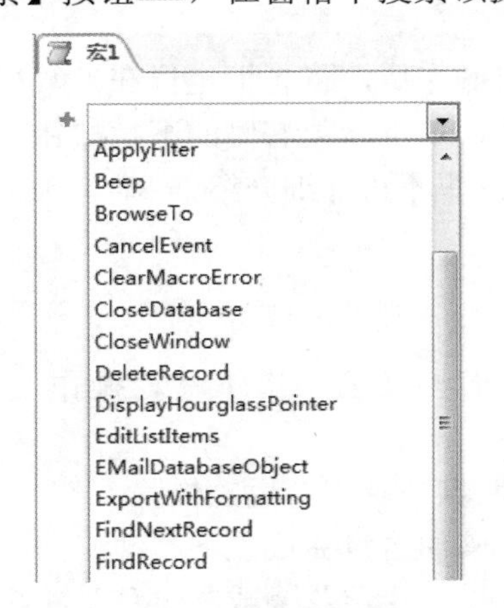

图 9-41 【添加新操作】下拉列表

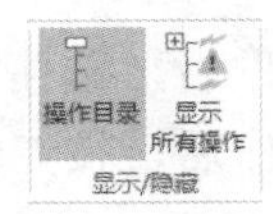

图 9-42 单击【显示所有操作】按钮

2. 添加宏操作

查找到需要的宏操作后，可以使用以下方法将其添加到宏中。

- 在【添加新操作】下拉列表中单击选中的宏操作，或者直接在列表框中输入操作命令，按 Enter 键即可以添加。
- 在【操作目录】窗格中将选中的宏操作直接拖动到【宏生成器】窗格中，或者双击选中的宏操作将其添加到【宏生成器】窗格，还可以右击，在弹出的快捷菜单中选择【添加操作】命令来添加，如图 9-44 所示。

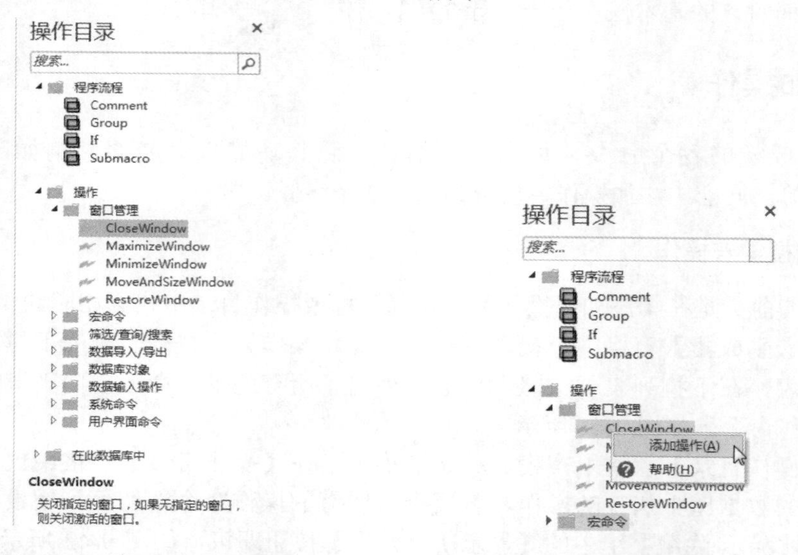

图 9-43 【操作目录】窗格　　图 9-44 选择【添加操作】命令

- 将导航窗格中的表、查询或窗体等数据库对象直接拖动到【宏生成器】窗格中，Access 将会添加一个打开该对象的宏操作。如果将另一个宏拖动到【宏生成器】窗格中，将会添加一个运行该宏的宏操作。

3. 设置宏参数

大多数宏操作都至少需要一个参数，添加宏操作后，将光标定位在参数栏中，可以查看每个参数的说明介绍。如果一个参数有多项选择，单击参数右侧的下拉按钮，在弹出的下拉列表中可以进行选择。因各个操作的参数不同，这里不再详细介绍。

9.3.2 移动操作

宏中的操作是按从上至下的顺序执行的。若要在宏中上下移动操作，可以使用以下方法。

- 选择操作后，按住左键不放，上下拖动将其放置在合适的位置。
- 选择操作后，按 Ctrl + ↑组合键或 Ctrl + ↓组合键完成上下移动。
- 选择操作后，单击宏操作窗格右侧绿色的“上移”或“下移”箭头完成上下移动，如图 9-45 所示。

- 选择操作后，右击，在弹出的快捷菜单中选择【上移】或【下移】命令即可，如图 9-46 所示。

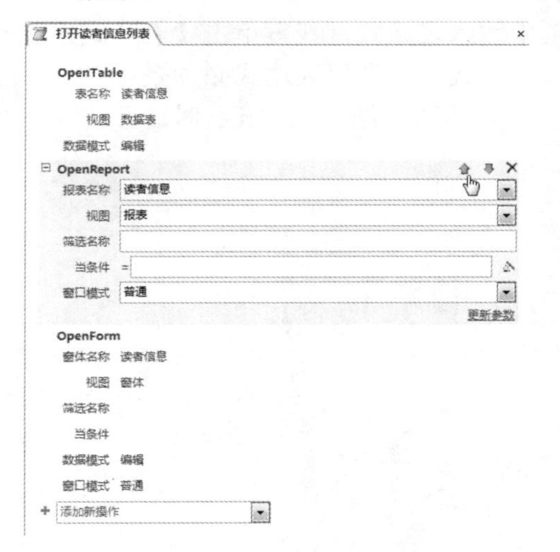

图 9-45 单击“上移”或“下移”箭头实现上下移动

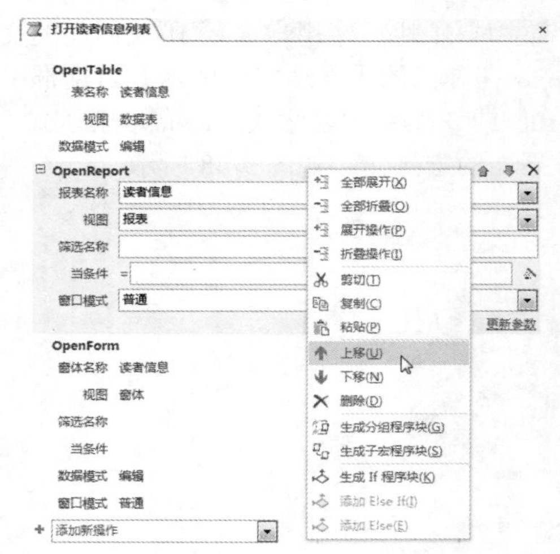

图 9-46 选择【上移】或【下移】命令

9.3.3 删除操作

如果需要在宏中删除某个宏操作，可以使用以下方法。

- 选择操作后，按 Delete 键即可删除宏操作。
- 选择操作后，单击宏操作窗格右侧的【删除】按钮 × 删除宏操作。
- 选择操作后，右击，在弹出的快捷菜单中选择【删除】命令即可。

若用户删除了某个操作块，例如 If 或 Group 块，该块中的所有操作都将被删除。

9.3.4 复制和粘贴宏操作

如果需要使用已添加的宏操作，用户可以复制和粘贴现有的操作。选中要复制的宏操作，右击，在弹出的快捷菜单中选择【复制】命令，然后在需要添加的位置右击，在弹出的快捷菜单中选择【粘贴】命令即可实现。粘贴操作时，这些操作将会插入到当前选定的操作之下。如果选择了某个块，则这些操作将会粘贴到该块的内部。

若要快速复制和粘贴所选操作，按住 Ctrl 键不放，然后选中操作，将其拖动到要在宏中添加操作的位置即可。

9.3.5 向宏添加 If 块

在宏中使用 If 程序块，可以限制宏在条件为 True 时才执行。读者可以参考 9.3.1 小节中添加宏操作的方法来添加 If 块。或者选中某宏操作后，右击，在弹出的快捷菜单中选择【生成 If 程序块】命令，来生成 If 块，如图 9-47 所示。

在生成 If 块后，用户需要 If 块后面的文本框中输入表达式，或者单击【表达式生成器】按钮，在弹出的【表达式生成器】对话框中输入表达式。注意该表达式必须是一个计算结果为 True 或 False 的表达式，即布尔表达式。只有当表达式的结果为 True 时，系统才会执行 Then 后面的宏操作，如图 9-48 所示。

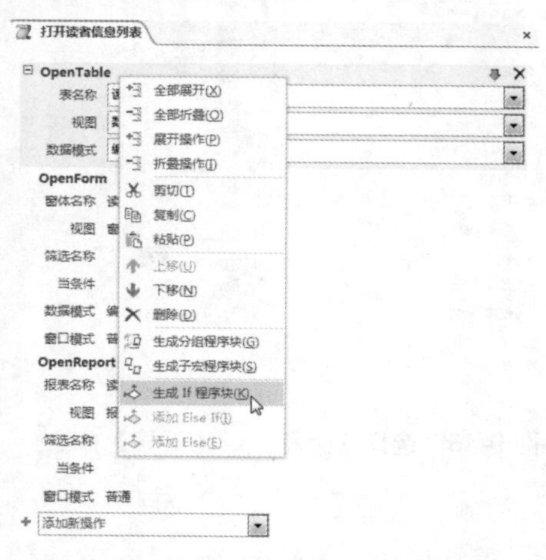

图 9-47　选择【生成 If 程序块】命令

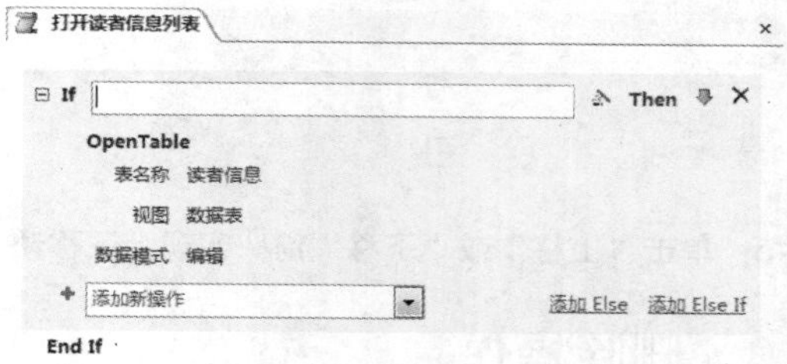

图 9-48　输入表达式

9.3.6　向 If 块添加 Else 或 Else If 块

若要扩展 If 块，可以向 If 块中添加 Else 或 Else If 块。可以使用以下方法。

- 选择 If 块后，在该块的右下角单击【添加 Else】按钮或【添加 Else If】按钮即可添加，如图 9-49 所示。
- 将光标定位在要添加的 If 块这一栏，右击，在弹出的快捷菜单中选择【添加 Else If】或【添加 Else】命令即可添加，如图 9-50 所示。

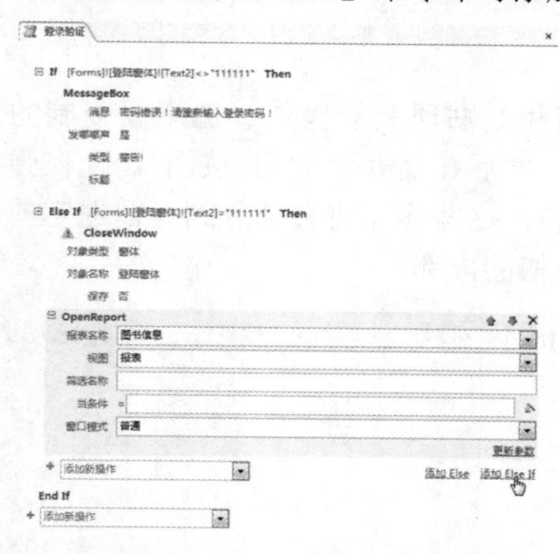

图 9-49　单击【添加 Else】按钮或【添加 Else If】按钮

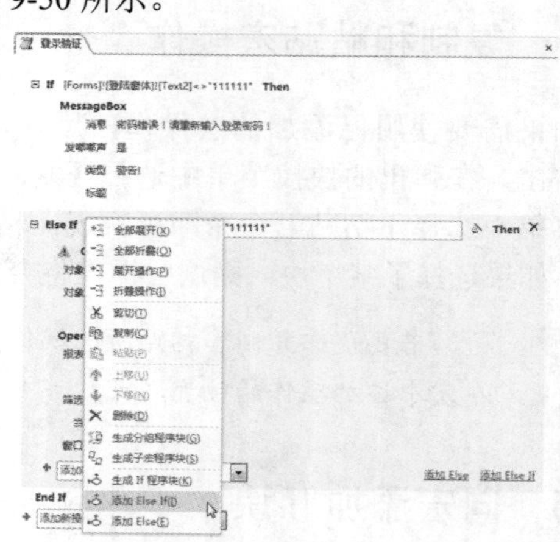

图 9-50　选择【添加 Else If】或【添加 Else】命令

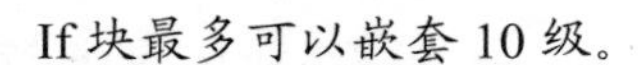

9.3.7 展开和折叠宏操作或块

在创建宏以后，【宏生成器】窗格将显示所有宏操作，并且其参数都是可见的。根据宏的大小，用户在编辑宏时可能要折叠一部分或全部宏操作(以及操作块)，从而使用户更加轻松地了解宏的结构。

1. 展开或折叠单个宏操作或块

选中某个宏操作或块，单击宏名称或块名称前面的减号按钮⊟，或者按下左箭头←即可折叠它，如图 9-51 所示。与之相反，若要展开某个宏操作或块，选中后，单击左侧的加号按钮⊞，或者按右箭头→即可展开它，如图 9-52 所示。

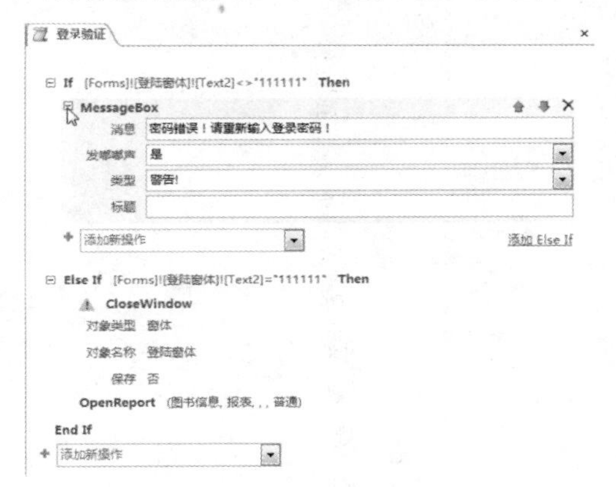

图 9-51 折叠宏操作或块

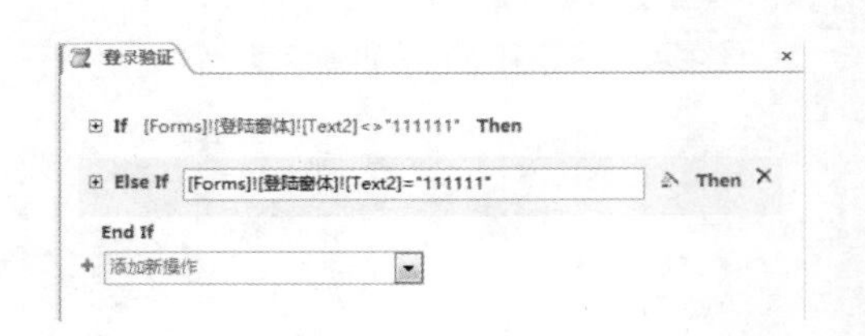

图 9-52 展开宏操作或块

2. 展开或折叠所有宏操作

切换到【设计】选项卡，单击【折叠/展开】组中的【全部展开】或【全部折叠】按钮即可展开或折叠所有宏操作。若单击【展开操作】或【折叠操作】按钮，也可以展开或折叠所有宏操作，但并不展开或折叠块，如图 9-53 所示。

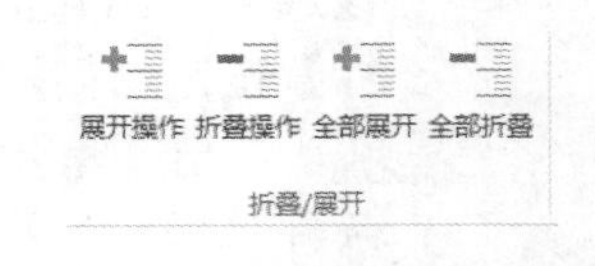

图 9-53 【折叠/展开】组

9.4 宏的运行与调试

创建宏以后，并不是所有的宏都能符合用户的要求。此时需要对宏进行调试，以保证宏的执行效果与用户的需求一致，调试成功后就可以运行宏了。

9.4.1 调试宏

在执行宏时有时会得到异常的结果，此时可以使用系统提供的调试工具对宏进行调试，尤其是对于由多个操作组成的复杂宏，需要进行反复的调试，观察宏的流程和每一步操作的结果，确保最终结果符合用户的需求。调试宏是通过 Access 提供的“单步”运行功能来实现的，“单步”运行一次只执行宏的一个操作，一个操作成功后再“单步”运行下一个操作，从而逐步地对宏的每一个操作排除错误。

下面在“图书管理”数据库中，调试“打开读者信息列表”宏。具体操作步骤如下。

step 01 启动 Access 2013，打开“图书管理”数据库。在导航窗格中选中“打开读者信息列表”宏，右击，在弹出的快捷菜单中选择【设计视图】命令，如图 9-54 所示。

step 02 进入该宏的【设计视图】界面，它由 3 个宏操作所组成，如图 9-55 所示。

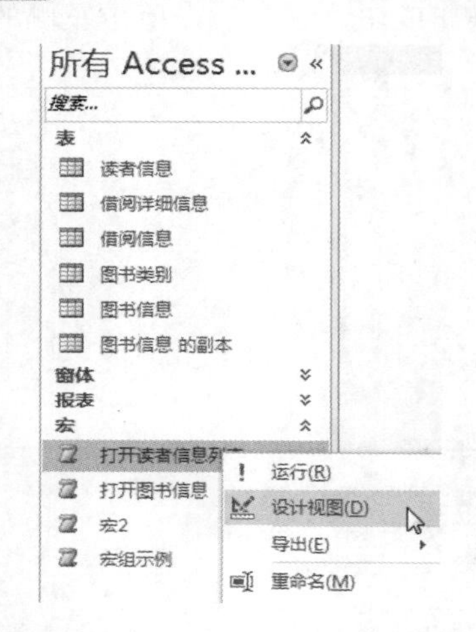

图 9-54 选择【设计视图】命令

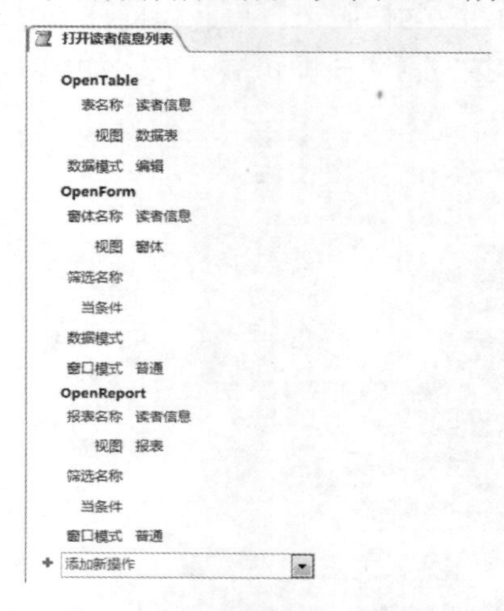

图 9-55 宏的【设计视图】界面

step 03 切换到【设计】选项卡，单击【工具】组中的【单步】按钮，可以看到，此时该选项呈凸起形式，表示设定执行方式为单步执行。然后单击【工具】组中的【运行】按钮，如图 9-56 所示。

step 04 弹出【单步执行宏】对话框，在此对话框中，显示出当前正在执行的宏名称、条件、操作名称、参数和错误号等信息。单击【单步执行】按钮，执行第一个宏操作，如图 9-57 所示。

step 05 此时在数据表视图中打开“读者信息”表，表示第一个宏操作执行成功。接着单击【单步执行】按钮，执行下一个宏操作，执行成功后，继续重复上述操作，直到每一个宏操作都执行成功后，自动退出【单步执行宏】对话框，如图 9-58 所示。

在执行第二个宏操作打开“读者信息”窗体时，因该窗体中添加了嵌入的宏。所以，在【单步执行宏】对话框中也会单步执行嵌入的宏。若单击【继续】按钮，将取消宏的单步执行状态，依次执行所有未执行的宏操作，如图 9-59 所示。

图 9-56　单击【工具】组中的【运行】按钮

图 9-57　【单步执行宏】对话框

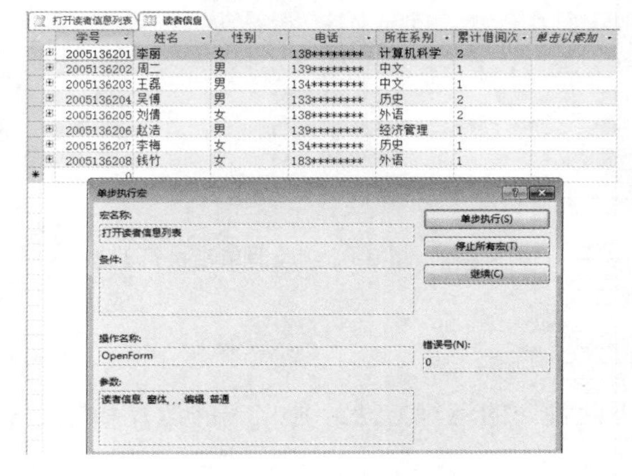

图 9-58　执行宏操作

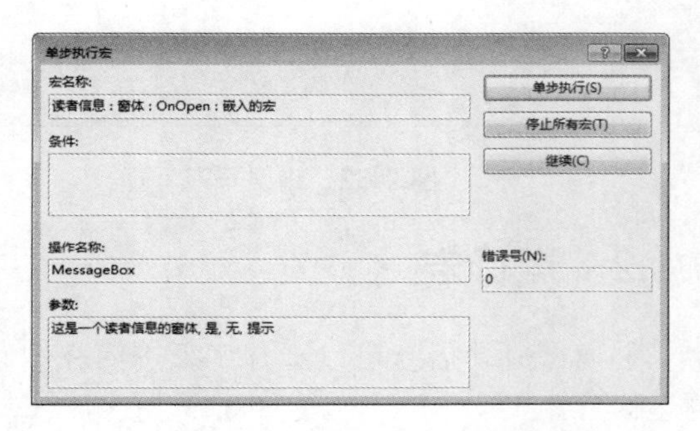

图 9-59　执行宏操作设置

step 06 若将第一个宏操作 OpenTable 的【表名称】参数更改为【读者信息 10】，表示打开“读者信息 10”表，因该表是不存在的，下面单步执行后观察其结果，如图 9-60 所示。

step 07 使用前面介绍的方法，在对话框中单击【单步执行】按钮，弹出 Microsoft Access 对话框，提示找不到对象“读者信息 10”，并简单分析了错误原因并给出处理建议，如图 9-61 所示。

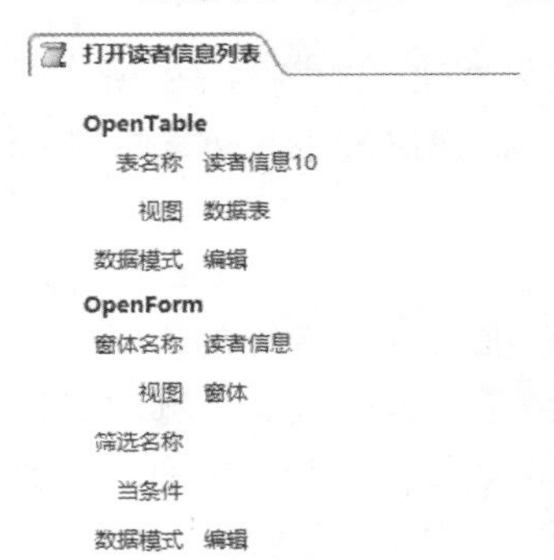

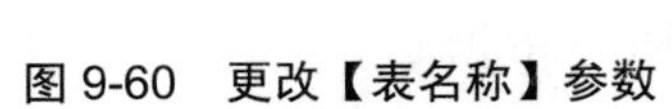

图 9-60　更改【表名称】参数

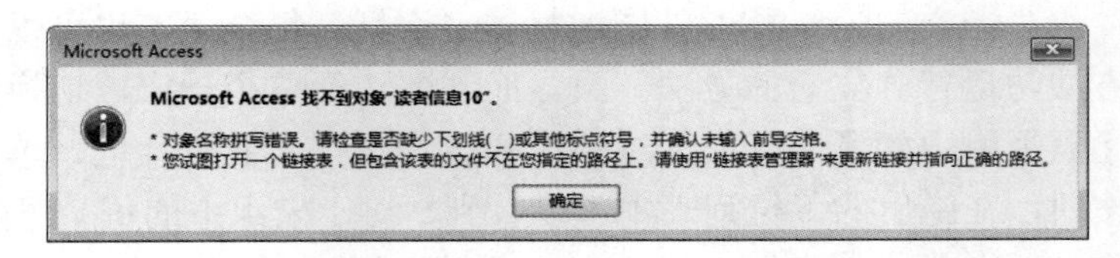

图 9-61　Microsoft Access 对话框

step 08 单击【确定】按钮，返回到【单步执行宏】对话框，此时错误号不为 0，表示出现错误。单击【停止所有宏】按钮，停止执行宏，返回到宏的设计视图，对发生错误的操作进行修改，修改完成后，继续重复上述操作，直到执行成功所有的宏操作，如图 9-62 所示。

若所有宏操作都单步执行成功后，需要取消单步执行状态，再次单击【工具】组中的【单步】按钮即可取消，如图 9-63 所示。

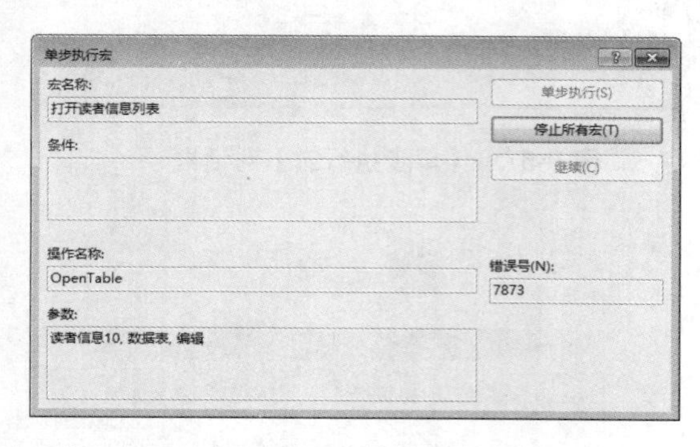

图 9-62　错误号不为 0

图 9-63　取消单步执行状态

9.4.2　运行宏

宏调试成功后就可以运行了。下面介绍以下两种宏的运行方法：独立宏的运行和嵌入宏的运行。

1. 独立宏的运行

独立宏可以使用多种方式运行，既可以在导航窗格中直接运行，也可以在宏组中运行，或者从另一宏中运行。下面介绍几种常用的运行方式。

1) 从导航窗格中直接运行

在导航窗格的【宏】目录中找到要运行的宏对象，双击该对象，或者右击，在弹出的快捷菜单中选择【运行】命令即可，如图 9-64 所示。

2) 从功能选项中运行

切换到【数据库工具】选项卡，单击【宏】组中的【运行宏】按钮，如图 9-65 所示。弹出【执行宏】对话框，单击【宏名称】下拉列表框的下拉按钮，在弹出的下拉列表中选择要运行的宏对象，单击【确定】按钮即可运行宏。

3) 在宏组中运行子宏

包含子宏的宏组既可以作为整体来运行，每个子宏也可以单独执行。运行包含子宏的宏的方法与运行独立宏的方法一致。而若要运行单个子宏，切换到【数据库工具】选项卡，单击【宏】组中的【运行宏】选项，弹出【执行宏】对话框，单击【宏名称】下拉列表框的下拉按钮，在弹出的下拉列表中可以看到，对于宏组中的每个子宏，都以“宏组名.子宏名”的形式呈现出来，选中要运行的子宏，单击【确定】按钮即可，如图 9-66 所示。

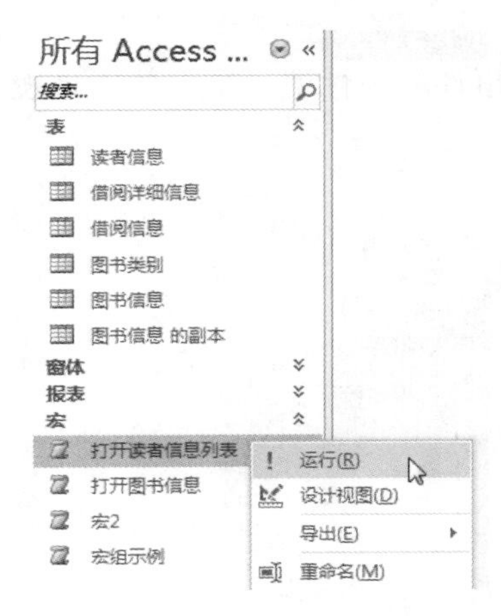

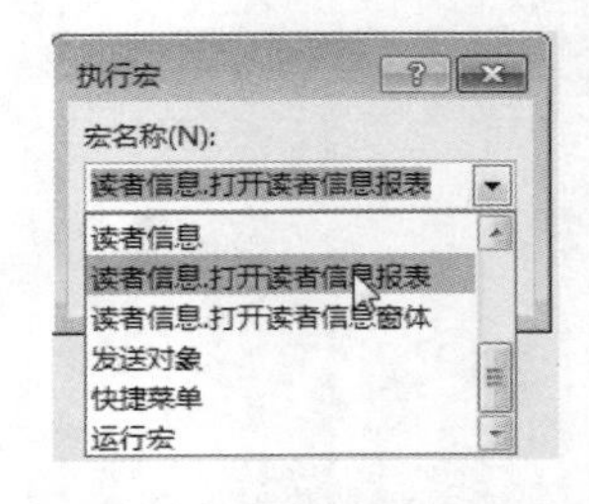

图 9-64 选择【运行】命令　图 9-65 单击【宏】组中的【运行宏】选项　图 9-66 【执行宏】对话框

4) 从另一个宏运行宏

首先进入另一个宏的设计视图，添加一个 RunMacro 宏操作，单击【宏名称】参数右侧的下拉按钮，在弹出的下拉列表中选择要运行的宏名称。保存后，单击【工具】组中的【运行】按钮，即可从这一宏中运行在【宏名称】参数中设置的宏，如图 9-67 所示。

5) 以响应窗体、报表或控件中发生的事件的形式运行宏

进入某个窗体或报表的【设计视图】界面，在【属性表】窗格的【事件】选项卡中，给某个事件绑定已存在的独立宏，例如给“单击”事件绑定“宏组示例”宏，当窗体或报表对象发生单击事件时，就会触发这个宏，或者说运行这个宏，如图 9-68 所示。

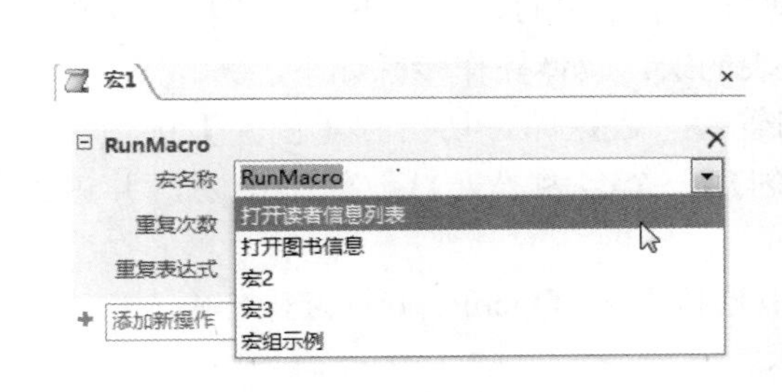

图 9-67　添加 RunMacro 宏操作

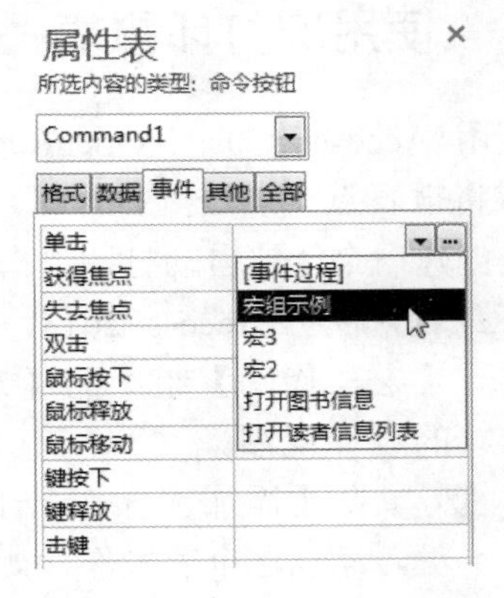

图 9-68　给“单击”事件绑定“宏组示例”宏

2. 嵌入宏的运行

嵌入宏主要通过以下两种方式运行。

1) 从功能选项区中直接运行

首先进入嵌入宏的设计视图，切换到【设计】选项卡，单击【工具】组中的【运行】按钮即可，如图 9-69 所示。

2) 以响应窗体、报表或控件中发生的事件的形式运行宏

该方式其实就是嵌入宏的工作方式，嵌入宏被设置为某一事件的属性值。当窗体或报表对象发生相应的事件时，就会运行这个宏，如图 9-70 所示。

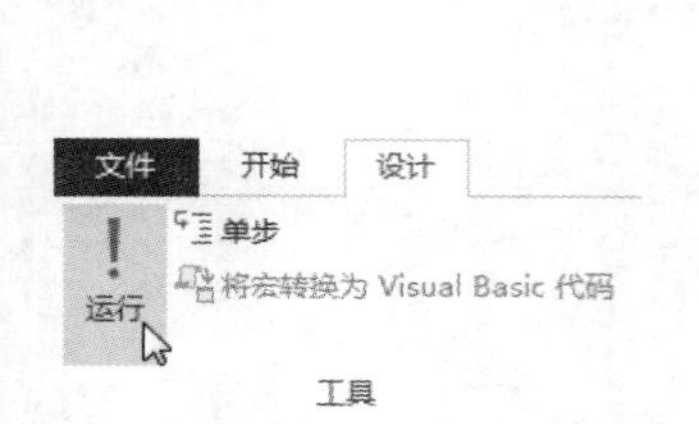

图 9-69　单击【工具】组中的【运行】按钮

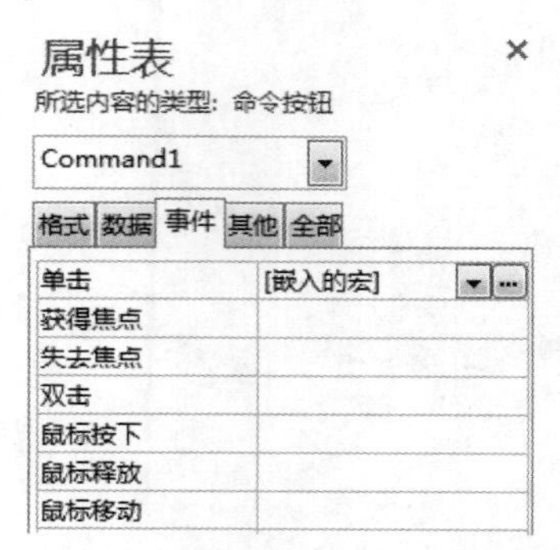

图 9-70　嵌入宏被设置为某一事件的属性值

9.5　宏在 Access 中的应用

在 Access 中，其他对象各自都具有强大的数据处理功能，但是它们各自独立工作，不能相互协调、相互调用，使用宏可以将这些对象连接在一起，自动完成各种重复性工作，从而提高工作效率。在前面创建各种类型的宏时，已经介绍过宏在 Access 中的应用，下面再介绍几个宏的高级应用。

9.5.1　使用宏打印报表

使用 Access 提供的 OpenReport 宏操作可以在“设计视图”或“打印预览视图”打开报表，或将报表直接发送到打印机，还可以限制报表中打印的记录。下面在“图书管理”数据库中，创建一个能够自动打印“借阅信息”报表的宏。具体操作步骤如下。

step 01 启动 Access 2013，打开“图书管理”数据库。切换到【创建】选项卡，单击【宏与代码】组中的【宏】按钮，创建一个名为“宏 1”的空白宏，并进入该宏的设计视图。

step 02 在【添加新操作】下拉列表框中直接输入 OpenReport 宏操作命令，按 Enter 键，添加这个宏操作，如图 9-71 所示。

step 03 接着用户需要设置各个参数。单击【报表名称】下拉列表框的下拉按钮，在弹出的下拉列表中选择“借阅信息”报表。使用同样的方法，在【视图】下拉列表框中选择“打印”，其余参数保持默认设置，如图 9-72 所示。

step 04 参数设置好后，单击【保存】按钮，弹出【另存为】对话框，在【宏名称】文本框中输入“打印借阅信息报表”，单击【确定】按钮，即完成创建打印报表宏的操作。若计算机连接了打印机，切换到【设计】选项卡，单击【工具】组中的【运行】按钮，Access 将立即启动打印机，打印该报表，如图 9-73 所示。

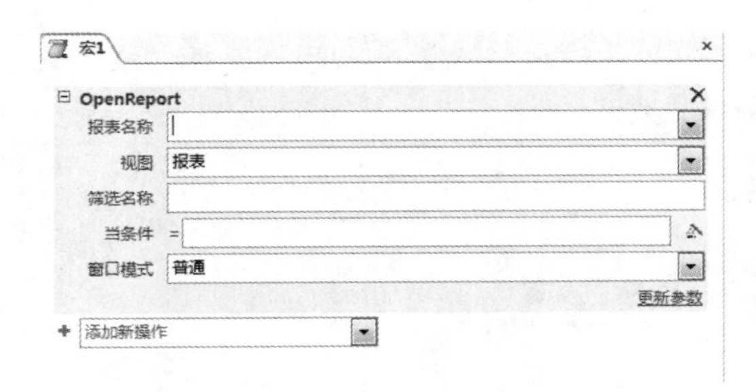

图 9-71 添加 OpenReport 宏操作命令

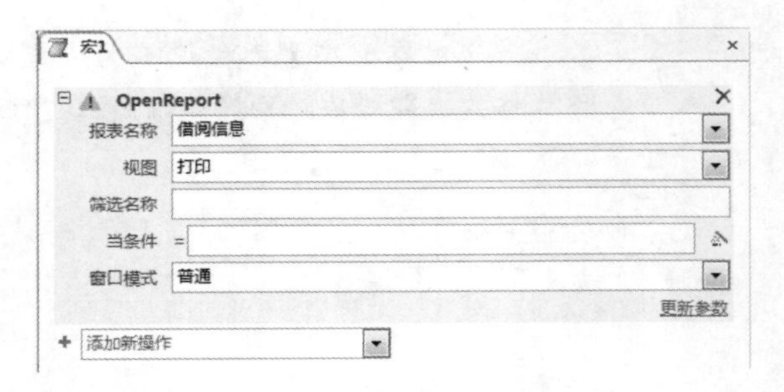

图 9-72 设置各个参数

用户也可以先添加 OpenReport 操作打开报表，再添加 PrintOut 操作打印该报表。通过设置 PrintOut 操作的参数，还可以进行打印设置。例如设置打印范围、打印质量、打印份数等，如图 9-74 所示。

图 9-73 【另存为】对话框

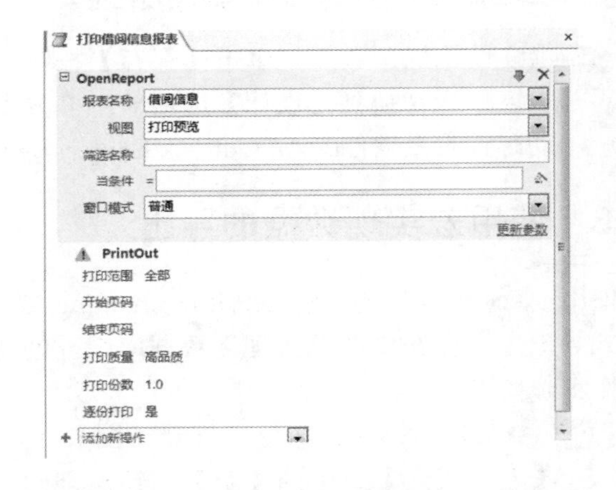

图 9-74 添加 OpenReport 操作和 PrintOut 操作

9.5.2 使用宏发送 Access 对象

使用 Access 提供的 EMailDatabaseObject 操作命令，可以将指定的数据表、窗体、报表等数据库对象包含在电子邮件中，方便对其查看和发送。下面在“图书管理”数据库中，创建一个自动发送“图书信息”报表的宏。具体操作步骤如下。

step 01 启动 Access 2013，打开“图书管理”数据库。切换到【创建】选项卡，单击【宏与代码】组中的【宏】按钮，创建一个名为“宏 2”的空白宏，并进入该宏的设计视图。

step 02 在【添加新操作】下拉列表框中直接输入 EMailDatabaseObject 操作命令，按 Enter 键，添加这个宏操作，如图 9-75 所示。

step 03 接着用户需要设置各个参数。在【对象类型】参数的下拉列表框中选择“报表”，【对象名称】参数选择“图书信息”，【输出格式】参数选择“Excel 97-Excel 2003 工作簿”，【到】参数输入要发送到的邮箱“lynn@sina.com”，【主题】参数中输入发送的文件的主题“图书信息”，其他参数保持默认，如图 9-76 所示。

当【对象类型】参数设置为“模块”时，【输出格式】参数只能选择“文本文件”格式，即模块对象只能以文本文件的格式发送。

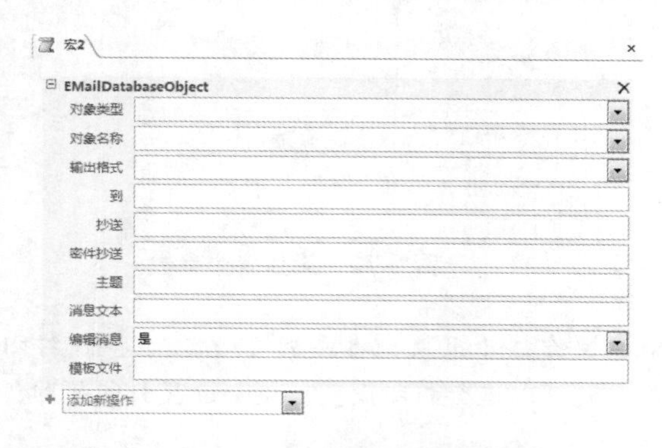

图 9-75 添加 EMailDatabaseObject 宏操作命令

图 9-76 设置各个参数

step 04 设置好参数后，单击【保存】按钮，保存该宏，并将其命名为“发送图书信息报表”。切换到【设计】选项卡，单击【工具】组中的【运行】按钮，Access 将启动邮件收发软件(例如 Outlook Express)发送 Access 对象。

9.5.3 使用宏实现数据的导出

使用 Access 提供的 ExportWithFormatting 操作命令，可以将指定的数据库对象以多种输出格式导出。下面在“图书管理”数据库中，创建一个能够导出“读者信息”窗体的宏。具体操作步骤如下。

step 01 启动 Access 2013，打开“图书管理”数据库。切换到【创建】选项卡，单击【宏与代码】组中的【宏】按钮，创建一个名为“宏 1”的空白宏，并进入该宏的设计视图。

step 02 在【添加新操作】下拉列表框中直接输入 ExportWithFormatting 操作命令，按 Enter 键，添加这个宏操作，如图 9-77 所示。

step 03 接着用户需要设置各个参数。在【对象类型】参数的下拉列表框中选择“窗体”，【对象名称】参数选择“读者信息”，【输出格式】参数选择“Excel 97-Excel 2003 工作簿”，【输出质量】参数选择“屏幕”，其他参数保持默认，如图 9-78 所示。

step 04 设置好参数后，单击【保存】按钮，保存该宏，并将其命名为“导出读者信息窗体”。切换到【设计】选项卡，单击【工具】组中的【运行】按钮，弹出【输出到】对话框，选择导出的文件存放到路径“D：/”，然后单击【确定】按钮，如图 9-79 所示。

step 05 可以看到，此时已成功地以 Excel 表的格式导出了“读者信息”窗体，并存放在 D 盘。双击打开该表，可以查看详细信息，如图 9-80 所示。

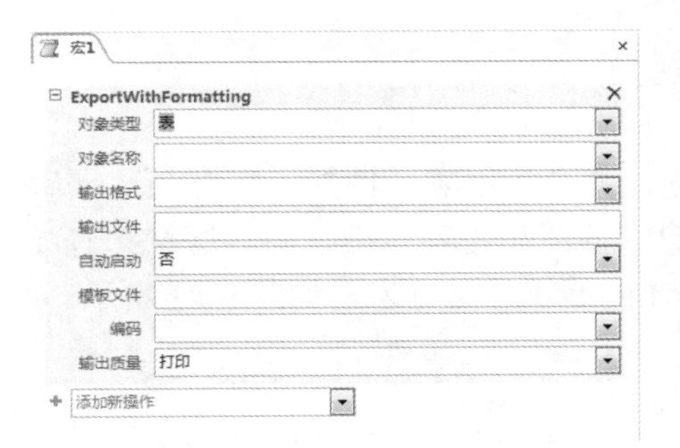

图 9-77 添加 ExportWithFormatting 宏操作命令

图 9-78 设置各个参数

图 9-79 【输出到】对话框

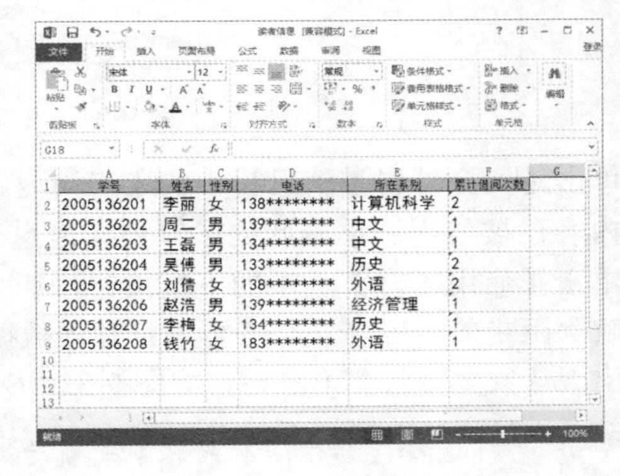

学号	姓名	性别	电话	所在系别	累计借阅次数
2005136201	李丽	女	138********	计算机科学	2
2005136202	周二	男	139********	中文	1
2005136203	王磊	男	134********	中文	1
2005136204	吴倩	男	133********	历史	2
2005136205	刘倩	女	138********	外语	2
2005136206	赵洁	男	139********	经济管理	1
2005136207	李梅	女	134********	历史	1
2005136208	钱竹	女	183********	外语	1

图 9-80 以 Excel 表的格式导出窗体

9.6 宏的安全设置

虽然 Access 提供了几十种预定义的宏操作命令，可以用来执行一些常见的任务。但为了实现更强大的功能，许多用户会编写 VBA 代码来创建复杂的宏，这些宏或 VBA 代码往往会引起潜在的安全风险。若一些具有恶意企图的人员通过文档或文件引入恶意宏，一旦打开这些文档或文件，就会自动执行恶意宏，从而使计算机感染病毒或泄露资料等。因此，使用宏时必须对宏进行安全设置。

在 Access 中，它的安全性是通过【信任中心】进行设置和保证的。当用户打开一个包含宏的文档时，【信任中心】首先要对以下各项进行检查，然后才会允许在文档中启用宏。

- 开发人员是否使用数字签名对包含宏的数据库进行了签名。
- 该数字签名是否有效。
- 该数字签名是否过期。
- 与该数字签名关联的证书是否由受信任的根证书颁发机构(CA)颁发。
- 对宏进行签名的开发人员是否为受信任的发布者。

在通过了以上 5 项检查后，才能够在文档中执行宏。关于如何对数据库添加数字签名，将会在后面章节中详细介绍。

9.6.1 解除阻止的内容

如果【信任中心】检测到任何一项出现问题，就会禁用宏。例如，打开某数据库时，在Access窗口出现【安全警告】消息栏，通知用户部分活动内容已被禁用。这意味着【信任中心】检测到某一项有问题，只有解除安全警告，才能够正常运行宏，如图9-81所示。

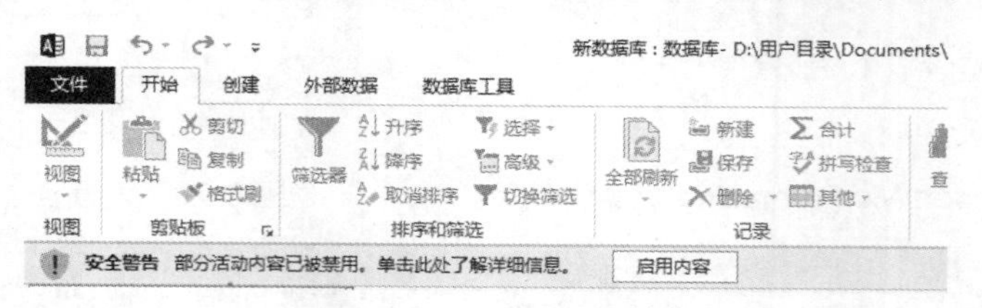

图9-81 【安全警告】消息栏

单击【安全警告】消息栏中的【启用内容】按钮，可解除阻止的内容。或者单击【部分活动内容已被禁用。单击此处了解详细信息。】这一栏，进入【信息】界面，如图9-82所示。单击【启用内容】选项的下拉按钮，在弹出的下拉列表中选择【启用所有内容】选项，即可解除阻止的内容。并且当再次打开该数据库时，Access已将其设置成受信任的文档，不会再出现【安全警告】消息栏，如图9-83所示。

选择【启用所有内容】选项后，Access将启用所有禁用的内容(包括潜在的恶意代码)。如果恶意代码损坏了数据或计算机，Access将无法弥补该损失。因此，请谨慎使用该项。

若选择【高级选项】选项，仅会在此次会话中启用宏。当再次打开该数据库时，Access将继续阻止该数据库中的宏，要完全解除内容，用户可在【信任中心】中进行设置。

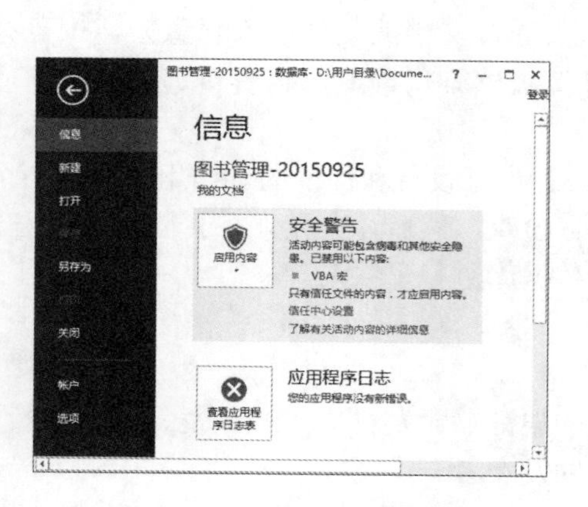

图9-82 【信息】界面

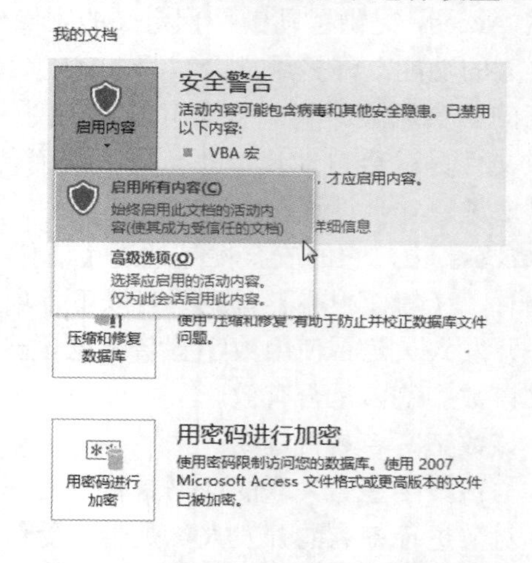

图9-83 选择【启用所有内容】选项

9.6.2 信任中心设置

在【信息】界面的【安全警告】框中，单击【信任中心设置】链接，即可打开【信任中心】对话框。或者在【信息】界面中，选择左侧列表中的【选项】命令，弹出【Access 选项】对话框，如图 9-84 所示。在该对话框的左侧列表框中选择【信任中心】选项，单击右侧的【信任中心设置】按钮，即可弹出【信任中心】对话框。

在【信任中心】对话框中，选择【宏设置】选项，可以看到，Access 提供了 4 个选项，不同的选项含义各不同，如图 9-85 所示。

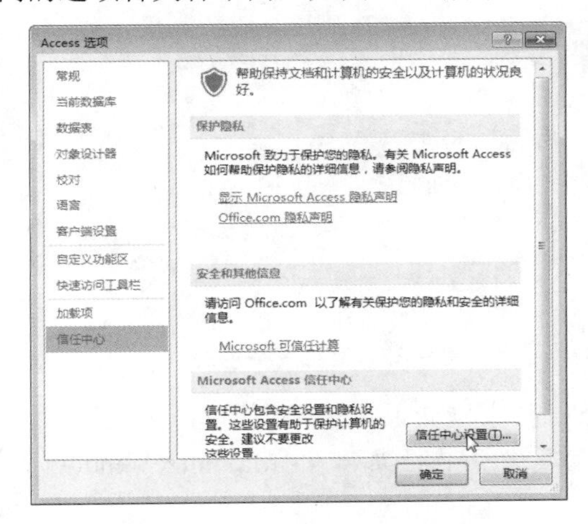

图 9-84 【Access 选项】对话框

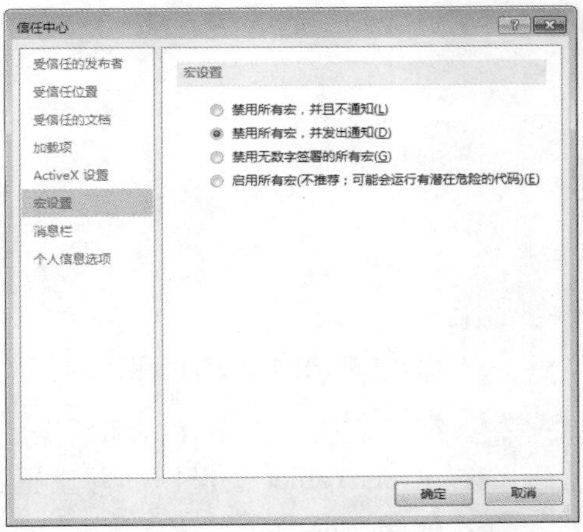

图 9-85 【信任中心】对话框

- 禁用所有宏，并且不通知：表示文档中的所有宏以及有关宏的安全警告都将被禁用。
- 禁用所有宏，并发出通知：系统的默认选项，表示禁用文档中的所有宏，但会给出【安全警告】提示框，由用户来选择是否启用宏。
- 禁用无数字签署的所有宏：表示启用由受信任的发布者添加了数字签名的宏，禁用所有未签名的宏，并且不发出通知。对于除此之外的情况，将会禁用文档中的所有宏，但会给出【安全警告】提示框。
- 启用所有宏(不推荐：可能会运行有潜在危险的代码)：允许所有宏运行。此项会使用户的计算机容易受到潜在恶意代码的攻击，因此不建议使用。

用户可以根据具体情况进行设置，若想数据库不会再弹出【安全警告】消息栏，选择第四项【启用所有宏】即可。

9.7 综合实战——使用宏创建快捷菜单

1. 案例目的

使用宏在报表中创建快捷菜单，通过该快捷菜单，用户可以自己添加常用的操作。

2. 案例操作过程

step 01 启动 Access 2013，打开“图书管理”数据库。切换到【创建】选项卡，单击【宏与代码】组中的【宏】按钮，创建一个名为“宏 1”的空白宏，并进入该宏的设计视图，如图 9-86 所示。

step 02 单击【添加新操作】下拉列表框的下拉按钮，在弹出的下拉列表中选择 Submacro 宏操作，添加一个子宏，将其命名为“打开借阅信息表”，如图 9-87 所示。

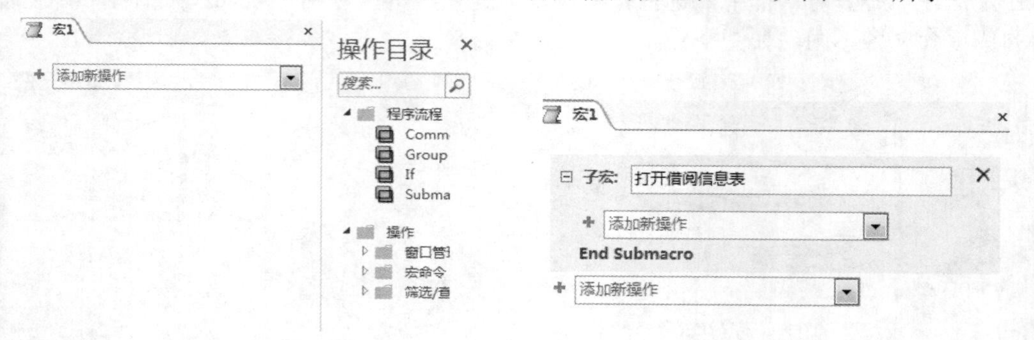

图 9-86　宏 1 的设计视图　　　　图 9-87　添加一个子宏

step 03 在子宏内部单击【添加新操作】下拉列表框的下拉按钮，在弹出的下拉列表中选择 OpenTable 宏操作，并设置各参数。然后再添加一个 MaximizeWindow 宏操作，如图 9-88 所示。

step 04 使用同样的方法，添加其余两个子宏，分别命名为“打印”和“退出”，然后在子宏中添加相应的宏操作。操作完成后，单击【保存】按钮，然后关闭该宏，并将其命名为“快捷菜单”，如图 9-89 所示。

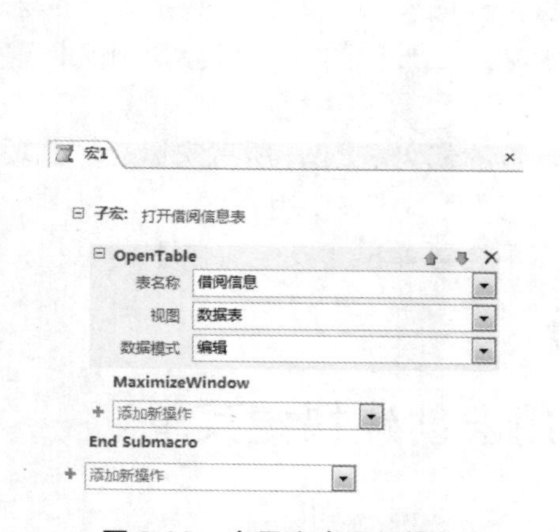

图 9-88　在子宏中添加操作

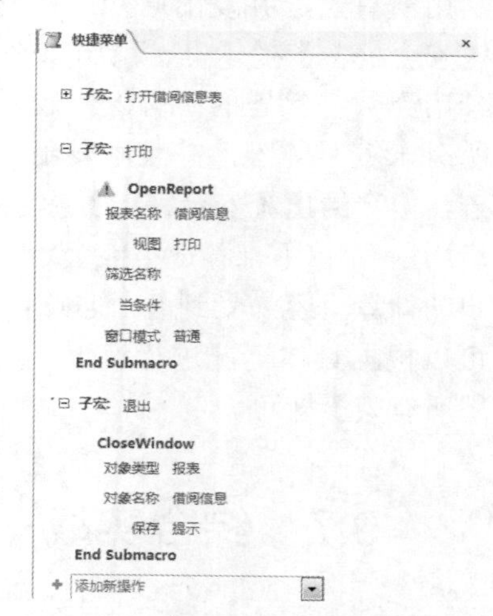

图 9-89　添加其余两个子宏

step 05 切换到【文件】选项卡，在左侧列表中选择【选项】选项，弹出【Access 选项】对话框。选择【自定义功能区】选项，然后在【开始】选项卡中新建一个组，并将“用宏创建快捷菜单”命令添加到该组中。具体操作步骤请参考第 1 章的综合实战，这里不再赘述。如图 9-90 所示。

step 06 操作完成后，单击【确定】按钮，可以看到，在【开始】选项卡中，已成功添加了新建组。在导航窗格中选中“快捷菜单”宏，单击【新建组】组中的【用宏创建快捷菜单】按钮，如图 9-91 所示。

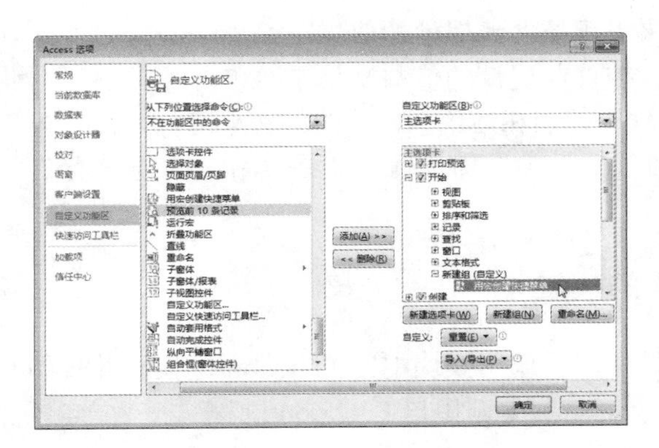

图 9-90 【Access 选项】对话框

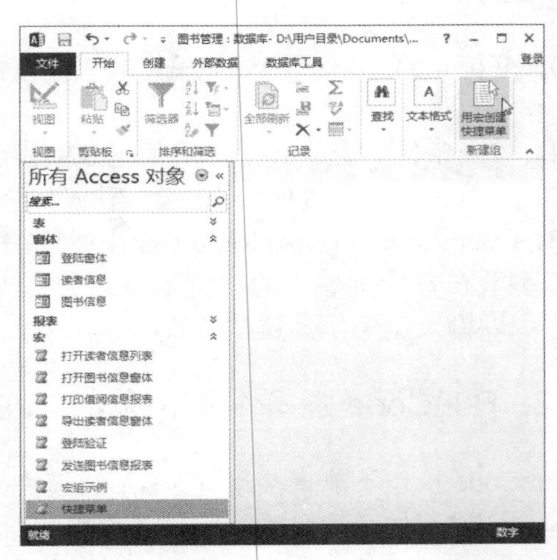

图 9-91 单击【新建组】组中的【用宏创建快捷菜单】按钮

step 07 在导航窗格中双击打开“借阅信息”报表，并切换到【设计视图】界面。在【属性表】窗格中，切换到【其他】选项卡，单击【快捷菜单栏】属性右侧的下拉按钮，在弹出的下拉列表中选择【快捷菜单】选项，如图 9-92 所示。

step 08 切换到【报表视图】界面，右击，可以看到，当前的快捷菜单已经变更为子宏的名称。选择某命令，即可执行相应的操作，如图 9-93 所示。

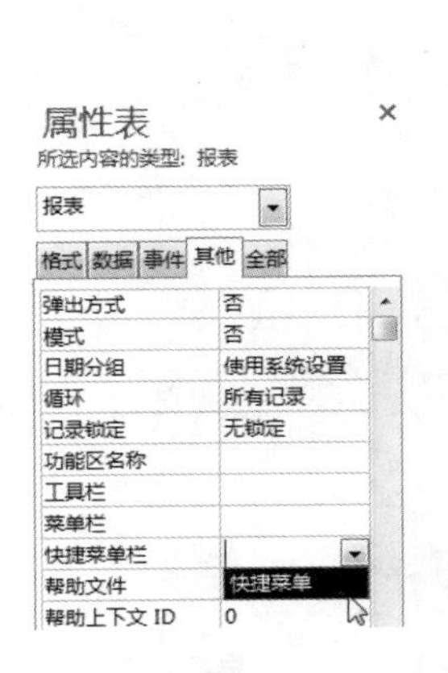

图 9-92 设置【快捷菜单栏】属性

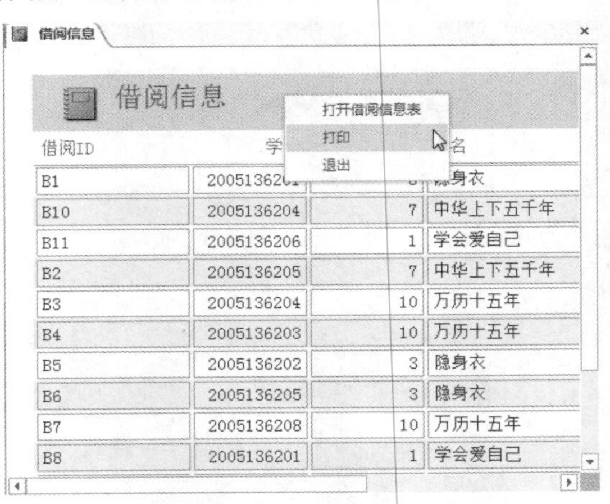

图 9-93 查看最终的结果

9.8 高手甜点

甜点 1：在添加 OpenForm 或 OpenReport 宏操作时，为何有时“当条件”参数不能产生预期的结果？

OpenForm 或 OpenReport 操作的“当条件”参数不能产生预期的结果，可能有以下几种原因。

(1) “当条件”表达式中使用了无效的语法来引用控件或属性的值。

(2) “当条件”参数使用无效的语法将字段、控件或属性的值与文字字符串合并。

(3) OpenForm 或 OpenReport 操作通过在过程中使用相应的 VBA 的方法来运行，而“当条件”参数在参数列表中的位置不对。如果“当条件”参数前没有“视图”和“筛选名称”参数，可以输入逗号作为这些参数的占位符。

甜点 2：RunCode 宏操作能不能运行 VBA 的模块？

RunCode 操作不能直接运行 VBA 的模块，只能用于调用模块中的 Function 过程。并且如果 Function 过程的函数名称与模块名称相同，将不能从宏中调用该 Function 过程。

第 10 章 VBA 编程语言

VBA 模块是 Access 的第六大对象。在前面章节中，已经分别介绍了 Access 的前五大对象，利用这五大对象，用户可创建出精美的界面或报表，可以实现数据的快速查询或筛选等。但是如果仅仅利用这五大对象，用户还不能随心所欲地开发各种需要的功能。这时，用户可以使用 Access 提供的 VBA 编程，从而创建出功能强大的专业数据库管理系统。通过本章的学习，读者应该掌握 VBA 编程的基础知识，能够创建各种简单的 VBA 程序。

本章目标(已掌握的在方框中打钩)

- □ 了解 VBA 的基本概念
- □ 熟悉 VBA 的语法
- □ 掌握 VBA 常见的程序结构
- □ 掌握模块和过程的概念
- □ 掌握如何创建各种简单的 VBA 程序

10.1 认识 VBA

Access 作为面向对象的开放型数据库，提供了强大的个性化开发功能，最重要的体现就在于 VBA 编程语言。下面将介绍 VBA 编程的一些基础知识，只要读者曾经学习过任何一种编程语言，就会发现 VBA 的数据类型或语法结构十分熟悉。

10.1.1 VBA 概述

要想了解 VBA(Visual Basic for Applications)，首先需了解 VB(Visual Basic)。VB 是由 Microsoft 公司开发的可视化程序设计语言，有着十分强大的编程功能。此外，Microsoft 公司又对 VB 进行了开发和整合，形成了两个重要的 VB 子集：VBA 和 VBScript。其中，VBA 集成在 Office 办公软件中，用来开发应用程序。

VBA 是基于 VB 发展而来的，它们具有相似的语言结构，但是 VBA 更加简单。如果用户已经了解了 VB，会发现学习 VBA 非常容易。相应地，学习 VBA 会给学习 VB 打下坚实的基础。在本文中，VBA 是 Access 2013 内置的一种编程语言。当然，其他的 Office 软件如 Microsoft Word、Microsoft Excel 等也都内置了相同的 VBA，只是不同的应用程序中有不同的内置对象和属性方法。VBA 由于内置于 Office 系列软件内，它只能依赖于各软件执行，不能脱离 Office 环境而存在。

用 VBA 语言编写的代码，将保存在 Access 的一个模块里，并通过类似在窗体中触发宏的操作那样来启动这个模块，从而实现相应的功能。VBA 提供了面向对象的程序设计方法，提供了相当完整的程序设计语言。同其他面向对象编程语言一样，VBA 语言中也有对象、属性、方法和事件等。其中，对象是代码和数据的一个结合单元，如表、窗体等都是对象，一个对象是由语言中的“类”来定义的；属性是指定义的对象特性，如颜色、大小等；方法是指对象能够执行的动作，决定了对象能够完成什么工作，如打开、关闭等；事件是指对象能够识别的动作，如单击事件、双击事件等。

10.1.2 VBA 程序与宏的关系

在前面章节中，已经介绍过宏，对于一些简单的工作，例如打开或关闭窗体、运行报表等，使用宏是一种很方便快捷的方法。并且使用宏构建应用程序的速度更快，因为每个宏操作的参数都显示在宏生成器窗格中，用户不必记忆复杂的语法。同时，为了确保数据库的安全，应该在可能的情况下尽量使用宏，而只使用 VBA 来完成宏操作无法完成的工作，因为 VBA 可用于创建危害数据安全或损坏计算机中的文件的代码。

在实际应用中，用户应该使用宏还是使用 VBA 来完成工作，取决于要完成任务的性质。对于以下情况，用户应该使用 VBA，而不是使用宏。

- 创建自己的函数。除了使用 Access 提供的内置函数外，通过使用 VBA 代码，用户可以创建自己的函数。
- 创建或操作对象。大多数情况下，用户必须在设计视图中处理对象。然后，在有些情况下，可能需要在代码中操作对象的定义。通过使用 VBA，用户可以操作数据库中的所有对象，包括数据库本身。

- 方便数据的维护。与宏不同，VBA 代码作为事件过程嵌入窗体或报表的内部，如果把窗体或报表从一个数据库移动到另一个数据库，嵌入窗体或报表内部的事件过程也会随之移动，这极大地方便了数据的维护和管理。

10.1.3 VBA 的编写环境

Access 提供了 VBA 程序的编程、调试环境。用户可以通过下列操作进入 VBA 的编程环境。

1. 直接进入 VBA 的编程环境

切换到【数据库工具】选项卡，单击【宏】组中的 Visual Basic 按钮，进入 VBA 的编程环境，如图 10-1 所示。

2. 新建一个模块，进入 VBA 的编程环境

切换到【创建】选项卡，单击【宏与代码】组中的【模块】按钮，新建一个 VBA 模块，同时进入 VBA 的编程环境，如图 10-2 所示。

图 10-1 单击【宏】组中的 Visual Basic 按钮

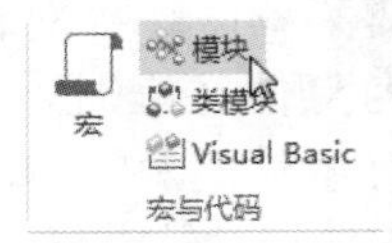

图 10-2 单击【宏与代码】组中的【模块】按钮

3. 新建一个用于响应窗体、报表或控件的事件过程，进入 VBA 的编程环境

打开窗体或报表，然后选中某个控件，在相应的【属性表】窗格中，切换到【事件】选项卡，单击某一事件的下拉按钮，在弹出的下拉列表中选择【事件过程】选项，然后单击右侧的省略号按钮，如图 10-3 所示，即可进入 VBA 的编程环境，如图 10-4 所示。

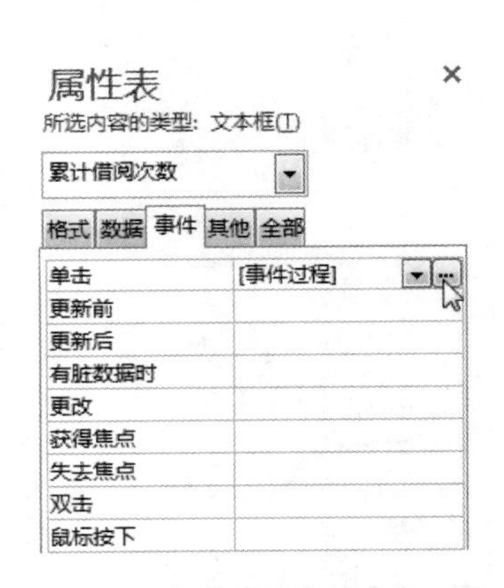

图 10-3 【属性表】窗格

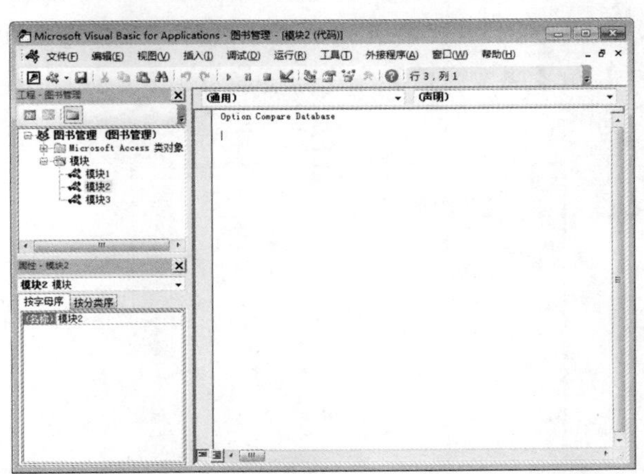

图 10-4 VBA 的编程环境

通过以上 3 种方法，用户均可以进入 VBA 的编程环境界面。界面上方显示了菜单栏和工具栏，这是大家所熟悉的，类似于 Word、Excel 的显示界面。下方则显示了 3 个窗口，分别是【工程】窗口、【属性】窗口和【代码】窗口。

- 【工程】窗口：该窗口以一个分层结构列表显示了数据库中的所有类模块和标准模块对象。双击某个模块，在【代码】窗口中即可显示和编辑这个模块的 VBA 程序代码，如图 10-5 所示。
- 【属性】窗口：在该窗口中可以显示和设置 VBA 模块对象的各种属性。当选择多个控件时，属性窗口会列出所有控件的共同属性，如图 10-6 所示。

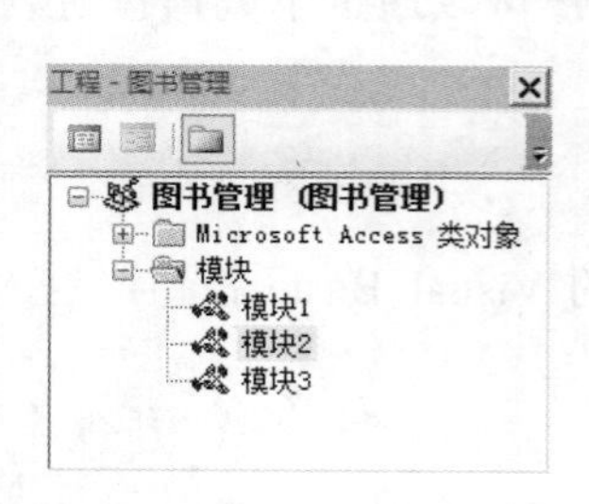

图 10-5 【工程】窗口

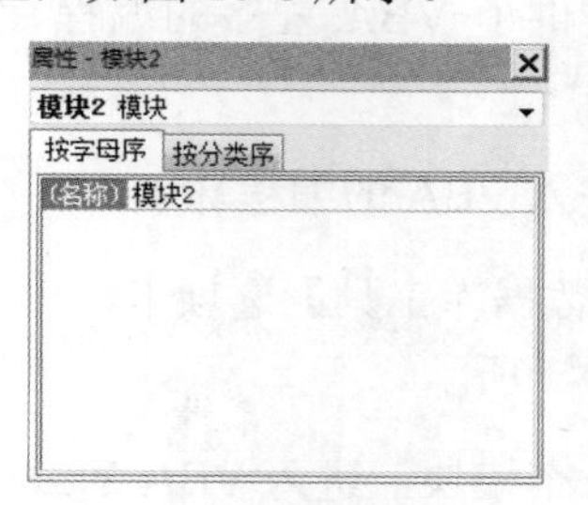

图 10-6 【属性】窗口

- 【代码】窗口：在该窗口中可以显示、编写和修改 VBA 程序代码。右击，在弹出的快捷菜单中还可对代码进行剪切、复制和粘贴等操作。该窗口顶部有两个组合框，当为事件过程时，左边框中显示所有对象名称，右边框中显示当前对象能识别的所有事件名称，选定一个对象，再选定一个事件，系统会自动生成相应事件过程的起始行与结束行，用户只须在两行中间添加过程代码即可。当为通用过程时，右边框中显示出当前所有的过程名。窗口左下角有【过程视图】和【全模块视图】两个按钮，前者只显示当前过程，后者为默认选项，显示出全部过程，如图 10-7 所示。

进入一个新的【代码】窗口时，第一行默认的代码“Option Compare Database”只能在 Access 中使用，表示当需要进行字符串比较时，将根据数据库的区域 ID 确定的排序级别进行比较。

若以上 3 个窗口被关闭或被隐藏时，选择【视图】菜单中的【代码窗口】、【工程资源管理器】和【属性窗口】命令即可显示出来，如图 10-8 所示。

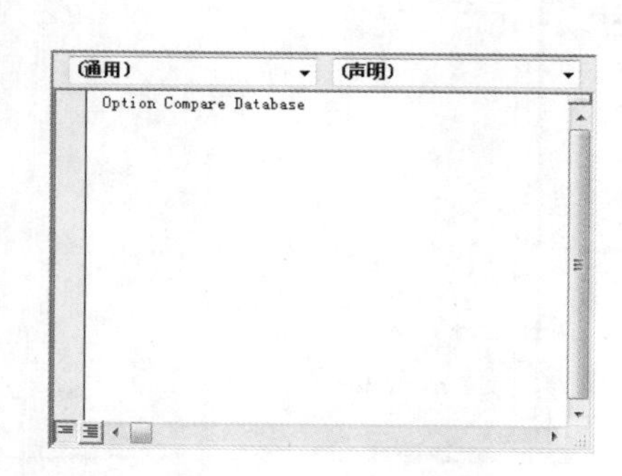

图 10-7 【代码】窗口

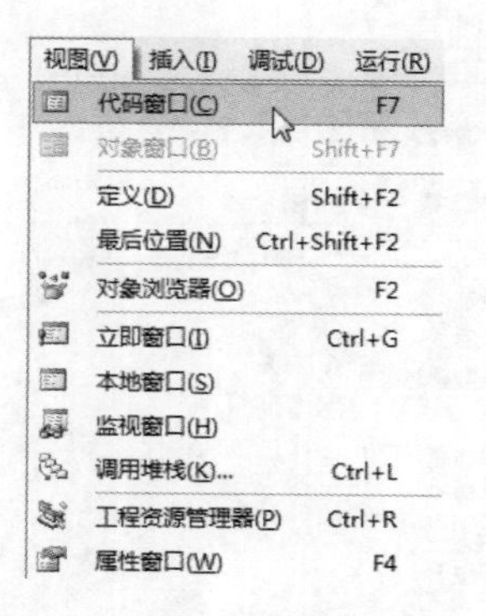

图 10-8 【视图】菜单

10.1.4 将宏转换为 VBA 代码

不管是作为单独的对象存在的独立宏，还是嵌入到窗体或报表中的宏，Access 2013 都可以自动将宏转换为 VBA 模块或类模块。

1. 转换嵌入宏

下面将嵌入到“登录系统”窗体的宏转换为 VBA 类模块，具体操作步骤如下。

step 01 启动 Access 2013，打开“图书管理”数据库，选中“登录系统”窗体，右击，在弹出的快捷菜单中选择【设计视图】命令，进入该窗体的【设计视图】界面，如图 10-9 所示。

step 02 切换到【设计】选项卡，单击【工具】组中的【将窗体的宏转换为 Visual Basic 代码】按钮，如图 10-10 所示。

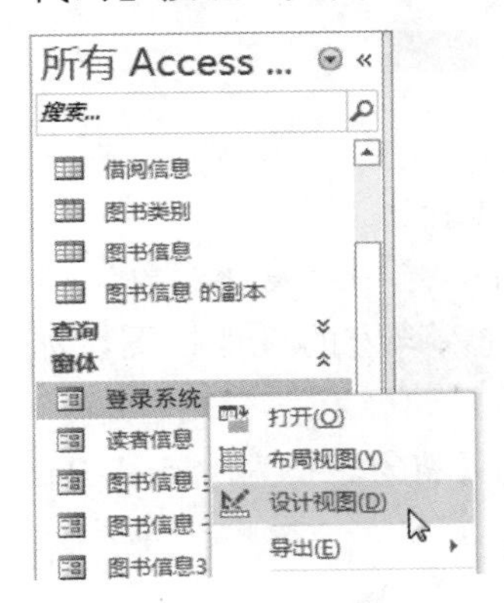

图 10-9 “登录系统”窗体

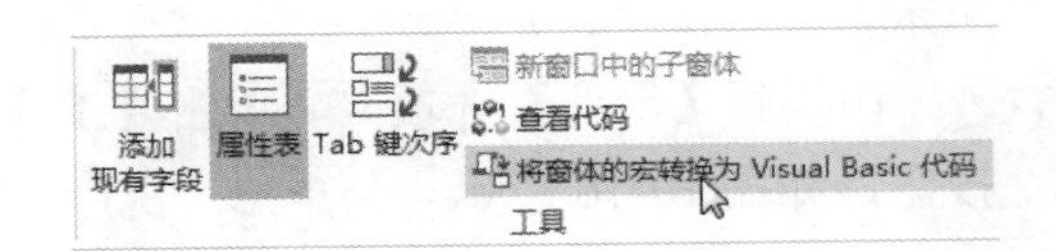

图 10-10 单击【将窗体的宏转换为 Visual Basic 代码】按钮

step 03 弹出【转换窗体宏：登录窗体】对话框，选中【给生成的函数加入错误处理】和【包含宏注释】复选框，如图 10-11 所示。

step 04 单击【转换】按钮，弹出【将宏转换为 Visual Basic 代码】对话框，提示转换完毕，如图 10-12 所示。

图 10-11 【转换窗体宏：登录窗体】对话框

图 10-12 【将宏转换为 Visual Basic 代码】对话框

step 05 切换到【设计】选项卡，单击【工具】组中的【查看代码】按钮，如图 10-13 所示。

step 06 进入 VBA 界面，用户可在【代码】窗口中查看转换后的 VBA 代码，如图 10-14 所示。

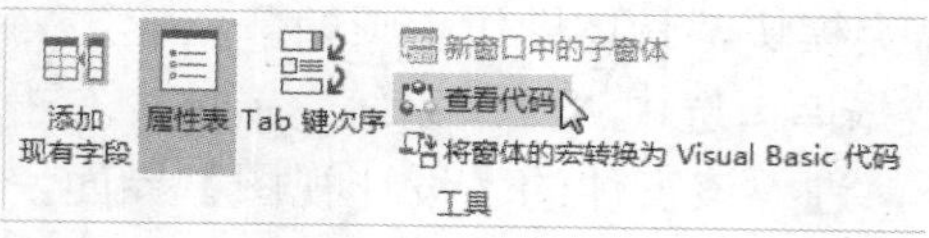

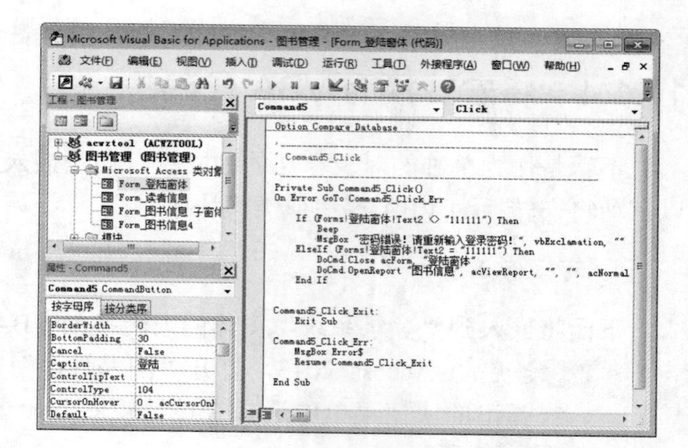

图 10-13 单击【工具】组中的【查看代码】按钮

图 10-14 查看转换后的 VBA 代码

将窗体或报表中的嵌入宏转换为 VBA 代码后，用户还可以在【代码】窗口中编辑该代码。保存以后，当窗体或报表移动时，它也会随之移动。

2. 转换独立宏

下面将“读者信息”宏转换为 VBA 类模块，具体操作步骤如下。

step 01 启动 Access 2013，打开“图书管理”数据库。选中“发送对象”宏，右击，在弹出的快捷菜单中选择【设计视图】命令，进入该宏的设计视图，如图 10-15 所示。

step 02 切换到【设计】选项卡，单击【工具】组中的【将宏转换为 Visual Basic 代码】按钮，如图 10-16 所示。

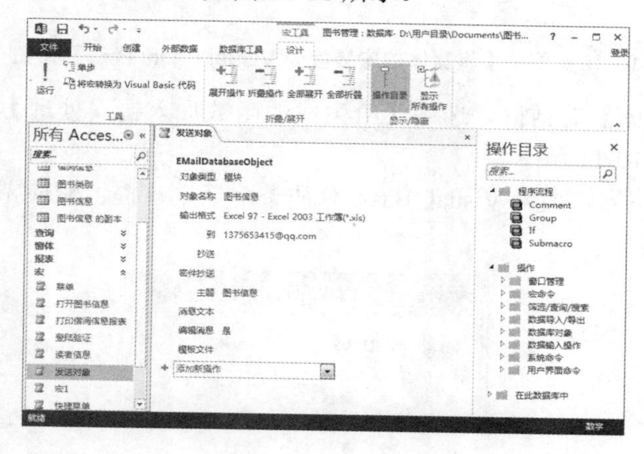

图 10-15 宏的设计视图

图 10-16 单击【将宏转换为 Visual Basic 代码】按钮

step 03 弹出【转换宏：发送对象】对话框，其中包含【给生成的函数加入错误处理】和【包含宏注释】两个复选框，选中这两个复选框，如图 10-17 所示。

step 04 单击【转换】按钮，弹出【将宏转换为 Visual Basic 代码】对话框，提示转换完毕，如图 10-18 所示。

图 10-17 【转换宏：发送对象】对话框

图 10-18 【将宏转换为 Visual Basic 代码】对话框

step 05 进入 VBA 界面，在【工程】窗口中可以看到，新建了一个名为“被转换的宏 – 发送对象”模块，在【代码】窗口中可以查看到转换后的 VBA 代码，如图 10-19 所示。

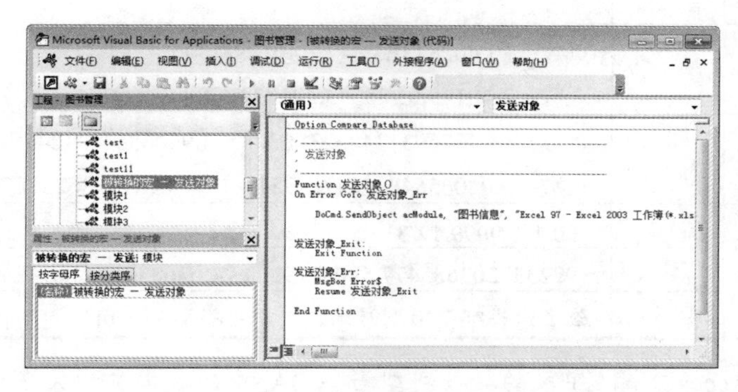

图 10-19 查看转换后的 VBA 代码

10.2 VBA 语法简介

掌握 VBA 的语法是创建 VBA 程序的前提条件。本节将对 VBA 语法做简单的介绍，包括 VBA 包含的数据类型、运算符的分类、一些常用的标准函数等。

10.2.1 数据类型

在 VBA 中，系统支持了多种数据类型，不同的数据类型有着不同的存储方式和数据结构。如果用户不指定数据类型，VBA 会默认将其看成变体型 Variant，此类型可以根据实际需要自动转换成相应的其他数据类型。但是，让 VBA 自身转换数据类型会使程序的执行效率很低，这是非常不可取的。因此，在编写 VBA 代码时，必须定义好数据类型，选择占用字节最少、又能很好地处理数据的类型，才能保证程序运行得更快。

VBA 支持的数据类型主要有字符串型、数值数据型、日期型、货币型等。除了这些内置的数据类型之外，用户还可以定义自己的数据类型，如表 10-1 所示。

表 10-1　VBA 的常用数据类型

数据类型	标识符	数据范围	字 节 数
定长字符串型 String	$	最多可包含大约 65400 个字符	
变长字符串型 String	$	最多可包含大约 20 亿个字符	
布尔型 Boolean	无	True 或 False	1
字节 Byte	无	0～255 之间的整数	1
整型 Integer Long	%	-32768～32767	2
长整型 Long	&	-2147483648～2147483647	4
单精度型 Single	!	负数：-3.402823E38～-1.401298E-45 正数：1.401298E-45～3.402823E38	4
双精度型 Double	#	负数：-1.79769313486231E308～4.9406564841247E-324 正数：4.9406564841247E-324～1.79769313486232E308	8
日期型 Date	无	100/1/1-9999/12/31	8
货币型 Currency	@	-922337203685477.5808～922337203685477.5807	8
变体型 Variant	无	除了定长字符串型及用户自定义类型外，可以包含任意类型	

在 Access 中，字段的数据类型与 VBA 中的数据类型大多都是相对应的。例如，字段的货币类型与 VBA 中的货币类型相对应，是/否类型与 VBA 中的布尔类型相对应。

1. 字符串型 String

字符串类型用来存储字符串数据，它是一个字符序列，由字母、数字、符号和文字等组成。在 VBA 中，字符串类型分为定长字符串和变长字符串两类。

用户定义字符串时，需要用双引号把字符串括起来。同时，双引号并不算在字符串中。例如：

"abcdefg"、"Access 数据库"、""(空字符串)等均表示字符串型数据。

具体来说，定义字符串型数据的方法如下：

```
Dim str1 as String
```

以上表示声明一个名为 str1 的字符串型变量。

对于定长字符串的定义，可以使用"String*Size"的方式，例如：

```
Dim str2 as String*10
```

2. 数值数据型

数值数据型是可以进行数学计算的数据。在 VBA 中，数值数据型分为字节、整型、长整型、单精度浮点型和双精度浮点型。

其中，整型和长整型数据是不带小数点和指数符号的数，例如：

123、-123、123%均表示整型数据

123&、-123&均表示长整形数据

单精度浮点型和双精度浮点型数据是带有小数部分的数。例如：

123！、-123.34、0.123E+3 均表示单精度浮点型数据

123#、-123.34#、0.123E+3#、0.123D+3 均表示双精度浮点型数据

在 VBA 中，定义整型数据变量时有两种方法，一种是直接使用 Integer 关键字，类似上面定义字符串型变量的方法；另一种是直接在变量的后边添加一个百分比符号(%)。例如：

```
Dim a1 as Integer
Dim a2%
```

以上定义的 a1 和 a2 都是整型变量。

定义其他数值数据类型的方法与定义整型的方法类似，只是后面的类型标识符不一样，这里不再一一介绍。

3. 日期型 Date

日期型用来表示日期和时间信息，按 8 字节的浮点数来存储。日期型数据的整数部分存储为日期值，小数部分存储为时间值。

用户定义日期型数据时，需要用井号(#)把日期和时间括起来。例如：

#August 1,2015#、#2009/10/10#、#2010-10-10 10:30:00 PM#等均表示日期型数据。

定义日期型数据的方法如下：

```
Dim aa as Date
```

另外，在 Access 中，系统提供了内置的调用系统时间的函数，用户可以使用 Now()函数来提取当前的日期和时间，使用 Date()函数提取当前日期，使用 Time()函数提取当前时间。

4. 货币型 Currency

货币型是为了表示钱款而设置的。该类型数据以 8 字节进行存储，并精确到小数点后四位，小数点前有 15 位，小数点后 4 位以后的数字都将被舍去。

定义货币型数据的方法如下：

```
Dim cost as Currency
```

5. 布尔型

布尔型用于逻辑判断，其值为逻辑值，用两个字节进行存储。并且，布尔型数据只有 True(真)或 False(假)两个值。

定义货币型数据的方法如下：

```
Dim c as Boolean
```

当布尔型数据转换成整型时，True 转换为-1，False 转换为 0。而当其他类型数据转换成布尔型数据时，非 0 数据转换为 True，0 转换为 False。

6. 变体型

当用户在编写 VBA 时，若没有定义某个变量的数据类型，那么系统会自动将这个变量定义为变体型。在以后调用这个变量时，它可以根据需要改变成不同的数据类型。

变体型是一种特殊的数据类型，除了定长字符串类型和用户自定义类型之外，它可以包含任何种类的数据，甚至包括 Empty、Error、Nothing 及 Null 等特殊值。

7. 用户自定义的数据类型

除了上述系统提供的基本数据类型外，在 VBA 中，用户还可以自己定义数据类型。自定义的数据类型实质上是由基本数据类型构建而成的一种数据类型，其语法格式如下：

```
Type 数据类型名
数据类型元素名 as 系统数据类型名
End Type
```

例如，以下定义一个名为“Reader”的用户数据类型：

```
Type Reader
RDnumber as Long
RDname as String
RDphone as Long
RDbirthday as Date
End Type
```

其中，共包含 4 个元素，RDnumber 定义了学号为长整型变量，RDname 定义了读者姓名为字符串型变量，RDphone 定义了读者电话为长整型变量，RDbirthday 则定义了读者生日为日期型变量。

10.2.2 变量、常量和数组

对于基本数据类型，按其取值是否可改变又分为常量和变量两种。在程序执行过程中，其值不发生改变的量称为常量，其值可变的量称为变量。在程序中使用常量和变量前，首先要对它们进行定义。

1. 常量

常量是指在程序执行的过程中，其值不能被改变的量。用户可以将程序中经常使用的常数值或者难以记忆的数值定义为常量，这样既增加了代码的可读性，又使代码更加容易维护。

VBA 有两种形式的常量。一种是系统内部定义的常量，例如 vbBlack、vbSunday 等，通常是由应用程序和各种控件提供。另一种就是用户使用 Const 语句定义的常量。其语法格式如下：

```
Const 常量名 [as 类型名]=表达式
```

这里 Const 是定义常量的关键字，等号后面常量值表达式计算后的结果将保存在常量名中，保存之后，用户就不能修改常量名中保存的值了。例如：

```
Const VAR1=365
Const MSG= "Happy birthday!"
```

上面分别声明了一个整型常量Var1和字符串型常量MSG，使用Const也可以一次定义多个常量，例如：

```
Const NAME="李阳", PI AS Double=3.1415;
```

2. 变量

变量是指在程序执行的过程中，其值会发生变化的量。根据变量的作用域不同，可分为局部变量和全局变量。

一个变量有以下3个要素。

- 变量名：通过变量名来指定数据在内存中的存储位置。
- 变量类型：它决定了数据的存储方式和数据结构，VBA 程序并不要求在使用变量之前必须声明变量类型。但用户最好在允许的情况下，尽可能地声明变量的数据类型。
- 变量的值：在内存中存储的变量值，它是可以改变的值，在 VBA 中可通过赋值语句来改变变量的值。

而对于变量名，用户在声明时必须遵循以下命名规则。

- 变量名只能由字母、数字和下划线构成，不能有空格和其他特殊字符。
- 变量名必须以字母和下划线开头。
- VBA 不区分大小写，但在变量命名时，最好体现该变量的作用，以增强程序的可读性。
- 不能使用VBA中的关键字作为变量名。
- 变量名最多可以包含254个字符。
- 变量名必须唯一，不能与模块中其他的名称相同。

常量名的命名规则与变量名的命名规则相同。

在VBA中可以不声明变量而直接在程序中使用它，这时系统会自动创建一个变量。但通常情况下，代码编写人员应该养成良好的编程习惯，在使用之前强制声明变量，这样可以提高程序的效率，同时也使程序易于调试。其语法格式如下：

```
定义词 变量名 [as 数据类型]
```

其中，定义词可以是Dim、Static、Public等。as关键字后面指定变量的数据类型，这个类型可以是系统提供的基本数据类型，也可以是用户自己定义的数据类型。这里“as 数据类型”使用中括号括起来，表示在声明变量时可以不指定as关键字后面的数据类型，系统会根据指定的值自动为该变量指定数据类型。

当定义词为Public时，声明的是全局变量，表示应用程序中的所有模块都能使用这个变量。当定义词是Static时，声明的是局部变量，同时还是静态变量，表示只能在该过程中引用这个变量，对于其他过程，即便是保存在同一个模块中，也无从知道这个过程中声明的变量。并且，在过程结束后这个变量所占有的内存不会被回收。而 Dim 是最常用的定义词，也是用来声明局部变量。与 Static 不同的是，它声明的是动态变量，当过程结束时，该变量所占有的内存就会被系统回收。例如下面的例子：

```
Dim name as String
Dim age as Integer
Dim birthday as Date
```

上面分别声明了 3 个变量：第一个是字符串类型的变量；第二个是整型变量；第三个是日期类型的变量。

另外多个变量也可以在同一个 Dim 语句中声明，此时需要指定每一个变量的数据类型，例如：

```
Dim intA as Integer, intB as Integer, intC as Integer
```

该语句声明了 3 个整型变量，名称分别为 intA、intB 和 intC。

如果某个变量没有指定数据类型，例如：

```
Dim intA intB, intC as Integer
```

在这里，intA 和 intB 没有指定数据类型，因此它们的数据类型是 Variant 变体型，而只有 intC 的数据类型是整型。

3. 数组

数组是一组相关数据的集合。其中每个变量的排列顺序号叫作变量的下标，而每个带有不同顺序号的同名变量，叫作这个数组的一个元素。在定义了数组后，可以引用整个数组，也可以引用数组中的某个元素。

声明数组的方法和声明变量的方法是一致的，下面用最常用的 Dim 语句进行声明，其语法格式如下：

```
Dim 数组名称(数组范围) as 数据类型
```

其中，如果在数组范围中不定义数组下标的下限，则默认下限为 0。例如：

```
Dim bAge(10) as Integer
```

这条语句声明了一个具有 11 个元素的数组，并且每个数组元素均为整型变量。其元素分别为 bAge(0),bAge(1),bAge(2)…bAge(10)。

若需要指定数据下标的范围，可以使用 to 关键字，例如：

```
Dim bAge(3 to 10) as Integer
```

这条语句即声明了一个具有 8 个元素的数组，其元素分别为 bAge(3),bAge(4)…bAge(10)。

在 VBA 中，还允许用户定义动态数组，例如：

```
Dim bAge() as Integer
```

这条语句没有指定数组的范围，声明了一个动态数组。

10.2.3 VBA 中的运算符与表达式

运算符连接表达式中各个操作数，其作用是用来指明对操作数所进行的运算。运用运算符可以更加灵活地对数据进行运算，常见的运算符类型有：算术运算符、比较运算符、逻辑运算符、位运算符。本小节将介绍以下几种主要操作符的特点和使用方法。

1. 算术运算符

算术运算符是最基本的运算符，用于对两个或多个数字进行计算。常见的算术运算符如表 10-2 所示。

表 10-2 算术运算符

运 算 符	作 用	示 例	结 果
+	加法运算	1+3	4
-	减法运算	2-1	1
*	乘法运算	3*4	12
/	除法运算	12/3	4
^	求幂运算	3^2	9
\	整除运算	10\3	3
Mod	求模(取余)运算	10 mod 3	1

- \(整除)运算符对两个数作除法并返回一个整数。首先对除法操作中的两个数进行舍入的取整，任何小于或者等于 x.5 的小数部分都被舍弃，大于 x.5 的小数部分会被取整到下一个数字上，然后将第一个操作数除以第二个操作数，丢掉结果中的小数部分，只保留整数部分的值。用户可以参考表 10-3 的例子进行整除操作。

表 10-3 整除运算符实例

普通除法	整除运算
100/6=16.667	100\6=16
100.9/6.6=15.288	100.9\6.6=101\7=14
10.5/1.5=7	10.5\1.5=10\2=5
10/2.5=4	10\2.5=10\2=5

- Mod(求模)运算符首先也会对数字进行取整，类似于整除运算符。然后将第一个操作数除以第二个操作数，然后返回余数。用户可以参考表 10-4 的例子进行求模操作。

表 10-4 求模运算符实例

求模运算	说 明
9 Mod 3=0	9 可以被 3 除尽
9 Mod 2=1	9/2=4，余数为 1
22.2 Mod 4=2	相当于 22/4=5，余数为 2
22.5 Mod 4.5=2	相当于 22/5=4，余数为 2

在 VBA 视图中，选择【视图】|【立即窗口】命令，如图 10-20 所示。弹出【立即窗口】对话框。在该对话框内，用户可以验证上面介绍的各实例，如图 10-21 所示。

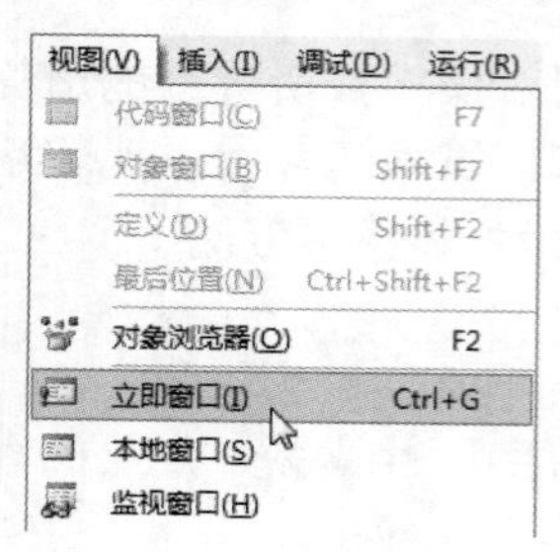

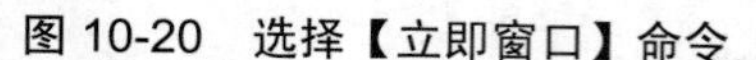
图 10-20 选择【立即窗口】命令

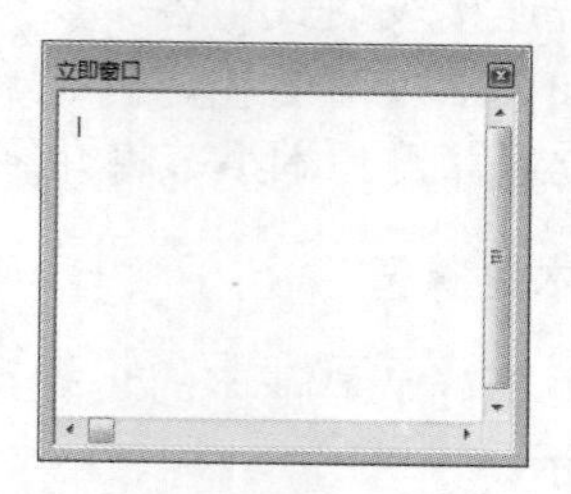

图 10-21 【立即窗口】对话框

例如，在【立即窗口】中输入以下语句：

```
a=10\2.5
print a
```

按 Enter 键，可以看到返回的结果为 5。也可以输入下列语句：

```
print 22.5 mod 4.5
```

可以看到返回的结果为 2，如图 10-22 所示。

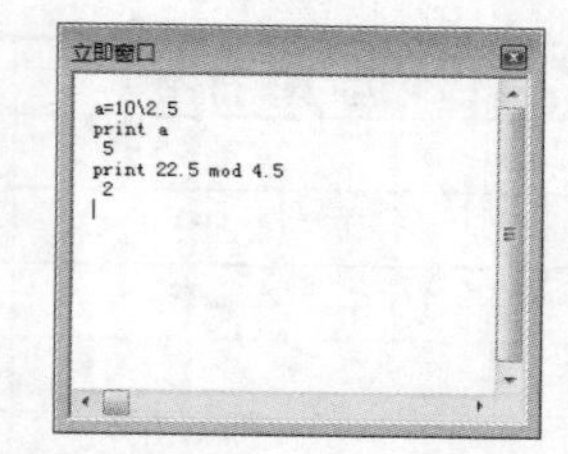

图 10-22 验证算术运算符

在 VBA 中，【立即窗口】对话框是用来调试程序的有力工具。在这里为了方便理解上述运算符，将它作为立即显示计算结果的工具。

2. 比较运算符

比较运算符也称为关系运算符，表示对两个值或表达式进行比较。使用比较运算符构成的表达式总是会返回一个逻辑值(True 或 False)或 Null(空值或未知)。在 VBA 中提供了 8 种比较运算符，如表 10-5 所示。

表 10-5 比较运算符

运 算 符	含 义	示 例	结 果
=	等于	2=3	False
<>或！=	不等于	2<>3	True
>	大于	3>4	False
>=	大于等于	“A”>=“B”	False
<	小于	3<4	True
<=	小于等于	6<=5	False
Like	比较样式		
Is	比较对象变量		

同样地，在【立即窗口】对话框中可以验证上面的例子。例如，输入以下语句：

```
print "A">"B"
```

按 Enter 键后，可以看到返回的结果为逻辑值 False。也可以输入下列语句：

```
print 2<>3
```

可以看到返回的结果为 True，如图 10-23 所示。

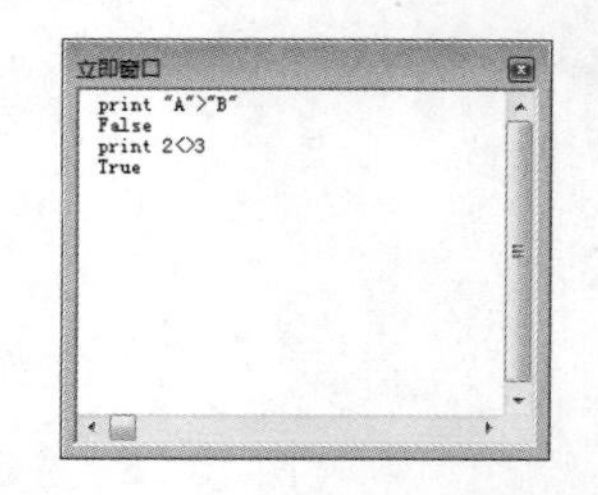

图 10-23 验证比较运算符

3. 逻辑运算符

逻辑运算符也称为布尔运算符，用来在表达式中创建多个条件。用逻辑运算符连接两个或多个表达式，可以组成一个布尔表达式。它与关系运算符类似，通常会返回一个逻辑值(True 或 False)或 Null，如表 10-6 所示。

表 10-6 逻辑运算符

运 算 符	含 义	示 例	结 果
Not	逻辑非	Not 1<2	False
And	逻辑与	1<2 And 2>3	False
Or	逻辑或	1<2 Or 2>3	True
Xor	逻辑异或	1<2 Xor 2>3	True
Eqv	逻辑等于	1<2 Eqv 2>3	False

- Not 运算符：又称为反运算符，是对结果取反，如果表达式结果为 True，那么 Not 运算符就返回 False，如果表达式结果为 False，那么 Not 运算符就返回 True。

例如，在【立即窗口】对话框中输入以下语句：

```
print 1<2
```

按 Enter 键后，可以看到返回的结果为逻辑值 True。也可以输入下列语句：

```
print Not 1<2
```

可以看到返回的结果为 False，如图 10-24 所示。

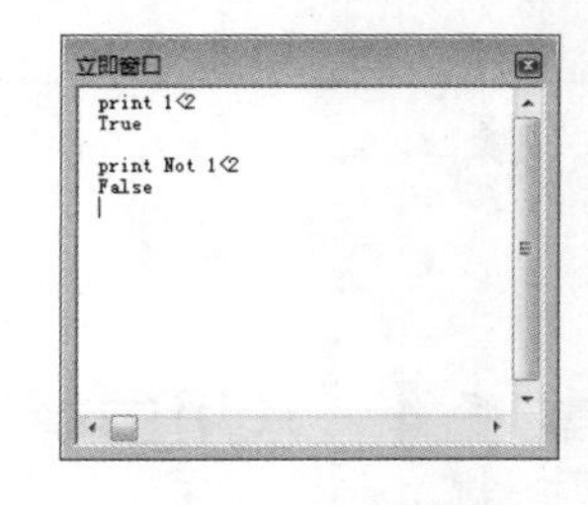

图 10-24 验证 Not 运算符

- And 运算符：又称为全运算符，用来对两个表达式执行逻辑连接，要求两边的表达式结果都为 True。如果任何一方的返回结果为 Null 或 False，那么结果返回 False，如图 10-25 所示。
- Or 运算符：又称或运算符，只要左右两侧的表达式任何一方为 True，结果就返回 True。而只有两边都为 False 时，结果才返回 False。
- Xor 运算符：又称为异或运算符，当左右两侧的表达式的值同时为 True 或同时为 False 时，结果返回 False。否则结果返回 True，如图 10-26 所示。
- Eqv 运算符：又称为等价运算符，与 Xor 运算符的结果相反。当左右两侧的表达式的值同时为 True 或同时为 False 时，结果返回 True。否则结果返回 False。

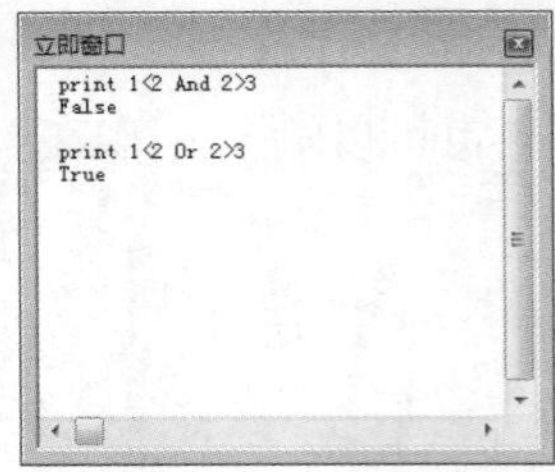

图 10-25　验证 And 和 Or 运算符

图 10-26　验证 Xor 和 Eqv 运算符

在计算表达式时，系统会根据运算符的优先级按照先后顺序进行计算，如同最常见的“先乘除，后加减”一样。在 VBA 中，各种运算符的优先顺序如表 10-7 所示。

表 10-7　运算符按优先级由低到高排列

优 先 级	运 算 符
最低	Eqv
	Xor
	Or
	And
	Not
	=，<>，<，>，<=，>=(比较运算符)
	&(连接符)
	+，-
	Mod
	\
	*，/
	^
	-(负号)
最高	!

若使用了圆括号，则圆括号内的操作优先于圆括号外面的操作。而在圆括号内部，系统同样遵循定义的运算符优先级。

10.2.4　常用的标准函数

在 VBA 中，系统提供了大量的内置函数，比如 Sin()、Max()等。在编写程序时开发者可以直接引用这些函数。在引用函数时要注意以下几点。

- 函数的名称：在每种编程语言中，数学函数都有固定的名称，例如用 Sin()函数求正弦、Cos()函数求余弦等。
- 函数的参数：参数跟在函数名后面，需要用括号“()”括起来。当函数没有参数或参数个数为零时，括号内不写即可。当参数个数为两个或两个以上时，各参数之间需要用逗号“,”分隔开。并且函数的参数具有特定的数据类型。

- 函数的返回值：每个函数均有返回值，并且函数的返回值也具有特定的数据类型。

下面介绍 VBA 常用的标准函数，分别为数学函数、字符串函数、日期/时间函数、类型转换函数和其他函数五大类。

1. 数学函数

(1) Abs()：称为绝对值函数，返回某数的绝对值。例如：

```
Abs(-3)    返回值为 3
```

(2) Int()：称为取整函数，返回某数的整数值，当参数为负数时，将返回小于或等于该参数值的第一负整数。例如：

```
Int(5.6)    返回值为 5
Int(-5.6)    返回值为-6
```

(3) Sqr()：称为平方根函数，返回某数的平方根。例如：

```
Sqr(9)    返回值为 3
```

(4) Sin()：称为正弦函数，返回某个角的正弦值。例如：

```
Sin(1)    返回值为 .841470984807897
```

(5) Cos()：称为余弦函数，返回某个角的余弦值。具体例子可参考正弦值函数。

(6) Log()：称为自然对数函数，返回某数的自然对数值。例如：

```
Log(2)    返回值为 .693147180559945
```

(7) Rnd()：称为产生随机数函数，返回一个 0～1 之间的单精度型随机数，还可指定随机数的范围和数据类型。例如：

```
Int(100*Rnd+1)    返回一个 1~99 之间的整型随机数
Int(101*Rnd)    返回一个 0~100 之间的整型随机数
```

(8) Round()：称为四舍五入函数，返回某数进行四舍五入后的值。还可指定进行四舍五入运算时小数点右边保留的位数。例如：

```
Round (3.456)    返回 3
Round (3.456,1)    返回 3.5
Round (3.456,2)    返回 3.46
```

以上的例子均可在【立即窗口】对话框中运行出来，如图 10-27 所示。

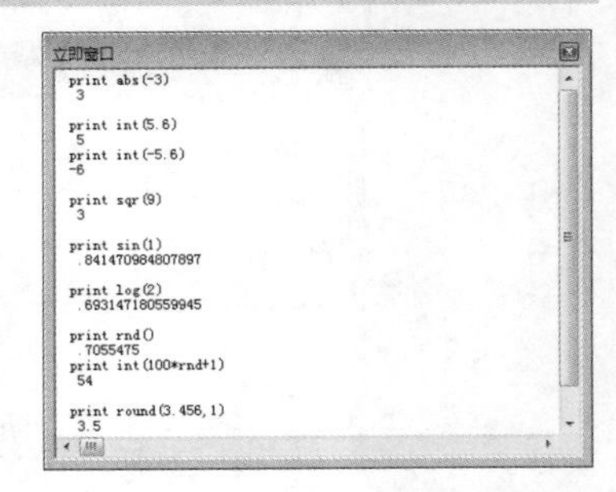

图 10-27　验证数学函数

2. 字符串函数

(1) Left(<字符串表达式>，<N>)：称为字符串截取函数，返回某字符串从左边截取的 N 个字符。例如：

```
Left("birthday",2)   返回"bi"
```

还有 Right(<字符串表达式>，<N>)函数，它返回某字符串从右边截取的 N 个字符。具体例子可参考 Left()函数。

(2) Mid(<字符串表达式>，<N1>，[N2])：同样称为字符串截取函数，返回从字符串左边第 N1 个字符起截取的 N2 个字符。例如：

```
Mid("birthday",3,3)   返回"rth"
```

(3) Len()：称为求字符串长度函数，返回字符串的长度。例如：

```
Len"birthday")   返回 8
```

(4) Trim()：称为删除空格函数，返回将某字符串的左右两边空格全部去除后的字符串。例如：

```
Trim(" abds ")   返回"abds"
```

还有 LTrim()和 RTrim()函数，分别返回将某字符串的开头和结尾空格去除后的字符串。这里不再具体介绍。

(5) Ucase()：称为大小写转换函数，可以将字符串中小写字母全部转换成大写字母。例如：

```
Ucase("abCd ")   返回"ABCD"
```

与之对应的是 Lcase()函数，可以将字符串中大写字母全部转换成小写字母。

在【立即窗口】对话框中运行各个函数，如图 10-28 所示。

3. 日期/时间函数

(1) Date()：称为获取系统当前日期函数，返回系统当前的日期。

(2) Time()：称为获取系统当前时间函数，返回系统当前的时间。

(3) Now()：称为获取系统当前日期和时间函数，返回系统当前的日期和时间。

在【立即窗口】中运行各个函数，如图 10-29 所示。

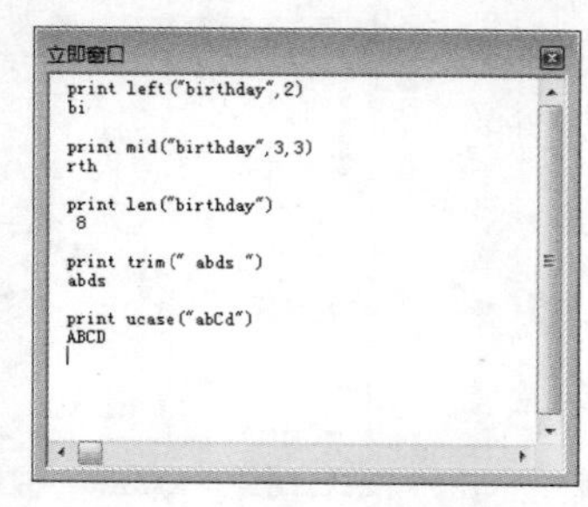

图 10-28　验证字符串函数

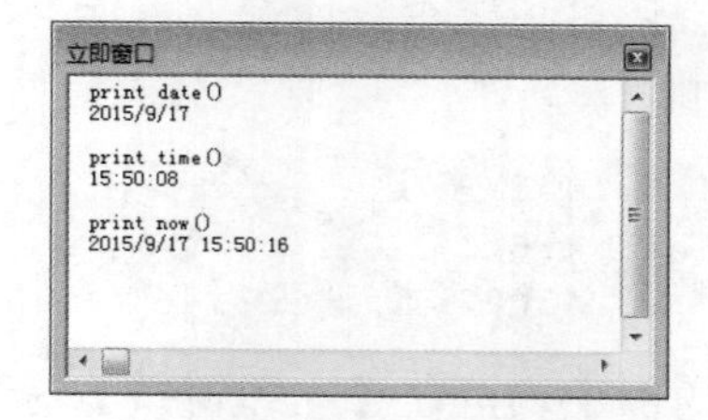

图 10-29　验证日期/时间函数

4. 类型转换函数

(1) Asc()：返回参数中第一个字符的 ASCII 码值。

(2) Cbool()：返回任何有效的字符串或数值表达式的布尔运算值。

(3) Cint()：将字符串或数值转换为整型。

(4) Clng()：将字符串或数值转换为长整型。

(5) Csng()：将字符串或数值转换为单精度型。

(6) Cdbl()：将字符串或数值转换为双精度型。

在【立即窗口】对话框中运行各个函数，如图10-30所示。

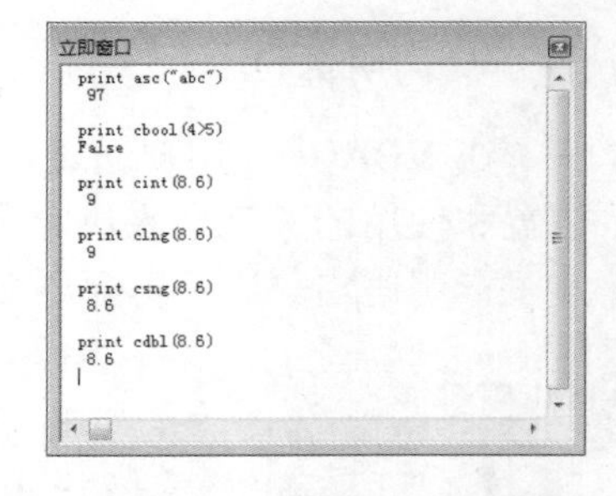

图10-30　验证类型转换函数

5. 其他函数

(1) MsgBox()：称为输出函数，将弹出一个对话框，在框中显示消息，等待用户单击按钮，并返回一个整型值告诉用户单击了哪一个按钮。

(2) InputBox()：称为输入函数，将弹出一个对话框，等待用户输入内容，并返回所输入的内容。

这两个函数在后面会具体介绍。

10.2.5　程序语句

程序语句是由各种变量、常量、运算符和函数等连接在一起，能够完成特定功能的代码块。它是整个程序中非常重要的组成部分。在VBA中，程序语句可以分为以下3种。

- 声明语句：用于命名变量、常量或数组等，并设定数据类型，定义范围等。
- 赋值语句：用于给某一个变量或常量赋予确定的值或表达式。
- 可执行语句：一条可执行语句就是VBA的一个动作，执行一个方法或者函数，从而实现过程所完成的功能。它是过程的主体，通常包含数学运算符或条件运算符。

当然，任何编程语言对程序语句都有一定的语法要求，如下所示。

(1) 每个语句的结尾都要按Enter键结束。

(2) 通常情况下，一条语句需写在同一行中，但也可以利用下划线“_”将语句持续到下一行中。并且下划线至少应该与它前面的字符保留一个空格，否则系统会直接将下划线与其前面的字符当作一个字符串。

(3) 若多条语句写在同一行中，可以用冒号“：”隔开。例如：

```
Dim str1 as string
str1 = "Hello World"
```

可以写在一行中：Dim str1 as string: str1 = "Hello World"

(4) 语句中的定义词、变量名或函数等不区分大小写。

在VBA中，系统会对输入的语句进行简单的格式化处理。用户可以在VBA的【代码】窗口中输入某个语句，按Enter键后，观察其结果。例如，当用户输入以下语句“dim strname”，按Enter键后，会变成“Dim strname”，即自动将定义词的第一个字母大写。系统还会自动在运算符前后加空格，或将输入的函数变为固定的格式等。这种做法能使代码的格式统一，便于阅读和管理，极大地方便了用户。

下面详细介绍几种VBA中经常用到的语句。

1. 声明语句

在 VBA 中，用户通过声明语句来命名和定义常量、变量、数组、过程等。并通过定义的位置和使用的关键字来决定这些内容的生命周期和作用范围。在 10.2.2 小节介绍变量时已涉及了声明语句。这里再介绍一个具体的例子。

```
Sub library()
  Dim lname As String
  Const lprice As Single = 7.6
End Sub
```

以上代码共包含了 3 条声明语句，Sub 语句声明了一个名为“library”的过程，当 library 过程被调用或运行时，Sub 与 End Sub 语句之间包含的语句都将被执行。Dim 语句声明了名为“lname”的变量，而 Const 语句声明了一个常量。

2. 赋值语句

赋值语句可以将特定的值或表达式赋给常量或变量等。在赋值语句中，最重要的就是赋值运算值“=”，它可以将运算符右边的值赋给运算符的左边。例如：

```
lname = "中华上下五千年"
a1 = 8.6
a2=a2+10
```

上面有 3 条赋值语句，前两条直接赋予了明确的值，而第三条的含义是将原来 a2 的值加 10 再重新赋给 a2。注意，不能在一条赋值语句中，同时给多个变量赋值。

3. 结束语句

在 VBA 中使用 End 语句来结束一个程序的运行。它还可以结束过程、函数等。例如：

```
End Sub    结束一个过程
End If   结束一个 If 语句
End Function   结束一个函数
End Type   结束用户自定义数据类型的定义
```

开发者应该养成使用 End 语句结束程序的良好习惯，从而减少错误的发生，增强程序的可读性。另外，在前面已经提过，在 VBA 中，系统会对输入的语句进行简单的格式处理。在这里，系统会将 End 语句作为约定的格式，例如，在【代码】窗口中输入“Sub library()”，按 Enter 键后，系统会自动在下面增加“End Sub”语句。

4. 输入语句

在 VBA 中，有多种输入语句的方法，这里介绍最常用的一种方法，使用 InputBox 函数进行输入。它的作用在介绍标准函数时已经讲过，下面是它的语法格式：

```
InputBox(prompt[, title][, default][, xpos][, ypos][, helpfile, context])
```

各个参数的含义如下。

- prompt：这一参数是必填的，用于显示输入对话框中的消息。

- title：可选参数，用于定义在对话框标题栏处显示的文本内容，如果不定义，系统会默认把应用程序名“Microsoft Access”放在标题栏。
- default：可选参数，用来定义当用户没有输入内容时返回的值。如果省略，则默认返回为空。
- xpos：可选参数，指定对话框的左边与屏幕左边的水平距离。如果省略，则对话框会放置在水平方向居中位置。
- ypos：可选参数，指定对话框的上方与屏幕上方的垂直距离。如果省略，则对话框会放置在垂直方向距屏幕上方约1/3的位置。
- helpfile：可选参数，字符串表达式，识别向对话框提供与上下文相关的帮助文件。如果提供了helpfile参数，也必须提供相应的context。
- context：可选参数，数值表达式，由帮助文件的作者指定给适当帮助主题的帮助上下文编号。

例如，在【立即窗口】对话框中输入以下语句：

```
print inputbox("请输入一个数字","数学练习",10, , , "帮助", 2)
```

按Enter键后，就会弹出一个对话框，如图10-31所示。若在文本框中输入“20”，单击【确定】按钮，可以看到【立即窗口】对话框中将返回输入的值。若不输入值，则默认返回为10，如图10-32所示。

5. 输出语句

在VBA中，同样有多种输出语句的方法，这里介绍使用MsgBox函数进行输出。下面是它的语法格式：

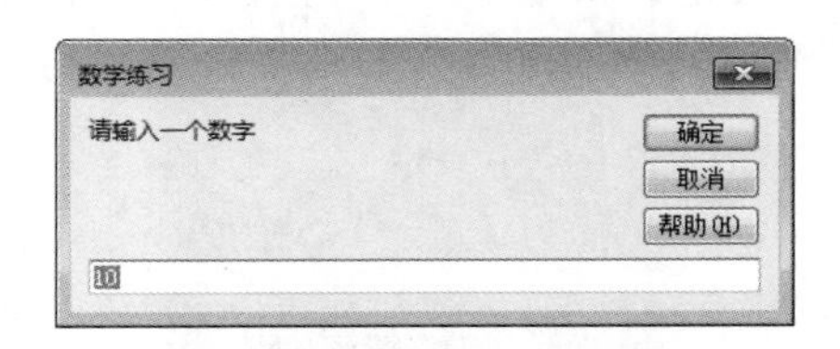

图10-31 【数学练习】对话框

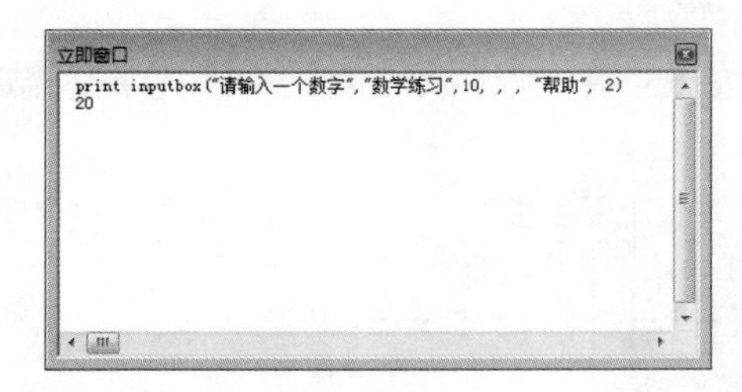

图10-32 返回输入的值

```
MsgBox(prompt[, buttons][, title][, helpfile, context])
```

各个参数的含义如下。

- prompt：这一参数是必填的，用于显示对话框中的消息。
- buttons：可选参数，用于定义输出窗口的按钮样式及图标显示类型，默认为“确定”按钮。关于各按钮的常数以及对应的返回值，用户可查阅相关的手册。这里不再一一列出。
- title：可选参数，用于定义在对话框标题栏处显示的文本内容，如果不定义，系统会默认把应用程序名“Microsoft Access”放在标题栏。
- helpfile：可选参数，字符串表达式，识别向对话框提供上下文相关的帮助文件。如果提供了 helpfile 参数，也必须提供相应的 context。

- context：可选参数，数值表达式，由帮助文件的作者指定给适当帮助主题的帮助上下文编号。

例如，在【立即窗口】对话框中输入以下语句：

```
print msgbox("这是一个例子", ,"显示框")
```

按 Enter 键后，弹出一个对话框，显示出设定的消息，如图 10-33 所示。单击【确定】按钮，此时在【立即窗口】对话框中将返回【确定】按钮对应的整型值 1，如图 10-34 所示。

图 10-33　【显示框】对话框

图 10-34　返回【确定】按钮对应的整型值 1

上面在【立即窗口】对话框中简单展示了 MsgBox 函数用法。下面使用 MsgBox 函数，在具有【是】和【否】按钮的对话框中显示一条信息，提示是否关闭系统。在【代码】窗口中输入以下代码，如图 10-35 所示。

```
Sub msgtest()
Dim a
a = MsgBox("您确定退出系统吗?", vbYesNo)
End Sub
```

按 F5 键执行，弹出对话框，提示是否退出系统，有【是】和【否】两个按钮，如图 10-36 所示。

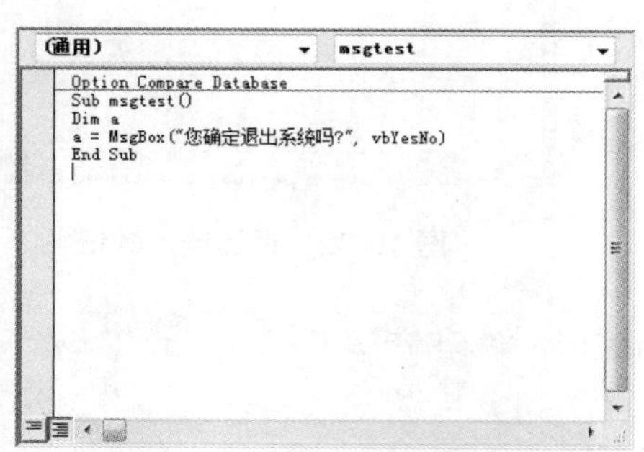

图 10-35　输入代码

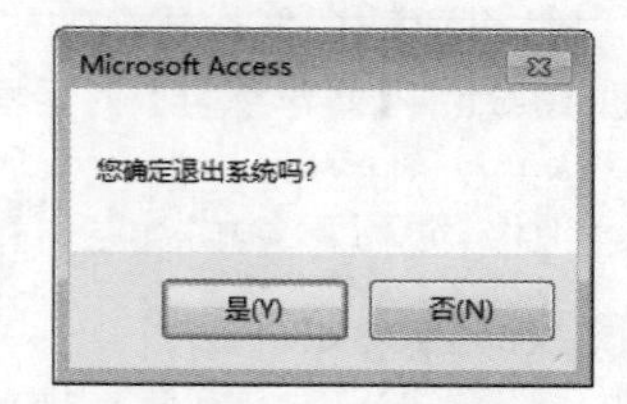

图 10-36　对话框

10.3　创建 VBA 程序

初步了解了 VBA 的语法规则及一些常见的语句后，用户可以开始创建一些简单的 VBA 程序。对于所有的程序语言，通常都可以分为顺序结构、选择结构和循环结构 3 种。下面分别通过这 3 种程序结构，介绍如何创建 VBA 程序。

1. 顺序结构

顺序结构是最基本的结构，它是在执行完一条语句后，顺序执行下一条语句，即一条一条按顺序执行语句。下面在“快递信息”数据库中创建一个简单的顺序结构的 VBA 程序，具体操作步骤如下。

step 01 启动 Access 2013，打开“快递信息”数据库，切换到【创建】选项卡，单击【宏与代码】组中的【模块】按钮，如图 10-37 所示。

step 02 系统将新建一个模块并进入该模块的编辑界面，如图 10-38 所示。

图 10-37 单击【宏与代码】组中的【模块】按钮

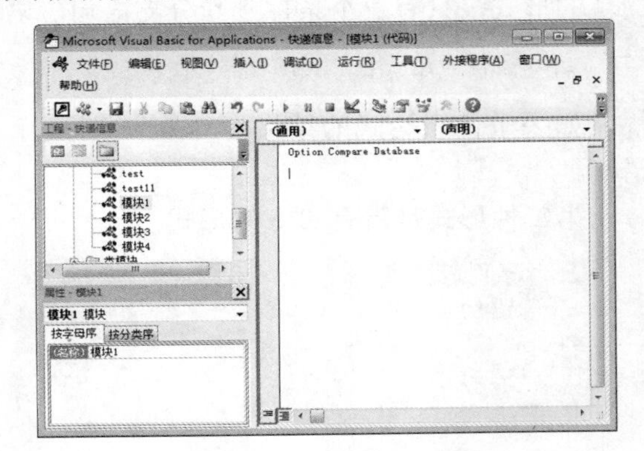

图 10-38 模块的编辑界面

step 03 在【代码】窗口输入以下代码，如图 10-39 所示。

```
Sub test()
Dim mystr, myint
mystr = "Hello World"
myint = 5
Debug.Print "mystr="; mystr
Debug.Print "myint="; myint
End Sub
```

step 04 单击工具栏中的【运行子过程/用户窗体】按钮 ▶，执行程序。选择【视图】|【立即窗口】命令，在弹出的【立即窗口】对话框中可以查看结果，如图 10-40 所示。

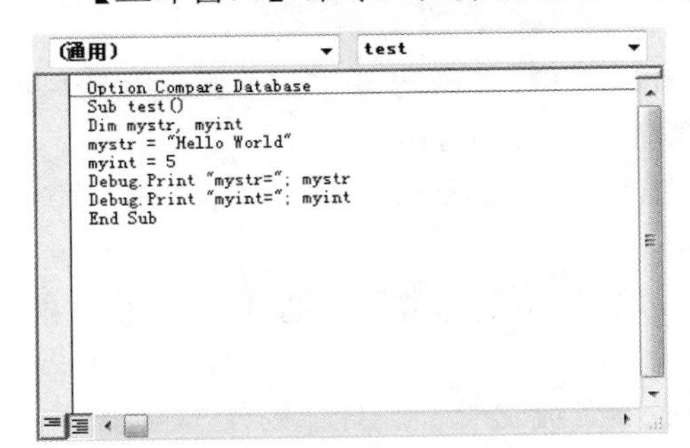

图 10-39 输入代码

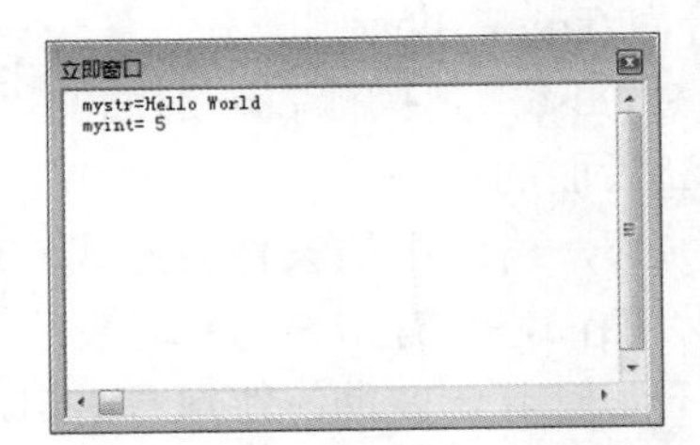

图 10-40 在【立即窗口】对话框中查看结果

2. 选择结构

选择结构也称为分支结构，该结构中通常包含一个条件判断语句，根据语句中条件表达式的结果执行不同的操作，从而控制程序的流程。

选择结构主要有两种：if 语句和 case 语句。if 语句又称为条件语句，case 语句又称为情况语句，两者的本质是一样的，都是在 VBA 中进行条件判断，当进行简单的条件判断时使用 if 语句，如果判断之后的结果较多，可以使用 case 语句。

1) If 语句

VBA 中最常见的分支语句就是 if 语句，根据实际需要可分为以下 3 种类型。第一种为最简单的形式，只有一个条件判断分支语句，语法格式如下：

```
If <条件表达式> then <语句1> End If
```

如果条件表达式的结果为 True，则执行 then 后面的“语句 1”，否则就直接跳过该 If 语句。

第二种形式是带有 else 的形式：

```
if <条件表达式>  then
    <语句1>
else
    <语句2>
end if
```

它比第一种形式多了 else 语句，表示当条件表达式的结果为 True 时，执行 then 后面的“语句 1”，否则就执行 else 后面的“语句 2”。

以上两种形式都只有一个条件，当有多重条件时，可以使用以下格式。

```
if <条件表达式1> then
    <语句1>
elseif <条件表达式2> then
    <语句2>
…
elseif <条件表达式n> then
    <语句n>
else
    <语句n+1>
end if
```

以上的执行流程是，先判断条件 1，若为 True，执行“语句 1”，否则就继续判断条件 2，若为 True，执行“语句 2”……一直判断到条件 n，若为 True，执行“语句 n”，若结果一直为 False，则执行 else 后面的“语句 n+1”。若没有 else 语句，则跳出整个 if 语句，继续执行 if 后面的语句。

另外，格式中的条件表达式一般都为逻辑表达式，如果为数值表达式，那么结果为非 0 时表示 True，只有结果为 0 时表示 False。

下面使用 if 多重条件判断语句，根据学生的成绩发放奖学金。具体操作步骤如下。

step 01 启动 Access 2013，打开“快递信息”数据库，切换到【创建】选项卡，单击

【宏与代码】组中的【模块】按钮。

step 02 系统将新建一个模块并进入该模块的编辑界面，在该模块的【代码】窗口输入以下代码，如图10-41所示。

```
Sub test1()
   Dim stuScore As Integer
   stuScore = InputBox("请输入分数")
   If stuScore > 95 Then
     MsgBox "该学生获得一等奖学金"
   ElseIf stuScore > 85 Then
      MsgBox "该学生获得二等奖学金"
   Else
      MsgBox "该学生未获得奖学金"
   End If
End Sub
```

step 03 将光标定位在【代码】窗口的任意位置，按F5键执行程序，弹出【宏】对话框，代码中sub语句声明的过程名为“test1”，因此选中宏名称“test1”，单击【运行】按钮，如图10-42所示。

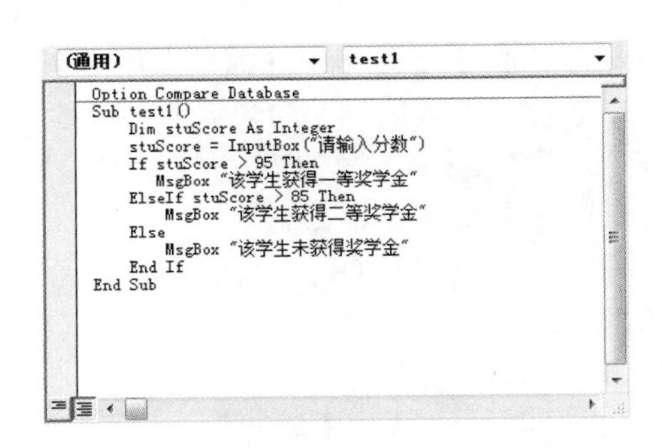

图10-41 输入代码

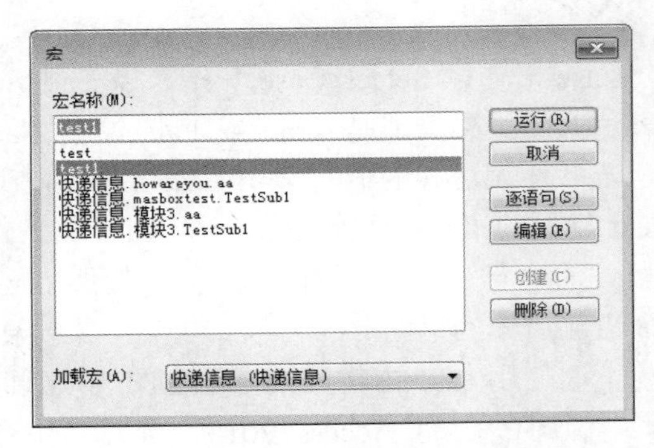

图10-42 【宏】对话框

step 04 弹出Microsoft Access对话框，在【请输入分数】文本框中输入学生分数。例如输入“90”，单击【确定】按钮，如图10-43所示。

step 05 此时系统将根据输入的分数进行判断，并显示出相应的结果“该学生获得二等奖学金”，如图10-44所示。

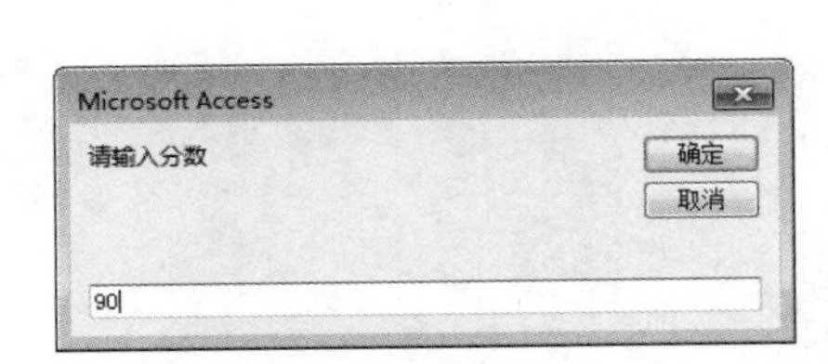

图10-43 Microsoft Access对话框

图10-44 显示结果

由执行结果可以看到 if 语句从上到下依次进行检测，当分数为“90”时，满足第二个elseif语句，分数大于85且小于等于95，因此执行第二条then后面的语句。

在以上的判断中，一旦结果为 True，执行相应的语句后，程序便会跳出整个 if 语句，不再执行后面的语句。并且多个条件之间并不一定是并列关系，如果多个条件都为 True 时，程序只能执行第一个符合条件的语句块，执行完成后就会跳出 if 语句。

2) Case 语句

当条件表达式的结果较多时，使用 if 语句建立的程序可读性较差，不易理解。这时用户可以使用 Case 语句来实现。其语法格式如下：

```
Select Case<条件表达式>
Case  表达式值 1
      <语句块 1>
Case  表达式值 2
      <语句块 2>
      …
Case  表达式值 n
      <语句块 n>
Case Else
      <语句块 n+1>
End Select
```

Case 语句以 Select Case 开始，以 End Select 结束。这里与 If 语句不同的是，If 语句中条件表达式的结果只能是 True 或 False，而 Case 语句中条件表达式的结果可以是数值或者字符串。若条件表达式的值与某个 Case 后面的值匹配，则执行该 Case 下面的语句，然后执行 End Select 后面的语句；如果不止一个 Case 与条件表达式的值匹配，则只对第一个匹配的 Case 执行相关的语句；如果所有的表达式值没有一个与条件表达式的值匹配，则 VBA 执行 Case Else 语句后面的语句 n。语句中可以包含一条或多条代码。

下面使用 case 语句，根据学生的成绩判断等级。具体操作步骤如下。

step 01 启动 Access 2013，打开“快递信息”数据库，切换到【创建】选项卡，单击【宏与代码】组中的【模块】按钮。

step 02 系统将新建一个模块并进入该模块的编辑界面，在该模块的【代码】窗口输入以下代码，如图 10-45 所示。

```
Sub test2()
Dim grade As Integer, evalu As String
grade = InputBox("请输入分数")
Select Case grade
 Case 100: evalu = "满分"
 Case 90 To 99: evalu = "优秀"
 Case 80 To 89: evalu = "良好"
 Case 70 To 79: evalu = "中"
 Case 60 To 69: evalu = "及格"
 Case 0 To 59: evalu = "不及格 "
 Case Else: evalu = "数据错误"
End Select
MsgBox "分数为" & grade & " " & "等级为" & evalu
End Sub
```

step 03 按 F5 键执行程序，弹出 Microsoft Access 对话框，在【请输入分数】文本框中输入学生分数，例如输入“50”，单击【确定】按钮，如图 10-46 所示。

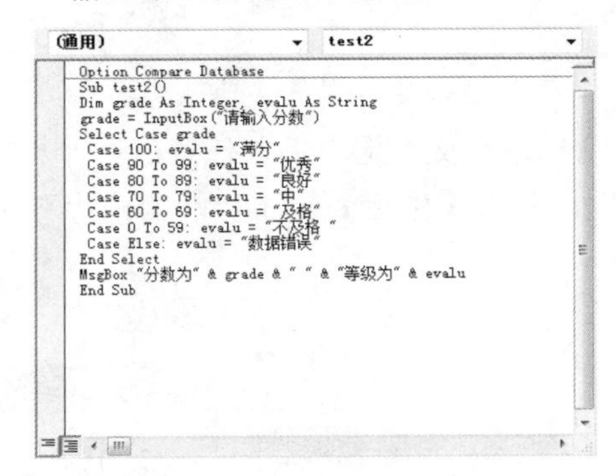

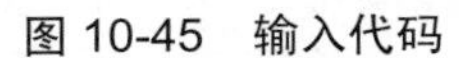
图 10-45　输入代码

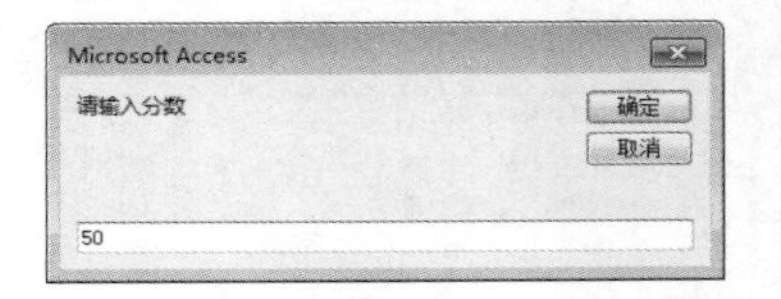

图 10-46　Microsoft Access 对话框

step 04 此时系统将根据输入的分数进行判断，并显示出相应的结果“分数为 50 等级为不及格”，如图 10-47 所示。

图 10-47　显示结果

3. 循环结构

循环结构也称为重复结构，使得某些语句重复执行若干次，实现重复性操作。VBA 中提供了不同形式的循环结构，最常用的有两种：For…Next 循环和 Do While…Loop 循环。For…Next 循环可以按指定的次数重复执行语句，而 Do While…Loop 循环则需根据条件判断是否继续执行循环，需要在给定的条件满足时执行循环体。

1) For…Next 循环

For…Next 循环是最常用的一种循环控制结构。它的语法格式如下：

```
For 循环变量=初值 To 终值 [Step 步长]
[循环体]
Next [循环变量]
```

循环变量亦称为循环控制变量，作为循环控制的计数器，必须是一个数值型变量。

初值和终值表示循环变量的初始值和终止值，都是数值表达式。

步长表示每次循环时，循环变量增加的值，不能为 0，可以是正数或负数。步长为 1 时可省略 Step 子句。

循环体表示要执行的循环内容。

Next 表示终止循环语句，后面的循环变量与 For 语句中的循环变量必须相同，可省略不写。

下面使用 For…Next 循环计算 s=1+2+3+…+x 的累加值，并输出结果。在【代码】窗口中输入以下代码，如图 10-48 所示。

```
Sub test3()
Dim x As Integer, s As Integer
s = 0
x = InputBox("请输入累加的终值")
```

```
For x = 1 To x Step 1
s = x + s
Next
MsgBox s
End Sub
```

按 F5 键执行程序，弹出 Microsoft Access 对话框，在文本框中输入任意值可计算 1～这个值的累加值，如图 10-49 所示。例如输入“50”，单击【确定】按钮，即会弹出对话框，显示 1～50 的累加值 1275，如图 10-50 所示。

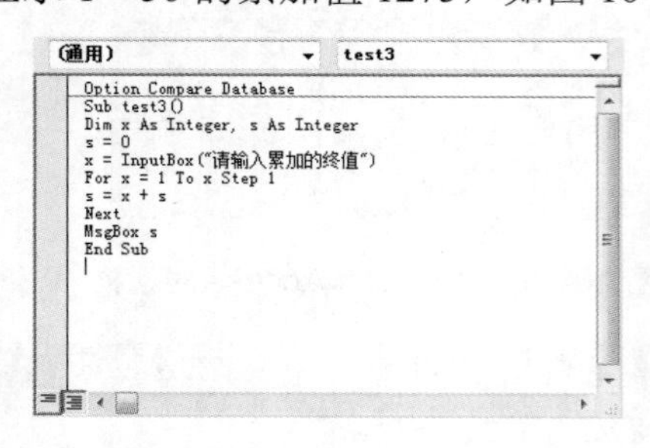

图 10-48　输入代码

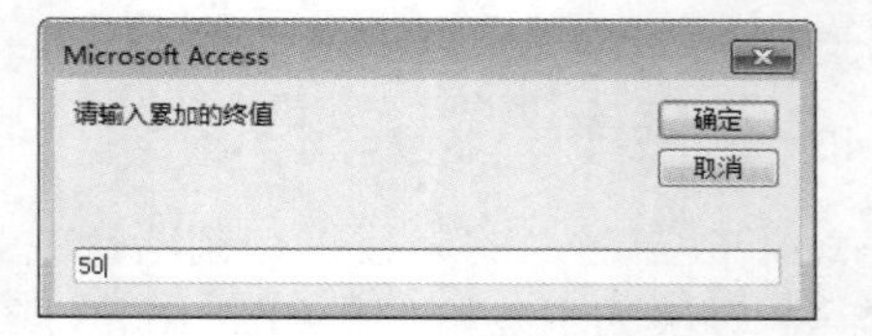

图 10-49　Microsoft Access 对话框

图 10-50　显示结果

2) Do While…Loop 循环

对于只知道控制条件，但不能预先确定需要执行多少次循环体的情况，可以使用 Do While…Loop 循环。它的语法格式如下：

```
Do While <条件>
[语句块]
Loop
```

当执行 Do While 时，首先对条件进行判断，如果结果为 True，则执行下面的语句块。接着向下执行到 Loop，程序自动返回到 Do While 语句，继续新一轮的判断与循环。一直当判断结果为 False 时，程序跳出语句块，直接执行 Loop 后面的语句。

例如，使用 Do…While 循环求阶乘，计算 s=1*2*3*…*n 的值，并输出结果。在【代码】窗口中输入以下代码：

```
Sub test4()
Dim s, x As Integer
s = 1: n = 1:
x = InputBox("请输入阶乘的值")
Do While n < x
n = n + 1
s = s * n
Loop
MsgBox s
End Sub
```

按 F5 键执行程序，弹出 Microsoft Access 对话框。在文本框中输入任意值可计算 1 到这个值的阶乘值，如图 10-51 所示。例如输入“10”，单击【确定】按钮，即会弹出对话框，显示 1～10 的阶乘值 3628800，如图 10-52 所示。

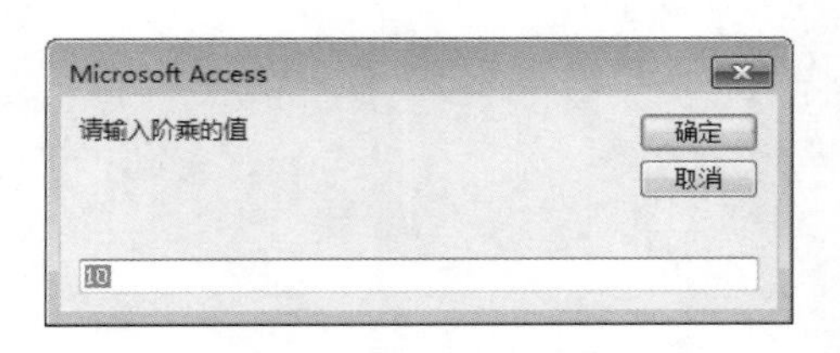

图 10-51 Microsoft Access 对话框

图 10-52 显示结果

10.4 过程与模块

用户编写的 VBA 代码实际上保存在 Access 的模块中。因此，若需要完成更复杂的功能，必须掌握模块的使用。

10.4.1 模块和过程概述

过程是由能够完成某项特定功能的代码段所组成。利用过程可将复杂的代码细分为许多部分，每种过程完成其独特的功能，方便用户管理。另外，使用过程还可以增强扩展 VB 的构件或用于共享任务或压缩重复任务等。

而模块是由声明、语句和过程组成的集合，它们作为一个单元存储在一起。模块可分为类模块和标准模块两类。

10.4.2 创建过程

在 VBA 中，将过程分为事件过程和通用过程两类。通用过程根据是否返回值又可分为 Function 过程和 Sub 过程。下面以创建事件过程和通用过程为例，介绍如何创建过程。

1. 创建事件过程

事件是指用户对对象操作的结果。在 Access 中，系统提供了约 50 多种的事件，例如单击鼠标、通过键盘输入数据等都称为事件。

事件过程指在某事件发生时执行的代码。例如，单击鼠标时，可以设定相应的代码，指示单击后要执行的动作，可以是退出某个程序或者执行程序等动作。下面在“联系人”数据库的“联系人详细信息”窗体中，添加一个按钮控件并为其设置事件过程。具体操作步骤如下。

step 01 启动 Access 2013，打开“快递信息”数据库的“运单信息”窗体，并进入该窗体的设计视图，如图 10-53 所示。

step 02 切换到【设计】选项卡，单击【控件】组中的【按钮】按钮 xxxx，然后在【窗体页眉】节中单击，弹出【命令按钮向导】对话框，单击【取消】按钮，快速添加一个按钮控件，并将其命名为“关闭”，如图 10-54 所示。

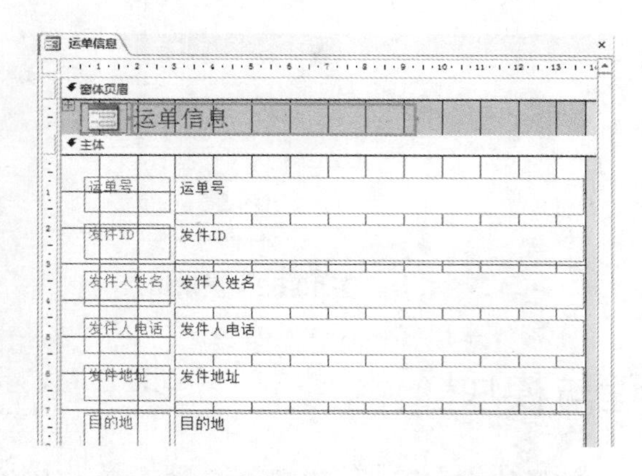

图 10-53 “运单信息”窗体的设计视图

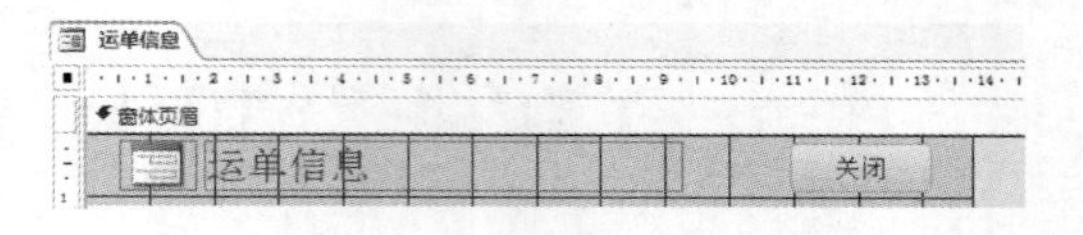

图 10-54 添加一个按钮控件

step 03 选中创建的“关闭”按钮，然后切换到【设计】选项卡，单击【工具】组中的【属性表】按钮，弹出【属性表】窗格，切换到【事件】选项卡，单击【单击】选项右侧的省略号按钮，如图 10-55 所示。

step 04 弹出【选择生成器】对话框，选择【代码生成器】选项，单击【确定】按钮，如图 10-56 所示。

图 10-55 【属性表】窗格

图 10-56 【选择生成器】对话框

step 05 进入 VBA 编辑界面，此时系统自动新建一个名为“Form_运单信息”的类模块。用户可在【代码】窗口编辑相应的代码，如图 10-57 所示。

step 06 在【代码】窗口中输入以下的代码，单击【保存】按钮，将其保存，如图 10-58 所示。

```
Private Sub Command1_Click()
DoCmd.Close
End Sub
```

Docmd 是 Access 的一个特殊对象，用来调用内置方法，例如打开、关闭窗体或报表等。

step 07 切换到窗体的【窗体视图】界面，单击“关闭”按钮，即会弹出 Microsoft Access

对话框，提示关闭窗体前是否保存更改，如图 10-59 所示。

step 08 单击【取消】按钮，切换到窗体的【设计视图】界面，在【事件】选项卡中，可以看到，Access 已经给“单击”事件属性值添加了一个“事件过程”属性，如图 10-60 所示。

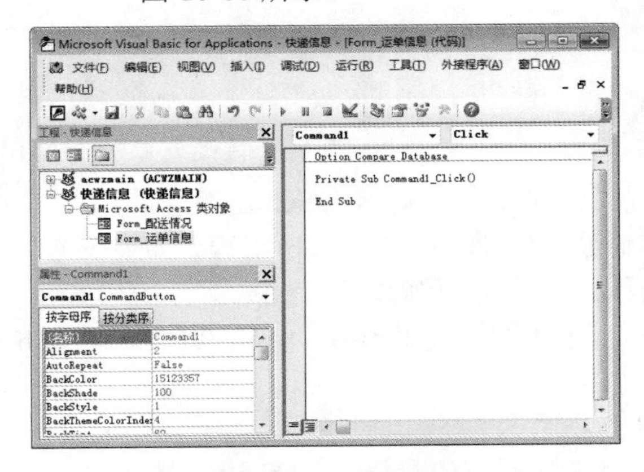

图 10-57 VBA 编辑界面

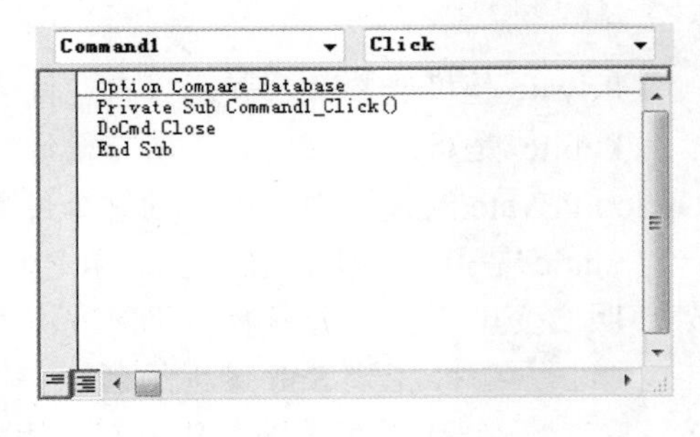

图 10-58 输入代码

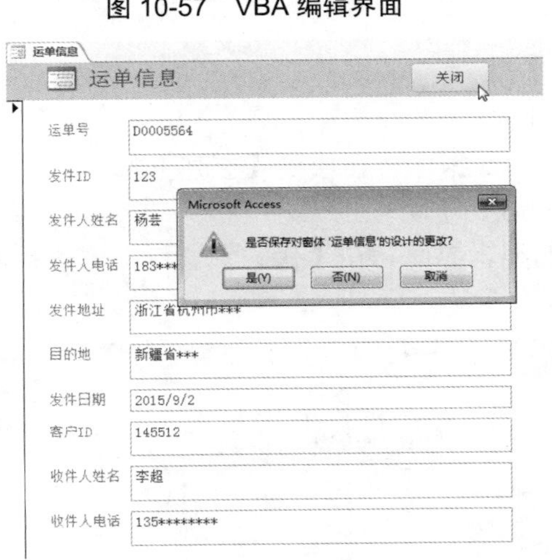

图 10-59 Microsoft Access 对话框

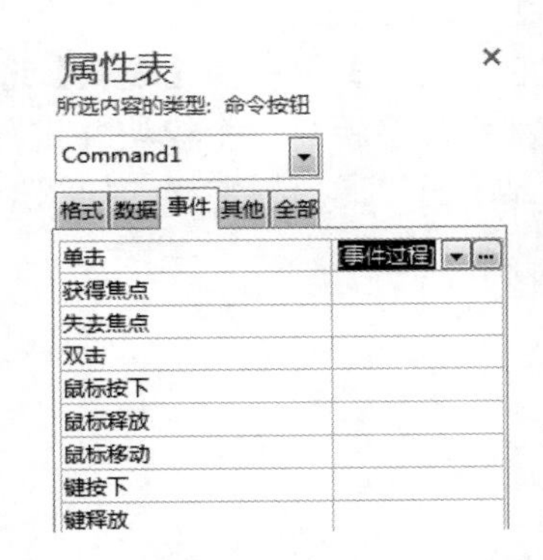

图 10-60 给“单击”事件添加“事件过程”属性

在编辑 VBA 代码时，系统已自动为事件过程命名为“Command1_Click”。由此可见，事件过程的命名规则默认为：控件名称+下划线+事件名称。在 Sub 语句和 End Sub 语句中间，用户即可添加代码实现相应的功能。

2. 创建通用过程

上面创建的事件过程只能作用于一个事件，若要给多个控件或事件设置执行同样的动作，这时可以创建一个公共的过程，然后设置各个控件或事件调用这个过程即可。这个公共的过程通常称为通用过程。

通用过程根据是否返回值又可以分为两类：Sub 过程和 Function 过程。

Sub 过程即子过程，它可以执行一系列操作但是不返回值。Function 过程通常称为函数过程，它将返回一个值。

1) 创建 Sub 过程

创建 Sub 过程的语法结构如下：

```
[Private | Public] [Static] Sub <过程名称> [(参数列表)]
   [语句段]
   [Exit Sub]
   [语句段]
End Sub
```

Private 是可选参数，表示只有在同一模块中的其他过程可以访问该 Sub 过程。

Public 是可选参数，表示所有模块的所有其他过程都可访问这个 Sub 过程。如果在包含 Option Private 的模块中使用，则这个过程在该工程外是不可使用的。

Static 是可选参数，表示在调用之间保留 Sub 过程的局部变量的值。Static 属性对在 Sub 外声明的变量不会产生影响，即使过程中也使用了这些变量。

<过程名称>指定 Sub 过程的名称。

[(参数列表)]是可选的。代表在调用时要传递给 Sub 过程的参数的变量列表。多个变量则用逗号隔开。

[语句段]中包含 Sub 过程中所执行的任何语句组。

下面创建一个 Sub 过程输出九九乘法表，具体操作步骤如下。

step 01 启动 Access 2013，打开“快递信息”数据库，切换到【创建】选项卡，单击【宏与代码】组中的【模块】选项，如图 10-61 所示。

step 02 系统将新建一个模块并进入该模块的编辑界面。在【代码】窗口上方的状态条中显示出“通用”字样，如图 10-62 所示。

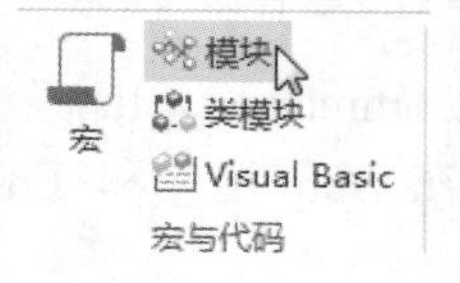

图 10-61　单击【宏与代码】组中的【模块】按钮

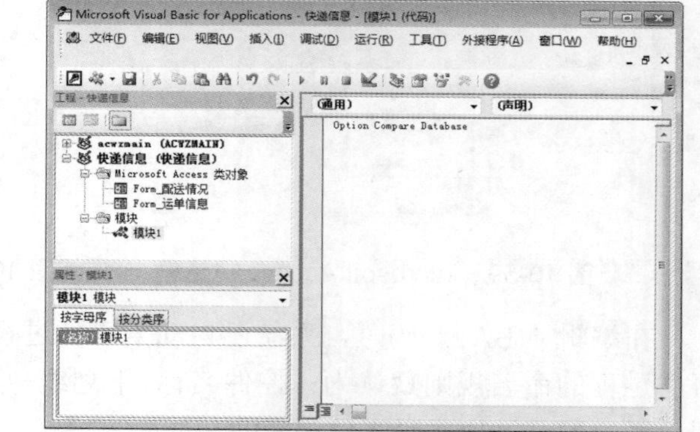

图 10-62　新建一个模块

step 03 在【代码】窗口中输入以下代码，打印输出九九乘法表，如图 10-63 所示。

```
Public Sub TestSub1()
Dim i As Integer
Dim j As Integer
   '通过循环的嵌套实现九九乘法表
   For i = 1 To 9
```

```
    For j = 1 To i
      Debug.Print Tab((j - 1) * 9 + 1); i & "×" & j & "=" & i * j;
    Next j
  Next i
End Sub
```

step 04 单击工具栏中的【运行子过程/用户窗体】按钮▸，执行程序。然后选择【视图】菜单中的【立即窗口】命令，在【立即窗口】中查看结果，如图 10-64 所示。

以上是用户手动在【代码】窗口中添加创建 Sub 的代码，用户还可以在对话框中定义 Sub 过程，这个对话框提供了一个定义 Sub 过程的向导模板，用户在定义时只需指定子过程的名称、类型和使用范围，就可以创建一个 Sub 过程的模板代码。具体操作步骤如下。

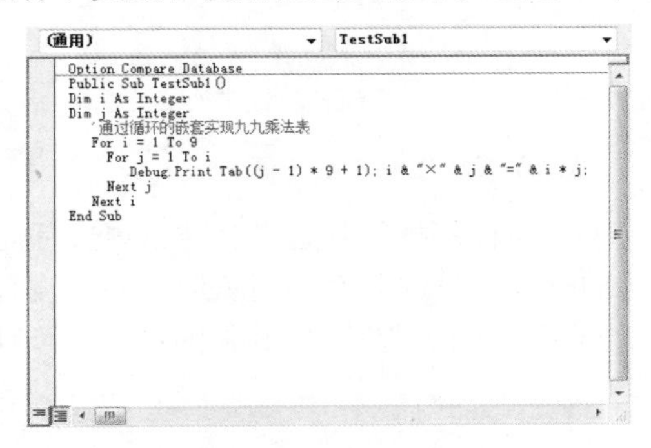

图 10-63　输入代码

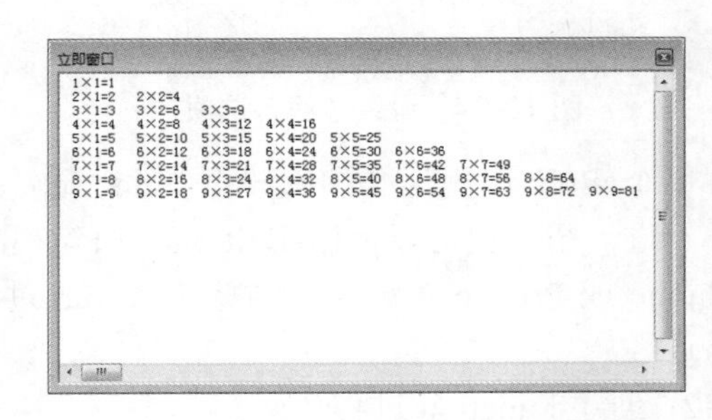

图 10-64　查看结果

step 01 启动 Access 2013，新建一个模块，进入 VBA 的编辑界面。选择【插入】|【过程】命令，如图 10-65 所示。

step 02 弹出【添加过程】对话框，在【名称】文本框中输入新建的过程名称，在【类型】选项组中可以选定该过程的类型，在【范围】选项组中选择过程的范围，对于【把所有局部变量声明为静态变量】复选框，若选中该项，将在过程名前面添加 Static 关键字，如图 10-66 所示。

在【类型】选项组中【子程序】单选按钮表示 Sub 过程，【函数】表示 Function 过程。【范围】选项组中【公共的】单选按钮表示在过程定义代码中将添加 Public 关键字，而【私有的】单选按钮则添加 Private 关键字。

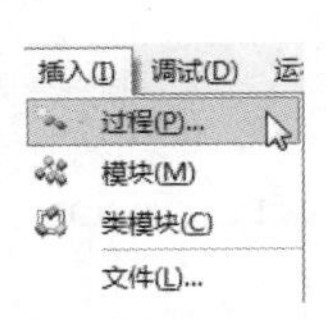

图 10-65　选择【插入】菜单中的【过程】命令

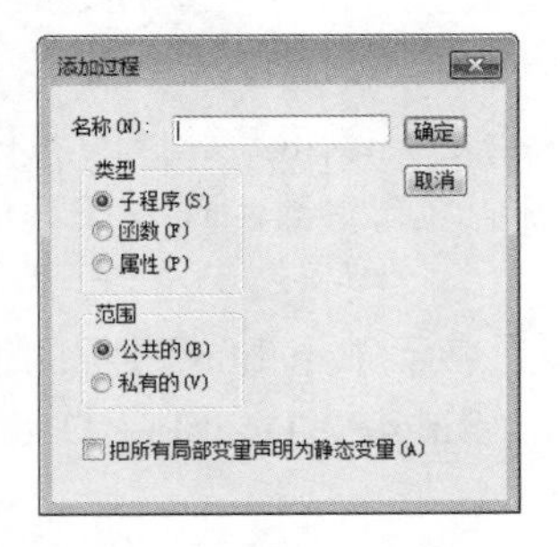

图 10-66　【添加过程】对话框

step 03 在【名称】文本框中输入过程名“test1”，然后分别选中【子程序】和【私有的】单选按钮，单击【确定】按钮，如图 10-67 所示。

step 04 VBA 将在【代码】窗口中自动生成过程代码。用户只需在 Sub 和 End Sub 语句之间添加代码即可实现相应的功能，如图 10-68 所示。

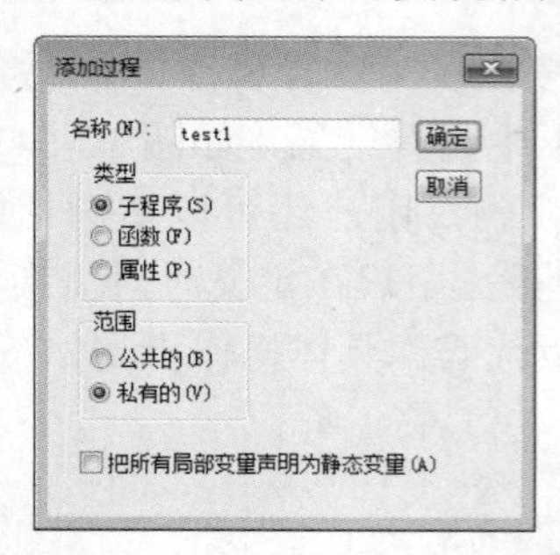

图 10-67　设置过程各选项

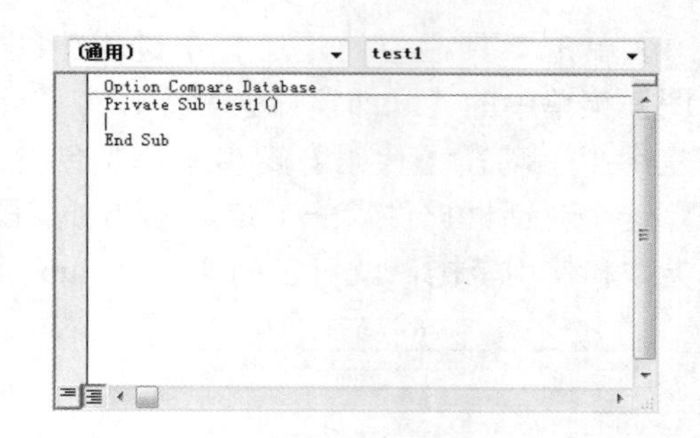

图 10-68　生成过程代码

每个 Sub 过程都必须有一个 End Sub 语句，表示当程序执行到这里就结束该过程的运行。不过，用户也可以使用 Exit Sub 语句跳出过程的执行。在定义 Sub 过程时若前面没有使用 Public 或 Private 关键字，则默认该 Sub 过程是 Public 类型的过程，即其他的模块也可以访问该过程。

2) 创建 Function 过程

创建 Function 过程的基本语法结构如下：

```
[Public | Private] [Static] Function <函数名称> [(参数列表)] [As 数据类型]
    [语句段]
    [函数名称 = 表达式 1]
    [Exit Function]
    [语句段]
    [函数名称 = 表达式 2]
End Function
```

Public 是可选参数，表示所有模块的所有其他过程都可访问这个 Function 过程。如果是在包含 Option Private 的模块中使用，则这个过程在该工程外是不可使用的。

Private 是可选参数，表示只有在同一模块中的其他过程可以访问该 Sub 过程。

Static 是可选参数，表示在调用之间将保留 Function 过程的局部变量值。Static 属性对在该 Function 外声明的变量不会产生影响，即使过程中也使用了这些变量。

<函数名称>指定 Function 过程的名称。

[(参数列表)]是可选参数，代表在调用时要传递给 Function 过程的参数变量列表。多个变量应用逗号隔开。

“数据类型”表示 Function 过程的返回值的数据类型，可以是 Byte、Boolean、Integer、Long、Currency、Single、Double、Date、String(除定长)、Object、Variant 或任何用户定义类型。

语句段中包含 Function 过程中执行的任何语句组。

表达式 1 是可选参数，指定 Function 的返回值。

比较 Function 过程和 Sub 过程的定义语法可以看到，两个过程的结构很相似，但是与 Sub 过程不同，Function 过程又有其自身的特点。

- 在函数第一行的声明语句中，使用“As 数据类型”定义函数的返回值类型。
- 在函数体内，通过给函数名赋值来指定函数的返回值。

如果函数体内没有“[函数名称=表达式 1]”这样的语句，函数将返回一个默认值 0，如果返回数据类型是字符串，则返回一个空字符串。

下面是一个计算长方形周长的 Function 过程。

```
Private Function circu(x As Single, y As Single) As Single
Dim z As Single
z = 2 * (x + y)
circu = z
MsgBox circu
End Function
```

该函数过程定义了一个带有参数 x，y 的 ciucu 函数，返回值为一个单精度型。

在另一个过程中调用该函数过程，计算一个长为 3.5、宽为 2.5 的长方形的周长，代码如下，如图 10-69 所示。

```
Sub aa()
Call circu(2.5, 3.5)
End Sub
```

单击工具栏中的【运行子过程/用户窗体】按钮，执行该程序。弹出对话框，可以看到执行的结果，如图 10-70 所示。

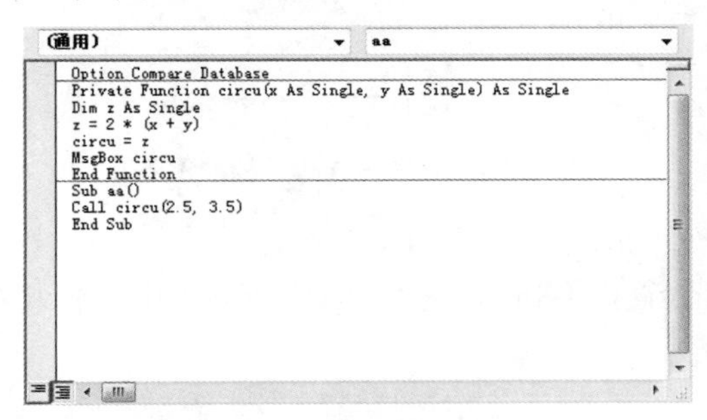

图 10-69 调用 Function 过程

图 10-70 查看结果

同样地，用户也可以在【添加过程】对话框中添加 Function 过程，这里不再详细介绍。

10.4.3 VBA 程序模块

在创建过程时，首先需创建一个模块，然后进入 VBA 的【代码】窗口，编辑过程代码。由此可见，模块是 VBA 声明和过程的集合，而过程则是由一段代码段组成。打开一个【代码】窗口，这个窗口就是一个模块，而每一段灰色横线中间部分则为一个过程，如图 10-71 所示。

模块分为标准模块和类模块两种。下面分别进行介绍。

1. 标准模块

标准模块并不与任何对象相关联，通常用来存放通用过程。创建一个标准模块后，用户可以在【工程】窗口中的【模块】目录下查看，如图 10-72 所示。

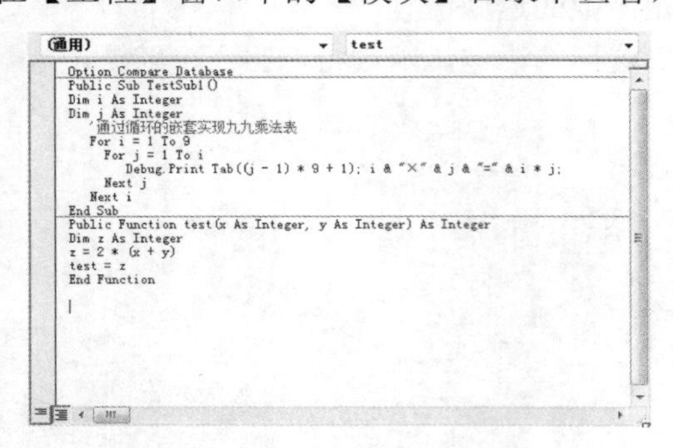

图 10-71 【代码】窗口

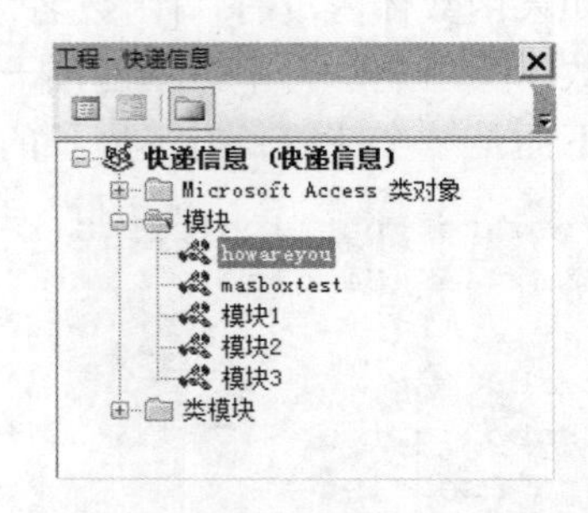

图 10-72 【工程】窗口中的【模块】目录

创建标准模块主要有以下 4 种方法。

- 切换到【创建】选项卡，单击【宏与代码】组中的【模块】按钮，可创建一个模块。如图 10-73 所示。
- 在 VBA 编辑界面，在工具栏中单击【插入模块】按钮的下拉按钮，在弹出的下拉列表中选择【模块】选项，新建一个模块，如图 10-74 所示。

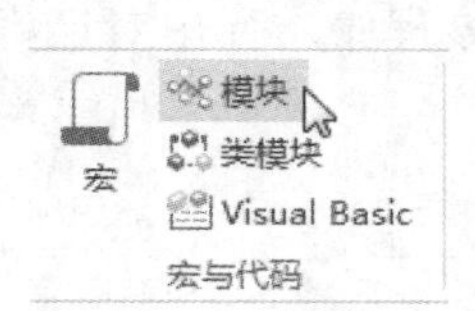

图 10-73 单击【宏与代码】组中的【模块】按钮

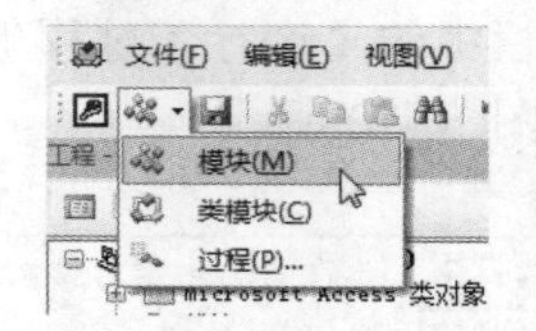

图 10-74 选择【模块】选项

- 选择【插入】|【模块】命令，新建一个模块，如图 10-75 所示。
- 将光标定位在【工程】窗口的空白位置，右击，在弹出的快捷菜单中选择【插入】|【模块】命令即可，如图 10-76 所示。

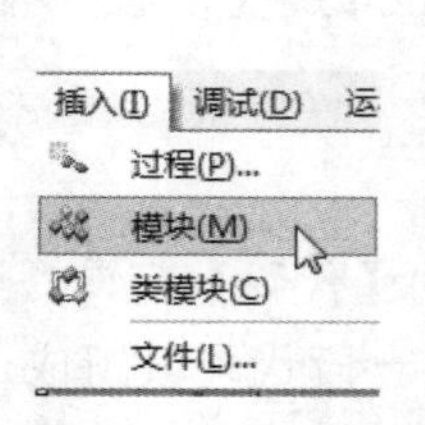

图 10-75 选择【插入】菜单中的【模块】命令

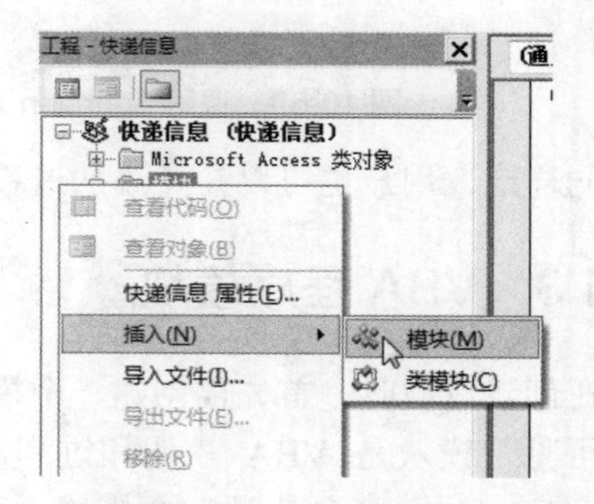

图 10-76 选择【插入】|【模块】命令

新建一个模块后，系统会自动命名为“模块 1”“模块 2”等，若要重命名模块，在【工程】窗口中选中此模块，然后在【属性】窗口的【名称】文本框中输入新名称。例如输入“test1”，按 Enter 键，即可将模块 1 重命名为“test1”，如图 10-77 所示。

2. 类模块

类模块是包含类的定义的模块。通常分为自定义类模块、窗体类模块和报表类模块三种。

在创建标准模块时介绍的 4 种方法都适用于创建自定义类模块，只需选择【类模块】命令即可。使用这 4 种方法创建的类模块并不直接与窗体或报表相关联，它允许用户定义自己的对象、属性和方法。

后两种类型通常是为窗体、报表或控件设置事件过程的模块。使用它们可以使用户更加方便地创建和响应窗体、报表或控件的各种事件。相对于标准模块，窗体类模块和报表类模块主要有以下优点。

- 类模块的所有代码都保存在相应的窗体或报表中，当对窗体或报表进行复制、导出等操作时，事件过程作为属性一起被复制或导出，方便了数据的维护。
- 事件过程直接与事件相连，用户无须进行太多的设定。

在窗体或报表的【属性表】窗格的【事件】选项卡中，为某事件属性添加事件过程，添加事件过程的同时也意味着创建了一个类模块。例如，在 10.4.2 小节中，为“运单信息”窗体的控件添加“单击”事件过程时，即创建了一个窗体类模块。在【工程】窗口中，用户可以看到创建的窗体类模块“Form_运单信息”，如图 10-78 所示。

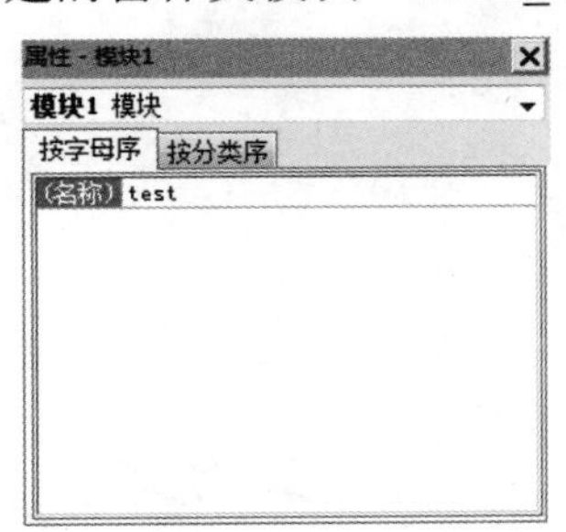

图 10-77 【属性】窗口中的【名称】文本框

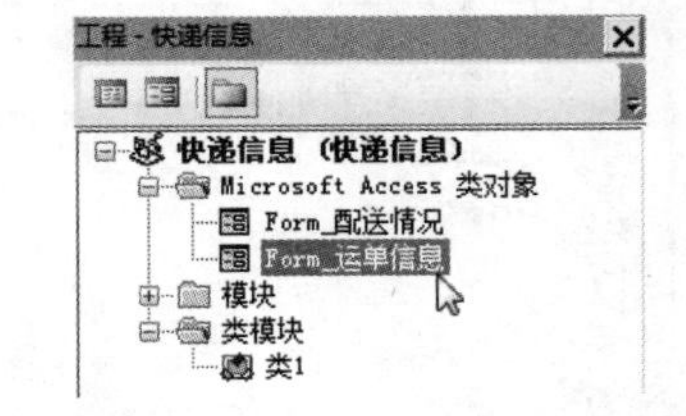

图 10-78 窗体类模块“Form_运单信息”

同样地，若在报表中为某控件添加事件过程时，创建的类模块可称为报表模块。

10.5 综合实战——创建生成彩票号码的代码

1. 案例目的

使用 VBA 代码，创建随机生成彩票号码的程序。

2. 案例操作过程

step 01 启动 Access 2013，打开某个数据库，切换到【创建】选项卡，单击【宏与代码】组中的【模块】按钮。

step 02 系统将新建一个模块并进入该模块的编辑界面。在【代码】窗口中输入以下代码，如图 10-79 所示。

```
Public Sub Lottery(lott() As Integer)
    Randomize
    For i = 1 To 10
        lott(i) = Int(Rnd() * 10)
    Next i
End Sub
Sub main()
    Dim arr(1 To 10) As Integer
    Lottery arr
    Debug.Print "本期的中奖号码是:"
    For i = 1 To 10
        Debug.Print arr(i) & " ";
    Next
    Debug.Print
End Sub
```

step 03 单击工具栏中的【运行子过程/用户窗体】按钮，执行程序。然后选择【视图】|【立即窗口】命令，在【立即窗口】对话框中查看随机生成的彩票号码，如图 10-80 所示。

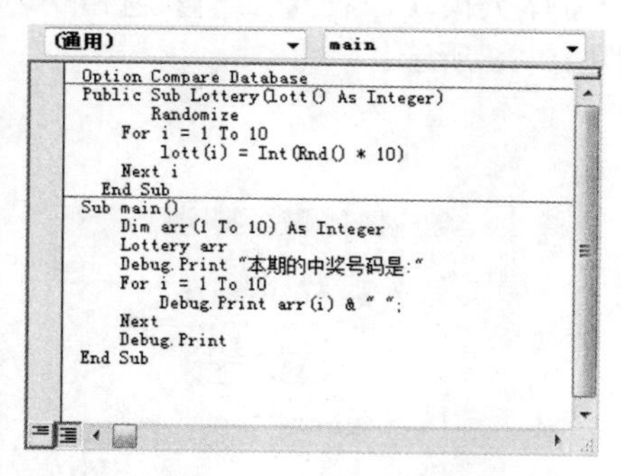

图 10-79　输入代码

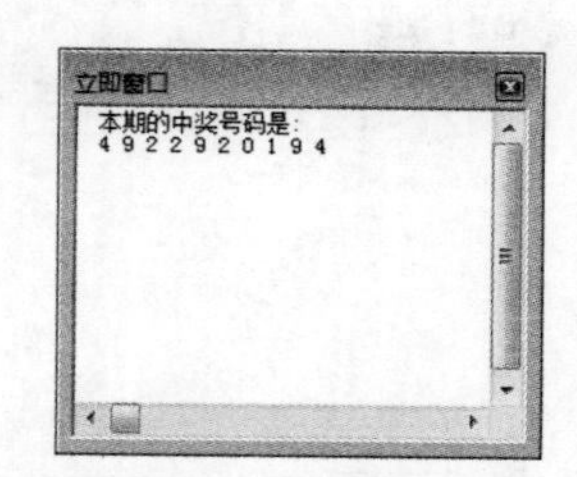

图 10-80　查看结果

10.6　高手甜点

甜点 1：在执行程序时，弹出的【宏】对话框中为什么不出现 Function 过程？

在 10.5 节的综合实战中，【宏】对话框中只显示了 Sub 过程 main()，如图 10-81 所示。

与 Sub 过程不同，自定义函数 Function 过程并不出现在【宏】对话框中；当执行 VBE 编辑器中的“运行子过程/用户窗体”命令时，如果光标位于某 Function 过程中，就不能获取宏对话框并从中选择要运行的宏。因此，在开发过程的时候，必须采取其他方式对自定义函数进行测试，可以设置调用该函数的过程；如果该函数是用在工作表公式中的，可以在工作表中输入简单的公式进行测试。

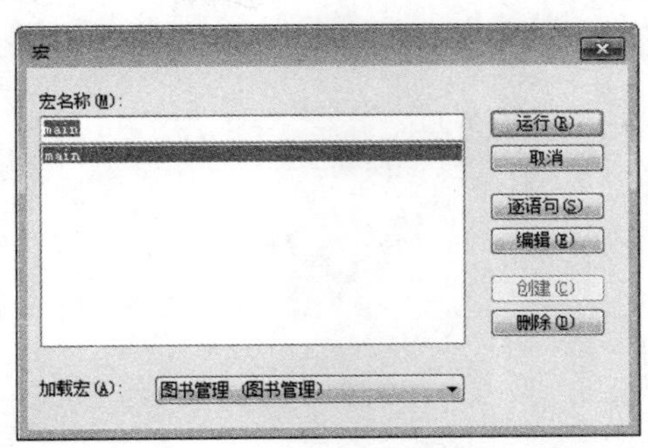

图 10-81 【宏】对话框

甜点 2：Select Case 结构何时替换 If…Then…Else 结构的语句？

Select Case 语句每次都要在开始时计算表达式的值；If…Then…Else 结构为每个 ElseIf 语句计算不同的表达式。只有当 If 语句和每一个 ElseIf 语句计算的表达式相同时，才能用 Select Case 结构替换 If…Then…Else 结构。

[illegible]

[illegible] 7 Select Case [illegible] Then [illegible] Else [illegible]

Select Case [illegible]

[illegible] Then [illegible]

第 11 章

处理错误与异常

在 VBA 代码编写过程中，即使是最优秀的开发人员，都不可避免会出现各种各样的错误。如果幸运的话，问题及其原因可能很明显并且很容易解决。最糟糕的是，明知道有问题，但开发者却无法立即找出其根源。通过本章的学习，读者应该了解常见的错误类型，以及在发生错误时，如何正确地使用 Access 提供的 VBA 调试工具，快速地发现问题。

本章目标(已掌握的在方框中打钩)

- □ 了解常见的错误类型
- □ 掌握如何正确地使用 VBA 的调试工具
- □ 熟悉如何在 VBA 代码中设置基本的错误捕捉

11.1 理解错误

本章将忽略由于设计不佳的查询而导致的数据错误，由于不合理地应用参照完整性规则而导致的更新和插入异常等，而重点介绍在编写 VBA 代码时遇到的错误类型。通常情况下，大概分为以下 3 种类型的错误：编译错误、逻辑错误和运行错误。

11.1.1 编译错误

编译错误通常是由各种语法引发的，例如忘了语句配对(If 语句中忘了 End If、For 语句中忘了 Next、Sub 语句中忘了 End Sub 等)、少一个分隔符或拼写错误等。这些错误非常容易检测并解决，打开 VBA 编辑器后，选择【工具】菜单中的【选项】命令，如图 11-1 所示。弹出【选项】对话框，在该对话框中，可以看到，在【代码设置】中 Access 提供了一系列选项来自动检查语法错误，选中每一个复选框，可帮助用户快速调试 VBA 代码，如图 11-2 所示。

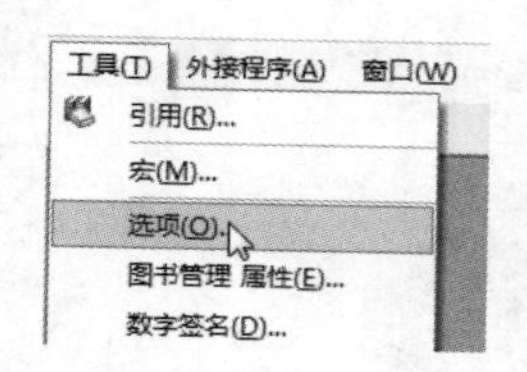

图 11-1 选择【工具】菜单中的【选项】命令

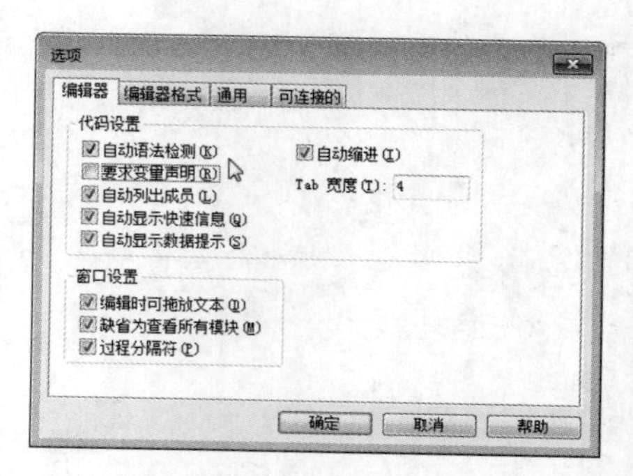

图 11-2 【选项】对话框

当运行 VBA 代码时，系统对于编译错误会弹出以下对话框，如图 11-3 和图 11-4 所示。

图 11-3 编译错误：For 没有 Next

图 11-4 编译错误：语法错误

单击【确定】按钮，此时 Access 会将光标定位在发生错误的过程或语句中，并以黄色突出显示，提示用户进行更正，如图 11-5 所示。

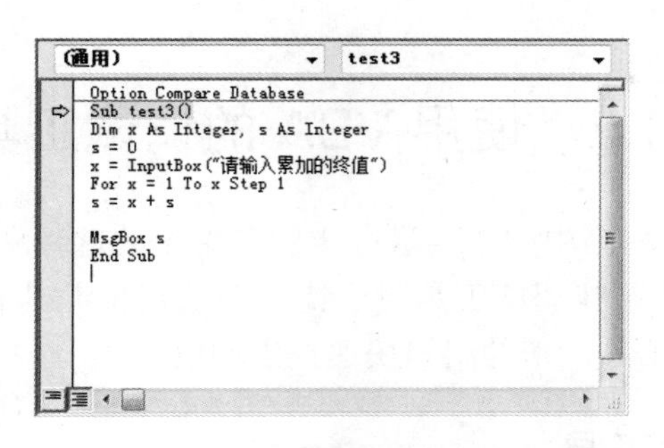

图 11-5 提示用户发生错误的过程或语句

11.1.2 逻辑错误

逻辑错误一般是由程序中错误的逻辑设计引起的，导致应用程序没有按计划执行，或生成无效的结果。此类错误一般不提示任何信息，通常难以检测和消除。当发生此类错误时，可以使用 VBA 提供的调试工具一步步调试来解决问题。

11.1.3 运行错误

运行错误指程序正常运行后，遇到非法运算从而引发的错误。例如，在求累加值时，声明变量 x 和 s 为整型，即它的数据范围为-32768～32767，当输入 x 值计算它的累加值 s 时，若计算结果超出了此数据范围，就会发出数据溢出的错误，如图 11-6 所示。或者声明 x 为整型变量，但试图输入一个字符串型数据，就会发生类型匹配错误，如图 11-7 所示。

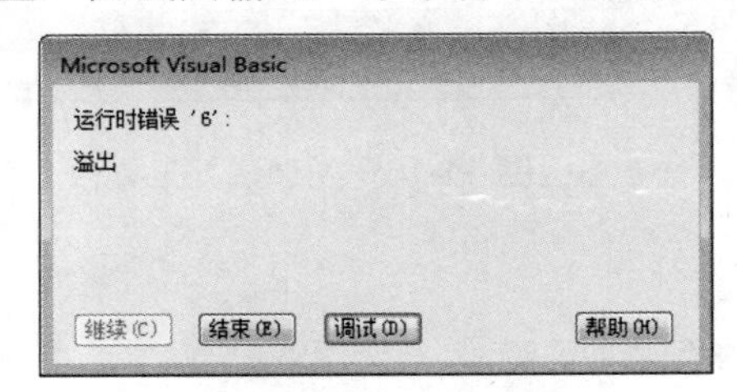

图 11-6 运行错误：溢出

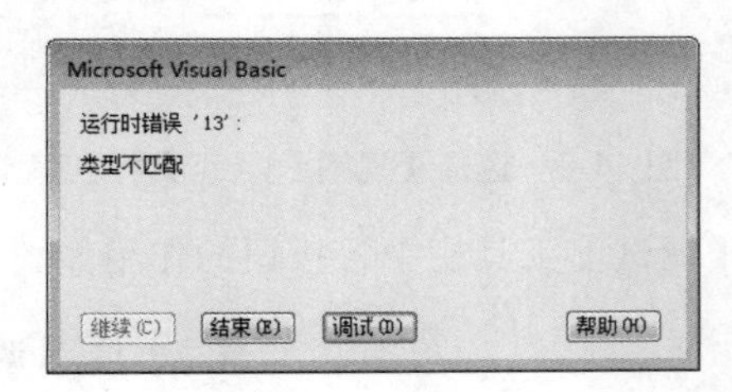

图 11-7 运行错误：类型不匹配

还有一些其他的非法运算，例如被清除、向不存在的文件中写入数据等，都可能引发运行错误。发生此类错误时，单击对话框中的【调试】按钮，系统会将光标定位在发生错误的语句中，并以黄色突出显示，如图 11-8 所示。

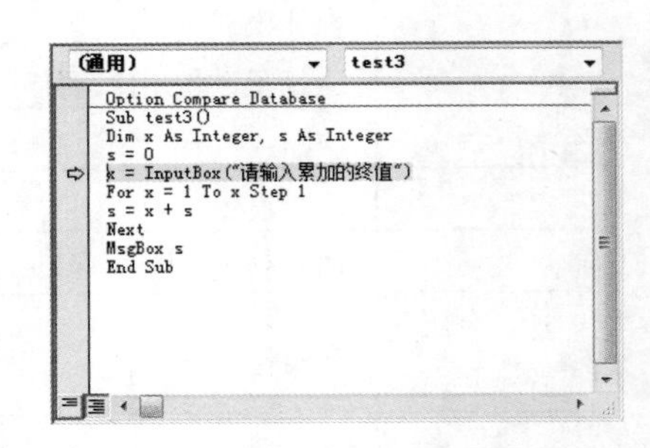

图 11-8 提示用户发生错误的语句

上述运行错误都是在代码内部产生的，在实际应用中，开发者还可以遇到其他类型的运行错误，例如错误删除文件、磁盘驱动器不够、网络通信发生异常等。当发生此类运行错误时，程序将停止运行，直到异常被清除。为处理这类错误，需要开发者在编写 VBA 代码的过程中添加错误处理代码。

11.2 使用 VBA 的调试工具

当发生错误时，对应用程序中的错误进行定位和更正的过程称作调试。VBA 提供了一些帮助分析程序运行的工具，这些调试工具对于错误源的定位尤其有用。下面将详细介绍如何正确使用 VBA 提供的调试工具，帮助用户快速找出问题。

11.2.1 VBA 的调试工具

VBA 开发环境提供了强大的调试工具，下面依次进行介绍。依次选择【视图】|【工具栏】|【调试】命令，如图 11-9 所示。弹出【调试】工具栏，通过该工具栏，用户可对 VBA 代码进行调试，如图 11-10 所示。

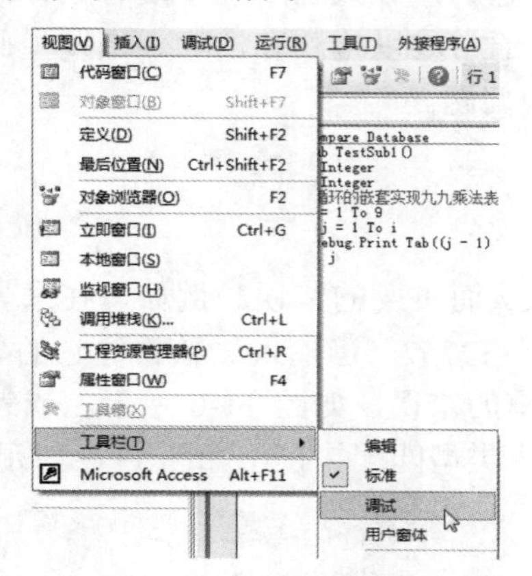

图 11-9 选择【视图】|【工具栏】|【调试】命令

图 11-10 【调试】工具栏

【调试】工具栏中各按钮的作用如表 11-1 所示。

表 11-1 【调试】工具栏按钮功能说明

按 钮	名 称	功 能
	设计模式	打开或关闭设计模式
	运行子过程/用户窗体	用于运行过程或窗体
	中断	用于中止程序的运行，并切换到中断模式，对代码进行分析
	重新设置	结束正在运行的程序，重新进入模块设计状态
	切换断点	用于设置或清除断点
	逐语句	用于单步跟踪操作，每操作一次执行一句代码。当遇到调用过程语句时，会跟踪到被调用过程内部去执行
	逐过程	每操作一次执行一个过程，当遇到调用过程语句时，不停地跟踪到被调用过程内部，而是在本过程内单步执行
	跳出	用于运行当前过程中的剩余代码

续表

按　钮	名　称	功　能
	本地窗口	用于弹出【本地窗口】，该窗口可查看当前过程中所有声明的变量、变量值及类型
	立即窗口	用于弹出【立即窗口】，该窗口可查看计算结果，根据结果来判断程序是否正确
	监视窗口	用于弹出【监视窗口】，该窗口可对调试中的程序变量或表达式的值进行追踪
	快速监视	用于弹出【快速监视】对话框，当程序处于中断模式时，显示出所选变量或表达式的当前值
	调用堆栈	用于弹出【调用堆栈】对话框，仅在中断模式下才可使用该对话框，将列出所有被调用且未完成运行的过程

上面介绍的【调试】工具栏中的各按钮，在【视图】、【调试】和【运行】3 个菜单的下拉菜单中可以找到对应的选项。用户既可以通过【调试】工具栏进行调试，也可通过这 3 个菜单中的子菜单命令来完成，如图 11-11 所示。

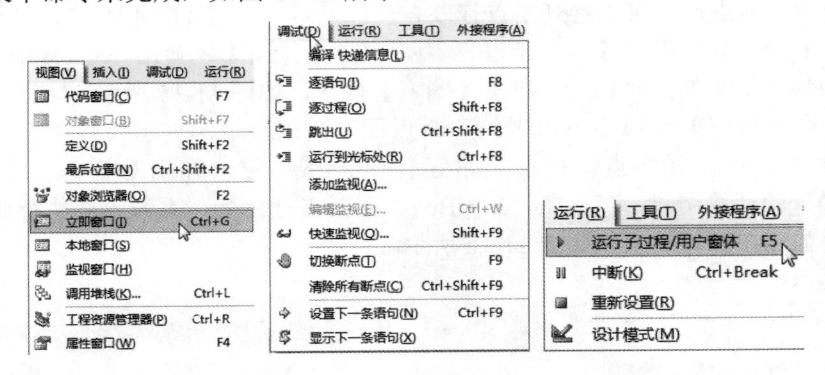

图 11-11　【视图】、【调试】和【运行】3 个菜单的下拉菜单

11.2.2　VBA 程序调试

在熟悉了 VBA 提供的调试工具后，本小节将学习如何使用这些工具调试 VBA 程序。“切换断点”和“单步执行”是其中最主要的两个方法。下面分别进行介绍。

1. 切换断点

断点就是在过程的某个特定语句中设置一个位置点，以中断程序的执行，其作用主要是为了更好地观察程序的运行情况，断点的设置和使用会贯穿在程序调试运行的整个过程。在【代码】窗口中设置断点并进行调试的具体操作步骤如下。

step 01 启动 Access 2013，打开“快递信息”数据库，进入 VBA 编辑环境，在【工程】窗口中双击打开“模块 4”。

step 02 将光标定位在过程中的“LOOP”这一行，选择【调试】|【切换断点】命令，设

置断点，如图 11-12 所示。

也可以单击【调试】工具栏中的【切换断点】按钮，或者按 F9 键，设置断点。还可以右击，选择【切换】|【断点】命令来设置断点，如图 11-13 所示。

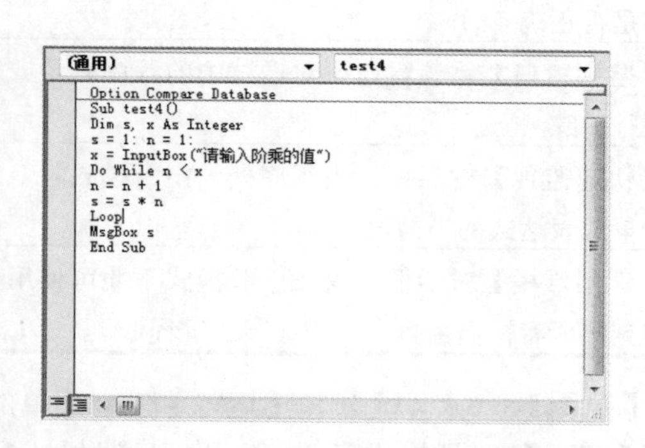

图 11-12　将光标定位在“LOOP”行

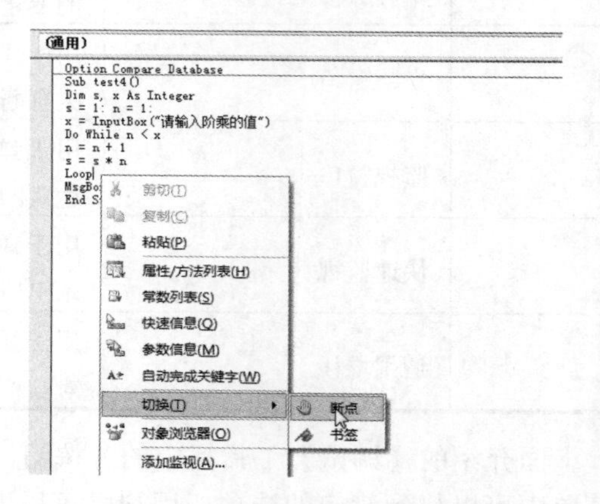

图 11-13　选择【切换】|【断点】命令

step 03 设置断点后，可以看到断点行以亮红色显示，如图 11-14 所示。

step 04 单击工具栏中的【运行子过程/用户窗体】按钮 ▸，弹出 Microsoft Access 对话框，输入阶乘的值“10”，单击【确定】按钮，如图 11-15 所示。

step 05 在【代码】窗口中可以看到，断点行以黄色显示，表示代码执行到此处停止。若此处没有设置断点，程序正常运行时，系统应该弹出对话框，显示阶乘值为“10”的计算结果，但函数“MsgBox”在断点行之后，系统不会执行此代码，因此不会显示出计算结果，如图 11-16 所示。

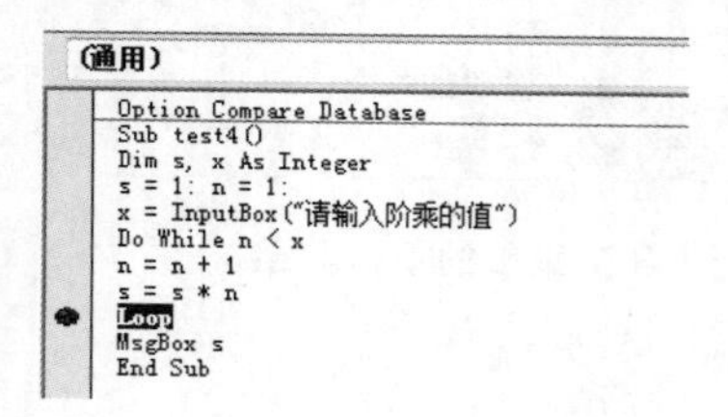

图 11-14　断点行以亮红色显示

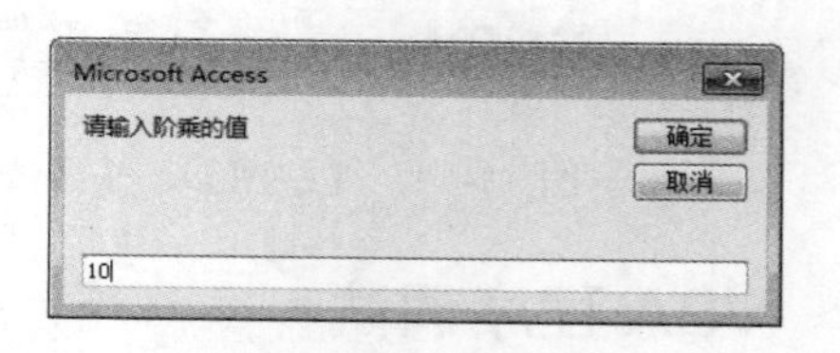

图 11-15　Microsoft Access 对话框

step 06 代码执行到断点处以后，便可以使用【本地窗口】或【立即窗口】来检测变量的值，判断是否符合用户的设计要求。选择【视图】|【本地窗口】命令，弹出【本地窗口】对话框，查看当前变量的值。图 11-17 即为运行一次以后各变量的值。

step 07 选择【视图】|【立即窗口】命令，弹出【立即窗口】对话框。在【立即窗口】对话框中输入以下语句：Debug.Print s，可以查看变量 s 当前的值。如图 11-18 所示。

若在【代码】窗口“LOOP”行的前一行添加“Debug.Print s”代码，连续单击【运行子过程/用户窗体】按钮，在【立即窗口】对话框中可以查看变量 s 在每一步循环之后的值，如图 11-19 所示。

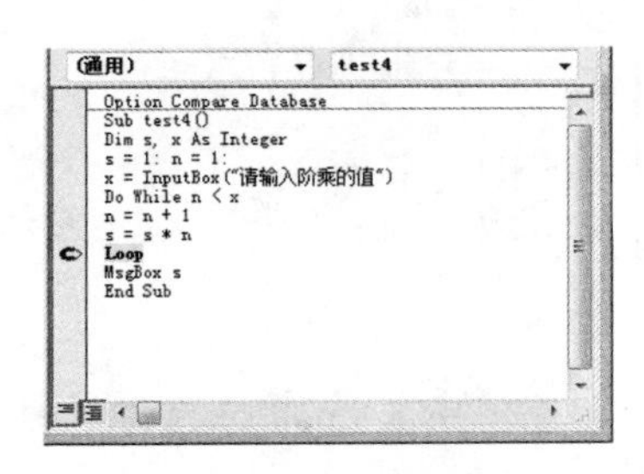

图 11-16 代码执行到断点处停止

图 11-17 【本地窗口】对话框

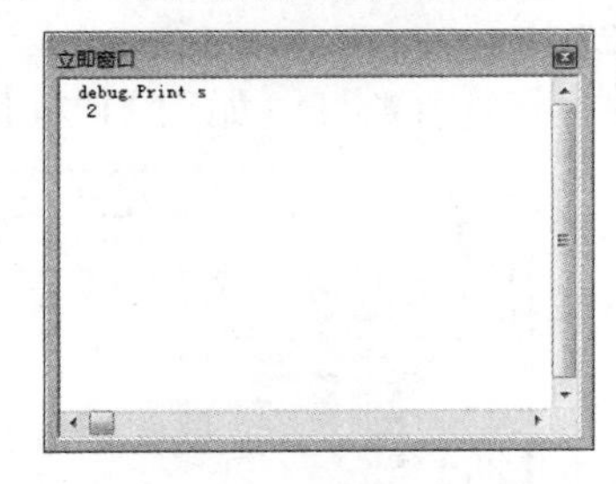

图 11-18 在【立即窗口】对话框中输入代码可以查看变量值

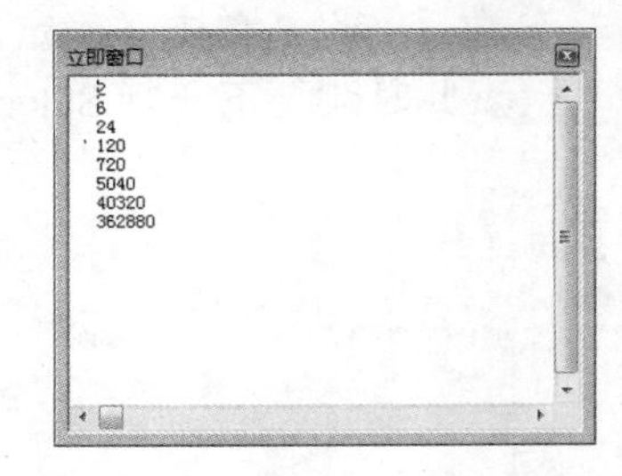

图 11-19 查看变量 s 在每一步循环之后的值

step 08 若判断出当前的结果符合用户的设计要求，单击工具栏中的【重新设置】按钮，可结束断点的运行。若要消除断点，单击断点指示符即可，如图 11-20 所示。

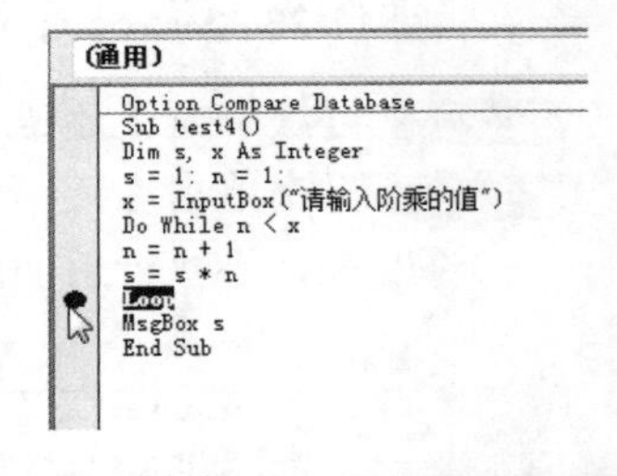

图 11-20 单击断点指示符消除断点

由上述方法可以看到，在设置断点时，用户可以设置运行一部分代码，并通过【立即窗口】或【本地窗口】分析变量和表达式的值在语句运行后的变化情况，从中判断结果是否符合用户的设计要求。在一个过程中，用户可以设置多个断点进行调试。

2. 单步执行

除了设置断点进行程序调试外，用户还可以使用“单步执行”工具进行调试。具体操作步骤如下。

step 01 启动 Access 2013，打开“快递信息”数据库，进入 VBA 编辑环境，在【工程】窗口中双击打开“test”模块。依次选择【视图】|【工具栏】|【调试】命令，弹出【调试】工具栏。

step 02 将光标定位在过程中任意位置，单击【调试】工具栏中的【逐语句】按钮，可以看到声明过程名语句以黄色显示，如图 11-21 所示。

step 03 再次单击【逐语句】按钮，跳过声明变量语句，跳至 InputBox 语句，如图 11-22 所示。

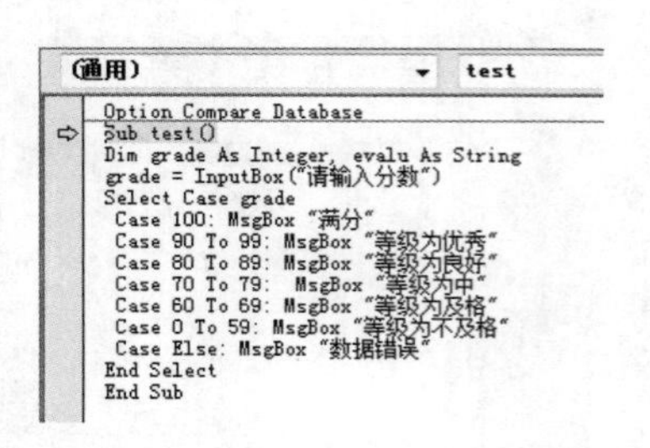

图 11-21　声明过程名语句以黄色显示

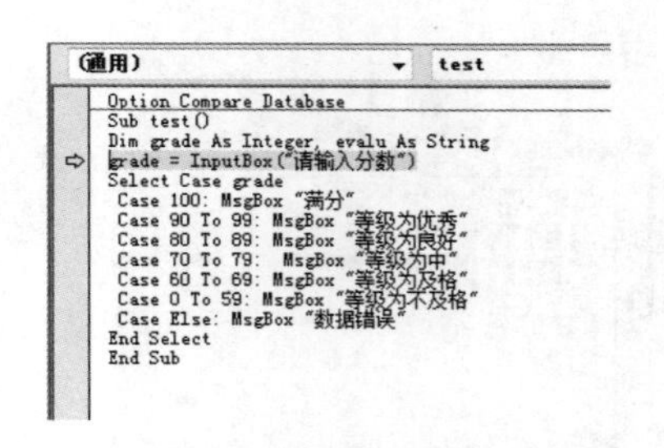

图 11-22　跳至 InputBox 语句

step 04 再次单击【逐语句】按钮，执行 InputBox 语句，弹出对话框。在文本框中输入分数“95”，单击【确定】按钮，如图 11-23 所示。

step 05 此时跳至下一行 Select Case 语句，开始执行选择判断，如图 11-24 所示。

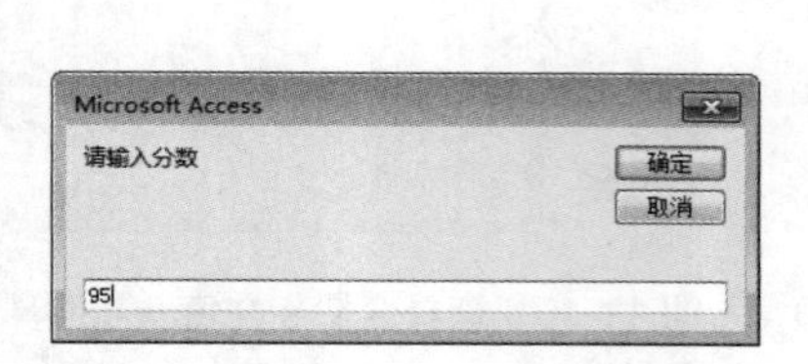

图 11-23　Microsoft Access 对话框

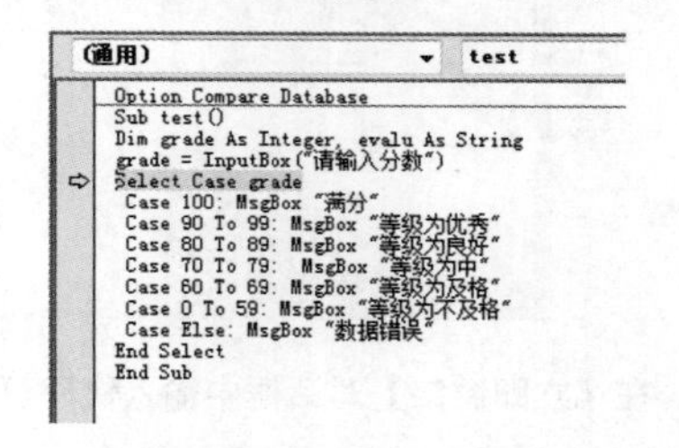

图 11-24　跳至下一行 Select Case 语句

step 06 再次单击【逐语句】按钮，跳至第一行 case 语句，如图 11-25 所示。

step 07 再次单击【逐语句】按钮，执行第一行 case 语句，因 case 语句的值与输入的值不匹配，不执行后面的 MsgBox 语句，开始跳至第二行 case 语句，如图 11-26 所示。

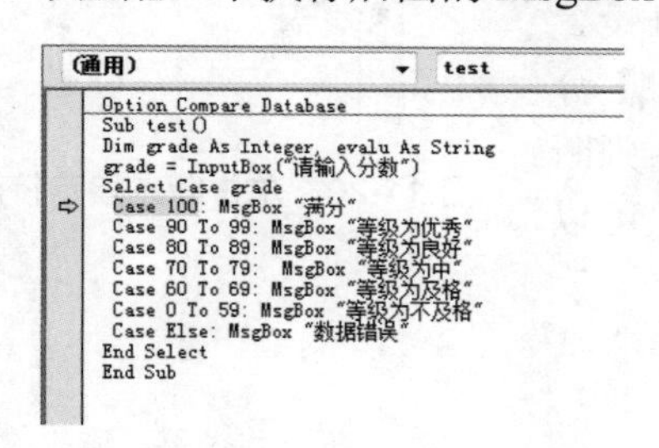

图 11-25　跳至第一行 case 语句

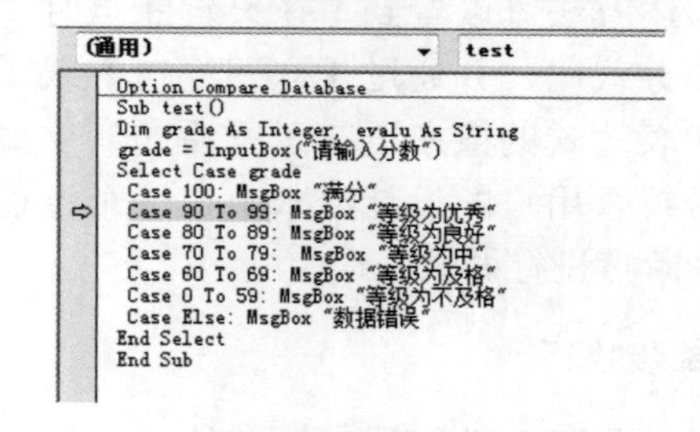

图 11-26　跳至第二行 case 语句

step 08 再次单击【逐语句】按钮，系统判断此时条件表达式的值与输入的值相匹配，跳至后面 MsgBox 语句，如图 11-27 所示。

step 09 再次单击【逐语句】按钮，执行 MsgBox 语句，弹出对话框，提示分数的等级为优秀，单击【确定】按钮，如图 11-28 所示。

step 10 此时系统不再执行剩余的 case 判断语句，直接跳至 End Select 语句，如图 11-29 所示。

step 11 再次单击【逐语句】按钮，跳至 End Sub 语句，结束该过程，如图 11-30 所示。

```
(通用)                      test
Option Compare Database
Sub test()
Dim grade As Integer, evalu As String
grade = InputBox("请输入分数")
Select Case grade
 Case 100: MsgBox "满分"
 Case 90 To 99: MsgBox "等级为优秀"
 Case 80 To 89: MsgBox "等级为良好"
 Case 70 To 79:  MsgBox "等级为中"
 Case 60 To 69: MsgBox "等级为及格"
 Case 0 To 59: MsgBox "等级为不及格"
 Case Else: MsgBox "数据错误"
End Select
End Sub
```

图 11-27　跳至后面 MsgBox 语句

图 11-28　执行 MsgBox 语句

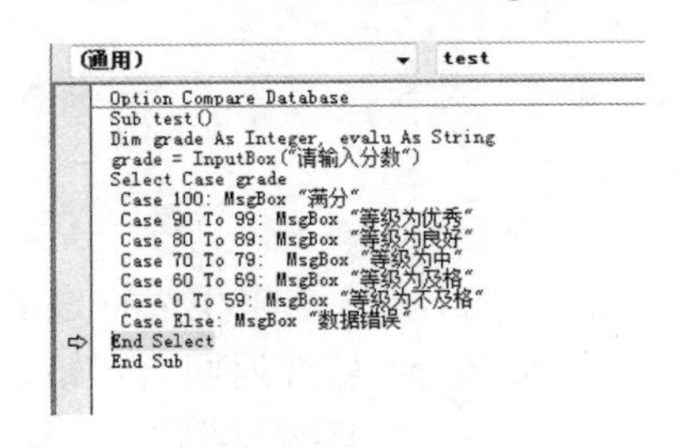

图 11-29　跳至 End Select 语句

```
(通用)                      test
Option Compare Database
Sub test()
Dim grade As Integer, evalu As String
grade = InputBox("请输入分数")
Select Case grade
 Case 100: MsgBox "满分"
 Case 90 To 99: MsgBox "等级为优秀"
 Case 80 To 89: MsgBox "等级为良好"
 Case 70 To 79:  MsgBox "等级为中"
 Case 60 To 69: MsgBox "等级为及格"
 Case 0 To 59: MsgBox "等级为不及格"
 Case Else: MsgBox "数据错误"
End Select
End Sub
```

图 11-30　跳至 End Sub 语句

在单步执行时，用户同样可以通过【本地窗口】和【立即窗口】检测每个变量的值。当程序较多或者具有很多变量时，【本地窗口】中可能充满了很多变量，此时还可以通过【监视窗口】指定要监视哪些变量。读者可自行练习，这里不再赘述。

11.3　错 误 处 理

编写应用程序时，用户必须考虑到出现错误怎么办。如果没有做任何错误处理，代码出错时 VBA 将停止运行并显示一条出错消息。当消息没有明确显示出错原因时，用户很可能会感到迷惑。发生此类情况时，除了使用 VBA 的调试工具外，开发者还可以在程序中建立错误捕获代码来处理所有可能发生的错误。

11.3.1　什么是错误处理

VBA 提供了广泛的错误处理能力，开发者既能够向程序中添加代码来检测错误发生的时间，还可以添加代码，用预测的方式指导程序处理中预期的错误等。通常情况下，VBA 程序中所有的错误处理程序都需要三步流程。

(1) 捕获错误，并告诉程序发生错误时转移到何处继续执行。

(2) 将程序流转向错误处理程序，响应错误的具体处理措施。如继续执行之前的代码、告诉用户出错的原因以便让用户尝试去解决等。

(3) 指导程序流退出错误处理程序，返回到过程的主体。

11.3.2 设置基本的错误捕捉

我们通常使用 On Error GoTo 语句捕捉错误，并将过程流转向错误处理语句的位置。例如，在下列代码中将过程流转向 ErrorHandler 标签行。

```
Sub CausesAnError()
    On Error GoTo ErrorHandler
    Err.Raise 11
    Exit Sub
ErrorHandler:     '错误处理程序
    MsgBox "Error number " & Err.Number & ": " & Err.Description
    Resume Next
End Sub
```

其中，Err 对象为系统对象，在这里使用了 Err 对象的 Raise 方法来生成指定的错误号 11，Err 对象的 Number 属性将返回错误所对应的编号，Description 属性返回给定错误对应的消息文本。

当运行此代码时，系统捕捉到错误，程序流将跳至错误处理程序 ErrorHandler，此时弹出 Microsoft Access 对话框，返回错误编号及对应的消息，从而使用户对发生的错误有清晰的认识，并以此解决该错误，如图 11-31 所示。然后通过 Resume Next 语句返回到发生错误的语句的下一行语句，退出该过程。

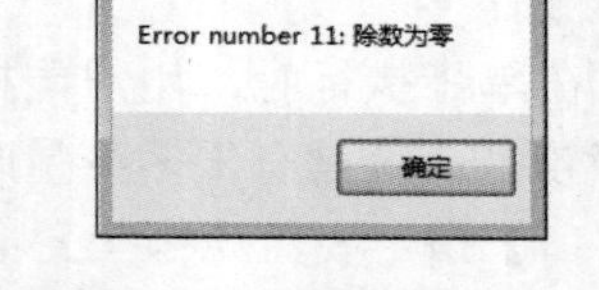

图 11-31 Microsoft Access 对话框

注意：用户在设置错误处理程序时，要确保其名称是唯一的，不会与过程中的其他任何元素发生冲突，并且需要在名称后面追加冒号，表示定义它为一个标签。在错误处理标签的前面，需要放置 Exit Sub 或 Exit Function 语句，这样可以预防如果没有错误发生，过程将不会执行下面的错误处理程序。

11.3.3 VBA Error 语句

Access 提供了多种编程元素来处理错误，例如 Error 事件、Errors 集合、Err 对象或 VBA Error 语句等。其中，最常用的就是 VBA Error 语句。

由 11.3.2 小节的例子可知，处理错误的 VBA Error 语句主要包括：On Error 语句和 Resume 语句。其中，On Error 语句主要有以下三种形式。

- On Error Resume Next。
- On Error GoTo <标签>。
- On Error GoTo 0。

以上三种形式决定了程序在发生错误时，应该以何种方式处理。

1) On Error Resume Next 语句

该语句会忽略导致错误的代码，继续执行发生错误的代码的下一行。如果用户想要忽略错误，不调用错误处理程序，那么可以使用该语句。例如：

```
Private Sub testresume()
    On Error Resume Next
    n = 1 / 0    '引发错误
    If Err.Number <> 0 Then
        n = 1
    End If
    MsgBox n
End Sub
```

上面代码中试图将 1/0 的结果赋值给变量 n，这当然是不合法的。但是若使用了 On Error Resume Next 语句，程序将继续运行后面的 if 语句，直至结束。当执行此段代码时，系统不会弹出错误提示框，而是显示出 n 最终的值，如图 11-32 所示。

图 11-32　显示出 n 最终的值

2) On Error GoTo <标签>语句

该语句会告诉 VBA 转到标签名称指定的代码行去运行，当错误发生时，会立即执行标签行后面的代码，发生错误的位置和标签行之间的代码都不会执行。例如：

```
Private Sub 登录_Click()
    On Error GoTo Err_登录_Click
            '更多的代码已省略
  Exit_登录_Click:
    Exit Sub
Err_登录_Click:
    MsgBox (Err.Description)
    Resume Exit_登录_Click
End Sub
```

当登录过程中发生错误时，将执行 Err_登录_Click 标签，输出产生错误的原因，并退出当前的 Sub 过程。

3) On Error GoTo 0 语句

该语句将禁用错误处理，并重置 Err 对象的属性。如果一个错误处理程序在某过程中有效，当该过程完成运行时，错误会被自动关闭。然而，如果用户想在过程代码正在运行时就关闭错误处理程序，可以使用该语句。运行该语句后，错误可被检测但并不在过程中捕获。

与 On Error 语句一样，Resume 语句也有以下三种形式。

- Resume。
- Resume Next。
- Resume <标签>。

用户使用 Resume 语句的目的是在发生错误时能够更好和更有效地控制程序。每个 VBA 错误处理程序都应当包括 Resume 语句。例如：

```
Public Sub ResumeDemo()
On Error GoTo HandelError
Kill "D:\Temp1.txt"
```

```
ExitHere:
Exit Sub
HandelError:
If MsgBox("未找到该文件，是否继续执行删除操作？", vbYesNo) = vbYes Then
Resume
Else
Resume ExitHere
End If
End Sub
```

在本例中，要求删除 D 盘中 Temp1.txt 文件，如果发现文件不存在，程序会跳至错误处理程序，此时弹出提示框，提示未找到文件，是否还要继续删除，若单击【是】按钮，则执行 Then 后面的 Resume 语句，将程序流返回至 Kill 语句，继续删除文件，一直重复循环，直到该文件存在并删除。若单击【否】按钮，则执行 Else 后面的 Resume ExitHere 语句，跳至 ExitHere 标签行，退出当前的过程，如图 11-33 所示。由此可知，Resume 语句将返回导致错误发生的语句，Resume<标签>语句将跳至标签行，而 Resume Next 语句则是返回到导致错误发生的语句的下一行语句。

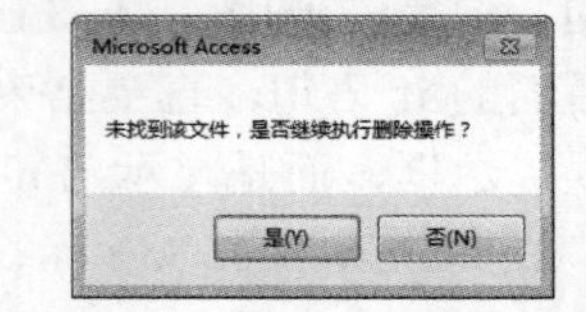

图 11-33　提示未找到文件，是否继续执行删除操作

11.4　高手甜点

甜点 1：在编写 VBA 代码时，开发者应采用什么方法尽量避免错误的产生？

常用的方法有以下几种。

(1) 加入大量的注释。在用户分析代码时，如果已经在注释中对每个过程的目的进行了说明，那么就可以更好地理解代码，发现错误产生的根源。

(2) 可以编写一个程序中变量和对象的命名表，确保命名的一致性。

(3) 建议在一行代码中放入一个变量声明语句。

甜点 2：每个过程中都必须有错误处理程序吗？

不是每个过程都必须有错误处理程序的。当错误发生时，VBA 使用最后一个 On Error 语句来指导代码运行。如果引发错误的过程有 On Error 语句，错误处理将按照上面所讲的方式进行。然而，如果发生错误的过程没有错误处理代码，VBA 将回溯过程调用的链条。例如，比如过程 A 调用了 B，B 又调用了 C，只有 A 中有错误处理代码，如果 C 的代码发生了错误，程序会立即转到 A 的错误处理块，跳过 B 中的其他代码。

第5篇

高级应用

第 12 章 将 Access 与 SharePoint 搭配应用

通过前面章节的学习，用户已经可以成功地建立一个完整的 Access 数据库了。但是这个数据库只能给开发者自己使用，如何能够实现让所有人共享呢？本章将要介绍的 SharePoint 技术正是解决方法之一。SharePoint 技术是一个“企业化信息平台”，是企业实现知识共享和文档协作的一种工具。用户可以将 Access 和 SharePoint 集成在一起，从而实现在网络上无缝地共享数据。

本章目标(已掌握的在方框中打钩)

- ☐ 了解 SharePoint 的概念
- ☐ 掌握如何迁移 Access 数据库
- ☐ 掌握如何导入网站数据
- ☐ 掌握如何发布 Access 数据库

12.1 认识 SharePoint

作为微软 Office 365 公有云应用的必备组件之一，SharePoint 是业界领先的企业门户网站和协作共享平台，在国内外的中小型企业中得到了广泛的应用。通过 SharePoint 可以为企业开发出智能的门户站点，帮助企业实现信息在企业内部甚至企业客户内部的协作共享，使得企业用户轻松地完成日常工作中诸如文档审批、在线申请等业务流程。SharePoint 主要由以下两个软件所组成：SharePoint Services 和 SharePoint Portal Server。

12.1.1 SharePoint Services 概述

SharePoint Services 是一个用来创建能够实现信息共享和文档协作的 Web 站点的引擎，有助于提高个人和团队的生产力。它是 Microsoft Windows Server 中所提供的信息工作者体系结构的重要组成部分，为 Microsoft Office System 和其他桌面应用程序提供了附加的功能，并能够作为应用程序开发的平台。它一般都是结合 SharePoint Portal Server 来使用的。

建立在 Windows SharePoint Services 基础之上的站点被称作 SharePoint 站点。这些站点将文件存储提升到一个新的高度，如从存储文件到共享信息。并且可以为团队协作提供一个活动空间，使得用户能够在文档、任务、联系人、事件以及其他信息上开展协作。这样的环境旨在实现轻松和灵活的部署、管理以及应用程序开发。

12.1.2 什么是 SharePoint Portal Server

SharePoint Portal Server 是一个可伸缩的门户服务器，类似于 Web 服务器或应用程序服务器。

Windows SharePoint Services 为团队协作和生产力提供了站点，并且实现了大量智能空间。而 SharePoint Portal Server 通过使用 SharePoint 站点，可以为个人、信息和公司创建门户页面。这些页面可以通过公司和管理工具来扩展 Windows SharePoint Services 站点的功能，并且使得团队能够在他们的站点中向整个企业发布信息，从而实现共享。

通过使用 SharePoint 站点为个人、信息和公司创建门户站点，SharePoint Portal Server 充分利用了 Windows SharePoint Services。虽然这些站点是专门针对 SharePoint Portal Server，但他们使用了 Windows SharePoint Services 平台所提供的各种技术，例如 Web 部件和 SharePoint 文档库。这种集成显著减少了开发、培训和支持的时间和费用。

SharePoint Portal Server 通过灵活的部署选项和管理工具，将来自不同系统的信息集成到一个解决方案中。它简化了端到端的协作，实现了个人、团队和信息的整合、组织和搜索。用户可以通过门户内容和布局的定制和个性化以及目标受众，更快地找到相关信息。公司也可以根据受众的公司职位、团队身份、兴趣或其他可以设置的成员规则来设定信息、程序和更新等。

12.1.3 了解SharePoint网站

一般来说，当企业发展到一定规模的时候，如果这个企业没有自己的门户网站，那么企业内部文档的传送、知识的共享等，将会占用大量的时间和宝贵的资源。用户使用SharePoint网站可以解决这一问题，SharePoint提供了灵活、安全和有效的数据信息系统，其他用户只要可以访问Internet就能够访问SharePoint网站。

SharePoint网站是一种协作工具，可以帮助企业内部共享信息并协同工作。它可帮助用户实现以下功能。

- 协调项目、日历和日程安排。
- 讨论想法、审阅文档或提案。
- 共享信息并与他人保持联系。

由上可知，SharePoint网站是动态和交互的。网站的成员可以提出自己的想法和意见，也可以针对他人的想法和意见发表评论。

当用户创建SharePoint网站时，了解网站在层次结构中的位置是很有帮助的。首先了解以下三个概念。

(1) 顶级网站：由Web服务器提供的默认顶级网站。若要打开顶级网站，需要提供服务器的URL(例如http://My_server)，而无须指定网页名称或子网站。管理员转到此网站可更改整个网站集的设置。

(2) 子网站：一个存储在顶级网站的指定子目录中的完整网站。每个子网站都可以具有独立于顶级网站和其他子网站的管理、创作和浏览权限。子网站还可以具有自己的子网站。由于顶级网站下的每个网站实际上是一个子网站，因此每个子网站通常简单地称为网站。若要打开子网站，需要提供服务器和任何子网站的URL(例如http://My_server/My_site)，而无须指定网页名称。

(3) 网站集：Web服务器上的一组网站，其中的所有网站都具有相同的所有者并共享管理设置。每个网站集仅包含一个顶级网站，并且还可以包含一个或多个子网站。在每个Web服务器上可以有多个网站集。在创建SharePoint网站时，用户通常创建顶级网站的子网站或现有子网站的子网站。若通过浏览器在“新建SharePoint网站”页上创建网站，则只能创建当前网站的子网站。通过Office SharePoint Designer，用户可以创建对其具有必要权限的任何网站的子网站。

除非服务器管理员启用Windows SharePoint Services中的“自助式网站创建”功能，否则，非管理员用户无法创建顶级网站。当启用此功能时，用户可以创建顶级网站和新网站集，而不需要Web服务器上的管理权限。

例如，在图12-1中，My_site是名为My_server的顶级网站的两个子网站之一，My_site也具有自己的两个子网站，My_server和所有四个子网站一起组成了一个网站集。

SharePoint还提供了多种网站类型模板，如图12-2所示。

- 协作：工作组网站、博客、开发人员网站、项目网站、社区网站。
- 企业：文档中心、电子数据展示中心、记录中心、商业智能搜索、企业搜索中心、我的网站宿主、社区门户、基本搜索中心、Visio 流程存储库。

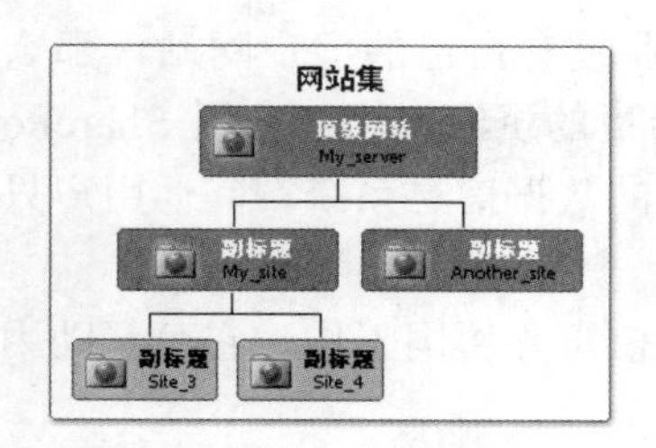

图 12-1　网站集结构

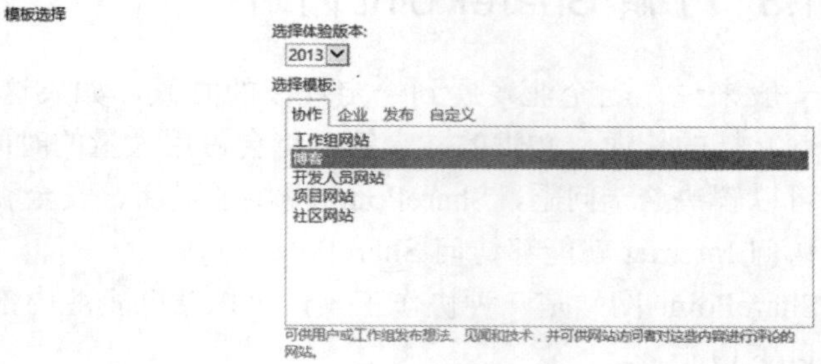

模板选择
选择体验版本:
2013
选择模板:
协作　企业　发布　自定义
工作组网站
博客
开发人员网站
项目网站
社区网站

图 12-2　SharePoint 提供的网站类型模板

- 发布：发布门户、企业 Wiki、产品目录。
- 自定义：自己定义的模板类型。

例如，在【创建网站集】中选择类型为“博客”，则系统自动创建一个博客网站，如图 12-3 所示。

它的功能包括：创建和管理文章、管理评论、管理类别，该网站能够满足一个博客的基本要求。当然，在用模板创建网站后，用户还可以在此基础上进行修改和设置，创建出属于自己的网站。

图 12-3　博客网站

12.2　在 SharePoint 网站共享数据库

用户有多种方法可以共享 Access 数据库，具体主要取决于用户的需求和资源可用性。例如，用户可以使用网络文件夹实现共享数据，或者将数据库拆分实现共享。本节主要介绍其中的方法之一，将 Access 与 SharePoint 集成在一起，在网络下无缝地共享 Access 数据库。

在第 1 章介绍 Access 2013 的新功能时，用户已经了解了创建 Web 应用程序数据库过程。此时，如果用户具有运行 SharePoint(尤其是运行 Access Services)的服务器，则用户在启动 Web 数据库时，Access Services 将创建包含该数据库的 SharePoint 网站。Web 数据库中所有的数据库对象和数据均会迁移至该网站中的 SharePoint 列表，从而使其他用户可以通过

Web 网站访问该 Web 数据库。

在发布数据库时，用户既可以创建在浏览器窗口中运行的 Web 窗体和报表，也可以创建标准的客户端 Access 对象。若其他用户在计算机上安装了 Access，则可以从 Web 数据库中使用客户端对象。否则，其他用户只能使用 Web 数据库对象。

对于 Access 桌面数据库，若要发布到 SharePoint 网站，实现与他人协作的功能，可以在 SharePoint 服务器中存储数据库的副本，即将数据库另存到 SharePoint 文档管理服务器中。此方法类似于将数据库保存到网络文件夹，是管理数据库访问的简便方式。具体操作步骤如下。

step 01 启动 Access 2013，打开想要共享的桌面数据库，切换到【文件】选项卡，进入文件操作界面。

step 02 选择左侧列表中的【另存为】命令，进入【另存为】界面，依次选择【数据库另存为】| SharePoint 选项，然后单击【另存为】按钮，如图 12-4 所示。

step 03 弹出【保存到 SharePoint】对话框，输入有效的文档管理服务的路径，单击【保存】按钮即可发布该数据库，如图 12-5 所示。

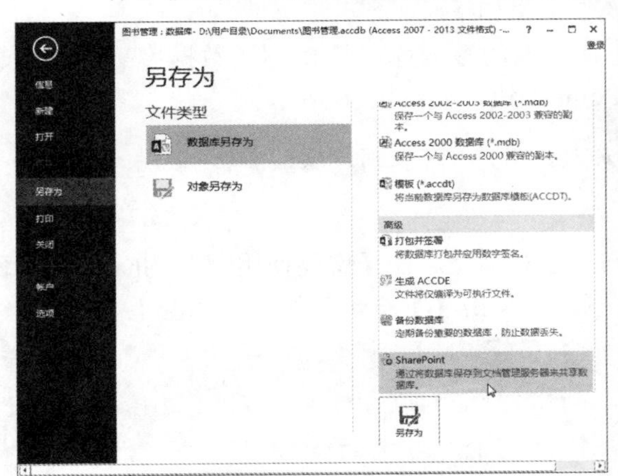

图 12-4 选择【数据库另存为】| SharePoint 选项

图 12-5 【保存到 SharePoint】对话框

在将数据库发布到 SharePoint 网站之后，其他用户可通过 SharePoint 列表的“视图”菜单查看 Access 的所有对象。并且只要有权使用该网站的用户都可以共享该数据库。如果用户有权在发布了数据库的位置(如文档库)上更改列表，则他们可以更新数据库。如果用户有权对 SharePoint 网站上的列表添加内容，则他们可以向数据库添加数据。如果用户有权查看列表，则他们可以查看数据库中的数据。

12.3 通过链接至 SharePoint 列表共享数据库

除了发布 Access 数据库以共享数据库外，用户也可将 Access 数据库迁移至 SharePoint 网站的列表中，这样其他用户可通过链接至 SharePoint 列表来共享数据库。

在进行迁移操作时，类似于将 Access 数据库拆分成两部分，分别为存储数据的数据表对象(称为后端数据库)和数据库的其他对象(称为前端数据库)。系统只会将数据库的表对象迁移至 SharePoint 网站，而其他对象则存储在本地数据库中。在完成迁移后，系统将在 SharePoint 网站上创建列表，这些列表链接到 Access 数据表。此时只需要分发前端数据库给各用户，就可以实现共享。

用户共有两种方法将 Access 数据库移动到 SharePoint 网站的列表中，分别如下。

(1) 将当前 Access 数据库中的全部数据表迁移到 SharePoint 网站的列表中。

(2) 将当前数据库中某个特定的表导出到 SharePoint 网站的列表中。

12.3.1 迁移 Access 数据库

用户将数据库从 Access 2013 迁移至 SharePoint 网站时，系统会在 SharePoint 网站上创建列表，这些列表将保持与数据库中表的链接关系。完成迁移后，用户还可以为 SharePoint 网站上的列表和 Access 数据库分配各种级别的权限，也可以在 SharePoint 网站上跟踪和管理版本信息。

下面介绍如何迁移 Access 数据库。具体操作步骤如下。

step 01 启动 Access 2013，打开想要迁移数据的数据库，切换到【数据库工具】选项卡，单击【移动数据】组中的 SharePoint 按钮，如图 12-6 所示。

仅在以.accdb 文件格式保存数据库时，用户才可使用此项。

step 02 弹出【将表导出至 SharePoint 向导】对话框，在【您要使用哪个 SharePoint 网站】文本框中输入有效的 SharePoint 网址，单击【下一步】按钮，如图 12-7 所示。

图 12-6 单击【移动数据】组中的 SharePoint 按钮

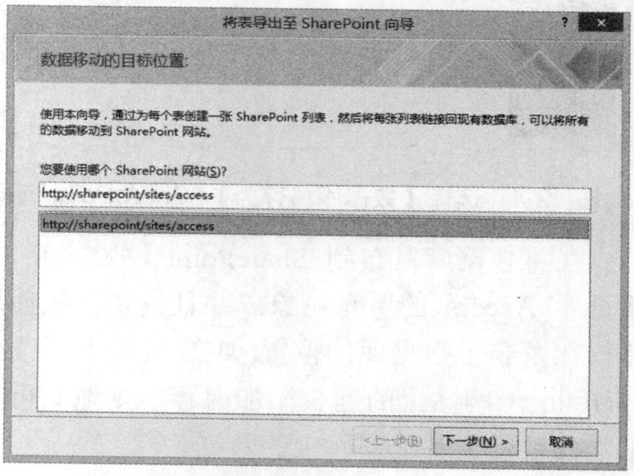

图 12-7 【将表导出至 SharePoint 向导】对话框

step 03 弹出连接对话框，在【用户名】下拉列表框和【密码】文本框中分别输入登录网站的用户名和密码，单击【确定】按钮，如图 12-8 所示。

step 04 弹出导出成功对话框，提示您的表已成功实现共享。选中【显示详细信息】复选框，用户可以查看有关迁移的更多详细信息，然后单击【完成】按钮，如图 12-9 所示。

图 12-8　连接对话框

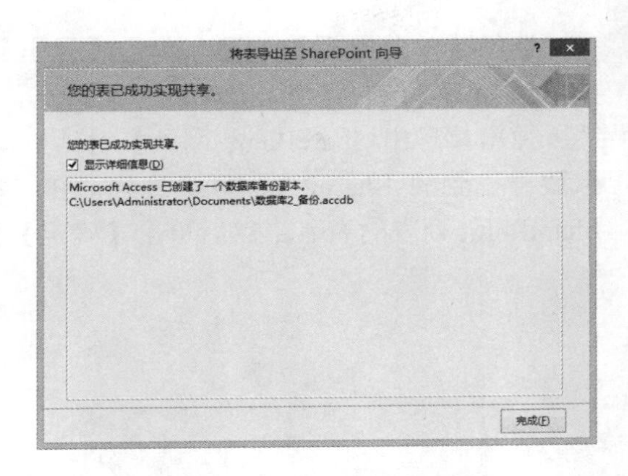

图 12-9　导出成功对话框

以上步骤即完成将 Access 数据库中的全部数据表迁移到 SharePoint 网站的操作。通常情况下，在迁移 Access 数据库时，系统将基于 SharePoint 网站上的列表模板将数据迁移到列表中。如果要迁移的数据表无法与列表模板相匹配，则该表将成为 SharePoint 网站上数据表视图中的自定义列表。

12.3.2　查看 SharePoint 网站上的列表

将 Access 数据库迁移到 SharePoint 网站后，打开 SharePoint 网站，在首页中单击【管理中心】选项，进入【管理中心】页面，如图 12-10 所示。然后单击【应用程序管理】组中的【管理服务应用程序】按钮，即可查看 SharePoint 网站上的列表，如图 12-11 所示。

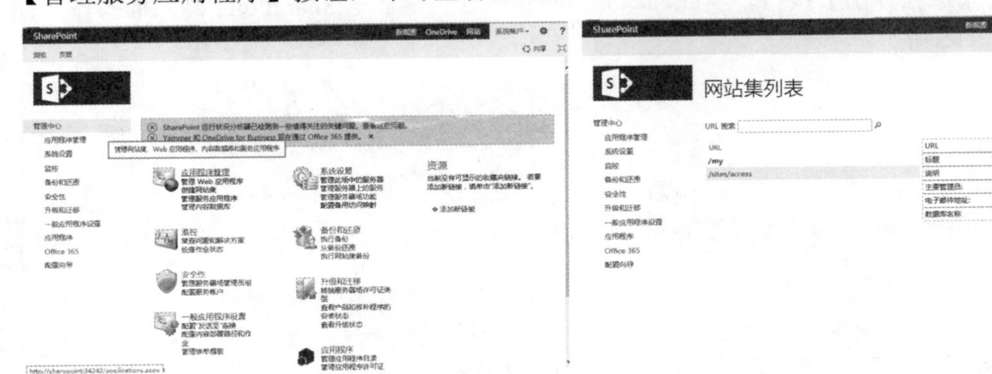

图 12-10　【管理中心】页面

图 12-11　查看 SharePoint 网站上的列表

12.3.3　导出到 SharePoint 网站

在 12.3.1 小节中，用户是将 Access 的全部表对象迁移到 SharePoint 网站。如果需要将单个表对象移动到 SharePoint 网站，可以将该表导出到 SharePoint 网站。当进行导出操作时，Access 会创建该表的副本，并将该副本存储为一个 SharePoint 列表。

下面将介绍如何将单个表对象导出到 SharePoint 网站的列表中。具体操作步骤如下。

step 01 启动 Access 2013，打开“图书管理”数据库，在导航窗格中双击打开“表 1”。

step 02 选择【外部数据】选项，单击【导出】组的【其他】按钮的下拉按钮，在弹出的下拉列表中选择【SharePoint 列表】选项，如图 12-12 所示。

step 03 弹出【导出-SharePoint 网站】对话框，在【指定 SharePoint 网站】文本框中输入要导出到的 SharePoint 网站地址，在【指定新列表的名称】文本框中输入存储到 SharePoint 列表的表名，然后单击【确定】按钮，如图 12-13 所示。

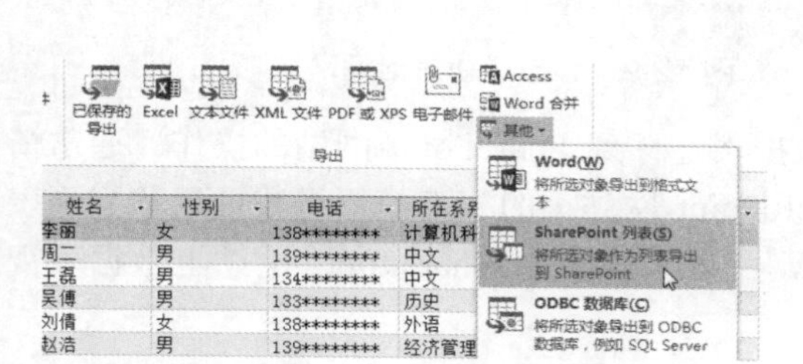

图 12-12 选择【SharePoint 列表】选项

图 12-13 【导出-SharePoint 网站】对话框

step 04 弹出【将表导出到 SharePoint 列表】对话框，提示正在修改“表 1”的列表架构，用户只需等待即可，如图 12-14 所示。

step 05 完成操作后，弹出保存导出步骤对话框，选中【保存导出步骤】复选框，然后单击【保存导出】按钮。至此，即完成将“表 1”导出至 SharePoint 网站的操作，如图 12-15 所示。

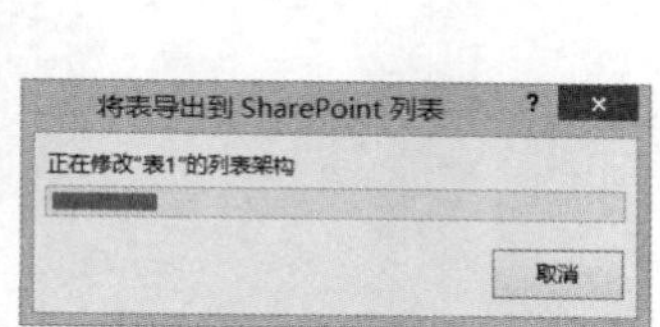

图 12-14 【将表导出到 SharePoint 列表】对话框

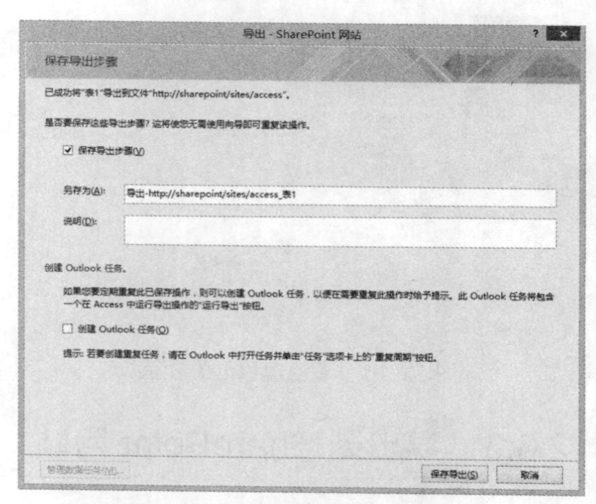

图 12-15 保存导出步骤对话框

单击【保存导出】按钮后，下次再导出该表时，系统会直接按照保存的步骤自动导出，无须重复运行导出向导。

12.4 访问 SharePoint 网站中的表

将数据表上传到 SharePoint 网站中的列表后，任何具有访问权限的其他用户都可通过多种方式对其进行访问和共享。这些用户既可以在 SharePoint 网站中打开指定的表，也可以在 Access 数据库中下载或建立到该表的链接。

通常来说，通过 Access 访问 SharePoint 列表中的表主要有以下两种方法。

(1) 将 SharePoint 网站上列表中的表导入到当前数据库中。

(2) 建立一个新表，并将其链接到一个 SharePoint 网站列表中的表。

下面建立一个新表，并将其链接到 SharePoint 网站列表中的“表 1”。具体操作步骤如下。

step 01 启动 Access 2013，打开“数据库 1”。

step 02 选择【外部数据】选项，单击【导入】组中的【其他】按钮的下拉按钮，在弹出的下拉列表中选择【SharePoint 列表】选项，如图 12-16 所示。

step 03 弹出【获取外部数据-SharePoint 网站】对话框，在【指定 SharePoint 网站】文本框中输入要链接到的 SharePoint 网站地址。然后在【指定数据在当前数据库中的存储方式和存储位置】选项组中，选中【通过创建链接表来链接到数据源】单选按钮，单击【下一步】按钮，如图 12-17 所示。

若选中【将源数据导入当前数据库的新表中】单选按钮，则是使用第一种方法来访问。

step 04 弹出连接对话框，在【用户名】下拉列表框和【密码】文本框中分别输入登录网站的用户名和密码，单击【确定】按钮，如图 12-18 所示。

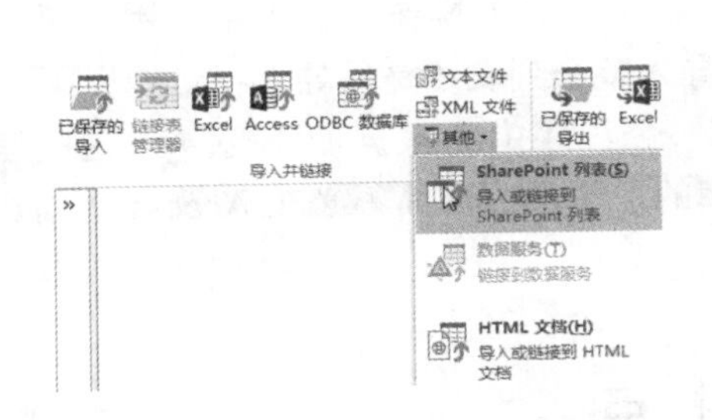

图 12-16 选择【SharePoint 列表】选项

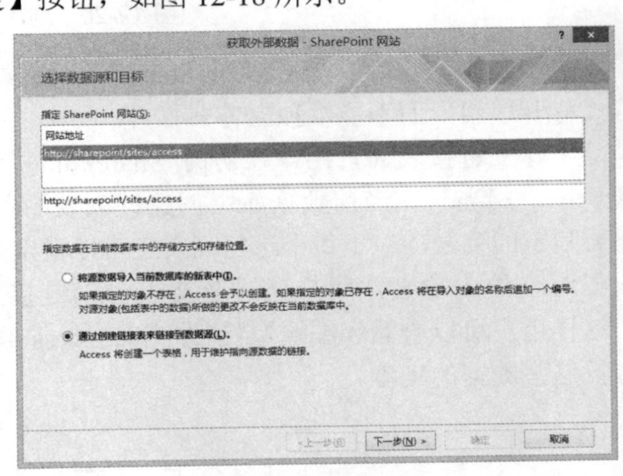

图 12-17 【获取外部数据-SharePoint 网站】对话框

step 05 弹出选择要链接到的 SharePoint 列表对话框，在【选择要在数据库中使用的列表】列表框中选中某个列表，单击【确定】按钮，如图 12-19 所示。

图 12-18　连接对话框

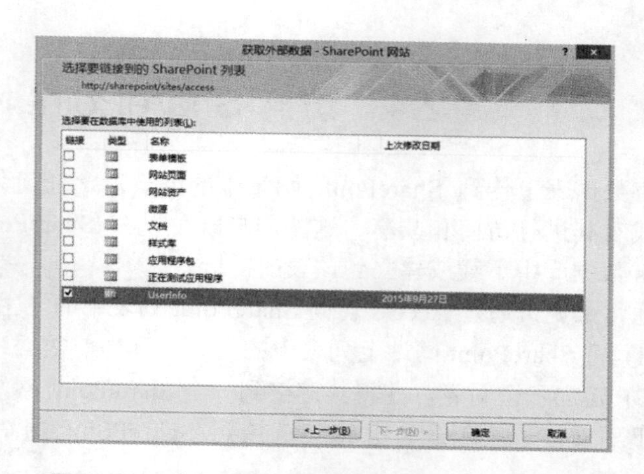

图 12-19　选择要链接到的 SharePoint 列表对话框

step 06 此时在导航窗格中可以看到，数据库中已创建一个链接到 SharePoint 网站的 UserInfo 表，如图 12-20 所示。

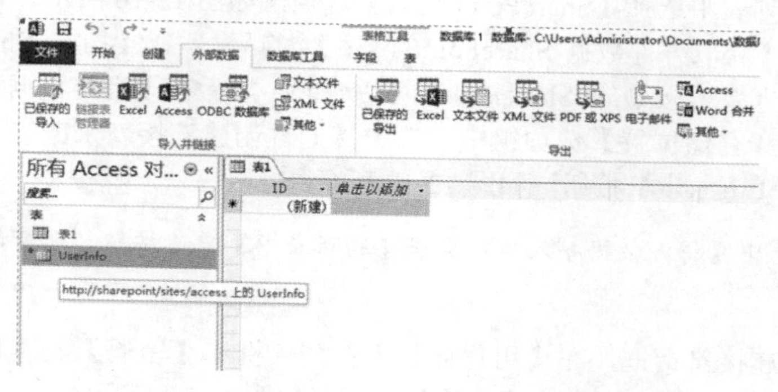

图 12-20　创建链接表

以上步骤中创建的表是链接到 SharePoint 网站上的表，该表称为链接表，用户只能以共享方式打开使用，而不能以独立方式打开。

除了建立链接表外，用户在访问 SharePoint 列表时，可选择将源数据导入到当前数据库的新表中，相当于在当前数据库中创建该列表的副本。在执行导入操作的过程中，用户可以指定要复制的列表，对于每个选定列表还可以指定是要导入整个列表还是只导入特定的视图。

相对于导入的表，用户通过链接表可以链接到另一个程序中的数据而不必导入这些信息，这样用户可以查看和编辑原始程序和 Access 数据库的最新数据，而不必在 Access 中创建和维护这些数据的副本。

12.5　高 手 甜 点

甜点 1：SharePoint 2013 安装时需要什么样的环境？

SharePoint 2013 的安装环境如下：Windows Server 2012 DataCenter + Microsoft SQL Server

2012(sp1) + SharePoint Server 2013。

甜点 2：用户共有几种方法可共享 Access 桌面数据库？

共有 5 种方法可共享 Access 桌面数据库，分别如下。

(1) 使用网络文件夹共享数据：这是最简单、要求最少的方法，但是提供的功能也最少，安全性较差。

(2) 拆分数据库实现共享：可将数据库拆分为前端数据库和后端数据库，每个用户都通过使用前端数据库的本地副本与数据交互。相对于第一种方法，提高了安全性和灵活性。

(3) 在 SharePoint 网站共享数据库：如果用户具有运行 SharePoint 的服务器，可以使用此方法。

(4) 通过链接至 SharePoint 列表共享数据库：该方法具有与第二种方法相同的优点。

(5) 使用服务器共享数据库：可将 Access 与数据库服务器产品(如 SQL Server)一起使用。该方法的安全性和灵活性最佳。

到目前为止，只介绍了如何操作 Access 数据库内部的数据。像许多软件一样，Access 也有自己的文件格式，大多数情况下，这种格式是足够的。不过，在某些时候，可能需要将数据从一个 Access 数据库移动到另一个数据库，或者将不同格式的数据文件移动到 Access 中进行交互和共享。使用 Access 提供的导入/导出工具可以轻松地实现这一功能。通过本章的学习，读者应学会如何使用导入/导出工具实现 Access 数据库与外部数据的交互和共享。

本章目标(已掌握的在方框中打钩)

- ☐ 了解外部数据的概念
- ☐ 掌握如何使用 Access 导入外部数据
- ☐ 掌握如何将 Access 数据库对象导出到其他格式的文件中

13.1 什么是外部数据

Access 作为典型的开放式数据库系统，它支持与其他类型的外部数据进行交互和共享。打开某个 Access 2013 数据库，在 4 个默认选项卡中，可以看到【外部数据】选项卡占有一席之地，由此可见数据的交互和共享在 Access 数据库中的地位，如图 13-1 所示。

图 13-1 【外部数据】选项卡

当在 Access 中进行数据交互和共享操作时，可以使用导入、导出或链接等方式进行操作。表 13-1 列出了这 3 种方式的说明介绍。

表 13-1 与外部数据进行交互和共享的方法

方 法	说 明
链接	创建与其他的格式数据或另一个 Access 数据库对象的链接
导入	将数据从 Excel 表、文本文件等应用程序格式中复制到 Access 表中
导出	将数据从 Access 中复制到 Excel 表、文本文件等应用程序格式中

导入是将外部存储的数据复制到 Access 数据库中，被导入的数据将使用 Access 数据库的格式。导出则是将 Access 数据库对象复制到其他类型的文件中。进行导入/导出操作后，源文件和目标文件没有任何关系，对一方进行编辑，并不会影响到另一方。

链接与导入、导出均不同，它是在数据库中创建了一个数据表链接的对象，允许在打开链接的时候从源文件中获取数据，数据本身并不存储在 Access 数据库中，而是保存在源文件中。当用户在 Access 数据库中对链接的对象进行修改时，实际上就是在修改源文件中的数据，同样地，在源文件中对数据所做的更改会同时在数据库中反映出来。对于不同类型的文件，在 Access 中创建链接表后对数据的限制也不同。例如，在一个数据库中创建另一个数据库对象的链接，用户可对双方进行编辑，这种更改会同时反映给对方。若是在数据库中建立 Excel 电子表或文本文件链接，则 Access 只能将链接表作为只读数据处理，用户无法对其进行编辑操作。一般情况下，如果作为数据源的数据经常需要在外部进行修改，可以选择链接方式，若一般不需要做什么修改的话，可以选择导入方式。

导入数据的步骤与链接外部数据的步骤基本上是相同的。因此本章不再详细介绍建立链接表的步骤。

13.2 导 入 数 据

在 Access 2013 中，用户可通过两种方式获取数据：一种是直接在数据表中输入数据；另一种就是通过 Access 提供的导入向导，导入其他的外部数据。导入数据实际上就是将其他的外部数据作为源数据，通过导入向导在 Access 中建立一个该源数据的副本，这个副本以数据表的形式单独显示在 Access 数据库中。

Access 支持导入多种格式类型的文件，切换到【创建】选项卡，单击【导入并链接】组中的【其他】按钮的下拉按钮，在弹出的下拉列表中可以看到，Access 支持导入 Excel 电子表格、Access 数据库、ODBC 数据库、文本文件、SharePoint 列表、HTML 文档和 Outlook 文件夹等，如图 13-2 所示。

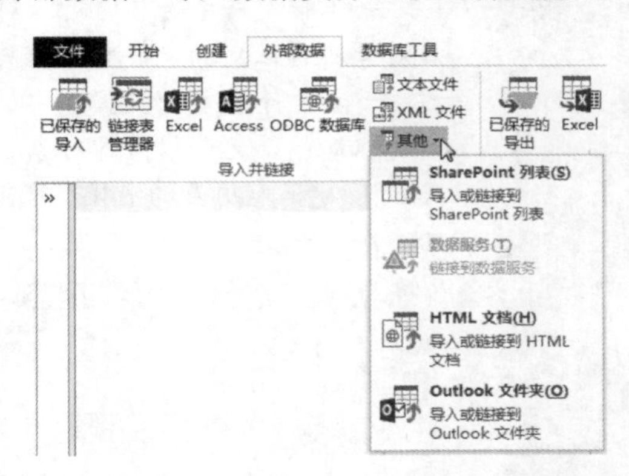

图 13-2　Access 支持导入并链接的格式类型

13.2.1　从其他 Access 数据库导入

若要将 Access 数据库中的对象移动到其他的 Access 数据库中，用户既可以使用复制粘贴的方式直接将一个数据库的对象粘贴到另一个数据库中，也可以使用 Access 提供的导入向导导入到另一个数据库中。使用后一种方法可以在不打开 Access 的情况下完成转移操作。下面向“快递信息”数据库中导入“联系人”数据库中的对象。具体操作步骤如下。

step 01 启动 Access 2013，打开“快递信息”数据库，切换到【外部数据】选项卡，单击【导入并链接】组中的 Access 按钮，如图 13-3 所示。

step 02 弹出【获取外部数据-Access 数据库】对话框，单击【浏览】按钮，如图 13-4 所示。

图 13-3　单击【导入并链接】组中的 Access 按钮

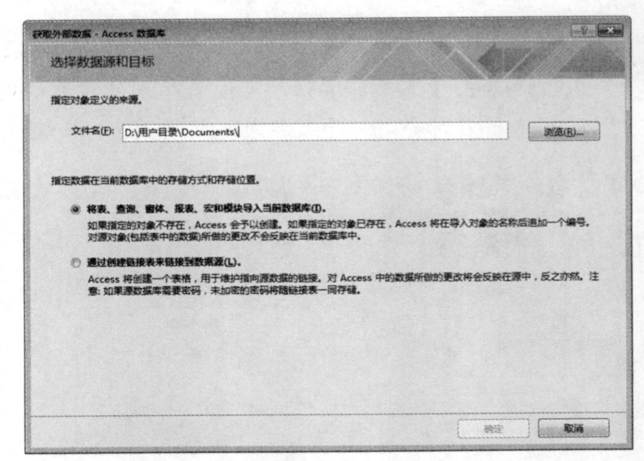

图 13-4　【获取外部数据-Access 数据库】对话框

step 03 弹出【打开】对话框，找到“联系人”数据库存放的位置，单击【打开】按钮，如图 13-5 所示。

step 04 返回到【获取外部数据-Access 数据库】对话框，在【文件名】文本框中可以看到要导入的数据库存储的位置及名称。然后选中【将表、查询、窗体、报表、宏和模块导入当前数据库】单选按钮，单击【确定】按钮，如图 13-6 所示。

若选择第一个选项，对源对象所做的更改不会反映到当前数据库中，即两个数据库对象都是独立的，没有任何关系。若选中【通过创建链接表来链接到数据源】单选按钮，相当于在当前数据库中创建一个链接，链接到源数据库对象上，此链接表的改动是双向的，无论修改源对象还是当前数据库对象，都会将更改同步反映给双方。在Access中，利用表的链接功能可以实现文件的共享，并且数据的变动可以快速地反映给多个用户。

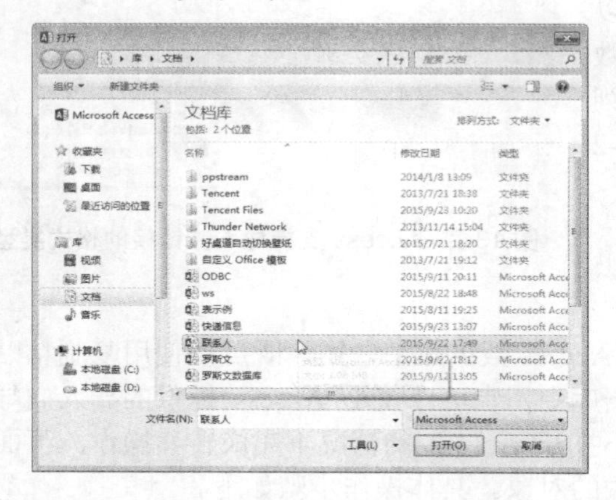

图 13-5 【打开】对话框

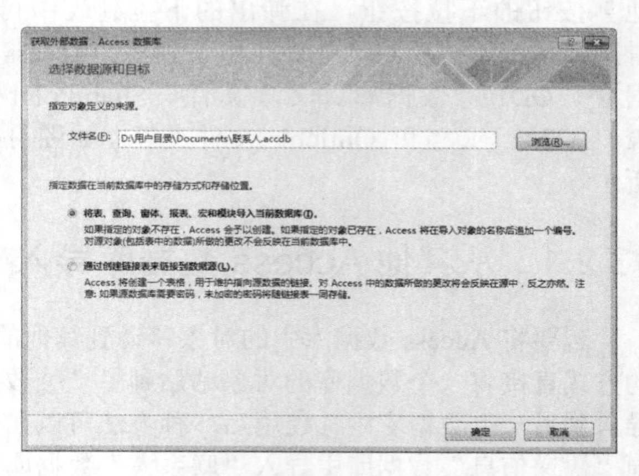

图 13-6 【获取外部数据-Access 数据库】对话框

step 05 弹出【导入对象】对话框，在 6 个选项卡中分别显示了“联系人”数据库中的各个对象。选中【表】选项卡中的“联系人”表，表示将该表对象导入到“快递信息”数据库中。单击【确定】按钮，如图 13-7 所示。

切换到各选项卡，可选择不同的对象。单击【全选】按钮，可选中所有的对象。单击【选项】按钮，可设置导入的对象的内容。例如选中【关系】复选框，表示导入多表时会同时导入各表之间的关系，如图 13-8 所示。

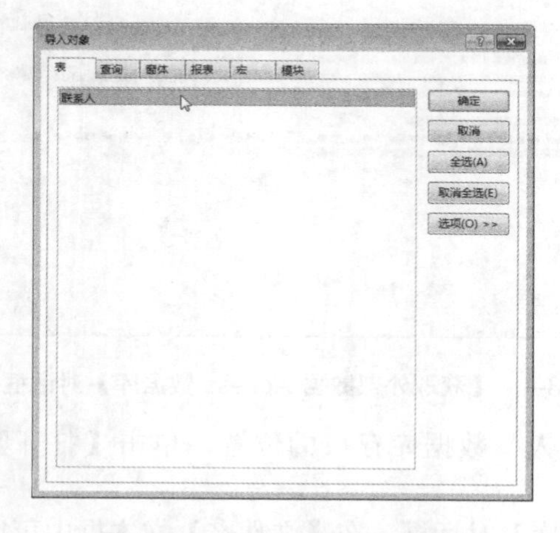

图 13-7 【导入对象】对话框

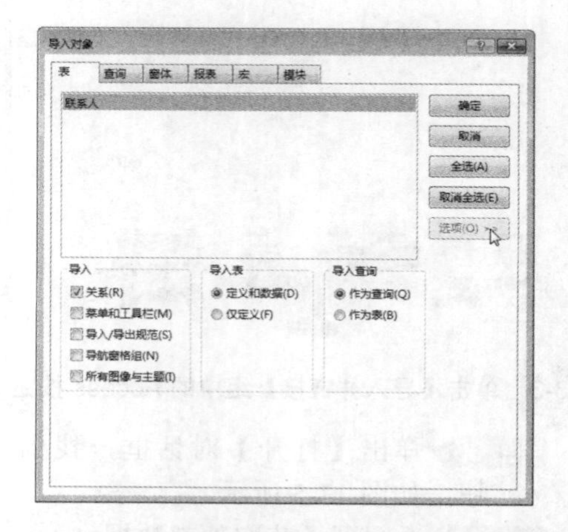

图 13-8 单击【选项】按钮后可进行设置

step 06 返回到【获取外部数据-Access 数据库】对话框，选中【保存导入步骤】复选框，在【另存为】文本框中输入导入步骤的名称“导入-联系人”，单击【保存导入】按钮，如图 13-9 所示。

step 07 设置完成后，在导航窗格中可以看到，“联系人”表已经成功导入至该数据库中。至此，就完成了从其他数据库中导入数据库对象的操作，如图 13-10 所示。

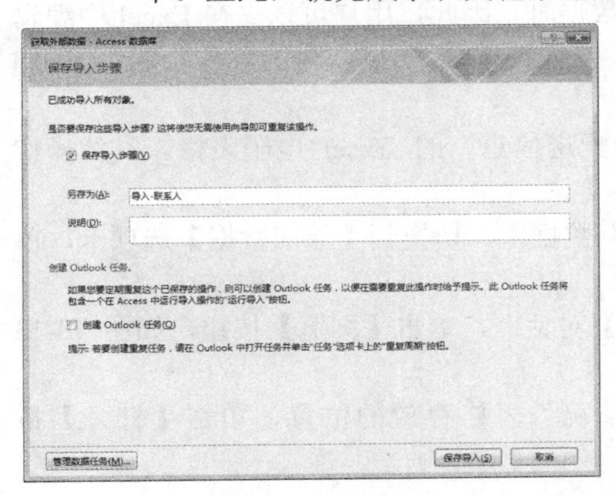

图 13-9 【获取外部数据-Access 数据库】对话框

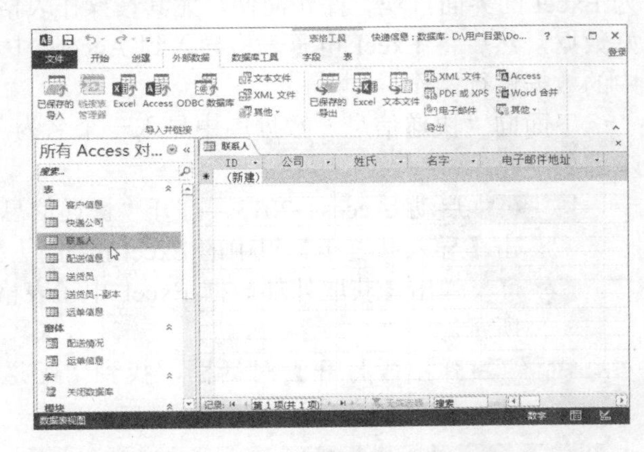

图 13-10 “联系人”表已成功导入

在步骤 6 中保存导入步骤后，若需再次将“联系人”表导入到“快递信息”数据库，切换到【外部数据】选项卡，单击【导入并链接】组中的【已保存的导入】按钮，如图 13-11 所示。弹出【管理数据任务】对话框，在【已保存的导入】选项卡中选中“导入-联系人”，单击【运行】按钮，即可在不使用导入向导的前提下，直接完成导入操作，如图 13-12 所示。

图 13-11 单击【导入并链接】组中的【已保存的导入】按钮

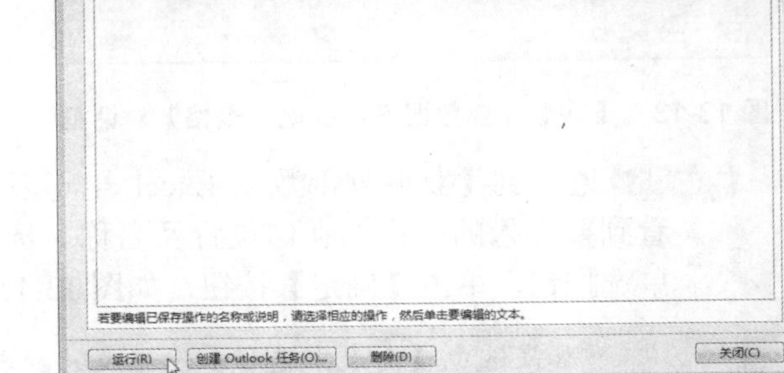

图 13-12 【管理数据任务】对话框

对于以下两种情况，导入的数据库对象是不可用的。

(1) 对于查询、窗体等对象，如果导入后的数据库中没有它们的数据源表，则导入后无法正常使用。因此导入此对象时，需注意连同它们的数据源表一起导入。

(2) 对于宏、VBA 模块等对象，如果导入后的数据库中没有与之相应的窗体、报表等对象，导入后也无法正常使用。

13.2.2 导入电子表格数据

对于一般用户而言，往往对 Access 的熟悉程度远远不如 Office 的另一个成员 Excel，因为 Excel 的界面直观、操作简便，尤其在操作表格数据时。因此，用户可以先在 Excel 中编辑好数据，然后将 Excel 电子表格导入到 Access 中，从而使用 Access 提供的各种功能对 Excel 中的数据进行操作。

下面向“快递信息”数据库中导入一个名为“配送信息”的 Excel 电子表格。具体操作步骤如下。

step 01 启动 Access 2013，打开“快递信息”数据库，切换到【外部数据】选项卡，单击【导入并链接】组中的 Excel 按钮。

step 02 弹出【获取外部数据-Excel 电子表格】对话框，单击【浏览】按钮，如图 13-13 所示。

step 03 弹出【打开】对话框，找到“配送情况”表格存放的位置，单击【打开】按钮，如图 13-14 所示。

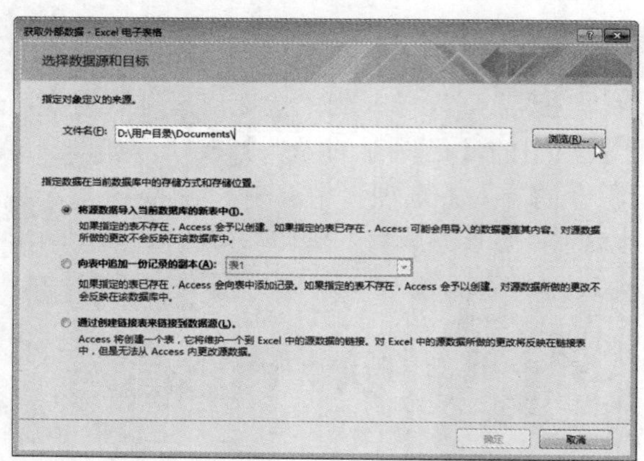

图 13-13 【获取外部数据-Excel 电子表格】对话框

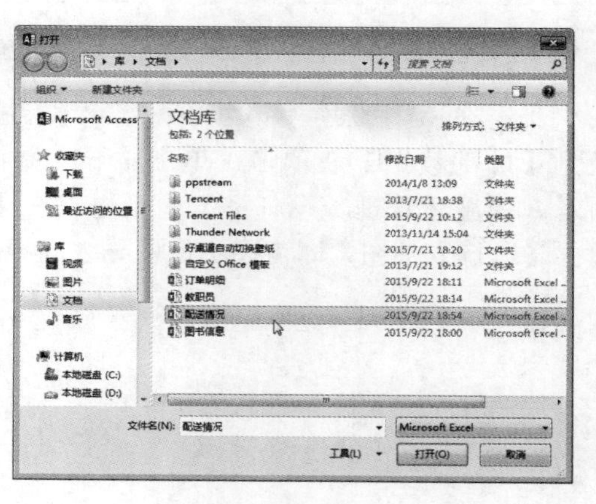

图 13-14 【打开】对话框

step 04 返回到【获取外部数据-Excel 电子表格】对话框，在【文件名】文本框中可以看到要导入的表格的存储位置及名称。选中【将源数据导入当前数据库的新表中】单选按钮，单击【确定】按钮，如图 13-15 所示。

如果选中【向表中追加一份记录的副本】单选按钮，需要在其右侧的列表框中选择一个数据表，表示将 Excel 表中的数据追加到该数据表中。若指定的数据表不存在，Access 将创建这个数据表。

step 05 弹出【导入数据表向导】对话框，选中【显示工作表】单选按钮，单击【下一步】按钮，如图 13-16 所示。

step 06 弹出确认列标题对话框，选中【第一行包含列标题】复选框，单击【下一步】按钮，如图 13-17 所示。

step 07 弹出指定字段信息对话框，选择框中的各个列，在【字段选项】选项组中可设置相应的字段名称、数据类型、索引等信息。例如，选中【配送 ID】列，单击【索引】右侧的下拉按钮，在弹出的下拉列表中选择【有(无重复)】选项，其他字段信息保持默认不变，单击【下一步】按钮，如图 13-18 所示。

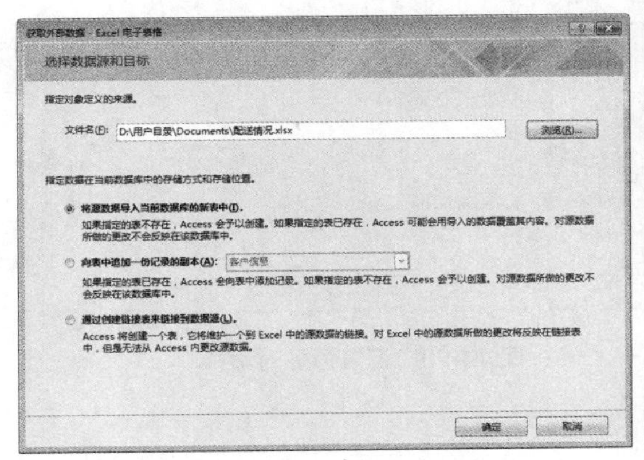

图 13-15　选中第一个单选按钮

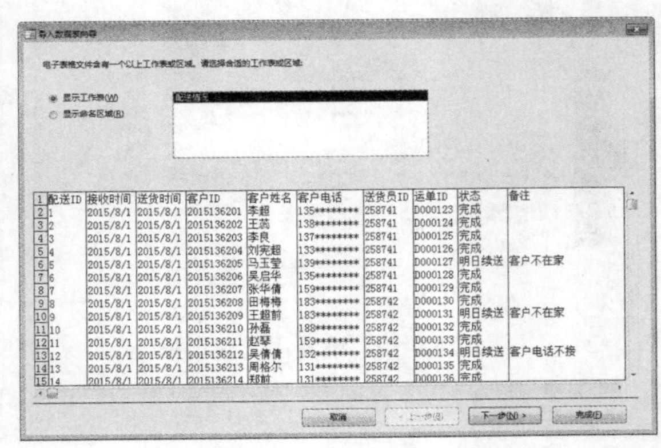

图 13-16　【导入数据表向导】对话框

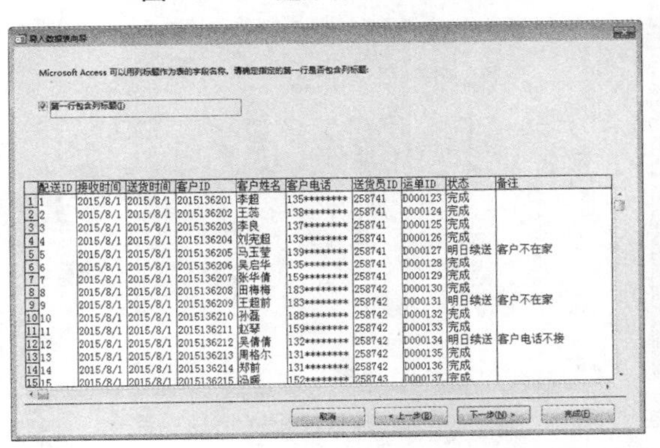

图 13-17　确认列标题对话框

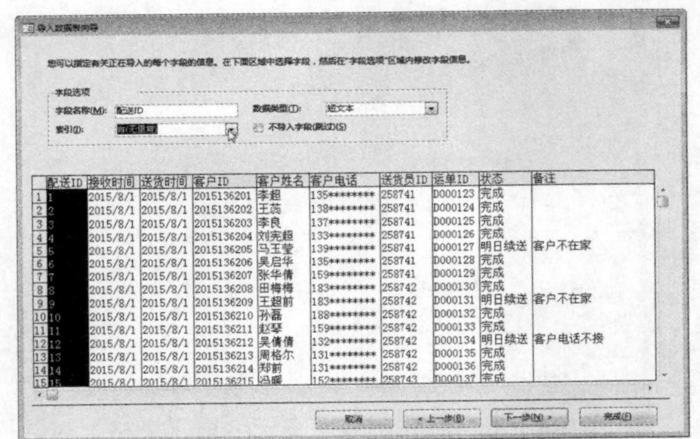

图 13-18　指定字段信息对话框

step 08 弹出设置主键对话框，选中【我自己选择主键】单选按钮，然后在右侧弹出的下拉列表中选择“配送 ID”字段，设置该字段为主键，单击【下一步】按钮，如图 13-19 所示。

step 09 弹出命名对话框，在【导入到表】文本框中输入数据表的名称“配送信息”，单击【完成】按钮，如图 13-20 所示。

step 10 返回到【获取外部数据-Excel 电子表格】对话框，单击【关闭】按钮，如图 13-21 所示。

step 11 操作完成后，在导航窗格中可以看到，“配送信息”表已被成功导入。双击打开该表，查看详细信息，如图 13-22 所示。

导入 Excel 表后，用户可在 Access 数据表中任意修改数据，并不会影响到 Excel 数据源表，导入后的数据表与源表之间无任何关系。如果在步骤 4 中，选中【通过创建链接表来链接到数据源】单选按钮，如图 13-23 所示。Access 将创建一个新表并链接到源表，在导航窗格中可以看到，该链接表的图标左侧有一个右箭头。若用户对源数据表进行修改，这种更改会同步映射到链接的数据表中，但用户无法在 Access 中编辑链接表，只能将其作为只读数据处理。如果要添加、编辑或删除数据，必须在源文件中进行更改，如图 13-24 所示。

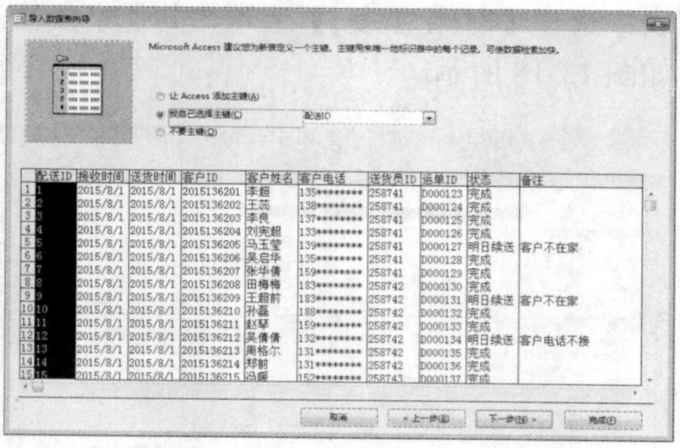

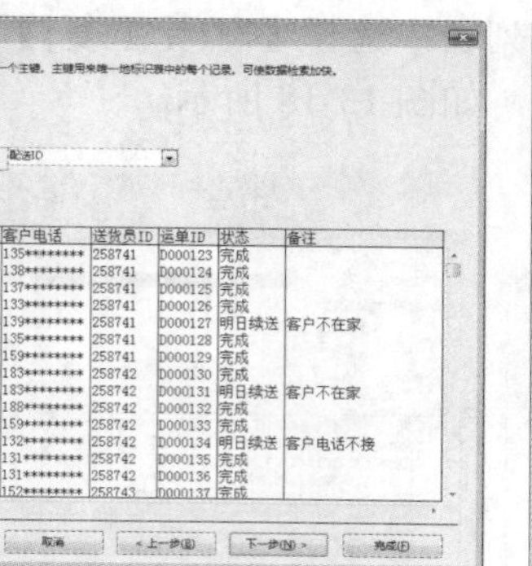

图 13-19　设置主键对话框

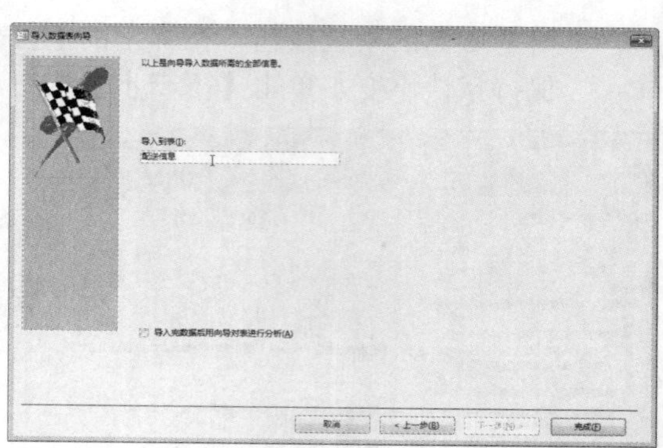

图 13-20　设置命名对话框

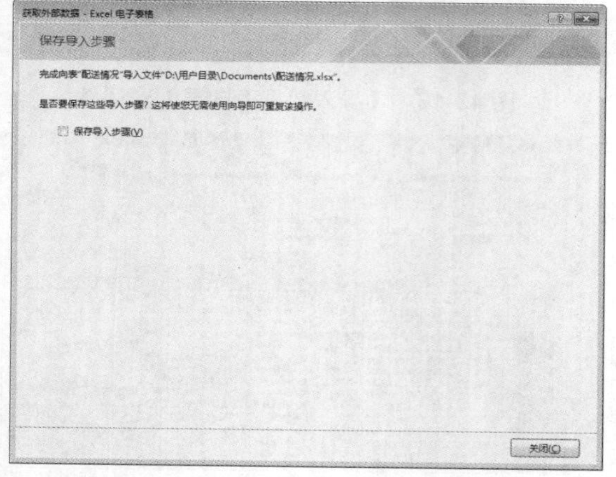

图 13-21　【获取外部数据-Excel 电子表格】对话框

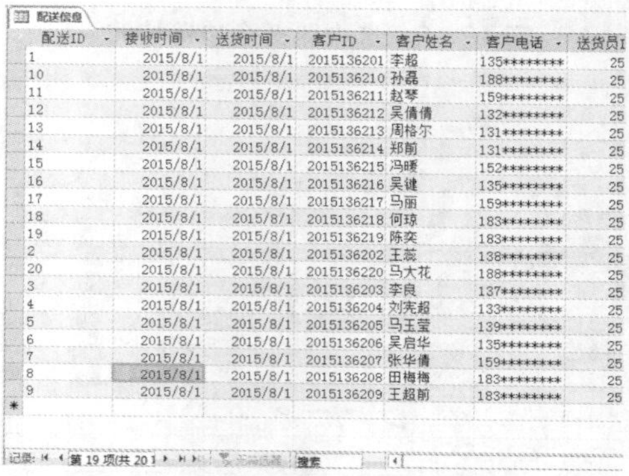

配送ID	接收时间	送货时间	客户ID	客户姓名	客户电话	送货员I
1	2015/8/1	2015/8/1	2015136201	李超	135********	25
10	2015/8/1	2015/8/1	2015136210	孙磊	188********	25
11	2015/8/1	2015/8/1	2015136211	赵琴	159********	25
12	2015/8/1	2015/8/1	2015136212	吴倩倩	132********	25
13	2015/8/1	2015/8/1	2015136213	周格尔	131********	25
14	2015/8/1	2015/8/1	2015136214	郑前	131********	25
15	2015/8/1	2015/8/1	2015136215	冯暖	152********	25
16	2015/8/1	2015/8/1	2015136216	吴键	135********	25
17	2015/8/1	2015/8/1	2015136217	马丽	159********	25
18	2015/8/1	2015/8/1	2015136218	何琼	183********	25
19	2015/8/1	2015/8/1	2015136219	陈奕	183********	25
2	2015/8/1	2015/8/1	2015136202	王蕊	138********	25
20	2015/8/1	2015/8/1	2015136220	马大花	188********	25
3	2015/8/1	2015/8/1	2015136203	李良	137********	25
4	2015/8/1	2015/8/1	2015136204	刘宪超	133********	25
5	2015/8/1	2015/8/1	2015136205	马玉莹	139********	25
6	2015/8/1	2015/8/1	2015136206	吴启华	135********	25
7	2015/8/1	2015/8/1	2015136207	张华倩	159********	25
8	2015/8/1	2015/8/1	2015136208	田梅梅	183********	25
9	2015/8/1	2015/8/1	2015136209	王超前	183********	25

图 13-22　查看“配送信息”表

由上面介绍的方法可以看到，通过 Access 提供的导入向导工具，用户可轻松地将各种格式类型的数据文件导入到 Access 中。使用同样的方法，读者可自行练习导入其他格式的文件，这里不再赘述。

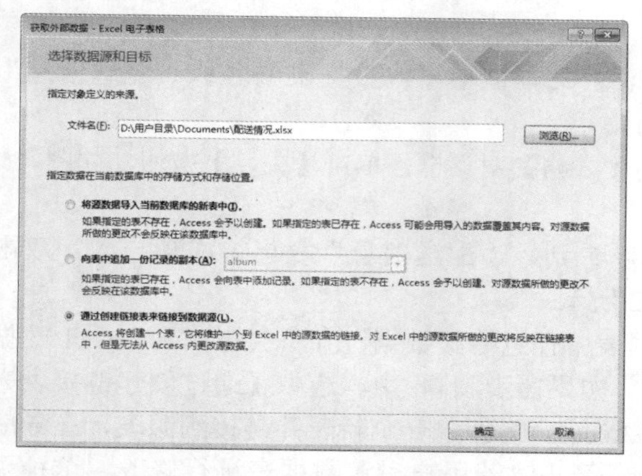

图 13-23　选中【通过创建链接表来链接到数据源】单选按钮

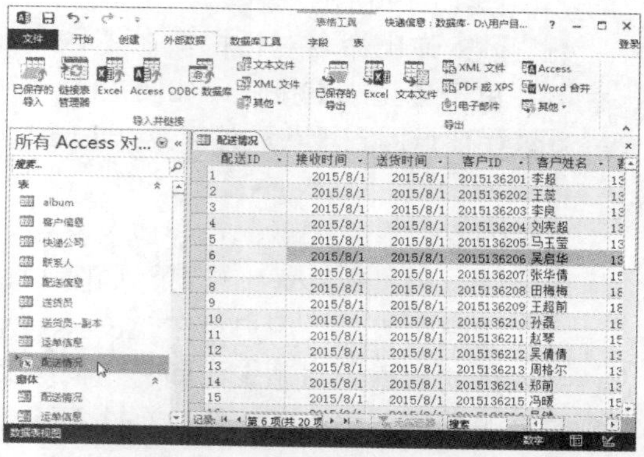

图 13-24　创建的链接表

13.3 导 出 数 据

导出数据实际就是对 Access 数据库中现有数据做一个备份，并将备份以指定的数据形式进行存储。用户进行数据的导出操作，主要是为了保障数据库的安全性和实现数据共享。

13.3.1 数据导出的各种类型

Access 可以将现有的对象导出为多种数据类型。切换到【创建】选项卡，单击【导出】组中的【其他】按钮的下拉按钮，在弹出的下拉列表框中可以看到，Access 支持将数据库对象导出为 Excel 电子表格、文本文件、XML 文件、PDF 或 XPS 文件、电子邮件、Word 文档等格式类型的文件，如图 13-25 所示。

同导入数据类似，导出数据操作同样使用 Access 提供的导出向导工具，按照要求一步步操作，轻松地实现数据的导出。

在导航窗格中选中要导出的对象，在【导出】组中可以看到某些数据类型呈现不可用状态。这意味着对于 Access 的 6 大对象，其能够导出的数据类型是不同的。例如，选中“关闭数据库”宏，在【导出】组中，除 Access 选项外，其他选项都显示成灰色，表示宏只能导出到其他 Access 数据库中，而不能导出成为 Excel 电子表格、文本文件等类型的文件，如图 13-26 所示。

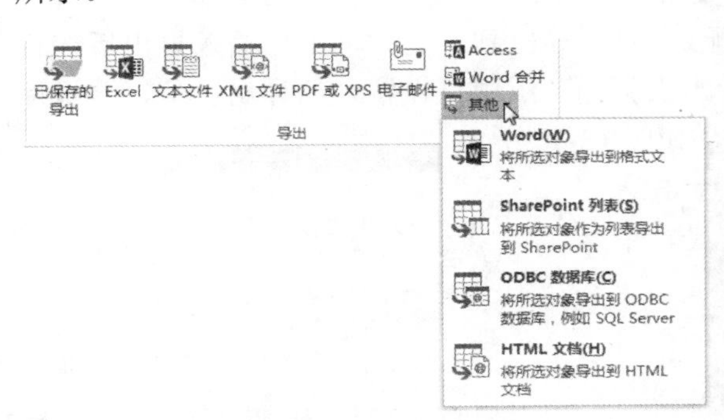

图 13-25 Access 支持导出的格式类型

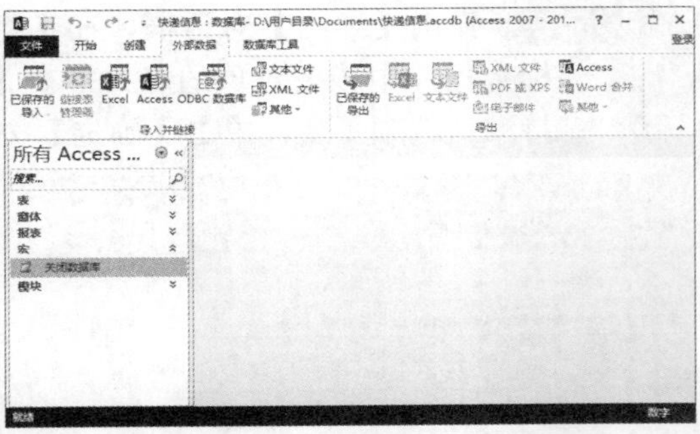

图 13-26 选中“关闭数据库”宏

另外，Access 不能实现数据库的整体导出，一次只能导出一个数据库对象。并且在导出包含子窗体或子数据表的窗体或数据表时，只能导出主窗体或主数据表，而导出报表时，该报表中包含的子窗体或子报表会随主报表一起导出。

13.3.2 导出到 Access 其他数据库

Access 提供了多种方法将表、窗体等数据库对象从一个数据库复制到另一个数据库中。本小节主要介绍其中一种方法，使用 Access 提供的导出向导工具进行操作，使用该工具可以在不打开其他数据库的情况下完成操作。下面将“快递信息”数据库中的“配送信息”表导出到“联系人”数据库中。具体操作步骤如下。

step 01 启动 Access 2013，打开“快递信息”数据库。在导航窗格中选中“配送信息”表，然后切换到【外部数据】选项卡，单击【导出】组中的 Access 按钮。

step 02 弹出【导出-Access 数据库】对话框，单击【浏览】按钮，如图 13-27 所示。

step 03 弹出【保存文件】对话框，找到“联系人”数据库存放的位置，单击【保存】按钮，如图 13-28 所示。

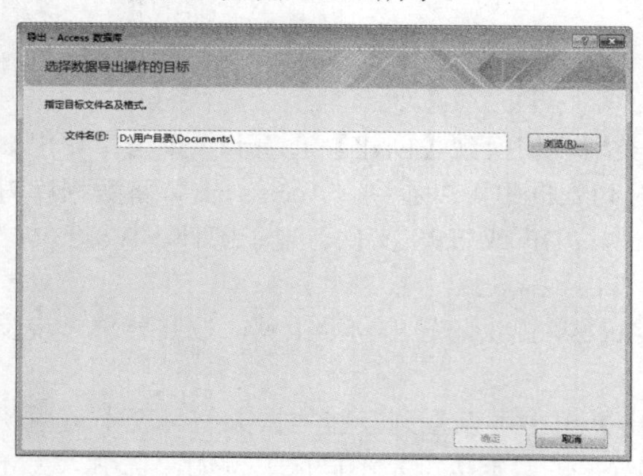

图 13-27　【导出-Access 数据库】对话框

图 13-28　【保存文件】对话框

step 04 返回到【导出-Access 数据库】对话框，在【文件名】文本框中可以查看导出后的目标数据库的路径，单击【确定】按钮，如图 13-29 所示。

step 05 弹出【导出】对话框，在【将 配送信息 导出到】文本框中可输入导出后在目标数据库中该表对象的名称，在【导出表】选项组中可设置表的导出类型，这里保持默认选项不变，单击【确定】按钮，如图 13-30 所示。

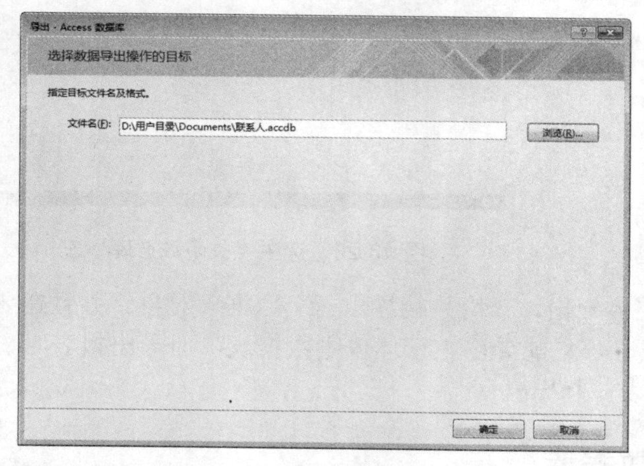

图 13-29　在【文件名】文本框中查看导出后的目标数据库的路径

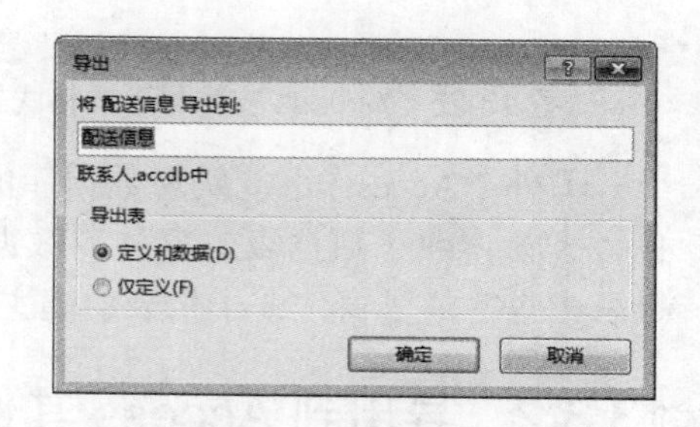

图 13-30　【导出】对话框

step 06 返回到【导出-Access 数据库】对话框，选中【保存导出步骤】复选框，在【另存为】文本框中输入导出步骤的名称“导出-联系人”，单击【保存导出】按钮，如图 13-31 所示。

step 07 打开“联系人”数据库，可以看到，“配送信息”表已成功导出至该数据库中。至此，就完成了将数据库对象导出到其他数据库的操作，如图 13-32 所示。

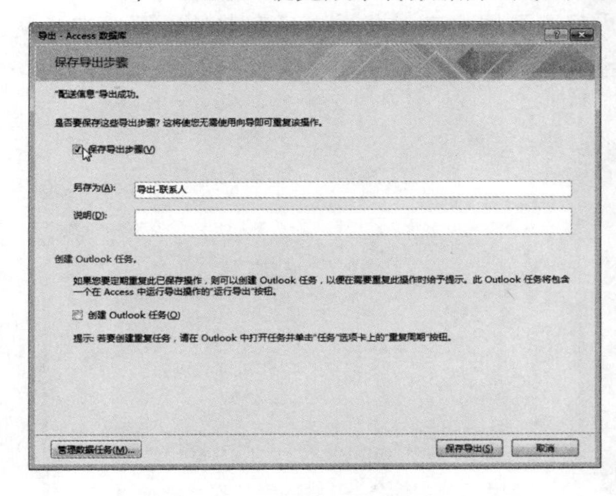

图 13-31 选中【保存导出步骤】复选框

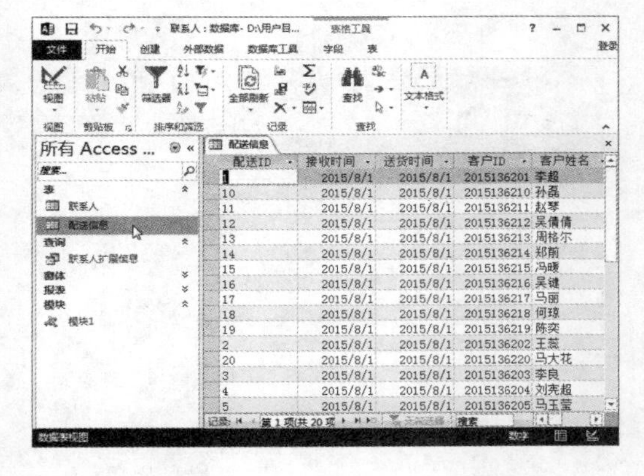

图 13-32 “配送信息”表已成功导出

在步骤 6 中保存导出步骤后，若需再次将“配送信息”表导出到“联系人”数据库，单击【导出】组中的【已保存的导出】按钮，如图 13-33 所示。弹出【管理数据任务】对话框，在【已保存的导出】选项卡中选中“导出-联系人”，单击【运行】按钮，即可在不使用导出向导的前提下，直接完成导出操作，如图 13-34 所示。

图 13-33 单击【导出】组中的【已保存的导出】按钮

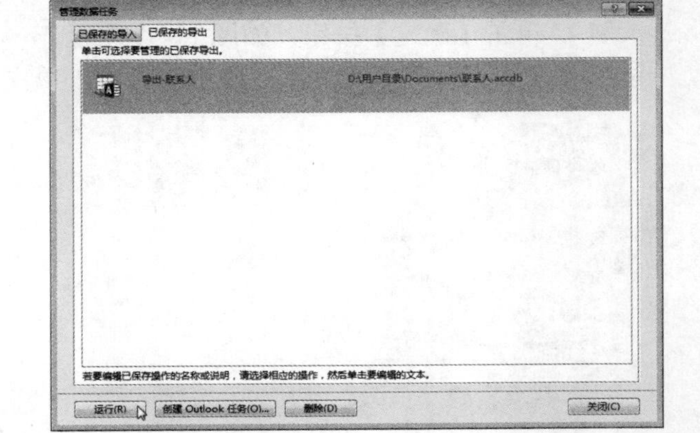

图 13-34 【管理数据任务】对话框

13.3.3 导出到电子表格数据

利用 Access 的导出功能，可将 Access 数据库中的对象导出到 Excel 电子表格中。这样用户既可以在 Access 数据库中存储数据，又可以使用 Excel 来分析数据。当导出数据时，相当于 Access 创建了所选对象的副本，然后将该副本中的数据存储在 Excel 表格中。下面将“快递信息”数据库中的“配送信息”表导出到 Excel 表格中。具体操作步骤如下。

step 01 启动 Access 2013，打开“快递信息”数据库，在导航窗格中选中“配送信息”表。切换到【外部数据】选项卡，单击【导出】组中的 Excel 按钮。

step 02 弹出【导出-Excel 电子表格】对话框，单击【浏览】按钮，如图 13-35 所示。

step 03 弹出【保存文件】对话框，用户可以设置将表对象导出后存储的位置，在【文件名】文本框中可输入导出后的表格名称。操作完成后，单击【保存】按钮，如图 13-36 所示。

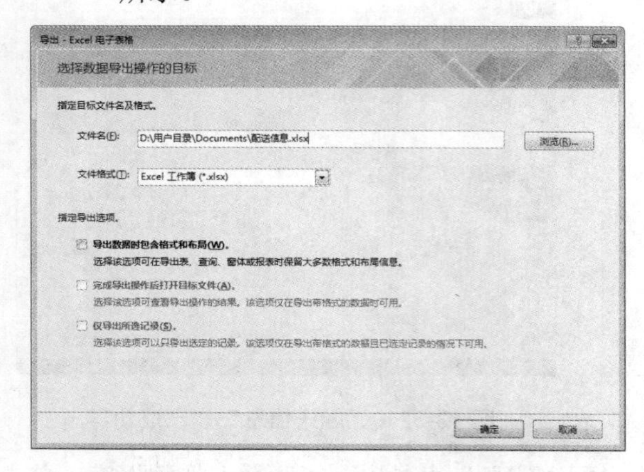

图 13-35 【导出-Excel 电子表格】对话框

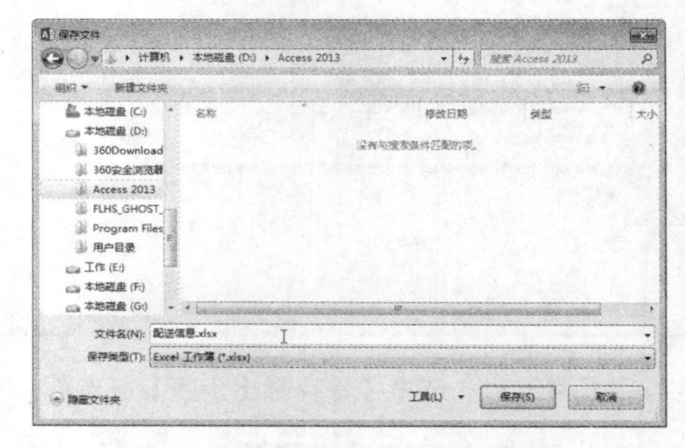

图 13-36 【保存文件】对话框

step 04 返回到【导出-Excel 电子表格】对话框，单击【文件格式】下拉列表框的下拉按钮，在弹出的下拉列表中选择【Excel 97-Excel 2003 工作簿(*.txt)】选项，并选中【导出数据时包含格式和布局】和【完成导出操作后打开目标文件】复选框，然后单击【确定】按钮，如图 13-37 所示。

step 05 弹出是否保存导出步骤对话框，单击【关闭】按钮，如图 13-38 所示。

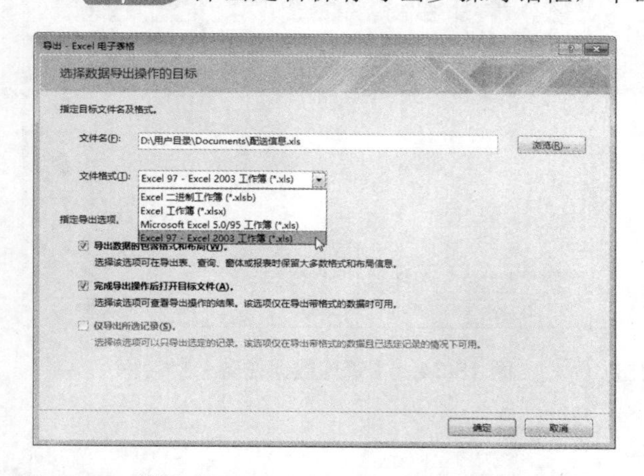

图 13-37 选择【Excel 97-Excel 2003 工作簿(*.txt)】选项

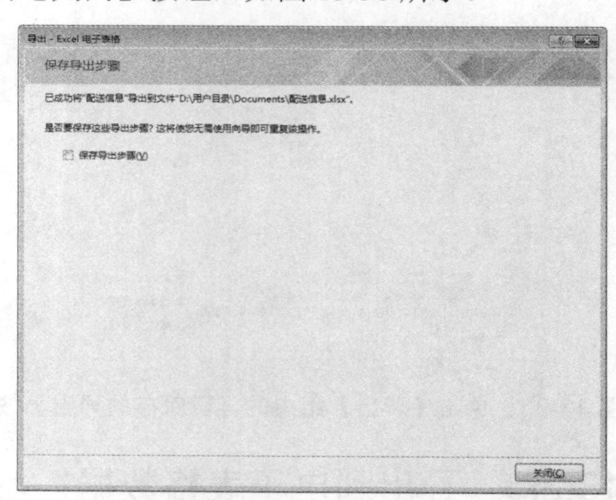

图 13-38 是否保存导出步骤对话框

step 06 操作完成后，系统自动以 Excel 表的形式打开“配送信息”表。打开在步骤 3 中设置的导出后表格的存储位置，可以看到，该表已成功导出，如图 13-39 所示。

由上面介绍的方法可以看到，通过 Access 提供的导出向导工具，用户可轻松地将 Access 数据库对象以各种格式类型导出。例如将“配送信息”表导出为 XML 类型文件，如图 13-40 所示。或者将“配送信息”报表导出为 PDF 文件等，如图 13-41 所示。

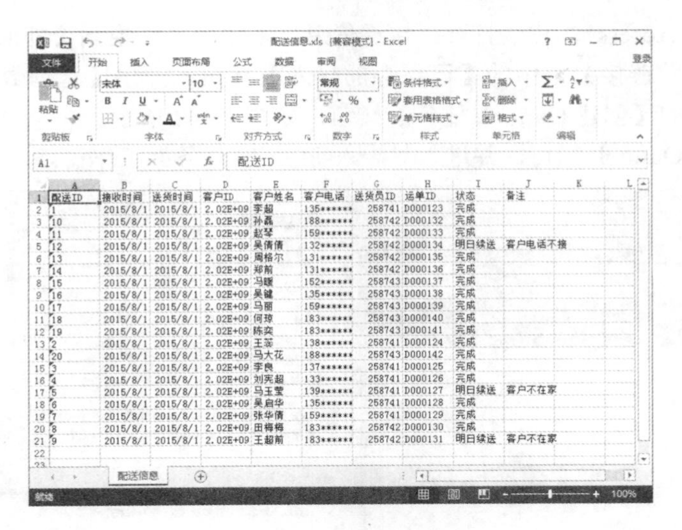

图 13-39 “配送信息”表

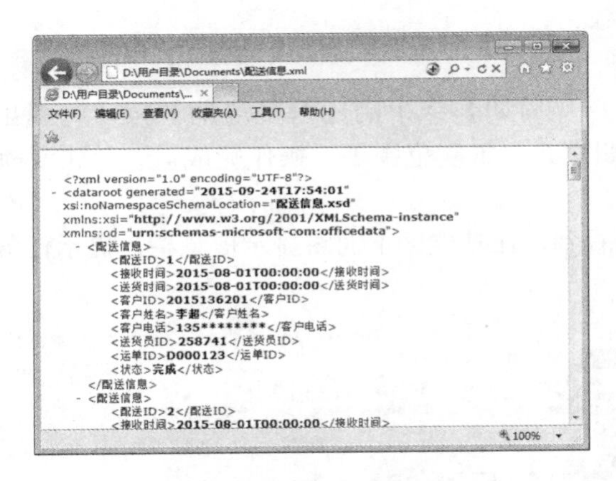

图 13-40 将“配送信息”表导出为 XML 类型文件

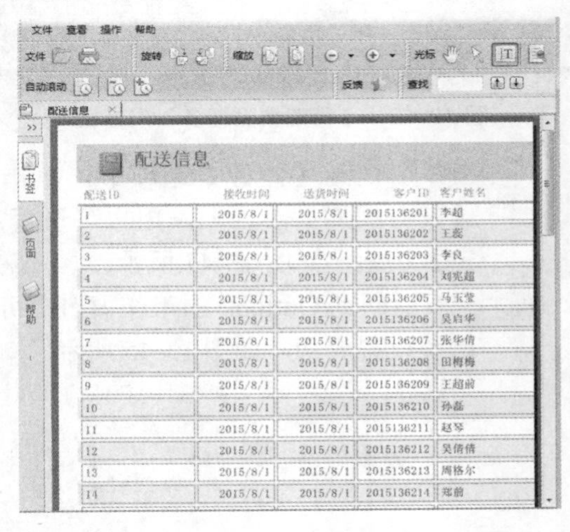

图 13-41 将“配送信息”表导出为 PDF 文件

13.3.4 Access 与 Office 软件的合作

Office 2013 是 Microsoft 公司最新推出的办公工具软件包，提供了多种不同功能的软件。如果能够将各种软件进行整合，可以大大提高工作效率。

Access 作为 Office 中的一员，可以和其他成员相互合作，互取所长。例如，用户可借助于 Excel 电子表格深入分析 Access 中的数据，或者使用 Word 发布数据等。其中，Access 与 Excel 电子表格的交互和共享在前面小节中已经介绍，使用 Word 发布数据的操作步骤与 Excel 类似，这里不再赘述。

除了 Word 和 Excel 外，Access 还能与 Outlook 配合使用。用户可以在 Outlook 中创建任务，从而直接使用 Outlook 完成导入/导出操作，而无须打开 Access。具体操作步骤如下。

step 01 启动 Access 2013，打开“快递信息”数据库。切换到【外部数据】选项卡，单击【导入并链接】组中的【已保存的导入】按钮，弹出【管理数据任务】对话框，单击下方的【创建 Outlook 任务】按钮，如图 13-42 所示。

step 02 启动 Outlook 2013，并进入“导入-联系人-任务”工作窗口，如图 13-43 所示。

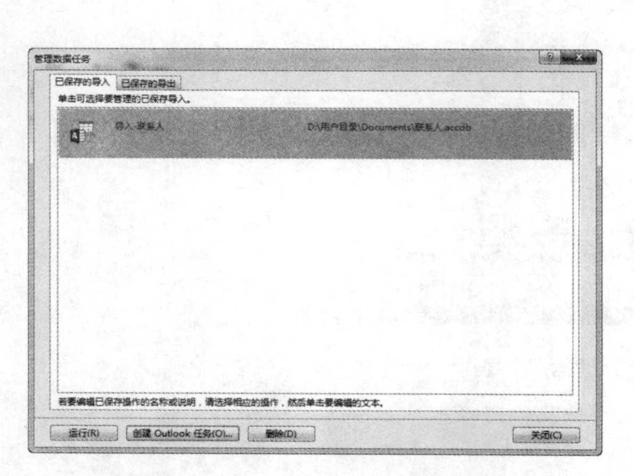

图 13-42 【管理数据任务】对话框

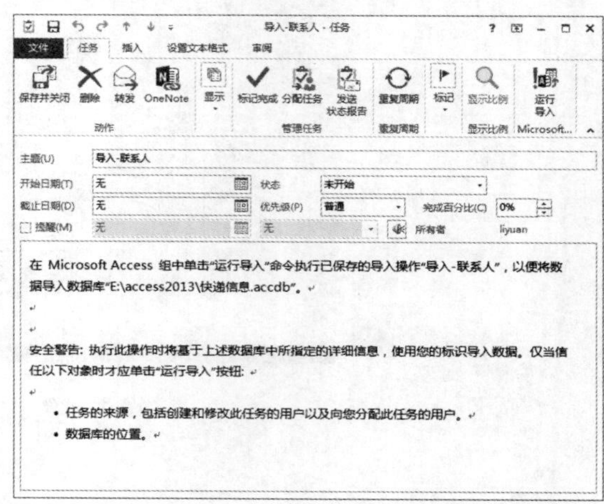

图 13-43 “导入-联系人-任务”工作窗口

step 03 切换到【任务】选项卡，单击【重复周期】组中的【重复周期】按钮，弹出【任务周期】对话框，用户可设置定期模式、重复范围等。操作完成后，单击【确定】按钮，如图 13-44 所示。

step 04 返回到 Outlook 的工作窗口，可以看到，在功能区下面将显示信息栏，提示任务已经设置成功，如图 13-45 所示。

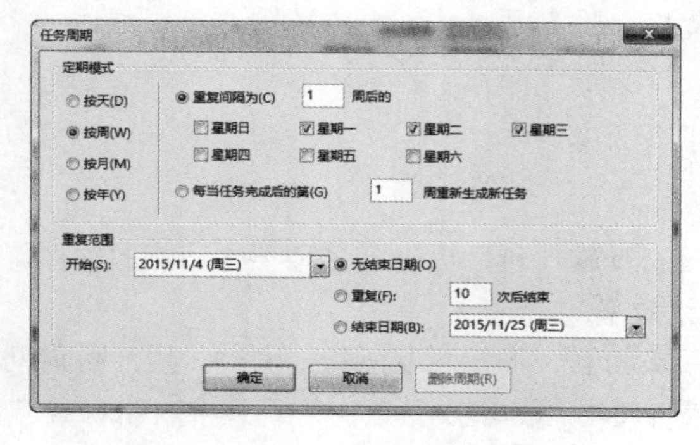

图 13-44 【任务周期】对话框

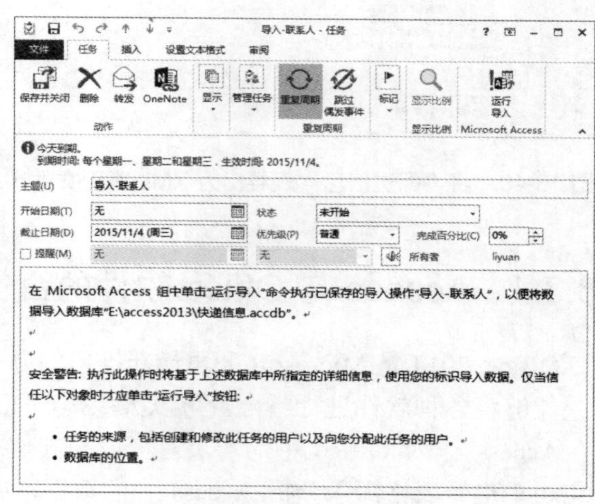

图 13-45 提示任务设置成功

由 13.2.1 小节可知，“导入-联系人”中保存了从其他数据库中导入“联系人”表的操作步骤。在 Outlook 中创建该任务并设置任务周期后，当设置的时间到期时，Outlook 会提醒用户，此时只要单击【任务】选项卡中的【运行导入】选项，系统将会自动完成“导入-联系人”中保存的操作步骤，而无须启动 Access。

除此之外，用户还可以使用 Outlook 发送数据表对象，或者使用 Word 创建邮件合并文档。由此可知，通过 Access 与其他 Office 成员的相互沟通、互取所长，可以实现更强大的功能，极大地提高工作效率。

13.4 高手甜点

甜点 1：使用链接表访问外部数据时，Access 将不得不检索其他文件中的记录，这种处理非常耗费时间，特别是当表存储在网络上或 SQL 数据库中时。简述在使用这些外部数据时，用户可以通过什么方法优化数据库性能？

在使用外部数据时，可以通过以下基本原则优化性能。

(1) 避免在查询中使用函数，尤其是聚合函数。

(2) 限制要查看的外部记录数量。可以创建一个查询，使用某个条件来限制来自外部表的记录数量。

(3) 避免在数据表中进行过多移动。

甜点 2：使用导入工具向 Access 现有的表中导入外部数据时，为什么有时会出现错误？

下面讲述出现错误的几种常见原因。当出现以下情况时，可能会引发错误：

(1) 要导入的文本文件和现有 Access 表的数据不一致。

(2) 要导入的数字数据超出了 Access 中字段设置的数据范围。

(3) 要导入的记录中可能存在重复主键值。

(4) 要导入的文本文件或电子表格的某一行所包含的字段多于 Access 表包含的字段。

第 14 章

数据库安全及优化

Access 数据库因其操作便捷、界面友好等优点拥有大批用户，随着 Access 数据库的广泛使用，其性能和安全成为制约数据库运行和使用的重要因素。对数据库进行优化，使数据库运行得更快，对数据库有着重要的意义。而对于多用户的数据库，数据库的安全性尤其重要，尤其是放置在网络上的数据库的安全问题。通过本章的学习，读者应学会如何保护及优化数据库。

本章目标(已掌握的在方框中打钩)

- ☐ 掌握如何创建和删除数据库密码
- ☐ 掌握如何优化和分析数据库
- ☐ 熟悉如何创建、提取并使用签名包
- ☐ 熟悉如何设置安全中心

14.1 Access 数据库的安全

通常我们建立的数据库并不希望所有的人都能使用，并能修改数据库中的内容。这就要求数据库实行更加安全的管理，从而限制一些人的访问。为了实现这一目标，Access 提供了一系列的保护措施，下面介绍其中一种方法，即为数据库设置密码。

14.1.1 创建数据库密码

用户可通过设置数据库密码来控制对数据库的访问，从而有限制地防止数据被随意修改或查看数据库内部结构。在设置密码后，用户每次访问该数据库时，系统都会提示输入密码，若不知道设置的数据库密码，就不允许访问数据库。注意对数据库进行加密的前提是，必须以独立方式打开该数据库。

下面对“图书管理”数据库设置密码。具体操作步骤如下。

step 01 依次选择【开始】|【所有程序】| Microsoft Office 2013 | Access 2013 命令，启动 Access 2013，如图 14-1 所示。

step 02 进入 Access 2013 的首界面，单击【打开其他文件】链接，如图 14-2 所示。

图 14-1 启动 Access 2013

图 14-2 单击【打开其他文件】链接

step 03 进入【打开】界面，选择【计算机】选项，再单击右侧的【浏览】按钮，如图 14-3 所示。

step 04 弹出【打开】对话框，找到“图书管理”数据库存储的位置，选中它，然后单击【打开】按钮的下拉按钮，在弹出的下拉列表中选择【以独占方式打开】选项，如图 14-4 所示。

step 05 当前以独占方式打开了“图书管理”数据库，切换到【文件】选项卡，进入【信息】界面，选择右侧的【用密码进行加密】选项，如图 14-5 所示。

step 06 弹出【设置数据库密码】对话框，在【密码】文本框中输入密码，在【验证】

文本框中再次验证密码，例如这里输入密码为“Fox12!”，设置完成后，单击【确定】按钮，如图 14-6 所示。

图 14-3 【打开】界面

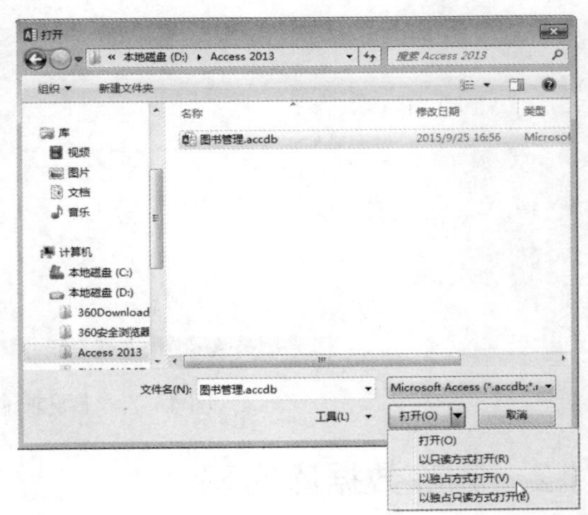

图 14-4 【打开】对话框

在【验证】文本框中输入的密码必须与【密码】文本框中输入的密码相同。Access 不会显示密码，而是显示*替代所输入的密码。在设置密码时，为了最大限度地实现安全性，请尽量使用由大小写字母、数字和符号组成的强密码。

图 14-5 选择【用密码进行加密】选项

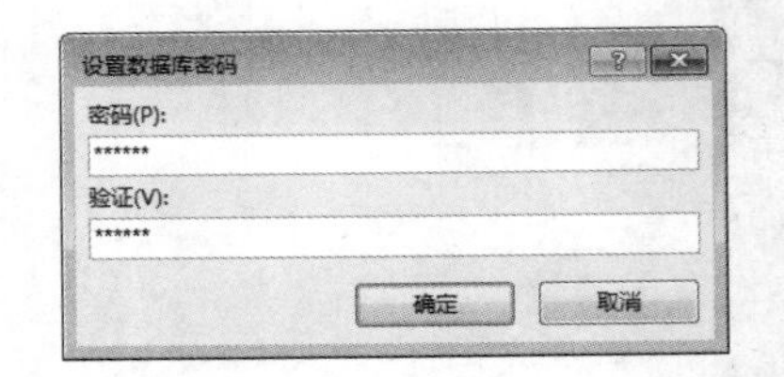

图 14-6 【设置数据库密码】对话框

step 07 至此，即完成给数据库设置密码的操作。再次双击打开“图书管理”数据库，弹出【要求输入密码】对话框，在【请输入数据库密码】文本框中输入设置的密码“Fox12!”，单击【确定】按钮，才能打开该数据库，如图 14-7 所示。

一旦设置密码，Access 就会对数据库进行加密。任何访问该数据库的用户都必须输入密码。这种方法可以控制哪些用户可以访问数据库，但数据库一旦打开，用户可查看和编辑数据库的全部对象和数据，它并不能控制用户对数据和数据库对象进行具体操作。

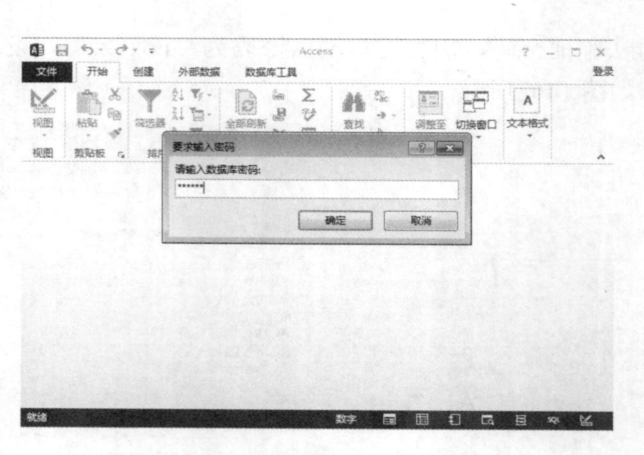

图 14-7　【要求输入密码】对话框

14.1.2　删除数据库密码

如果要删除数据库密码，同样需要以独占方式打开数据库，再进行删除操作。下面将“图书管理”数据库密码删除，具体操作步骤如下。

step 01 启动 Access 2013，以独占方式打开“图书管理”数据库，具体步骤参考创建密码时的方法。此时会弹出【要求输入密码】对话框，在【请输入数据库密码】文本框中输入密码，单击【确定】按钮才可打开“图书管理”数据库，如图 14-8 所示。

step 02 切换到【文件】选项卡，进入【信息】界面，选择【解密数据库】选项，如图 14-9 所示。

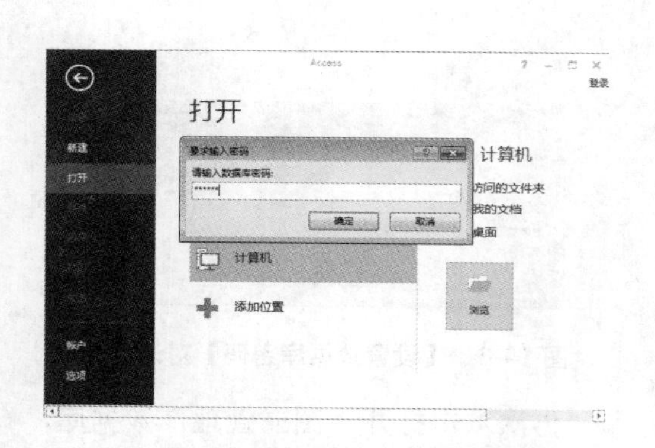

图 14-8　【要求输入密码】对话框

图 14-9　选择【解密数据库】选项

step 03 弹出【撤销数据库密码】对话框，在【密码】文本框中输入设置的密码，单击【确定】按钮，如图 14-10 所示。

以上即完成删除数据库密码的操作。当再次打开“图书管理”数据库时，不会要求输入密码，可直接打开该数据库。

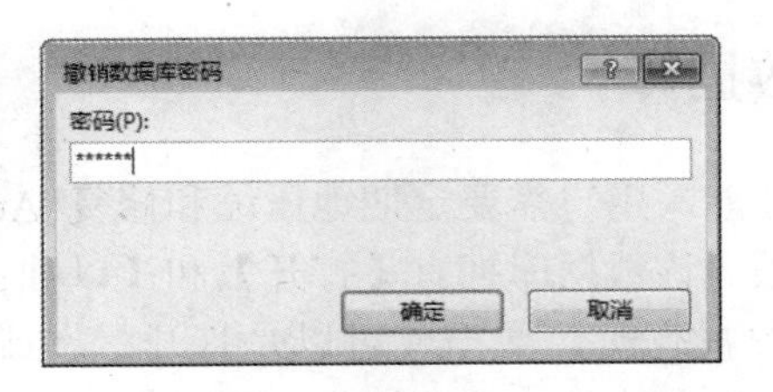

图 14-10　【撤销数据库密码】对话框

14.2　优化和分析数据库

当用户创建数据库各对象后，由于频繁的读取、更新等操作可能损坏 Access 数据库结构或数据，从而出现数据读取错误、运行速度慢、服务器 CPU 内存占用过高等问题。因此，在创建数据库后，用户应该使用 Access 提供的分析器，检查表间数据的分布或查看各个对象，参考给出的建议或思路。并且用户应定期备份、压缩和修复数据库，保证数据库的最佳性能。

14.2.1　备份和恢复数据库

数据库作为存储信息的重要工具，如果不及时备份的话，一旦丢失或损坏将造成不必要的损失。因此，用户应该养成定期对数据库进行备份的良好习惯。通过使用备份，可轻松地还原数据库。

对数据库备份就相当于创建数据库的副本，在 3.3.1 小节中已经介绍过，用户可通过“另存为”的方法对其进行备份，如图 14-11 所示。或者选中需要备份的数据库，右击，在弹出的快捷菜单中选择【复制】命令，在存储备份文件的位置选择【粘贴】命令即可，如图 14-12 所示。

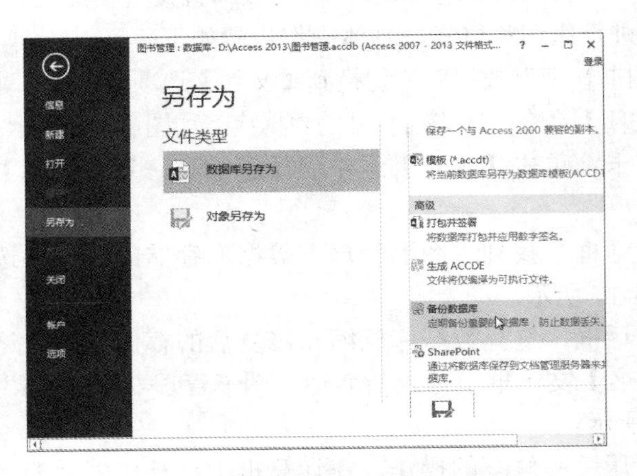

图 14-11　选择【备份数据库】选项进行备份

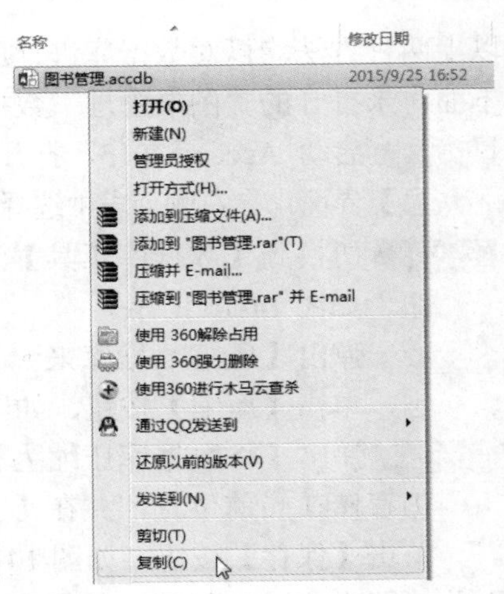

图 14-12　选择【复制】命令

14.2.2 压缩和修复数据库

为了保证数据库最佳的性能，用户需要定期地压缩和修复 Access 数据库。注意，在进行压缩和修复操作时，用户必须对该数据库拥有【打开】和【以独占方式打开】的权限。

对数据库进行压缩和修复操作时，数据库可以是打开状态或者未打开状态，下面对打开的“图书管理”数据库进行压缩和修复。具体操作步骤如下。

step 01 启动 Access 2013，打开“图书管理”数据库。

step 02 切换到【数据库工具】选项卡，单击【工具】组中的【压缩和修复数据库】按钮即可，如图 14-13 所示。

step 03 或者切换到【文件】选项卡，进入【信息】界面，单击【压缩和修复数据库】按钮即可，如图 14-14 所示。

图 14-13 单击【工具】组中的【压缩和修复数据库】按钮

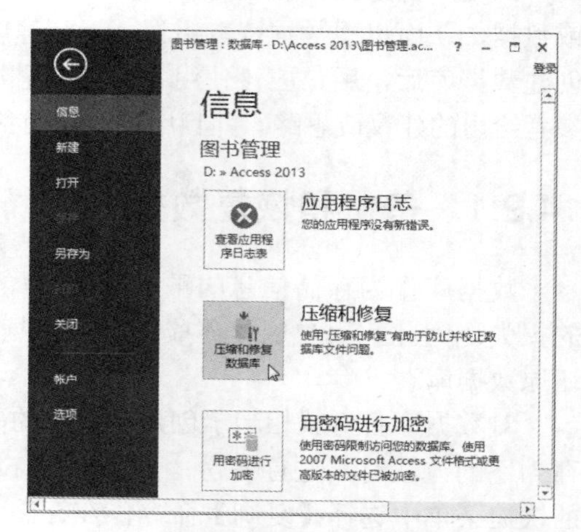

图 14-14 单击【压缩和修复数据库】按钮

以上两种方法均可对数据库进行压缩，并且 Access 会将压缩后的版本直接替换原文件。下面对未打开的“图书管理”数据库进行压缩和修复，具体操作步骤如下。

step 01 启动 Access 2013，打开“图书管理”数据库，切换到【文件】选项卡，进入【信息】界面，在左侧列表中选择【关闭】命令关闭当前打开的数据库，如图 14-15 所示。

step 02 切换到【数据库工具】选项卡，单击【工具】组中的【压缩和修复数据库】按钮，如图 14-16 所示。

step 03 弹出【压缩数据库来源】对话框，找到“图书管理”数据库存储的位置，选中它，单击【压缩】按钮，如图 14-17 所示。

step 04 弹出【将数据库压缩为】对话框，选择数据库压缩和修复后的存储位置。这里仍存储在当前位置，并在【文件名】文本框中输入新名称“图书管理-20150925”，单击【保存】按钮，如图 14-18 所示。

至此，即完成对未打开的数据库进行压缩和修复的操作。在计算机中打开压缩后的文件存储的位置，可以看到，与对打开的数据库进行压缩和修复操作所不同的是，该操作会新建一个压缩后的数据库，而不会直接替换原数据库。并且压缩后的文件比压缩前的文件占用的空间减小，如图 14-19 所示。

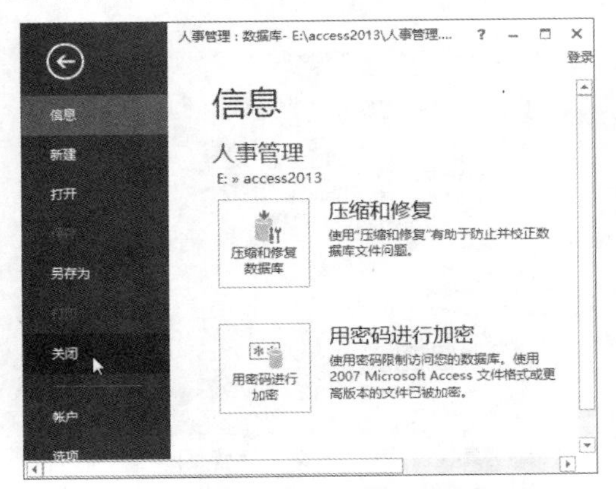

图 14-15　选择【关闭】命令

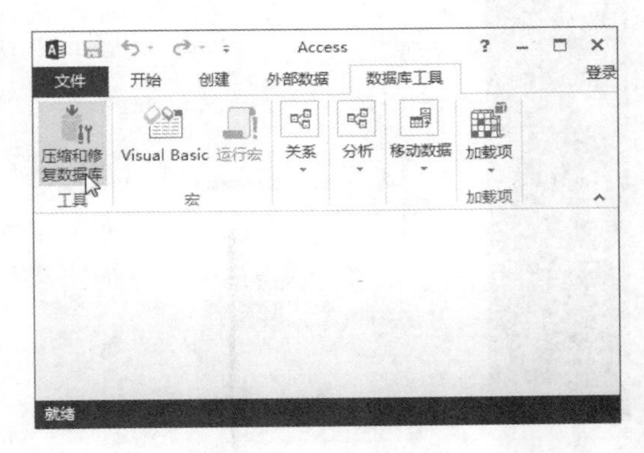

图 14-16　单击【工具】组中的【压缩和修复数据库】选项

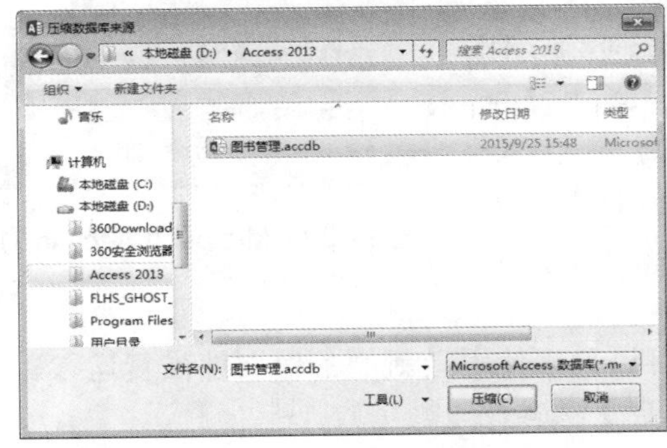

图 14-17　【压缩数据库来源】对话框

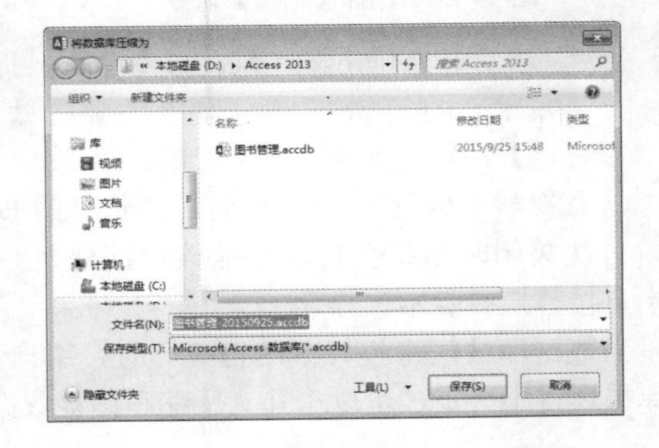

图 14-18　【将数据库压缩为】对话框

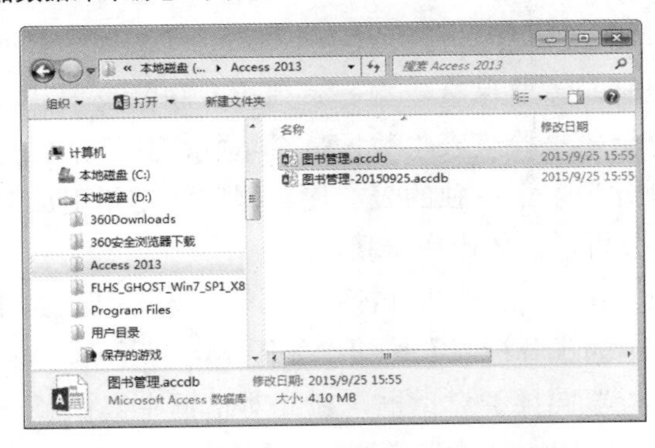

图 14-19　新建一个压缩后的数据库

用户还可以设置每次关闭 Access 数据库时，系统都会自动对其进行压缩和修复操作。具体操作步骤如下。

step 01 启动 Access 2013，打开“图书管理”数据库。切换到【文件】选项卡，进入【信息】界面，在左侧列表中选择【选项】命令，如图 14-20 所示。

step 02 弹出【Access 选项】对话框，在左侧列表框中选择【当前数据库】选项，在右侧选中【关闭时压缩】复选框，然后单击【确定】按钮，如图 14-21 所示。

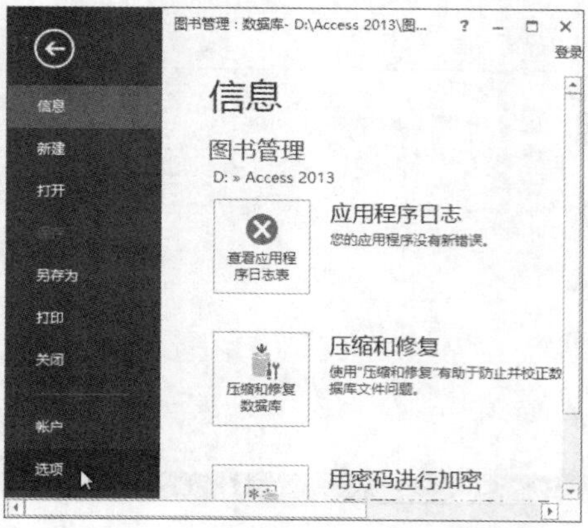

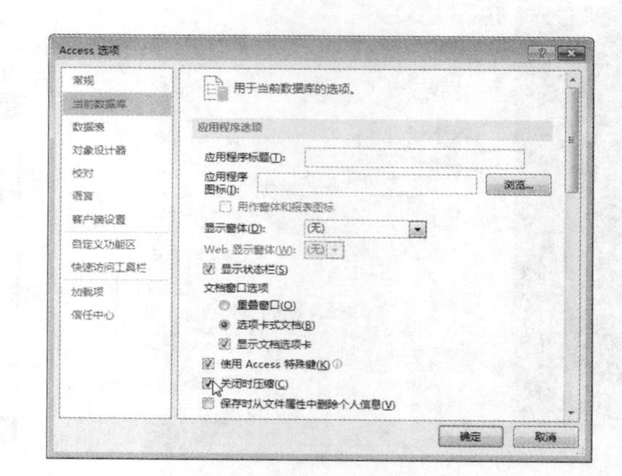

图 14-20　选择【选项】命令

图 14-21　【Access 选项】对话框

step 03 弹出 Microsoft Access 对话框，提示必须关闭并重新打开数据库，设置才会生效，单击【确定】按钮，如图 14-22 所示。

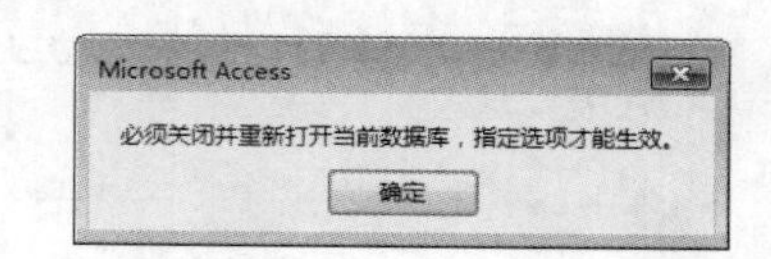

图 14-22　Microsoft Access 对话框

以上步骤完成后，关闭并重新打开“图书管理”数据库，再次关闭时系统会自动压缩该数据库，并将压缩后的版本直接替换原版本。

当数据库被病毒损坏或结构破坏时，用户可以直接使用最新的备份文件恢复运行。若数据库损坏得不严重，可以选择【压缩和修复数据库】选项修复数据库。

14.2.3　分析表

当用户创建各数据表时，需要尽量建立一系列相关联的表来减少数据的冗余。在此基础上，用户还可以使用表分析器来检查表中数据是否重复，并给出优化建议。表分析器可以将一个包含重复信息的表划分为多个单独的表，使数据库的更新更加有效和方便。下面对“图书管理”数据库的表进行分析，具体操作步骤如下。

step 01 启动 Access 2013，打开“图书管理”数据库。切换到【数据库工具】选项卡，单击【分析】组中的【分析表】按钮，如图 14-23 所示。

step 02 弹出【表分析器向导】对话框，在此对话框中提供了一个具体案例，并以此描述了建立表时常见的问题，单击【下一步】按钮，如图 14-24 所示。

step 03 弹出问题解决对话框，针对上一案例中描述的常见问题，给出了问题的可能解决方案，单击【下一步】按钮，如图 14-25 所示。

step 04 弹出确定分析哪张表对话框，选中“读者信息”表，表示对该表进行分析，单击【下一步】按钮，如图 14-26 所示。

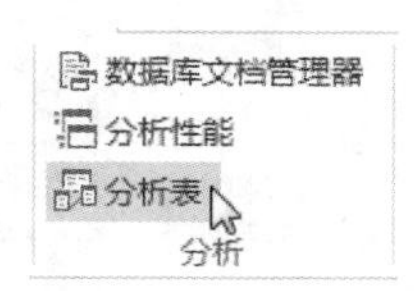

图 14-23　单击【分析】组中的【分析表】按钮

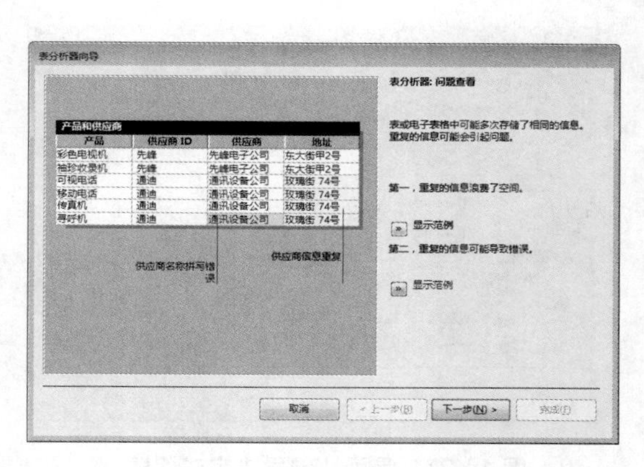

图 14-24　【表分析器向导】对话框

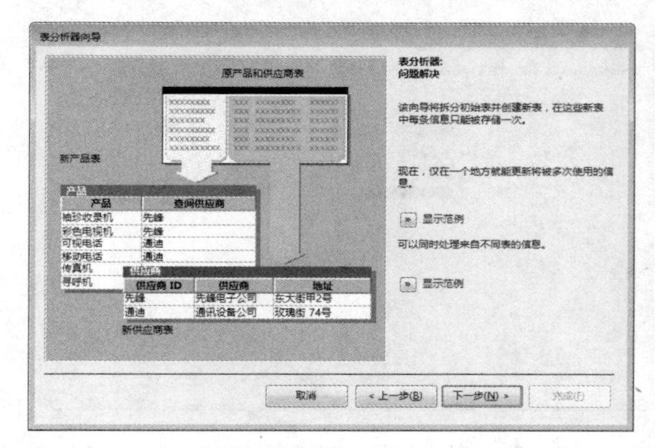

图 14-25　问题解决对话框

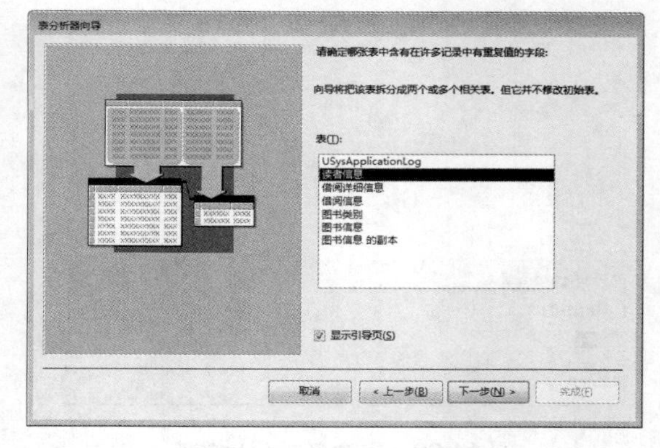

图 14-26　确定分析哪张表对话框

step 05 弹出是否让向导决定对话框，选中【是，由向导决定】单选按钮，单击【下一步】按钮，如图 14-27 所示。

若让向导来决定，则系统在下一个对话框中将提供拆分表的建议。若选中【否，自行决定】单选按钮，在下一步中将不启动向导，由用户自行拆分。

step 06 弹出确定向导分组是否正确对话框，表分析器发现在“读者信息”表中，“电话”字段和“累计借阅次数”字段重复了多次。因此建议将表拆分为两个新表，并在“表 2”中存储这两个字段，如图 14-28 所示。

向导在建议对表分组时，并没有保留原数据表的名称。选中某个表，单击右上角【重命名表】按钮，在【表名称】文本框中输入拆分后的表名称，即可重命名表，如图 14-29 所示。

step 07 若用户发现向导建议的拆分没有必要，单击【取消】按钮即可。在向导建议的基础上，用户还可自行设置表中的字段。例如在“表 1”中选中“所在系别”字段，按住左键不放，可将其拖动到“表 2”中。以上只是为了演示需要，单击【撤销】按钮撤销之前的操作，保持向导建议的拆分状态，单击【下一步】按钮，如图 14-30 所示。

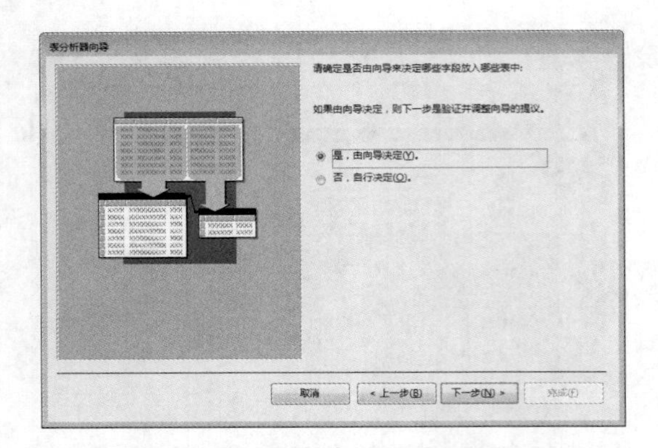

图 14-27　是否让向导决定对话框

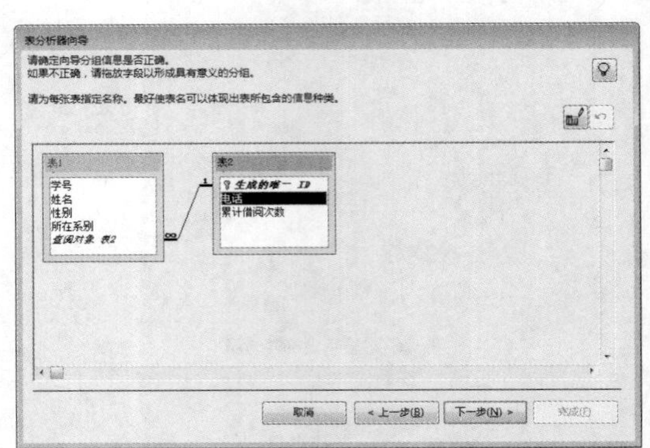

图 14-28　确定向导分组是否正确对话框

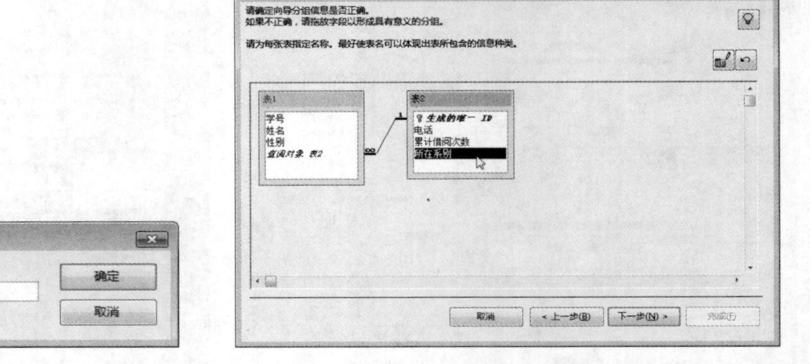

图 14-29　重命名拆分后的表

图 14-30　在“表 1”中把字段直接拖动到“表 2”中

step 08 弹出确定是否继续对话框，提示尚未重命名表，是否继续操作，单击【是】按钮，如图 14-31 所示。

step 09 弹出确定粗体字段是否唯一标识了所建议表的每一个记录对话框，单击【下一步】按钮，如图 14-32 所示。

提示　单击右上角的【设置唯一标识符】按钮，可对表设置主键。

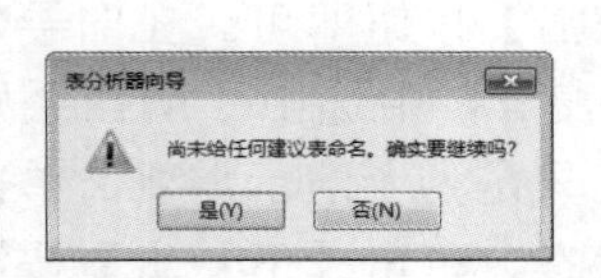

图 14-31　确定是否继续对话框

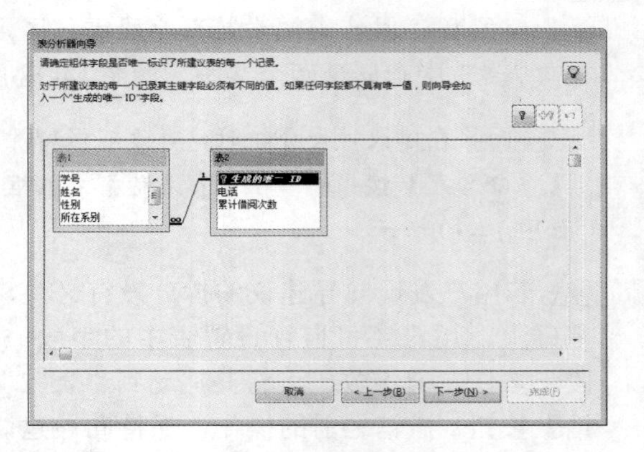

图 14-32　【表分析器向导】对话框

step 10 弹出是否创建查询对话框，选中【是，创建查询】单选按钮，单击【完成】按钮，如图 14-33 所示。

拆分“读者信息”表后，基于该表的窗体、报表等对象的运行可能会出现问题。而创建查询正是为了使这些对象不会因表的变更而作废。

step 11 在导航窗格中可以看到，“读者信息”表已被拆分为“表 1”和“表 2”，并新建了“读者信息”查询和“读者信息_OLD”表，如图 14-34 所示。

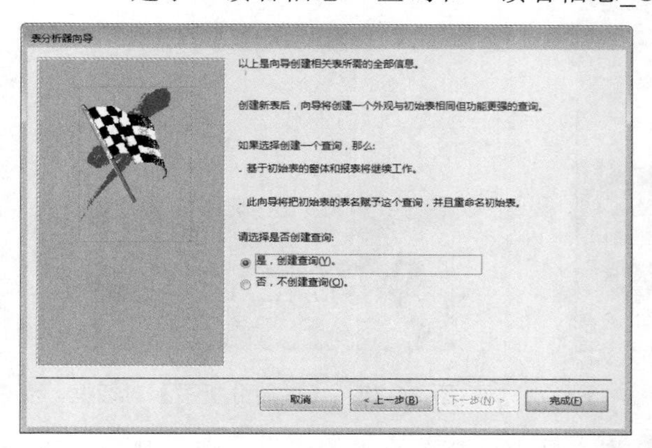

图 14-33 是否创建查询对话框

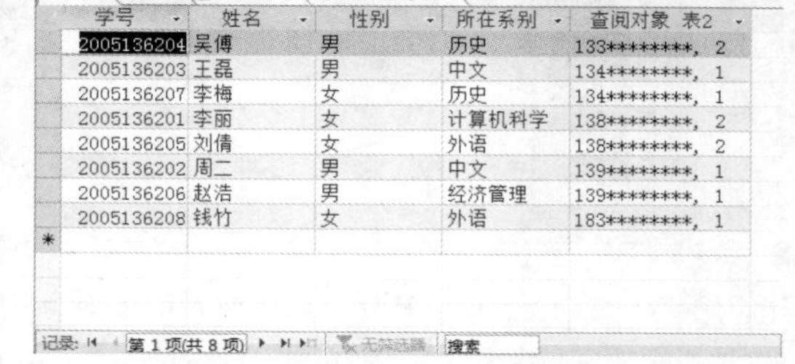

表1 表2 读者信息 读者信息_OLD

学号	姓名	性别	所在系别	查阅对象 表2
2005136204	吴傅	男	历史	133********, 2
2005136203	王磊	男	中文	134********, 1
2005136207	李梅	女	历史	134********, 1
2005136201	李丽	女	计算机科学	138********, 2
2005136205	刘倩	女	外语	138********, 2
2005136202	周二	男	中文	139********, 1
2005136206	赵浩	男	经济管理	139********, 1
2005136208	钱竹	女	外语	183********, 1

记录: 第 1 项(共 8 项) 无筛选器 搜索

图 14-34 查看最终的结果

其中，“读者信息”查询使用与原始表同样的名称并且外观也像原始表，过去基于原始表的窗体或报表都将自动基于该查询来工作。“读者信息_OLD”表与原始表内容一致，只是名称不同，有效地防止因错误的拆分而丢失原始数据。

读者可以尝试对每个表做一个分析，使数据库看起来更加规范。当然，表分析器只是给出可行性建议，并不一定是正确的，读者可参考其中给出的建议。

14.2.4 分析性能

表分析器针对的是数据表对象，性能分析器则是针对所有的数据库对象。打开某个数据库，切换到【数据库工具】选项卡，单击【分析】组中的【分析性能】按钮，如图 14-35 所示。弹出【性能分析器】对话框，该对话框中包含了 Access 的 6 大对象选项卡、【当前数据库】选项卡和【全部对象类型】选项卡。其中，【当前数据库】选项卡包括【关系】和【VBA 工程】两个选项，【全部对象类型】选项卡中可查看前面 7 个选项卡中包含的所有选项，如图 14-36 所示。

切换各选项卡，选中某个选项的复选框，然后单击【确定】按钮，即可对选中的对象进行分析。若要分析整个数据库，切换到【全部对象类型】选项卡，单击【全选】按钮选中所有的选项，如图 14-37 所示。然后单击【确定】按钮，若弹出【性能分析器】对话框，提示没有改进所选对象的建议，说明没有必要对当前数据库性能进行优化，如图 14-38 所示。

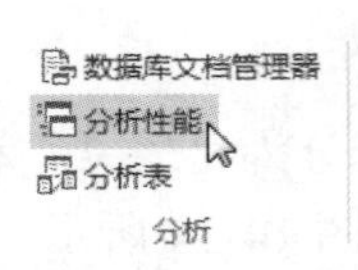

图 14-35　单击【分析】组中的【分析性能】按钮

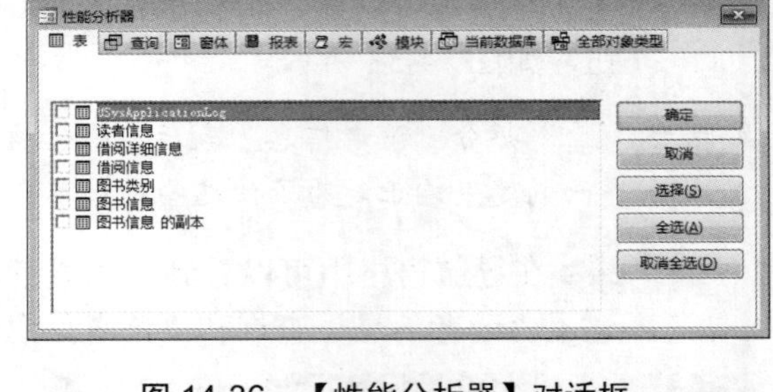

图 14-36　【性能分析器】对话框

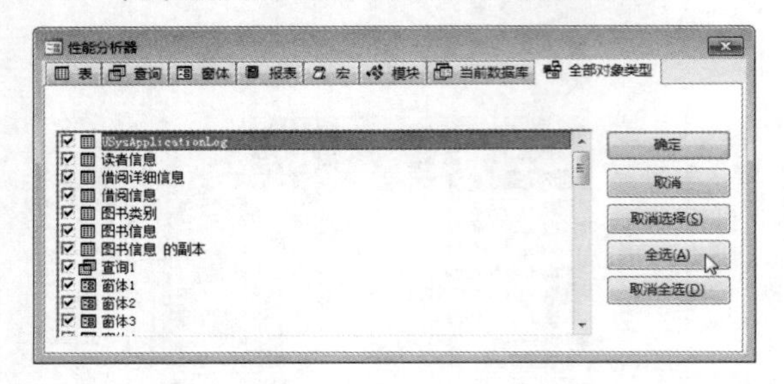

图 14-37　选中所有的选项

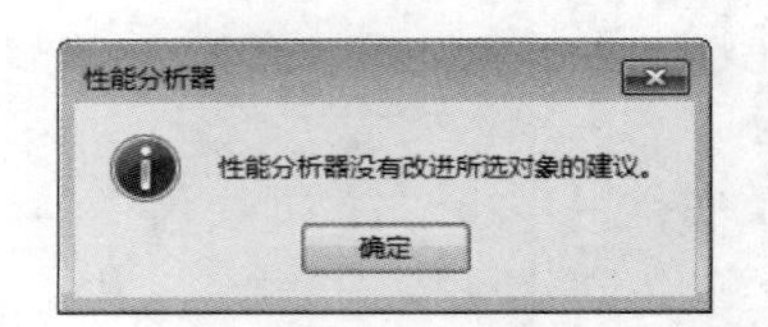

图 14-38　【性能分析器】对话框

若当前数据库存在问题，在【分析结果】列表框中可查看给出的建议，选中某个选项，【分析注释】列表框会详细列出 Access 为解决这个问题给出的方法，如图 14-39 所示。各选项前面的图标意味着不同的含义，如果是【推荐】!和【建议】?图标，选中该项后，单击【优化】按钮，会发现该选项前面图标变更为【更正】✔，表示系统已解决该问题，如图 14-40 所示。对于前面图标为【意见】的选项，用户可参考给出的分析注释。

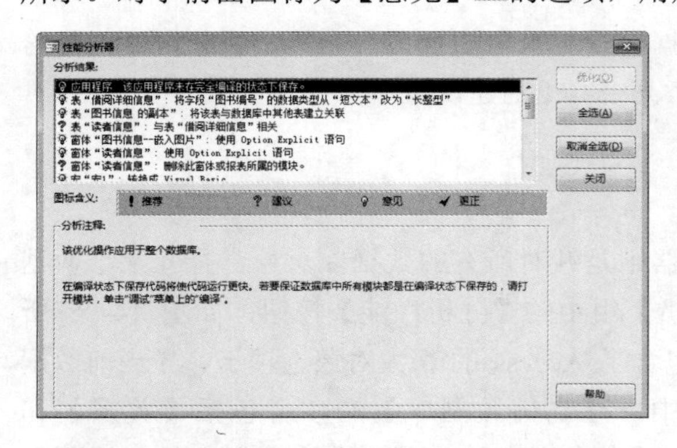

图 14-39　查看【分析结果】和【分析注释】

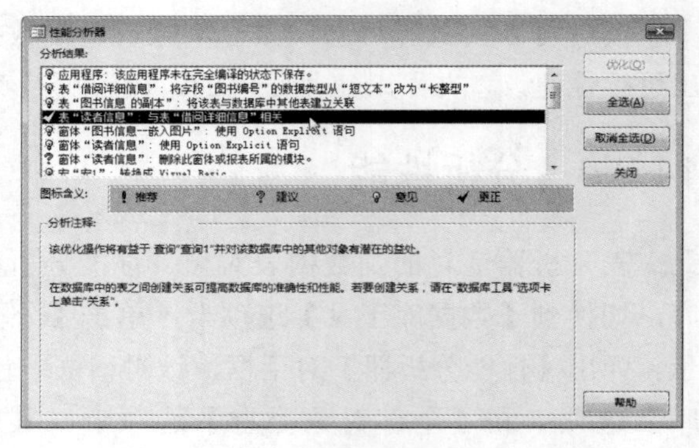

图 14-40　优化推荐和建议选项

在查看了【分析结果】列表框中所有的选项之后，单击【关闭】按钮可以关闭性能分析器。当然，性能分析器并非总是正确的，例如添加索引也许能改变查询的性能，但也增加了数据库所需的磁盘空间，降低了输入和编辑的速度。用户可参考性能分析器给出的建议，若合理则优化，若不合适也可以不采纳。

14.3 数据库的打包、签名和分发

对数据库打包并对包添加数字签名是一种传达信任的方式，在对数据库打包并签名后，数字签名会确认在创建该包之后数据未经过更改。表明该数据库是安全的，并且其内容是可信的，使用 Access 可轻松快捷地对数据库进行打包、签名和分发。

14.3.1 创建签名包

对数据库打包的前提是添加数字签名。而若要添加数字签名，必须先获取或创建安全证书，可以获取商业安全证书，也可以创建自己的安全证书。对于自己创建的安全证书，它是未经验证的，Access 将只信任实际创建该证书的计算机。下面为“图书管理”数据库创建签名包。具体操作步骤如下。

step 01 单击【开始】按钮，在弹出的菜单中依次选择【所有程序】| Microsoft Office 2013 |【Office 2013 工具】|【VBA 工程的数字证书】命令，弹出【创建数字证书】对话框，如图 14-41 所示。

若在菜单中没有找到【VBA 工程的数字证书】命令，可以在 C 盘中搜索 SELFCERT.exe 程序，然后双击运行该文件，即可打开【创建数字证书】对话框。如果用户既未看到【VBA 工程的数字证书】命令，又未找到 SELFCERT.exe 程序，则可能需要安装该程序。

step 02 在【您的证书名称】文本框中为证书输入一个描述性的名称“图书管理数据库签名”，单击【确定】按钮，弹出【SelfCert 成功】对话框，表明已成功新建一个证书。然后单击【确定】按钮，如图 14-42 所示。

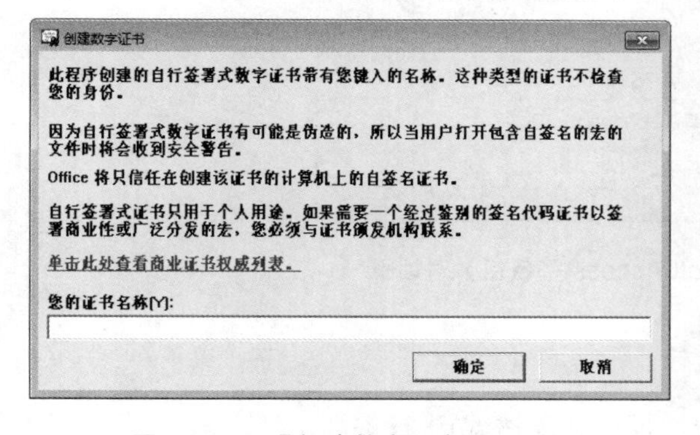

图 14-41 【创建数字证书】对话框

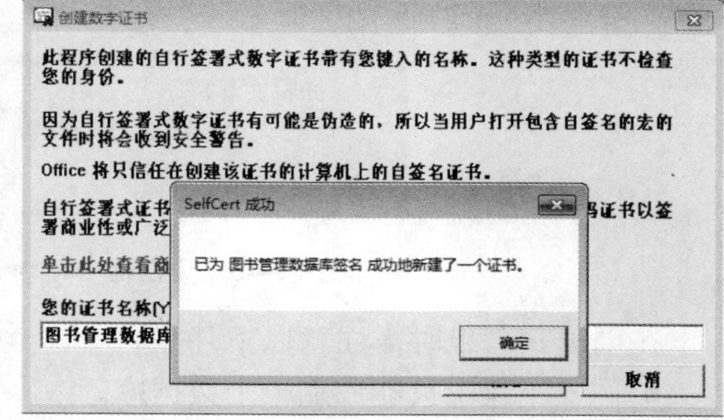

图 14-42 成功新建一个证书

step 03 启动 Access 2013，打开“图书管理”数据库，切换到【文件】选项卡，进入【信息】界面，在界面左侧列表中选择【另存为】命令，依次选择【数据库另存为】|【打包并签署】选项，单击【另存为】按钮，如图 14-43 所示。

step 04 弹出【Windows 安全】对话框，选择“图书管理数据库签名”这一证书，单击

【确定】按钮，如图 14-44 所示。

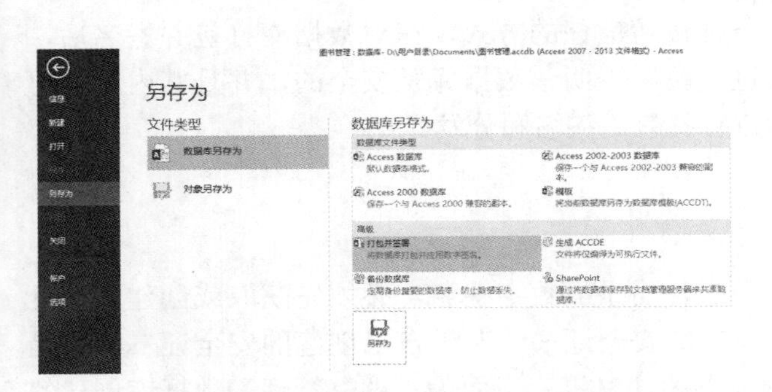

图 14-43　选择【数据库另存为】|【打包并签署】选项

图 14-44　【Windows 安全】对话框

step 05 弹出【创建 Microsoft Access 签名包】对话框，选择存放的位置，单击【创建】按钮，即可创建一个“图书管理(.accdc)”的签名包，如图 14-45 所示。

【打包并签署】工具将数据库放置在 Access 部署(.accdc)文件中，对其进行签名。

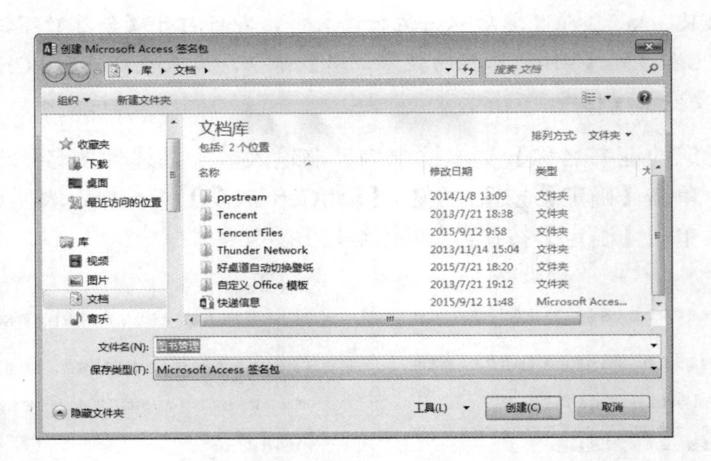

图 14-45　【创建 Microsoft Access 签名包】对话框

在创建签名包时需注意以下几点。

- 一个包中只能添加一个数据库。
- 该过程将对整个数据库(而不仅仅是宏、模块或表达式)进行签名。
- 该过程将压缩包文件，以便缩短时间。
- 仅可以在以.accdb、.accdc 或.accde 文件格式保存的数据库中使用“打包并签署”工具。

14.3.2 提取并使用签名包

对数据库打包并签名后，其他用户可以从该包中提取数据库，提取的数据库和原签名包之间将不存在关系。下面从“图书管理”签名包中提取“图书管理”数据库，具体操作步骤如下。

step 01 双击打开“图书管理”签名包，弹出【Microsoft Access 安全声明】对话框，提示该数字签名有效，但尚未信任签署此签名的发布者，单击【信任来自发布者的所有内容】按钮，如图 14-46 所示。

step 02 弹出【将数据库提取到】对话框，选择数据库提取后的存储位置，在【文件名】下拉列表框中输入数据库的新名称，然后单击【确定】按钮，即可从签名包中提取出数据库，如图 14-47 所示。

如果使用自签名证书对数据库包进行签名，并且单击了【信任来自发布者的所有内容】按钮，则再次打开使用该发布者签署的签名包时，系统不会弹出【Microsoft Access 安全声明】对话框，将始终信任使用该发布者进行签名的包。

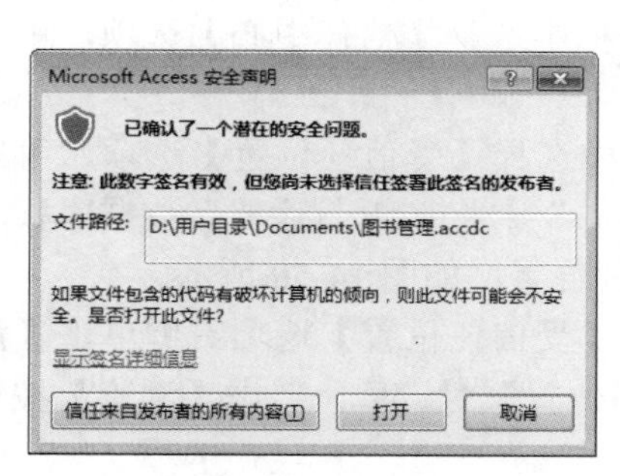

图 14-46 【Microsoft Access 安全声明】对话框

图 14-47 【将数据库提取到】对话框

14.4 设置信任中心

在第 10 章介绍宏的内容中，已经了解了如何在【信任中心】对话框中进行宏设置。除此之外，用户还可在【信任中心】对话框中查看受信任的发布者或者设置受信任的位置等。

从签名包中提取数据库时，不管有没有信任该发布者，如果将数据库提取到一个不受信任位置，则默认禁用该数据库的某些内容，弹出【安全警告】消息栏，如图 14-48 所示。在禁用模式下，Access 会禁用下列组件。

- VBA 代码、VBA 代码中的任何引用及任何不安全的表达式。
- 所有宏中的不安全操作。
- 用于添加、更新和删除数据的某些操作查询。
- 用于在数据库中创建或更改对象的数据定义语言查询。
- SQL 传递查询。
- ActiveX 控件。

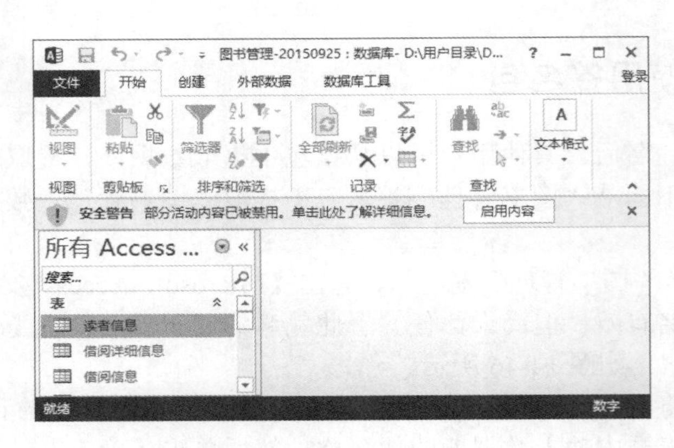

图 14-48 【安全警告】消息栏

若将数据库放在受信任位置中，上述所有被禁用的组件都会在打开数据库时运行，不会再弹出【安全警告】消息栏。下面以“图书管理”数据库为例，介绍如何将数据库放在受信任位置中，具体操作步骤如下。

step 01 启动 Access 2013，打开“图书管理”数据库。切换到【文件】选项卡，进入【消息】界面，在左侧列表中选择【选项】命令。

step 02 弹出【Access 选项】对话框，在左侧列表框中选择【信任中心】选项，单击右侧的【信任中心设置】按钮，如图 14-49 所示。

step 03 弹出【信任中心】对话框，在左侧列表框中选择【受信任位置】选项，可以查看系统默认的受信任的路径“C:\Program Files\...”。将“图书管理”数据库移动或复制到该路径中，即成功将该数据库放在受信任位置，如图 14-50 所示。

step 04 用户也可以自己创建一个受信任位置，在【受信任位置】选项右侧单击【添加新位置】按钮，弹出【Microsoft Office 受信任位置】对话框，单击【浏览】按钮，如图 14-51 所示。

step 05 弹出【浏览】对话框，选择新的受信任位置。例如设置受信任位置为“D:\Access 2013”，单击【确定】按钮，如图 14-52 所示。

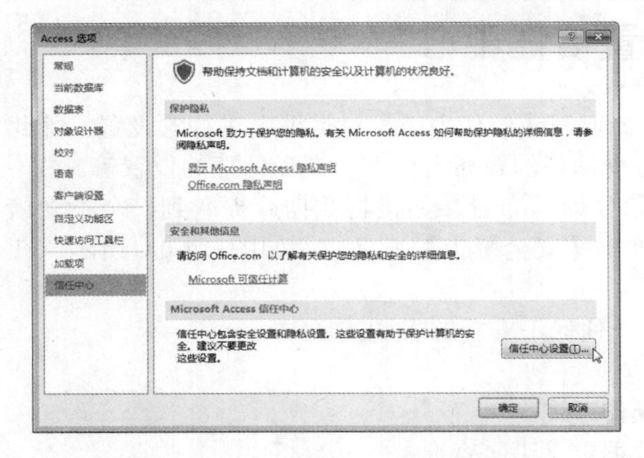

图 14-49 【Access 选项】对话框

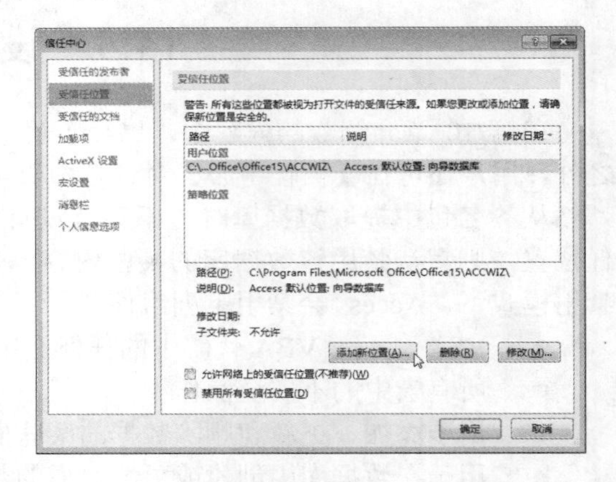

图 14-50 【信任中心】对话框

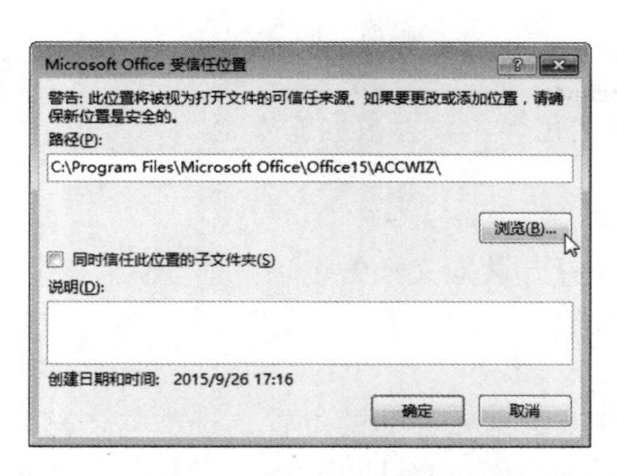

图 14-51 【Microsoft Office 受信任位置】对话框

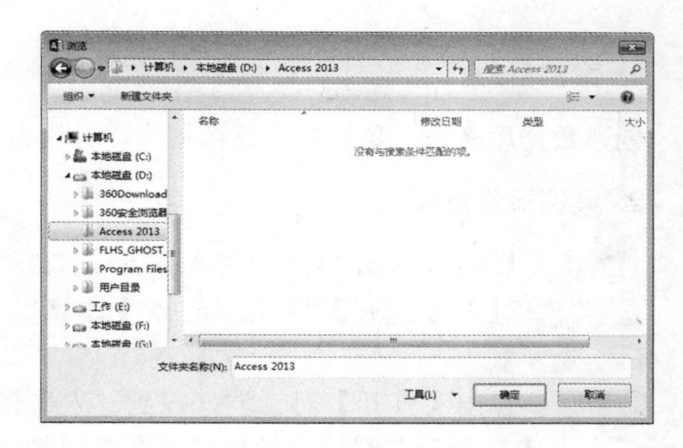

图 14-52 【浏览】对话框

step 06 返回到【Microsoft Office 受信任位置】对话框，在【路径】文本框中可以看到，当前已经变更为设置的路径，单击【确定】按钮，如图 14-53 所示。

step 07 返回到【信任中心】对话框，“D:\ Access 2013”已添加到受信任的位置中，单击【确定】按钮，完成添加受信任位置的操作，如图 14-54 所示。

若需要修改新添加的受信任位置，单击【修改】按钮即可进行修改。也可单击【删除】按钮，删除新添加的位置。

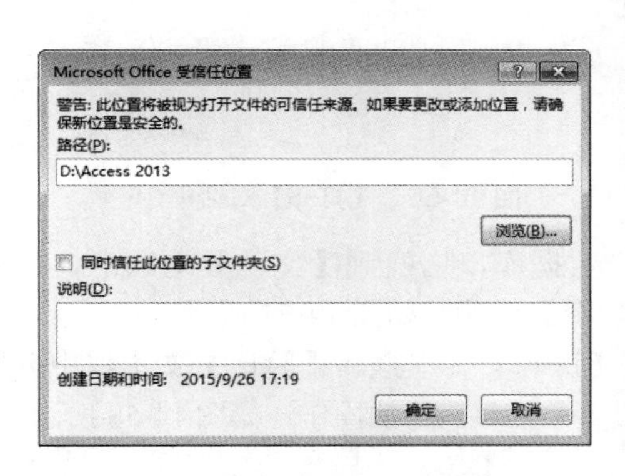

图 14-53 【路径】已变更为设置的路径

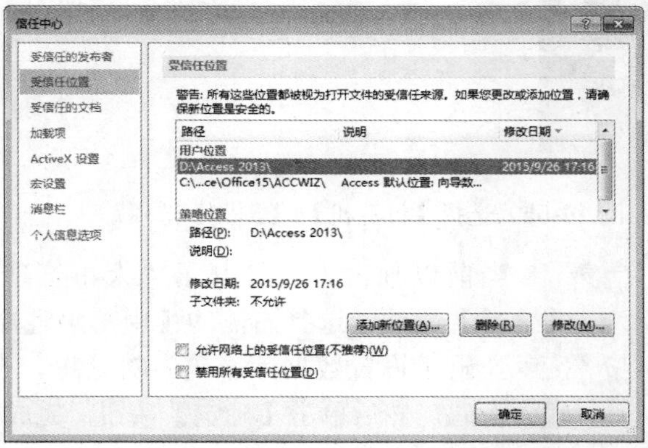

图 14-54 添加受信任位置

添加了新的受信任位置后，不仅仅只是对于“图书管理”数据库有效，对于所有的数据库，只要将其移动或添加到上述的默认位置或新添加的位置，以后打开时均不会弹出【安全警告】消息栏。

14.5 综合实战——设置数据库的安全

下面将给出一个综合案例，让读者全面回顾一下本章的知识要点，并通过这些操作来检验自己是否已经掌握了数据库的保护及优化方法。

1. 案例目的

创建数据库密码，备份和压缩数据库，并设置签名包等，设置数据库安全。

2. 案例操作过程

step 01 启动 Access 2013 并进入首界面，选择【打开其他文件】选项。

step 02 进入【打开】界面，选择【计算机】选项，单击【浏览】按钮，如图 14-55 所示。

step 03 弹出【打开】对话框，找到“人事管理”数据库存储的位置，选中它，然后单击【打开】右侧的下拉按钮，在弹出的下拉列表中选择【以独占方式打开】选项，如图 14-56 所示。

图 14-55　选择【计算机】|【浏览】选项

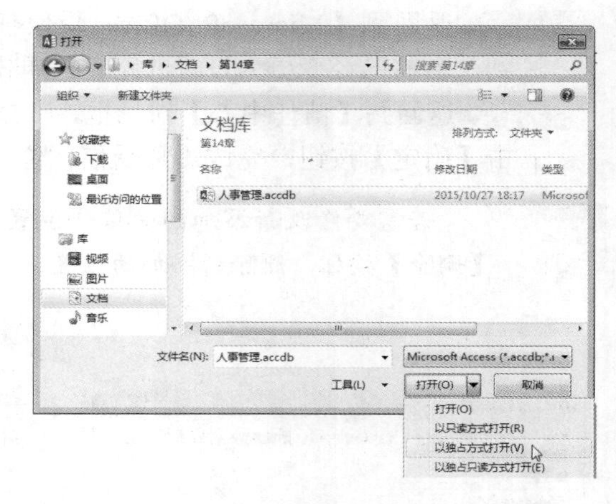

图 14-56　【打开】对话框

step 04 当前以独占方式打开了“人事管理”数据库，切换到【文件】选项卡，进入【信息】界面，选择右侧的【用密码进行加密】选项，如图 14-57 所示。

step 05 弹出【设置数据库密码】对话框，在【密码】文本框和【验证】文本框中分别输入密码，然后单击【确定】按钮，完成设置数据库密码的操作，如图 14-58 所示。

图 14-57　选择右侧的【用密码进行加密】选项

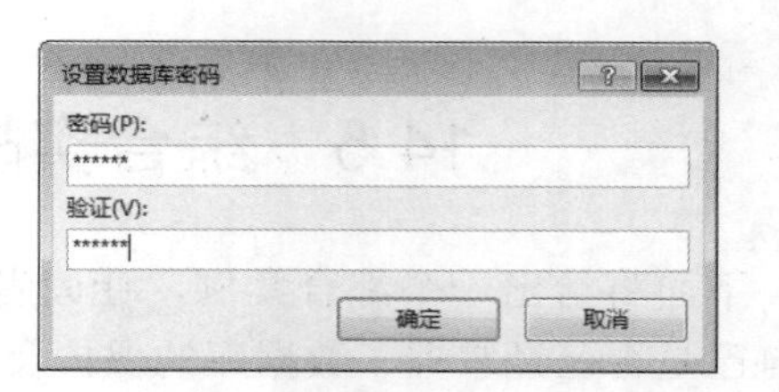

图 14-58　【设置数据库密码】对话框

step 06 返回到“人事管理”数据库的工作界面，切换到【文件】选项卡，选择左侧的【另存为】命令，依次选择【数据库另存为】|【备份数据库】选项，然后单击【另存为】按钮，如图 14-59 所示。

step 07 弹出【另存为】对话框，选择数据库备份的位置，在【文件名】文本框中输入“数据库名+日期”格式的名称，单击【保存】按钮，完成备份数据库的操作，如图 14-60 所示。

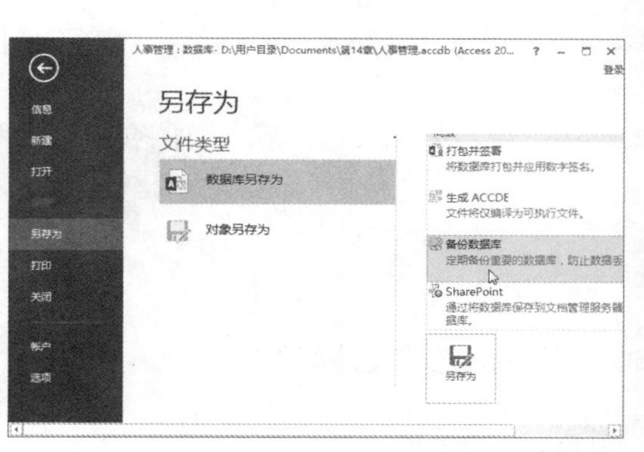

图 14-59 选择【数据库另存为】|【备份数据库】选项

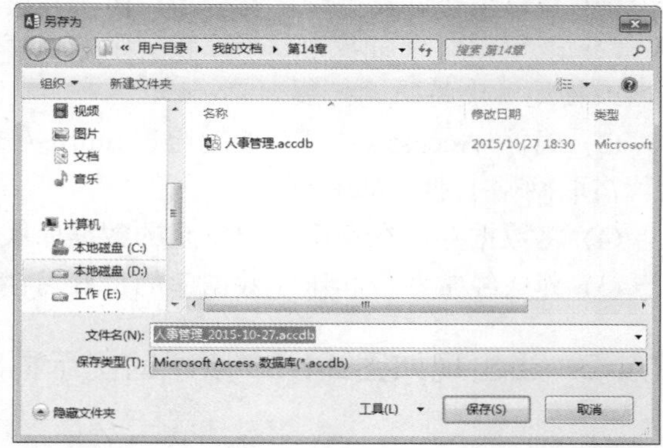

图 14-60 【另存为】对话框

step 08 再次切换到【文件】选项卡，单击左侧的【另存为】命令，依次选择【数据库另存为】|【打包并签署】选项，然后单击【另存为】按钮，如图 14-61 所示。

step 09 弹出【Windows 安全】对话框，在其中选中某个证书，单击【确定】按钮，弹出【创建 Microsoft Access 签名包】对话框。选择签名包保存的位置，单击【创建】按钮，完成创建签名包的操作，如图 14-62 所示。

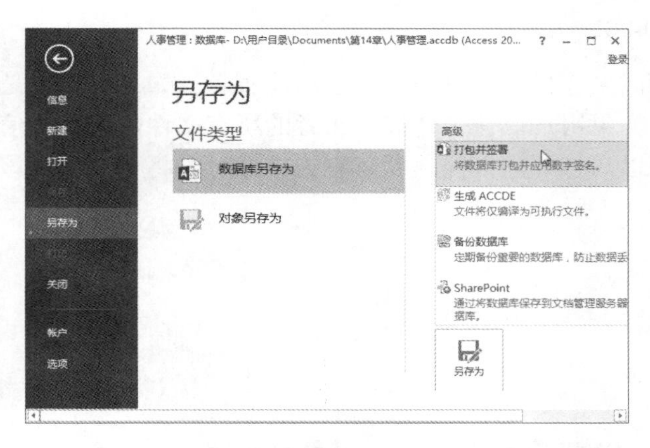

图 14-61 选择【数据库另存为】|【打包并签署】选项

图 14-62 【Windows 安全】对话框

14.6 高手甜点

甜点 1：简述提高数据库安全性的方法。

提高数据库安全性主要有以下几种方法。

(1) 对数据库创建密码，强制用户必须正确输入密码才能使用数据库。

(2) 把数据库重命名为一个比较复杂的名字，不要使用默认的.accdb 扩展名，建议不用扩展名或使用一个特殊的扩展名。

(3) 确保 Access 数据库不能通过 http 方式直接下载，如果可以下载，可能会被黑客利用，盗取网站上的全部资料。

(4) 将数据存储在管理用户安全的数据库服务器(如 SQL Server)上。

(5) 养成经常备份和压缩数据库的良好习惯。

甜点 2：当出现如图 14-63 所示的提示框时，用户应该怎么操作？

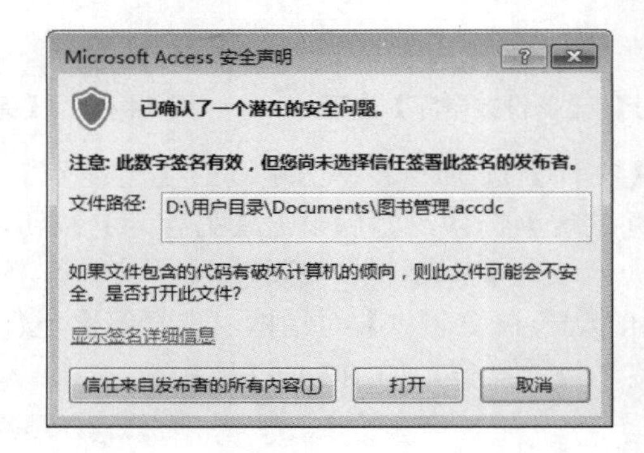

图 14-63　提示框

此对话框表示在打开签名包时，用户尚未选择信任签署此签名的发布者。如果用户只是信任该数据库，单击【打开】按钮即可。如果用户信任来自该发布者的所有文件，单击【信任来自发布者的所有内容】按钮，这样当以后打开来自同一发布者的文件时，将不会出现该提示框。

第 6 篇

项 目 实 战

第 15 章 Access 项目开发实战——人事管理系统

在前面章节中介绍 Access 6 大对象的创建方法和应用，本章将综合各个数据库对象，开发一个完整的人事管理系统。通过本章的学习，读者应掌握数据库系统开发的基本步骤，了解人事管理系统的模块构成，并进一步理解表、查询、窗体等数据库对象各自在数据库系统中的作用。

本章目标(已掌握的在方框中打钩)

- □ 了解人事管理系统概述
- □ 熟悉人事管理系统的需求
- □ 掌握人事管理系统的模块设计
- □ 掌握人事管理系统的表设计方法
- □ 掌握人事管理系统的表关系设计方法
- □ 掌握人事管理系统的界面设计方法
- □ 掌握人事管理系统的查询设计方法
- □ 掌握人事管理系统的报表设计方法
- □ 掌握人事管理系统的程序设计方法
- □ 掌握人事管理系统的系统设置方法

15.1 系统设计概述

在一个企业中，人事管理是一项非常重要的工作。人事管理包括员工的基本资料管理、职位管理、加班管理、薪水管理、培训管理等各方面。这些工作繁重而琐碎，为提高工作效率、规范公司的管理，可以使用 Access 开发一套完善的人事管理系统。

一个合理有效的人事管理系统，可帮助人事管理部门从繁重的日常琐碎事务中解放出来，普通员工也可以根据自己的工号查询一些基本信息。通过该系统，可提高员工的工作积极性和工作效率，为企业选拔贤能创建一个良好的工作环境，使企业拥有更强的凝聚力和竞争力，加快企业的信息化建设。

15.2 需求分析

每个企业的人事系统都有不同的需求，通常情况下，需要完成以下功能。

- 员工信息查询和新员工登记。通过该功能，可以查询现有员工的部门、工号、就职时间等信息，还可以录入新员工的详细信息。
- 员工工资查询。通过该功能，可以查询某个员工的工资发放情况，并进行打印。
- 员工考勤记录查询。通过该功能，可以查询某个员工的出勤记录。
- 员工加班查询。通过该功能，可以查询某个员工的加班记录。
- 报表管理。通过该功能，可以生成和查看报表。
- 求职者信息登记和查询。通过该功能，可以登记和查询求职者的信息。

15.3 模块设计

了解人事管理系统应实现的基本功能后，在此基础上，需要明确系统的具体功能目标。人事管理系统功能模块主要由 7 个部分组成，如图 15-1 所示。

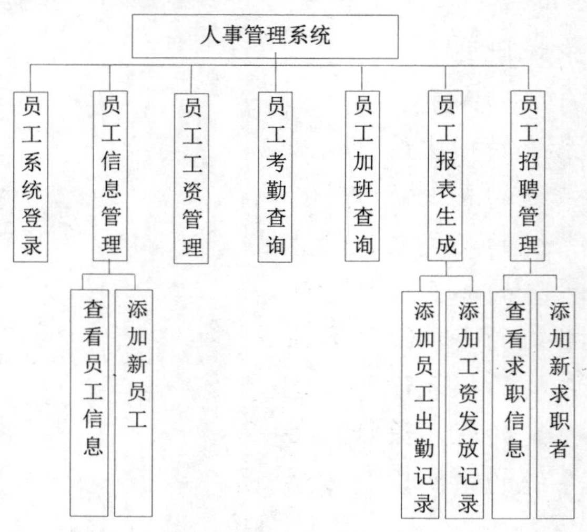

图 15-1 系统功能模块

15.4 数据表设计

明确数据库的功能模块以后，接下来开始设计数据库。由前面章节可以知道，数据表是最基本的数据库对象，是创建其他数据库对象的基础。如果数据表设计得不够合理，将会给后续的开发工作带来很大的不便。因此设计结构良好的数据表是数据库设计过程中最重要的一个环节。

根据人事管理数据库的需求分析，可以设计9张数据表，分别如下。

1. Switchboard Items 表

Switchboard Items 表用来存放系统主切换面板和面板上所有导航按钮的信息。每个字段的信息如表15-1所示。

表15-1 Switchboard Items 表的内容

字 段 名	数据类型	字段大小	主 键
SwitchboardID	数字	长整型	是
ItemNumber	数字	长整型	是
ItemText	短文本	255	否
Command	数字	长整型	否
Argument	短文本	255	否

2. “管理员”表

“管理员”表用来存放系统管理人员的信息。每个字段的信息如表15-2所示。

表15-2 “管理员”表的内容

字 段 名	数据类型	字段大小	主 键
员工ID	短文本	10	是
用户名	短文本	18	否
密码	短文本	18	否

3. “员工信息”表

“员工信息”表用来存放企业员工的个人资料。每个字段的信息如表15-3所示。

表15-3 “员工信息”表的内容

字 段 名	数据类型	字段大小	主 键
员工ID	短文本	10	是
姓名	短文本	18	否
性别	短文本	1	否

续表

字段名	数据类型	字段大小	主键
出生日期	日期/时间		否
部门ID	短文本	5	否
职位	短文本	20	否
学历	短文本	8	否
毕业院校	短文本	20	否
专业	短文本	20	否
家庭住址	短文本	255	否
联系电话	短文本	18	否
状态	短文本	5	否
入职时间	日期/时间		否
电子邮件	短文本	50	否
教育培训	短文本	255	否
工作经历	短文本	255	否

4. “部门信息”表

“部门信息”表用来存放企业中各部门的信息。每个字段的信息如表15-4所示。

表15-4 “部门信息”表的内容

字段名	数据类型	字段大小	主键
部门ID	短文本	10	是
部门名称	短文本	20	否
部门职能描述	短文本	255	否
部门经理	短文本	10	否

5. “出勤记录”表

“出勤记录”表用来存放所有员工每天的出勤信息。每个字段的信息如表15-5所示。

表15-5 “出勤记录”表的内容

字段名	数据类型	字段大小	主键
出勤ID	自动编号		是
员工ID	短文本	10	否
日期	日期/时间		否
出勤配置ID	数字	长整型	否

6. “出勤配置”表

“出勤配置”表用来存放出勤信息，与“出勤记录”表配合使用。每个字段的信息如表 15-6 所示。

表 15-6 “出勤配置”表的内容

字 段 名	数据类型	字段大小	主 键
出勤配置 ID	自动编号		是
说明	短文本	255	否

7. “加班记录”表

“加班记录”表用来存放员工每天的加班信息。每个字段的信息如表 15-7 所示。

表 15-7 “加班记录”表的内容

字 段 名	数据类型	字段大小	主 键
加班日期	日期/时间		是
员工 ID	短文本	10	是
加班开始时间	日期/时间		否
加班结束时间	日期/时间		否
持续时间	数字	长整型	否
加班理由	短文本	255	否

8. “工资发放记录”表

“工资发放记录”表用来存放已经发放的工资信息。每个字段的信息如表 15-8 所示。

表 15-8 “工资发放记录”表的内容

字 段 名	数据类型	字段大小	主 键
工资 ID	自动编号		是
员工 ID	短文本	10	否
年份	数字	长整型	否
月份	数字	长整型	否
基本工资	数字	单精度型	否
岗位津贴	数字	单精度型	否
加班补贴	数字	单精度型	否
出差补贴	数字	单精度型	否
违纪扣薪	数字	单精度型	否
保险扣薪	数字	单精度型	否

续表

字 段 名	数据类型	字段大小	主 键
扣税	数字	单精度型	否
其他奖金	数字	单精度型	否
实发工资	数字	单精度型	否
备注	短文本	255	否

9. “储备人才信息”表

“储备人才信息”表存放的是合适的求职者信息，可以使企业有效地预防人才流失并补充企业员工的后备力量。每个字段的信息如表 15-9 所示。

表 15-9 “储备人才信息”表的内容

字 段 名	数据类型	字段大小	主 键
ID	自动编号		是
姓名	短文本	18	否
性别	短文本	1	否
出生日期	日期/时间		
学历	短文本	8	否
毕业院校	短文本	20	否
专业	短文本	20	否
登记日期	日期/时间		否
联系电话	短文本	18	否
电子邮件	短文本	50	否
工作经历	短文本	255	

15.5 数据表的表关系设计

Access 作为典型的关系型数据库，支持创建灵活的表关系。通过表关系，可将各数据表的字段连接起来。下面为人事管理系统中的数据表创建表关系，具体操作步骤如下。

step 01 打开“人事管理”数据库，切换到【数据库工具】选项卡，单击【关系】组中的【关系】按钮，进入【关系】工作窗口，并弹出【显示表】对话框，如图 15-2 所示。

step 02 在【表】选项卡中按住 Shift 键，选中所有表，单击【添加】按钮将其全部添加到【关系】工作窗口中，如图 15-3 所示。

step 03 选中“员工信息”表中的“员工 ID”字段，按住左键不放将其拖动到“工资发放记录”表中的“员工 ID”字段上，弹出【编辑关系】对话框。选中【实施参照完整性】复选框，单击【创建】按钮，如图 15-4 所示。

step 04 此时“员工信息”表和“工资发放记录”表就建立了一对多表关系，如图 15-5

所示。

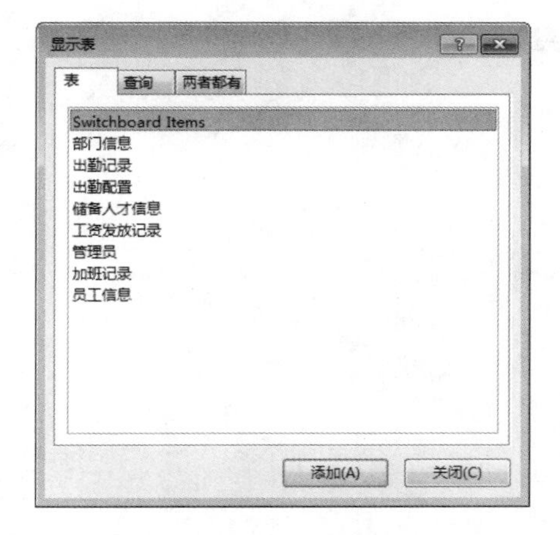

图 15-2　【显示表】对话框

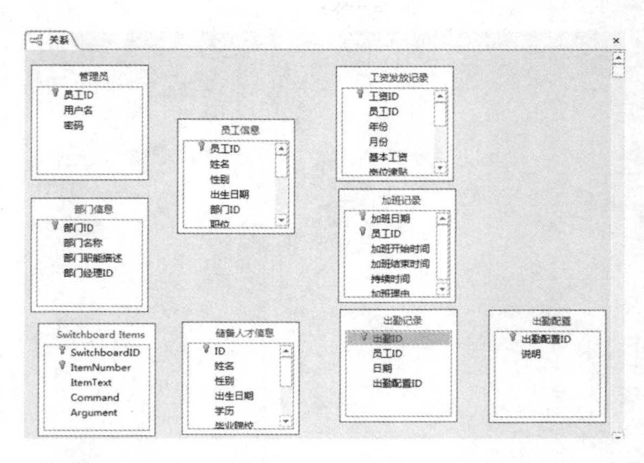

图 15-3　将所有表添加到【关系】工作窗口中

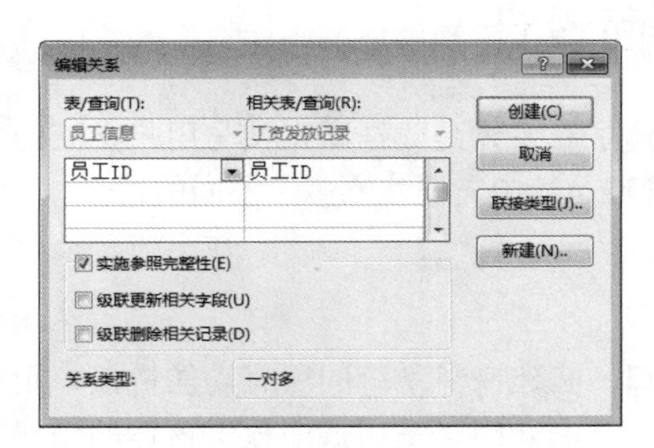

图 15-4　【编辑关系】对话框

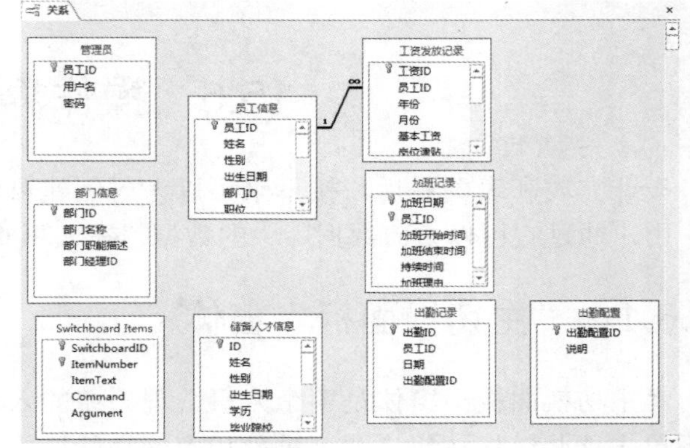

图 15-5　建立一对多表关系

step 05 重复步骤 3，参考表 15-10，建立其余表的表关系。

表 15-10　表关系

表　名	字 段 名	关联的表名	字 段 名
员工信息	员工 ID	管理员	员工 ID
员工信息	部门 ID	部门信息	部门 ID
员工信息	员工 ID	工资发放记录	员工 ID
员工信息	员工 ID	加班记录	员工 ID
员工信息	员工 ID	出勤记录	员工 ID
出勤记录	出勤配置 ID	出勤配置	出勤配置 ID

step 06 操作完成后，在【关系】工作窗口中可以查看所有的表关系，如图 15-6 所示。单击快速访问工具栏中的【保存】按钮，保存创建的表关系。

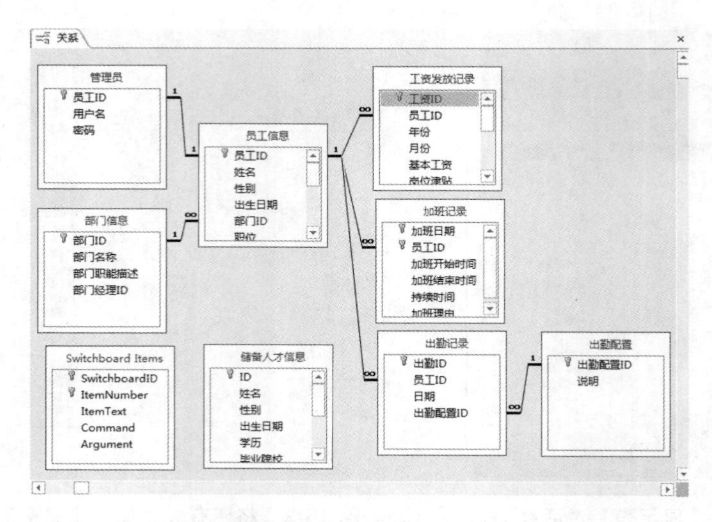

图 15-6　查看所有的表关系

15.6　操作界面设计

设计完表和表关系后，接下来可以考虑创建窗体了。窗体是数据库直接与用户交流的平台，用户通过它可以访问数据库中的数据。在人事管理系统中需要建立多个不同的窗体。

15.6.1　“主切换面板”窗体

“主切换面板”窗体是整个人事管理系统的入口，它建立了系统的所有功能链接，用户只需单击这些链接按钮，即可进入相应的功能模块。下面介绍“主切换面板”窗体的创建方法。具体操作步骤如下。

step 01 打开“人事管理”数据库。切换到【创建】选项卡，单击【窗体】组中的【窗体设计】按钮，新建一个空白窗体，并进入该窗体的【设计视图】界面。切换到【设计】选项卡，单击【页眉/页脚】组中的【标题】按钮，如图 15-7 所示。

step 02 在【窗体页眉】节中添加一个标题，将标题命名为“欢迎使用富康人事管理系统”，如图 15-8 所示。

图 15-7　单击【页眉/页脚】组中的【标题】按钮

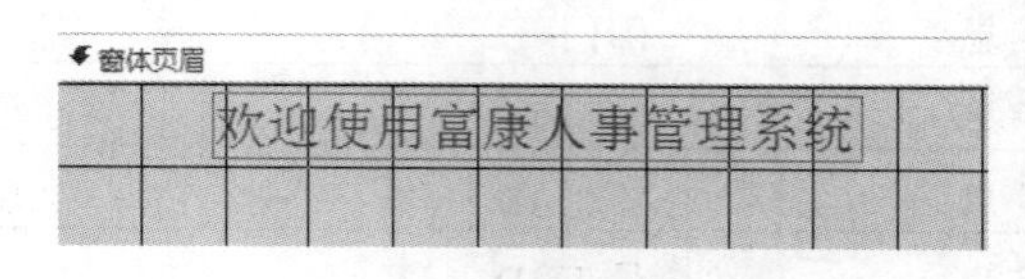

图 15-8　添加一个标题

step 03 单击【工具】组中的【属性表】按钮，弹出【属性表】窗格，在【格式】选项卡中设置标题的背景色、字体、字号等属性，如图 15-9 所示。

step 04 单击【页眉/页脚】组中的【徽标】按钮，弹出【插入图片】对话框。在该对话框中选择一个图片，单击【打开】按钮，插入该图片作为徽标，如图 15-10 所示。

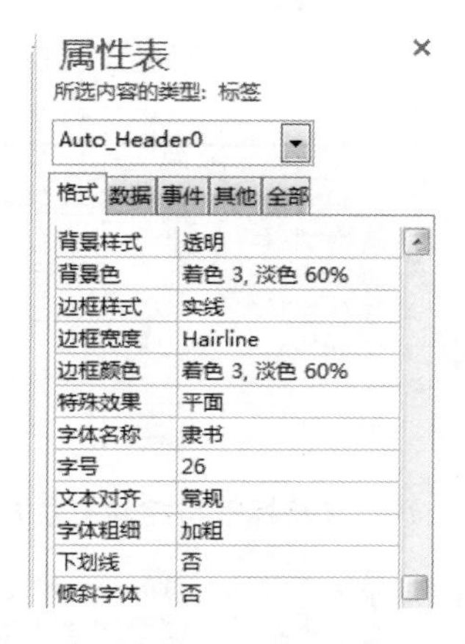

图 15-9　【属性表】窗格

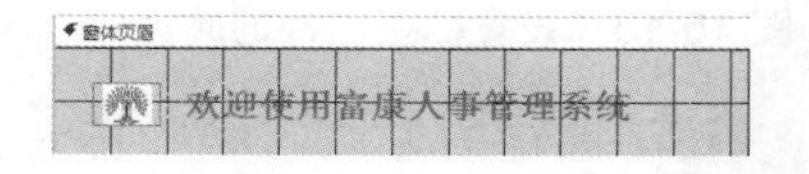

图 15-10　插入图片作为徽标

step 05 单击【控件】组中的【按钮】按钮，然后在窗体的【主体】节中单击，弹出【命令按钮向导】对话框，如图 15-11 所示，单击【取消】按钮，取消向导。

step 06 此时在窗体中将添加一个按钮控件，在【属性表】窗格的【全部】选项卡中，设置名称属性为“button1”，将【标题】属性中的内容删除，然后设置宽度、高度、背景色等属性，如图 15-12 所示。

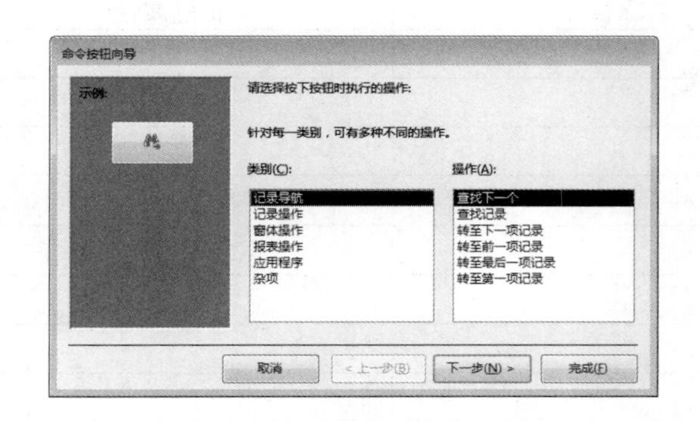

图 15-11　【命令按钮向导】对话框

图 15-12　设置命令按钮的属性

step 07 单击【控件】组中的【标签】按钮，在 button1 按钮控件右侧添加一个标签控件，在【属性表】窗格的【全部】选项卡中设置名称属性为“btn1”，【标题】属性为“1”，然后设置字体、字号、颜色、高度等属性，如图 15-13 所示。

step 08 单击 btn1 标签控件，在其左边出现控件关联图标，单击该图标右侧的下拉按钮，在弹出的下拉菜单中选择【将标签与控件关联】命令，如图 15-14 所示。

step 09 弹出【关联标签】对话框，选择与之关联的控件 button1，单击【确定】按钮，如图 15-15 所示。此时 button1 按钮控件就和 btn1 标签控件建立了关联。

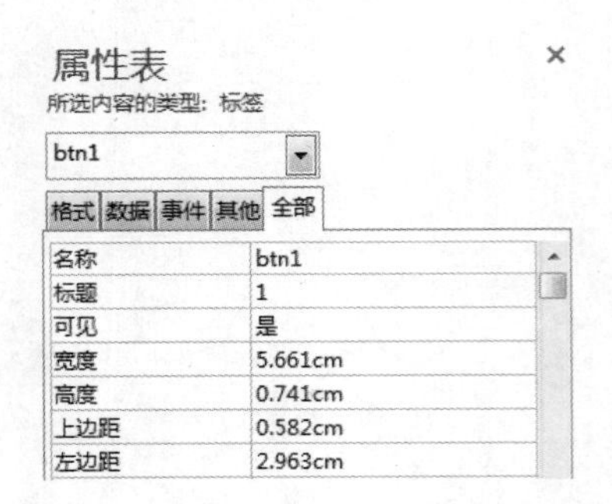

图 15-13　设置标签控件的属性

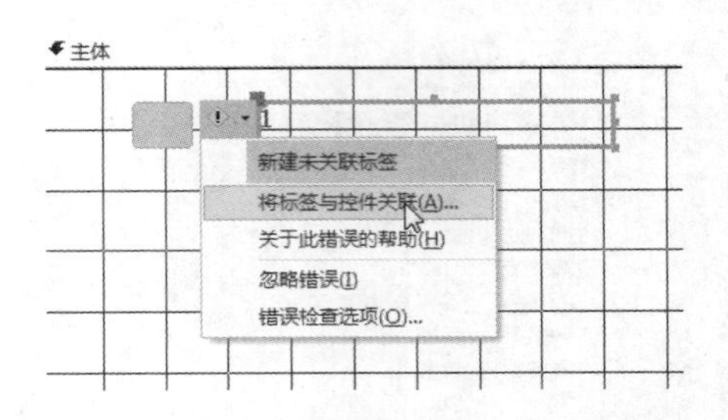

图 15-14　选择【将标签与控件关联】命令

step 10 使用同样的方法，添加其余 6 个按钮控件和标签控件，并将标签控件与按钮控件关联起来。在【属性表】窗格中设置按钮控件名称分别为 button2、button3…button7，设置标签控件名称分别为 btn2、btn3…btn7，标题分别为 2、3…7，如表 15-11 所示。

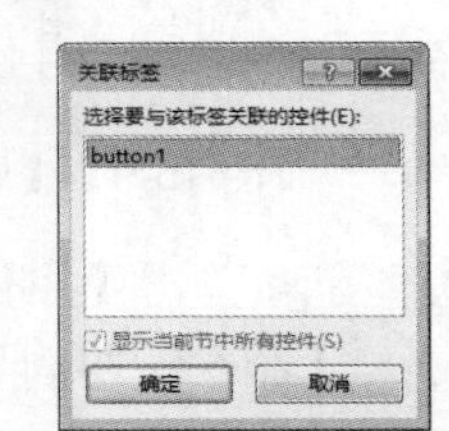

图 15-15　【关联标签】对话框

表 15-11　控件类型及其属性设置

控件类型	名称属性	标题属性
按钮控件	button1	
按钮控件	button2	
按钮控件	button3	
按钮控件	button4	
按钮控件	button5	
按钮控件	button6	
按钮控件	button7	
标签控件	btn1	1
标签控件	btn2	2
标签控件	btn3	3
标签控件	btn4	4
标签控件	btn5	5
标签控件	btn6	6
标签控件	btn7	7

step 11 添加完成后，切换到【排列】选项卡，通过【调整大小和排序】组中的【大小/空格】和【对齐】两个选项，调整这些控件的位置，使其排列整齐，如图 15-16 所示。

step 12 单击【保存】按钮，弹出【另存为】对话框，在【窗体名称】文本框中输入“主切换面板”，单击【确定】按钮，保存该窗体，如图 15-17 所示。

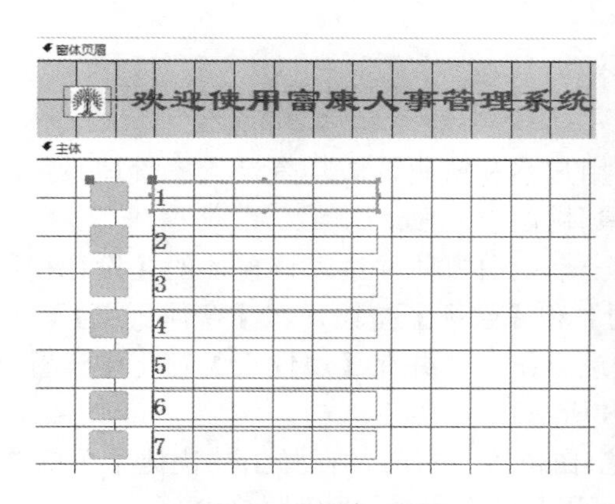

图 15-16　调整各控件的位置

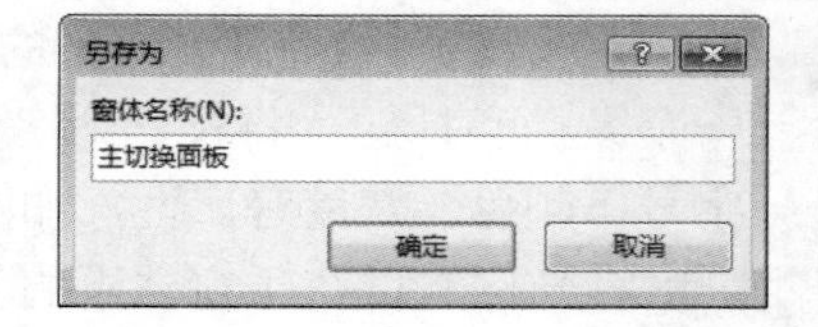

图 15-17　【另存为】对话框

step 13 “主切换面板”窗体创建完成后，在 Switchboard Items 表中添加相应的记录，如表 15-12 所示。VBA 程序将通过这些记录在“主切换面板”窗体上控制执行流程。

表 15-12　在 Switchboard Items 表中添加相应记录

SwitchboardID	ItemNumber	ItemText	Command	Argument
1	0	主切换面板	0	默认
1	1	员工信息管理	1	2
1	2	员工工资查询	2	员工工资查询
1	3	员工考勤记录查询	2	员工考勤记录查询
1	4	员工加班查询	2	员工加班查询
1	5	预览报表	1	3
1	6	招聘管理	1	4
1	7	退出数据库	4	
2	0	人事管理切换面板	0	
2	1	新员工登记	2	新员工登记
2	2	员工信息查询	2	员工信息查询
2	7	返回主切换面板	1	1
3	0	报表切换面板	0	
3	1	企业工资发放记录	3	企业工资发放记录
3	2	企业员工出勤记录	3	企业员工出勤记录
3	7	返回主切换面板	1	1
4	0	招聘管理切换面板	0	
4	1	求职者信息登记	2	求职者信息记录
4	2	求职者信息查询	2	求职者信息查询
4	7	返回主切换面板	1	1

15.6.2 “登录系统”窗体

下面创建登录窗体，用户只有输入自己的用户名和密码，成功登录人事管理系统，才能进入“主切换面板”窗体，进行相关的操作。具体操作步骤如下。

step 01 打开“人事管理”数据库，新建一个空白窗体并进入该窗体的【设计视图】界面。单击【页眉/页脚】组中的【标题】和【徽标】按钮，在【窗体页眉】节中添加一个徽标和标题，将标题命名为“登录系统”，并在【属性表】窗格中设置字体、字号、颜色、宽度等属性，如图 15-18 所示。

step 02 将光标定位在【窗体页眉】节的空白位置，右击，在弹出的快捷菜单的【填充/背景色】子菜单中选择某个颜色作为页眉节的背景色，如图 15-19 所示。

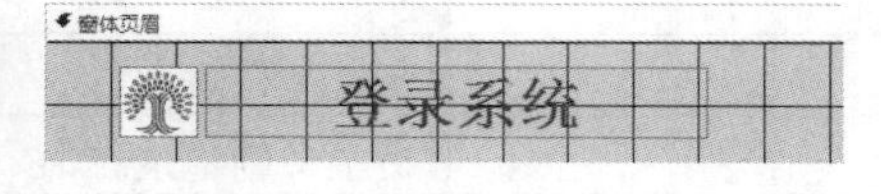

图 15-18 添加一个徽标和标题

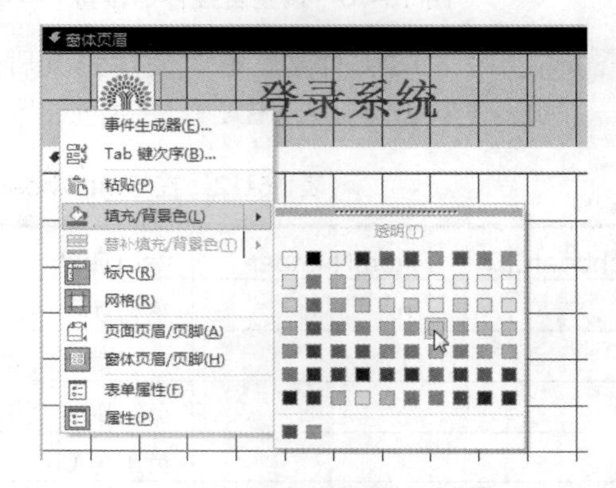

图 15-19 设置页眉节的背景色

step 03 切换到【设计】选项卡，单击【控件】组中的【文本框】按钮 ab| ，然后在【主体】节中单击，弹出【文本框向导】对话框，设置字体、字号等，如图 15-20 所示。

step 04 设置完成后，单击【下一步】按钮，根据向导的提示，成功添加一个文本框，并将其命名为“用户名”，如图 15-21 所示。

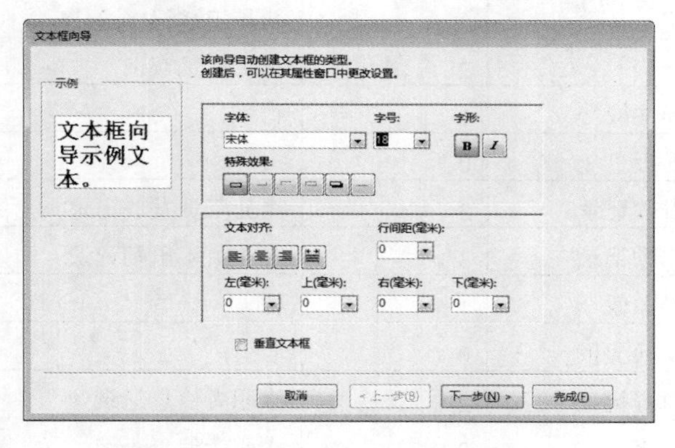

图 15-20 【文本框向导】对话框

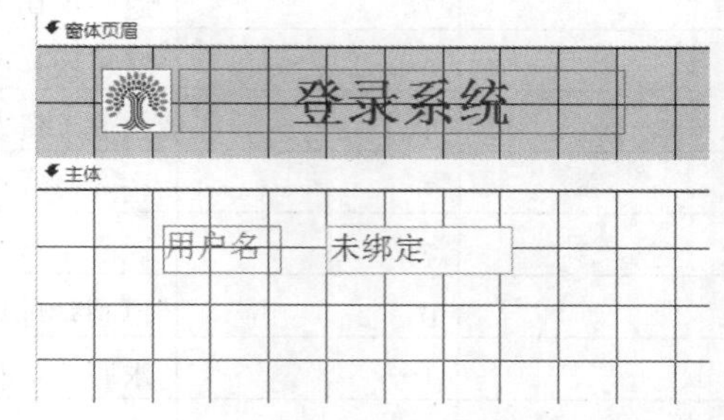

图 15-21 添加一个文本框

step 05 使用同样的方法，再添加一个文本框控件，将其命名为“密码”。然后切换到【设计】选项卡，单击【控件】组中的【按钮】按钮，添加两个按钮控件，分别命名为“登录”和“取消”，如图 15-22 所示。

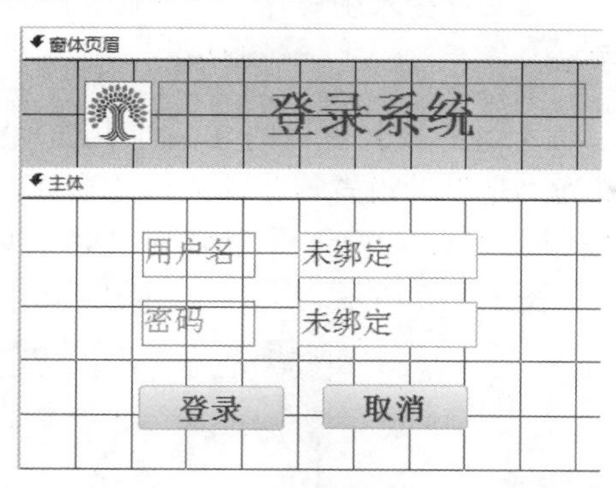

图 15-22　添加一个文本框控件和两个按钮

step 06 在【属性表】窗格中，设置两个文本框控件和两个按钮控件的名称和标题属性，如表 15-13 所示。注意文本框控件是由一个关联标签和一个文本框所组成，用户需要分别设置它们的属性。

表 15-13　控件类型及其属性设置

控件类型	名称属性	标题属性
标签	用户名标签	用户名
标签	密码标签	密码
文本框	用户名	
文本框	密码	
按钮	登录	登录
按钮	取消	取消

step 07 选中“密码”文本框，在【属性表】窗格的【数据】选项卡中，单击【输入掩码】右侧的省略号按钮，如图 15-23 所示。

step 08 弹出【输入掩码向导】对话框，选择【密码】选项，单击【完成】按钮，如图 15-24 所示。

属性表
所选内容的类型：文本框(T)
密码
格式 数据 事件 其他 全部
控件来源
文本格式 纯文本
输入掩码
默认值
验证规则
验证文本
筛选查找 数据库默认值

图 15-23　【属性表】窗格

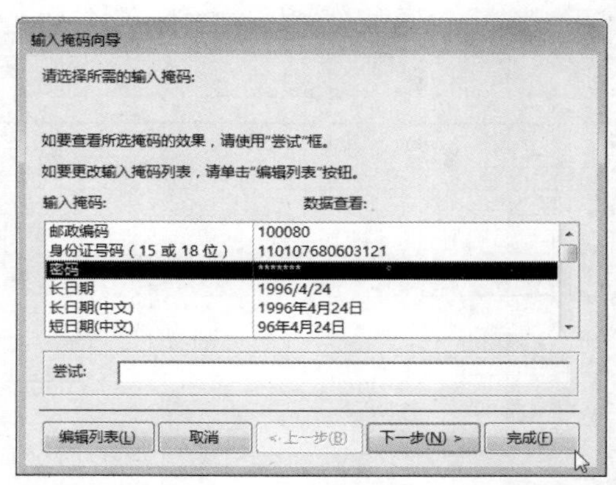

图 15-24　【输入掩码向导】对话框

提示：设置输入掩码是为了用户输入密码时，不会显示具体的密码，而显示为星号(*)，从而保护用户账号安全。

step 09 选中整个窗体，在【属性表】窗格的【其他】选项卡中，将【弹出方式】属性和【模式】属性设置为“是”，设置该窗体为模式窗体，如图 15-25 所示。

step 10 单击【保存】按钮，保存该窗体并命名为“登录系统”窗体。切换到窗体视图，查看最终效果，如图 15-26 所示。

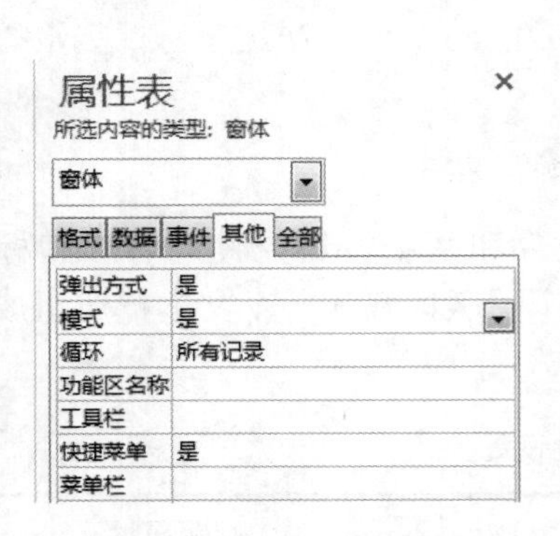

图 15-25　设置窗体为模式窗体

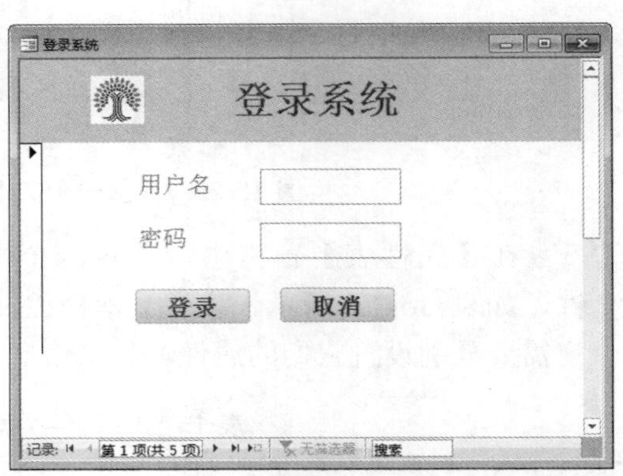

图 15-26　“登录系统”窗体

15.6.3　“新员工登记”窗体

当公司有新进员工时，可以使用“新员工登记”窗体记录员工的信息，并将该信息自动保存到“员工信息”表中。具体操作步骤如下。

step 01 打开“人事管理”数据库中的“员工信息”表，切换到【创建】选项卡，单击【窗体】组中的【窗体】按钮，快速创建一个“员工信息”窗体，如图 15-27 所示。

step 02 在【窗体页眉】节中删除标题前面的图片，并将标题更改为“新员工登记”。切换到【格式】选项卡，在【字体】组中设置标题的字体、字号、颜色等，如图 15-28 所示。

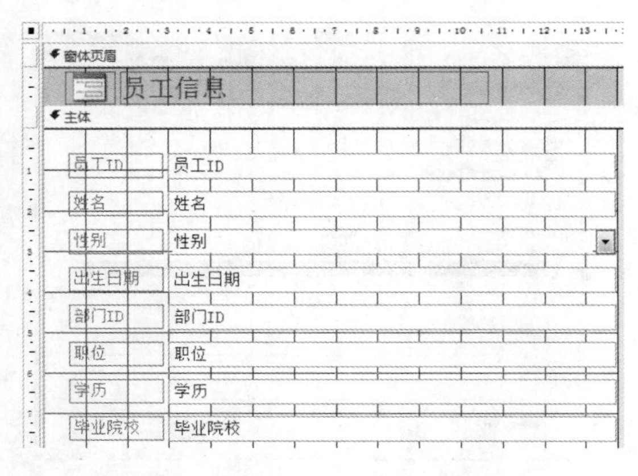

图 15-27　“员工信息”窗体

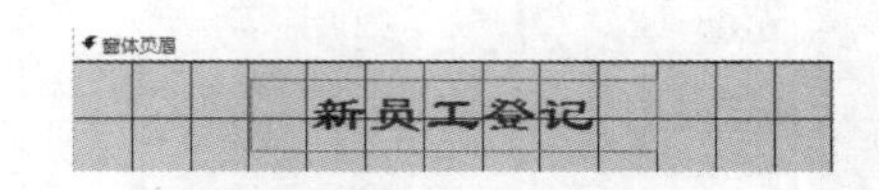

图 15-28　设置标题的格式

step 03 切换到【排列】选项卡，单击【表】组中的【删除布局】按钮，删除当前的布局，如图 15-29 所示。

step 04 在【主体】节中移动各文本框控件，重新进行布局，并设置控件格式，如图 15-30 所示。

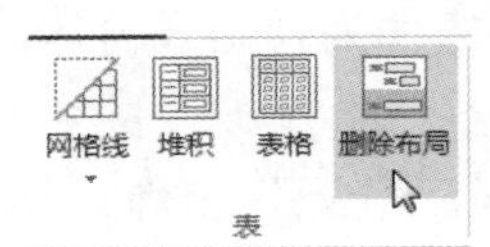

图 15-29 单击【表】组中的【删除布局】按钮

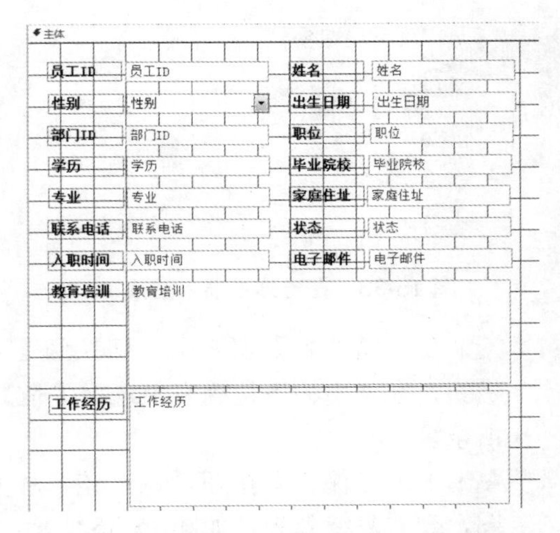

图 15-30 对各控件重新布局并设置格式

step 05 选中“员工 ID”文本框，在【属性表】窗格的【全部】选项卡中，删除【控件来源】属性内容，将绑定型文本框控件转变为未绑定型控件。使用同样的方法，设置其他组合框的【控件来源】属性，如图 15-31 所示。

step 06 切换到【设计】选项卡，单击【控件】组中的【按钮】按钮，添加两个按钮控件，分别命名为“添加记录”和“关闭”，如图 15-32 所示。

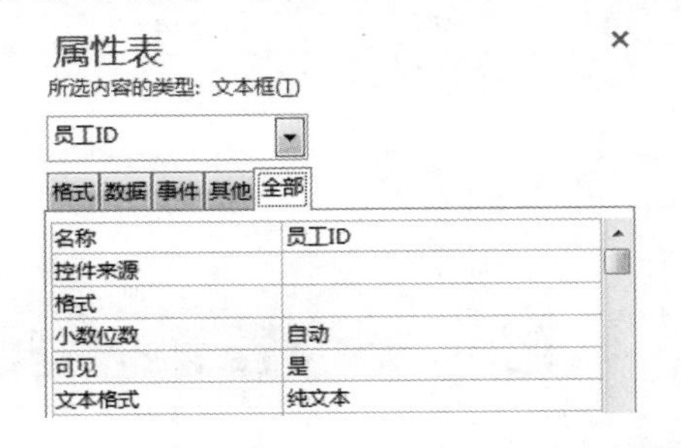

图 15-31 删除“员工 ID”文本框的【控件来源】属性内容

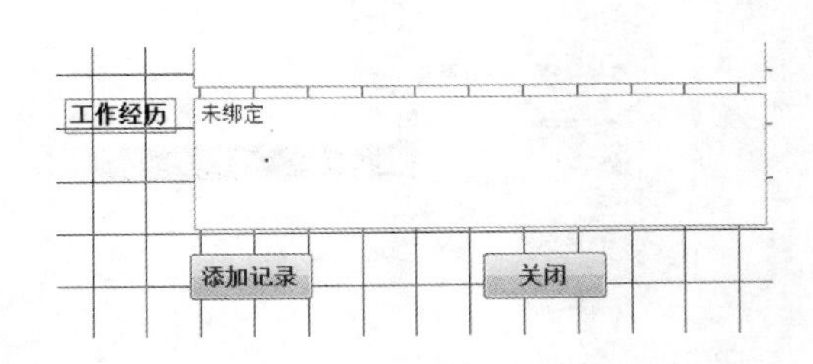

图 15-32 添加两个按钮控件

step 07 选中窗体，在【属性表】窗格的【格式】选项卡中，单击【图片】选项右侧的省略号按钮，如图 15-33 所示。弹出【插入图片】对话框，选择某个图片，单击【打开】按钮。

step 08 插入图片后，在【格式】选项卡中设置图片的类型、对齐方式、缩放模式等属性，如图 15-34 所示。

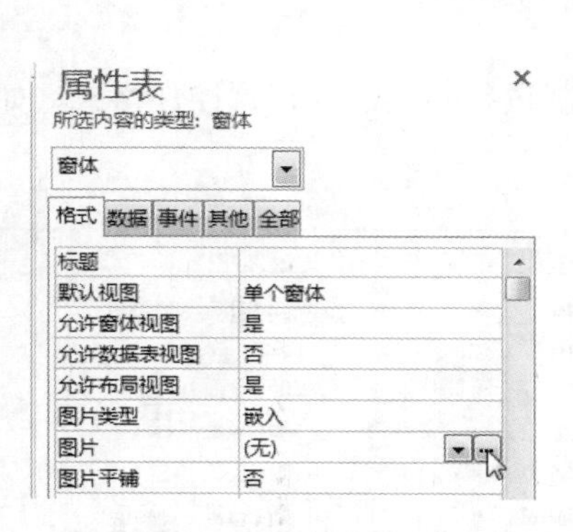

图 15-33　在窗体中插入图片

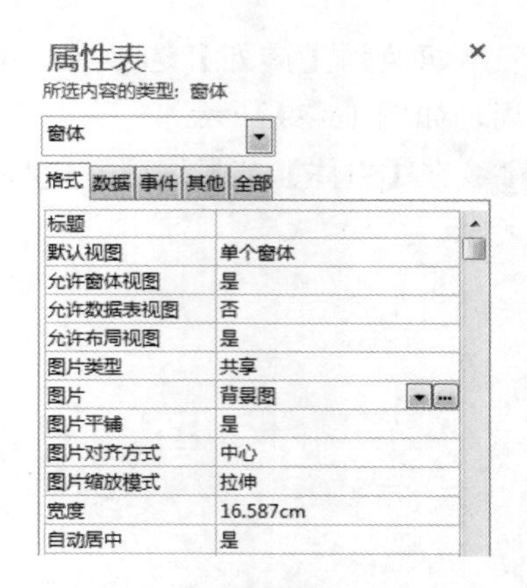

图 15-34　设置图片的格式

step 09 在【属性表】窗格中，切换到【其他】选项卡，单击【弹出方式】右侧的下拉按钮，在弹出的下拉列表中选择【是】选项，设置该窗体为弹出式窗体，如图 15-35 所示。

step 10 单击【保存】按钮，保存该窗体并命名为“新员工登记”窗体。切换到窗体视图，查看最终效果，如图 15-36 所示。

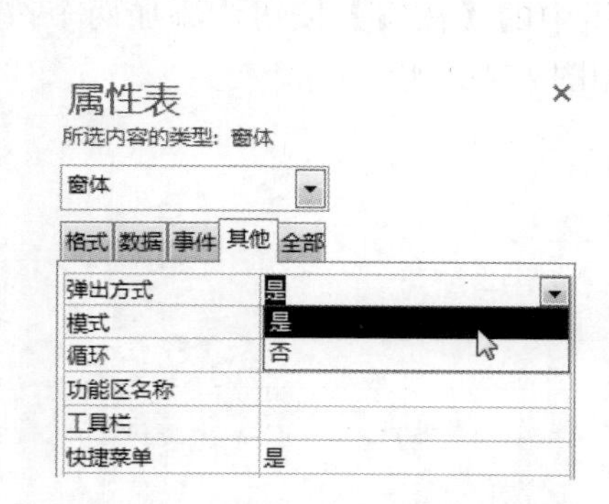

图 15-35　设置窗体为弹出式窗体

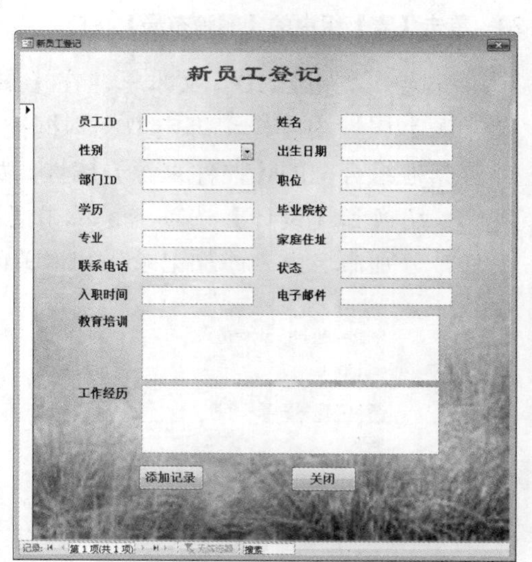

图 15-36　“新员工登记”窗体

15.6.4　“员工信息查询”窗体

“员工信息查询”窗体用于接受用户输入的参数“工号”和“姓名”，从而查询该员工的具体信息。具体操作步骤如下。

step 01 新建一个空白窗体并进入该窗体的设计视图。单击【页眉/页脚】组中的【标题】按钮，在【窗体页眉】节中添加标题，将标题命名为“员工信息查询”，并在【属性表】窗格中设置字体、字号、颜色、宽度等属性，如图 15-37 所示。

step 02 切换到【设计】选项卡，单击【控件】组中的【组合框】按钮，然后在【主体】节中单击，弹出【组合框向导】对话框，选中【使用组合框获取其他表或查询中的值】复选框，单击【下一步】按钮，如图 15-38 所示。

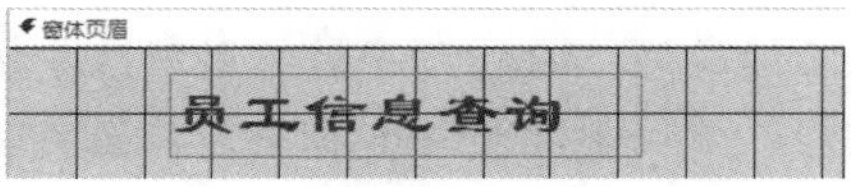

图 15-37 添加一个标题

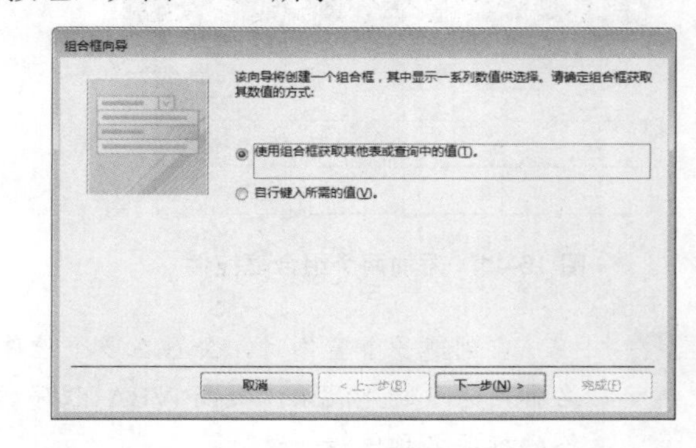

图 15-38 【组合框向导】对话框

step 03 弹出选择表或查询对话框，选中“员工信息”表，单击【下一步】按钮，如图 15-39 所示。

step 04 弹出选择表中的字段对话框，在【可用字段】列表框中选中“员工 ID”字段，单击【添加】按钮将其添加到【选定字段】列表框中，然后单击【下一步】按钮，如图 15-40 所示。

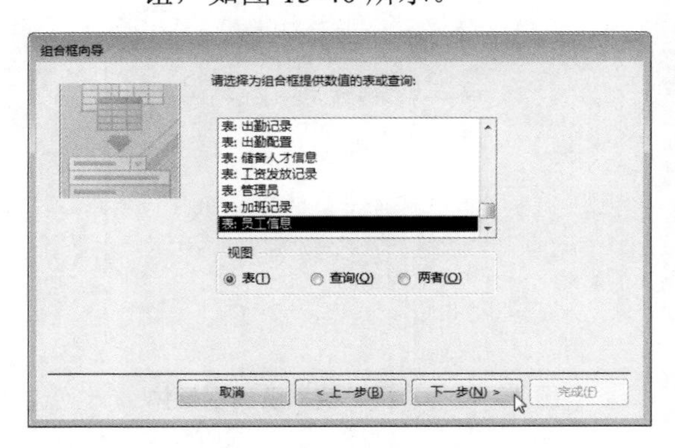

图 15-39 选择表或查询对话框

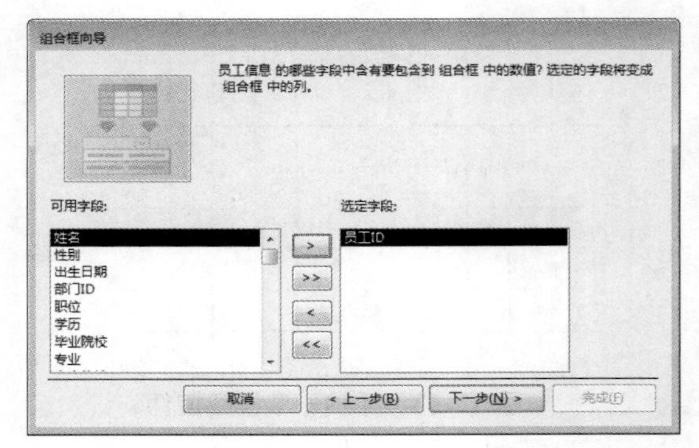

图 15-40 选择表中的字段对话框

step 05 接下来根据向导的提示进行操作，直到成功添加一个组合框。使用同样的方法，添加第二个组合框，它以“员工信息”表的“姓名”字段为行来源，如图 15-41 所示。

step 06 与文本框一样，组合框控件同样由一个关联标签和一个组合框组成。选中后面的组合框，在【属性表】窗格的【全部】选项卡中，分别设置其名称为“工号”和“姓名”，如图 15-42 所示。

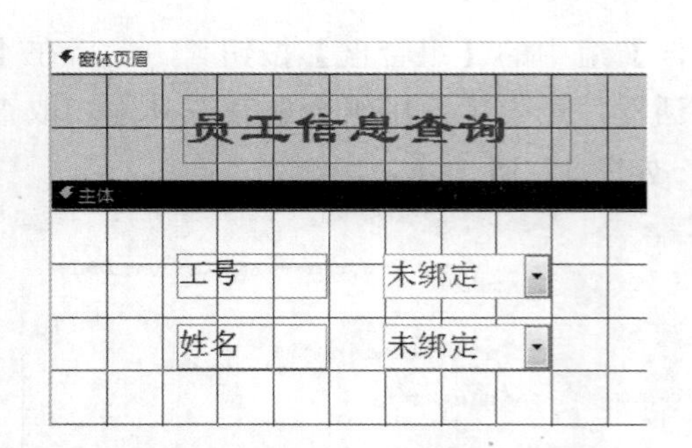

图 15-41　添加两个组合框控件

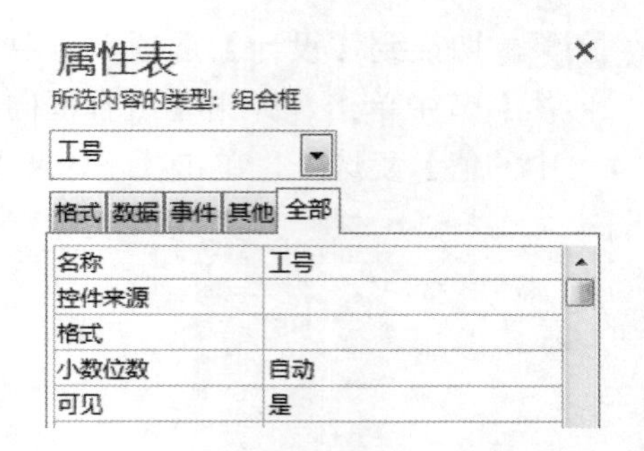

图 15-42　设置组合框控件的名称

当创建多个窗体时，会存在多个控件。在后续编写 VBA 程序时将引用这些控件名称，为了避免混淆，提高 VBA 程序的可读性，有必要将控件名称与其前面关联标签的标题名称保持一致。

step 07 切换到【设计】选项卡，单击【控件】组中的【按钮】按钮，添加一个按钮控件，将其命名为“查询”，如图 15-43 所示。

step 08 在【属性表】窗格中设置【主体】节的背景颜色，设计完成后，单击【保存】按钮，保存该窗体并命名为“员工信息查询”窗体。切换到窗体视图，查看最终效果，如图 15-44 所示。

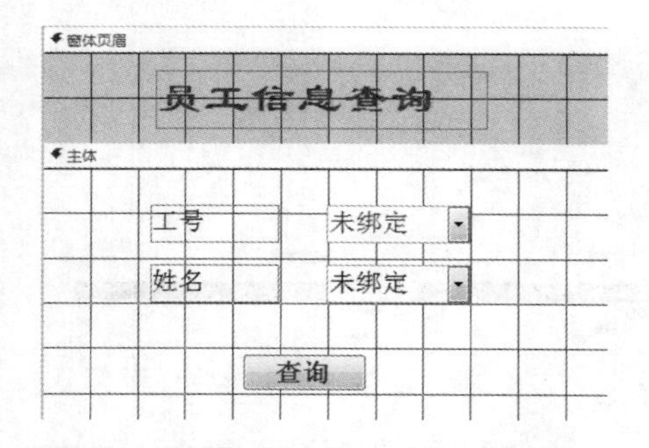

图 15-43　添加一个按钮控件

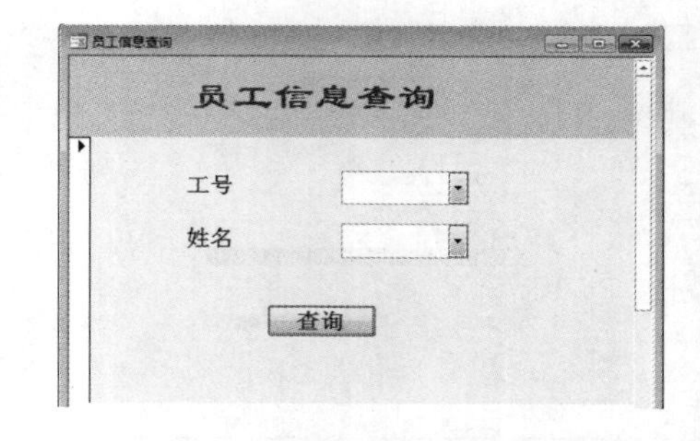

图 15-44　“员工信息查询”窗体

15.6.5　“员工工资查询”窗体

“员工工资查询”窗体与“员工信息查询”窗体类似，也是用于接受用户输入的参数，从而查询该员工的工资信息。用户可以使用创建“员工信息查询”窗体的方法，在设计视图中创建“员工工资查询”窗体。该窗体包括一个文本框控件“工号”、两个组合框控件“开始月份”及“结束月份”和两个按钮控件“查询工资”及“取消”，如图 15-45 所示。

其中，在添加组合框控件“开始月份”和“结束月份”后，在【属性表】窗格中，切换到【数据】选项卡，将【行来源类型】属性设置为【值列表】选项，然后在【行来源】文本框中输入想要在组合框中出现的值列表“1;2;3;4;5;6;7;8;9;10;11;12”，表示该组合框的下拉列表框将显示 12 个月份，如图 15-46 所示。

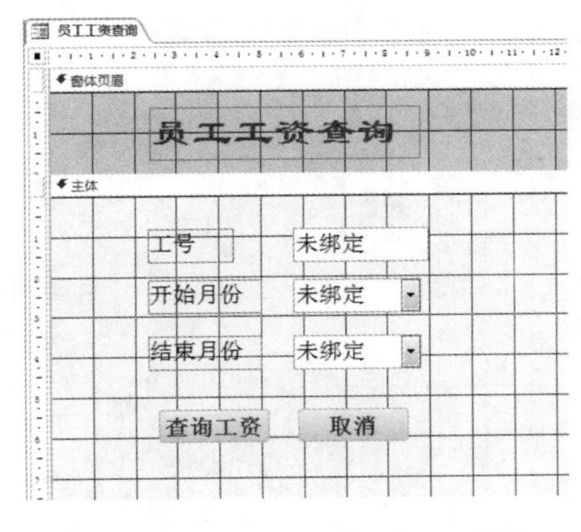

图 15-45 “员工工资查询”窗体

属性表

所选内容的类型：组合框

开始月份

格式 数据 事件 其他 全部

控件来源	
行来源	1;2;3;4;5;6;7;8;9;10;11;12
行来源类型	值列表
绑定列	1
限于列表	否
允许编辑值列表	否
列表项目编辑窗体	
继承值列表	否
仅显示行来源值	否

图 15-46 设置组合框控件的行来源属性

15.6.6 “员工考勤记录查询”窗体

使用创建“员工信息查询”窗体的方法，在设计视图中创建“员工考勤记录查询”窗体。该窗体包括 3 个文本框控件“工号”“开始日期”“结束日期”和两个按钮控件“查询考勤”“取消”，如图 15-47 所示。

其中，在添加文本框控件“开始日期”和“结束日期”后，在【属性表】窗格中，切换到【格式】选项卡，单击【格式】选项右侧的下拉按钮，在弹出的下拉列表中选择【常规日期】选项，表示在窗体中通过时间控件来输入时间信息，如图 15-48 所示。

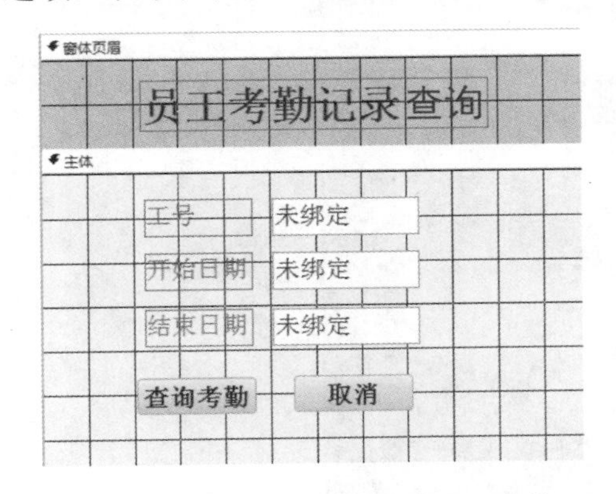

图 15-47 “员工考勤记录查询”窗体

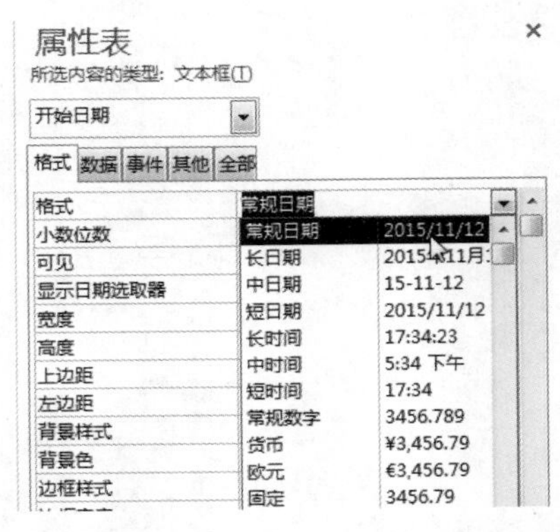

图 15-48 设置文本框控件的格式属性

15.6.7 “员工加班查询”窗体

使用上述同样的方法，在设计视图中创建“员工加班查询”窗体。该窗体包括 3 个文本框控件“工号”“开始日期”“结束日期”和两个按钮控件“查询加班”“取消”，如图 15-49 所示。

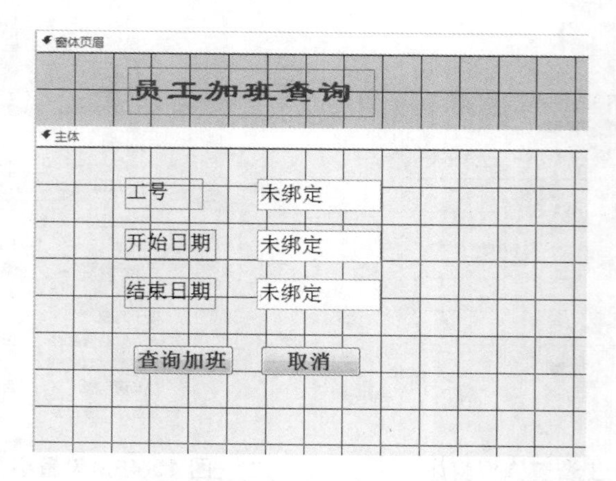

图 15-49 “员工加班查询”窗体

15.6.8 “求职者信息登记”窗体

使用创建“新员工登记”窗体的方法，在设计视图中创建“求职者信息登记”窗体。用户也可以直接复制粘贴“新员工登记”窗体，在此基础上进行更改，如图 15-50 所示。

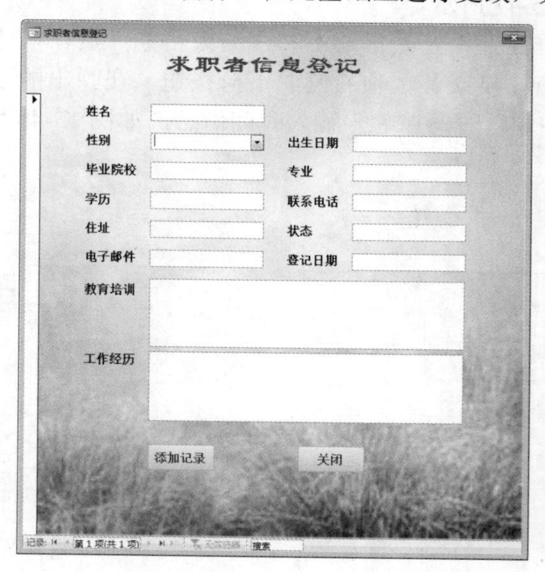

图 15-50 “求职者信息登记”窗体

15.6.9 “求职者信息查询”窗体

使用创建“员工信息查询”窗体的方法，在设计视图中创建“求职者信息查询”窗体。该窗体包括 3 个组合框控件和 1 个按钮控件，如图 15-51 所示。

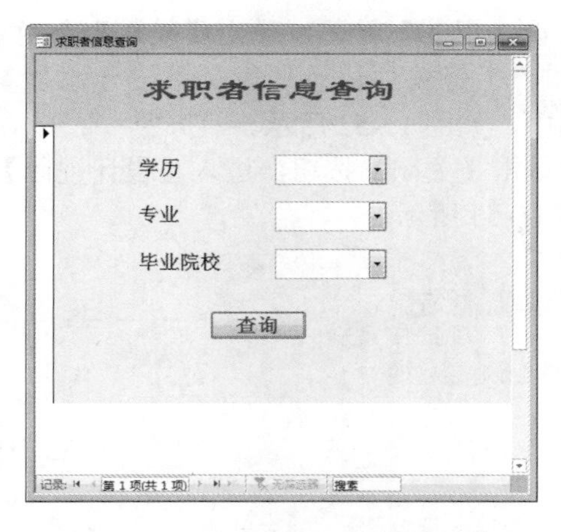

图 15-51 “求职者信息查询”窗体

其中，在添加组合框控件时，根据【组合框向导】对话框的提示，参考表 15-14 作为其行来源进行设置。

表 15-14 组合框及其行来源

组合框	行来源
学历	“储备人才信息”表的“学历”字段
专业	“储备人才信息”表的“专业”字段
毕业院校	“储备人才信息”表的“毕业院校”字段

至此，窗体已全部创建完成。但是上面大部分窗体都是静态的，仅仅只是一个界面，用户必须给这些窗体建立相应的查询，当输入参数后，单击【查询】按钮才能查找出相应的数据。

15.7 查询设计

上面的 9 个窗体中，有 5 个窗体需要根据指定的条件，检索出数据，并通过报表展示数据。这意味着对应地需要存在 5 个查询，用户既可以直接创建查询，然后以此为数据源来生成报表，也可以直接创建带查询参数的报表，即在报表中创建查询。

下面分别为“员工工资”查询窗体、“员工考勤记录”查询窗体和“员工加班”查询窗体创建 3 个参数查询。对于“员工信息查询”窗体和“求职者信息查询”窗体将直接在报表中建立查询，无须建立单个查询。

15.7.1 “员工工资”查询

“员工工资”查询是当用户输入工号、开始月份、结束月份 3 个参数后，返回该员工在这段月份之间的工资发放情况，具体操作步骤如下。

step 01 打开“人事管理”数据库。切换到【创建】选项卡，单击【查询】组中的【查询设计】按钮。

step 02 进入查询的【设计视图】界面，弹出【显示表】对话框。选中“员工信息”表“部门信息”表和“工资发放记录”表，单击【添加】按钮，将其添加到查询的【设计视图】界面中，如图 15-52 所示。

step 03 操作完成后，单击【关闭】按钮，进入【设计视图】界面，可以看到 3 个表已经添加成功，如图 15-53 所示。

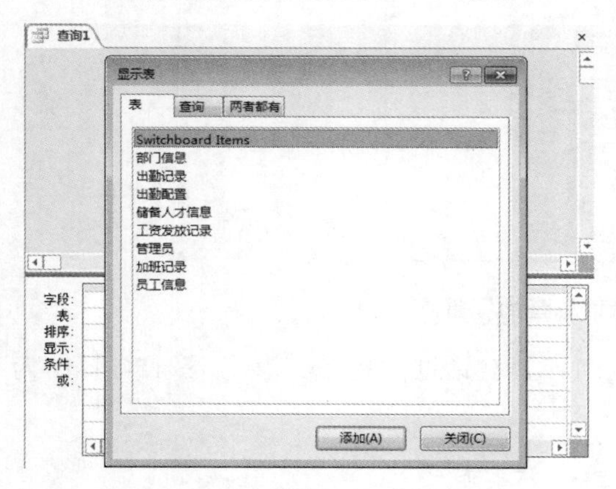

图 15-52 【显示表】对话框

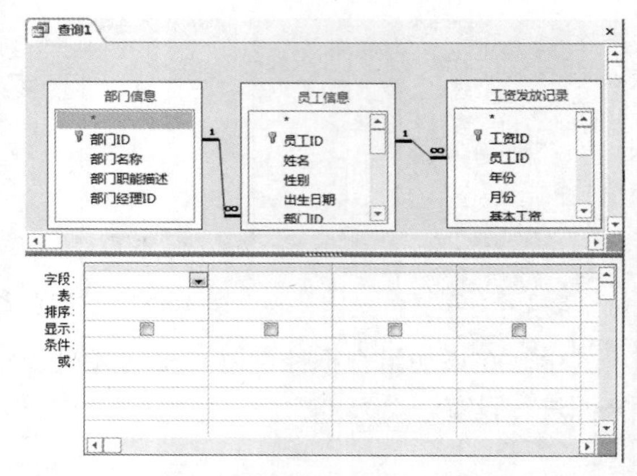

图 15-53 【设计视图】界面

step 04 在查询设计网格中单击【表】选项右侧的下拉按钮，在弹出的下拉列表中选择“员工信息”表，如图 15-54 所示。

step 05 单击【字段】选项右侧的下拉按钮，在弹出的下拉列表中选择“员工 ID”字段，如图 15-55 所示。

提示：此处字段较多，因此先添加表，再添加对应字段。用户也可以不用选择表，直接在【字段】选项右侧的下拉列表框中进行添加。或者在窗口上方的表中选中相应的字段，按住左键不放将其拖动到查询设计网格的【字段】选项中。

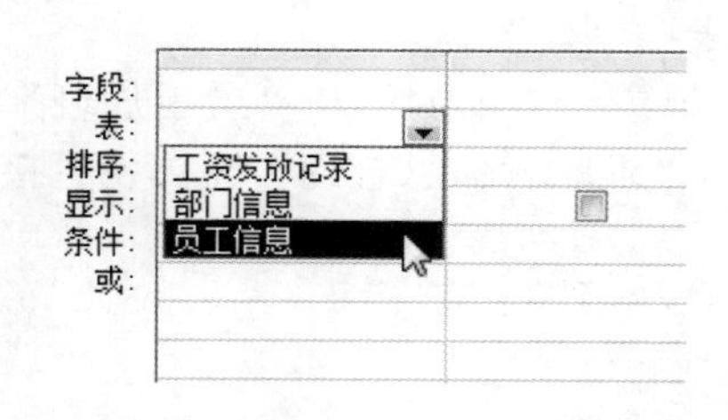

图 15-54 选择“员工信息”表

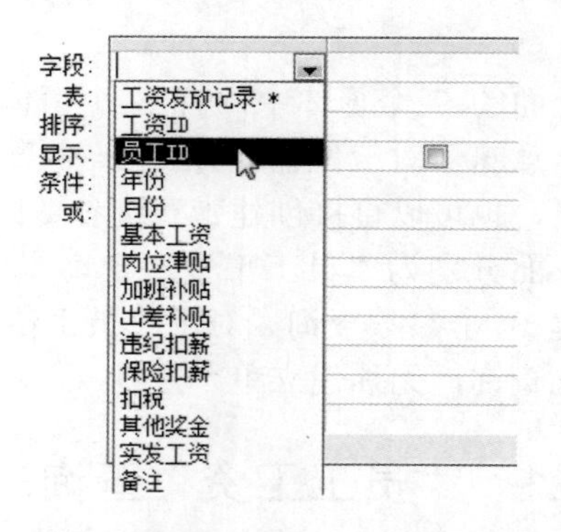

图 15-55 选择“员工 ID”字段

step 06 使用同样的方法，将“员工信息”表的“姓名”字段、“部门信息”表的“部门名称”字段、“工资发放记录”表中除“工资 ID”字段外的所有字段全部添加到查询设计网格，如图 15-56 所示。

step 07 在“员工 ID”字段对应的【条件】栏中输入查询条件“[Forms]![员工工资查

询]![工号]”，如图 15-57 所示。

字段:	员工ID	姓名	部门名称	年份	月份	基本工资	岗位津贴	加班补贴	出差补贴	违纪扣
表:	工资发	员工信	部门信息	工资发	工资发	工资发放记	工资发放i	工资发放i	工资发放记	工资发
排序:										
显示:	☑	☑	☑	☑	☑	☑	☑	☑	☑	☑
条件:										
或:										

图 15-56　添加其余字段

字段:	员工ID	姓名
表:	工资发放记录	员工信息
排序:		
显示:	☑	☑
条件:	[Forms]![员工工资查询]![工号]	
或:		

图 15-57　为“员工 ID”字段设置查询条件

step 08 在“月份”字段对应的【条件】栏中输入查询条件“Between [Forms]![员工工资查询]![开始月份] And [Forms]![员工工资查询]![结束月份]”。单击【排序】选项的下拉按钮，选择【升序】选项，如图 15-58 所示。

字段:	员工ID	姓名	部门名称	年份	月份	基本工资
表:	工资发放记录	员工信息	部门信息	工资发放记录	工资发放记录	工资发放记
排序:					升序	
显示:	☑	☑	☑	☑	☑	☑
条件:	[Forms]![员工工资查				Between [Forms]![员	
或:						

图 15-58　为“月份”字段设置查询条件和排序方式

step 09 单击【保存】按钮，将其命名为“员工工资”查询。切换到数据表视图，将连续弹出 3 个【输入参数值】对话框，需要依次输入工号、开始月份、结束月份，如图 15-59 所示。

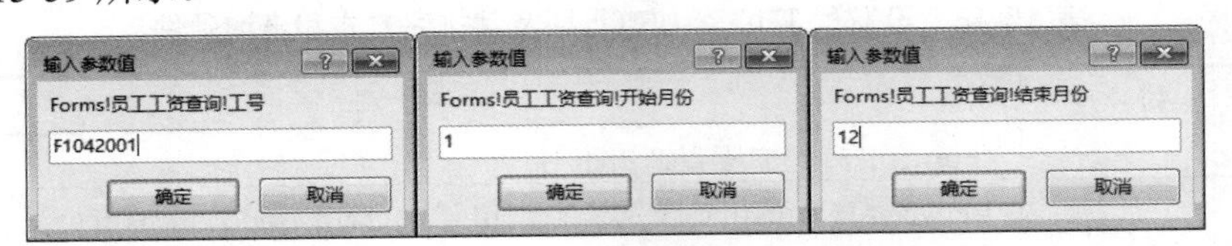

图 15-59　3 个【输入参数值】对话框

step 10 输入参数后，单击【确定】按钮，即可查询出相应的结果，如图 15-60 所示。

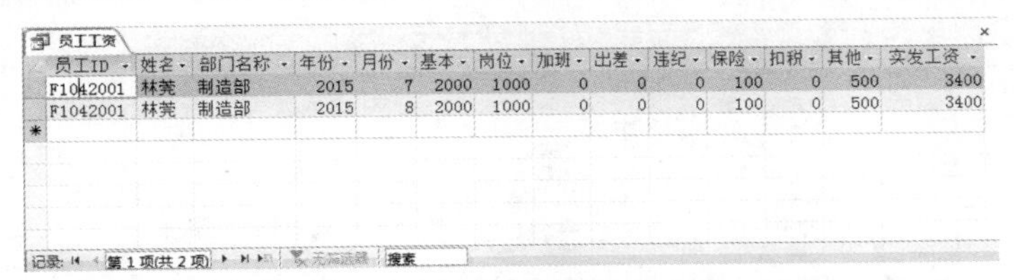

员工ID	姓名	部门名称	年份	月份	基本	岗位	加班	出差	违纪	保险	扣税	其他	实发工资
F1042001	林芙	制造部	2015	7	2000	1000	0	0	0	100	0	500	3400
F1042001	林芙	制造部	2015	8	2000	1000	0	0	0	100	0	500	3400

图 15-60　查询出相应的结果

15.7.2　“员工考勤记录”查询

使用创建“员工工资”查询的方法，创建“员工考勤记录”查询。该查询以“员工信息”表、“出勤记录”表和“出勤配置”表为数据源表，在查询设计网格中添加“出勤记录”表的“员工 ID”字段和“日期”字段，“员工信息”表的“姓名”字段，“出勤配置”表的“说明”字段。

参考表 15-15，分别设置“员工 ID”字段和“日期”字段的排序方式及查询条件。

表 15-15　设置员工 ID 和日期及其排序方式和查询条件

字　段	排　序	条　件
员工 ID	无	[Forms]![员工考勤记录查询]![工号]
日期	升序	Between [Forms]![员工考勤记录查询]![开始日期] And [Forms]![员工考勤记录查询]![结束日期]

设置完成后，单击【保存】按钮，将其命名为“员工考勤记录”查询，如图 15-61 所示。

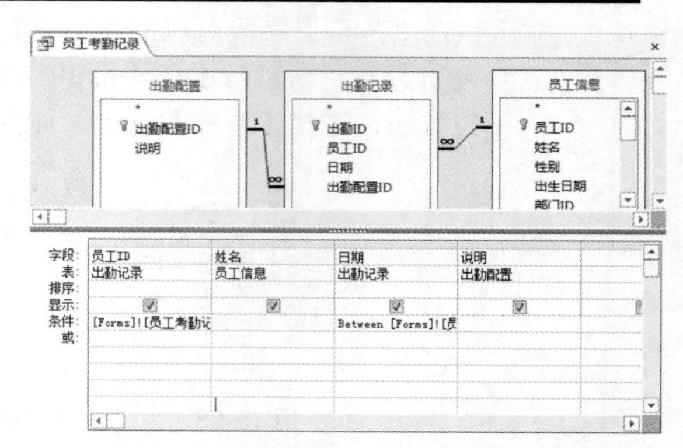

图 15-61　“员工考勤记录”查询

15.7.3　“员工加班”查询

使用同样的方法，创建“员工加班”查询。该查询以“员工信息”表和“加班记录”表为数据源表，在查询设计网格中添加“员工信息”表的“姓名”字段和“加班记录”表的全部字段。

参考表 15-16，分别设置“员工 ID”字段和“加班日期”字段的排序方式及查询条件。

表 15-16　设置员工 ID 和加班日期及其排序方式和查询条件

字　段	排　序	条　件
员工 ID	无	[Forms]![员工加班查询]![工号]
加班日期	升序	Between [Forms]![员工加班查询]![开始日期] And [Forms]![员工加班查询]![结束日期]

设置完成后，单击【保存】按钮，将其命名为“员工加班”查询，如图 15-62 所示。

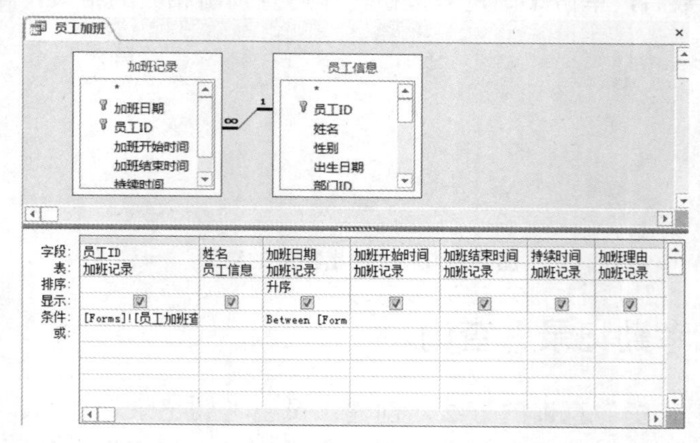

图 15-62　“员工加班”查询

15.8 报表设计

在窗体中输入条件，并通过查询检索出数据，接下来就需要在报表中展示和打印检索出的数据。

15.8.1 “员工信息查询”报表

从 15.7 节可以看出，我们并没有为“员工信息查询”报表建立专门的查询作为数据源。此时可以直接创建一个带参数的报表。具体操作步骤如下。

step 01 打开“人事管理”数据库。切换到【创建】选项卡，单击【报表】组中的【报表设计】按钮，创建一个空白报表。

step 02 切换到【设计】选项卡，单击【页眉/页脚】组中的【标题】按钮，在【报表页眉】节中添加一个标题，命名为“员工信息”，如图 15-63 所示。

step 03 单击【页眉/页脚】组中的【日期和时间】按钮，弹出【日期和时间】对话框，如图 15-64 所示。单击【确定】按钮，在【报表页眉】节中添加日期和时间控件。

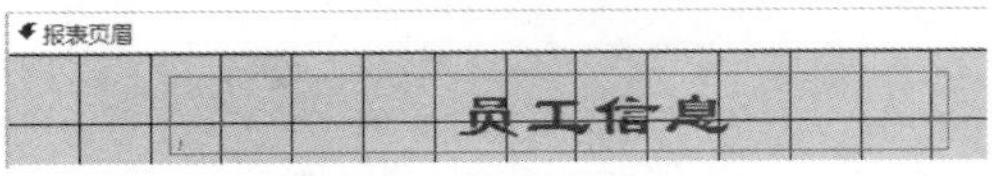

图 15-63　添加一个标题

图 15-64　【日期和时间】对话框

step 04 在【属性表】窗格的【数据】选项卡中，单击【记录源】选项右侧的省略号按钮，如图 15-65 所示。

step 05 弹出【显示表】对话框，选择“员工信息”表，单击【添加】按钮。此时进入“报表 1：查询生成器”的【设计视图】窗口，如图 15-66 所示。

step 06 将“员工信息”表的全部字段添加到查询设计网格中，参考表 15-17 设置“员工 ID”字段和“姓名”字段的查询条件。操作完成后，单击【保存】按钮，将其保存，如图 15-67 所示。

表 15-17　设置员工 ID 和姓名的查询条件

字　段	条　件
员工 ID	[Forms]![员工信息查询]![工号]
姓名	[Forms]![员工信息查询]![姓名]

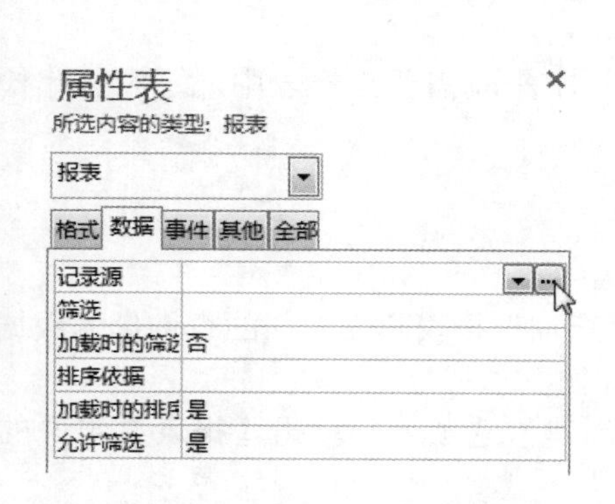

图 15-65 【属性表】窗格

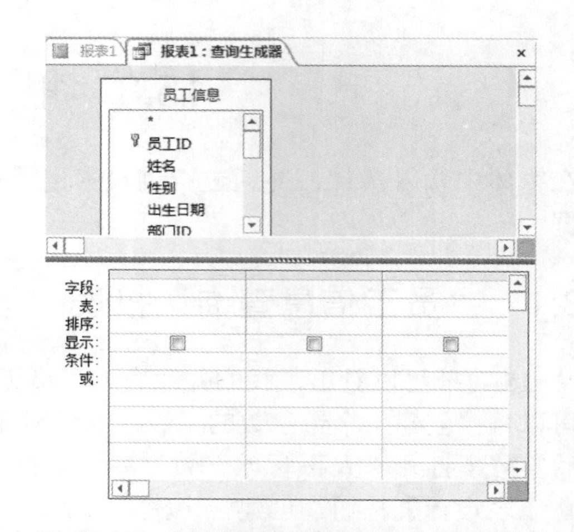

图 15-66 查询生成器的【设计视图】窗口

step 07 关闭查询生成器，返回到报表的工作窗口。切换到【设计】选项卡，在【工具】组中单击【添加现有字段】按钮，弹出【字段列表】窗格。在此窗格中，选中【可用于此视图的字段】列表下的所有字段，将其移动到报表的【主体】节中，如图 15-68 所示。

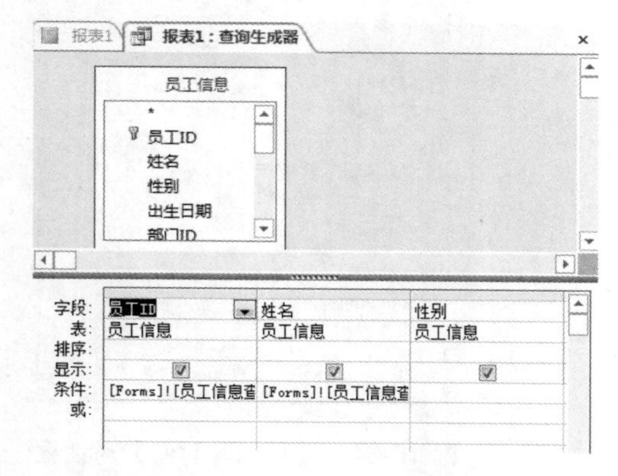

图 15-67 添加字段和设置查询条件

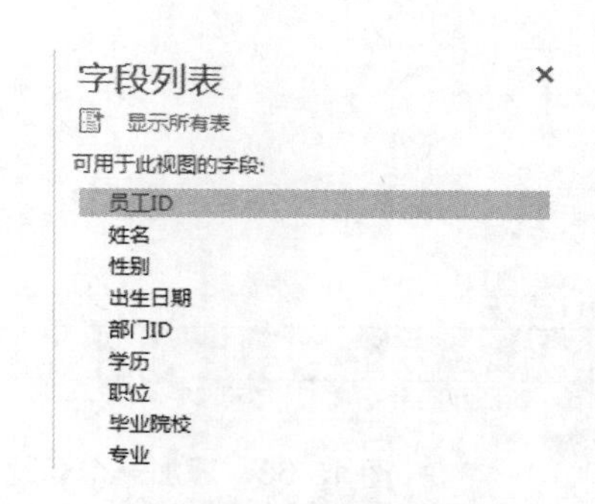

图 15-68 选中所有字段

step 08 在报表中设置控件格式的方法与窗体中一样，这里不再详细介绍。移动各控件，使其对齐，并在【属性表】窗格中设置字体、字号等属性，如图 15-69 所示。

step 09 切换到【设计】选项卡，单击【页眉/页脚】组中的【页码】按钮，弹出【页码】对话框，分别设置其格式、位置和对齐方式，如图 15-70 所示。操作完成后，单击【确定】按钮，此时在【页面页脚】节中将添加一个【页码】控件。

step 10 单击【保存】按钮，并将其命名为“员工信息查询”报表。切换到报表视图，弹出两个【输入参数值】对话框，需要依次输入参数：工号和姓名，如图 15-71 所示。

step 11 输入参数后，单击【确定】按钮，即可查看相应的结果，如图 15-72 所示。

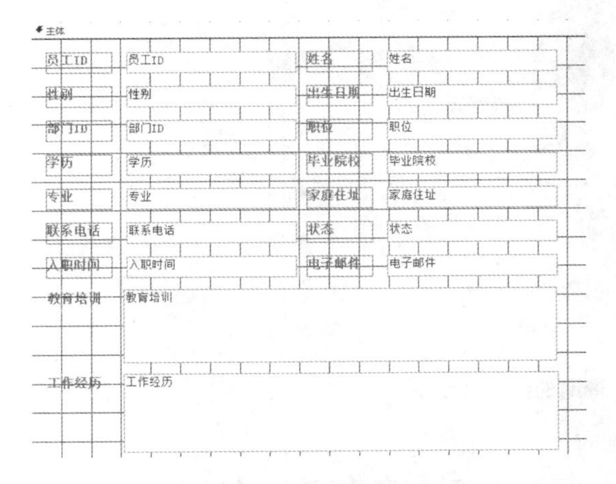

图 15-69　设置各控件的格式及属性

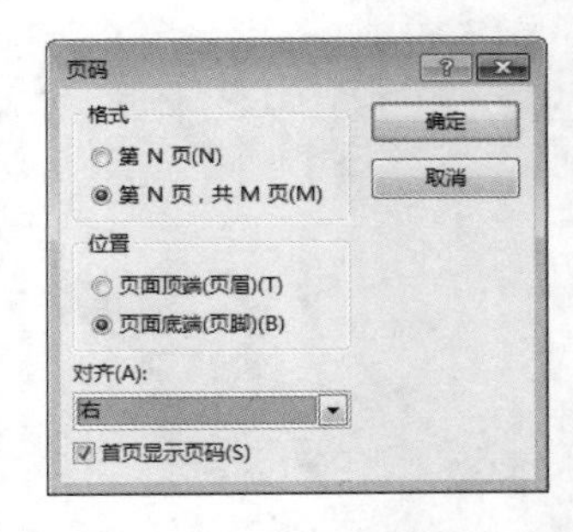

图 15-70　【页码】对话框

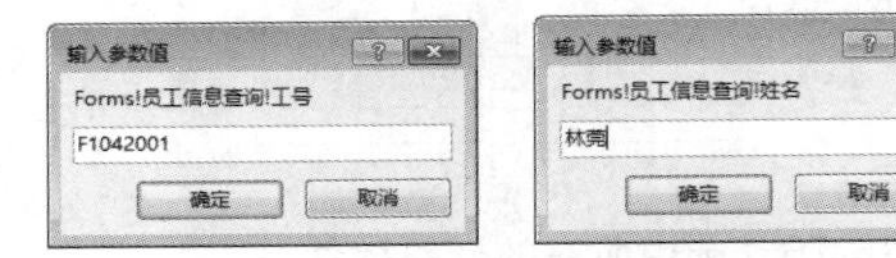

图 15-71　两个【输入参数值】对话框

图 15-72　查看相应的结果

15.8.2　“员工工资查询”报表

下面以“员工工资”查询作为数据源，直接创建一个“员工工资查询”报表。具体操作步骤如下。

step 01 打开“人事管理”数据库。在窗格中双击打开“员工工资”查询，弹出 3 个【输入参数值】对话框，依次单击【确定】按钮，进入该查询的数据表视图，如图 15-73 所示。

step 02 切换到【创建】选项卡，单击【报表】组中的【报表】按钮，快速创建一个“员工工资”报表，并切换到报表的设计视图，如图 15-74 所示。

step 03 下面需要对自动生成的报表做适当的修改。在【报表页眉】节中将标题前面的图片删除，将标题重命名为“员工工资查询”，并设置格式，如图 15-75 所示。

step 04 将光标定位于【页面页眉】节的标签控件左侧，当光标变为向右箭头形状时，单击选中所有的标签控件，如图 15-76 所示。

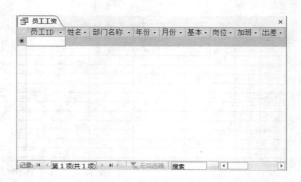

图 15-73　查询的数据表视图

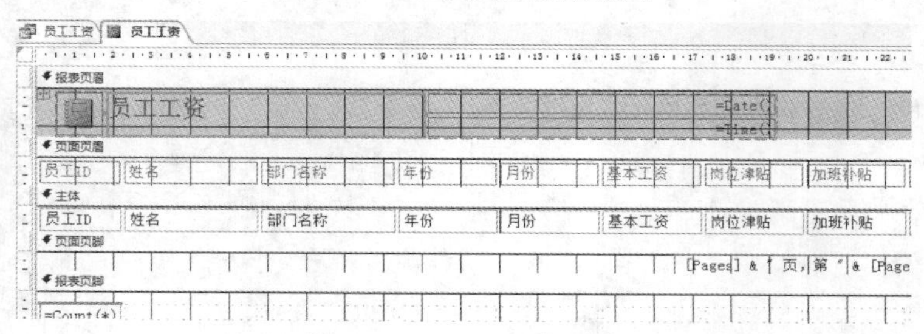

图 15-74　“员工工资”报表

图 15-75　重命名标题并设置格式

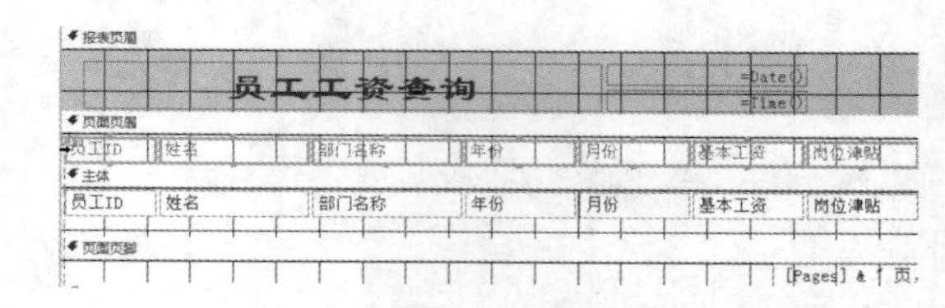

图 15-76　选中所有的标签控件

step 05 在【属性表】窗格中设置所有标签控件的格式，如图 15-77 所示。然后在【报表页脚】节中将报表自动生成的计算型控件删除。

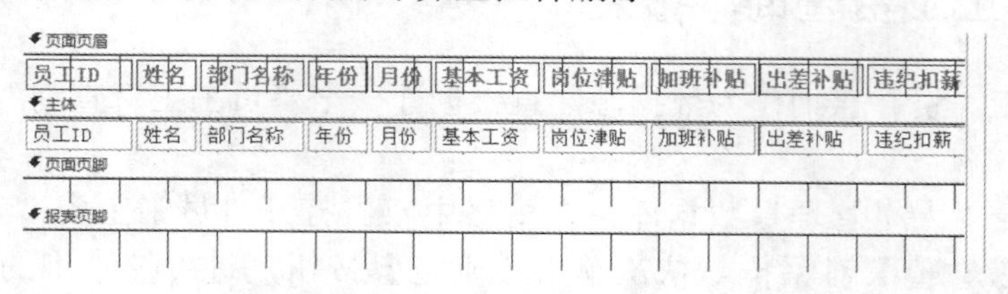

图 15-77　设置所有标签控件的格式

step 06 切换到【页面设置】选项卡，单击【页面布局】组中的【横向】按钮，将其设置为横向页面，如图 15-78 所示。

图 15-78　单击【页面布局】组中的【横向】按钮

step 07 单击【保存】按钮，并将其命名为“员工工资查询”报表。切换到报表视图，弹出【输入参数值】对话框，依次输入参数，单击【确定】按钮，即可查看最终结果，如图 15-79 所示。

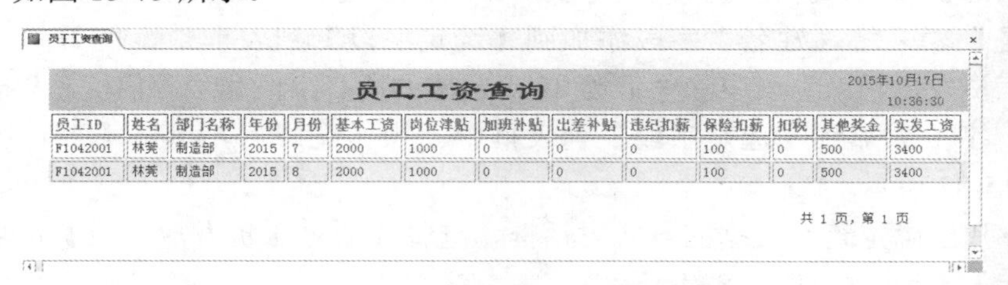
员工工资查询

2015年10月17日
10:36:30

员工ID	姓名	部门名称	年份	月份	基本工资	岗位津贴	加班补贴	出差补贴	违纪扣薪	保险扣薪	扣税	其他奖金	实发工资
F1042001	林莞	制造部	2015	7	2000	1000	0	0	0	100	0	500	3400
F1042001	林莞	制造部	2015	8	2000	1000	0	0	0	100	0	500	3400

共 1 页，第 1 页

图 15-79　“员工工资查询”报表

15.8.3　“员工考勤记录查询”报表

使用创建“员工工资查询”报表的方法，创建“员工考勤记录查询”报表。该报表以“员工考勤记录查询”为数据源。创建完成后，切换到设计视图，依次输入查询参数，即可查看最终结果，如图 15-80 所示。

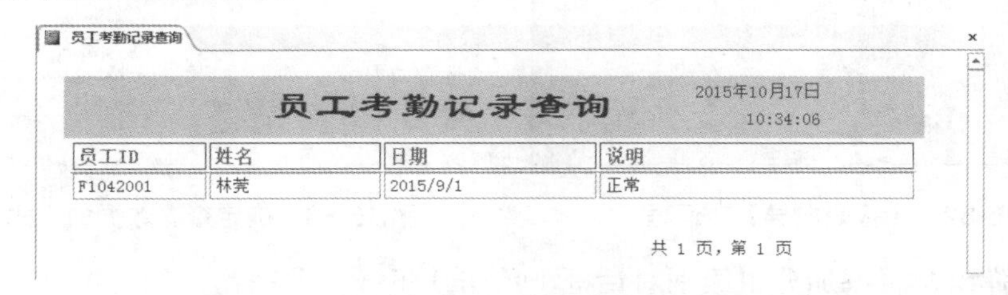
员工考勤记录查询

2015年10月17日
10:34:06

员工ID	姓名	日期	说明
F1042001	林莞	2015/9/1	正常

共 1 页，第 1 页

图 15-80　“员工考勤记录查询”报表

15.8.4　“员工加班查询”报表

使用创建“员工工资查询”报表的方法，创建“员工加班查询”报表。该报表以“员工加班”查询为数据源。创建完成后，切换到设计视图，依次输入查询参数，即可查看最终结果，如图 15-81 所示。

员工加班查询

2015年10月17日
10:47:51

员工ID	姓名	加班日期	加班开始时间	加班结束时间	持续时间	加班理由
F1042001	林莞	2015/9/14	18:00:00	20:00:00	2	

共 1 页，第 1 页

图 15-81　“员工加班查询”报表

15.8.5　“企业工资发放”报表

“员工工资查询”报表将展示某个员工的工资发放情况，而“企业工资发放”报表则展示所有员工的工资发放情况。下面利用报表向导，方便快捷地生成该报表。具体操作步骤如下。

step 01 打开“人事管理”数据库。切换到【创建】选项卡，单击【报表】组中的【报表向导】按钮，弹出【报表向导】对话框。在【表/查询】下拉列表框中选择“员工信息”表，将“姓名”字段添加到【选定字段】列表框中。使用同样的方法，将“工资发放记录”表中除“工资 ID”字段的所有字段和“部门信息”表的“部门名称”字段添加到【选定字段】列表框中。操作完成后，单击【下一步】按钮，如图 15-82 所示。

step 02 弹出确定查看数据的方式对话框，选择【通过工资发放记录】选项，单击【下一步】按钮，如图 15-83 所示。

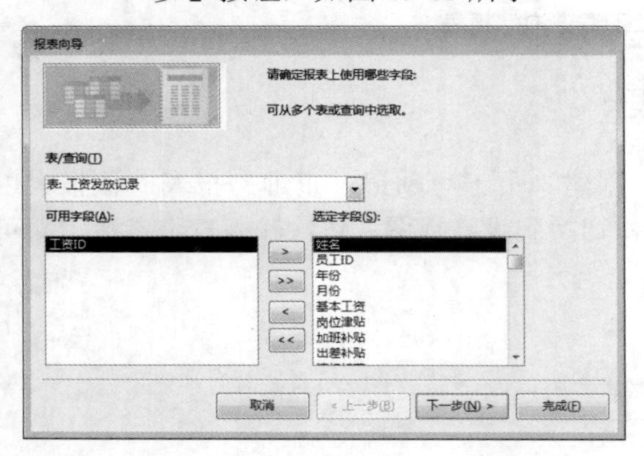

图 15-82 【报表向导】对话框

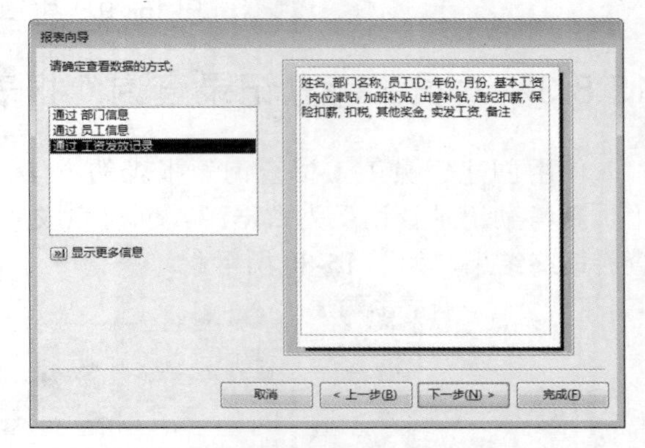

图 15-83 确定查看数据的方式对话框

step 03 弹出是否添加分组级别对话框，单击【下一步】按钮，如图 15-84 所示。

step 04 弹出确定排序次序对话框，选择通过“年份”和“月份”字段进行升序排序，单击【下一步】按钮，如图 15-85 所示。

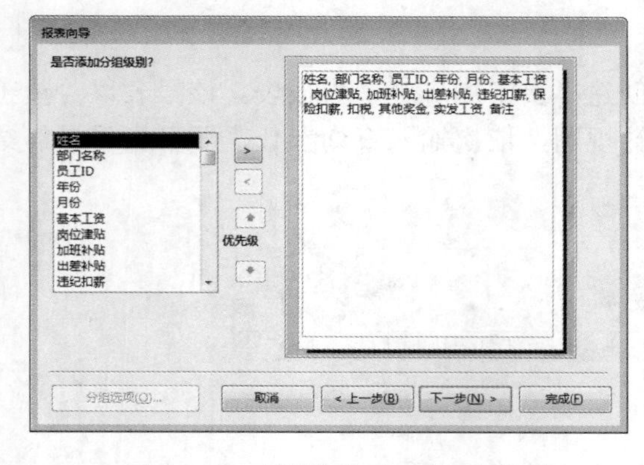

图 15-84 是否添加分组级别对话框

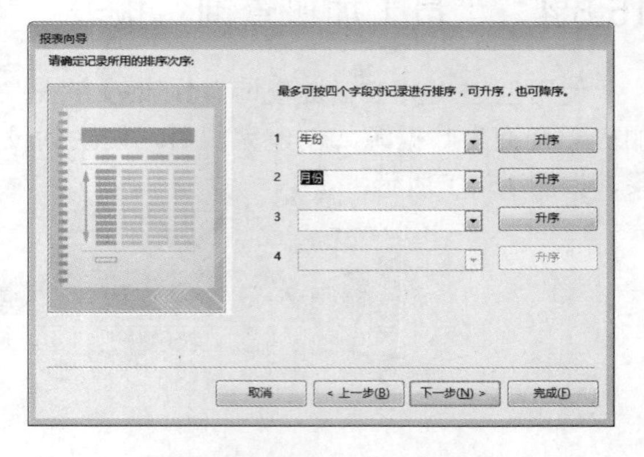

图 15-85 确定排序次序对话框

step 05 弹出确定报表的布局方式对话框，在【布局】选项组中选中【表格】单选按钮，在【方向】选项组中选中【横向】单选按钮，然后单击【下一步】按钮，如图 15-86 所示。

step 06 弹出命名对话框，在【请为报表指定标题】文本框中输入报表的标题“企业工资发放记录”，单击【完成】按钮，如图 15-87 所示。

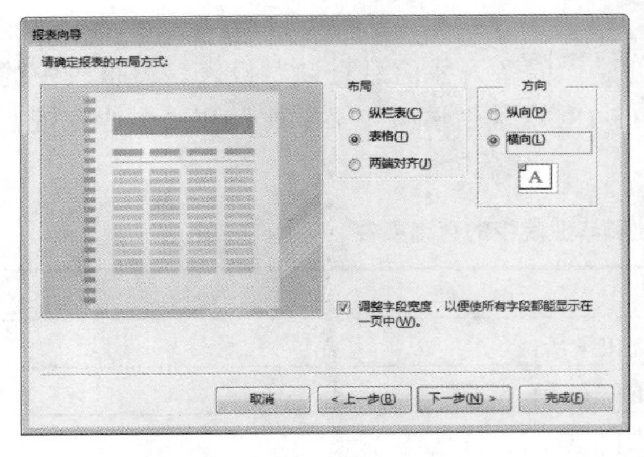

图 15-86　确定报表的布局方式对话框

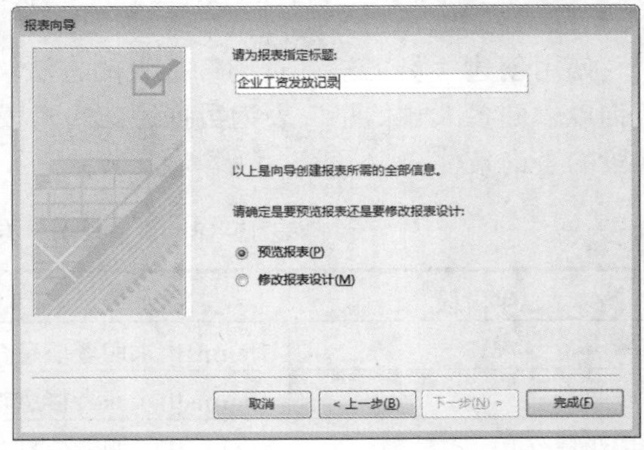

图 15-87　命名对话框

利用报表向导自动生成的报表的格式还不够美观，需在此基础上进行适当的修改，如图 15-88 所示。

企业工资发放记录

企业工资发放记录　2015年10月17日 11:36:58

员工ID	姓名	年份	月份	基本工资	岗位津贴	加班补贴	出差补贴	违纪扣薪	保险扣薪	扣税	其他奖金	实发工资
F1042001	林芜	2015	7	2000	1000	0	0	0	100	0	500	3400
F1042001	林芜	2015	8	2000	1000	0	0	0	100	0	500	3400
F1042002	李攀	2015	8	1600	900	0	0	0	100	0	400	2800
F1042003	金钟民	2015	8	2500	1000	0	0	0	100	0	600	4000
F1042004	张英兰	2015	8	1600	900	0	0	0	100	0	200	2600
F1042005	申正焕	2015	8	2000	1000	0	0	0	100	0	400	3300

图 15-88　“企业工资发放记录”报表

15.8.6　“企业员工出勤记录”报表

使用创建“企业工资发放记录”报表的方法，创建“企业员工出勤记录”报表。不同的是，在【报表向导】对话框中，确定报表上使用哪些字段时，选择“员工信息”表的“姓名”和“职位”字段，“部门信息”表的“部门名称”字段，“出勤记录”表的“日期”和“员工 ID”字段，“出勤配置”表的“说明”字段，如图 15-89 所示。

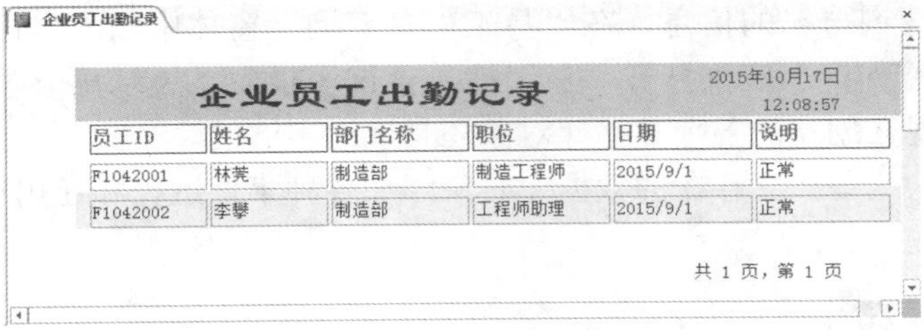

企业员工出勤记录

企业员工出勤记录　2015年10月17日 12:08:57

员工ID	姓名	部门名称	职位	日期	说明
F1042001	林芜	制造部	制造工程师	2015/9/1	正常
F1042002	李攀	制造部	工程师助理	2015/9/1	正常

共 1 页，第 1 页

图 15-89　“企业员工出勤记录”报表

15.8.7 “储备人才信息查询”报表

使用创建“员工信息查询”报表的方法，创建“储备人才信息查询”报表。该报表中的查询以“储备人才信息”表为数据源。参考表 15-18 设置“学历”“专业”和“毕业院校”字段的查询条件。

表 15-18 设置学历、专业和毕业院校的查询条件

字 段	条 件
学历	[Forms]![求职者信息查询]![学历]
专业	[Forms]![求职者信息查询]![专业]
毕业院校	[Forms]![求职者信息查询]![毕业院校]

创建完成后，切换到报表视图，查看最终的结果，如图 15-90 所示。

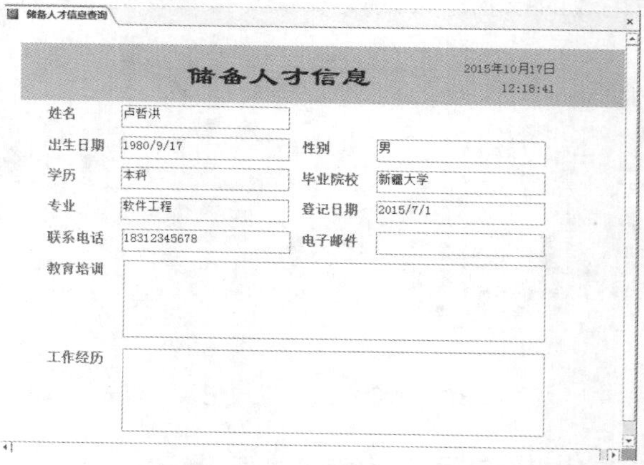

图 15-90 “储备人才信息查询”报表

15.9 程 序 设 计

至此，人事管理系统中的窗体、查询、报表等都已设计完成，但仅凭这些还是不够的。例如，某员工需要查询自己的信息，在“员工信息查询”窗体中输入自己的工号和姓名后，单击【查询】按钮，理论上应该打开“员工信息查询”报表，展示出该员工的信息。而若要实现此功能，单凭现在创建的各个数据库对象还是远远不够的。

在本节中，将为这些孤立存在的数据库对象添加各种事件过程和通用过程，通过 VBA 程序，将各对象连接在一起。

15.9.1 公用模块

下面将建立人事管理系统的一个公用模块，主要用于建立数据库的连接和用户登录等。具体操作步骤如下。

step 01 打开“人事管理”数据库。切换到【创建】选项卡，单击【宏与代码】组中的【模块】按钮。此时系统将新建一个模块，并进入VBA编程环境，如图15-91所示。

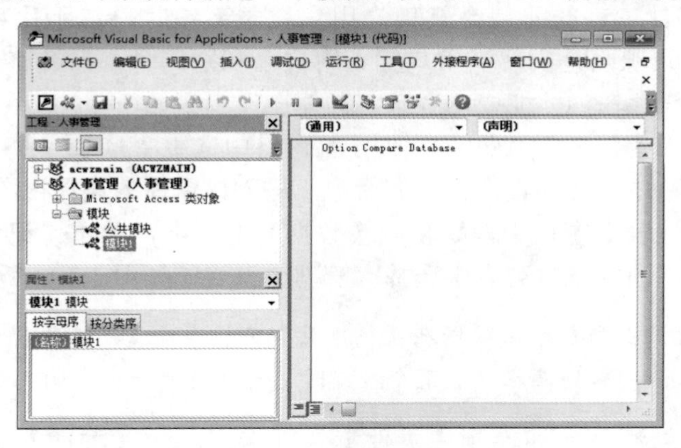

图 15-91　VBA 编程环境

step 02 在代码窗口中输入以下代码。

```
Option Compare Database
Option Explicit
Public check As Boolean
Public Function GetRs(ByVal StrQuery As String) As ADODB.Recordset
   Dim rs As New ADODB.Recordset
   Dim conn As New ADODB.Connection
   On Error GoTo GetRS_Error
   Set conn = CurrentProject.Connection
   rs.Open StrQuery, conn, adOpenKeyset, adLockOptimistic
   Set GetRs = rs
GetRS_Exit:
   Set rs = Nothing
   Set conn = Nothing
   Exit Function
GetRS_Error:
   MsgBox (Err.Description)
   Resume GetRS_Exit
End Function
```

step 03 单击【保存】按钮，并将其命名为“公用模块”。

GetRS函数通过字符串StrQuery所引用的SQL语句，返回一个ADODB.Recordset对象实例。adLockOptimistic是指开放式记录锁定，即仅在调用Update方法时锁定记录。而定义的全局布尔变量check用来表示系统登录状态。

15.9.2 “登录系统”窗体代码

“登录系统”窗体用来限制只有本公司的员工才能使用该系统，下面需要给窗体中的“登录”和“取消”控件添加事件过程，从而实现相应的功能。

1. 为“登录系统”窗体添加“加载”事件过程和记录源

添加“加载”事件过程的作用是实现当用户登录系统时，最小化系统中的“主切换面板”窗体。而添加记录源则是实现当用户输入用户名和密码时，系统将与记录源中的值进行比较，若用户名和密码存在，才能成功登录。具体操作步骤如下。

step 01 打开“人事管理”数据库。在导航窗格中选中“登录系统”窗体，右击，在弹出的快捷菜单中选择【设计视图】命令，进入该窗体的设计视图。

step 02 在【属性表】窗格中，切换到【数据】选项卡，单击【记录源】选项右侧的下拉按钮，在弹出的下拉列表中选择“管理员”表，如图 15-92 所示。

设置记录源之前，请确保在【属性表】窗格中，【所选内容的类型】栏必须显示为【窗体】。同样地，在设置某个控件时，确保【所选内容的类型】是某个控件。

step 03 添加记录源后，切换到【事件】选项卡，单击【加载】选项右侧的省略号按钮，如图 15-93 所示。

step 04 弹出【选择生成器】对话框，选择【代码生成器】选项，单击【确定】按钮，如图 15-94 所示。

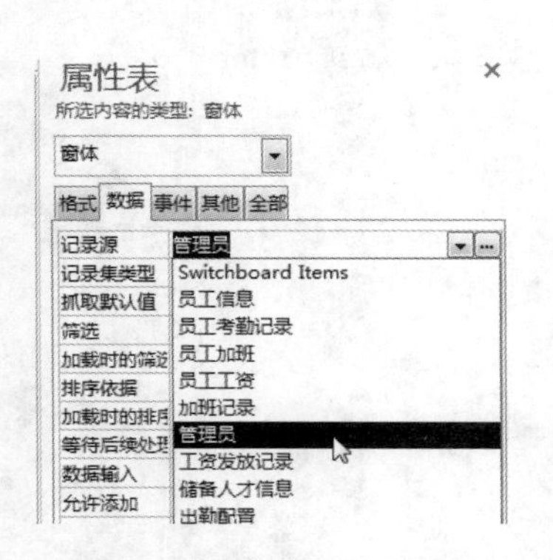

图 15-92　设置窗体的记录源

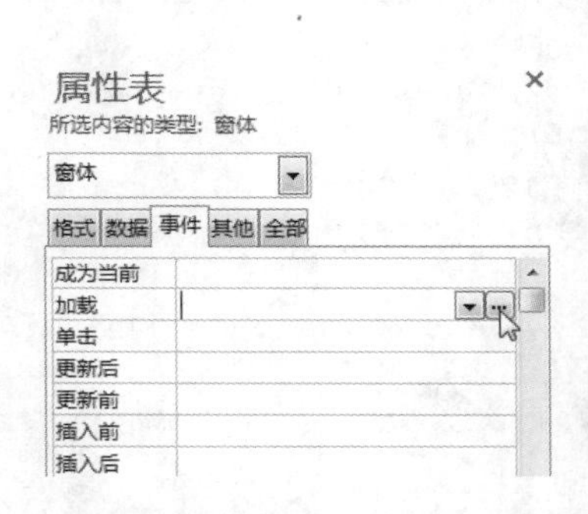

图 15-93　设置加载属性

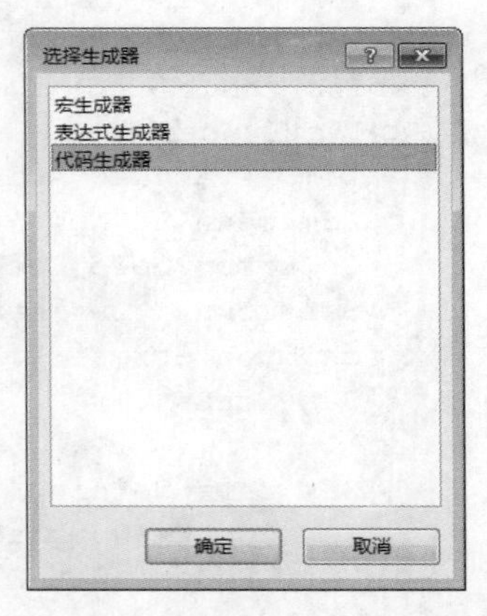

图 15-94　【选择生成器】对话框

step 05 此时系统进入 VBA 编程环境，并在代码窗口中自动新建了一个名为“Form_Load()”的 Sub 过程。在该过程内部添加以下 VBA 代码。

```
Private Sub Form_Load()
' 最小化数据库窗体并初始化该窗体.
On Error GoTo Form_Open_Err
    DoCmd.SelectObject acForm, "主切换面板", True
    DoCmd.Minimize
    check = False
Form_Open_Exit:
    Exit Sub
Form_Open_Err:
    MsgBox Err.Description
```

```
    Resume Form_Open_Exit
End Sub
```

step 06 添加完成后，单击【保存】按钮，完成给“登录系统”窗体添加“加载”事件过程的操作。

2. 为“登录”按钮控件添加“单击”事件过程

当用户单击【登录】按钮时，若核实用户名和密码正确，则进入“主切换面板”窗体。下面为其添加事件过程来实现该功能。具体操作步骤如下。

step 01 选中“登录”按钮控件，在【属性表】窗格的【事件】选项卡中，单击【单击】选项右侧的下拉按钮，选择【[事件过程]】选项，然后再单击右侧的省略号按钮，如图 15-95 所示。

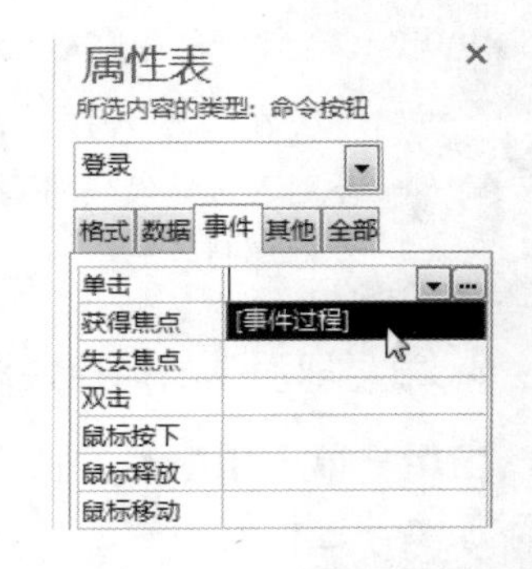

图 15-95　选择【[事件过程]】选项

step 02 此时系统进入 VBA 编程环境，并在代码窗口中自动新建了一个名为“登录_Click()”的 Sub 过程。在该过程内部添加以下 VBA 代码。添加完成后，保存该代码。

```
Private Sub 登录_Click()
    On Error GoTo Err_登录_Click
    Dim strSQL As String
    Dim rs As New ADODB.Recordset
    If IsNull(Me.用户名) Or Me.用户名 = "" Then
        DoCmd.Beep
        MsgBox ("请输入用户名！")
    ElseIf IsNull(Me.密码) Or Me.密码 = "" Then
        DoCmd.Beep
        MsgBox ("请输入密码！")
    Else
        strSQL = "SELECT * FROM 管理员 WHERE 用户名='" & Me.用户名 & "' and 密码
        ='" & Me.密码 & "'"
        Set rs = GetRs(strSQL)
        If rs.EOF Then
            DoCmd.Beep
            MsgBox ("用户名或密码错误！")
            Me.用户名 = ""
            Me.密码 = ""
            Me.用户名.SetFocus
            Exit Sub
        Else
            DoCmd.Close
            check = True
            DoCmd.OpenForm ("主切换面板")
        End If
    End If
```

```
    Set rs = Nothing
Exit_登录_Click:
    Exit Sub
Err_登录_Click:
    MsgBox (Err.Description)
    Debug.Print Err.Description
    Resume Exit_登录_Click
End Sub
```

在编写 VBA 代码前，需了解窗体中各控件的名称和标题属性。注意不能混淆，否则 VBA 代码将会出错。例如，上述“Me.用户名”中的用户名即是用户名文本框的名称属性。

3. 为“取消”按钮控件添加单击事件过程

当用户单击【取消】按钮时，将关闭“登录系统”窗体。具体步骤请参考为“登录”按钮添加事件过程的步骤。当进入代码窗口时，系统自动新建一个名为“取消_Click()”的 Sub 过程。在该过程内部添加以下 VBA 代码即可实现关闭功能。

```
Private Sub 取消_Click()
    check = False
    DoCmd.Close
End Sub
```

Check 布尔值即是在公用模块中定义的全局变量，用以标识用户的登录状态。如果值为 True，表明用户已经登录，如果值为 False，则表明用户没有登录。

在【工程】窗口中可以看到，以上添加的代码均保存在“Form_登录系统”模块中，如图 15-96 所示。至此，即完成了整个用户登录模块的设计工作。当用户输入正确的用户名和密码后，单击【登录】按钮，即可进入人事管理系统，进行相关操作，如图 15-97 所示。

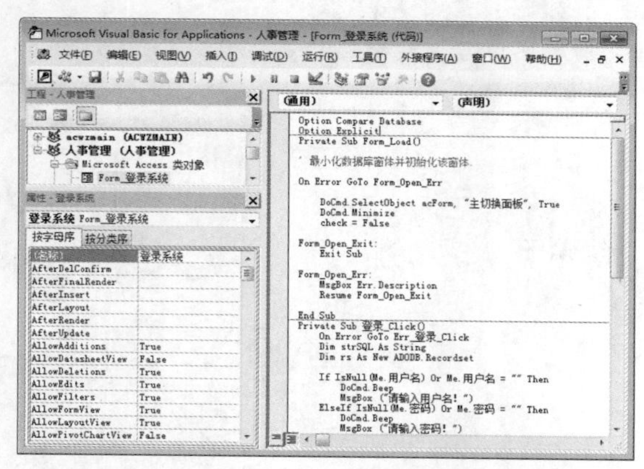

图 15-96　代码均保存在“Form_登录系统”模块中

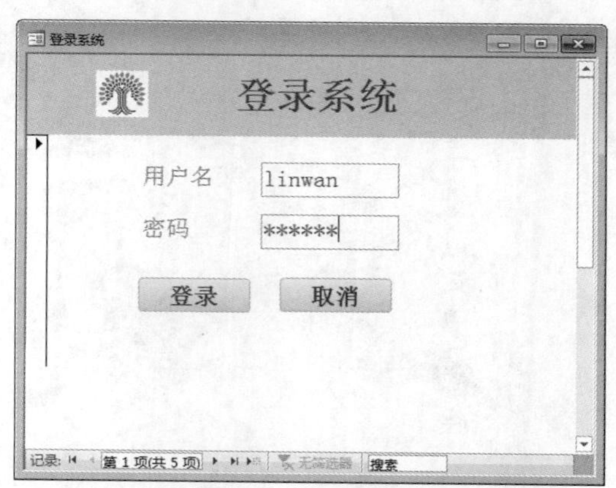

图 15-97　登录系统

15.9.3 “主切换面板”窗体代码

下面为“主切换面板”窗体上的各控件添加事件过程。

1. 为“主切换面板”窗体添加“成为当前”事件过程和记录源

添加“成为当前”事件过程的作用是实现“主切换面板”上的控件数量和控件标题等信息。具体操作步骤如下。

step 01 进入“主切换面板”窗体的设计视图。在【属性表】窗格中，切换到【数据】选项卡，单击【记录源】选项右侧的下拉按钮，在弹出的下拉列表中选择 Switchboard Items 表，如图 15-98 所示。

step 02 添加记录源后，切换到【事件】选项卡，单击【成为当前】选项右侧的下拉按钮，在弹出的下拉列表中选择【[事件过程]】选项，然后再单击右侧的省略号按钮，如图 15-99 所示。

图 15-98　设置记录源

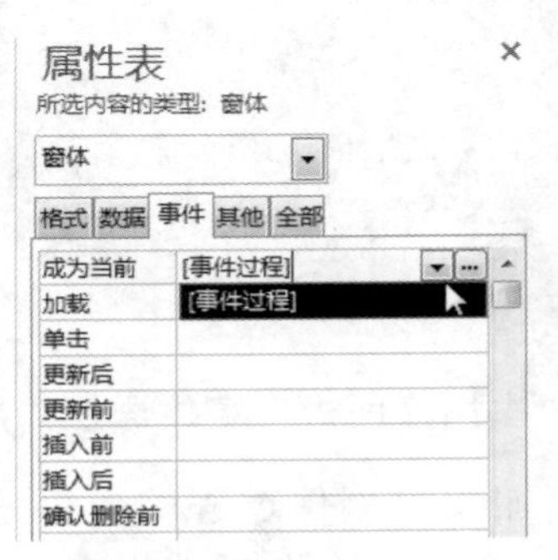

图 15-99　选择【[事件过程]】选项

step 03 此时系统进入 VBA 编程环境，并在代码窗口中自动新建了一个名为“Form_Current()”的 Sub 过程。在该过程内部添加以下 VBA 代码。

```
Private Sub Form_Current()
    ' 更新标题并显示列表.
    Me.Caption = Nz(Me![ItemText], "")
    Fillbtns
End Sub
```

添加完成后，单击【保存】按钮，保存该代码。其中，Fillbtns 为另外一个能够实现报表选择功能的过程，代码如下。

```
Private Sub Fillbtns()
    ' 显示切换框中的列表
    ' 按钮数量.
    Const conNumButtons As Integer = 7
    Dim rs As New ADODB.Recordset
    Dim strSQL As String
    Dim intbtn As Integer
    Me![button1].SetFocus
    For intbtn = 2 To conNumButtons
```

```
        Me("button" & intbtn).Visible = False
        Me("btn" & intbtn).Visible = False
    Next intbtn
    ' 打开表 Switchboard Items
    strSQL = "SELECT * FROM [Switchboard Items]"
    strSQL = strSQL & " WHERE [ItemNumber] > 0 AND [SwitchboardID]=" &
        Me![SwitchboardID]
    strSQL = strSQL & " ORDER BY [ItemNumber];"
   Set rs = GetRs(strSQL)
   If (rs.EOF) Then
        Me![btn1].Caption = "此切换面板页上无项目。"
   Else
     While (Not (rs.EOF))
    Me("button" & rs![ItemNumber]).Visible = True
    Me("btn" & rs![ItemNumber]).Visible = True
    Me("btn" & rs![ItemNumber]).Caption = rs![ItemText]
    rs.MoveNext
        Wend
    End If
    ' 关闭数据集合和数据库
    rs.Close
    Set rs = Nothing
End Sub
```

2. 为“主切换面板”窗体添加“加载”事件过程

添加“加载”事件过程的作用是实现当用户进入该窗体时，系统首先检查布尔变量 Check 的值，如果 Check 的值为 False，会弹出对话框，提示用户先登录系统。确保用户在进入该窗体时处于已登录状态。

添加的具体步骤请参考前面小节中介绍的方法。当进入代码窗口时，系统自动新建一个名为“Form_Load()”的 Sub 过程。在该过程内部添加以下 VBA 代码即可。

```
Private Sub Form_Load()
  If Not check Then
        MsgBox ("请先登录！")
        DoCmd.Close
        DoCmd.OpenForm ("登录系统")
    End If
End Sub
```

3. 为“主切换面板”窗体添加“打开”事件过程

添加“打开”事件过程的作用是实现当用户在打开该窗体时，默认打开主切换面板，而不是其他的切换面板。添加的具体步骤请参考前面小节中介绍的方法。当进入代码窗口时，系统自动新建一个名为“Form_Open()”的 Sub 过程。在该过程内部添加以下 VBA 代码即可。

```
Private Sub Form_Open(Cancel As Integer)
    On Error GoTo Form_Open_Err
    ' 显示默认的选项.
```

```
    Me.Filter = "[ItemNumber] = 0 AND [Argument] = '默认' "
    Me.FilterOn = True
Form_Open_Exit:
    Exit Sub
Form_Open_Err:
    MsgBox Err.Description
    Resume Form_Open_Exit
End Sub
```

4. 为 button 按钮控件添加“单击”事件过程

选中 button1 按钮控件，在【属性表】窗格中切换到【事件】选项卡，在【单击】属性右侧的下拉列表框中输入“=HandleButtonClick(1)”，为该控件添加“单击”事件的响应程序，如图 15-100 所示。使用同样的方法，为其他 button2、button3…button7 按钮控件添加“单击”事件的响应程序，分别输入“=HandleButtonClick(2)”、“=HandleButtonClick(3)”…“=HandleButtonClick(7)”。

图 15-100　设置按钮控件的单击属性

HandleButtonClick()是响应按钮单击事件的一个函数，括号中的整型数值 1、2、3…就是要传递给 HandleButtonClick()函数的参数。下面开始定义该函数。首先进入 VBA 编程环境，打开“Form_主切换面板”模块，在其中新建一个 Function 过程，输入以下代码。

```
Private Function HandleButtonClick(intbtn As Integer)
' 处理按钮 click 事件
    Const conCmdGotoSwitchboard = 1
    Const conCmdNewForm = 2
    Const conCmdOpenReport = 3
    Const conCmdExitApplication = 4
    Const conCmdRunMacro = 8
    Const conCmdRunCode = 9
    Const conCmdOpenPage = 10
    Const conErrDoCmdCancelled = 2501
    Dim rs As ADODB.Recordset
    Dim strSQL As String
    On Error GoTo HandleButtonClick_Err
    Set rs = CreateObject("ADODB.Recordset")
    strSQL = "SELECT * FROM [Switchboard Items] "
    strSQL = strSQL & "WHERE [SwitchboardID]=" & Me![SwitchboardID] & " AND
        [ItemNumber]=" & intbtn
    Set rs = GetRs(strSQL)
    If (rs.EOF) Then
        MsgBox "读取 Switchboard Items 表时出错。"
        rs.Close
        Set rs = Nothing
        Exit Function
    End If
```

```
    Select Case rs![Command]
        ' 进入另一个切换面板
        Case conCmdGotoSwitchboard
            Me.Filter = "[ItemNumber] = 0 AND [SwitchboardID]=" & rs![Argument]
        ' 打开一个新窗体
        Case conCmdNewForm
            DoCmd.OpenForm rs![Argument]
        ' 打开报表
        Case conCmdOpenReport
            DoCmd.OpenReport rs![Argument], acPreview
        ' 退出应用程序
        Case conCmdExitApplication
            CloseCurrentDatabase
        ' 运行宏.
        Case conCmdRunMacro
            DoCmd.RunMacro rs![Argument]
        ' 运行代码.
        Case conCmdRunCode
            Application.Run rs![Argument]
        ' 打开一个数据存取页面
        Case conCmdOpenPage
            DoCmd.OpenDataAccessPage rs![Argument]
        ' 未定义的选项.
        Case Else
            MsgBox "未知选项。"
        End Select
    ' Close the recordset and the database.
    rs.Close
HandleButtonClick_Exit:
    On Error Resume Next
    Set rs = Nothing
    Exit Function
HandleButtonClick_Err:
    If (Err = conErrDoCmdCancelled) Then
        Resume Next
    Else
        MsgBox "执行命令时出错。", vbCritical
        Resume HandleButtonClick_Exit
    End If
End Function
```

添加以上代码后，单击【保存】按钮，保存该代码。至此，即完成了“主切换面板”窗体的设计工作。切换到【窗体视图】界面，查看最终的显示结果，如图 15-101 所示。单击各按钮，可以进行模块的切换。例如，单击【员工信息管理】按钮，切换到该模块，可以看到，它包括“新员工登记”和“员工信息查询”功能。单击【返回主切换面板】按钮，将返回主切换面板，如图 15-102 所示。

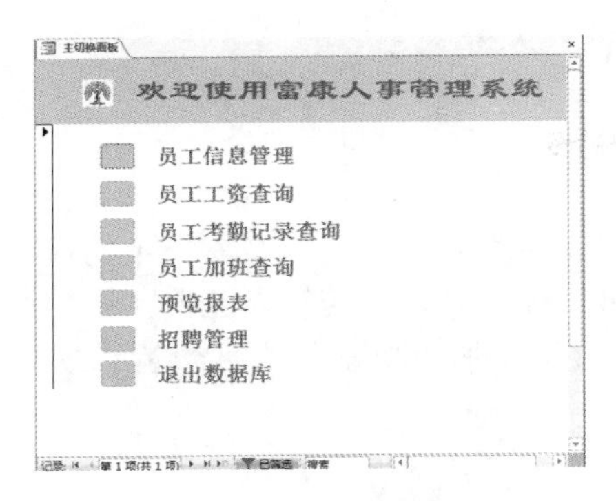

图 15-101　查看最终的结果

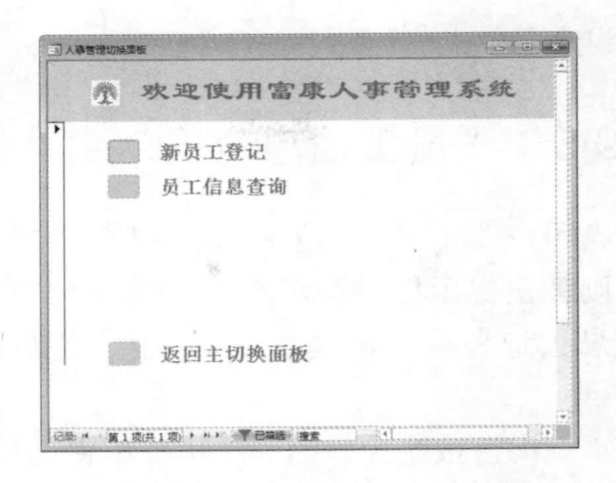

图 15-102　“员工信息管理”模块

15.9.4　“新员工登记”窗体代码

若用户在“新员工登记”窗体中添加了新员工的信息，当单击【添加记录】按钮时，系统会自动将该信息保存到“员工信息”表中，当单击【关闭】按钮时，则关闭当前的窗体。下面为这两个按钮添加“单击”事件过程以实现对应的功能。

“添加记录”按钮控件的“单击”事件过程代码如下。

```
Private Sub 添加记录_Click()
Dim rs As New ADODB.Recordset
  rs.Open "员工信息", CurrentProject.Connection, adOpenDynamic, adLockOptimistic
  rs.AddNew
rs("员工 ID") = 员工 ID
  rs("姓名") = 姓名
  rs("性别") = 性别
  rs("出生日期") = 出生日期
  rs("部门 ID") = 部门 ID
  rs("职位") = 职位
  rs("学历") = 学历
  rs("毕业院校") = 毕业院校
  rs("专业") = 专业
  rs("家庭住址") = 家庭住址
  rs("联系电话") = 联系电话
  rs("状态") = 状态
  rs("入职时间") = 入职时间
  rs("电子邮件") = 电子邮件
  rs("教育培训") = 教育培训
  rs("工作经历") = 工作经历  rs.Update
  rs.Close
  Set rs = Nothing
  MsgBox "新员工已添加成功!"
End Sub
```

“关闭”按钮控件的“单击”事件过程代码如下。

```
Private Sub 关闭_Click()
DoCmd.Close
```

```
End Sub
```

15.9.5 “员工信息查询”窗体代码

当用户单击【查询】按钮时，系统会自动检查“工号”和“姓名”文本框中的值，若为空，则弹出提示框，提示用户必须输入员工工号和姓名才可查询。若输入正确，则打开“员工信息查询”报表，展示该员工的信息。下面为该按钮添加“单击”事件过程以实现上述功能。

“查询”按钮控件的“单击”事件过程代码如下。

```
Private Sub 查询_Click()
    If IsNull([工号]) Then
        MsgBox "您必须输入员工工号"
        DoCmd.GoToControl "工号"
    ElseIf IsNull([姓名]) Then
        MsgBox "您必须输入员工姓名"
        DoCmd.GoToControl "工号"

    Else
            DoCmd.OpenReport "员工信息查询", acViewPreview, , , acWindowNormal
            Me.Visible = False
    End If
End Sub
```

15.9.6 “员工工资查询”窗体代码

当用户单击【查询工资】按钮时，系统会自动检查“工号”“开始月份”和“结束月份”文本框中的值，并比较“开始月份”和“结束月份”的大小，若输入正确，则打开“员工工资查询”报表。下面为该按钮添加“单击”事件过程以实现上述功能。

“查询工资”按钮控件的“单击”事件过程代码如下。

```
Private Sub 查询_Click()
    If IsNull([工号]) Then
        MsgBox "您必须输入工号。"
        DoCmd.GoToControl "工号"
    Else
        If [开始月份] > [结束月份] Then
            MsgBox "结束月份必须大于开始月份。"
            DoCmd.GoToControl "开始月份"
        Else
            DoCmd.OpenReport "员工工资查询", acViewPreview, , , acWindowNormal
            Me.Visible = False
        End If
    End If
End Sub
```

“取消”按钮控件的“单击”事件过程代码如下。

```
Private Sub 取消_Click()
DoCmd.Close
End Sub
```

15.9.7 “员工考勤记录查询”窗体代码

当用户单击【查询考勤】按钮时，系统会自动检查“工号”“开始日期”和“结束日期”文本框中的值，并比较“开始日期”和“结束日期”的大小，若输入正确，则打开“员工考勤记录查询”报表。用户可参考“员工工资查询”窗体中的代码，为【查询考勤】按钮和【取消】按钮添加“单击”事件过程，这里不再赘述。

15.9.8 “员工加班查询”窗体代码

当用户单击【查询加班】按钮时，系统会自动检查“工号”“开始日期”和“结束日期”文本框中的值，并比较“开始日期”和“结束日期”的大小，若输入正确，则打开“员工加班查询”报表。用户可参考“员工工资查询”窗体中的代码，为【查询加班】按钮和【取消】按钮添加“单击”事件过程，这里不再赘述。

15.9.9 “求职者信息登记”窗体代码

若用户在“求职者信息登记”窗体中添加了求职者的信息，当单击【添加记录】按钮时，系统会自动将该信息保存到“储备人才信息”表中，当单击【关闭】按钮时，则关闭当前的窗体。用户可参考“新员工登记”窗体中的代码，为【添加记录】按钮和【取消】按钮添加“单击”事件过程，这里不再赘述。

15.9.10 “求职者信息查询”窗体代码

当用户单击【查询】按钮时，系统会自动检查“学历”“专业”和“毕业院校”文本框中的值，若为空，则弹出提示框，提示用户必须输入上述参数才可查询。若输入正确，则打开“储备人才信息查询”报表，展示该求职者的信息。用户可参考“员工信息查询”窗体中的代码，为【查询】按钮添加“单击”事件过程，这里不再赘述。

15.10 系统设置

以上各节操作完成后，已经成功创建了自己的人事管理系统。下面需要对系统进行一些简单的设置，使其更加人性化、更加安全。

15.10.1 设置自动启动“登录系统”窗体

当用户在打开人事管理系统时，为了安全考虑，可以设置自动启动“登录系统”窗体。

只有当用户成功地登录后，才能进入其他的模块。具体操作步骤如下。

step 01 打开“人事管理”数据库。切换到【文件】选项卡，进入文件操作界面，在左侧选择【选项】命令。

step 02 弹出【Access 选项】对话框，在左侧的列表框中选择【当前数据库】选项，在【应用程序标题】文本框中输入当前数据库的名称“富康人事管理系统”，单击【显示窗体】右侧的下拉按钮，在弹出的下拉列表中选择“登录系统”窗体。操作完成后，单击【确定】按钮，如图 15-103 所示。

step 03 弹出【富康人事管理系统】对话框，提示必须关闭并重新打开数据库，设置才能生效，单击【确定】按钮，如图 15-104 所示。

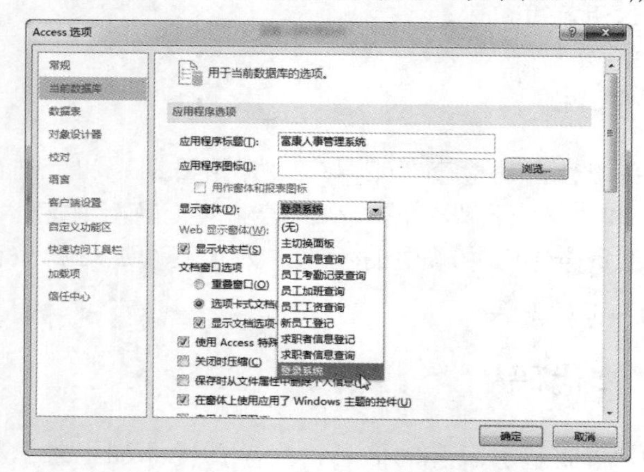

图 15-103 【Access 选项】对话框

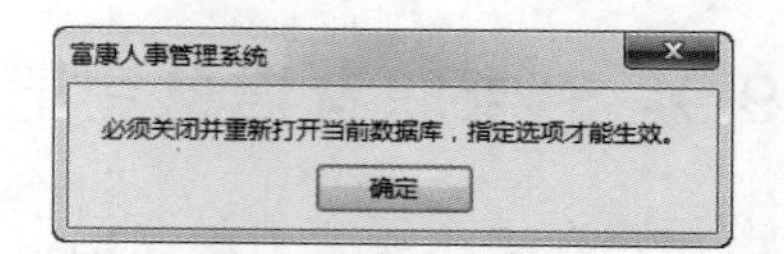

图 15-104 【富康人事管理系统】对话框

step 04 退出当前数据库，然后重新打开。可以看到，此时系统自动启动“登录系统”窗体，该窗体已被设置为模式窗体，限制用户除非登录此窗体，否则无法访问数据库的其他对象，如图 15-105 所示。

图 15-105 设置自动启动“登录系统”窗体

15.10.2 解除限制

若用户新安装了 Access 2013，需要对系统进行简单的设置，否则某些程序或对象将无法正常运行。下面将分别进行介绍。

1. 解除对 VBA 宏的设置

当打开数据库时，会弹出【安全警告】栏，提示部分活动内容已被禁用。单击【启用内容】按钮，即可启用该数据库的 VBA 宏，如图 15-106 所示。

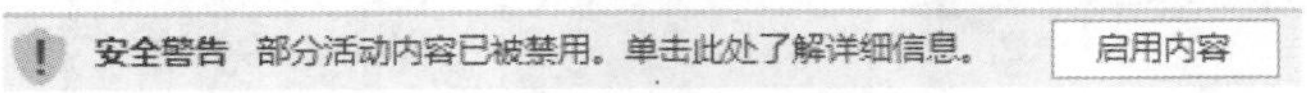

安全警告　部分活动内容已被禁用。单击此处了解详细信息。　启用内容

图 15-106　【安全警告】栏

用户还可以在【信任中心】对话框中进行设置，启用 VBA 宏。具体方法请参考 9.6.2 小节，这里不再赘述。

2. 设置引用 ADO 对象

在 VBA 中，需要设置引用 ADO 对象，才能使用 VBA 实现某些功能。具体操作步骤如下。

step 01 打开“人事管理”数据库。切换到【数据库文件】选项卡，进入 VBA 编程环境，依次选择【工具】|【引用】命令，如图 15-107 所示。

step 02 弹出【引用-人事管理】对话框，在【可使用的引用】列表框中，选中 Microsoft ActiveX Data Objects Recordset 2.8 Library 复选框，单击【确定】按钮，即可完成操作，如图 15-108 所示。

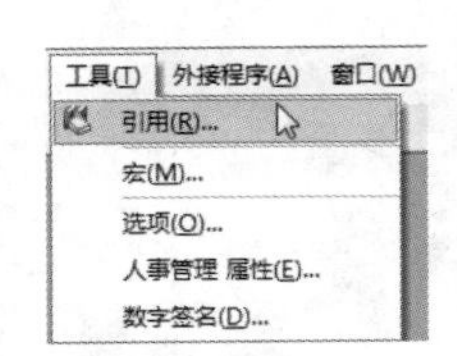

图 15-107　选择【工具】|【引用】命令

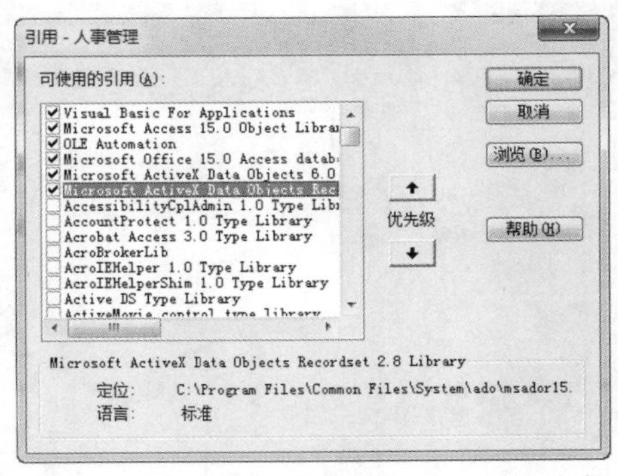

图 15-108　【引用-人事管理】对话框

15.11 系统运行

至此，人事管理系统已创建成功。下面运行该系统，查看最终的效果。具体操作步骤如下。

step 01 启动 Access 2013，打开“人事管理”数据库，弹出【登录系统】对话框，如

图 15-109 所示。

step 02 在【用户名】和【密码】文本框中分别输入“admin”，然后单击【登录】按钮，打开“主切换面板”窗体，如图 15-110 所示。

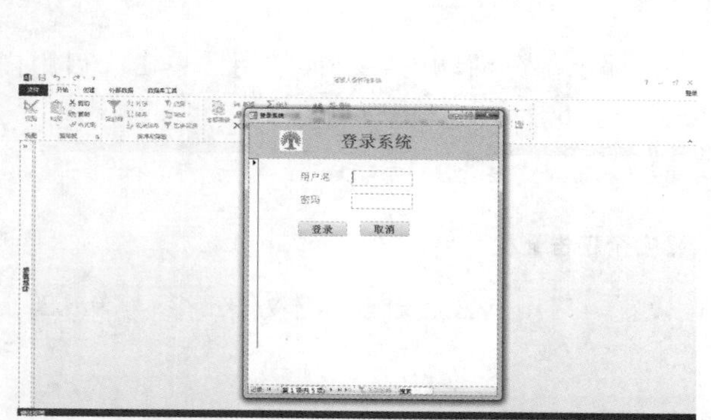

图 15-109 【登录系统】对话框

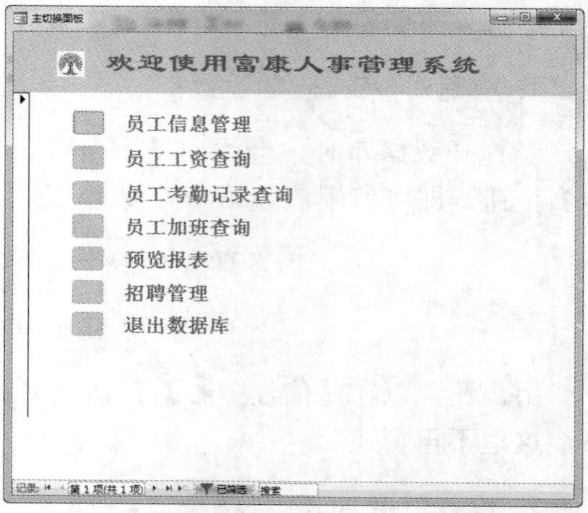

图 15-110 “主切换面板”窗体

step 03 单击【员工信息管理】按钮，进入“员工信息管理”模块。用户可在其中查看员工个人信息和录入新员工信息，如图 15-111 所示。

step 04 单击【新员工登记】按钮，弹出“新员工登记”窗体，当输入信息后，单击【添加记录】按钮，即可将该信息自动保存到“员工信息”表中，如图 15-112 所示。

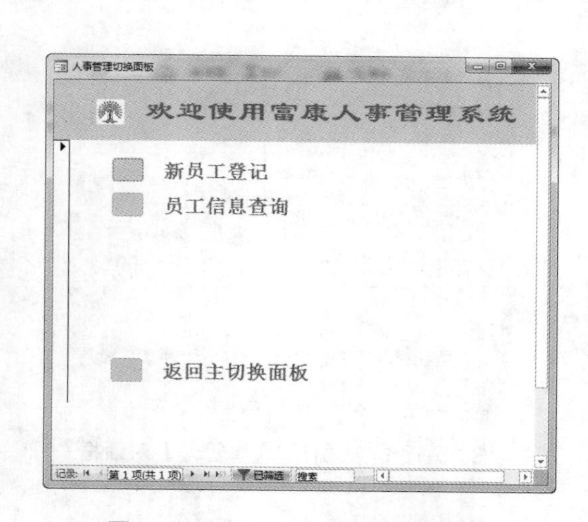

图 15-111 “员工信息管理”模块

图 15-112 “新员工登记”窗体

step 05 关闭该窗体，在“员工信息管理”模块中单击【员工信息查询】按钮，弹出“员工信息查询”窗体，在【工号】和【姓名】下拉列表框中输入工号和姓名，单击【查询】按钮，如图 15-113 所示。

step 06 打开“员工信息查询”报表，用户可查看相应的员工信息，如图 15-114 所示。

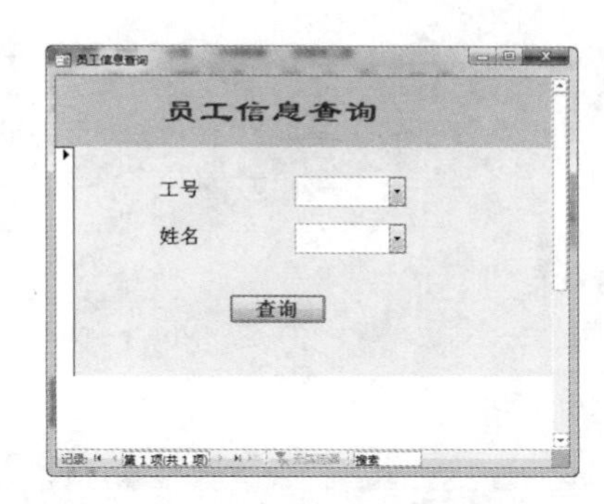

图 15-113 “员工信息查询”窗体

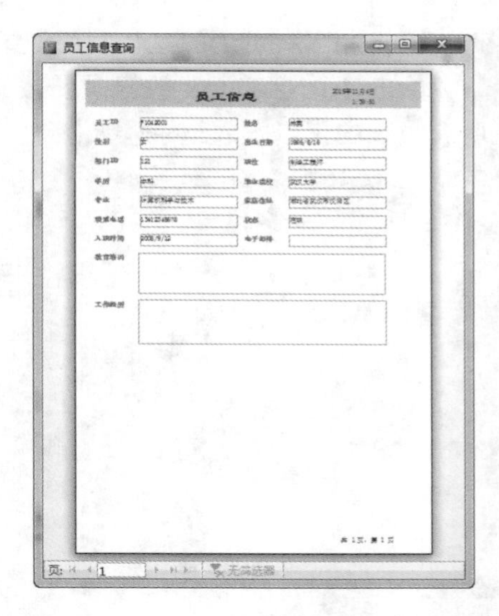

图 15-114 “员工信息查询”报表

step 07 关闭该报表，在“员工信息管理”模块中单击【返回主切换面板】按钮，返回到主切换面板。单击面板中的第 2 项【员工工资查询】按钮，打开“员工工资查询”窗体。在【工号】文本框中输入员工的工号，在【开始月份】和【结束月份】下拉列表框中输入相应的月份，单击【查询工资】按钮，如图 15-115 所示。

step 08 打开“员工工资查询”报表，用户可查看相应的工资发放信息，如图 15-116 所示。

图 15-115 “员工工资查询”窗体

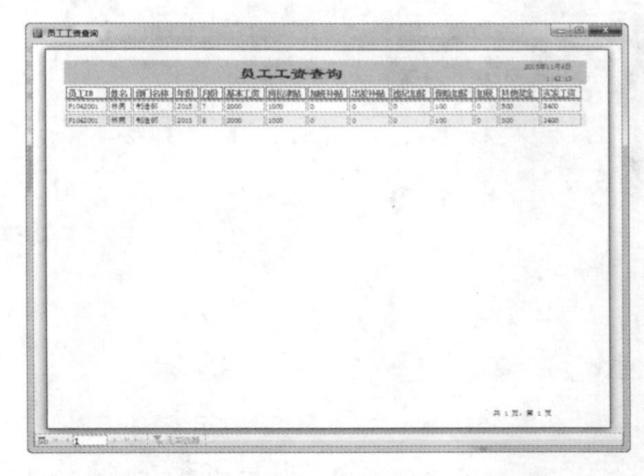

图 15-116 “员工工资查询”报表

step 09 关闭该报表，返回到主切换面板，分别单击第 3 项【员工考勤记录查询】按钮和第 4 项【员工加班查询】按钮，将打开“员工考勤记录查询”窗体和“员工加班查询”窗体，在文本框中输入相应的条件后，单击【查询】按钮，即可打开“员工考勤记录查询”报表和“员工加班查询”报表，查看员工的考勤和加班记录。

step 10 返回到主切换面板，单击第 5 项【预览报表】按钮，进入报表生成模块。用户可查看企业所有员工的工资发放记录和出勤记录，如图 15-117 所示。

step 11 单击【企业工资发放记录】按钮，打开“企业工资发放记录”报表，查看企业所有员工的工资发放记录，如图 15-118 所示。

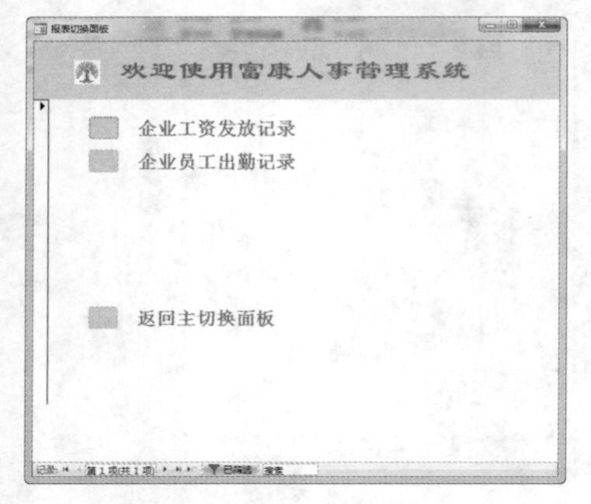

图 15-117 报表生成模块

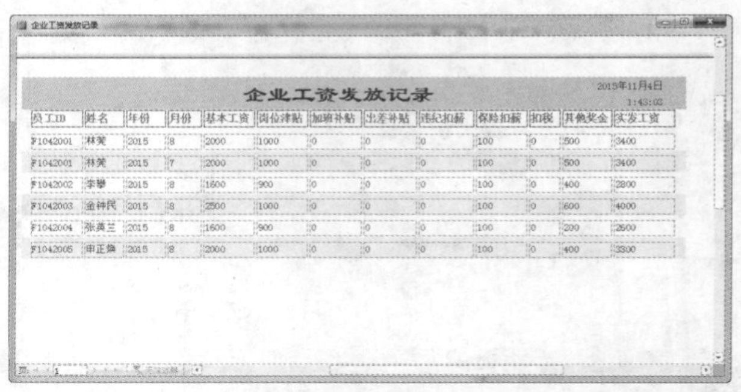
企业工资发放记录

2015年11月4日 1:43:02

员工ID	姓名	年份	月份	基本工资	岗位津贴	加班补贴	出差补贴	违纪扣薪	保险扣薪	扣税	其他奖金	实发工资
F1042001	林芙	2015	8	2000	1000	0	0	0	100	0	500	3400
F1042001	林芙	2015	7	2000	1000	0	0	0	100	0	500	3400
F1042002	李攀	2015	8	1600	900	0	0	0	100	0	400	2800
F1042003	金钟民	2015	8	2500	1000	0	0	0	100	0	600	4000
F1042004	张英兰	2015	8	1600	900	0	0	0	100	0	200	2600
F1042005	申正焕	2015	8	2000	1000	0	0	0	100	0	400	3300

图 15-118 “企业工资发放记录”报表

step 12 关闭该报表，返回到报表生成模块。单击【企业员工出勤记录】按钮，将打开“企业员工出勤记录”报表，查看企业所有员工的出勤记录，如图 15-119 所示。

step 13 关闭该报表，在报表生成模块中单击【返回主切换面板】按钮，返回到主切换面板。单击第 6 项【招聘管理】按钮，进入“招聘管理”模块。用户可以查询和录入求职者信息，如图 15-120 所示。

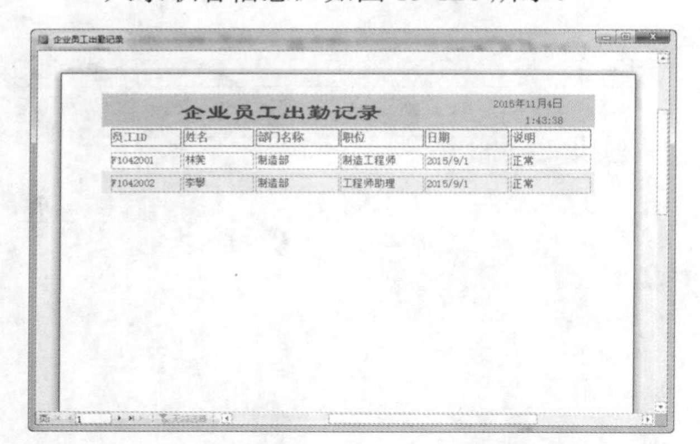
企业员工出勤记录

2015年11月4日 1:43:38

员工ID	姓名	部门名称	职位	日期	说明
F1042001	林芙	制造部	制造工程师	2015/9/1	正常
F1042002	李攀	制造部	工程师助理	2015/9/1	正常

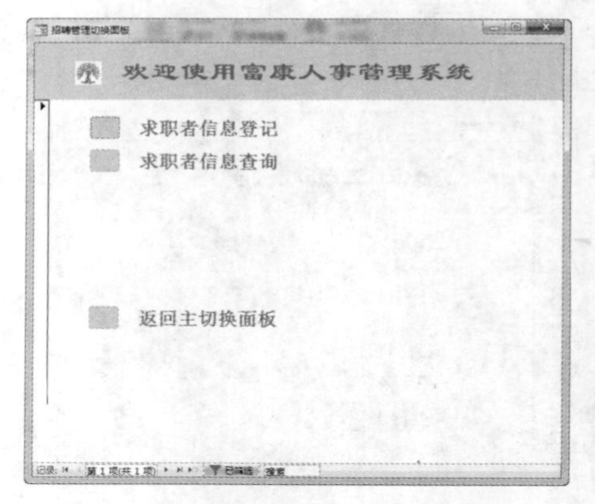

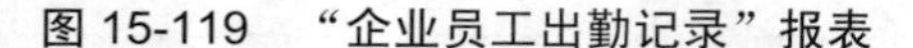

图 15-119 “企业员工出勤记录”报表

图 15-120 招聘管理模块

step 14 招聘管理模块与员工信息管理模块功能类似，这里不再展示其效果。返回到主切换面板，单击第 7 项【退出数据库】按钮，退出该数据库系统。

15.12 实例总结

对于本章所创建的人事管理数据库，只是一个相对简单初级的示例。通过创建该系统，可以掌握以下知识和技巧。

- 如何进行人事管理系统的需求分析。
- 将6大对象融合起来完成数据库开发。
- 使用VBA编辑器，设计简单的VBA程序。
- 能够对系统进行简单设置，解决一些基本的问题。

当然，对于一个实际的系统开发，需要经过相当复杂的工作。对于Access的初学者而言，只要不断地学习、不断地实践和不断地提高，就一定能够创建出满足自己需求的数据库系统。

15.13 答疑和技巧

在第2章已经介绍过，一个良好的数据库系统应具备的条件。但是，在实际的创建过程中，难免会遇到一些问题。下面将简单介绍。

15.13.1 关于最初的系统方案设计

在实际创建一个数据库系统之前，最开始的准备工作非常重要。只有明确了系统应该实现的功能和模块后，才能在此基础上创建数据库对象，极大地提高数据库开发的效率。

15.13.2 关于表设计

表对象是Access其他数据库对象的基础，当表中已经存储了数据时，不能随意更改表的结构。否则一旦删除某个字段，可能该字段中的数据也随之删除，造成不必要的损失。而且，若更改表的结构，基于该表的查询、窗体或报表等对象都可能受到影响，从而影响工作效率。

15.13.3 字段格式和窗体控件关系

在创建表时，若预先设置字段的格式属性，那么在创建窗体时，基于该字段的窗体控件将自动继承这些格式，可以避免发生错误，提高编程效率。

15.14 扩展和提高

通过上述学习，相信大家已经能够开发一个简单的数据库系统。下面介绍几种方法，可以在此基础上，加深对Access 2013的了解。

15.14.1 创建系统对象

当开发者想隐藏一个表，不让其他的用户查看该表的内容时，可以将表以“usys”开头进行重命名，此时该表会自动转化为一个系统对象，被隐藏起来。在某些情况下，这种方法有利于保护数据库安全。例如，将“管理员”表隐藏起来。

若用户想要显示被隐藏的系统对象，首先打开【Access 选项】对话框，在左侧列表框中选择【当前数据库】选项，再单击右侧的【导航选项】按钮，如图 15-121 所示。弹出【导航选项】对话框，选中【显示系统对象】复选框，即可显示出系统对象，如图 15-122 所示。

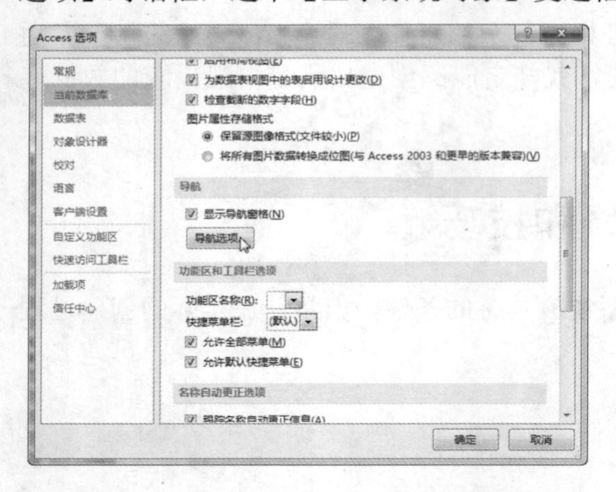

图 15-121 【Access 选项】对话框

图 15-122 【导航选项】对话框

15.14.2 完善开发文档

在项目开发过程中，为了确保软件的成功开发，在开发的每个阶段，都应该按要求编写一些文档，文档编写要求具有针对性、精确性、完整性、灵活性和可追溯性。

按照国际标准，在正式的开发工作中，应该编制 13 种文档，分别如下。

- 可行性分析报告。
- 项目开发计划。
- 软件需求说明书。
- 概要设计说明书。
- 详细设计说明书。
- 用户操作手册。
- 测试计划。
- 测试分析报告。
- 开发进度月报。
- 项目开发总结报告。
- 软件维护手册。
- 软件问题报告。
- 软件修改报告。

直到软件正式交付使用为止，需要不断地编写并完善文档，它是开发过程中不可缺少的环节，尤其是对于大型项目而言。